Springer-Lehrbuch

Armin Töpfer

Erfolgreich Forschen

Ein Leitfaden für Bachelor-,
Master-Studierende und Doktoranden

Zweite, überarbeitete und erweiterte Auflage

Prof. Dr. Armin Töpfer
Technische Universität Dresden
Forschungsgruppe/Lehrstuhl für
Marktorientierte Unternehmensführung
Helmholtzstr. 10
01062 Dresden
Armin.toepfer@tu-dresden.de

ISSN 0937-7433
ISBN 978-3-642-13901-7   e-ISBN 978-3-642-13902-4
DOI 10.1007/978-3-642-13902-4
Springer Heidelberg Dordrecht London New York

Die Deutsche Nationalbibliothek verzeichnet diese Publikation in der Deutschen Nationalbibliografie; detaillierte bibliografische Daten sind im Internet über http://dnb.d-nb.de abrufbar.

© Springer-Verlag Berlin Heidelberg 2009, 2010
Dieses Werk ist urheberrechtlich geschützt. Die dadurch begründeten Rechte, insbesondere die der Übersetzung, des Nachdrucks, des Vortrags, der Entnahme von Abbildungen und Tabellen, der Funksendung, der Mikroverfilmung oder der Vervielfältigung auf anderen Wegen und der Speicherung in Datenverarbeitungsanlagen, bleiben, auch bei nur auszugsweiser Verwertung, vorbehalten. Eine Vervielfältigung dieses Werkes oder von Teilen dieses Werkes ist auch im Einzelfall nur in den Grenzen der gesetzlichen Bestimmungen des Urheberrechtsgesetzes der Bundesrepublik Deutschland vom 9. September 1965 in der jeweils geltenden Fassung zulässig. Sie ist grundsätzlich vergütungspflichtig. Zuwiderhandlungen unterliegen den Strafbestimmungen des Urheberrechtsgesetzes.
Die Wiedergabe von Gebrauchsnamen, Handelsnamen, Warenbezeichnungen usw. in diesem Werk berechtigt auch ohne besondere Kennzeichnung nicht zu der Annahme, dass solche Namen im Sinne der Warenzeichen- und Markenschutz-Gesetzgebung als frei zu betrachten wären und daher von jedermann benutzt werden dürften.

Einbandentwurf: WMXDesign GmbH, Heidelberg

Gedruckt auf säurefreiem Papier

Springer ist Teil der Fachverlagsgruppe Springer Science+Business Media (www.springer.com)

Vorwort zur 2. Auflage

Die 1. Auflage unseres Buches Erfolgreich Forschen war nach circa eineinhalb Jahren bereits vergriffen, obwohl dieses Werk vorab nicht angekündigt und beworben wurde. Denn es handelte sich dabei um eine relativ kurzfristige Entscheidung, die Inhalte, Diskussionen und Fragen von Graduierten-Seminaren in Buchform zusammenzufassen und zu publizieren.

Jetzt legen wir die in den bisherigen Teilen überarbeitete und ergänzte sowie vor allem um Kapitel L erweiterte 2. Auflage vor. Die Erweiterung war wiederum angestoßen durch Graduierten-Seminare sowie Erfahrungen bei der Betreuung von Diplom- und Masterarbeiten sowie Dissertationen. Viele der in der 1. Auflage angesprochenen Inhalte wurden zwar verstanden und beherzigt. Es fehlte den jungen Forschern aber oft das notwendige konkrete Wissen und die Erfahrung, um die Anforderungen an ein wissenschaftliches Forschungsvorhaben konsequent und zielführend in ihrer eigenen Arbeit umsetzen zu können. Hinzu kommt dann manchmal auch, dass die Fähigkeit zur Präsentation und damit zur Kommunikation des erarbeiteten eigenen Wissensstandes und Forschungskonzeptes nicht genügend ausgeprägt ist.

Kapitel L gibt hierzu in drei Teilen inhaltliche und methodische Hilfestellung. Zunächst wird ein Leitfaden vorgegeben, der von Anfang an die Richtschnur ist und mit der Zeit inhaltlich ausgefüllt wird. Danach werden Hinweise zur Art und Durchführung von Zwischenpräsentationen zum eigenen Forschungsstand gegeben. Und abschließend werden Grundsätze des Projektmanagements auf ein derartiges wissenschaftliches Forschungsvorhaben übertragen. Wir hoffen, dass wir hiermit den jungen Forschern zusätzliche Anregungen und Hilfestellungen geben sowie die konkrete Umsetzung wissenschaftlicher Forschungsmethoden weiterhin gefördert haben.

Zusätzlich haben wir in einigen Kapiteln eine Reihe weiterer Abbildungen aufgenommen, welche die behandelten Inhalte jeweils übersichtlich in grafischer Form zusammenfassen und darstellen. Der Hauptgrund liegt darin, dass wir alle Abbildungen dieses Forschungs-Leitfadens interessierten Dozenten auf Wunsch zur Verfügung stellen und jetzt alle wesentlichen Inhalte in Form von Abbildungen vorliegen.

Bei der Anfertigung der 2., überarbeiteten und erweiterten Auflage haben mir wiederum einige meiner Mitarbeiter zugearbeitet, allen voran Frau Anne Maertins, die mich bei der Überarbeitung und Anfertigung des gesamten Manuskriptes intensiv und mit viel Engagement unterstützt hat, sowie Herr Steffen Silbermann und Herr Christian Duchmann, Frau Patricia Leffler und Herr René William, Frau Martina Voß und Herr Ulrich Fehr, die an Ergänzungen und Verbesserungen einiger Teile sowie an der Anfertigung der Druckvorlage mitgearbeitet haben. Ihnen allen sei an dieser Stelle hierfür herzlich gedankt.

Dresden/ Kassel, im März 2010

Armin Töpfer

Vorwort zur 1. Auflage

Die Umstellung des Studiums auf Bachelor- und Masterstudiengänge im Rahmen des Bologna-Prozesses bringt eine Reihe neuer Anforderungen an die zielgerichtete Unterweisung, Unterstützung und Betreuung von Studierenden sowie vor allem auch von Doktoranden mit sich. Im Rahmen dieser Umstellung werden an den meisten Universitäten spezielle Qualifizierungskurse für die Anfertigung der Abschlussarbeiten durch Studierende und Graduiertenprogramme für Doktoranden als gezielte Förderprogramme zu Pflichtveranstaltungen.

Für nicht wenige Studierende ist wissenschaftliches Arbeiten im Hinblick auf die inhaltlichen und konzeptionellen Anforderungen sowie die Basiserkenntnisse der Wissenschaftstheorie heute nach wie vor ein „Buch mit 7 Siegeln". Die vorliegende Schrift hat zum Ziel, „diese 7 Siegel aufzubrechen" und Stück für Stück zu erläutern. Sie richtet sich damit vornehmlich an Studierende und dabei auch an Doktoranden.

Die konzentrierten und umsetzungsorientierten Hilfestellungen in diesem Forschungs-Leitfaden sollen Studierende und Doktoranden befähigen, ein gewähltes Forschungsthema in einem strukturierten Prozess mit definierten und damit nachvollziehbaren Teilschritten zielorientiert zu bearbeiten, so dass hieraus aussagefähige wissenschaftliche Ergebnisse resultieren. Der disziplinäre Ansatz sind die Wirtschaftswissenschaften und dabei speziell die Betriebswirtschaftslehre. Das wissenschaftstheoretische Fundament des Kritischen Rationalismus und des Wissenschaftlichen Realismus besitzt jedoch auch für viele andere wissenschaftliche Disziplinen Gültigkeit. Die hier vorgestellte Vorgehensweise ist deshalb nahezu universell übertragbar und damit anwendbar.

Für Dozenten an Universitäten, Fachhochschulen und wissenschaftlichen Einrichtungen ist der Inhalt dieses Buches als pädagogisch-didaktisch aufbereitetes Begleitmaterial für die Unterweisung der Studierenden im wissenschaftlichen Arbeiten und Forschen von Interesse.

Im Vordergrund steht bei diesem Forschungs-Leitfaden nicht die breite methodische und wissenschaftliche Diskussion aller Strömungen und Verzweigungen der Wissenschaftstheorie und empirischen Forschung. Das Ziel ist vielmehr, gesichertes Basiswissen des Wissenschaftlichen Arbeitens und Forschens strukturiert aufzubereiten, verständlich zu vermitteln und als Leitfaden für eigene erste Aktivitäten bei der Anfertigung von wissenschaftlichen Arbeiten zu dienen.

Ergänzend zu der Schrift haben wir genau mit der Zielsetzung des kollaborativen und kommunikativen Lernens ein Forum unter der URL www.forschungsleitfaden.de geschaffen. Hier haben alle interessierten Leser und Akteure die Möglichkeit, Erfahrungen auszutauschen, Problembereiche zu diskutieren und neuere Entwicklungen nachzuvollziehen.

Meinen besonderen Dank sage ich allen Mitarbeiterinnen und Mitarbeitern des Lehrstuhls bzw. der Forschungsgruppe, die mich bei diesem Forschungs-Leitfaden unterstützt haben: Herr Ulrich Fehr hat mir mit Textentwürfen und Literaturauswertung intensiv zugearbeitet. Frau Christiane Heidig hat mich bei der Aufnahme der Texte und bei den Literaturrecherchen gut unterstützt. Frau Cornelia Ernst, Herr Steffen Silbermann, Herr René William, Herr Jörn Großekatthöfer und Herr Swen Günther haben mir inhaltlich zugearbeitet und insbesondere auch die Endfassung des Manuskriptes Korrektur gelesen. Frau Martina Voß hat die gesamte Projektsteuerung durchgeführt. Ohne diese gesamte hilfreiche Zuarbeit wäre diese Schrift in der vorliegenden Form und vor allem in der dafür veranschlagten Zeit nicht möglich gewesen.

Dresden/ Kassel, im Juli 2008

Armin Töpfer

Stimme des Lesers

Hier haben Sie die Möglichkeit, mir als Autor dieses Forschungs-Leitfadens

- Anregungen für Verbesserungen und Ihre Kritik,
- sinnvolle Ergänzungen und andere für Sie wichtige Themenbereiche sowie
- Ihr Urteil und damit Ihre Zufriedenheit

mitzuteilen. Sie geben mir damit die Möglichkeit,

- mehr über die Erwartungen meiner Leser als Kunden zu erfahren und damit
- noch besser auf Ihre Anforderungen und Informationsbedürfnisse eingehen zu können.

Bitte kopieren Sie hierzu einfach die Rückseite dieser Seite und schicken Sie diese direkt an mich oder schreiben Sie mir eine E-Mail. Zusätzlich können Sie Ihr Feedback an uns auch auf der Internet-Plattform zum Forschungs-Leitfaden unter

www.forschungs-leitfaden.de

direkt posten oder das dort verlinkte Feedback-Formular ausfüllen. Anregungen und konstruktive Kritik sind immer willkommen, damit wir den Forschungs-Leitfaden entsprechend den Wünschen und Anforderungen unserer Leser als Nutzer und damit Kunden weiterentwickeln können. Ich freue mich auf den Dialog mit Ihnen und verspreche, dass ich Ihnen antworten werde.

Zusätzlich haben Sie auf unserer Internet-Plattform die Möglichkeit, mit anderen interessierten Lesern bzw. Nutzern in einen Erfahrungsaustausch zu treten sowie ggf. sich auch gegenseitig Hilfestellung und Sparring zu leisten.

Prof. Dr. Armin Töpfer

X Stimme des Lesers

Buch: Erfolgreich Forschen

Ein Leitfaden für Bachelor-, Master-Studierende und Doktoranden (2. überarbeitete und erweiterte Auflage)

Hier sind meine Bewertungen und Anregungen als Leser:

_____
_____
_____
_____
_____
_____
_____
_____

Mein Name: _____

Mein Forschungsvorhaben:

- ◯ Bachelorarbeit   ◯ Dissertation
- ◯ Masterarbeit   ◯ Sonstige

Meine Anschrift: _____
_____
_____

Mein Telefon/ Fax: _____

Mein E-Mail: _____

Bitte senden Sie die Kopie an:

Prof. Dr. Armin Töpfer
Forschungsgruppe/ Lehrstuhl für Marktorientierte Unternehmensführung
Technische Universität Dresden
Fakultät Wirtschaftswissenschaften   Telefon: (03 51) 4 63-321 87
Helmholtzstraße 10   Telefax: (03 51) 4 63-352 37
01062 Dresden   E-Mail: armin.toepfer@tu-dresden.de

Internet-Plattform zum Erfahrungsaustausch: www.forschungs-leitfaden.de

Begleitend zu unserem Buch haben wir unter www.forschungs-leitfaden.de eine Internet-Plattform eingerichtet, auf der sich Studierende, Doktoranden und andere Forscher über verschiedene Arten, Inhalte und Probleme des wissenschaftlichen Arbeitens austauschen können. Hierzu bieten wir ein Online-Forum an, in dem die interessierenden Fragestellungen angesprochen und erörtert werden können. In einer Diskussion mit Teilnehmern aus verschiedenen Fachrichtungen können Sie von einem derartigen Erfahrungsaustausch profitieren und vor allem auch andere Ansätze und alternative Vorgehensweisen beim wissenschaftlichen Arbeiten kennen lernen. Bei spezifischen Problemen in Ihrer Forschungsarbeit finden Sie hier wahrscheinlich auch Interessierte und Gesprächspartner, die ähnliche Problemstellungen bereits erfolgreich bearbeitet haben und Ihnen Anregungen sowie Ideen für Lösungswege aufzeigen können.

Zusätzlich sind Sie – entsprechend der Stimme des Lesers in diesem Buch – auch online herzlich eingeladen, uns Hinweise zu geben, wie wir das vorliegende Buch weiterentwickeln und verbessern können. Hierzu bietet Ihnen unsere Internet-Plattform ein entsprechendes Kontaktformular. Gerne können Sie uns hier Ihre Wünsche und Kommentare zum sachlichen Inhalt, zur Gewichtung und Schwerpunktsetzung der einzelnen Themen, zu den verwendeten Darstellungen, zu den von uns aufgezeigten Beispielen und zu sonstigen Fragen oder Themenstellungen, die dieses Buch betreffen, mitteilen. Durch Ihr Feedback und Ihre konstruktive Kritik können wir so den Forschungs-Leidfaden noch besser auf die Anforderungen der Leser als Nutzer ausrichten.

Wie unter Service für Dozenten beschrieben, haben Lehrende auf unserer Internet-Plattform auch die Möglichkeit, alle in diesem Forschungs-Leitfaden verwendeten Abbildungen und Tabellen von uns kostenlos und online als PDF-Dokument zu erhalten.

Prof. Dr. Armin Töpfer

Service für Dozenten

Um Sie als Dozent/in optimal bei der Vorbereitung und Durchführung Ihrer Lehrveranstaltungen zum wissenschaftlichen Arbeiten zu unterstützen, bieten wir Ihnen alle in diesem Forschungs-Leitfaden abgedruckten Abbildungen und Tabellen elektronisch kostenlos an.

Besuchen Sie hierzu einfach unsere Internet-Plattform www.forschungs-leitfaden.de. Hier finden Sie unter der Rubrik „Service für Dozenten" ein Kontaktformular, mit dem Sie diese Unterrichtsmaterialien schnell und problemlos anfordern können. Wir senden Ihnen die Unterlagen dann zeitnah als PDF-Dokument per E-Mail zu. Bitte vergessen Sie nicht, uns einen Nachweis über Ihren Dozentenstatus beizufügen.

Übrigens: Auf unserer Internet-Plattform finden Sie auch Foren, in denen interessierte Studierende, Doktoranden und andere Forscher aus ihrer Sicht wesentliche Fragen und Problemstellungen erörtern. Für Sie kann dies zugleich ein Themenfundus für FAQs sein, die Sie mit Ihren Studierenden besprechen wollen. Zugleich ist dies auch ein guter Ansatz, um zu sehen, wo das Verständnis „hakt" und damit Diskussionsschwerpunkte liegen, die Sie mit Ihren Studierenden und Doktoranden intensiver besprechen können.

Prof. Dr. Armin Töpfer

Inhaltsverzeichnis

	Seite
Vorwort zur 2. Auflage	V
Vorwort zur 1. Auflage	VII
Stimme des Lesers	IX
Internet-Plattform zum Erfahrungsaustausch: www.forschungs-leitfaden.de	XI
Service für Dozenten	XIII

Kapitel A
Was bietet mir dieser Forschungs-Leitfaden?
– Wissenschaft ist kein „Buch mit 7 Siegeln" –

- I. Wie funktioniert Wissenschaft?
  Erkenntnisse zur Theorie und Praxis der Forschung 2
- II. Was ist die Grundlage und Konsequenz für erfolgreiches wissenschaftliches Arbeiten?
  Wissen um und Denken in Zusammenhängen/ Abhängigkeiten 14
- III. An welchen Themenstellungen mit unterschiedlichen Ausrichtungen kann ich das wissenschaftliche Arbeiten nachvollziehen?
  Beispielthemen, Master-Thesis und Dissertationen 15
- IV. Wie gehe ich bei meiner wissenschaftlichen Arbeit vor?
  Praktische Hilfestellungen zur Strategie und Technik des wissenschaftlichen Arbeitens 17
- V. Wie kann ich mich innerhalb dieses Forschungs-Leitfadens gut und schnell orientieren?
  Verwendete Piktogramme und Symbole 18

Kapitel B
Wie entwickle ich die Gesamtstruktur für meine wissenschaftliche Arbeit?
– Untersuchungsdesign und Gliederung –

- I. Das Untersuchungsdesign als „Landkarte/ Navigationssystem" für das Erstellen einer wissenschaftlichen Arbeit 22

		1. Zu den Designs in diesem Forschungs-Leitfaden: Visualisierte Strukturierungen und Darstellungen des wissenschaftlichen Arbeitsprozesses	22
		2. Das Untersuchungsdesign: Eine verlaufsbezogene Darstellung von Ausgangspunkt, Zielsetzungen und Wegen einer wissenschaftlichen Arbeit	24
	II.	**Die Gliederung als hierarchische Struktur der Inhalte**	32
		1. Untersuchungsdesign und Gliederung – Unterschiede und Zusammenhänge	32
		2. Formale und inhaltliche Hinweise zum Gestalten von Gliederungen	33
	III.	**Umsetzung der Strukturierung anhand der 3 Beispielthemen**	37
	IV.	**Literaturhinweise zum Kapitel B**	43

Kapitel C
Wie ist der Prozess des Gewinnens und Umsetzens wissenschaftlicher Erkenntnisse insgesamt strukturiert?
– Die 6 Ebenen des wissenschaftlichen Erkenntnisprozesses –

	I.	**Verschiedene Perspektiven im und zum „Haus der Wissenschaft"**	46
		1. Unterschiedliche Zielsetzungen beim wissenschaftlichen Arbeiten	46
		2. Rigour und Relevance als Anforderungen an wissenschaftliches Arbeiten	56
		3. Deduktion und Induktion als alternierende Richtungen im wissenschaftlichen Erkenntnisprozess	62
	II.	**Inhalte und Zusammenhänge der 6 Ebenen des wissenschaftlichen Erkenntnisprozesses**	69
		1. Definition – Begriffsklärung/ Explikation	72
		2. Klassifikation – Klassenbildung/ Abgrenzungen	75
		3. Deskription – Beschreibung/ Konzeptualisierung und Operationalisierung	76
		4. Theorie – Erkennen von Ursachen-Wirkungs-Beziehungen	77
		a. Erklärung – Explanation von Ereignissen als Wirkungen	85
		b. Prognose – Vorhersage von Ereignissen	88
		5. Technologie – Gestaltungs-/ handlungsorientierte Umsetzung von Ursachen-Wirkungs-Zusammenhängen in Mittel-Ziel-Relationen	89

6. Philosophie – Einbeziehung normativ-wertender Aussagen in den wissenschaftlichen Erkenntnisprozess 93
III. Umsetzung der Strukturierung anhand der 3 Beispielthemen 98
IV. Literaturhinweise zum Kapitel C 102

Kapitel D
Auf welcher wissenschaftstheoretischen Grundlage basiert der in diesem Forschungs-Leitfaden vorgestellte wissenschaftliche Erkenntnisprozess, und welche Alternativen gibt es hierzu?
– Zum Grundkonzept des Kritischen Rationalismus und anderen wissenschaftstheoretischen Konzeptionen –

I. Grundrichtungen der Erkenntnisgewinnung und alternative wissenschaftstheoretische Konzeptionen 108
  1. Klassische Konzepte zu den verschiedenen Wegen der Erkenntnisgewinnung 109
  2. Der Logische Empirismus/ Neopositivismus – Induktion und Verifikation als methodologische Schwerpunkte 112
  3. Der Kritische Rationalismus nach Karl Popper – Deduktion und Falsifikation als methodologische Schwerpunkte 113

II. Veränderung wissenschaftlicher Erkenntnis als Schwerpunkt wissenschaftstheoretischer Konzeptionen 117
  1. Wissenschaftlicher Fortschritt als wissenschaftstheoretische Dimension 117
  2. Die Struktur wissenschaftlicher Revolutionen nach Thomas Kuhn 119
  3. Das Konzept methodologischer Forschungsprogramme von Imre Lakatos 121
  4. Das Prinzip „Anything Goes" von Paul Feyerabend 122

III. Erkenntnisgewinnung und Erkenntnisveränderung in neueren wissenschaftstheoretischen Programmatiken 123
  1. Das Konzept des (Radikalen) Konstruktivismus 123
  2. Zur Programmatik Kontingenztheoretischer/ Situativer Ansätze ... 125
  3. Der Ansatz des Wissenschaftlichen Realismus 127

IV. Ein Plädoyer für das Festhalten an einer „aufgeklärten" kritisch-rationalen Wissenschaftskonzeption 132
V. Literaturhinweise zum Kapitel D 136

Kapitel E
Was untersuche ich theoretisch, wofür will ich Erklärungen geben und Gestaltungen ermöglichen?
– Das Forschungsdesign –

I. Die Einordnung des Forschungsdesigns in das Konzept der 4 Designarten 147
   1. Scharnierfunktion des Forschungsdesigns 147
   2. Grundlegende empirische Forschungsdesigns 150

II. Das Forschungsdesign als Vernetzung der Inhalte, Beziehungen und Abhängigkeiten aller untersuchten Aggregate 155
   1. Forschungsleitende Fragen als wesentliche Vorarbeit 155
   2. Die 4 Ebenen des Forschungsdesigns: Inhaltliche und aggregatsbezogene Differenzierungen – Einfluss-, Strategie-, Gestaltungs- und Auswirkungsebene 158
   3. Das Forschungsdesign als visualisierter „Netzplan/ Schaltkreis" zur Konzeptualisierung und Operationalisierung 162
   4. Mögliche Schwerpunktsetzung: Erkenntnisorientiertes und/ oder handlungsorientiertes Forschungsdesign 164

III. Umsetzung der Strukturierung anhand der 3 Beispielthemen 166

IV. Literaturhinweise zum Kapitel E 170

Kapitel F
Wie sind Ursachen-Wirkungs-Zusammenhänge/ Hypothesen als Kernstücke erkenntniswissenschaftlicher Forschungen herauszuarbeiten?
– Hypothesenformen/ -arten und Hypothesenbildung –

I. Anspruchsniveaus von (wissenschaftlichen) Hypothesen – Abgrenzung nach ihrem Anwendungsbereich 174
   1. Hypothesen als „Grundgerüste" alltäglicher und unternehmerischer Entscheidungen 174
      a. Thesenbildung im Alltagsleben 174
      b. Thesen-/ Hypothesenbildung im Management 175
   2. Zielsetzung und Entwicklung wissenschaftlicher Hypothesen ... 176
      a. Strukturelle und sprachliche Hinweise zur Hypothesenbildung ... 177
      b. Explorationsorientiertes Bilden von Hypothesen zum Gewinnen neuartiger wissenschaftlicher Erkenntnisse 183

		c. Theoriebasiertes Ableiten von Hypothesen zum Prüfen/ Ausdifferenzieren wissenschaftlicher Erkenntnisse	185
II.	\multicolumn{2}{l	}{**Hypothesen als Kernelemente wissenschaftlicher Erklärungen und Prognosen** ....}	188
	1.	Nomologische Hypothesen mit universellem Geltungsanspruch ...	189
	2.	Quasi-nomologische Hypothesen mit raum-zeitlichen Einschränkungen	191
	3.	Hypothesen im Rahmen statistischer Erklärungen	194
	4.	Existenzhypothesen zu einzelnen Sachverhalten im Vorfeld wissenschaftlicher Erklärungen	196
III.	\multicolumn{2}{l	}{**Arten wissenschaftlicher Hypothesen – Abgrenzung nach ihrer inneren Struktur**..}	196
	1.	Verteilungshypothesen	199
	2.	Zusammenhangshypothesen	200
	3.	Wirkungshypothesen	200
	4.	Unterschiedshypothesen	202
	5.	Aussagefähige Kombination wissenschaftlicher Hypothesen im Rahmen von Theorien und Forschungsprojekten	203
IV.	\multicolumn{2}{l	}{**Umsetzung der Strukturierung anhand der 3 Beispielthemen** ......}	208
V.	\multicolumn{2}{l	}{**Literaturhinweise zum Kapitel F** ....}	214

Kapitel G
Wie erhebe ich empirische Daten, wie prüfe ich meine theoretischen Erkenntnisse mit quantitativen Untersuchungen?
– Untersuchungs- und Forschungsdesign umgesetzt im Prüfungsdesign (Erhebung, Auswertung und Hypothesentests) –

I.	\multicolumn{2}{l	}{Die Übersetzung des wissenschaftlichen Erkenntnis- oder Gestaltungsproblems in eine empirischen Untersuchungen zugängliche Konzeption ....}	218
II.	\multicolumn{2}{l	}{Grundlagen der Informationserhebung und -auswertung ....}	226
	1.	Grundgesamtheiten/ Stichproben, Merkmalsträger, Variablen und deren Ausprägungen als fundamentale Kategorien empirischer Untersuchungen..	226
	2.	Messtheoretische Grundlagen / Unterschiedliche Messniveaus	228
	3.	Gütekriterien der Informationserhebung – Objektivität, Validität, Reliabilität und Generalisierbarkeit..	231

	4.	Deskriptive und induktive Statistik – Unterschiedliche Konzepte für die Datenauswertung bei explorativ-beschreibenden oder hypothesentestenden Untersuchungen	234
III.		**Generelle Methoden der empirischen Sozialforschung zur Datenerhebung**	237
	1.	Methoden der qualitativen Sozialforschung zur Exploration und Deskription des Forschungsfeldes – Inhaltsanalysen, Beobachtungen, niedrig abstrahierte Befragungen, Fallstudien	241
	2.	Methoden der quantitativen Sozialforschung zur Falsifikation oder Konfirmation von Hypothesen/ kausalen Strukturen – Standardisierte Befragungen, Experimente	244
	3.	Spezielle Forschungsansätze – Aktionsforschung, Meta-Analysen	246
	4.	Mehrmethodenansätze der Datenerhebung	251
IV.		**Statistische Verfahren der Datenauswertung**	255
	1.	Hierarchische Methodenstruktur bezogen auf Variablen und Objekte	255
	2.	Univariate Verfahren zur Charakterisierung der Verteilungen einzelner Merkmale – Häufigkeitsverteilungen, Lage- und Streuungsparameter	259
	3.	Bivariate Verfahren zur Beurteilung des Verhaltens zweier Merkmale – Kreuztabellen, Kontingenz-, Korrelations- und Regressionsanalysen	262
	4.	Strukturen entdeckende multivariate Verfahren (Interdependenzanalysen) – Faktoren- und Clusteranalysen	265
	5.	Strukturen prüfende multivariate Verfahren (Dependenzanalysen)	270
		a. Multiple Regressions-, Varianz-, Diskriminanzanalysen, Conjoint Measurement	270
		b. Kausalanalysen auf der Basis von Strukturgleichungsmodellen	279
V.		**Hypothesentests: Signifikanztests zur Überprüfung statistischer Hypothesen anhand von Stichprobenergebnissen**	302
	1.	Induktive Logik und Vorgehensweise klassischer Signifikanztests	303
	2.	Klassifikation von Signifikanztests in Abhängigkeit von den zu prüfenden wissenschaftlichen und statistischen Hypothesen	306
	3.	Verfahrensimmanente Risiken falscher Schlüsse bei statistischen Tests – Möglichkeiten ihrer Kontrolle/ Steuerung	310
VI.		**Zusammenfassender Überblick**	313
VII.		**Literaturhinweise zum Kapitel G**	315

Kapitel H
Wie kann ich Gestaltungsempfehlungen zur Lösung praktischer Probleme geben?
– Das Gestaltungsdesign –

I.	Die Beziehung zwischen Theorie und Technologie..........................	324
II.	Zuordnung der 4 Designarten zu den 6 Ebenen des Erkenntnisprozesses – Einordnung des Gestaltungsdesigns	327
III.	Zusätzliche Rahmenbedingungen im Gestaltungsdesign................	331
IV.	Literaturhinweise zum Kapitel H	336

Kapitel I
Was sind Stolpersteine und Fußangeln beim Forschen und Anfertigen einer wissenschaftlichen Arbeit?
– Typische Fehler bei der Konzeptualisierung, Operationalisierung und Ausarbeitung von Forschungsthemen –

I.	25 Fallstricke der theoretisch-empirischen Forschung...................	338
II.	Generelle Empfehlungen für das methodisch-inhaltliche Vorgehen	343

Kapitel J
Durchgängige Beispiele für die Konzeptualisierung und Operationalisierung in Forschungsarbeiten
– Wissenschaftliche Umsetzung in Master-Thesis und Dissertationen –

I.	Strukturierungshilfen und Instrumente zur Konzeptualisierung und Operationalisierung in einer Master-Thesis	348

Anforderungen an die Unternehmenskultur bei der erfolgreichen Einführung von Lean Six Sigma (Miriam Stache, Dresden 2007)

II.	Strukturierungshilfen und Instrumente zur Konzeptualisierung und Operationalisierung in 2 Dissertationen...	353
	1. Kundenbindungsmanagement und Sanierungserfolg – Explorative Analyse der Wirkungszusammenhänge (Daniela Lehr, Wiesbaden 2006)..	353
	2. Beschwerdezufriedenheit und Kundenloyalität im Dienstleistungsbereich – Kausalanalysen unter Berücksichtigung moderierender Effekte (Björn-Olaf Borth, Wiesbaden 2004).................................	358
III.	Literaturhinweise zum Kapitel J	364

Kapitel K
Wie kann ich mein wissenschaftliches Arbeiten erfolgreich organisieren?
– Praktische Tipps –

- I. Einige Tipps zur Literaturrecherche 366
  1. Suchstrategien 366
  2. Recherche im Internet 370
  3. Recherche in Datenbanken 371
  4. Recherche in Bibliotheken 373
  5. Literaturverwaltung 375
- II. Arbeitstechniken – Das A und O für ein effizientes und effektives wissenschaftliches Arbeiten 376
  1. Zeitplan/ Zeitmanagement 376
  2. Lesetechniken 377
  3. Dokumentenmanagement 378
  4. Schreiben und Layouten 379
  5. Zitierweise 384
  6. Was tun bei Problemen? 389
- III. Literaturhinweise zum Kapitel K 390

Kapitel L
Wie präsentiere ich den Stand und die Fortschritte meiner wissenschaftlichen Forschungsarbeit erfolgreich?
– Inhalt und Präsentation des Fortschritts Ihres Forschungsvorhabens als Ein-Personen-Projektmanagement –

- I. Einheitliches Raster für die Dokumentation und Präsentation des Forschungsfortschritts als Reifegradmodell 395
- II. Eckpunkte und Stolpersteine bei Präsentationen 401
- III. Erfolgreiches Projektmanagement Ihres Forschungsvorhabens ... 404
- IV. Literaturhinweise zum Kapitel L 408

Kurzbiographie des Autors 411
Abbildungsverzeichnis 413
Abkürzungsverzeichnis 419
Stichwortverzeichnis 421

Kapitel A
Was bietet mir dieser Forschungs-Leitfaden?

– Wissenschaft ist kein „Buch mit 7 Siegeln" –

> Was sind die Grundprinzipien für wissenschaftliches Arbeiten? Wie werden neue Erkenntnisse theoretisch gewonnen, empirisch überprüft und praktisch umgesetzt? Welchen Stellenwert besitzen Ursachen-Wirkungs-Beziehungen im wissenschaftlichen Erkenntnisprozess?

Sie wollen eine wissenschaftliche Arbeit verfassen, haben gerade Ihr Thema bekommen und sitzen vor dem Blatt mit Ihrem Titel: Jetzt kommt es darauf an, dass Sie gezielt und systematisch vorgehen, denn die Zeit zählt – gegen Sie. Und das Ziel besteht darin, mit vertretbarem Aufwand ein gutes Ergebnis respektive eine gute Bewertung der von Ihnen angefertigten wissenschaftlichen Arbeit zu erreichen.

Wir haben diesen Leitfaden verfasst,

- damit Sie das Vorgehen beim wissenschaftlichen Arbeiten und Forschen insgesamt kennen lernen,
- damit Sie einschätzen können, welche Anforderungen an eine gute wissenschaftliche Arbeit gestellt werden, was dabei typische Stolpersteine sind und vor allem wo diese liegen,
- damit Sie also immer einschätzen können, wo Sie jeweils in Ihrem Arbeits- und Forschungsprozess stehen, was insgesamt noch auf Sie zukommt bzw. von Ihnen zu absolvieren ist und was die nächsten Schritte sind,
- damit Sie bei zwischenzeitlich und am Ende erforderlichen Präsentationen den jeweiligen Stand und die von Ihnen bis dahin erarbeiteten Ergebnisse Ihrer Forschung zielorientiert darstellen können, und nicht zuletzt,
- damit Sie Ihr Vorgehen gut dokumentieren können, so dass es für den Leser und den/ die Gutachter besser nachvollziehbar ist.

In diesem Einleitungskapitel geben wir Ihnen einen Überblick darüber, wie wir diesen Forschungs-Leitfaden inhaltlich und methodisch aufgebaut haben und welchen Nutzen Sie aus unserem Buch im Einzelnen ziehen können. Es handelt sich dabei immer um ein „Arbeitsbuch", das Sie begleitend bei Ihrem eigenen Forschungsvorhaben in allen hier behandelten Prozessschritten als Ratgeber und Unterstützung nutzen können.

I. Wie funktioniert Wissenschaft?
Erkenntnisse zur Theorie und Praxis der Forschung

Nicht selten fängt man an zu studieren und Haus- bzw. Seminararbeiten zu schreiben, ohne sich schon näher Gedanken darüber gemacht zu haben, was Wissenschaft ist und wie sie funktioniert.

Dies ist aber deshalb wichtig, um

- diesen inhaltlichen und formalen Prozess der Erkenntnisgewinnung richtig zu verstehen und durchlaufen zu können,
- typische Fehler und damit Versäumnisse, also Defizite, vermeiden zu können und vor allem
- ein gutes Aufwand-Nutzen-Verhältnis sicherzustellen und das von Ihnen gesteckte Ziel Ihrer Forschungsarbeit zu erreichen.

Wenn Sie sich in einem Studium befinden und damit beschäftigt sind, erste Referate/ Hausarbeiten zu schreiben oder Ihr Studium mit einer Abschlussarbeit zu beenden, spätestens dann besteht für Sie die Notwendigkeit, wissenschaftlich zu arbeiten. Die Inhalte des Ihnen hier vorliegenden Forschungs-Leitfadens werden zu diesem Zeitpunkt für Sie wichtig. Es ist jedoch grundsätzlich zweckmäßig, wissenschaftliches Arbeiten frühzeitig zu verstehen und zu beherrschen, um dieses methodische und inhaltliche Vorgehen nicht erst in dem Moment zu lernen, wo es bereits darauf ankommt.

Generell lässt sich Wissenschaft, die nicht nur nach neuen Erkenntnissen strebt, sondern gleichzeitig auch die Realität analysieren und verbessern will, anhand der nachstehenden 6 Teilschritte umreißen:

1. Was wollen wir wissen?
2. Was wollen wir erkennen?
3. Was wollen wir erklären?
4. Was wollen wir empirisch messen?
5. Was wollen wir in der Realität gestalten und verbessern?
6. Wie messen und bewerten wir das Erreichte?

Diese 6 einfachen Fragen sollen in ihrem Inhalt und in ihrer Abfolge an einem plastischen Beispiel verdeutlicht werden: Wir wollen wissen, ob sich in der Realität immer mehr Menschen gesundheits- und umweltbewusst verhalten, so dass sich in dieser Hinsicht bereits ein deutlicher Trend erkennen lässt, der spätestens dann auch Konsequenzen in Unternehmensentscheidungen finden müsste, sich also ebenfalls im Handeln und Verhalten von Unternehmen niederschlagen müsste. Der erste Teil der Fragestellung, also gesundheitsbewusstes Verhalten, ist beispielsweise für die Ernährungsindustrie von Bedeutung. Der zweite Teil der Fragestellung, der sich auf umweltorientiertes Verhalten von Konsumenten und damit auf das Ziel des nachhaltigen Wirtschaftens auch von Individuen bezieht, ist insbesondere für die Automobilindustrie relevant, wie die Probleme der amerikanischen Automobilhersteller vor Augen führten. Sie hatten genau diesen Trend nicht erkannt bzw. in seinem Ausmaß falsch eingeschätzt. Die Konsequenz waren starke

Absatzeinbrüche der wenig umweltverträglichen Autos, welche die Unternehmen an den Rand des Ruins führten.

Um genau in diese Richtung früh genug Erkenntnisse zu gewinnen und zielgerichtet handeln zu können, ist es unerlässlich, die Stärke dieser gesundheits- und umweltbewussten Einstellung als nachvollziehbares Phänomen, das Verhalten prägt, empirisch zu messen. Auf dieser Basis lassen sich dann, wenn der Trend als stark genug und damit tragfähig für ein entsprechendes Produktangebot identifiziert wurde, geeignete Maßnahmen ohne Zeitverlust gestalten, also die gegenwärtige Situation rechtzeitig verbessern. Wenn dies auf der Basis theoretisch fundierter und damit aussagefähiger Konzepte gelingt, dann kann das erreichte Niveau absolut sowie im Vergleich zur Situation vorher und zum erreichten Stand der Wettbewerber gemessen werden.

Es liegt bei diesem Beispiel mit dem starken Realitätsbezug auf der Hand, dass eine fundierte wissenschaftliche Analyse und Vorgehensweise für Entscheidungen in der Praxis grundlegend und damit hilfreich ist. Die 6 Leitfragen kennzeichnen die Grundstruktur jedes wissenschaftlichen Erkenntnisprozesses, der auf die Verbesserung der menschlichen Lebenssituation abzielt. Sie sind zugleich das gedankliche Raster für den vorliegenden Forschungs-Leitfaden.

Dabei stehen vor allem die folgenden Fragenkomplexe im Vordergrund:

- Was haben Wissenschaft und Praxis gemeinsam, was unterscheidet sie?
- Wie sind neue Erkenntnisse in der bzw. durch die Wissenschaft möglich, und wie können diese über dabei herausgearbeitete Ursachen-Wirkungs-Zusammenhänge zum Nutzen der Menschen in die Praxis umgesetzt werden?
- Welche Forschungs-, Erkenntnis- und Umsetzungsstrategien können unterschieden werden, und welche werden in Ihrer Disziplin hauptsächlich angewendet?
- In welche Teilschritte kann wissenschaftliches Arbeiten aufgegliedert werden, so dass der gesamte Prozess zielgerichtet und nachvollziehbar abläuft?

Wenn Sie sich mit den wesentlichen Antworten auf diese Fragen vor dem Erstellen Ihrer ersten wissenschaftlichen Arbeit vertraut machen, dann verfügen Sie über eine solide Grundlage, auf der Sie Ihr spezifisches Thema aufarbeiten und abhandeln können. Das bietet zugleich die wichtige Voraussetzung dafür, dass Sie in der Lage sind, zielgerichtet vorzugehen. Ohne die Kenntnis bzw. Festlegung des fachlichen und persönlichen Ausgangspunktes wird es Ihnen kaum möglich sein, Ihr wissenschaftliches Ziel sinnvoll zu definieren respektive den Weg zu dessen Erreichen zu entwickeln. Damit wäre es auch für keinen anderen nachvollziehbar – immer vorausgesetzt, dass Sie sich eingangs Gedanken über Ihr methodisches und inhaltliches Vorgehen gemacht haben. Die Quintessenz dieses generellen Zusammenhangs: Forschung ohne einen **Fahrplan für die Forschung** kann vor allem deshalb nicht gut sein, weil sie dann mehr oder weniger zufällig ist und mit ziemlicher Wahrscheinlichkeit das Ziel des Vorhabens nicht bzw. bei weitem nicht vollständig erreicht wird.

Die angesprochenen Grundfragen sind für alle Disziplinen von elementarer Bedeutung. Wegen der zum Teil großen Breite dieser Fragen und dabei auch möglicher Auffassungsunterschiede werden sie in den Anfängervorlesungen i.d.R.

(noch) nicht vertiefend behandelt, und im weiteren Studium bleibt es den Studierenden oft selber überlassen, ob sie sich damit dann näher beschäftigen.

Hier setzt unser Forschungs-Leitfaden an: Wir wollen die einzelnen Bereiche knapp und übersichtlich darstellen, damit Ihnen das insgesamt nicht zu umfangreiche Buch als ein Leitfaden für zielgerichtetes wissenschaftliches Arbeiten und Forschen dienen kann. Wir geben Ihnen dabei auch Einordnungen zu den vorfindbaren Alternativen bei wissenschaftstheoretischen Grundfragen. Vor allem aber können Sie die vorgestellten Strukturierungshilfen direkt für Ihr wissenschaftliches Arbeiten nutzen. Diese werden jeweils im Einzelnen erläutert und zusammen mit den zugehörigen Inhalten der Wissenschaftstheorie behandelt. Um eines aber auch gleich klarzustellen: Dieser Forschungs-Leitfaden ist kein Rezeptbuch. Er macht vieles klar, gibt Hinweise und zeigt Alternativen auf, aber er „lebt" von der konkreten Anwendung auf unterschiedliche Inhalte und führt nicht – wie ein Kochrezept – immer zum gleichen Ergebnis.

Wissenschaft und wissenschaftliches Arbeiten sind vor diesem Hintergrund und mit diesem Wissen kein „Buch mit 7 Siegeln". Gemeinhin wird etwas, das nur sehr schwer zu verstehen, zu durchschauen und nachzuvollziehen ist, als ein „Buch mit 7 Siegeln" bezeichnet. Bezogen auf die Theorie und die Praxis der Forschung wollen wir im Folgenden solche vermeintlichen „Siegel" aufbrechen und die zugehörigen Inhalte klar und nachvollziehbar darlegen.

Generell kann Folgendes festgehalten werden: Auch wenn ein realer Gegenstandsbereich relativ komplex ist, kann er dennoch in Einzelteile/ Subsysteme aufgegliedert werden, und es lässt sich eine vorgangsorientierte Strukturierung in einzelne Prozessschritte vornehmen. Bezogen auf das wissenschaftliche Arbeiten haben wir hierzu das in diesem Forschungs-Leitfaden dargestellte **Set unterschiedlicher Designs** als Instrumente im Prozess des Gewinnens und Umsetzens bzw. Anwendens wissenschaftlicher Erkenntnisse entwickelt. Sie bilden das Gerüst für unseren Leitfaden.

Ganz Ihrer Situation am Anfang einer Forschungs- oder Examensarbeit entsprechend, beginnen wir also mit konkreten Problemstellungen für wissenschaftliche Arbeiten. Der gesamte Prozess des Anfertigens einer wissenschaftlichen Arbeit war für uns die Marschroute beim Verfassen dieses Buches. Die einzelnen Prozessschritte wurden im Rahmen eines Workshops von mehreren Teams von Doktoranden exemplarisch durchlaufen und anhand von konkreten Problemstellungen beispielhaft inhaltlich ausgefüllt.

Das bedeutet, dass wir die einzelnen Teilschritte beim wissenschaftlichen Arbeiten als ganz zentral einschätzen und die weiteren Komplexe in diesen Prozessverlauf einordnen. Das hat für Sie als Leser den Vorteil, dass Sie sich nicht als Erstes mit dem – zwar wichtigen – wissenschaftstheoretischen Hintergrundwissen beschäftigen müssen. Sie können dieses vielmehr an den im wissenschaftlichen Arbeitsprozess entscheidenden Meilensteinen und Weggabelungen aufarbeiten oder – bei entsprechenden Vorkenntnissen – kurz nachlesen.

Unser Ziel ist es, dass wir in diesem Forschungs-Leitfaden kapitelweise nur so viele wissenschaftstheoretische Strategien, Sachverhalte und Erkenntnisse ansprechen und vermitteln, wie Sie als Wissensbasis für das Anfertigen einer wissenschaftlichen Arbeit im jeweiligen Stadium benötigen. Dieses Wissen erleichtert

Ihnen dann die eigene Standortbestimmung dadurch, dass Sie von Ihnen vorgesehene Inhalte besser bearbeiten und in den Gesamtkontext einordnen können sowie über inhaltliche Verzweigungen und Vertiefungen besser entscheiden können. Generell können sie dadurch unterschiedliche Forschungskonzepte und -ebenen besser nachvollziehen und anwenden.

Abbildung A-1 stellt den **Aufbau unseres Forschungs-Leitfadens** ab diesem Einführungskapitel A grafisch dar. Wir werden diese Abbildung jedem weiteren Kapitel voranstellen und die dort jeweils behandelten Inhalte darin kennzeichnen.

Am Anfang des **Prozesses wissenschaftlichen Arbeitens** stehen bei jedem Thema grundsätzliche Überlegungen der Art, was wir untersuchen und wie wir es untersuchen. Wir gehen darauf in **Kapitel B** ein und beantworten dabei einige grundsätzliche Fragen: Wie lautet genau mein Thema, welcher wissenschaftlichen Teil-Disziplin ist es zuzuordnen, welche weiteren Bereiche werden tangiert? Wie will ich es theoretisch und ggf. empirisch aufarbeiten? Mache ich also nur eine Literaturanalyse, führe ich eine breite Feldstudie in der Praxis durch oder mache ich eine qualitative Befragung, zu der ich mir beispielsweise einige Experten aussuche?

Das hieraus entstehende **Untersuchungsdesign** ist damit der Entwurf, wie die gesamte Untersuchung durchgeführt werden soll; die Konsequenz daraus ist die **Gliederung**, und nicht umgekehrt. Das Untersuchungsdesign lässt sich grafisch darstellen und erlaubt so Parallelitäten, Verzweigungen und direkte Querverbindungen, während die Gliederung linear – Stück für Stück konsekutiv – aufgebaut ist. In der Gliederung ist damit nie unmittelbar zu erkennen, was wie vernetzt ist. Das kann im Untersuchungsdesign klar zum Ausdruck gebracht werden. Dabei ist das Untersuchungsdesign nur überblicksartig, die Gliederung hingegen detailliert ausdifferenziert.

Das wissenschaftliche Arbeiten kann in verschiedene Ebenen unterteilt werden, die wir insgesamt als das **Haus der Wissenschaft** bezeichnen. Wegen seines zentralen Stellenwerts steht das im **Kapitel C** behandelte Haus der Wissenschaft im Mittelpunkt der Abbildung A-1. Nicht speziell an eine bestimmte Disziplin gebunden, wird hiermit grundsätzlich herausgearbeitet, wie wissenschaftliche Erkenntnisse gewonnen und umgesetzt werden können. Es handelt sich also um ein generelles Konzept dafür, wie Wissenschaft betrieben wird. Je nach der Reichweite Ihrer Arbeit ganz oder in wesentlichen Teilen zu Grunde gelegt, können Sie hieraus die **Theorie und Strategie der Forschung** für Ihre Arbeit ableiten. Insoweit betreiben Sie bei Ihren Überlegungen, Einordnungen und Konzeptionen zu den **6 Ebenen des wissenschaftlichen Erkenntnisprozesses** also **Wissenschaftstheorie** bzw. Sie wenden diese zumindest an. Dabei werden in der Abbildung A-1 auch die Entsprechungen zum Prozess des wissenschaftlichen Arbeitens (linker Teil) sowie zu den weiteren, ergänzend vermittelten wissenschaftstheoretischen Hintergründen (rechter Teil) ersichtlich.

Auf der 1. Ebene des wissenschaftlichen Erkenntnisprozesses sind zunächst Begriffsklärungen vorzunehmen. Ohne klare **Definitionen** bleibt für Sie und vor allem auch für den Leser unklar, wie Sie Begriffe, die Sie verwenden, inhaltlich verstehen bzw. verstanden haben wollen. Hierauf folgen – als 2. Ebene – **Klassifikationen**, also das Gruppieren von Sachverhalten zu unterschiedlichen Gruppen.

Dies entspricht dem Zusammenführen von Begrifflichkeiten zu Gruppen oder Klassen – und damit verbunden ist auch die Entscheidung, was Sie in Ihre Analyse einbeziehen und was nicht.

Ein Beispiel: Gegenstand der wissenschaftlichen Arbeit ist die Umweltschädigung bzw. -verträglichkeit von Autos. Was wird unter dem Begriff Auto verstanden, und geht es um PKWs und/ oder LKWs, also 2 unterschiedliche Klassen von Autos? Ferner: Werden Autos mit Antriebsstoffen auf fossiler und/ oder regenerativer Basis betrachtet? Alle diese Differenzierungen erlauben unterschiedliche Klassifizierungen, über die in einer wissenschaftlichen Arbeit Aussagen getroffen werden müssen, nämlich in der Art, ob sie eingeschlossen oder ausgeschlossen sind, also Gegenstand der Arbeit sind oder nicht.

Erst auf dieser Basis kann – als 3. Ebene – eine **Deskription** – also eine Beschreibung zusammen mit der Konzeptualisierung und Operationalisierung – der Sachverhalte im Untersuchungsgegenstand/ -feld erfolgen. Dies wiederum bildet die Grundlage für die bei wissenschaftlichen Arbeiten prinzipiell zentralen Überlegungen auf der 4. Ebene der **Theorie** mit dem Ziel der Erklärung und Prognose: Warum ist etwas so, wie es sich darstellt; welche Ursachen-Wirkungs-Beziehungen können als Gesetzmäßigkeiten vorliegen; und wie werden sich bei deren Gültigkeit gegebene oder angenommene Konstellationen von realen Phänomenen entwickeln?

Bewährte Ursachen-Wirkungs-Zusammenhänge vorausgesetzt, kann daraufhin eine allgemein als **Technologie** bezeichnete Umformung auf der 5. Ebene vorgenommen werden: Es werden Ziele angestrebt, für die es bereits theoriebasierte und damit gesetzmäßige Zusammenhänge gibt, in denen diese Ziele also als angestrebte Wirkungen enthalten sind. Dann kann durch den Einsatz von geeigneten Maßnahmen und Mitteln, die in den entsprechenden Gesetzmäßigkeiten als Ursachen fungieren, erreicht werden, dass diese die als Ziele angestrebten Wirkungen herbeiführen.

Bei alledem gibt es mit der als **Philosophie/ Werturteile** bezeichneten 6. Ebene noch eine besondere Problematik für das gesamte wissenschaftliche Arbeiten: In der alltäglichen Lebenspraxis stellen Wertungen/ Werturteile individuelle Momente dar, die von den jeweiligen Akteuren und/ oder dem Forscher in einer auszeichnenden, wertenden Weise formuliert werden oder die ihren Handlungen generell zu Grunde liegen. Die Wissenschaft strebt aber immer nach allgemeingültigen, überindividuellen Aussagen. Auf der 6. Ebene ist also im Zusammenhang aufzuarbeiten, wie mit **Wertvorstellungen im wissenschaftlichen Erkenntnisprozess** umzugehen ist. Dabei gilt, dass sich Werturteile einer direkten wissenschaftlichen Überprüfung respektive Begründung entziehen, weil sie nicht wahrheitsfähig sind.

Im Einzelnen wirft dies folgende Fragen auf: Wie sind Werturteile zu beurteilen, die im Gegenstandsbereich der Forschung durch die damit befassten/ oder befragten Individuen einfließen? Wie steht es um Werturteile, die der Forscher bei seinen Ergebnissen anbringen möchte oder die bereits durch die Wahl bzw. das Bekenntnis zu einer bestimmten wissenschaftstheoretischen Programmatik seine Arbeiten tangieren?

I. Wie funktioniert Wissenschaft? 7

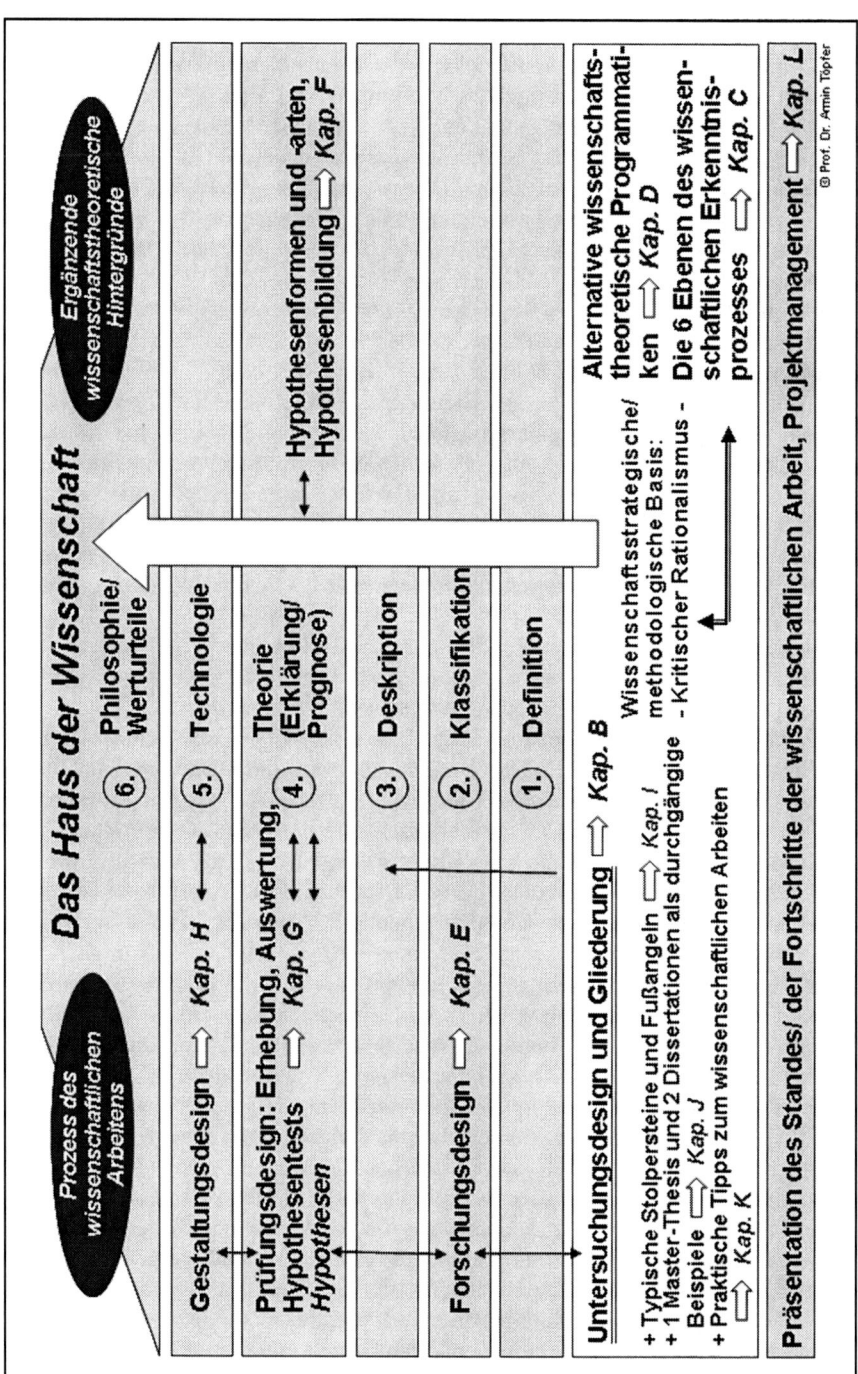

Abb. A-1: Das Haus der Wissenschaft – Aufbau dieses Forschungs-Leitfadens

Insgesamt gilt, dass Wertvorstellungen zwar Gegenstand wissenschaftlicher Forschungen sein können, deren Ergebnisse dann aber grundsätzlich wertfrei abzuleiten sind – also ohne „zusätzliche Wertungen" des Forschers, die auf einem für den Leser „nicht nachvollziehbaren Weg" einfließen. Gleichwohl kann auch der Forscher Wertungen seiner Arbeit zu Grunde legen oder wertende Schlussfolgerungen aus seiner Arbeit ziehen. Diese sind dann allerdings eindeutig als solche zu kennzeichnen, damit sie erkannt und vor allem von wissenschaftlichen Erkenntnissen im Rahmen der Theorie und Technologie unterschieden werden können.

Wie in Abbildung A-1 dargestellt, basiert unser Haus der Wissenschaft auf dem wissenschaftsstrategischen/ methodologischen Fundament des **Kritischen Rationalismus**, auf den in **Kapitel D** eingegangen wird. Dies stellt – bildlich gesehen – die „Bodenplatte" des Hauses dar. Hierzu gibt es alternative bzw. rivalisierende Ansätze. Bei der Behandlung verschiedener wissenschaftstheoretischer Konzeptionen heben wir insbesondere auf Unterschiede im Hinblick auf die Erkenntnisgewinnung und -weiterentwicklung ab. Dieses Kapitel ist der am weitesten gehende Exkurs, der sich auf mögliche forschungs- und erkenntnisstrategische Ansätze und Konzepte bezieht. Er ist aber notwendig, um deren konzeptionelle Breite zu erfassen und zu verstehen. Dies vermeidet einen frühzeitigen „Tunnelblick".

Die Kapitel C und D vermitteln also einen Überblick über grundlegende Sachverhalte der Wissenschaftstheorie, und auf dieser Basis kann dann wieder am Prozessverlauf des wissenschaftlichen Arbeitens angeknüpft werden.

Nach dem Untersuchungsdesign (Kap. B) ist hier der nächste Schritt das **Forschungsdesign** in **Kapitel E**. Das Untersuchungsdesign beantwortet die Frage, was wir wie untersuchen, also die Themenstellung und die Art, den Gang sowie die Methoden der Analyse. Das Forschungsdesign gibt eine Antwort darauf, welche Inhalte wir im Detail herausarbeiten, erforschen und – ganz wichtig – wie wir diese Inhalte miteinander vernetzen. Eine wissenschaftliche Arbeit kann dabei das Schwergewicht eher auf das Gewinnen neuer Erkenntnisse oder auf das Anwenden/ Umsetzen bereits vorhandener Erkenntnisse legen, was dann auch entsprechende Schwerpunktsetzungen als **erkenntnis- und/ oder handlungsorientierte Forschungsdesigns** möglich macht. Entsprechend dem Untersuchungsdesign empfiehlt es sich im Interesse einer besseren Übersichtlichkeit und Nachvollziehbarkeit auch für das Forschungsdesign, Zusammenhänge als grafisches Netzwerk und damit als „Schaltplan" aller Beziehungen und Abhängigkeiten darzustellen. Gegenstand eines umfassenden Forschungsdesigns ist sowohl die so genannte Konzeptualisierung als auch die Operationalisierung. Mit diesen beiden Bausteinen wird einerseits der wissenschaftliche Erkenntnisansatz der Forschungsarbeit präzisiert und andererseits die konkrete inhaltliche Umsetzung sowie Messung für die Theorienprüfung festgelegt, die dann zugleich auch die Grundlage für die detaillierte Anwendung und Gestaltung in der Realität liefert. Damit lässt sich also die erkenntnisorientierte theoretische Ausrichtung der Forschungsarbeit mit einer handlungsorientierten Gestaltungsempfehlung verbinden.

Die Arbeiten am Forschungsdesign stehen in engem Zusammenhang mit dem nächsten Schritt. Anspruchsvolle wissenschaftliche Arbeiten gehen grundsätzlich über die Definition, Klassifikation und Deskription von Phänomenen – also die 1. bis 3. Ebene im Haus der Wissenschaft als so genannte vorwissenschaftliche Analyseebenen – hinaus. Die 1. bis 3. Ebene sind als Grundlegung notwendig, aber nicht hinreichend für die Erkenntnisgewinnung in einem wissenschaftlichen Forschungsvorhaben.

Das Ziel sind theoretisch basierte Erkenntnisse, also geprüfte und bewährte Ursachen-Wirkungs-Beziehungen, für die zunächst einmal Hypothesen formuliert werden müssen. Wie in **Kapitel F** ausgeführt, wird das „Königsniveau" der Forschung mit diesen **Hypothesen** realisiert. Sofern keine übergeordneten theoretischen Ansätze zur Verfügung stehen, kann man mit Thesen, also zunächst einfach formulierten Aussagen über erste mutmaßliche Zusammenhänge, beginnen. Eine wissenschaftlich fundierte und inhaltlich ausformulierte Hypothese ist im Vergleich hierzu ein vermuteter, aber ausdifferenzierter und fokussierter Ursachen-Wirkungs-Zusammenhang, der klar, eindeutig und nachprüfbar formuliert ist. Damit ist die 4. Ebene, die **Theorie**, erreicht. Über **Erklärungen** werden hierbei einerseits beobachtete Phänomene als Wirkungen nachvollziehbar auf Ursachen als Randbedingungen bzw. Antecedensbedingungen zurückgeführt. Dieser „Blick durch den Rückspiegel" – Warum hat sich etwas so ergeben? – kann beim Vorliegen/ Gegebensein dieser Ursachen andererseits zur **Prognose** der vermuteten Wirkungen genutzt werden, was im Bild dann als „Blick durch die Windschutzscheibe" – Wie wird sich etwas entwickeln und dann sein? – zu kennzeichnen ist.

Wie kommen Sie zu den Hypothesen, wie können Sie aus der bisherigen Arbeit an Ihrem Thema Hypothesen entwickeln bzw. Ihre gegenwärtigen Arbeitsergebnisse als Resultate zu Hypothesen verdichten? Auch dieser wichtige Punkt der **Hypothesenbildung** ist Gegenstand von Kapitel F. Die Erläuterungen zu den Hypothesen sind dabei eher wissenschaftstheoretischer Natur, deshalb ist dieses Kapitel in der Abbildung A-1 rechts eingetragen. Da das Zusammenstellen aller Hypothesen, welche die weiteren Untersuchungen leiten, zugleich auch einen wichtigen Prozessschritt beim wissenschaftlichen Arbeiten ausmacht, sind diese links in der Abbildung noch einmal aufgeführt.

Entsprechend ihrer Reichweite im Erklärungs-/ Prognosezusammenhang, den möglichen Beziehungen zwischen den jeweils einbezogenen Aggregaten und ihrer Funktion im wissenschaftlichen Arbeitsprozess können **Hypothesenformen und -arten** unterschiedlich abgegrenzt werden. Eine wissenschaftliche Arbeit ohne Hypothesen hat eigentlich kein festes Fundament. Die Hypothesen sind – bildlich gesprochen – die „Stahlträger" in einer Arbeit, auf denen eine inhaltliche Konzeption auf- und ausgebaut werden kann. Dies entspricht dem wichtigen Arbeitsschritt der Konzeptualisierung einer Forschungsarbeit.

Mit dem Strukturieren Ihres Untersuchungsgegenstandes, mit dem Aufstellen der Beziehungen zwischen dessen einzelnen Aggregaten und der sprachlichen Fixierung von Erklärungen oder Prognosen in Form von Hypothesen sind Sie der handlungsbezogenen Umsetzung Ihrer Erkenntnisse in Richtung von Gestaltungs- und Handlungsempfehlungen bereits ein gutes Stück näher gekommen. Was Ihnen – vor allem beim Betreten wissenschaftlichen Neulands, also beim Gewinnen und Umsetzen neuer Erkenntnisse – jetzt noch fehlt, sind Beurteilungen zur Tragfähigkeit der von Ihnen herausgearbeiteten Erkenntnismuster.

Dies bedeutet, dass Ihre Erkenntnisse über den Status von schlussfolgernden Behauptungen hinausgehen sollten, indem Sie sie wissenschaftlichen „Belastungstests" unterziehen. Hierfür ist es erforderlich, dass Sie mit den Grundlagen und Arten der **empirischen Forschung**, also empirischen Erhebungen, deren statistischer Auswertung sowie dem Prüfen bzw. Testen von Hypothesen vertraut sind. Entsprechende Inhalte werden im **Kapitel G** vermittelt mit dem Ziel, dass Sie Ihr Untersuchungs- und Forschungsdesign sowie Ihre Hypothesen in ein **Prüfungsdesign** mit der **Erhebung, Auswertung** und den **Hypothesentests** aller relevanten Daten als weitere Teilpläne Ihrer wissenschaftlichen Arbeit überführen können. Hypothesen als vermutete **Ursachen-Wirkungs-Beziehungen** werden nach erfolgreich verlaufener Prüfung zu auf dem derzeitigen Wissensstand bestätigten und dabei theoretisch fundierten empirischen Befunden.

Bei jeder empirischen Forschung wird es weitere interessante empirische Befunde und damit Ergebnisse geben, die dann allerdings nicht theoriegeleitet sind. Wichtig ist dabei, dass der Anteil der theoriegeleiteten empirischen Forschungsergebnisse im Vergleich zu den anderen in einer Relation von mindestens 4:1 steht. Problematisch wird es dann, wenn der Anteil der zusätzlich entdeckten Zusammenhänge und Wirkungsbeziehungen, die sich mehr oder weniger sinnvoll interpretieren lassen, die deutliche Mehrheit ausmacht, also der Entdeckungszusammenhang über den Begründungszusammenhang und die Konfirmierung von Hypothesen dominiert. Der Forscher wird damit zum „Jäger und Sammler".

In diesem Zusammenhang soll ein wichtiger Aspekt beim empirischen Arbeiten gleich hier in diesem Einleitungskapitel herausgestellt werden: Wenn Sie Ihre theoretischen Erkenntnisse außer aus der Literatur auch aus eigenen Erhebungen ableiten und Sie sich damit auf eigene empirische Untersuchungen, wie z.B. Befragungen, stützen, dann ist es zu deren Prüfung notwendig, weitere Erhebungen durchzuführen. Eigentlich müsste es schon aus einfachen logischen Überlegungen heraus klar sein, dass das Ableiten von Hypothesen und das Überprüfen dieser vermuteten Zusammenhänge zur Bestätigung von Erkenntnissen nicht an ein und demselben Datenmaterial vorgenommen werden kann, um die Gefahr eines Zirkelschlusses zu vermeiden. Allerdings wird dieser Sachverhalt bei wissenschaftlichen Arbeiten noch immer nicht umfassend genug berücksichtigt.

Kapitel H hat dann das Umsetzen wissenschaftlicher Erkenntnisse in praktisches Handeln zum Inhalt. Mit der Operationalisierung theoretischer Ursachen-Wirkungs-Beziehungen, also Hypothesen, in Form von Messkonzepten und konkreten Messgrößen sind die Grundlagen hierzu bereits gelegt, und zwar insbesondere dann, wenn im Rahmen der empirischen Messung die vermuteten Ursachen-Wirkungs-Beziehungen überprüft werden. Im **Gestaltungsdesign** kann dann an diesen operationalisierten Merkmalen/ Messgrößen angesetzt werden. Das Set an Gestaltungs- und Handlungsparametern liegt damit in der Grundstruktur bereits vor.

Auf dieser Grundlage sind jetzt praxis- und problembezogene Ableitungen aus den bisherigen Prozessschritten des wissenschaftlichen Arbeitens vorzunehmen. Dabei gilt es, auf der Basis theoretischer Ursachen-Wirkungs-Zusammenhänge – in quasi umgekehrter Richtung – **technologische Mittel-Zweck- bzw. Maßnahmen-Ziel-Relationen** abzuleiten und einer praktischen Gestaltung zugänglich zu machen. Im Kapitel H wird auch noch einmal auf die Unterschiede bei erkenntnis- und handlungsorientierten Forschungsansätzen abgehoben.

Wie schon diese einleitenden Bemerkungen verdeutlichen, sind mit letzteren, also den handlungsorientierten Forschungsansätzen, andere Notwendigkeiten im Hinblick auf die Validierung der zur Anwendung vorgeschlagenen Erkenntnisse/ Methoden verbunden. Deren Prüfung setzt eventuell keine originären empirischen Erhebungen zu den unterstellten Ursachen-Wirkungs-Zusammenhängen voraus, diese müssen aber gleichwohl theoretisch gut begründet und bewährt sowie zur Lösung der aktuell untersuchten Problemlage geeignet sein. Sie sind damit keinesfalls als einfacher gegenüber den erkenntnisorientierten Ansätzen einzuschätzen. Im Gegenteil: Die umfassende Aufarbeitung bestehender Theorie- und Handlungskonzepte und ihre situative Anpassung an das praktisch gegebene Problem können sich als arbeitsintensiver erweisen, als das nach einer fundierten Literaturanalyse mehr oder weniger „ungestützte" Suchen nach neuen und damit zugleich innovativen theoretisch-praktischen Lösungen.

Der Begriff „Zielsetzungen" kennzeichnet normative Vorgaben. Damit ist die **Werturteilsproblematik** bereits Teil der anwendungsbezogenen Umsetzung theoretisch gewonnener Erkenntnisse im Rahmen des Gestaltungsdesigns. Diese Problematik kann dadurch reduziert werden, dass Zusammenhänge folgender Art hergestellt werden: Wenn dies oder das erreicht werden soll, dann bietet dieser oder jener empirisch bestätigte Ursachen-Wirkungs-Zusammenhang hierzu eine tragfähige Basis. Also in der Sprache der Medizin: Wenn dieses oder jenes Krankheitsbild vorliegt, dann bietet dieses oder jenes Medikament Linderung bzw. Heilung. So können für verschiedene Ziele, die vom Forscher selbst nicht im Einzelnen hinterfragt werden, geeignete Gestaltungsvarianten vorgeschlagen werden. Die damit eventuell verbundene inhaltliche Problematik formulierter Ziele wird dadurch aber nicht gelöst und beseitigt.

Im **Kapitel I** wird nach allen bisherigen Ausführungen zur zielführenden sowie konzeptionell und operativ zweckmäßigen Vorgehensweise resümiert, welche typischen Fehler möglich sind. Wir nehmen also – bildlich gesprochen in Form eines Kopfstands – eine Gegenposition zu allen bisher dargestellten Prozessphasen und Inhalten des wissenschaftlichen Forschens und Arbeitens ein und stellen uns die Frage, was hierbei alles falsch bzw. schief laufen kann. Exemplarisch aufgelistet werden hierzu zentrale **Stolpersteine und Fußangeln** bei der Anfertigung einer Forschungsarbeit.

Im **Kapitel J** zeigen wir **visualisierte Strukturierungen und Darstellungen des wissenschaftlichen Arbeitsprozesses** an durchgängigen Beispielen. Die praktischen Tipps zur erfolgreichen Organisation des eigenen wissenschaftlichen Arbeitens schließen in **Kapitel K** den Forschungs-Leitfaden ab. **Hinweise zur Literaturrecherche und zu Arbeitstechniken** werden in dieser Einführung in das wissenschaftliche Forschen und Arbeiten also bewusst erst zum Ende gegeben. Sie kennzeichnen nicht den Forschungsprozess, sondern sind reines Handwerkszeug, das zwar auch wichtig ist, seine Bedeutung aber erst erhält, wenn der inhaltliche Forschungsprozess zielführend und erkenntnisorientiert verläuft. Sie stehen damit nicht im Zentrum der Ausführungen, da es zu diesen Vorgehensweisen zahlreiche Literaturquellen und Ratgeber gibt, auf die dort verwiesen wird.

Eigentlich ist mit diesem Kapitel der gesamte Prozess des wissenschaftlichen Forschens und Arbeitens einschließlich konkreter Hinweise zu einem effizienten Arbeitsprozess abgeschlossen. Wir haben dennoch aus Gründen der beobachtbaren Notwendigkeit in Forschungsvorhaben von Studierenden und Doktoranden ein weiteres Kapitel angefügt. In **Kapitel L** geben wir eine Reihe von Ratschlägen und Hilfestellungen, die sich auf eine aussagefähige und zielführende **Präsentation des jeweils erarbeiteten Erkenntnisstandes einer Forschungsarbeit** beziehen und damit ein inhaltlich und zeitlich gutes Projektmanagement ausmachen.

Kurz zusammengefasst lassen sich folgende **Charakteristika unseres Forschungs-Leitfadens** herausstellen:

- Die Erläuterungen beginnen jeweils auf einem einfachen Niveau, so dass unterschiedliche Stufen der Behandlung gegeben sind.
- Mit den jeweiligen – durch Verweise gekennzeichneten – Folgekomponenten erschließt sich dann der komplette Zusammenhang.
- Damit werden zugleich mehrere Anspruchsniveaus bei einer grundsätzlich gleichen Methodik der Analyse und Forschung nachvollziehbar, die sich der Leser je nach seinen Vorkenntnissen schrittweise oder gewissermaßen „in einem Zug" erschließen kann.
- Zugunsten einer auf die Prozesse bezogenen vernetzten Darstellung des wissenschaftlichen Arbeitens haben wir auf eine lineare und parallele Aufarbeitung der Inhalte verzichtet.
- Die verschiedenen Strukturierungshilfen/ Designs zeigen die grundlegenden Zusammenhänge in einer etwas reduzierten Form.

Zur **disziplinenspezifischen Einordnung** des Leitfadens kann festgehalten werden:

- Den fachlichen Hintergrund für unsere Darstellung des wissenschaftlichen Arbeitsprozesses bildet die Betriebswirtschaftslehre.
- Dabei gilt allerdings, dass diese Disziplin über keine ursprünglicheigenständige wissenschaftstheoretische Methodologie verfügt, so dass der methodische Ansatz und Erkenntnisprozess trotz inhaltlicher Unterschiede auf andere Wissenschaftsdisziplinen generell übertragbar ist.

Das dargestellte Vorgehen für das Gewinnen und Umsetzen wissenschaftlicher Erkenntnisse zeichnet sich demnach durch eine prinzipielle Anwendbarkeit in den Real- oder Erfahrungswissenschaften aus und kann somit auch in anderen erfahrungswissenschaftlichen Disziplinen als der Betriebswirtschaftslehre eingesetzt werden. Dies wird ebenfalls daran nachvollziehbar, dass bei den von uns angeführten Beispielen außer zentralen betriebswirtschaftlichen Fragestellungen auch Themen behandelt werden, die andere Sozialwissenschaften, wie die Psychologie und die Soziologie, oder die Ingenieurwissenschaften tangieren. Im Fall der Medizin wird darüber hinaus auch naturwissenschaftliches Terrain berührt. Die Wissenschaftstheorie selbst ist ein Teilgebiet der Philosophie.

Zusammenfassend wird jetzt noch einmal die Frage beantwortet, welche **Erkenntnisse zur Theorie und Praxis der Forschung** Sie aus unserem Forschungs-

Leitfaden gewinnen können. Derartige Fragen werden von Studierenden und Promovierenden regelmäßig auch in unseren Seminaren zum wissenschaftlichen Arbeiten und Forschen gestellt.

Wissenschaftstheoretische Kenntnisse lassen sich mit einem **Navigationssystem des wissenschaftlichen Arbeitens** vergleichen, wobei dieses

- sowohl die erkenntnisorientierte (erkenntnistheoretische)
- als auch die handlungsorientierte (praxeologische, praktisch rationale)

Forschung umfasst.

Wie können Sie mit diesem System nach der Lektüre unseres Buches umgehen? Verständnis- und Lerneffekte wollen wir bei Ihnen damit in den folgenden Bereichen erzielen:

- Ich **verstehe** die Zusammenhänge und Mechanismen, wie Forschung sachgerecht, aussagefähig und zielgerichtet durchgeführt wird.
  - Ich verstehe also die Logik und die Mechanismen des Systems.
  - Das ist die allgemeine Voraussetzung dafür, das Navigationsgerät bedienen zu können.
- Ich **weiß**, wo ich in meinem Forschungsprozess stehe.
  - Ich kann meinen eigenen Standort ermitteln respektive bestimmen.
- Ich **kenne** alle weiteren Ansätze, Richtungen und damit Möglichkeiten zielgerichteten Forschens.
  - Ich kann unterschiedliche Routen und Wege, ausgehend vom derzeitigen Standort, festlegen und beschreiben.

Und nicht zuletzt:

- Ich kann **entscheiden**, wie, also mit welchem Forschungsansatz (theoretisch, empirisch), und mit welcher Zielrichtung ich wissenschaftliche Forschung betreiben will, um gehaltvolle und aussagefähige Ergebnisse als theoretische Erkenntnisse und als pragmatische Gestaltungs- und Handlungsempfehlungen zu erarbeiten, die auf bestimmten Wertsetzungen über meine Forschungsrichtungen (Methodologische Basiswerturteile) und Forschungsinhalte (Verständnis von Realität) basieren.
  - Ich kann bewusst nach eigenen Prioritäten und Zielen festlegen/ entscheiden, auf welche Art und in welche Richtung ich mich bei meiner Forschung bewegen will.

II. Was ist die Grundlage und Konsequenz für erfolgreiches wissenschaftliches Arbeiten? Wissen um und Denken in Zusammenhängen/ Abhängigkeiten

Ein wissenschaftliches Studium erfolgt nur in den wenigsten Fällen, um eine wissenschaftliche Karriere als Forscher zu beginnen. In der Mehrzahl der Fälle hat das wissenschaftliche Studium zum Zweck, die Qualifikation für ein bestimmtes Berufsfeld zu vermitteln respektive für den eigenen Beruf zu erwerben. Zwei Zielsetzungen stehen dabei im Vordergrund: Zum einen **inhaltliches Wissen**, also vertiefte Kenntnisse in einer Disziplin, zu erwerben und zum anderen das **methodische Vorgehen**, also strukturiert denken zu können und sich einen Sachverhalt, also eine Problemstellung und deren -lösung erarbeiten zu können. Neben den wichtigen inhaltlichen Sachverhalten ist demnach die im Studium erworbene Fähigkeit, in Zusammenhängen und Abhängigkeiten denken zu können und damit theoretische Ursachen-Wirkungs-Beziehungen in pragmatische Maßnahmen-Ziel-Beziehungen überführen zu können, eine wesentliche Voraussetzung für den späteren beruflichen Erfolg. Es kommt nicht nur darauf an, sich Wissen erworben zu haben, sondern mindestens genau so wichtig bzw. eher wichtiger ist es, dieses Wissen fundiert auf praktische Problemstellungen anwenden und zielgerichtet übertragen zu können.

Den Sachverhalt, dass methodisches Wissen wichtiger ist als reines Sachwissen in einer Wissenschaftsdisziplin, belegt folgendes Beispiel: Führende, vor allem internationale Beratungsgesellschaften, wählen außer nach Persönlichkeitsmerkmalen ihre Nachwuchskräfte danach aus, ob sie dieses methodische Rüstzeug besitzen, das sie gerade auch in Beratungsprojekten – unabhängig von der wissenschaftlichen Fachrichtung – brauchen. Erkenntnis- und Handlungsorientierung sind hier spezifisch ausgerichtet. Gleiches gilt auch für jede Tätigkeit als Managementnachwuchs in der Unternehmenspraxis.

Hier passt die Parallele zur mathematischen Analysis: Für einen erfolgreichen Abschluss des wissenschaftlichen Arbeitens und damit des gesamten Studiums stellen – verglichen mit dem Nachweis eines Extremwerts in der Kurvendiskussion – die **wissenschaftlichen Fachkenntnisse** die notwendige Bedingung (1. Ableitung) und die **wissenschaftsstrategischen/ methodologischen Kenntnisse** die hinreichende Bedingung (2. Ableitung) dar.

Den Nachweis, sein Fach gut zu beherrschen, kann man nur erbringen, wenn man auch über gute methodische Kenntnisse verfügt. Denn diese befähigen eine Person erst, das disziplinbezogene oder disziplinübergreifende Fachwissen schnell, gezielt und konsistent zu durchdringen sowie zielführend und konsequent zu nutzen.

Diese Gedanken sollen für Sie die Motivation, die folgenden Kapitel dieses Forschungs-Leitfadens durchzuarbeiten sowie deren Inhalte zu beherrschen und anwenden zu können, verstärken.

Ein weiterer Aspekt kommt noch hinzu: Wenn Sie diesen Forschungs-Leitfaden gelesen und verinnerlicht haben, dann werden Sie forschungsorientierte Publikationen, die einen Erkenntniszugewinn versprechen, ganz anders lesen und bewerten. Denn Sie werden immer sich und dem Autor die Frage stellen, wie er seinen Forschungsprozess inhaltlich und methodisch strukturiert hat, zu welchen neuen Erkenntnissen auf der Basis von Hypothesen und deren Bestätigungsgrad er kommt, inwieweit aus diesen Erkenntnissen Gestaltungs- und Handlungsempfehlungen für die Praxis ableitbar sind, und vor allem auch, welche wissenschaftstheoretische Position der Forscher in diesem Erkenntnisprozess einnimmt.

Diese Gedanken sind nicht neu, sondern basieren auf einer bewährten wissenschaftlichen Tradition. FRIEDRICH SCHLEIERMACHER hat bereits vor 200 Jahren – als Dekan und später als Rektor der Universität in Berlin – ausgeführt, dass der Zweck der Universität nicht das Lernen an und für sich ist, sondern das Erkennen. Für diesen Erkenntnisprozess muss jedem Studierenden genügend Freiraum für die Forschung gelassen werden. Als Konsequenz hieraus werden Studierende alle Phänomene der Realität nicht nur für sich, sondern in wissenschaftlichen Zusammenhängen sehen und bewerten.[1] – Der vorliegende Forschungs-Leitfaden hilft also dabei, diesen Freiraum methodisch und inhaltlich gut ausfüllen zu können. Die Neugestaltung des Studiums in Bachelor- und Master-Studiengänge muss dann aber auch genau diese Anforderung eines Forschungsfreiraums für die Studierenden erfüllen.

III. An welchen Themenstellungen mit unterschiedlichen Ausrichtungen kann ich das wissenschaftliche Arbeiten nachvollziehen?
Beispielthemen, Master-Thesis und Dissertationen

Ein rein theoretisches Abhandeln von Inhalten ist – unabhängig vom jeweiligen Gegenstandsbereich – immer nur sehr schwer nachzuvollziehen. Mit steigendem Schwierigkeitsgrad einer Thematik verschärft sich dieses Problem noch; die Ausführungen werden als zunehmend „trockener" empfunden, und viele Leser wenden sich schon nach wenigen Seiten von derart konzipierten Veröffentlichungen ab.

Für unseren Forschungs-Leitfaden haben wir einen anderen Ansatz gewählt. Von Beginn an hinterlegen wir unsere Erläuterungen – neben einigen Beispielen aus der Forschungspraxis – mit **3 unterschiedlichen Beispielthemen**: An ihnen wird das wissenschaftliche Arbeiten in den verschiedenen Prozessschritten mit den jeweiligen Designs/ Strukturierungshilfen immer wieder demonstriert und damit nachvollziehbar dargestellt. Sie können sich die einzelnen Sachverhalte hieran plastisch erschließen, auch wenn Sie das jeweilige Thema nicht im Detail be-

---

[1] Schleiermacher, F. (1808): Gelegentliche Gedanken über Universitäten in deutschem Sinn. Nebst einem Anhang über eine neu zu errichtende, Berlin 1808.
Platz, C. (Hrsg.) (1849): Erziehungslehre, Aus Schleiermacher's handschriftlichem Nachlasse und nachgeschriebenen Vorlesungen, Literarischer Nachlass, Berlin 1849.

herrschen. Letzteres kann sogar ein Vorteil sein, weil Sie sich so stärker auf das methodische Vorgehen konzentrieren können respektive werden.

Es handelt sich um authentische Beispielthemen aus unseren Graduierten-Seminaren. Die in diesem Leitfaden wiedergegebenen Darstellungen sind dort – also in der wissenschaftlichen Praxis – von Teilnehmer-Teams erarbeitet und von uns aus didaktischen Gründen in ihrer Detailliertheit und Tiefe vereinfacht worden. Das Ziel ist nicht, Sie zu Experten in jedem einzelnen Themenbereich zu machen, sondern vielmehr, Ihnen an unterschiedlichen Themenstellungen die vergleichbare methodische Vorgehensweise zu demonstrieren.

Thema 1: **Erzeugen von innovativen und robusten Produkten im Produktentwicklungsprozess (PEP)**

Thema 2: **Kundenorientierte Gestaltung von Internetportalen zur Steigerung des Kundenwerts in der Zielgruppe 50+**

Thema 3: **Risikomanagement und Lernen im Krankenhaus**

Wie ersichtlich ist, entstammen die Beispielthemen unterschiedlichen Wissenschaftsbereichen. So ist Thema 1 als originär betriebswirtschaftlich einzuordnen, weist aber auch Bezüge zu den Ingenieurwissenschaften auf. Das Thema 2 kann ebenfalls der betriebswirtschaftlichen Disziplin mit einem Marketingschwerpunkt zugerechnet werden. Über die zu betrachtende Zielgruppe 50+ bestehen dabei aber Verbindungen zur Soziologie als einer weiteren Sozialwissenschaft und zusätzlich gibt es Bezüge zur Informations- und Kommunikationstechnologie. Und mit dem Thema 3 wird ein Schnittbereich von Medizin und Betriebswirtschaftslehre umfasst.

Mit der Wahl derart unterschiedlicher Themen soll in unserem Leitfaden auch an Beispielen verdeutlicht werden, dass die **Methodologie des wissenschaftlichen Arbeitens**, so wie wir sie verstehen, **nicht an spezielle Disziplinen geknüpft** ist.

Neben den Darstellungen aus unseren Beispielthemen werden im Verlauf unserer Kapitel auch andere, inhaltlich jeweils passende Beispiele angeführt, um die jeweiligen Inhalte zu illustrieren.

Schließlich haben wir noch eine weitere Ebene eingezogen, mit der Sie unsere Ausführungen zum Haus der Wissenschaft komplett an einem Beispiel nachvollziehen können. Im Kapitel J stellen wir die Designs/ Strukturierungen aus einer **Master-Thesis** durchgängig vor:

Thema: **Anforderungen an die Unternehmenskultur bei der erfolgreichen Einführung von Lean Six Sigma**

Auch hierbei werden wieder verschiedene Wissenschaftsbereiche umgriffen: Angesiedelt in der Betriebswirtschaftslehre sind im Hinblick auf die Unternehmenskultur Anleihen bei anderen Sozialwissenschaften, vor allem der Psychologie, notwendig, und über den Bereich Qualitätsmanagement/ Six Sigma reicht das Thema bis in die Ingenieurwissenschaften hinein.

Zusätzlich werden die Untersuchungs- und Forschungsdesigns, ausgewählte Hypothesen mit den empirischen Messkonzepten sowie die Gestaltungsansätze von **2 Dissertationen** kurz vorgestellt. Die eine Dissertation hat das

Thema: **Kundenbindungsmanagement und Sanierungserfolg – Explorative Analyse der Wirkungszusammenhänge**

wissenschaftlich untersucht. Die andere Dissertation hat sich mit dem

Thema: **Beschwerdezufriedenheit und Kundenloyalität im Dienstleistungsbereich – Kausalanalysen unter Berücksichtigung moderierender Effekte**

wissenschaftlich auseinandergesetzt. Der Reiz dieser Themenstellungen liegt darin, dass sie sich sowohl auf Produktions- als auch Dienstleistungsunternehmen beziehen. Für Dienstleistungsunternehmen gilt, dass deren Wertschöpfungsprozesse erkenntnis- und handlungsorientierte wissenschaftliche Analysen vor eher noch höhere Anforderungen stellen als Produktionsunternehmen. Dies liegt in der Immaterialität und dadurch schwierigeren Messbarkeit von Dienstleistungen begründet.

Das Ziel ist hier ebenfalls nicht, Sie zu Experten in jedem einzelnen Themenbereich zu machen. Es geht vielmehr darum, Ihnen auch hier die methodische Vorgehensweise des Forschens exemplarisch anhand von ausgewählten Prozessschritten und -inhalten vorzustellen.

IV. Wie gehe ich bei meiner wissenschaftlichen Arbeit vor?
Praktische Hilfestellungen zur Strategie und Technik des wissenschaftlichen Arbeitens

Wissenschaftliches Arbeiten besteht zu einem erheblichen Teil auch aus eher „handwerklichen" Tätigkeiten. Die themenspezifische Literatur muss zuerst gesucht werden, bevor sie auf relevante Quellen eingegrenzt werden kann. Bereits die ersten Gedanken müssen auf irgendeine Art fixiert werden, um eine Basis zu schaffen, über die weiter nachgedacht werden kann, so dass die in diesem Forschungs-Leitfaden vorgestellten Strukturierungshilfen eingesetzt werden können. Die heute zur Verfügung stehenden PC-Systeme und durchführbare Internetrecherchen erleichtern diese Tätigkeiten und ermöglichen vor allem ein sukzessives und iteratives Suchen, Archivieren, Ordnen, Auswerten und Schreiben. Genau so sollte vorgegangen werden: Gute und erst recht herausragende wissenschaftliche Arbeiten entstehen nicht im ersten Wurf und aus einem Guss. Sie sind vielmehr das Ergebnis eines mehrfachen und mehrstufigen Prozesses der Analyse, des Verwerfens, des Verbesserns und des Weiterentwickelns. Auch EINSTEINs Relativitätstheorie ist – entsprechend dem als Faksimile vorhandenen und neu veröffentlichten Manuskript aus dem Jahre 1912 – nachweislich so entstanden[2]. Allerdings ist eines hier auch gleich zu betonen: Ohne eine wissenschaftlich tragfähige Forschungsfrage und damit Leitidee bleibt der Erkenntniszugewinn jeder Forschungsarbeit sehr begrenzt und die Gefahr ist nicht von der Hand zu weisen, dass der Forscher lediglich zum bereits genannten „Jäger und Sammler" wird.

Zum erfolgreichen Organisieren Ihres wissenschaftlichen Arbeitens bietet Ihnen unser Buch ebenfalls praktische Tipps. Sie finden diese in Kapitel K, und zwar aufgeteilt in Hinweise zum Bereich Literatur sowie in solche zu Arbeitstechniken.

Im abschließenden Kapitel L erhalten Sie Hinweise und Hilfestellungen für eine zielgerichtete Präsentation und damit Kommunikation des von Ihnen jeweils erarbeiteten Forschungsstandes. Der Inhalt dieses Kapitel ist deshalb sehr wichtig, weil er Ihnen die Gewähr dafür gibt, dass Sie Ihre eigenen Forschungserkenntnisse und -ergebnisse für eine wissenschaftliche Diskussion und Bewertung aufbereiten und präsentieren können.

Wenn Sie unseren Forschungs-Leitfaden in einem frühen Stadium Ihrer wissenschaftlichen Ausbildung zur Hand nehmen, dann können Sie unsere praktischen Tipps bereits für Ihre Studienarbeiten nutzen. Mit den formalen Aspekten wissenschaftlicher Arbeiten sind Sie dadurch dann rechtzeitig vertraut, und Sie können Ihre Arbeitstechnik weiter optimieren bzw. einen für Sie persönlich passenden Stil auf der Grundlage unserer Empfehlungen finden.

V. Wie kann ich mich innerhalb dieses Forschungs-Leitfadens gut und schnell orientieren? Verwendete Piktogramme und Symbole

Das Ziel des gesamten Forschungs-Leitfadens ist, die zum Teil schwierigen und komplexen Sachverhalte der Forschung und des wissenschaftlichen Arbeitens aus pädagogisch-didaktischer Sicht möglichst einfach und gut nachvollziehbar darzustellen. Dies gilt sowohl für die Inhalte als auch für die Form und Darstellung. Neben zahlreichen Abbildungen verwenden wir insgesamt 7 verschiedene Symbole, mit denen wir Ihnen eine schnelle Orientierung im Buch ermöglichen wollen. Folgende Piktogramme – mit der Grundform einer Schale, die Ihnen etwas darbietet – werden Ihnen also immer wieder begegnen:

Wichtige **Definitionen** im Text werden durch das schräg stehende Ausrufezeichen angezeigt.

---

[2] Braziller, G. (Hrsg.) (1996): Einstein's 1912 Manuscript on the special theory of relativity, Jerusalem 1996.

V. Wie kann ich mich innerhalb dieses Forschungs-Leitfadens schnell orientieren?

Bei **Querverweisen** zwischen verschiedenen Kapiteln/ Unterkapiteln zeigt Ihnen dieser Pfeil, wo zum aktuellen Inhalt noch weiterführend etwas nachzulesen ist.

Wichtige Schlussfolgerungen und damit **Quintessenzen** werden so angezeigt: Etwas auf den Punkt bringen.

Praktische Beispiele werden durch 3 miteinander verbundene Zahnräder symbolisiert, welche die Umsetzung in die Praxis kennzeichnen.

Wichtige **Literatur** wird Ihnen innerhalb der Kapitel mit diesem kleinen Bücherstapel angezeigt.

Einen ähnlichen Dienst erfüllt dieses at-Männchen bei relevanten **Web-Links**.

Bei Details zu Inhalten oder der Organisation auftretende typische **Stolpersteine** werden durch einen Hochspannungspfeil auf einem Felsblock gekennzeichnet.

Über diese Symbole hinaus gibt es noch ein weiteres Stilelement in unserem Forschungs-Leitfaden: Soweit es zu den jeweiligen Inhalten Informationen gibt, die wesentliche Fragestellungen, eine konzentrierte Zusammenfassung oder zusätzliches Hintergrundwissen vermitteln, dann sind diese komplett in **Kästen** gesetzt. So kann auch dies auf den ersten Blick erkannt und vom übrigen Text unterschieden werden.

Kapitel B
Wie entwickle ich die Gesamtstruktur für meine wissenschaftliche Arbeit?

– Untersuchungsdesign und Gliederung –

> Welche Funktion hat das Untersuchungsdesign bei einer wissenschaftlichen Arbeit? In welcher Darstellungsform wird es zweckmäßigerweise erstellt und wie ist das inhaltliche Vorgehen hierbei? Wie ist die Verbindung zwischen Untersuchungsdesign und Gliederung? Was sind wesentliche formale Aspekte, die bei Gliederungen zu beachten sind?

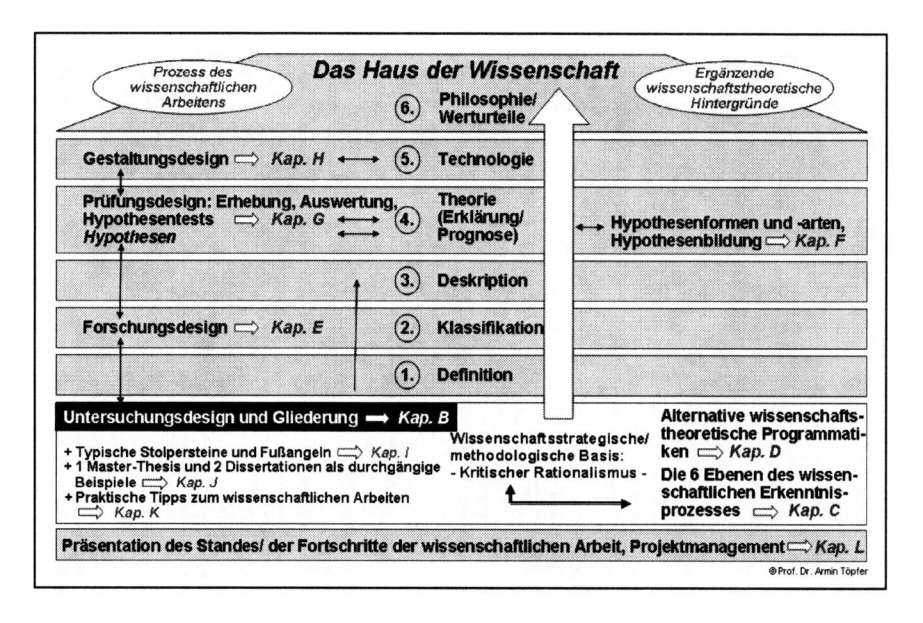

Abb. B-1: Das Haus der Wissenschaft – Einordnung des Kapitels B

I. Das Untersuchungsdesign als „Landkarte/ Navigationssystem" für das Erstellen einer wissenschaftlichen Arbeit

1. Zu den Designs in diesem Forschungs-Leitfaden: Visualisierte Strukturierungen und Darstellungen des wissenschaftlichen Arbeitsprozesses

Der **Begriff Design** ist aus unserem heutigen Sprachgebrauch kaum noch wegzudenken. Er steht auf der im Jahr 1999 kreierten Liste der 100 Wörter, die das vergangene Jahrhundert in besonderer Weise geprägt haben (vgl. Schneider 1999). Vor allem in Wortkombinationen begegnet uns Design immer wieder, so z.B. beim Grafik-Design, bei dem in den 1940er Jahren erstmals in den USA aufgekommenen Produkt-Design oder beim späteren Ansatz des Corporate Design im Rahmen der Corporate Identity (vgl. Töpfer 2007). Hiermit wird eine ansprechende, Form und Funktion verbindende respektive einheitlichen Grundsätzen folgende Gestaltung von Produkten als Wertschöpfungsergebnisse und/ oder von Produktionsmitteln als Wertschöpfungsinstrumente bezeichnet. Wenn wir in unserem Forschungs-Leitfaden von verschiedenen Designs sprechen, dann liegt dem eine durchaus ähnliche Sichtweise zu Grunde.

Der Begriff Design umfasst also sowohl die **konzeptionellen Vorstellungen** zu einem bestimmten Werk oder Vorhaben als auch die dabei notwendigen **Stadien der Realisierung** (vgl. z.B. List 2007). Design bedeutet folglich, ein Produkt oder eine Leistung gewissermaßen vorwegzunehmen bzw. „vorauszudenken". Auf das Gewinnen und Umsetzen wissenschaftlicher Erkenntnisse bezogen, wird der von uns als Forschungsdesign bezeichnete Schritt in der Literatur auch als Konzeptualisierung und der des Untersuchungsdesigns auch als Untersuchungsplan dargestellt (vgl. beispielhaft Friedrichs 1990, S. 112 ff., 158 ff.).

Das **wissenschaftliche Arbeiten** als begründetes und nachvollziehbares Gewinnen neuer Erkenntnisse und deren Anwendung zur Lösung praktischer Problemstellungen ist ein über weite Strecken immaterielles, also unkörperliches oder nicht-stoffliches Vorhaben. Der oder die Forscher sind immer wieder mit der zunächst rein gedanklichen Verarbeitung wichtiger Teile ihres aktuellen Projekts oder seines weiteren Fortgangs beschäftigt. Die Notwendigkeit solcher Prozessphasen ist unmittelbar einsichtig, da es insgesamt immer um das Gewinnen neuer Erkenntnisse bzw. um das Übertragen von Erkenntnissen auf neuartige Problemstellungen geht. Dabei ist es ganz entscheidend, von Beginn an bereits über einen **Rahmen/ ein Raster** zu verfügen, nach dem der Forschungsprozess insgesamt und in seinen wesentlichen Teilen abläuft. Ganz so, wie es zuvor beschrieben wurde, steht am Anfang des eigenen Forschungsvorhabens die Aufgabe, das wissenschaftliche Projekt einmal komplett „vorauszudenken" und damit Überlegungen zu dessen Design anzustellen. Untersuchungsdesign und Gliederung sind dadurch die wichtige erste Arbeit, damit Sie in Ihr Thema eintauchen und sich mit diesem vertraut machen. Das Untersuchungsdesign kennzeichnet demnach – bildlich gesprochen – die vorgeschlagene Route auf dem Navigationssystem, also die

Meilensteine vom Beginn der Reise bis zum Erreichen des Zielortes. Dies entspricht bei einem Forschungsvorhaben der Abfolge, in der die einzelnen Phasen des Erkenntnisprozesses nach wissenschaftstheoretisch fundierten methodischen Grundsätzen und nach technologisch ausgerichteten praxisbezogenen Zielsetzungen absolviert werden.

Wissenschaftliches Arbeiten zeichnet sich in aller Regel durch eine hohe Komplexität in möglichst neue Richtungen aus, und dennoch folgt es auch immer bestimmten Mustern. Es verläuft in verschiedenen Stadien, welche von der wissenschaftsstrategischen bzw. methodologischen Grundauffassung eines Forschers abhängen. In unserem Forschungs-Leitfaden folgen wir dem Kritischen Rationalismus, und hierfür bieten wir **verschiedene, aufeinander aufbauende Designtypen** als Hilfen im Prozess der Strukturierung wissenschaftlicher Arbeiten an. Das ist unser Ansatz, um die generell hohe Vielschichtigkeit von Forschungsvorhaben steuern zu können.

In der Literatur wird der **Designbegriff** im Zusammenhang mit dem wissenschaftlichen Arbeiten bereits seit geraumer Zeit verwendet. Als eine frühe Quelle mit betriebswirtschaftlichem Anwendungsbezug ist z.B. FRITZ 1995 zu nennen. Auch die gängigen Lehrbücher zur empirischen Sozialforschung sind mittlerweile zumindest als „designorientiert" zu kennzeichnen, so z.B. ATTESLANDER 2008 und KROMREY 2009.

Häufig als Forschungsdesign, teilweise auch als Forschungsablauf oder -planung gekennzeichnet, wird in Lehrbüchern oft der gesamte Forschungsprozess auf einmal umgriffen. Die entsprechenden Darstellungen sind dadurch per se relativ komplex, so dass deren Verständlichkeit und vor allem ihre Nachvollziehbarkeit für das eigene Forschungsvorhaben nicht selten als schwierig empfunden werden.

Die von uns verwendeten und im Kapitel A bereits kurz vorgestellten verschiedenen Designtypen/ Strukturierungshilfen folgen dem Gesamtprozess des Erstellens einer wissenschaftlichen Arbeit. Wie die Abbildung B-2 zeigt, wird damit zugleich der **zunehmenden Fokussierung der Fragestellung** im Verlauf des Bearbeitungsprozesses Rechnung getragen.

Dabei ist über den Forschungsverlauf regelmäßig auch eine **Zunahme von Umfang und Qualität** der spezifisch neuen Erkenntnisse anzustreben. Diese in der Abbildung B-2 durch die gegenläufigen Dreiecke dargestellte Entwicklung im Verlauf einer wissenschaftlichen Arbeit bringt es mit sich, dass bei den hier als methodische Schritte vorgestellten Designtypen die Detaillierungen und Strukturierungen schrittweise differenzierter werden. Gleichwohl besteht der hauptsächliche Effekt der aufeinander aufbauenden Übersichten darin, dass hiermit der weitere Fortgang des Forschungsprozesses klar und übersichtlich visualisiert wird. Entsprechend dem Bild der Überschrift dieses Kapitels arbeiten Sie also mit verschiedenen „Landkarten", die einen immer kleineren Maßstab aufweisen, bzw. – anders formuliert – Ihr „Navigationssystem" zoomt Sie immer näher an Ihr Ziel heran.

24   B. Wie entwickle ich die Gesamtstruktur für meine wissenschaftliche Arbeit?

Methodische Schritte des wissenschaftlichen Erkenntnisprozesses
- Untersuchungsdesign
- 6 Ebenen des wissenschaftlichen Erkenntnisprozesses
- Forschungsdesign
- Hypothesenformulierung
- Prüfungsdesign: Erhebung, Auswertung, Hypothesentests
- Gestaltungsdesign
- Schlussfolgerungen/ Handlungsempfehlungen

Fokussierung der wissenschaftlichen Fragestellung/ des Analyseprozesses

Umfang und Qualität der neuen Erkenntnisse

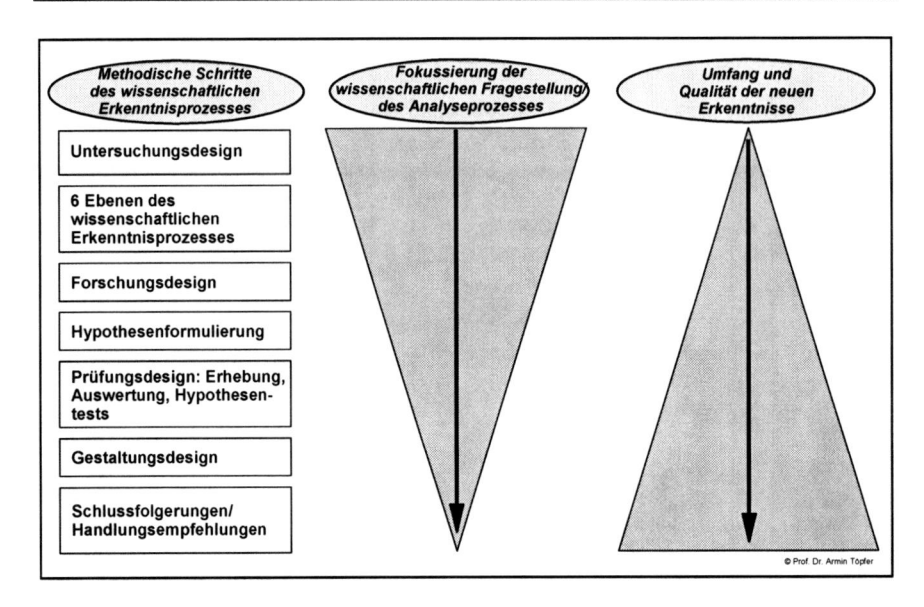

© Prof. Dr. Armin Töpfer

Abb. B-2: Spezifität und Qualität des wissenschaftlichen Erkenntnisprozesses

2. Das Untersuchungsdesign: Eine verlaufsbezogene Darstellung von Ausgangspunkt, Zielsetzungen und Wegen einer wissenschaftlichen Arbeit

Mit dem Untersuchungsdesign erarbeiten Sie sich zu Beginn Ihres Forschungsprozesses einen **konzeptionellen Bezugsrahmen** für Ihre gesamte wissenschaftliche Arbeit. Für die Strecke zwischen Ihrem inhaltlichen Ausgangspunkt und Ihren wissenschaftlichen Zielsetzungen skizzieren Sie hier also den oder die möglichen Wege zum Erreichen Ihres Forschungsziels – dem Erstellen einer guten und damit gehaltvollen erkenntnis- und/ oder umsetzungsorientierten wissenschaftlichen Arbeit. Auch unter Berücksichtigung organisatorischer Aspekte geht es beim Entwerfen dieser „Landkarte" mit größtem Maßstab darum, den kompletten Forschungsgegenstand inhaltlich ein erstes Mal insgesamt zu durchdringen und in geeigneter Weise zu visualisieren. Sie arbeiten in dieser Phase also – bildlich gesprochen – aus der Vogelperspektive. Beim Erstellen dieser generellen „Roadmap" für Ihr Forschungsvorhaben sind die anfänglichen Entscheidungen zu den grundlegenden Forschungsmethoden/ -schritten und den dazu notwendigen Inhalten bzw. Instrumenten nachvollziehbar zusammenzufassen, so dass für den Prozess Ihres wissenschaftlichen Arbeitens damit eine erste Rahmenplanung vorliegt.

> Das **Untersuchungsdesign** ist der – visualisiert dargestellte – konzeptionelle Bezugsrahmen für eine gesamte wissenschaftliche Arbeit. Entwickelt von der Problemstellung hin zu den erkenntnis- und/ oder handlungsorientierten Gesamt-/ Etappenzielen, enthält es

die im Einzelnen vorgesehenen methodisch-inhaltlichen Bereiche sowie die empirischen Arbeitsschritte in einer ersten, überblicksartigen Vernetzung.

Bereits in Verbindung mit dem Untersuchungsdesign als der ersten in unserem Forschungs-Leitfaden vorgestellten Strukturierungshilfe sollten Sie eine Sache bedenken: Wenn später der Gutachter oder auch jeder andere Leser Ihre Arbeit in die Hand nimmt, wird er nicht mit der Fragestellung an diese herangehen: „Was will der Student/ Doktorand mir sagen?" Er wird sich vielmehr fragen: „Wo kann ich leicht und einfach die erarbeiteten, hoffentlich anspruchsvollen und aussagefähigen Inhalte erfassen?" Den Verlauf Ihrer Arbeit kennzeichnende Übersichten sind also aus 2 Gründen wichtig: Zum einen helfen diese Ihnen selbst, klare Vorstellungen zu Ihrem Erkenntnis- und Anwendungsprozess zu entwickeln, und zum anderen erleichtern sie dem Leser respektive Gutachter das Nachvollziehen Ihrer Gedanken.

Die Struktur eines Untersuchungsdesigns ähnelt dabei dem **Ablauf eines allgemeinen Management-Prozesses**, wie er in Abbildung B-3 wiedergegeben ist. Der Abgleich zwischen Ist-Situation und definierten Zielen bestimmt das zu lösende Problem. Hierzu werden Einflussfaktoren sowie Gestaltungs- und Handlungsfelder herausgearbeitet. Auf der Basis der Umsetzung ist dann eine Ergebnisbewertung als Wirkungsanalyse möglich.

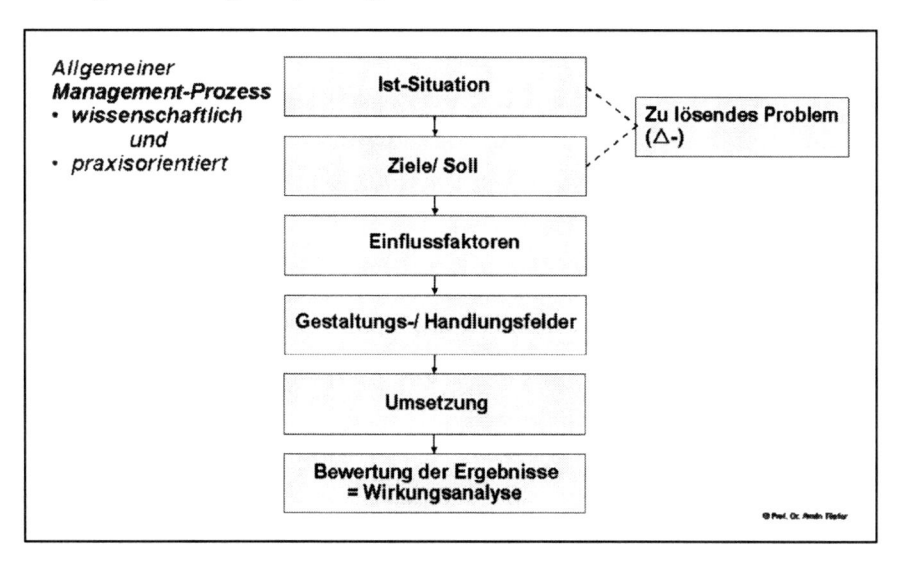

Abb. B-3: Der Management-Prozess als ein Ablaufschema des Untersuchungsdesigns

Eine in der Wissenschaft anerkannte und häufig angewandte Forschungsmethode, die eine ähnliche Grundstruktur aufweist wie der allgemeine Management-Prozess in Abbildung B-3, ist die **dialektische Vorgehensweise**. Sie verfolgt als Forschungsschritt den Zweck, durch eine gegensätzliche Argumentation die Erkenntnisperspektive zu erweitern und damit neue Erkenntnisse zu gewinnen. Bereits seit der antiken Philosophie wird mit dem Begriff Dialektik eine Methode oder Disziplin bezeichnet, um Wissen zu erwerben oder zu überprüfen. Sie wurde vor allem von PLATON als technischer Terminus einer methodisch-wissenschaftlichen Vorgehensweise verwendet.

Im Detail geht es bei dieser „Kunst der Gesprächsführung" darum, den wissenschaftlichen Diskurs so zu führen, dass einer bestehenden Auffassung als These eine gegensätzliche Auffassung als Antithese gegenüber gestellt wird, in der beispielsweise Probleme und Widersprüche der bestehenden Auffassung zum Ausdruck gebracht werden. Aus beiden polarisierten Aussagen wird dann im Dialog die Synthese als realisierbarer Lösungsraum herausgearbeitet (siehe Abb. B-4). In der Kombination lässt sich der Management-Prozess als Struktur des Untersuchungsdesigns zielführend und aussagefähig mit dem dialektischen Ansatz verbinden, der als Methode im Untersuchungsdesign und vor allem im Forschungsdesign eingesetzt wird.

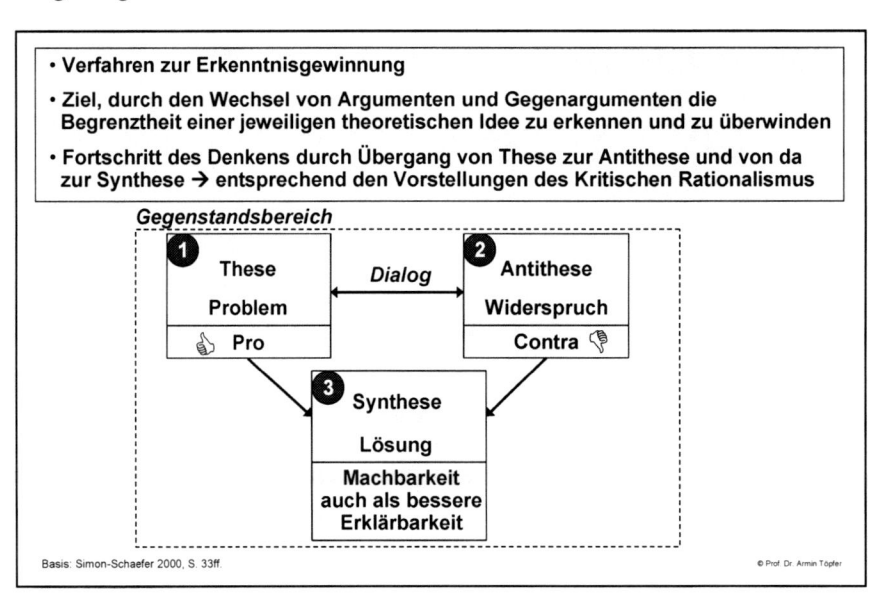

Abb. B-4: Der dialektische Ansatz als Methode im Untersuchungsdesign

Das generelle Ziel des dialektischen Ansatzes besteht darin, durch den Wechsel von Argumenten und Gegenargumenten die Begrenztheit der jeweiligen theoretischen Idee zu erkennen und so zu neuen Erkenntnissen zu gelangen. Durch das Abwägen der beiden gegensätzlichen Positionen in der These und der Antithese als Pro und Contra, die sich auf den gleichen Gegenstandsbereich und damit einen gemeinsamen Lösungsraum beziehen, lässt sich in der Synthese ein erweitertes Lösungsspektrum herausarbeiten, das eine hohe Machbarkeit aufweist. Im erkenntnisorientierten Forschungsansatz geht es dabei um eine bessere Erklärbarkeit von Phänomenen und nicht nur um eine bessere Umsetzbarkeit von zielführenden

Maßnahmen. Dadurch wird das Ergebnis am Ende für alle am Wissenschaftsprozess Beteiligten eher zustimmungsfähig, vor allem wenn in der Synthese überlegene neue Ideen gefunden bzw. herausgearbeitet werden, die den jeweils partiellen Ansatz und Erkenntniswert der beiden streitenden Theorien der These und Antithese überwinden.

Diese Vorgehensweise steht in Einklang mit dem Kritischen Rationalismus und ist komplementär zur deduktiven Entwicklung und Darstellung von Theorien. Das Schwergewicht des dialektischen Ansatzes liegt wie beim Kritischen Rationalismus nicht auf der Bestätigung von Theorien, sondern auf deren Widerlegung, weil eine Widerlegung zum Ausgangspunkt für neues Forschen wird. Der Fortschritt des Denkens ist dann also nicht im Verharren bei einer These gegeben, vielmehr ist er durch den Übergang von der These zur Antithese und von da zur Synthese gewährleistet. Das dialektische Drei-Schritt-Schema ermöglicht diesen Entwicklungsprozess vor allem dadurch, dass der einzelne Wissenschaftler ursprünglich nicht für sich alleine forscht, sondern in einem Erfahrungsaustausch mit anderen Wissenschaftlern steht.

Auf den **Kritischen Rationalismus** als eine der Grundrichtungen der Erkenntnisgewinnung gehen wir im Kontext mit anderen wissenschaftstheoretischen Konzeptionen im Kapitel D ausführlich ein.

Im Untersuchungsdesign zu einem Forschungsvorhaben lässt sich die Dialektik als Methode einer erweiterten Erkenntnisgewinnung mit der gleichen Zielsetzung anwenden. Dies schließt ein, dass vom Forscher selbst mögliche Gegenargumente anderer Forscher zur eigenen These in der Antithese bereits formuliert werden. Der Forscher stellt damit seinen eigenen Forschungsansatz und seine gewonnenen Erkenntnisse bereits frühzeitig auf einen kritischen Prüfstand. Phänomene der Realität werden dann als Wirklichkeit nicht als statisches System aufgefasst, sondern sie werden durch die erweiterte Erkenntnisperspektive dem Anspruch eines dynamischen Systems gerecht und können so entsprechend dem Kritischen Rationalismus mit einem zunehmenden Erkenntniswert weiterentwickelt werden. Die Forschungsmethode entspricht damit der Entwicklung in der Realität und ist dadurch erst offen für den durch die Wissenschaft angestrebten Erkenntnisfortschritt. Wie leicht nachvollziehbar ist, belegt und begründet dieser Nutzen für die Forschung den hohen Stellenwert des dialektischen Ansatzes in der Wissenschaft und Praxis.

Ein bei der dialektischen Vorgehensweise nicht zu unterschätzendes Problem besteht darin, dass einem **dialektischen Widerspruch** zwischen These und Antithese ein **logischer Widerspruch** zu Grunde liegen kann. Diese Verwechslung führt dann häufig dazu, dass der logische Widerspruch nicht erkannt wird. In der dialektischen Argumentation kann dadurch kein einheitlicher und damit gemeinsamer Lösungsraum für die Pro- und Contra-Argumentation mehr gefunden werden und deshalb existiert in der Synthese auch keine Lösung mit hoher Machbarkeit und Akzeptanz.

Diese wohl nicht ganz einfachen Ausführungen zu dialektischen oder logischen Widersprüchen in der Argumentation sollen an einem simplifizierten Beispiel aufgezeigt werden: Ein logischer Widerspruch ist zwischen den beiden Argumentationen „Der Mensch stammt vom Affen ab" als These und „Der Mensch ist von Gott geschaffen worden" als Antithese gegeben. Denn sie gehören nicht zum gleichen Lösungsraum und sind damit logisch nicht vereinbar. Die These zur Evolution ist als Lösungsbereich nicht gleichrangig mit der Schöpfungsgeschichte als Antithese, also mit dem Kreationismus. Eine Überprüfung der These hängt vom jeweiligen Stand der Naturwissenschaften ab, ob also durch Genforschung entsprechende Analysen und Erkenntnisse möglich sind. Eine Überprüfung der Antithese ist naturwissenschaftlich nicht möglich, da sie eine philosophisch-religiöse Aussage zum Gegenstand hat und damit eine Frage des Glaubens ist. Aus diesem Grunde ist auch keine gehaltvolle Synthese möglich.

Anders ist die Sachlage, wenn der Widerspruch in den beiden Argumentationslinien sich nur auf den Lösungsraum der Evolution bezieht und dabei dialektisch ist, z.B. mit der These „Der Mensch stammt vom Affen ab" und der Antithese „Der Mensch stammt nicht vom Affen ab". Die Frage ist, ob es bezogen auf die Evolution als gemeinsamen Lösungsraum eine Synthese gibt. Diese ist bekanntlich in der Aussage gegeben „Mensch und Affe haben in den Entwicklungslinien beider Spezies gemeinsame Vorfahren".

Wie geht man nun beim Erstellen eines Untersuchungsdesigns vor? Abbildung B-5 benennt die hierbei wesentlichen Punkte.

Wie gehe ich vor? Was mache ich?

Fahrplan des wissenschaftlichen Erkenntnis- und Anwendungsprozesses

- ➢ Interessierenden Untersuchungsbereich definieren
- ➢ Inhalt und Reihenfolge der Analysen festlegen
- ➢ Abfolge und Vernetzung von folgenden Teilschritten:
    - Literaturauswertungen zu Begriffen sowie Phänomenen in der Wissenschaft und Unternehmenspraxis
    - Auswertungen zu bereits durchgeführten empirischen Untersuchungen in der Unternehmenspraxis
    - Eigene Analyse von Ursachen-Wirkungs-Beziehungen bezogen auf die Inhaltsbereiche
    - Eigene vorgesehene Befragung/ empirische Untersuchung in Unternehmen

↳ Nachvollziehbare Grundlage für den gesamten Forschungs- und Umsetzungsprozess schaffen

▶ **Untersuchungsdesign als visualisierte Gliederung mit den einzelnen Kapiteln in ihrer Abfolge, Parallelität und Vernetzung**

© Prof. Dr. Armin Töpfer

Abb. B-5: Inhalte des Untersuchungsdesigns

- Die zentralen Fragen, die Sie mit dem Untersuchungsdesign beantworten, sind: Wie gehe ich vor? Und: Was mache ich?

Das führt Sie zu Ihrem **Fahrplan des wissenschaftlichen Erkenntnis- und Anwendungsprozesses.**
- Dazu definieren Sie zunächst den **interessierenden Untersuchungsbereich** näher. Bezogen auf die Beispielthemen in unserem Forschungs-Leitfaden also: Was wollen Sie untersuchen im Hinblick auf den Produktentwicklungsprozess in Unternehmen, auf Internetportale für die Zielgruppe 50+ oder auf das Risikomanagement im Krankenhaus?
Das heißt, bei dieser näheren Festlegung Ihrer inhaltlichen Zielsetzungen grenzen Sie vor allem ab. Das ist ein sehr wichtiger Punkt: Wenn Sie sagen, was Sie untersuchen, dann müssen Sie immer auch sagen, was Sie nicht untersuchen. Wenn Sie in einer Arbeit nur ausführen, **was Sie machen**, dann versteht der Leser dies so, wie er es vor dem Hintergrund seines Wissens sieht. Er schließt in diesem Falle vielleicht Dinge ein, die Sie nicht explizit ausgeschlossen haben. Und damit entsteht bereits das Problem, dass der Leser/ Gutachter zum Teil andere Schwerpunkte und Inhalte erwartet. Wenn Sie hingegen auch explizit darlegen, **was Sie nicht machen**, dann ist es absolut eindeutig.

Auf das Vorgehen bei diesen anfänglichen Abgrenzungen gehen wir später noch detaillierter ein, und zwar bei den Darstellungen zur **1. und 2. Stufe des wissenschaftlichen Erkenntnisprozesses** (Definition und Klassifikation in Kap. C).

- Der Punkt **Inhalt und Reihenfolge der Analysen** hat zum Gegenstand, in welcher Abfolge und Vernetzung Sie bestimmte Teilschritte durchführen. Sie sortieren also zunächst Ihre Vorstellungen über die Vorgehensweise, und Sie definieren daraufhin Ihre Analyseschritte im Einzelnen. Führe ich also eine Literaturanalyse, Experteninterviews, eine Feldstudie durch, mache ich Experimente – dies kann man dann alles dem Untersuchungsdesign entnehmen. Insgesamt zeigt es also: Wie ist das methodisch-inhaltliche Vorgehen und welche empirischen Analysen werden eingesetzt?
- Zur **Abfolge und Vernetzung der Teilschritte**, die Sie im Untersuchungsdesign aufzeigen, gehört damit beispielsweise zunächst auch die **Literaturauswertung**. Es ist immer notwendig, dass Sie Begriffe und Phänomene für Ihre Untersuchungszwecke möglichst genau ausführen, also definieren. In der Gliederung beginnen Sie i.d.R. aber mit einem Problemaufriss und erst danach mit Begriffsbestimmungen. Deshalb ist es generell zweckmäßiger, zum Einstieg erst einmal das Problem zu umreißen.
Soweit es zu Ihrem Untersuchungsbereich bereits **vorhandene empirische Untersuchungen** in der Unternehmenspraxis bzw. Ihrem speziellen Praxisfeld gibt, bietet es sich an, diese gesondert zu erfassen und näher zu analysieren.

Hier ist es ratsam, sich einen genauen Überblick zu verschaffen sowie die Studien im Hinblick auf die untersuchten Merkmale und Zusammenhänge genau auszuwerten. Nichts ist schlimmer als eine **„übersehene" fundierte wissenschaftliche Arbeit**, die genau das detailliert untersucht, was Sie sich eigentlich vorgenommen haben.

Ein gutes Beispiel für eine Bestandsaufnahme der bisherigen Forschung zum Thema „Beschwerdeverhalten und Beschwerdemanagement" liefert der Artikel von HOMBURG/ FÜRST. In ihm werden auf der Basis forschungsleitender Fragen die wesentlichen konzeptionellen Bestandteile der Forschungsthematik differenziert und analysiert (vgl. Homburg/ Fürst 2007).

Dann folgt die **eigene Analyse von Ursachen-Wirkungs-Beziehungen**. Das ist das Kernstück jeder erkenntnisorientierten Arbeit. Wenn Sie also zu Beginn Ihrer Forschungsarbeit zunächst die einzelnen Bausteine aufzeigen, dann versuchen Sie jetzt, diese zu vernetzen. Das Herstellen von Ursachen-Wirkungs-Beziehungen bedeutet immer die Vernetzung von Inhalten. Sie sagen dann, dieses – vielleicht auch nur als Symptom beobachtbare – Phänomen als Wirkung basiert wahrscheinlich auf bestimmten Ursachen oder Ursachenkomplexen. Damit haben Sie die Grundlage für eine Erklärung gelegt. Die vermuteten Ursachen-Wirkungs-Beziehungen machen den Theorieteil Ihrer Arbeit aus. Wenn Sie Hypothesen formulieren, dann verdichten Sie alles, was Sie zu einem Komplex geschrieben haben, auf eine Aussage. Nach dem grundsätzlichen Schema: Die beobachtete Wirkung ist zustande gekommen, weil bestimmte Ursachen eingetreten waren. Oder generell formuliert: Wenn bestimmte Ursachen gegeben sind, kommt es zu folgender Wirkung.

Einfache Beispiele zu Hypothesen:

Wenn die Auslastung/ Intensität einer Maschine vom Typ A über 95% steigt, dann sind mehr als 10% aller in einer Stunde mit ihr hergestellten Produkte/ Bauteile fehlerhaft.

Wenn Personen im Alter von über 50 Jahren über eine akademische Ausbildung verfügen, dann nutzen diese zu über 70% das Internet.

Die Verdichtung und damit die Reduktion aller wesentlichen Inhalte und Beziehungen zu einem Inhaltsbereich in Hypothesenform lässt sich am Beispiel von Kochrezepten verdeutlichen. Es ist genau so, wie wenn man viele verschiedene Ingredienzen in einen Topf gibt, diese köcheln lässt und am Schluss kommt ein Consommé heraus. Da ist alles drin; es ist sehr konzentriert, ein bisschen angedickt und damit nicht in allen Details nachvollziehbar – aber es schmeckt sehr gut. Beim wissenschaftlichen Arbeiten ist dies entsprechend: Das Consommé entsteht über die Hypothesen, die in reduzierter Form die wichtigsten Ursachen-Wirkungs-Beziehungen wiedergeben. Konkret bedeutet dies, dass Sie im Rahmen Ihrer Arbeit z.B. 5 bis 10 Seiten verfassen und dann jeweils versuchen, das Ergebnis dieser Ausführungen/ Analyse in eine oder wenige Hypothesen zu fassen und so zu verdichten. Hypothesen fallen im Rahmen einer Arbeit „nicht vom Himmel", sondern sie sollten immer bereits aus dem jeweiligen Inhaltsteil und den gemachten Ausführungen heraus abgeleitet werden respektive sich auf diese beziehen.

Wie bei vielen wissenschaftlichen Arbeiten kann es für Sie und Ihre Forschung zielführend sein, die aufgestellten Ursachen-Wirkungs-Beziehungen in der Praxis auf Gültigkeit zu testen. Hierzu führen Sie eine **eigene empirische Unter-**

suchung durch, in der Sie z.B. Unternehmen zum dort jeweils angewandten Produktentwicklungsprozess befragen. Diese empirische Studie kann eine Befragung von wenigen Experten, eine zahlenmäßig eng begrenzte Pilotstudie oder eine relativ breit angelegte Feldstudie sein. Dadurch, dass Sie im Vorfeld Ursachen-Wirkungs-Beziehungen herausgearbeitet haben, lassen sich diese gezielt überprüfen. Somit wird das Ergebnis einer empirischen Untersuchung viel gehaltvoller im Vergleich zu einer Studie, die nur exploratorisch bzw. explorativ (lat. explorare = erkunden) angelegt ist. Jetzt kann vielmehr explanatorisch oder explikativ (lat. explanare = erklären; explicare = erklären) und konfirmatorisch (lat. confirmare = bestätigen) gearbeitet werden; d.h. es sind Erklärungen angestrebt, und es wird überprüft, ob die aufgestellten Hypothesen zutreffen.

Ausführlich erläutert werden der **wissenschaftliche Arbeitsprozess** und die **Hypothesen** in den Kapiteln C, E und F. Alles Nähere zur **Prüfung theoretischer Erkenntnisse** mit empirischen Untersuchungen findet sich in Kapitel G.

Alles in Allem: Für den gesamten Forschungs- und Umsetzungsprozess schaffen Sie sich mit dem Untersuchungsdesign eine nachvollziehbare Grundlage, die Ihren **wissenschaftlichen Fahrplan und Arbeitsplan** wiedergibt und wichtige Vernetzungen aufzeigt. Der Leser kann so die behandelten Inhalte schneller erfassen und einander zuordnen. Die der wissenschaftlichen Analyse eigene Komplexität ist auf diese Weise leichter nachvollziehbar.

Abbildung B-6 zeigt ein reales Beispiel für ein Untersuchungsdesign: Es ist einer von uns durchgeführten und publizierten Forschungsarbeit zu **plötzlichen Unternehmenskrisen** entnommen (vgl. Töpfer 1999).

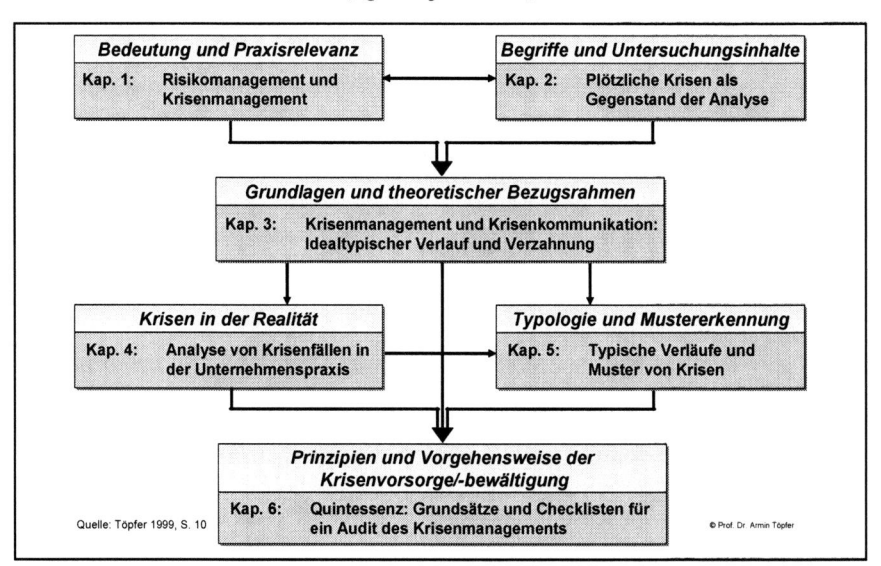

Abb. B-6: Beispiel für ein Untersuchungsdesign: Plötzliche Unternehmenskrisen

Unvermittelt auftretende schwierige Situationen sind immer zunächst eine Gefahr, und erst nach deren Bewältigung kann sich zeigen, ob daraus für die Zukunft auch ein Chancenpotenzial erwachsen ist.

Auf der Basis der Ausführungen zu Bedeutung und Praxisrelevanz plötzlicher Unternehmenskrisen (Kap. 1) werden die in der Literatur zum Teil unscharfen Begriffe eindeutig definiert und die Untersuchungsinhalte klar abgegrenzt (Kap. 2). Hieran schließt sich eine Aufarbeitung der theoretischen Grundlagen sowie des idealtypischen Verlaufs von Krisenmanagement und Krisenkommunikation an (Kap. 3). Auf dieser Basis werden Krisenfälle in der Realität analysiert (Kap. 4). Der theoretische Bezugsrahmen und die empirischen Verlaufsanalysen bilden die Grundlage, um typische Verlaufsmuster herauszuarbeiten. Die theoretische Quintessenz ist also eine Typologie mit einer Mustererkennung von in der Praxis auftretenden, also validierten Varianten (Kap. 5). Hieraus können Prinzipien und Verfahrensweisen für die prophylaktische Krisenvorsorge und die reaktive Krisenbewältigung abgeleitet werden (Kap. 6). Die hier referierte Forschungsarbeit hatte eine qualitative Analyse einzelner Krisenfälle zum Gegenstand.

Hierbei häufig eingesetzte – sowohl quantitativ als auch qualitativ ausgerichtete – **Prüfungsdesigns (Erhebung, Auswertung und Hypothesentests)** werden im Kapitel G näher erläutert.

II. Die Gliederung als hierarchische Struktur der Inhalte

1. Untersuchungsdesign und Gliederung – Unterschiede und Zusammenhänge

Wie hängen Untersuchungsdesign und Gliederung zusammen? Die wesentlichen Unterschiede und Zusammenhänge zeigt Abbildung B-7. Der grundsätzliche Unterschied ist dadurch gegeben, dass – wie angesprochen – ein Untersuchungsdesign grafisch ausgerichtet ist und Zusammenhänge bzw. Vernetzungen leicht nachvollziehbar macht. Durch das Untersuchungsdesign soll der Leser ein „Bild im Kopf" haben, Konzeption und Inhalt sollen also gut memorierbar sein.

Eine Gliederung ist hingegen hierarchisch strukturiert und zeigt, im Gegensatz zum groben Überblick im Untersuchungsdesign, alle in einer wissenschaftlichen Arbeit behandelten Details auf.

Das Ziel des Untersuchungsdesigns geht dahin, Komplexität überschaubar zu machen oder sogar zu reduzieren. Eine Gliederung soll die Komplexität von inhaltlichen Analysen im Detail nachvollziehbar machen. Das Untersuchungsdesign ist also eher holzschnittartig, die Gliederung ist filigran. Von daher ist es wichtig, dass zuerst immer grafisch-visuell in groben Zusammenhängen strukturiert werden sollte und erst danach die Detailarbeit sinnvollerweise beginnen kann. Die umgekehrte Vorgehensweise ist wenig zielführend, da dann eine detaillierte Gliederung für das Erstellen des Untersuchungsdesigns nur noch auf Hauptpunkte reduziert wird.

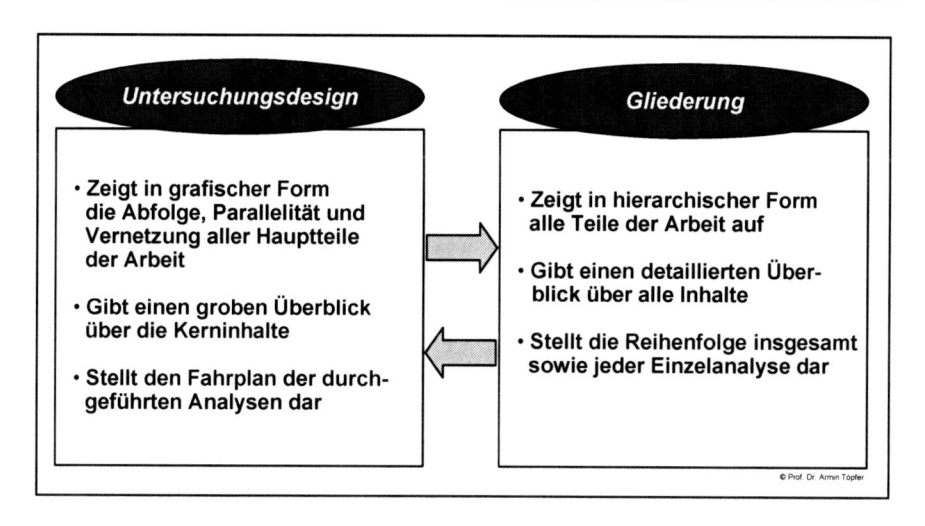

Abb. B-7: Unterschiede und Zusammenhänge von Untersuchungsdesign und Gliederung

Die **Gliederung** zeigt – hierarchisch strukturiert – alle im Einzelnen durchgeführten und in einer Arbeit beschriebenen inhaltlich-theoretischen oder praktisch-empirischen Untersuchungsschritte sowie die daraus abgeleiteten Handlungsempfehlungen und Schlussfolgerungen in ihrem Ablauf auf. Die Gliederungstiefe sollte der inhaltlichen Bedeutung einzelner Kapitel/ Abschnitte entsprechen.

Um Ihren **persönlichen Arbeitsprozess** möglichst effizient zu gestalten, ist **zuerst** mit dem **Untersuchungsdesign** zu beginnen. Entwerfen Sie auf diese Weise die Konzeption und den Ablauf Ihrer vorgesehenen wissenschaftlichen Analyse.

2. Formale und inhaltliche Hinweise zum Gestalten von Gliederungen

Mit den **Anforderungen an Gliederungen** kommen wir jetzt zu eher formalen Aspekten (vgl. hierzu auch Theisen 2006, S. 100 ff.; Preißer 1993). Diese mögen zwar größtenteils trivial erscheinen. Da insbesondere bei Bachelor- und Master-Arbeiten aber dennoch häufig gegen wichtige Grundprinzipien verstoßen wird, gehen wir hierauf kurz ein (siehe Abb. B-8 und B-9).

- Wichtig ist die konsistente Untergliederung von Hauptpunkten. In einem Kapitel 2 mit einem Unterkapitel 2.1 muss es notgedrungen auch ein Unterkapitel 2.2 geben.
- Der rote Faden über die gesamte Arbeit sollte für den Leser bereits in der Gliederung erkennbar sein.

> 1. „Wer eins sagt, muss auch zwei sagen!"
> 2. Der Rote Faden sollte „nicht abreißen"!
> 3. Der Schwerpunkt der Arbeit muss auch in der Gliederung erkennbar sein!
> 4. Mittelweg zwischen „Grob-Gliederung" und „Zergliederung"!
> 5. Keine Meta-Sprache!
>
> © Prof. Dr. Armin Töpfer

Abb. B-8: Anforderungen an eine Gliederung (1/2)

- Hierdurch und durch die Größe und den Seitenumfang von Kapiteln müssen die Schwerpunkte der Arbeit gut nachvollziehbar sein.
- Bei einer Gliederung besteht immer die Gefahr, dass zu tief gegliedert und damit „zergliedert" wird. Dieses Problem lässt sich aus zweierlei Sicht bewerten: Zum einen wenn im Vergleich zum Gesamtumfang der Forschungsarbeit zu viele Gliederungsebenen verwendet werden, also z.B. 3.7.4.1; zum anderen wenn die Unterkapitel auf der untersten Gliederungsebene nur sehr kurz, also maximal eine halbe Seite lang sind. Als Norm sollte das kleinste Unterkapitel ca. 1 Seite umfassen. Ansonsten nimmt die konzeptionelle Differenzierung mehr Raum ein als die inhaltlichen Ausführungen.
- Ein in der Wissenschaft häufig verbreitetes Problem ist die Verwendung einer Meta-Sprache. Ein Themenbereich wird dann nicht inhaltlich angesprochen, sondern lediglich mittels einer generellen Aussage eingeordnet, also z.B. „Eine differenzierte Analyse…" statt „Eine Analyse nach den Kriterien Qualität, Zeit und Kosten". Die 2. Formulierung ist im Vergleich zur 1. im Hinblick auf die untersuchten Inhalte eindeutig operationalisiert und damit nicht so vage und „freibleibend". Die Vermeidung von meta-sprachlichen Aussagen, also die konkrete inhaltliche Ansprache, macht wissenschaftliche Formulierungen dadurch zugegebenermaßen manchmal eher journalistisch, wenn die Wortwahl nicht konsequent sachlich-neutral gewählt wurde.

In Abbildung B-9 sind einige formale Fehlerquellen bei Gliederungen oder Abbildungsverzeichnissen zusammengestellt.

Wie in der wiedergegebenen **Beispielstruktur einer Gliederung** (siehe Abb. B-10) dargestellt, ist es immer ratsam, die Arbeit nicht mit Definitionen zu beginnen, sondern mit einer inhaltlich-thematischen Einführung zur gewählten Problemstellung. Dabei empfiehlt es sich zusätzlich, das abstrakte Wort „Problemstellung" durch eine konkrete inhaltliche Aussage zu ersetzen. Zugleich erfolgt damit die Einordnung der Arbeit in den wissenschaftlichen Themenbereich sowie die Begründung der Wahl des Themas. Dies erlaubt einen Rückschluss, worin die Bedeutung Ihrer Arbeit für die Wissenschaft liegt und wie interessant und wichtig sie für einen Leser ist, um sich die Zeit zu nehmen und sich mit Ihrer Arbeit auseinanderzusetzen.

II. Die Gliederung als hierarchische Struktur der Inhalte

- „Wer eins sagt, muss auch zwei sagen!" – Grundsätzlich <u>falsch</u> ist daher eine Gliederung, bei der unter einem Oberpunkt nur ein Unterpunkt erscheint:

Beispiel für eine falsche Gliederung:	Beispiel für eine richtige Gliederung:
1. Einleitung	1 Die Bedeutung des Marketing
2 Der Marketing-Mix	2 Der Marketing-Mix
2.1 Produktpolitik	2.1 Produktpolitik
2.1.1 Produktqualität	2.1.1 Produktqualität
2.2 Preispolitik	2.1.2 Markierung
	2.2 Preispolitik

- Die einzelnen Gliederungspunkte des Inhaltsverzeichnisses sind mit den jeweiligen Seitenzahlen des Textes zu versehen
- Sofern in der Arbeit mehr als 2 Abbildungen und/ oder Tabellen verwendet werden, sind sie in entsprechende zusätzliche Verzeichnisse aufzunehmen
- Dabei werden sie mit Nummern, Titeln und der entsprechenden Seitenangabe versehen

© Prof. Dr. Armin Töpfer

Abb. B-9: Anforderungen an eine Gliederung (2/2)

Ziel und Vorteil dieser Vorgehensweise liegen darin, dass das thematische Interesse und damit Involvement des Lesers von Anfang an erhöht werden kann. Gleichzeitig ist der Problemaufriss die Basis für die in Kapitel B. folgende Ein- und Abgrenzung des Themas. Die im weiteren Verlauf grundsätzlich wichtigen Definitionen und Abgrenzungen, die naturgemäß relativ trocken und spröde sind, bekommen dann bereits einen stärkeren thematischen Bezug für den Leser.

Beispiel

		Richtwerte für den Umfang (in %)
A.	Allgemeine Problemstellung oder themenspezifisches Problem	5
B.	Definition und Abgrenzung des Themas	10
C.	Stand der Literatur/ der aktuellen Forschung/ Behandlung inhaltlicher Bereiche (Definitionen, Beschreibung und Vernetzungen)	20
D.	Analysierte Ursachen-Wirkungs-Beziehungen (Erarbeitung und Überprüfung)	30
E.	Schlussfolgerungen/ Handlungsempfehlungen für die Praxis	25
F.	Zusammenfassung der Ergebnisse	5
G.	Offene Fragestellungen/ weiterer Analyse- und Forschungsbedarf	5

© Prof. Dr. Armin Töpfer

Abb. B-10: Beispiel für die Abfolge inhaltlicher Bereiche in der Gliederung

Aus der Gliederung sind die schwerpunktmäßig behandelten Inhalte der Forschungsarbeit erkennbar und vor allem auch der Gang der Untersuchung grob nachvollziehbar. Aus dem Umfang einzelner Kapitel kann zugleich ein Rückschluss auf die Gewichtung unterschiedlicher Thementeile gezogen werden.

Wie in Kapitel C. der Beispielgliederung ist es zunächst also zweckmäßig, auf der Basis der bisherigen Themenbehandlung in der Literatur Definitionen und Klassifikationen wesentlicher Sachverhalte auszuführen, Gestaltungsbereiche sowie Prozesse zum Thema zu beschreiben und auf dieser Grundlage inhaltlich miteinander zu vernetzen. Das Resultat ist eine Wiedergabe des bisherigen Standes der Forschungsergebnisse und der Anwendungserfahrungen.

Beschreibung bedeutet immer Darstellung von Phänomenen in der Realität – zunächst auch ohne den Anspruch, in eigenen Forschungsansätzen etwas zu erklären. Aber ohne eine ausreichende Beschreibung von Sachverhalten fehlt jeglichen Erklärungsansätzen die Basis. Wie das Haus der Wissenschaft in Abbildung B-1 zeigt, ist die Beschreibung nach der Definition und Klassifikation die 3. überwiegend noch vorwissenschaftliche Ebene.

Den eigentlichen Hauptteil der Arbeit bildet jedoch erst Kapitel D. zusammen mit Kapitel E., also der theoretische Teil mit den analysierten – und ggf. empirisch überprüften – Ursachen-Wirkungs-Beziehungen sowie den daraus abgeleiteten Handlungsempfehlungen für die Praxis als Schlussfolgerungen.

Die wissenschaftliche Arbeit sollte mit einer aussagefähigen Zusammenfassung der Ergebnisse und offenen Fragestellungen bzw. dem weiteren Analyse- und Forschungsbedarf enden. Diese beiden Schlusskapitel sind nicht minder wichtig. Wenn die Zusammenfassung der Ergebnisse nur beispielsweise 1% des Gesamtumfangs der Forschungsarbeit ausmacht – bei 100 Seiten ist dies lediglich 1 Seite, dann liegt ein Missverhältnis in der Weise vor, dass offensichtlich wenig erkannt und erarbeitet wurde. Die Fortführung in Form noch offener Fragestellungen und von weiterem Forschungsbedarf ist insofern von Bedeutung, da die wissenschaftliche Arbeit in einen längeren Forschungsprozess eingeordnet wird. Die gewählte Themenstellung behandelt immer nur Ausschnitte in fokussierter Form. Aus diesem Grunde ist es wichtig, prospektiv aufzuzeigen, in welche Richtung weitere Forschungsarbeiten gehen können bzw. sollten. Der Wert der eigenen Arbeit wird hierdurch keineswegs geschmälert.

In Abbildung B-10 sind zusätzlich Prozentwerte des Umfangs der einzelnen Kapitel angegeben. Es versteht sich von selbst, dass dies nur Richtwerte für den jeweiligen Umfang sein können. Im Detail hängt er immer vom gewählten Thema, dem bisherigen Stand der Forschungsergebnisse und Praxiserfahrungen sowie vor allem auch von der eigenen Forschungsperspektive ab.

Ein gutes Beispiel aus der Forschungspraxis für diese inhaltliche Abfolge und Ableitung liefert die Habilitationsschrift von CHRISTIAN HOMBURG (vgl. Homburg 2000). Sie hat die Konzeptualisierung und Operationalisierung des wissenschaftlichen Konstruktes „Kundennähe" zum Gegenstand. Die einzelnen behandelten Inhaltsbereiche sind in Abbildung B-11 nachvollziehbar.

Nachdem in der Einleitung auf den Ursprung der Kundennähe-Diskussion, die Fragestellungen der Untersuchung sowie den Aufbau der Arbeit eingegangen wurde, befasst sich das 2. Kapitel mit den Grundlagen in Form einer Bestandsaufnahme und kritischen Würdigung der Literatur sowie mit den theoretischen Bezugspunkten aus der Mikroökonomie und der Organisationstheorie. Die Erkenntnisziele und die wissenschaftstheoretische Orientierung schließen sich hieran an. Im 3. Kapitel wird die Konzeptualisierung und Operationalisierung des hypothetischen Konstruktes „Kundennähe" aus wissenschaftlicher Sicht durchgeführt – in Abbildung B-11 ist auf die Abfolge der einzelnen Inhaltsbereiche abgehoben und nicht auf die formale Gliederung. Daran schließen sich im 4. Kapitel die Analyse der Auswirkungen und organisationalen Determinanten von Kundennähe an. In den Unterkapiteln zum 4. Kapitel werden jeweils Hypothesen formuliert und empirisch geprüft. Im 5. Kapitel erfolgt eine zusammenfassende Bewertung der Untersuchung, und zwar aus wissenschaftlicher Sicht bezogen auf Erkenntnisse, methodische Aspekte und Ansatzpunkte für zukünftige Forschungen sowie aus praxeologischer Sicht bezogen auf die Implikationen für die Unternehmenspraxis.

- Ausgangsbasis und Fragestellungen der Untersuchung
- Bestandsaufnahme und kritische Würdigung der relevanten Literatur
- Theoretische Grundlagen und Erkenntnisbeitrag der bisherigen Forschung
- Theoretische Bezugspunkte und Konzeption der Untersuchung
- Konzeptualisierung und Operationalisierung auf der Basis qualitativer Analysen
- Datenerhebung im Rahmen der empirischen Analyse
- Quantitative Analyse auf Basis der Modellierung von Kundennähe-Dimensionen und Untersuchung des Gesamtmodells
- Auswirkungen von Kundennähe auf die Geschäftsbeziehung und den Geschäftserfolg
- Organisationale Determinanten von Kundennähe
- Wissenschaftliche Bewertung und Implikationen für die Unternehmenspraxis

Basis: Homburg 2000 © Prof. Dr. Armin Töpfer

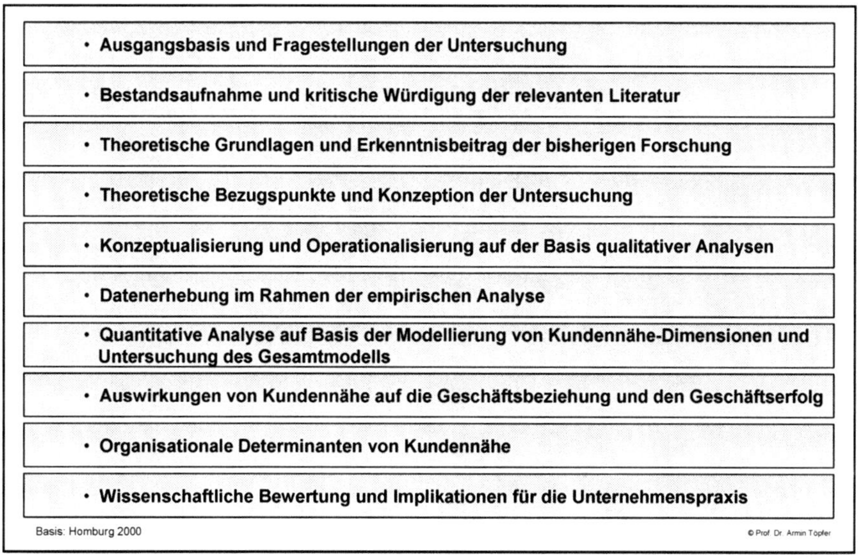

Abb. B-11: Beispiel einer durchgeführten Forschungsarbeit zum Konstrukt „Kundennähe"

III. Umsetzung der Strukturierung anhand der 3 Beispielthemen

Nachfolgend stellen wir zu den in Kapitel A.III. aufgeführten 3 Beispielthemen die entwickelten Untersuchungsdesigns und Gliederungen vor. Diese Inhalte wurden im Rahmen eines Graduierten-Seminars für Doktoranden als Übungsaufgabe erarbeitet. Keines der 3 Beispielthemen wurde von den Teilnehmern des Graduierten-Seminars direkt als Dissertationsthema bearbeitet. Von daher war für alle die inhaltliche und konzeptionelle Bearbeitung gleich.

Sie als Leser unseres Forschungs-Leitfadens können diese 3 unterschiedlichen Beispielthemen auf 2 Wegen nutzen:

- Zum einen haben Sie die Möglichkeit, die in ihrem Gegenstandsbereich unterschiedlich ausgerichteten Themen – Produktentwicklungsprozess in Unternehmen, Internet für die Zielgruppe 50+ sowie Risikomanagement und Lernen im Krankenhaus – bezogen auf die 3 Untersuchungsdesigns oder die 3 Gliederungen direkt miteinander – in einer horizontalen Form – vergleichen zu können.
- Zum anderen können Sie zu jedem Beispielthema den Ableitungsprozess zwischen Untersuchungsdesign und Gliederung erkennen. Dies ermöglicht es, die vertikale Entwicklung der beiden Strukturierungshilfen nachzuvollziehen.

Der praktische Nutzen dieser Beispiele liegt für Sie vor allem darin, dass es sich dabei noch nicht um ausgefeilte und damit hoch entwickelte Konzepte handelt. Vielmehr sind es erste Zwischenstationen auf dem langen Weg zu gehaltvollen Konzeptualisierungen und Operationalisierungen der gewählten wissenschaftlichen Themenstellungen. Ihre Lerneffekte können sich also zum einen auf den erreichten Stand der Analyse sowie zum anderen auf die im Text angesprochenen zweckmäßigen Vertiefungen und Erweiterungen der Konzeptionen und Strukturierungshilfen beziehen. Wenn Sie sich zunächst nur die jeweiligen Abbildungen anschauen, bevor Sie den entsprechenden Text lesen, dann können Sie jeweils selbst bewerten, welche inhaltlichen Verbesserungen und Ergänzungen Sie für notwendig und zweckmäßig erachten.

Ausdifferenzierte Beispiele zu einer Master-Thesis und zu 2 Dissertationen finden Sie in Kapitel J mit den dabei jeweils verwendeten Strukturierungshilfen.

Bezogen auf das Untersuchungsdesign (siehe Abb. B-12a) und die Gliederung (siehe Abb. B-12b) zum Thema **Erzeugen von innovativen und robusten Produkten im Produktentwicklungsprozess (PEP)** ist ersichtlich, dass zunächst die Einsatzmöglichkeiten des PEP in der Praxis angesprochen werden, bevor wichtige Begriffsabgrenzungen vorgenommen werden. Danach werden mögliche Vorgehensmodelle und der Methodeneinsatz im Rahmen des PEP aufgezeigt. Auf der Basis eines erarbeiteten Kriterienrasters zur Bewertung des PEP erfolgt eine empirische Analyse in ausgewählten Unternehmen. Hieraus werden Implikationen für die Wissenschaft und Praxis abgeleitet. Wie dieses Untersuchungsdesign verdeutlicht, wird das Thema sehr viel stärker handlungsorientiert als erkenntnisorientiert bearbeitet.

Die Gliederung hierzu (siehe Abb. B-12b) unterscheidet sich in diesem Falle kaum vom Untersuchungsdesign und enthält weitgehend formal gefasste Unterkapitel. Es steht außer Frage, dass bei einer vertieften inhaltlichen Durchdringung des Themas in Ihrer eigenen Forschungsarbeit das Untersuchungsdesign, aber vor allem auch die Gliederung stärker und aussagefähiger differenziert werden.

III. Umsetzung der Strukturierung anhand der 3 Beispielthemen   39

```
                    ┌─────────────────────────┐
                    │ Kap. 1                  │          Beispiel
                    │ Möglichkeiten und Grenzen│
                    │ des PEP in der Praxis   │
                    └─────────────┬───────────┘
                                  ▼
                    ┌─────────────────────────┐
                    │ Kap. 2                  │
                    │ Definitionen/ Begriffsabgrenzungen │
                    └─────────────────────────┘
         ┌────────────────┼────────────────┐
         ▼                ▼                ▼
  ┌─────────────┐  ┌─────────────┐  ┌─────────────┐
  │ Kap. 2.1    │  │ Kap. 2.2    │  │ Kap. 2.3    │
  │ Qualität/   │  │ Invention/  │  │ PEP         │
  │ Robustheit  │  │ Innovation  │  │             │
  └─────────────┘  └─────────────┘  └─────────────┘
                                  ▼
                    ┌─────────────────────────┐
                    │ Kap. 3                  │
                    │ Vorgehensmodelle und    │
                    │ Methodeneinsatz im      │
                    │ Rahmen des PEP          │
                    └─────────────────────────┘
         ┌────────────────────────────────┐
         ▼                                ▼
  ┌─────────────────┐            ┌─────────────────┐
  │ Kap. 4          │            │ Kap. 5          │
  │ Kriterienraster zur │───────▶│ Empirische Analyse │
  │ Bewertung des PEP│            │ ausgewählter Unternehmen │
  └─────────────────┘            └─────────────────┘
                                  ▼
                    ┌─────────────────────────┐
                    │ Kap. 6                  │
                    │ Implikation für Wissenschaft │
                    │ und Praxis              │
                    └─────────────────────────┘
                                          © Prof. Dr. Armin Töpfer
```

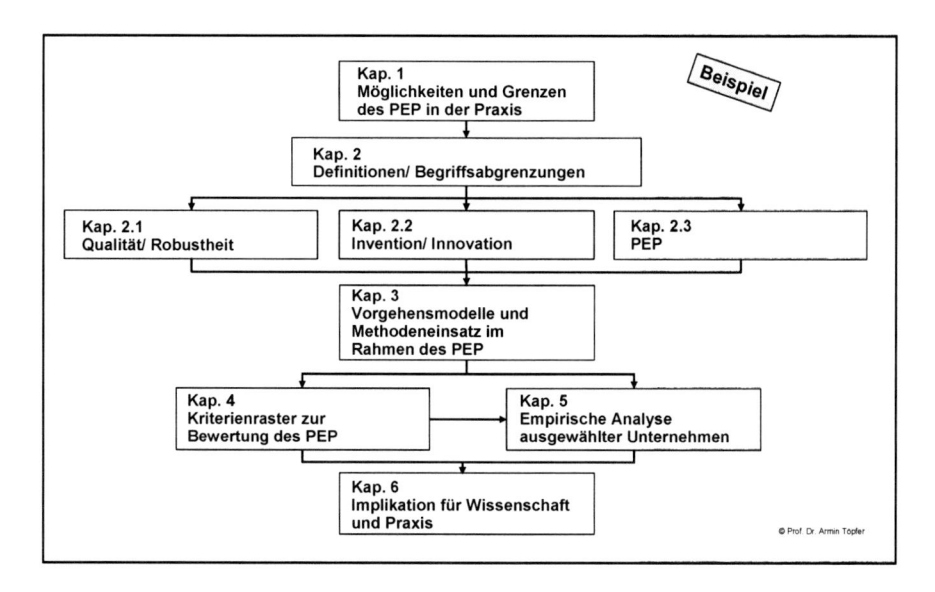

Abb. B-12a: Untersuchungsdesign zum Thema Produktentwicklungsprozess

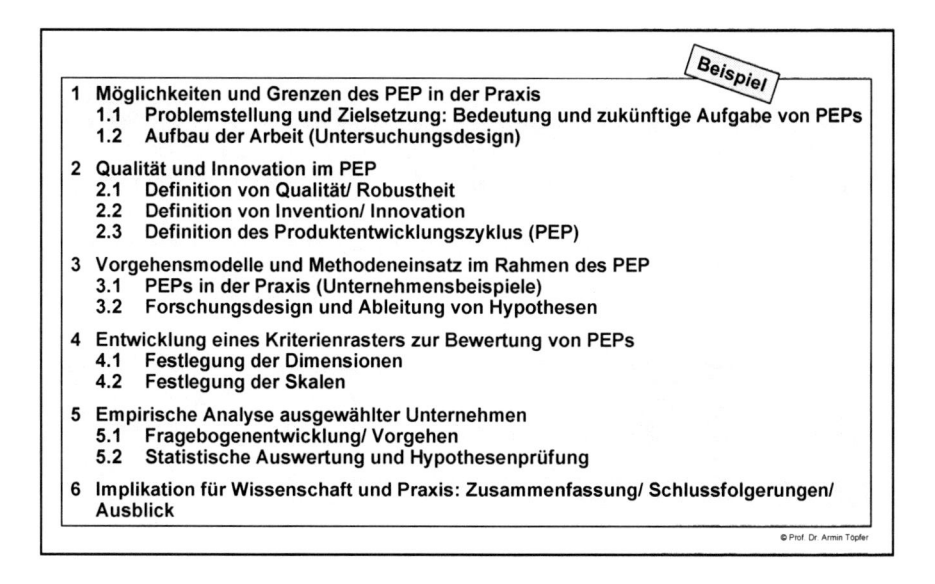

```
                                                        Beispiel
1  Möglichkeiten und Grenzen des PEP in der Praxis
   1.1  Problemstellung und Zielsetzung: Bedeutung und zukünftige Aufgabe von PEPs
   1.2  Aufbau der Arbeit (Untersuchungsdesign)
2  Qualität und Innovation im PEP
   2.1  Definition von Qualität/ Robustheit
   2.2  Definition von Invention/ Innovation
   2.3  Definition des Produktentwicklungszyklus (PEP)
3  Vorgehensmodelle und Methodeneinsatz im Rahmen des PEP
   3.1  PEPs in der Praxis (Unternehmensbeispiele)
   3.2  Forschungsdesign und Ableitung von Hypothesen
4  Entwicklung eines Kriterienrasters zur Bewertung von PEPs
   4.1  Festlegung der Dimensionen
   4.2  Festlegung der Skalen
5  Empirische Analyse ausgewählter Unternehmen
   5.1  Fragebogenentwicklung/ Vorgehen
   5.2  Statistische Auswertung und Hypothesenprüfung
6  Implikation für Wissenschaft und Praxis: Zusammenfassung/ Schlussfolgerungen/
   Ausblick
                                                 © Prof. Dr. Armin Töpfer
```

Abb. B-12b: Gliederung zum Thema Produktentwicklungsprozess

So ist beispielsweise die Erkenntnis von wissenschaftlichem Interesse, ob sich verschiedene Typen von PEPs in der Unternehmenspraxis auf Grund differierender Konstellationen der Umfeld- und Unternehmensdeterminanten unterscheiden lassen; ob also – mit anderen Worten – die Art und Stärke der Markt- und Wettbewerbssituation Unterschiede im Innovationsverhalten von Unternehmen nach sich ziehen und ob diese dann auch unterschiedliche Erfolgsbeiträge mit sich bringen. Insoweit geht es um die zentrale Frage: Ist ein Unternehmen erfolgreicher, das eine bestimmte Art von PEP durchführt, als eines, was dieses nicht tut? Die PEPs sind also jeweils zu bewerten im Hinblick auf den mit ihnen verbundenen Aufwand, die Ressourcenbindung und die dadurch erzielten Ergebnisse. In einer ausgereiften Gliederung werden sich diese Punkte widerspiegeln.

Als Fazit bleibt festzuhalten, dass der gewählte Ansatz des Untersuchungsdesigns und der Gliederung noch sehr allgemein und deskriptiv ist. Er enthält kaum Positionen oder „Platzhalter" zu einzelnen inhaltlichen Beziehungen oder zu unterschiedlich möglichen Entwicklungsstufen von PEPs. Solches könnte im Rahmen des angedachten Kriterienrasters bzw. in dessen Weiterentwicklung Gegenstand der Arbeit sein.

Beim Untersuchungsdesign (siehe Abb. B-13a) und bei der Gliederung (siehe Abb. B-13b) zum Beispielthema **Kundenorientierte Gestaltung von Internetportalen zur Steigerung des Kundenwertes in der Zielgruppe 50+** liegt ebenfalls ein eher qualitatives, wenn inhaltlich auch völlig anders ausgerichtetes Analysethema vor. Wie ersichtlich ist, wurde das Untersuchungsdesign zusätzlich in 4 Inhaltsblöcke unterteilt. Der Vorteil liegt darin, dass neben einer klaren Zuordnung zu übergeordneten Analysebereichen auch eine besser nachvollziehbare Vernetzung der einzelnen Hauptteile respektive Kapitel der wissenschaftlichen Analyse erreichbar ist.

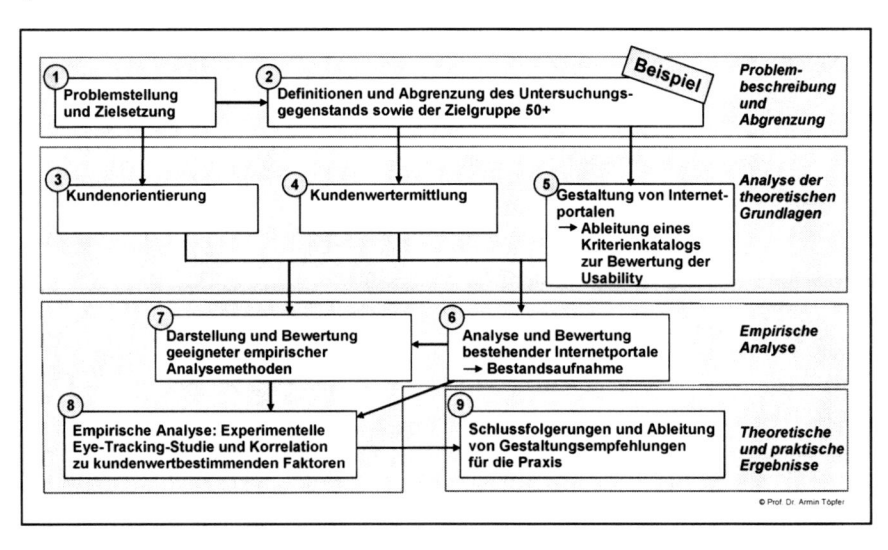

Abb. B-13a: Untersuchungsdesign zum Thema Internet für 50+

Die Abfolge entspricht wiederum den Ebenen des wissenschaftlichen Erkenntnisprozesses in Abbildung B-1. Zunächst erfolgen Definitionen, Klassifikationen und Deskriptionen, dann werden theoretische und empirische Analysen durchgeführt, aus denen Gestaltungsempfehlungen für die Praxis abgeleitet werden. Zunächst werden Kriterien zur Bewertung der Usability abgeleitet, die als Grundlage für eine Bestandsaufnahme existierender Internetportale dienen. Zusätzlich werden spezielle experimentelle Analysen durchgeführt, um hieraus umsetzungsorientierte, also technologische, Schlussfolgerungen zu ziehen.

Bei diesem Beispiel ist der Unterschied zwischen Untersuchungsdesign und Gliederung deutlich zu erkennen. Das Untersuchungsdesign ist bereits schlüssig und vor allem gut nachvollziehbar. In der Gliederung in Abbildung B-13b geht auf Grund der inhaltlich starken, aber im Detail aussagefähigen Differenzierung ein Stück der Übersichtlichkeit verloren. Wenn man allerdings vorher das Untersuchungsdesign konzeptionell verstanden und memoriert hat, dann liefert die Gliederung einen zusätzlichen Informationsgehalt, und zwar insbesondere zu Aspekten der Kundenorientierung, zu wesentlichen Gestaltungskriterien von Internetseiten sowie zum eigenen Forschungsansatz. Auch dieses Themenbeispiel ist relativ stark handlungsorientiert, so dass die theoretischen Erkenntnisse direkt auf Umsetzungsempfehlungen ausgerichtet sind.

```
1   Problemstellung und Zielsetzung
    1.1 Ausgangslage: Internet und demografische Entwicklung
    1.2 Bezugsrahmen: Ausrichtung der Unternehmen am Unternehmenswert
    1.3 Zielstellung und Aufbau der Arbeit
2   Definitionen und Abgrenzung des Untersuchungsgegenstands
    2.1 Begriffsabgrenzungen
    2.2 Schwerpunkte der Analyse
3   Theoretische Grundlagen der Kundenorientierung
    3.1 Bestandteile der Kundenorientierung
    3.2 Wirkungskonzepte: Kundenorientierte Kultur, Wissensaufnahmefähigkeit, interfunktionale Koordination
4   Theoretische Grundlagen der Kundenwertermittlung
    4.1 Elemente des Kundenwertes
    4.2 Einflussfaktoren
5   Theoretische Grundlagen der Gestaltung von Internetportalen
    5.1 Informationsergonomie und Usability
    5.2 Ableitung eines Kriterienkatalogs zur Bewertung
6   Darstellung und Bewertung geeigneter empirischer Analysemethoden
7   Analyse und Bewertung bestehender Internetportale (Bestandsaufnahme)
8   Empirische Analyse: Experimentelle Eye-Tracking-Studie zur Bewertung bestehender Internetportale und Korrelation zu kundenwertbestimmenden Faktoren
    8.1 Methodik
    8.2 Stichprobenbeschreibung
    8.3 Forschungsdesign und Hypothesen
    8.4 Ergebnisse
    8.5 Interpretation
9   Schlussfolgerungen und Ableitung von Gestaltungsempfehlungen für die Praxis
```
Beispiel

© Prof. Dr. Armin Töpfer

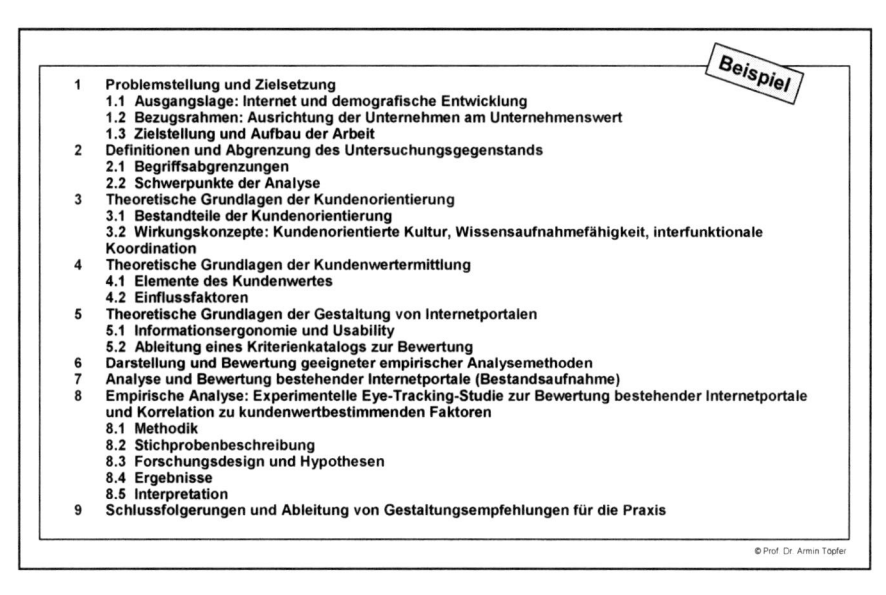

Abb. B-13b: Gliederung zum Thema Internet für 50+

Beim Untersuchungsdesign (siehe Abb. B-14a) und bei der Gliederung (siehe Abb. B-14b) zum Beispielthema **Risikomanagement und Lernen im Krankenhaus** geht es um ein anderes, vorwiegend qualitatives Thema. Im Vordergrund stehen dabei organisationale, personale und prozessuale Aspekte, wie durch erkannte Risiken ein systematischer Lernprozess als Wissensmanagement in Gang gesetzt werden kann. Im Untersuchungsdesign (siehe Abb. B-14a) werden zunächst die Anforderungen an gezieltes Lernen aus analysierten Risiken im Krankenhaus als Bezugsrahmen thematisiert.

42   B. Wie entwickle ich die Gesamtstruktur für meine wissenschaftliche Arbeit?

```
                    Bedeutung und Praxisrelevanz              Beispiel
                  Anforderungen an gezieltes
                  Lernen aus analysierten
 Begriffe und     Risiken im Krankenhaus       Begriffe und
 Untersuchungsinhalte                          Untersuchungsinhalte
 Ziele, Prozesse und                           Lernen als Teil des Wissens-
 Instrumente des Risiko-   Theoretische Grundlagen   managements
 managements                    Modell
                         Entwicklung eines Modells
                         zum Lernen aus Riskien
 Empirie                                       Empirie
 Status des Risikomanagements                  Lernprozesse in der
 im Krankenhaus                                Krankenhauspraxis
                              Analyse
                       Defizite beim Erkennen, Kom-
                       munizieren und Beseitigen we-
                       sentlicher Risiken im Krankenhaus
                       Gestaltungs- und Handlungs-
                       empfehlungen für die Praxis
                                            © Prof. Dr. Armin Töpfer
```

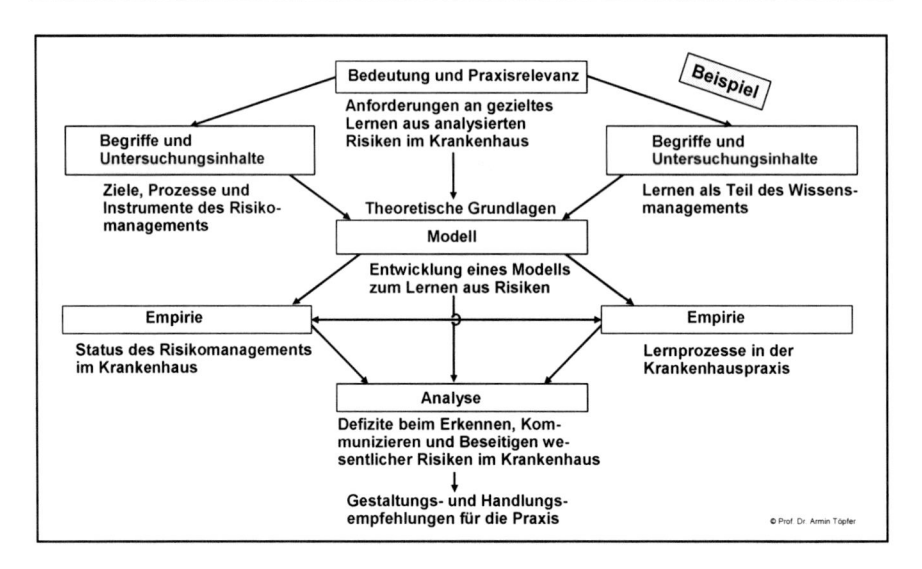

Abb. B-14a: Untersuchungsdesign zum Thema Risikomanagement und Lernen

Durch die Themenwahl und -formulierung sind danach zwei Konstrukte definitorisch und inhaltlich zu analysieren, so dass die beiden Themenstränge, nämlich Risikomanagement und Lernen als Teil des Wissensmanagement, parallel geführt werden. Auf dieser Basis wird ein theoretisches Modell entwickelt, das alle wesentlichen Ursachen, Einflussfaktoren sowie Ursachen-Wirkungs-Beziehungen des Lernens aus Risiken umfasst.

```
 1  Anforderungen des gezielten Lernens aus analysierten Risiken im Krankenhaus
 2  Ziele, Prozesse und Instrumente des Risikomanagements          Beispiel
 3  Lernen als Teil des Wissensmanagements
 4  Entwicklung eines Modells zum Lernen aus Risiken
    4.1  Organisationale, personale und prozessuale Bestandteile des Risiko-Lern-Modells
    4.2  Ableitung von Hypothesen zu Wirkungsmechanismen und Ergebnissen
 5  Status quo des Risikomanagements im Krankenhaus
    5.1  Eingesetzte Risikomanagementsysteme in der Krankenhauspraxis
    5.2  Messung und Bewertung der Risikosteuerung im Krankenhaus
 6  Lernprozesse in der Krankenhauspraxis
    6.1  Transfer aktueller Lerntheorien auf die Krankenhauspraxis
    6.2  Schaffen einer offenen Lernkultur
 7  Defizite bei der Analyse, Kommunikation und Beseitigung erkannter Risiken im
    Krankenhaus
    7.1  Analyse im organisationalen, personalen und prozessualen Bereich
    7.2  Vernetzung der Defizite in einem negativen Wirkungsverbund
 8  Gestaltungs- und Handlungsempfehlungen für die Praxis
                                                    © Prof. Dr. Armin Töpfer
```

Abb. B-14b: Gliederung zum Thema Risikomanagement und Lernen

Die zweigeteilte empirische Untersuchung erfasst den Status des Risikomanagements und die Lernprozesse im Krankenhaus. Die anschließende integrierte Analyse ermittelt in Form einer Delta-Analyse die Defizite beim Erkennen, Kommunizieren und Beseitigen erkannter Risiken im Krankenhaus. Auf dieser Basis werden Gestaltungs- und Handlungsempfehlungen zum Schließen dieser Lücken und damit Beseitigen dieser Probleme gegeben.

Die entsprechende Gliederung hierzu (siehe Abb. B-14b) greift die einzelnen Themenaspekte in hierarchischer Form auf. Basierend auf den definitorischen, klassifikatorischen und deskriptiven Grundlagen wird im Rahmen der Konzeptualisierung ein spezifisches Risiko-Lern-Modell entwickelt. Bezogen auf seine Wirkungsmechanismen und Ergebnisse werden Hypothesen formuliert, die in den anschließenden Kapiteln im Hinblick auf Gültigkeit und Bestätigungsgrad jeweils überprüft werden. Dies erlaubt es, Gestaltungs- und Handlungsempfehlungen für die Krankenhauspraxis zur Verbesserung des Risiko-Lern-Verhaltens abzuleiten.

IV. Literaturhinweise zum Kapitel B

Atteslander, P. (2008): Methoden der empirischen Sozialforschung, 12. Aufl., Berlin 2008.

Friedrichs, J. (1990): Methoden empirischer Sozialforschung, 14. Aufl., Opladen 1990.

Fritz, W. (1995): Marketing-Management und Unternehmenserfolg – Grundlagen und Ergebnisse einer empirischen Untersuchung, 2. Aufl., Stuttgart 1995.

Homburg, C. (2000): Kundennähe von Industriegüterunternehmen – Konzeption, Erfolgsauswirkungen, Determinanten, 3. Aufl., Wiesbaden 2000.

Homburg, C./ Fürst, A. (2007): Beschwerdeverhalten und Beschwerdemanagement – Eine Bestandsaufnahme der Forschung und Agenda für die Zukunft, in: DBW, 67. Jg., 2007, Nr. 1, S. 41-74.

Kromrey, H. (2009): Empirische Sozialforschung – Modelle und Methoden der standardisierten Datenerhebung und Datenauswertung, 12. Aufl., Stuttgart 2009.

List, C. (2007): Design, Microsoft® Encarta® Online-Enzyklopädie 2007, in: http://de.encarta.msn.com/encyclopedia_761596043/Design.html, 30.04.2008.

Preißer, K.-H. (1993): Die Gliederung – Verkürztes Spiegelbild der wissenschaftlichen Arbeit, in: Wirtschaftswissenschaftliches Studium, Nr. 11, 1993, S. 593-595.

Schneider, W. (1999): 100 Wörter des Jahrhunderts, Frankfurt am Main 1999.

Simon-Schaefer, R. (2000): Dialektik, in: Seiffert, H./ Radnitzky, G. (Hrsg.): Handlexikon der Wissenschaftstheorie, München 2000, S. 33-36.

Theisen, M.R. (2006): Wissenschaftliches Arbeiten – Technik – Methodik – Form, 13. Aufl., München 2006.

Töpfer, A. (1999): Plötzliche Unternehmenskrisen – Gefahr oder Chance? Grundlagen des Krisenmanagement, Praxisfälle, Grundsätze zur Krisenvorsorge, Neuwied/ Kriftel 1999.

Töpfer, A. (2007): Betriebswirtschaftslehre – Anwendungs- und prozessorientierte Grundlagen, 2. Aufl., Berlin et al. 2007.

Kapitel C
Wie ist der Prozess des Gewinnens und Umsetzens wissenschaftlicher Erkenntnisse insgesamt strukturiert?

– Die 6 Ebenen des wissenschaftlichen Erkenntnisprozesses –

Was sind die wesentlichen Zielsetzungen des wissenschaftlichen Arbeitens? Wie wirken Deduktion und Induktion im wissenschaftlichen Erkenntnisprozess zusammen? Welche Unterschiede bestehen zwischen dem Entdeckungs-, Begründungs- und Verwertungszusammenhang? Welche Anforderungen werden damit an den Forscher gestellt? Welche 6 Ebenen des wissenschaftlichen Erkenntnisprozesses lassen sich unterscheiden? Was sind ihre jeweiligen inhaltlichen Schwerpunkte und wie hängen sie im Forschungs- und Erkenntnisprozess zusammen?

Abb. C-1: Das Haus der Wissenschaft – Einordnung des Kapitels C

I. Verschiedene Perspektiven im und zum „Haus der Wissenschaft"

1. Unterschiedliche Zielsetzungen beim wissenschaftlichen Arbeiten

Dieses Kapitel soll Sie dazu befähigen, die methodisch-prozessualen Anforderungen sowie die verschiedenen inhaltlichen Ansatzpunkte des Wissenschaftsbetriebes zu verstehen und nachvollziehen zu können. Hierdurch werden Sie mit dem für die Anfertigung einer wissenschaftlichen Arbeit erforderlichen Instrumentarium des Forschungs- und Erkenntnisprozesses vertraut gemacht.

Auf die Frage „**Was ist Wissenschaft?**" werden Antworten zu deren Gegenstandsbereich, ihren Aktivitäten und Ergebnissen gegeben. Solche Reflexionen laufen in den einzelnen Wissenschaftsbereichen bezogen auf die jeweiligen Erfahrungs- und Erkenntnisobjekte ab. Wenn also theoretische Überlegungen zur Wissenschaft angestellt werden, dann ist dies **Gegenstand der Wissenschaftstheorie**. Letztere trifft Aussagen über die Wissenschaft, welche sich auf die Beschreibung und Erklärung des wissenschaftlichen Erkenntnisprozesses beziehen. Wir betrachten die Wissenschaft also aus einer Meta-Perspektive. Die Wissenschaftstheorie umfasst damit die Aussagenbereiche und konkrete Aussagen, die als „Spielregeln" des Wissenschaftsbetriebes diesen erklären und verständlich machen (vgl. Brinkmann 1997, S. 10 f.; Chmielewicz 1994, S. 5 ff.).

Speziell geht es darum, wie wissenschaftliche Aussagen erlangt werden können. Zusätzlich ist als Voraussetzung hierzu von Interesse, welche unterschiedlichen Forschungsmethoden dabei eingesetzt werden können. Bei dieser methodologischen Wissenschaftstheorie geht es um die generelle Ausrichtung der Forschung und damit um ihre **Strategie und Konzeption** (vgl. Töpfer 2007, S. 1 ff.; Schanz 2004, S. 82). Genau dies ist Gegenstand des vorliegenden Forschungs-Leitfadens.

Mit den Begriffen Erfahrungs- und Erkenntnisobjekt wird folgende Unterscheidung vorgenommen:

> Das Erfahrungsobjekt beantwortet die Frage: Was betrachten wir? Es geht dabei um den Gegenstandsbereich der Wissenschaft. Unter dem **Erfahrungsobjekt** einer Realwissenschaft versteht man also das Gebiet, mit dem sie sich befasst, und damit die in der Realität vorkommenden Phänomene, die im Rahmen dieser Wissenschaftsdisziplin beschrieben und erklärt werden sollen.

> Das hierzu gehörige Erkenntnisobjekt beantwortet dann die Frage: Warum und wie betrachten wir etwas? Es geht dabei um den fachspezifischen Blickwinkel, aus dem heraus der Wissenschaftler die Analyse in seinem Fachgebiet betreibt. Das **Erkenntnisobjekt** ist damit ein „Denkobjekt". Es wird durch gedankliche Abstraktion und Selektion aus dem Erfahrungsobjekt gewonnen und kennzeichnet die spezielle Erkenntnisperspektive innerhalb dieser Wissen-

schaftsdisziplin bzw. die ihrer Fachvertreter (vgl. Raffée 1995, S. 54 ff.; Amonn 1927/ 1996).

Die Kennzeichnung des Erfahrungsobjektes und des Erkenntnisobjektes von Realwissenschaften geben wir in Abbildung C-2 wieder. Wir zeigen dabei exemplarisch die jeweils unterschiedliche Forschungsperspektive des Erkenntnisobjektes der Betriebswirtschaftslehre, Psychologie und Volkswirtschaftslehre auf. Diese 3 Wissenschaftsdisziplinen weisen teilweise inhaltliche Überschneidungen und Vernetzungen ihrer Erkenntnisperspektiven auf. Durch die Übernahme gesicherter Erkenntnisse aus anderen Wissenschaftsdisziplinen lässt sich der disziplineigene Erkenntnisfokus in der Forschung erweitern.

Erfahrungsobjekt von Realwissenschaften
= Menschliches Handeln und Verhalten als Gegenstandsbereich mit wissenschaftlich interessierenden Phänomenen

Erkenntnisobjekt einer Realwissenschaft
= Entdecken von Regelmäßigkeiten als Ursachen-Wirkungs-Beziehungen möglichst in Form von Gesetzmäßigkeiten bezogen auf das Verhalten, Entscheiden und Handeln ...

Betriebswirtschaftslehre
... von Individuen, Gruppen und Organisationen/ Unternehmen in der ökonomischen, sozialen, technischen und ökologischen Welt

Volkswirtschaftslehre
... von Individuen, Gruppen und Organisationen in der gesamtwirtschaftlichen und branchenbezogenen Welt

Psychologie
... in der Vorstellungswelt und im tatsächlichen Erleben bei Individuen, Gruppen und Organisationen

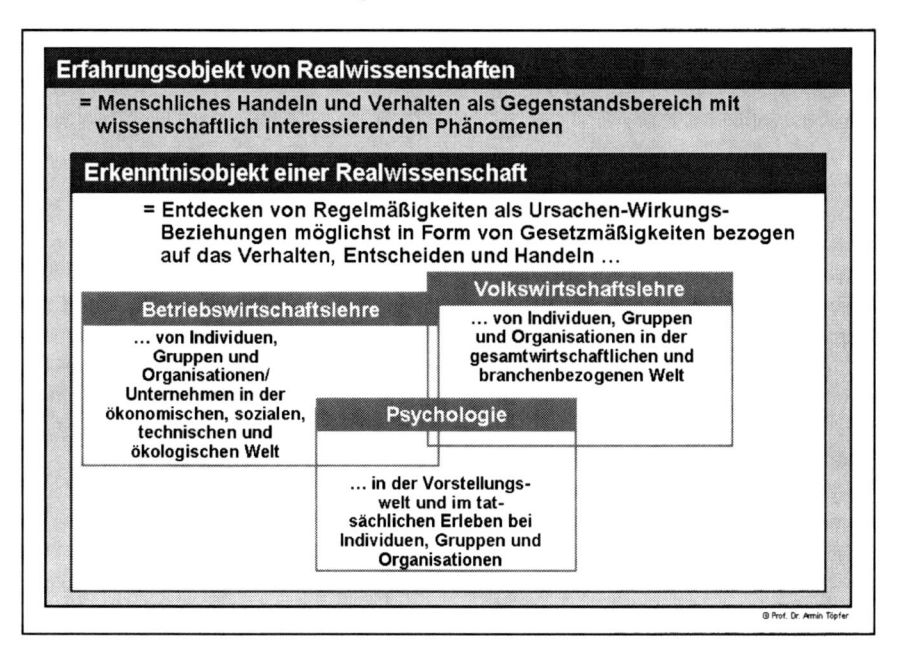

© Prof. Dr. Armin Töpfer

Abb. C-2: Inhaltliche Kennzeichnung des Erfahrungs- und Erkenntnisobjektes

Erfahrungs- und Erkenntnisobjekt, die das Fundament dieses Forschungs-Leitfadens darstellen, sind auf die Betriebswirtschaftslehre als angewandte und damit auf die Praxis ausgerichtete (pragmatische bzw. praxeologische) Wissenschaft bezogen. Die Wirtschaftswissenschaften als Handlungswissenschaft lassen sich – mit den Ingenieur- und Kultur- sowie weiteren Sozialwissenschaften – von reinen bzw. theoretischen Grundlagenwissenschaften, wie z.B. Physik und Chemie, abgrenzen, die aber ebenfalls Real- oder Erfahrungswissenschaften sind. Als nichtmetaphysische Wissenschaften stehen diesen wie auch der Logik und Mathematik als typischen Formalwissenschaften metaphysische Wissenschaften, wie die Theologie und Teile der Philosophie gegenüber (vgl. Raffée 1995, S. 21 ff.; Ulrich/ Hill 1979, S. 162 ff.; Töpfer 2007, S. 5 ff.).

Die **Betriebswirtschaftslehre** beschäftigt sich in ihrem **Erfahrungsobjekt** mit dem menschlichen Verhalten und Handeln in der ökonomischen, sozialen, technischen und ökologischen Welt von Wirtschaftssubjekten. Dies sind Individuen, Gruppen und Organisationen in Form von Betrieben/ Unternehmen (vgl. Töpfer 2007, S. 8 ff.). Alle angewandten, praktischen Handlungswissenschaften haben diese 3 Aggregate Individuen, Gruppen und Organisationen zum Gegenstandsbereich, wenn auch disziplinenspezifisch mit einer unterschiedlichen Schwerpunktsetzung. So stellt beispielsweise die Psychologie autonome Individuen in ihren Erkenntnisfokus und die Sozialpsychologie die Interaktionen zwischen Individuen in der sozialen Gruppe.

Das **Erkenntnisobjekt** der Betriebswirtschaftslehre zielt darauf ab, für interessierende theoretische und praktische Fragestellungen Regelmäßigkeiten – in der Wissenschaftstheorie Invarianzen genannt – zu erkennen, die sich zu Ursachen-Wirkungs-Beziehungen möglichst mit dem Charakter von Gesetzmäßigkeiten weiterentwickeln lassen (vgl. Töpfer 2007, S. 18 ff.). Der Leitvorstellung eines ökonomisch rationalen und zugleich ökologisch verantwortungsvollen Handelns und Verhaltens von Menschen/ Wirtschaftssubjekten folgend, sind hier zum einen rein ökonomische Fragen der Wirtschaftlichkeit (Effizienz) und der Wirksamkeit (Effektivität) von Wertschöpfungsprozessen von Interesse. Zum anderen werden in dieses Erkenntnisobjekt der Betriebswirtschaftslehre aber immer mehr Inhalte und Erkenntnisse anderer Disziplinen einbezogen, z.B. der Psychologie bezogen auf Verhaltensannahmen und -wirkungen sowie der Soziologie bezogen auf Gruppenphänomene. Zusätzlich nehmen wir in der technologieorientierten Betriebswirtschaftslehre einen starken Bezug auf technische Innovationen und auf Technologieentwicklungen, um zu neuen Einsichten und Erkenntnissen in einem breiter gespannten Wirkungsverbund zu gelangen.

In vielen anderen Wissenschaftsbereichen ist die traditionelle Abgrenzung der Wissenschaftsdisziplinen heute ebenfalls zu eng und nicht mehr zielführend. Sie beruht auf einer historischen Konvention, die in der Anfangszeit des wissenschaftlichen Forschens eine Berechtigung hatte, aber der Realität unteilbarer physikalischer, ökonomischer, sozialer und/ oder psychologischer Phänomene nicht gerecht wird. So eröffnen sich insbesondere an den Schnittmengen zwischen 2 oder mehreren traditionellen Wissenschaftsdisziplinen, also in den Bereichen der interdisziplinären oder transdisziplinären Forschung, regelmäßig neue Erkenntnisperspektiven. Dies ist beispielsweise in den Geistes-, Sozial- und Wirtschaftswissenschaften bei der Wirtschaftspsychologie sowie in den Naturwissenschaften bei der Biochemie und der Evolutionsbiologie der Fall.

Hiermit eng verbunden ist die Frage nach dem Entdeckungs- und Begründungszusammenhang sowie dem Verwertungszusammenhang (vgl. Friedrichs 1990, S. 50 ff.; Reichenbach 1938/ 1983): Beim **Entdeckungszusammenhang** geht es um den Fragenkomplex, welche Forschungsprobleme auszuwählen sind und auf welchen Wegen neue Erkenntnisse gewonnen werden können. Im Vordergrund steht also das Ideenspektrum für die Gewinnung neuer Erkenntnisse. Anlass kann ein erkanntes Problem sein, dessen Analyse gezielte Veränderungsprozesse ermöglichen soll. Oder es ist angestrebt, durch eine neue Erkenntnisperspektive eine erweiterte Theorienbildung zu ermöglichen. Sie ist dann erforderlich, wenn zu einem erkannten Problem Untersuchungsergebnisse vorliegen, die auf der Basis vorhandener Theorien unterschiedliche Erklärungen zulassen, oder wenn Studien des erkannten Problems unmittelbar zu unterschiedlichen Resultaten führen.

Der **Begründungszusammenhang** konzentriert sich dagegen auf die detaillierte Analyse aussagefähiger Ursachen-Wirkungs-Beziehungen, deren Gültigkeit dann auch empirisch überprüft wird. Im Vordergrund steht also das methodologische Vorgehen mit einzelnen interdependenten Schritten. Ziel ist eine möglichst exakte, intersubjektiv nachprüfbare und möglichst objektive Prüfung der Hypothesen.

Auf diesen Grundlagen reflektiert der **Verwertungszusammenhang** die zentrale praxisorientierte Zielsetzung der Übertragung gewonnener Erkenntnisse in die Realität in Form von Maßnahmenkonzepten zur Lösung des erkannten Problems.

Die Ableitungsbeziehungen zwischen den 3 Erkenntnisperspektiven sind in ihren wesentlichen Bestandteilen noch einmal in Abbildung C-3 zusammengefasst. Hieran wird auch der Zusammenhang mit den 3 generellen Zielen in den Realwissenschaften deutlich, auf die wir anschließend näher eingehen. Wie aus der Abbildung nachvollziehbar ist, bildet der Entdeckungszusammenhang immer die Ausgangsbasis für heuristische Überlegungen, die im Begründungszusammenhang durch Erklärungen untermauert werden und im Verwertungszusammenhang möglichst aussagefähige und gültige Handlungskonzepte ermöglichen.

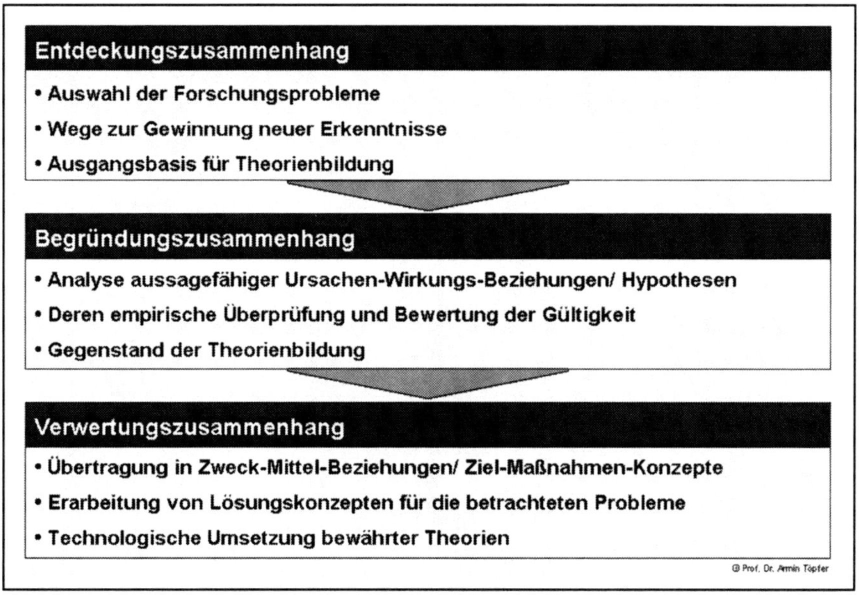

Entdeckungszusammenhang
- Auswahl der Forschungsprobleme
- Wege zur Gewinnung neuer Erkenntnisse
- Ausgangsbasis für Theoriebildung

Begründungszusammenhang
- Analyse aussagefähiger Ursachen-Wirkungs-Beziehungen/ Hypothesen
- Deren empirische Überprüfung und Bewertung der Gültigkeit
- Gegenstand der Theoriebildung

Verwertungszusammenhang
- Übertragung in Zweck-Mittel-Beziehungen/ Ziel-Maßnahmen-Konzepte
- Erarbeitung von Lösungskonzepten für die betrachteten Probleme
- Technologische Umsetzung bewährter Theorien

© Prof. Dr. Armin Töpfer

Abb. C-3: 3 Erkenntnisperspektiven im Zusammenhang

Unter dem **Entdeckungszusammenhang** verstehen wir die Auswahl der Thematik und Fragestellung einer vorgesehenen Forschung, das Spektrum einbezogener Wissenschaftsdisziplinen und dort gewonnener Erkenntnisse sowie die Art und den Inhalt der eingesetzten Methoden, durch welche eine möglichst neue Erkenntnisperspektive erreicht werden soll. Mit dem **Begründungszusammenhang** umfassen wir die Ausformulierung und empirische Überprüfung aufgestellter Theorien auf ihre Gültigkeit respektive ihren Bestätigungsgrad in der Realität. Durch den **Verwertungszusammenhang** streben wir die Umsetzung gewonnener und empirisch abgesicherter Erkenntnisse in die Praxis an, um durch die dann eintretenden Wirkungen formulierte Ziele zu erreichen.

Festzuhalten bleibt, dass die unterschiedlichen Denk- und Argumentationsmuster der einzelnen Disziplinen sowie der erreichte Forschungsstand als Theoriegebäude zahlreiche Transfermöglichkeiten auf andere Wissenschaftsdisziplinen schaffen, die heuristisch andere bzw. neue Erklärungsmuster hervorbringen.

Wie nachvollziehbar ist, stehen dieser Ansatz und diese Vorgehensweise in einem engen Zusammenhang mit unserer Strukturierung des Forschungsprozesses. Mit der Aufstellung des Untersuchungsdesigns werden zunächst die Art und die Breite der Erkenntnisperspektive und damit der Fokus des Forschungsprozesses eingestellt. Beim Begründungszusammenhang – also beim Forschungsdesign und der Hypothesenbildung – steht die Frage im Vordergrund, wie neue Erkenntnisse zu belegen, abzusichern und damit zu begründen sind. Gegenstand ist also das Erkennen von Ursachen-Wirkungs-Beziehungen. Diese Explanation führt über die empirische Überprüfung zu einer Konfirmierung, also vorläufigen Bestätigung der gewonnenen Erkenntnisse, oder zu einer Falsifikation, also zum Verwerfen und Modifizieren der Hypothesen als vermuteten Ursachen-Wirkungs-Zusammenhängen. Hinsichtlich des Entdeckungszusammenhangs, d.h. beim Einstellen der Erkenntnisperspektive, ist generell eine größere Freiheit für den Wissenschaftler gegeben, während für den Begründungszusammenhang aufgrund der methodischen und mathematisch-statistischen Vorgaben und Regularien strengere Maßstäbe angelegt werden.

Unter dieser Heuristik einer weitgehenden Freiheit im Entdeckungs- und einer hohen Rigorosität im Begründungszusammenhang ist der Druck in Richtung passender, adäquater Erklärungsansätze sehr hoch, da durch modifizierte Wenn-Dann-Beziehungen bessere Erklärungsansätze und damit empirisch zutreffendere Gesetzmäßigkeiten entwickelt werden. Hierauf wird nachstehend noch eingegangen.

Eine Wissenschaft kann so eine große Dynamik entfalten. Die gegenteilige Auffassung mit dem ausschließlichen Bestreben der Verifizierung – also des theoretisch oder empirisch zu führenden Nachweises der Gültigkeit von Gesetzmäßigkeiten – führt viel eher zu fortwährenden Rettungsversuchen theoretischer Positionen, auch wenn die Realität schon längst über sie hinweggegangen ist. Allerdings birgt auch der Weg der Falsifizierung als „schöpferische Zerstörung" die Gefahr in sich, dass Erklärungen durch Aussagensysteme bereits früh an der Realität scheitern und modifizierte sowie gleichzeitig gehaltvollere Wenn-Dann-Beziehungen nicht entwickelt bzw. durch – deutlich weniger aussagefähige – Ad-hoc-Hypothesen ersetzt werden.

> Es ist generell wichtig zu wissen, dass alle Ableitungen und damit auch die **allgemeinen Gesetzesaussagen** niemals endgültig bestätigt werden können; immer ist das Auftauchen neuer, vorher nicht bedachter **Regelmäßigkeiten** möglich. Unter dieser Prämisse kann das Herausbilden besserer Erklärungsansätze dadurch erreicht werden, dass man nicht die Bestätigung der ermittelten Gesetzmäßigkeiten im Sinne uneingeschränkter Gültigkeit (Verifizierung), sondern ihre **Verwerfung (Falsifizierung)** aufgrund von neuen und abweichenden Erkenntnissen als Erklärungsansätzen anstrebt.

Warum wird Wissenschaft überhaupt betrieben? Das eigentliche Ziel, das Sie auch mit und in Ihrer wissenschaftlichen Arbeit verfolgen, besteht darin, neue Erkenntnisse zu gewinnen. In den Real- oder Erfahrungswissenschaften geschieht dies i.d.R. aber nicht um seiner selbst Willen. In übereinstimmender Sichtweise mit SCHANZ wird davon ausgegangen, dass sowohl Erkenntnisinteresse, also Wissbegierde bzw. Wissensdurst, als auch Gestaltungsinteresse als praktische Lebensbewältigung vorhanden sind. Damit sind die beiden wesentlichen Zielsetzungen der Wissenschaft von Natur aus den Menschen immanent und Wissenschaft kann von daher als ein originär menschliches Unterfangen angesehen werden (vgl. Schanz 2004, S. 82 f.). Wichtig an dieser Sichtweise ist, dass sie den Blick dafür erleichtert, dass Wissenschaft und Praxis letztlich 2 Seiten einer Medaille sind. Von Menschen für Menschen betriebene Wissenschaft wird immer einen Anwendungsbezug haben, um für Fragen der Wirklichkeitsgestaltung eingesetzt zu werden.

Dies soll an einem kurzen Beispiel verdeutlicht werden: Gerade das Marketing als marktorientierte Unternehmensführung und die Marketingtheorie weisen eine starke praxeologische Orientierung auf, da hier Ursachen-Wirkungs-Zusammenhänge der Unternehmensentwicklung und Ziel-Mittel-Zusammenhänge der Unternehmensgestaltung zum Bestehen und Überleben am Markt im Mittelpunkt der Betrachtungen stehen. Die wissenschaftlichen Erkenntnisziele und die Handlungsziele der Praxis weisen einen großen Überschneidungsbereich auf.

Auf der Basis dieser Vorbemerkungen kommen wir jetzt zu den 3 Wissenschaftszielen, auf die wir im Folgenden näher eingehen. Unterscheiden lassen sich zwei Blickwinkel: Zum einen die Priorisierung der 3 Wissenschaftsziele im Hinblick auf ihre primäre Bedeutung und ihren unmittelbaren Nutzen. Zum anderen die Abfolge der 3 Wissenschaftsziele im wissenschaftlichen Analyseprozess, um jeweils die Grundlage für den nachfolgenden wissenschaftlichen Analyseschritt zu schaffen.

Zunächst gehen wir auf den **ersten Blickwinkel** der **Priorisierung nach der Bedeutung und dem Nutzen** der 3 Wissenschaftsziele ein. Im Vordergrund des generellen Erkenntniszieles als eigentlicher Zweck des Forschens steht das Gestaltungs- oder Anwendungsinteresse in Form von konkreten Erkenntnissen für das Lösen von praktischen Problemstellungen, also das **pragmatische Wissenschaftsziel**. Theoretische Grundlagen und damit ein **theoretisches Wissenschaftsziel** sind hierfür eine wesentliche Basis, um die praktischen Handlungsempfehlungen auf möglichst gut abgesicherten Erkenntnissen aufzubauen. (vgl. Popper 1972/ 1984, S. 362; Kosiol 1964/ 1978, S. 134 ff.). Dies entspricht dem Ansatz, dass wir nicht Wissenschaft um der Wissenschaft selbst, also ohne Realitätsbezug und in diesem Sinne inhaltsleer, betreiben, sondern dass wissenschaftliche Erkenntnisse die Situation des Menschen verbessern sollen, also einen pragmatischen Nutzen haben.

Generell formuliert, ist Wissenschaft damit jede intersubjektiv überprüfbare Untersuchung von Sachverhalten/ Phänomenen auf der Basis ihrer systematischen Beschreibung und – wenn möglich – der Erklärung der untersuchten Sachverhalte. Die vorausgehenden Stufen umfassen dabei zunächst jedoch eindeutige Begriffe und Klassifikationen, also Klassenbildungen, die dann erst aussagefähige und gut nachvollziehbare Beschreibungen zulassen. Der letztere Teil gehört zum **deskriptiven Wissenschaftsziel**.

Wir kommen nun zum **zweiten Blickwinkel**, nämlich der **Abfolge der 3 Ziele im Erkenntnisprozess** einer Wissenschaft. Hier ist immer folgende, konsekutive Reihenfolge gegeben (vgl. Chmielewicz 1994, S. 8 ff.; Schweitzer 1978, S. 2 ff.):

- **Deskriptives Ziel:** Begriffsbildung/ Klassifikation und Beschreibung
- **Theoretisches Ziel:** Erkenntnisgewinnung durch Erklärung und Prognose
- **Pragmatisches Ziel:** Praktische Gestaltung auf der Basis der gewonnenen Erkenntnisse.

Wie leicht nachvollziehbar ist, entspricht diese Reihenfolge auch dem Grundmuster der 3 Erkenntnisperspektiven in Abbildung C-3. Das deskriptive Wissenschaftsziel ist Teil des Entdeckungszusammenhangs; das theoretische Wissenschaftsziel ist Kernbestandteil des Begründungszusammenhangs; und das pragmatische Wissenschaftsziel deckt sich mit dem Verwertungszusammenhang.

In einer umfassenderen Sichtweise lassen sich entsprechend WILD in der Wissenschaft folgende Teilklassen wissenschaftlicher Satzsysteme unterscheiden (vgl. Wild 1976, Sp. 3890):

- Begriffssysteme (explikative Funktion)
- Beschreibungssysteme (deskriptive Funktion)
- Erklärungssysteme oder Theorien (explanatorische und prognostische Funktion)
- Technologische Systeme (praxeologische Funktion)
- Ethische bzw. philosophische Systeme (ethisch-normative Funktion)
- Wissenschaftstheoretische Systeme (metawissenschaftliche Funktion).

Im Hinblick auf den oben bereits angesprochenen ersten Blickwinkel, also die Priorisierung der 3 Wissenschaftsziele, steht der eigentliche Verwendungszweck, der mit den gewonnenen wissenschaftlichen Erkenntnissen verfolgt wird, im Vordergrund. Dadurch dreht sich, wie ausgeführt, die Reihenfolge der 2 generellen Ziele von Realwissenschaften um: Diese Beziehung ist im linken Teil der Abbildung C-4 wiedergegeben. Das Primärziel ist das pragmatische Wissenschaftsziel und das hierfür abgeleitete Ziel ist das theoretische Wissenschaftsziel.

Der Leser wird an dieser Stelle neben dem pragmatischen und theoretischen Wissenschaftsziel wohl vermissen, dass wir das deskriptive Wissenschaftsziel in der Abbildung nicht angesprochen und eingeordnet haben. Es ist nicht vergessen worden, und es ist auch nicht unwichtig. Aber auf ihm liegt nicht der Fokus des Forschungsinteresses. Dies werden wir im Folgenden noch erläutern.

Der Forschungsprozess verläuft in der Praxis, wie angesprochen, in umgekehrter Richtung, wie dies im rechten Teil und in der Mitte der Abbildung C-4 dargestellt ist. Wir gehen zunächst auf den mittleren Teil der Abbildung C-4 mit dem Zusammenhang zwischen den 2 generellen Wissenschaftszielen ein.

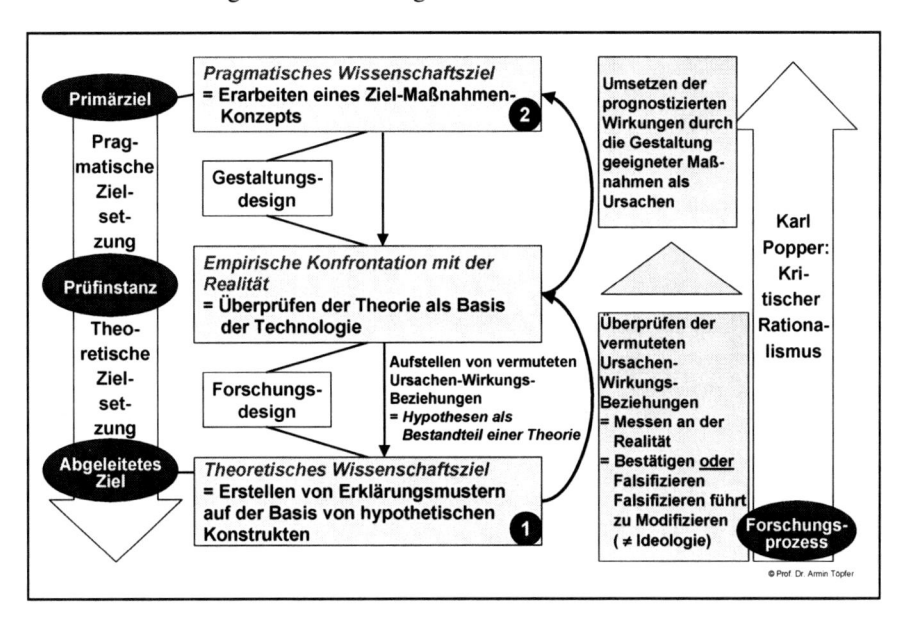

Abb. C-4: 2 generelle Ziele in den Realwissenschaften

Im Rahmen des **theoretischen Wissenschaftsziels** werden vermutete Erklärungsmuster erarbeitet, die bereits einen möglichst hohen Aussagegehalt besitzen sollen. Sie basieren auf hypothetischen Konstrukten, also der Explikation mit möglichst eindeutigen, einheitlichen und damit widerspruchsfreien Definitionen. Diese Begriffswelt ist die Grundlage für Klassifikationen, also die Abgrenzung unterscheidbarer Teilgruppen, und für Deskriptionen, also die Beschreibung und Vernetzung von eindeutig definierten und in Klassen unterscheidbaren Sachverhalten zu Wirkungsgefügen und damit zu einem Gesamtkomplex.

Theoretische bzw. hypothetische Konstrukte bezwecken eine Explikation, also möglichst eindeutige, einheitliche und damit widerspruchsfreie Definitionen, die dann für Klassifikationen und Deskriptionen verwendet werden. Auf dieser präzisen und trennscharfen Basis können anschließend vermutete theoretische Ursachen-Wirkungs-Zusammenhänge formuliert werden, die noch nicht empirisch überprüft sind, aber eine möglichst hohe Plausibilität und Aussagekraft besitzen sollen. Für die empirische Prüfung werden die theoretischen Konstrukte in Hypothesen überführt und sind somit zugleich hypothetische Konstrukte mit vermuteten bzw. unterstellten Ursachen-Wirkungs-Beziehungen.

In der Theorie des Käuferverhaltens kennzeichnen hypothetische Konstrukte Phänomene und Vorgänge (Prozesse), die existent sind, aber in ihrer Gänze nicht vollständig beobachtet werden können. Dies gilt also insbesondere für latente Variablen. Wie vorstehend angesprochen sind sie ein wesentlicher Teil der theoretischen Konstrukte, in denen in einem fortgeschrittenen Stadium der wissenschaftlichen Theorienbildung objektivierte Ursachen-Wirkungs-Beziehungen – häufig in einer mehrstufigen Analyse und Reduktion vom Unternehmen über Gruppen bis zu Individuen und deren Verhalten – präzisiert werden (vgl. Diller 2001, S. 624, 1668).

Dabei gilt folgender Zusammenhang: Alle **Unschärfen in der Begriffsbildung** und der darauf aufbauenden Klassenabgrenzung sowie Beschreibung realer Phänomene und vor allem in den Wirkungsgefügen wirken sich negativ auf die Hypothesenbildung und das Gewinnen von Erkenntnissen auf der Basis von Ursachen-Wirkungs-Beziehungen aus. Denn eine unscharfe Begriffswelt bringt **Probleme bei der empirischen Messung** in Form von fehlender Eindeutigkeit und ungenauer Zuordenbarkeit mit sich.

Diese hypothetischen Konstrukte mit Definitionen, Klassifikationen und Deskriptionen entsprechen dem **deskriptiven Wissenschaftsziel**. Sie sind eine für den gesamten Erkenntnisprozess nicht unwichtige Vorstufe im Sinne einer notwendigen Voraussetzung für die Erkenntnisgewinnung. Aber sie gehören zum vorwissenschaftlichen Bereich. Denn die zentralen Ziele des Forschens sind, wie ausgeführt, das theoretische und das pragmatische Wissenschaftsziel. Erst durch das Aufstellen von vermuteten Ursachen-Wirkungs-Beziehungen als Hypothesen, die Bestandteil einer Theorie sind, wird das theoretische Wissenschaftsziel in einem Forschungsdesign konkreter gefasst, also operationalisiert und mit Messgrößen hinterlegt. Die hinreichende Bedingung sind im wissenschaftlichen Forschungsprozess damit erst aussagefähige und empirisch bestätigte Ursachen-Wirkungs-Beziehungen.

Um Aussagen im Rahmen des **pragmatischen Wissenschaftsziels** zu tragfähigen Ziel-Maßnahmen-Konzepten machen zu können, ist zunächst eine empirische Konfrontation dieser Hypothesen respektive Ursachen-Wirkungs-Beziehungen mit der Realität erforderlich. Die Theorie wird als Basis der Technologie an der Empirie überprüft. Verläuft dies erfolgreich, dann lässt sich ein theoretisch fundiertes Gestaltungsdesign mit konkreten und empirisch abgesicherten Handlungsempfehlungen erarbeiten und das angestrebte Primärziel erreichen.

Der Empirie kommt damit die Funktion einer **doppelten Prüfinstanz** zu, wie dies auf der linken Seite der Abbildung C-4 skizziert ist. Zunächst sind – von oben nach unten – bezogen auf die zu untersuchenden realen Phänomene Definitionen,

Klassifikationen und Deskriptionen sowie insbesondere die Aufstellung von vermuteten Ursachen-Wirkungs-Beziehungen mit einem hohen Realitätsbezug und damit einer vermuteten guten Erklärungskraft aufzustellen. Dadurch kommt ein Forschungsdesign zustande, das aussagefähig auf den zu untersuchenden Phänomenen der Realität basiert und deshalb auch empirisch überprüft, also z.B. durch Befragung oder Experiment untersucht werden kann. Damit wird klar, dass es nicht nur auf die methodische Schärfe des wissenschaftlichen Konzeptes und seiner empirischen Untersuchung, also hochsignifikante Ergebnisse, ankommt. Mindestens genauso wichtig, wenn nicht wichtiger, ist die Bedeutung des Forschungsansatzes und damit seiner Inhalte, also die Relevanz für die Realität. Hierauf gehen wir im Anschluss an dieses Unterkapitel noch näher ein.

Die Empirie ist – von unten nach oben in Abbildung C-4 – dadurch auch die wichtige Prüfinstanz, um die Validität im Sinne eines hohen Bestätigungsgrades als Gültigkeit des Forschungsdesigns mit seinen Ursachen-Wirkungs-Beziehungen zu überprüfen. Das Forschungsdesign bildet so die Grundlage für ein gehaltvolles Gestaltungsdesign.

Die vorstehenden Ausführungen entsprechen der Vorgehensweise im **Forschungsprozess**, wie sie auf der rechten Seite der Abbildung C-4 skizziert sind. Wird die wissenschaftstheoretische Konzeption des Kritischen Rationalismus von KARL POPPER zu Grunde gelegt, dann führt die Überprüfung der vermuteten Ursachen-Wirkungs-Beziehungen als Messen an der Realität entweder zu ihrer Bestätigung oder Falsifikation. Dieses Ablehnen und Verwerfen der gegenwärtigen Hypothesen macht im Interesse eines Erkenntnisfortschrittes eine Modifikation ihrer Inhalte und Aussagen erforderlich. Die Hypothesen sollen dadurch eine höhere empirische Adäquanz und Gültigkeit erhalten, ohne dass dabei Qualität, also die Präzision und Bestimmtheit, der Ursachen-Wirkungs-Beziehungen darunter leidet. Die empirisch überprüften Erkenntnisse gelten danach als **vorläufig bestätigt** im Sinne von „gesichert", aber **nicht als verifiziert**, da sie nicht als endgültig wahr befunden werden können. Ursachen-Wirkungs-Beziehungen mit einem hohen Bestätigungsgrad lassen sich dann in geeignete Maßnahmen-Ziel-Konzepte zum Erreichen der angestrebten realen Wirkungen in der Zukunft umsetzen.

Andernfalls, also ohne Falsifikationsmöglichkeit und damit ohne potenzielle Falsifikation beim Scheitern an der Realität, wird eine Theorie ohne Modifikation der Hypothesen zur Ideologie und damit zur Glaubensfrage. Sie bleibt damit nicht mehr ein wissenschaftlich gehaltvolles Konstrukt und ist dadurch wissenschaftlichen Methoden nicht mehr zugänglich.

Wenn überprüfte und dabei vorerst also nicht verworfene theoretische Erkenntnisse für die Gestaltung von Ziel-Maßnahmen-Konzepten verwendet und umformuliert werden, dann trägt das erarbeitete Gestaltungsdesign dem pragmatischen Wissenschaftsziel Rechnung. Diesen Zusammenhang drückt der, dem berühmten Sozialforscher KURT LEWIN zugeschriebene Satz aus: „Nichts ist praktischer als eine gute Theorie."

Das **Zusammenspiel von Theorie und Technologie** sowie damit des pragmatischen und des theoretischen Wissenschaftsziels lässt sich am **Beispiel des Klimawandels** und seiner Folgen nachvollziehen. Das pragmatische Ziel ist, die negativen Auswirkungen des Klimawandels für die Menschen zu beseitigen. Hierauf zielt die entsprechende Forschung ab. Die notwendige theoretische Grundlage hierfür ist, alle wesentlichen Einflussfaktoren und maßgeblichen Ursachen-Wirkungs-Beziehungen zu erkennen, die einen Klimawandel hervorrufen, um sie dann so zu gestalten, dass genau diese negativen Wirkungen möglichst nicht eintreten.

Die methodische Grundlage für die Erarbeitung des Gestaltungsdesigns sind aus der Erklärung von Ursachen-Wirkungs-Beziehungen abgeleitete Prognosen und prognostische Wirkungen. Je nach dem Schwerpunkt der Forschung lassen sich also, wie in Kapitel A bereits angesprochen, eine stärker **erkenntnisorientierte Forschung** und/ oder eine stärker **handlungsorientierte Forschung** unterscheiden. Der „Königsweg" liegt offensichtlich in der Kombination der beiden Forschungsansätze. Denn eine ausschließliche Fokussierung auf die Theorie respektive das theoretische Wissenschaftsziel ohne empirische Überprüfung ist „Elfenbeinturm"-Forschung; sie hat also keinen Bezug zur Realität und Praxis. Dies entspricht dann der Einsicht, dass nichts für die Praxis wichtiger und wertvoller ist als eine gute, also in hohem Maße empirisch bestätigte Theorie.

Wir gehen auf den **Zusammenhang zwischen Theorie und Technologie** noch ausführlich in Kapitel C.II.4. und 5. ein.

Implizit haben wir bei unseren bisherigen Ausführungen in diesem Kapitel – aus der Sicht und dem Verständnis des Forschers – ein bestimmtes wissenschaftstheoretisches Methodenkonzept zu Grunde gelegt, und zwar den Kritischen Rationalismus von KARL POPPER.

Wir gehen auf den **Kritischen Rationalismus** von KARL POPPER noch ausführlich in Kapitel D.I.3. und D.IV. ein.

2. Rigour und Relevance als Anforderungen an wissenschaftliches Arbeiten

Eine aussagefähige Differenzierung des unterschiedlichen Verständnisses und der unterschiedlichen Ziele des wissenschaftlichen Arbeitens ermöglicht die **Klassifikation von ANDERSON et al.** (vgl. Anderson/ Herriot/ Hodgkinson 2001). Sie kennzeichnet zugleich verschiedene Strategien der Forschung, die sich, wie Abbildung C-5 erkennen lässt, nach den beiden Dimensionen **Rigour**, also theoretische/ methodische Strenge und Exaktheit, sowie **Relevance**, also praktische/ reale Relevanz, einordnen lassen.

- **Quadrant 1** kennzeichnet in dieser „Rigour versus Relevance"-Diskussion Forschung mit hoher praktischer Relevanz, aber niedrigem theoretischen und methodischen Niveau. Als Ergebnis sind nur einfache Aussagen ohne theore-

tisch fundierte Basis möglich. Die Autoren bezeichnen dies als **„Popularist Science"**, also populärwissenschaftliche Forschung. Für eine wissenschaftliche Arbeit ist dies offensichtlich nicht erstrebenswert, aber immer bis zu einem bestimmten Ausmaß eine Gefahr.
- **Quadrant 2** definiert die Strenge und Exaktheit der Forschung sowie deren Relevanz auf einem hohen Niveau. Im Ergebnis wird hier theoretisch fundierte und pragmatisch ausgerichtete Wissenschaft betrieben. **„Pragmatic Science"** kennzeichnet also unseren vorstehend angesprochenen und anzustrebenden „Königsweg" der Forschung.

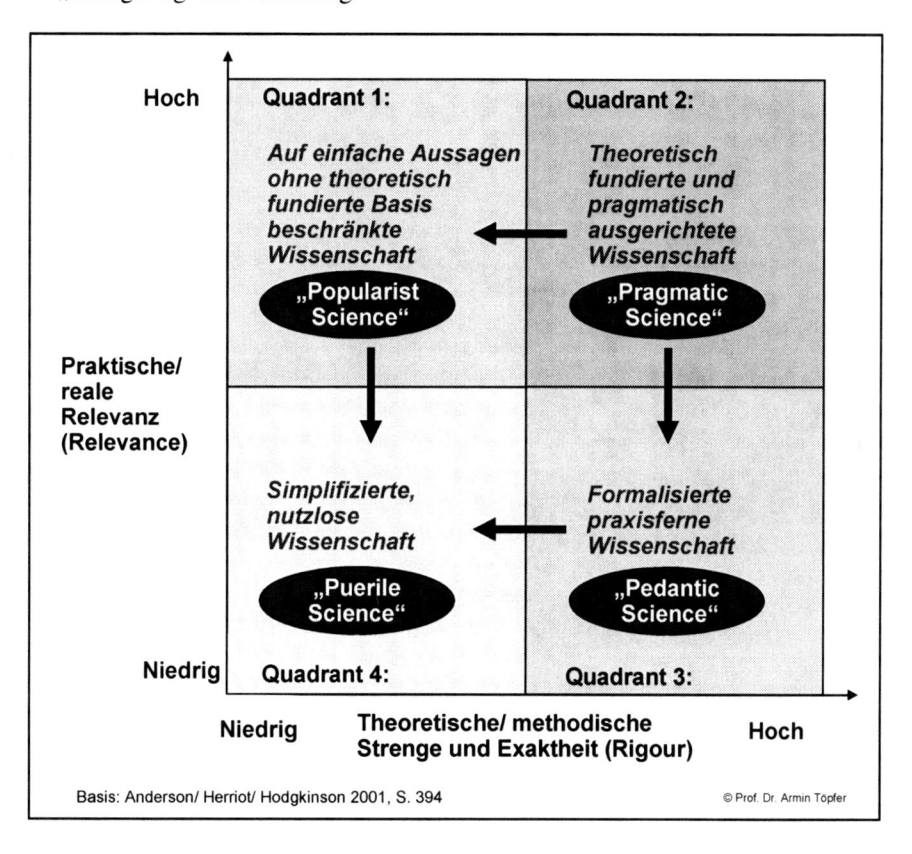

Abb. C-5: Verständnis und Ziele des Wissenschaftlichen Arbeitens/ der Strategie der Forschung: Rigour and Relevance

- **Quadrant 3** weist hingegen ein hohes Niveau an methodischer Strenge und theoretischer Exaktheit auf, aber nur ein geringes Niveau an praktischer Relevanz. Theoretisch/ methodische Geschlossenheit und Genauigkeit werden auf für die Praxis und damit die zu gestaltende Realität weitgehend unwichtige Sachverhalte angewendet. Das Ergebnis ist eine formalisierte, sich in definierte

Spielregeln verlierende praxisferne Wissenschaft, welche die Autoren **„Pedantic Science"** nennen und die keine anzustrebende Forschungskonzeption ist.
- **Quadrant 4** definiert sowohl Rigour als auch Relevance auf einem geringen Niveau. Das Ergebnis ist eine simplifizierte nutzlose Wissenschaft, also **„Puerile Science"**. Sie erlaubt keine tiefergehenden und weiterführenden Erkenntnisse, ist deshalb Zeit- und Budgetverschwendung und demnach zu vermeiden.

Eine lesenswerte **Analyse der Rigour- and Relevance-Diskussion** geben ANDERSON/ HERRIOT/ HODGKINSON in ihrem Artikel „The Practitioner-Researcher divide in Industrial, Work and Organizational (IWO) Psychology: Where we are now, and where do we go from here?" (vgl. Anderson et al. 2001, S. 391 ff.).

Diese über das Theorie-Praxis-Verhältnis der Forschung geführte Diskussion nach den beiden Dimensionen wissenschaftliche Qualität und praktische Relevanz lässt gute Forschung also nur in Richtung des Quadranten 2 zu. Das deckt sich mit der Sichtweise und dem Leitbild dieses Forschungs-Leitfadens. Dabei wird unter Relevance allerdings mehr als eine direkt anwendbare Problemlösungstechnologie verstanden (vgl. z.B. auch Kieser/ Nicolai 2005, S. 278; Varadarajan 2003, S. 370 ff.).

Das **primäre Ziel wissenschaftlichen Arbeitens und Forschens** ist eine theoretisch fundierte und gleichzeitig pragmatisch ausgerichtete Wissenschaft, also eine **„Pragmatic Science"** (Quadrant 2).

Die Pfeile in Abbildung C-5 indizieren als Risiko denkbare Pfade, über die sich vor dem Hintergrund externen Drucks und der traditionellen Disziplinenbildung Wechsel vom „Idealbild" der Pragmatic Science zu anderen Wissenschaftsformen vollziehen können. Abweichungen von einer zugleich methodologisch exakten wie praktisch relevanten Forschung sind demnach immer mit Effizienz- und/ oder Effektivitätsverlusten verbunden. Sowohl die Wirtschaftlichkeit als auch die Wirksamkeit der Forschung erleiden also erhebliche Einbußen.

In die Richtung des Quadranten 2 gehen auch die folgenden **5 Anforderungen an gute Forschungs- und Praxisbeiträge**, wie sie beispielsweise früher auch für die Vergabe des McKinsey Award für den besten Artikel der Harvard Business Review formuliert worden sind (vgl. Belz/ Rudolph/ Tomczak 2002). Methodisch-theoretisch gut fundiert sowie gleichzeitig praxisrelevant und damit auszeichnungswürdig sind wissenschaftliche Arbeiten, welche

1. oberen Führungskräften eine Hilfestellung liefern, wichtige interne Managementprobleme zu lösen und/ oder eine bessere strategische Ausrichtung des Unternehmens auf Umwelt- und Wettbewerbsanforderungen zu erreichen,
2. einen Beitrag zur innovativen Wissenserweiterung oder einen originär neuen Ansatz liefern,
3. eine tiefgehende Analyse und damit eine solide Begründung enthalten,
4. die Gültigkeit von existierenden Ansichten und Praktiken in Frage stellen sowie nicht zuletzt

5. eine gute Lesbarkeit, Klarheit sowie Einfachheit des Stils und eine bewusste Wortwahl vermitteln.

Zusammenfassend lassen sich gute Forschungsarbeiten anhand der folgenden 6 Kriterien bewerten. Sie werden häufig in ähnlicher Form von wissenschaftlichen Zeitschriften für die Begutachtung und Bewertung eingereichter Artikel zu Grunde gelegt.

- Praktische Relevanz
- Theoretische Relevanz und Fundiertheit
- Innovation und Eigenständigkeit des Forschungsansatzes
- Aussagefähige empirische Prüfung und Ergebnisse
- Nachgewiesene methodische Strenge
- Gute Lesbarkeit und Verständlichkeit aufgrund schlüssiger Gliederung, klarer Sprache, prägnanter Argumentation, gut nachvollziehbarer Schlussfolgerungen und aussagefähiger Schaubilder.

Es ist augenfällig, dass durch die beiden beispielhaft aufgeführten Anforderungskataloge Rigour und Relevance weitgehend realisiert werden. Wenn die Zielsetzung einer hohen erkenntnis- und handlungsorientierten Relevanz (Relevance) der Forschung, auch und vor allem bei einer methodisch-wissenschaftlichen Stringenz (Rigour) des Vorgehens, akzeptiert wird, dann lassen sich auf dieser Basis die unterschiedlichen Schwergewichte und damit Prioritäten des wissenschaftlichen Forschungsprozesses und des pragmatischen Umsetzungsprozesses klassifizieren. Dies kennzeichnen auch die **4 Quadranten von STOKES**, die er in seinem Buch „Pasteur's Quadrant – Basic Science and Technological Innovation" publiziert hat (vgl. Stokes 1997, S. 9 ff., 64 ff.). Der 2. Begriff des Buchtitels „Technologische Innovation" kennzeichnet neben der genannten Grundlagenwissenschaft dabei die Einführung und Umsetzung neuer technologischer Lösungsprinzipien und unterscheidet sich deshalb von dem wissenschaftstheoretischen Begriff des in diesem Forschungs-Leitfaden verwendeten Terminus der Technologie als Formulierung von Gestaltungs- und Handlungsempfehlungen.

Als Grundlage hierfür übernimmt STOKES die **Klassifikation unterschiedlicher Arten der Forschung und der technologischen Umsetzung**, wie sie von der OECD zur Messung von wissenschaftlichen und technischen Aktivitäten als Standardklassifikation im Rahmen des Frascati Manuals vorgeschlagen wurde (vgl. OECD 1970, S. 14). Unterscheidbar sind danach – wie Abbildung C-6 zeigt – die reine Grundlagenforschung als **Pure Basic Research** zur Erweiterung des wissenschaftlichen Verständnisses und Wissens, ohne direkt auf eine spezifische Anwendung ausgerichtet zu sein.

Etwas anders ist die Ausgangslage bei einer zielorientierten Grundlagenforschung, also der **Oriented Basic Research**, die ein Bündel von wissenschaftlichen, ökonomischen oder sozialen Zielen verfolgt. Sie ist – idealerweise – die Basis für angewandte Forschung, **Applied Research**, mit dem Ziel der Anwendungsübertragung gewonnener Erkenntnisse. Diese lässt sich erweitern und überführen in die experimentelle Entwicklung, **Experimental Development**, also die technologische Umsetzung von Erkenntnissen der Forschung in Gestaltungs- und

Handlungskonzepte auf der Grundlage durchgeführter Experimente. Alle Stufen, außer der reinen Grundlagenforschung, sind auf das Erreichen eines spezifischen praktischen Zwecks oder Ziels, eines **Specific Practical Aim or Objective**, ausgerichtet, der bzw. das nach Möglichkeit nicht nur von einer allgemeinen Wissbegierde, sondern von einer klaren strategischen Perspektive getrieben werden soll (vgl. Stokes 1997, S. 9 ff., 64 ff.).

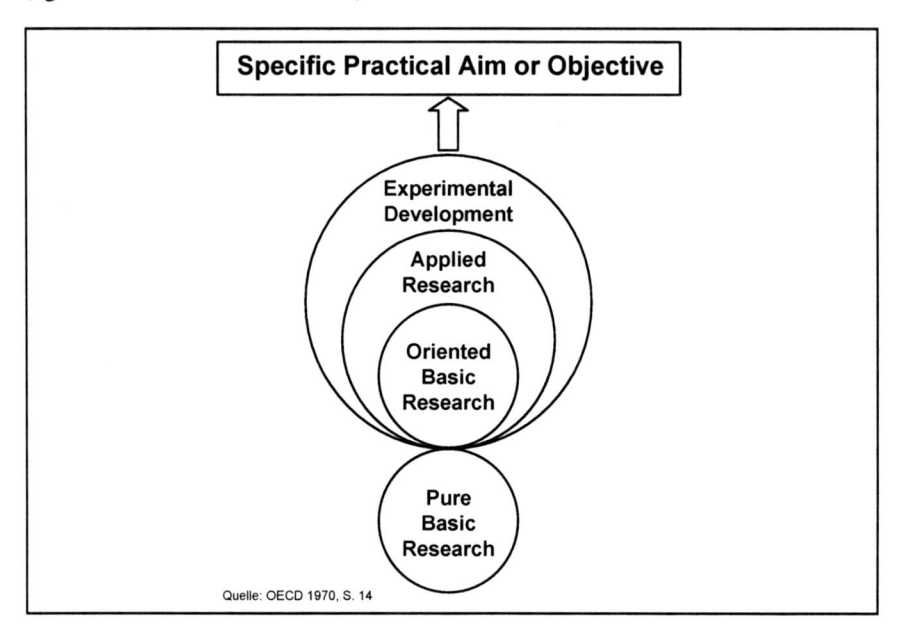

Abb. C-6: Arten der wissenschaftlichen Forschung und der technologischen Umsetzung

Im besten Falle erfolgt die Reihenfolge dieser einzelnen Stufen der Forschung und Anwendung genau nach diesem Schema, so dass jede Folgestufe von den Ergebnissen der vorhergehenden Stufe abhängt. Allerdings muss diese Abfolge, wie bereits angesprochen wurde und in späteren Kapiteln noch vertieft wird, nicht zwingend gegeben sein. Angewandte Forschung und experimentelle Entwicklungen können entsprechend dem Entdeckungszusammenhang auch ohne äquivalente theoretische Erkenntnisbasis durchgeführt werden – und dann durchaus im Rückschluss die Theorie befruchten.

Auf dieser Grundlage hat STOKES seine **Matrix des Quadranten-Modells der wissenschaftlichen Forschung** entwickelt (vgl. Stokes 1997, S. 73 ff., 84 ff.), die wir in Abbildung C-7 in etwas veränderter und auf die Darstellung von Rigour and Relevance in Abbildung C-5 ausgerichteter Form wiedergeben. In seiner Klassifikation misst er die beiden Dimensionen **Considerations of Use**, also technologische Anwendungsüberlegungen, und **Quest for Fundamental Understanding**, also Suche nach grundlegendem theoretischen Verständnis im Sinne wissenschaftlicher Erkenntnisse, dichotom und damit nur mit einer Ja/Nein-Ausprägung. Die Namen bekannter Forscher in den Quadranten 1, 2 und 3 der Abbildung C-7 ste-

I. Verschiedene Perspektiven im und zum „Haus der Wissenschaft" 61

hen symbolisch für den verdeutlichten Schwerpunkt der jeweiligen Forschungstätigkeit (vgl. hierzu auch van der Sijde 2008, S. 101 ff.). Wir geben in der Abbildung C-7 den beiden Dimensionen eine ordinale Ausprägung und lehnen sie dadurch in der Kennzeichnung und Gestaltung an die Rigour- and Relevance-Abbildung C-5 an.

	Quadrant 1: Reine Grundlagenforschung	Quadrant 2: Anwendungsinspirierte Grundlagenforschung
Hoch Quest for Fundamental Understanding Theorie/ Erweiterung des Basiswissens (Erkenntniszugewinn als grundlegendes Verständnis) **Niedrig**	„Pure Basic Research" Niels Bohr (Atom-Modell) Simplifizierte, wissbegierige Forschung „Curiosity-oriented Research" (ohne Ziel und Strategie) Quadrant 4:	„Use-inspired Basic Research" Louis Pasteur (Impfstoffe) Reine angewandte Forschung „Pure Applied Research" Thomas A. Edison (Glühbirne) Quadrant 3:
	Niedrig Considerations of Use **Hoch**	
	Technologie/ Anwendungsüberlegungen (Handlungszugewinn, möglichst theoretisch basierte Gestaltungsempfehlungen)	

Basis: Stokes 1997, S. 73 © Prof. Dr. Armin Töpfer

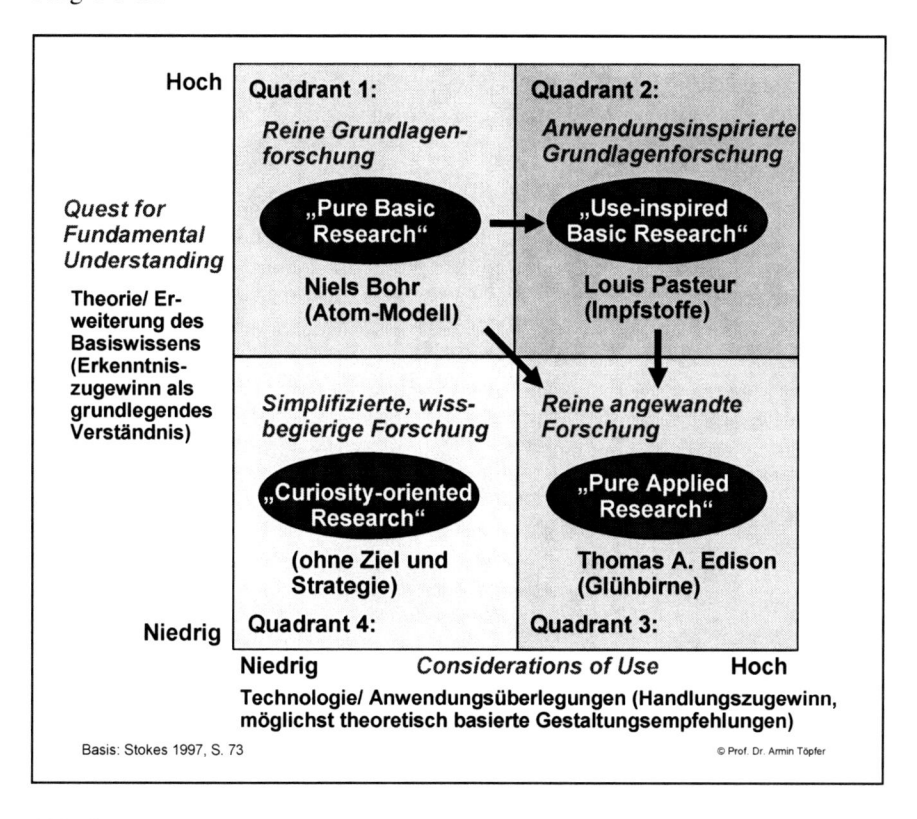

Abb. C-7: Quadranten-Modell wissenschaftlicher Forschung nach STOKES

Im **1. Quadranten** ist die rein theoretische und damit auf den Erkenntniszugewinn ausgerichtete Forschung aufgeführt, also **Pure Basic Research**. NIELS BOHR hat z.B. das Atom-Modell entdeckt respektive entwickelt, welches zu seiner Zeit keine praktische umsetzungsbezogene Bedeutung hatte. Dies entspricht der reinen Grundlagenforschung, die für die Quadranten 2 und 3 eine wichtige Basis darstellt.

Da im **2. Quadranten** die anwendungsinspirierte Grundlagenforschung auf den Erkenntnissen des Quadranten 1 aufbaut, **Use-inspired Basic Research**, ist besonders wichtig, dass Theorien auf ihre empirische Gültigkeit geprüft wurden und damit eine Wirkung und einen Nutzen für die Gesellschaft entfalten können. So war die Erkenntnis von NIELS BOHR über das Atom-Modell eine wesentliche

Grundlage für die Spaltung des Atomkerns, die allerdings zunächst nicht nur zu einer friedlichen Nutzung geführt hat.

Die Hauptzielsetzung liegt demnach in der Anwendung der bisher noch theoretischen Erkenntnisse der Forschung, also in der Technologie. Die Praxis wird dadurch wiederum zur Prüfinstanz für die theoretische Forschung. Die Bedenken, dass durch eine frühe und nachhaltige Umsetzung und Anwendung der Grundlagenforschung der Fokus zu stark und zu früh auf die Praxis und den praktischen Nutzen gelegt wird, ist dabei nicht von der Hand zu weisen. LOUIS PASTEUR ist mit der Entdeckung von Impfstoffen und mit dem kurzzeitigen Erhitzen von Lebensmitteln zur Abtötung von Keimen (Pasteurisierung) die geforderte Balance zwischen beiden Schwerpunkten gelungen.

Neben dieser anwendungsorientierten, theoretisch basierten Forschung, die bereits auch einen Technologietransfer zum Gegenstand haben kann respektive hat, enthält der **3. Quadrant** die reine angewandte Forschung, **Pure Applied Research**. Sie basiert i.d.R. aufgrund der vorhandenen Expertise der Forscher zumindest zum Teil auch auf theoretischen Erkenntnissen (Quadrant 1). Die Zielsetzung geht aber eindeutig in Richtung eines pragmatischen Handlungszugewinns im Sinne von konkreten Gestaltungsempfehlungen, also der Verbesserung der praktischen Lebenssituation. Sie ist mit diesen Umsetzungszielen zugleich auf eine Kommerzialisierung ausgerichtet. Genau diese Zielsetzung verfolgte auch THOMAS A. EDISON mit seiner Erfindung der Glühbirne, die eines von seinen 1.093 angemeldeten Patenten war.

Hierdurch entstehen insgesamt die 2 möglichen, in Abbildung C-7 nachvollziehbaren Ableitungsrichtungen zwischen den ersten 3 Quadranten. Der **4. Quadrant** kennzeichnet, wie leicht ersichtlich ist und dem Ansatz in Abbildung C-5 entspricht, eine theoretisch und technologisch unbedeutende Forschungsbemühung, die – als simplifizierte, wissbegierige Forschung – ohne Basisverständnis wissenschaftlicher Zusammenhänge und ohne praktischen Nutzen ist und dadurch aufgrund der fehlenden Zielsetzung und Strategie auch nicht nachhaltig sein kann.

Die wichtigste Forschungsstrategie ist die **anwendungsinspirierte Grundlagenforschung** (2. Quadrant – Louis Pasteur). Sie vereint Technologie und Theorie sowie damit auch das pragmatische und das theoretische Wissenschaftsziel. Einen hohen Erkenntniszugewinn verschafft sie, wenn ein breiter Entdeckungszusammenhang mit einem methodisch fortschrittlichen Begründungszusammenhang gekoppelt wird, so dass ein zielgerichteter und zügiger Verwendungszusammenhang erreicht ist.

3. Deduktion und Induktion als alternierende Richtungen im wissenschaftlichen Erkenntnisprozess

Eine lange, grundsätzliche und noch andauernde Diskussion wird auch über die erkenntnislogischen Richtungen geführt, also darüber, ob der wissenschaftliche Erkenntnisprozess mehr durch Deduktion oder eher durch Induktion befruchtet und beherrscht wird. In der Überschrift dieses Kapitels haben wir die beiden Vorgehensweisen als alternierende Richtungen gekennzeichnet. Dies beinhaltet keine Entweder-oder-Aussage, sondern eine Sowohl-als-auch-Aussage.

Zur Erklärung der beiden unterschiedlich gerichteten Methoden des wissenschaftlichen Erkenntnisprozesses lassen sich die von POPPER geprägten, in Abbildung C-8 visualisierten Bilder des Kübel- und des Scheinwerfermodells – the bucket and the searchlight – anführen (vgl. hierzu z.B. Popper 1972/ 1984, S. 61 ff. und S. 354 ff.). Das **Kübelmodell** repräsentiert die Erkenntnismethode des Alltagsverstandes. Phänomene der Realität werden als singuläre Ereignisse memoriert und abgespeichert, um so in ihrer Summe über Erfahrungen zu weitergehenden Erkenntnissen zu führen. Dies entspricht induktivem Vorgehen.

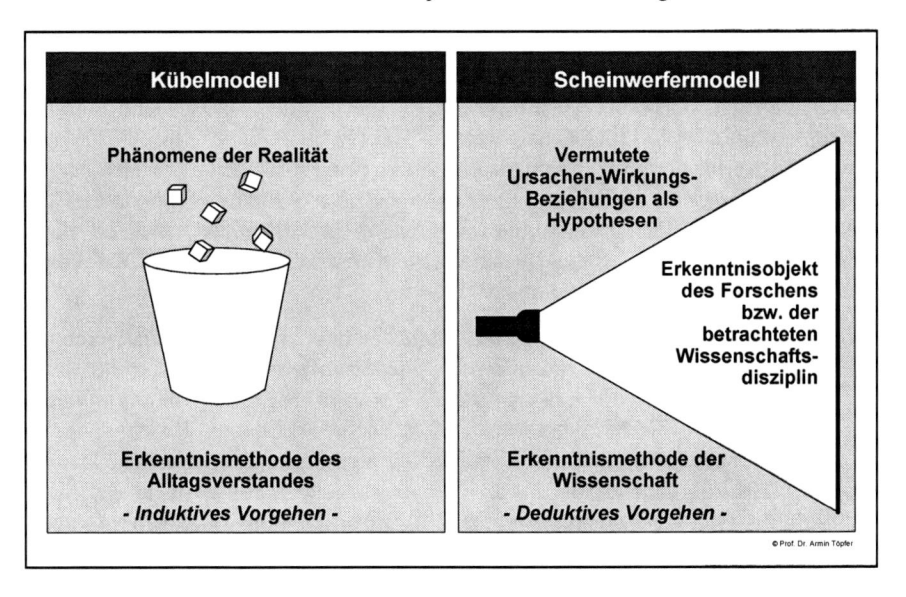

Abb. C-8: Das Kübel- und das Scheinwerfermodell von POPPER

Das **Scheinwerfermodell** ist der Kontrapunkt hierzu. Sein Fokus liegt auf der hypothesengeleiteten Vorgehensweise, bei der die Hypothese der Beobachtung vorausgeht. Hierdurch entscheidet sich letztlich, welche Beobachtungen ein Forscher vornehmen will; „die Hypothese wird so zum Führer zu neuen Bebachtungsresultaten" (Popper 1972/ 1984, S. 360). Aussagen aus unserem vorangegangenen Abschnitt einbeziehend, lässt es sich bildlich folgendermaßen beschreiben: Der Forscher entspricht einer Person, die in der Mitte eines dunklen Raumes steht und mit einer Taschenlampe den Raum vor ihm bis zur Wand ausleuchtet. Dieser Leuchtkegel der Lampe einschließlich der erhellten Wand kennzeichnet das Erkenntnisobjekt der betrachteten Wissenschaftsdisziplin. Wissenschaftsbereiche, die in einer inhaltlichen Verbindung zur erstgenannten Disziplin stehen, weisen mit ihrem Leuchtkegel eine teilweise Überschneidung mit dem ersten Leuchtkegel auf. Dies korrespondiert mit dem Sachverhalt, dass zur Erkenntniserweiterung gesichertes Wissen von Nachbardisziplinen einbezogen wird.

Wie anhand der Abbildung 8 leicht nachvollziehbar ist, entspricht das Vorgehen beim Kübelmodell mehr dem eines „Jägers und Sammlers". Die Umsetzung des Scheinwerfermodells ist als Erkenntnismethode der Wissenschaft hingegen das zielgerichtete Vorgehen eines Forschers.

In der skizzierten Situation werden Sie sich nicht selten befinden, wenn Sie ein wissenschaftliches Thema bearbeiten wollen und hierzu zunächst den möglichen Erkenntnisraum ausleuchten sollen. Dies setzt voraus, dass auf der Basis von Erfahrungen bereits ein gewisses Erkenntnisniveau gewonnen wurde, so dass der Scheinwerfer für die weitere Erkenntnisgewinnung bewusst und relativ gezielt auf den Entdeckungszusammenhang, über den Erkenntnisse angestrebt werden, ausgerichtet werden kann. POPPER führt hierzu aus: „Was der Scheinwerfer sichtbar macht, das hängt von seiner Lage ab, von der Weise, in der wir ihn einstellen, von seiner Intensität, Farbe und so fort; es hängt natürlich auch weitgehend von den Dingen ab, die von ihm beleuchtet werden." (Popper 1945/ 1992, S. 305 f.). Um den Scheinwerfer erkenntnisfördernd einstellen zu können, bedarf es also bereits einigen Vorwissens und einiger Vorerfahrungen. Das Scheinwerfermodell ist damit eine Metapher für ein deduktives Vorgehen, das Erkenntnisse auf der Basis vermuteter Ursachen-Wirkungs-Beziehungen anstrebt, die zu logischen und empirisch abgesicherten neuen Erkenntnissen führen.

Die **deduktive Methode** kennzeichnet die Erkenntnisgewinnung auf der Basis von in der Vergangenheit erarbeiteten und möglichst auch empirisch überprüften Theorien. Das Ziel besteht darin, durch innovative Hypothesen als Ursachen-Wirkungs-Beziehungen zu neuen Erkenntnissen und Erklärungsmustern zu gelangen. Die **induktive Methode** geht als originäre wissenschaftliche Methode in umgekehrter Richtung vor und strebt aus der Summe von Einzelfällen das Erkennen von übergeordneten Regelmäßigkeiten und möglichst allgemeingültigen Wirkungsmechanismen an.

Die historisch ältere Richtung des Erkenntnisprozesses und damit auch der Wissenschaftstheorie ist die **induktive Methode**, also – ohne jegliche Vorerfahrung – die Schlussfolgerung und Ableitung von beobachteten speziellen Phänomenen als Einzelfall in der Realität auf allgemeine und vor allem allgemeingültigere Aussagen über Wirkungsmechanismen von Phänomenen in der Realität. Es wird demnach mit der Verallgemeinerung einzelner Beobachtungen oder Erfahrungen gearbeitet. Dies ist bzw. kann eine Vorstufe zum Erkennen von Gesetzmäßigkeiten sein. Induktion weist dadurch die größere Nähe zum lebensweltlichen Vorgehen auf.

Ziel der induktiven Verfahrensweise ist es, allgemeine Aussagen ausgehend von empirischen Fakten zu gewinnen. Von vorgefundenen Tatsachen soll also auf eine übergeordnete Theorie geschlossen werden. Ein derartiges Verfahren kann sich allerdings auf keine logische Ableitung stützen, welche gleichzeitig die Wahrheit des als allgemeingültig konstruierten Zusammenhangs sichert. Im Detail geht es also darum, **häufig vorzufindende Muster** herauszufiltern. Wir sammeln mit der Zeit eine Reihe von Erfahrungen in jeweils ähnlichen Konstellationen, und daraus bilden wir irgendwie geartete Erklärungen sowie eine – mehr oder weniger intuitive – Strategie, mit welcher wir in zukünftigen Situationen dieser Art handeln (wollen). Zumindest indirekt wirkt diese Strategie damit also bereits handlungsleitend.

Die hieraus resultierenden Schwierigkeiten im Hinblick auf die wissenschaftliche Erklärung und Gestaltung von realen Erscheinungen sind an und für sich gut nachvollziehbar: Wie will man etwas, wie beim induktiven Vorgehen, aus sich heraus erklären? Ein Erklären und damit das Offenlegen von generellen und invarianten Ursachen-Wirkungs-Beziehung erfordert es offenbar, übergeordnete Zusammenhänge aufzudecken. Wenn die einzelnen Dinge diese aber allem Anschein nach nicht in sich oder mit sich tragen, dann führt kein Weg am Aufstellen visionärer Vermutungen hierüber vorbei. Genau so wichtig ist es dann aber auch, diese hypothetischen Mechanismen strengen Prüfungen zu unterziehen. Wie sollte sich die Realität unter der Annahme ihrer Gültigkeit gestalten, welche Annahmen zu realen Phänomenen sind zu erwarten?

Dennoch kommt der Induktion eine nicht geringe Bedeutung zu: Neue Gesetzeshypothesen entstehen selten „in einem Wurf" – wenn man von EINSTEINs Relativitätstheorie als einer der wenigen Ausnahmen absieht, so dass es mittels induktiver Verfahren eventuell einfacher fällt, zu neuen Theorien zu gelangen. Dies stützt die Bedeutung der Induktion für den Entdeckungszusammenhang.

Als ein klassisches **Beispiel zum Induktionsproblem** gilt die Beobachtung weißer Schwäne: Indem man zwar noch so viele Tiere dieser Farbe gesehen haben kann und deshalb die Theorie aufstellt, alle Schwäne seien weiß, hat man dennoch keinen Beleg für die Richtigkeit dieser universellen Annahme: „Bekanntlich berechtigen uns noch so viele Beobachtungen von weißen Schwänen nicht zu dem Satz, dass alle Schwäne weiß sind." (Popper 1934/ 1994, S. 3). Ein Gegenbeispiel, das Sehen eines schwarzen Schwans, reicht dann nämlich aus, die gesamte Theorie zu verwerfen.

Diese Strenge der Falsifikation bei der induktiven Methode, die aus dem Schwäne-Beispiel von POPPER deutlich wird, ist von der wissenschaftstheoretischen Programmatik des Wissenschaftlichen Realismus dadurch abgeschwächt worden, dass explizit auch Bestätigungsgrade von Hypothesen respektive Ursachen-Wirkungs-Beziehungen in Theorien zum Ausdruck gebracht werden und damit zu einer vorläufigen Annahme der Theorie führen. Wir werden dies an späterer Stelle im Kapitel D.III.3. noch ausführen.

Wenn ein induktives Schließen aufgrund seiner Richtung vom Besonderen zum Allgemeinen auch als potenziell wahrheitserweiternd bezeichnet wird (vgl. Bortz/ Döring 2006, S. 300), so ist dies aber lediglich eine Qualifizierung dieser Tendenz in den abgeleiteten Aussagen. Ob eine induktiv gewonnene Gesetzeshypothese die in sie gesetzten Hoffnungen als Theorie im Hinblick auf die Erklärung, Prognose und Gestaltung von Phänomenen erfüllt, setzt damit offenbar anders geartete und besondere Prüfungen voraus, die durch die Methode der Deduktion erfüllt werden.

Die Gegenposition zum induktiven Vorgehen ist die **deduktive Forschungsmethode**. Mit ihr werden Schließregeln beschrieben, die immer direkt an Theorien respektive Hypothesen ansetzen, um hieraus abgeleitete Prüfsätze für das Beobachten einzelner Phänomene zu entwickeln (vgl. Popper 1934/ 1994, S. 7 f.). Die Art der Entstehung der Hypothesen ist dabei nicht von zentraler Bedeutung. Wie ausgeführt, können diese auch über eine induktive Herangehensweise entwickelt werden. Wesentlich ist, dass in diesem Forschungsansatz neue Erkenntnisse/ Aussagensysteme hypothetisch-deduktiv aufgestellt und überprüft werden. Eine direkte Verbindung zum Erfahrungswissen im alltagssprachlichen Sinne ist dabei also nicht gegeben.

Bei der Deduktion braucht man folglich zuerst die allgemeine Theorie oder Gesetzesaussage, um auf dieser Basis dann Beobachtungssätze über Einzelereignisse ableiten zu können. Sind die im Rahmen der Theorie konsistent formulierten Ursachen-Wirkungs-Beziehungen gültig, dann ist dies auch für die logisch abgeleiteten Einzelaussagen der Fall. Damit ist die Deduktion wahrheitserhaltend (vgl. Chmielewicz 1994, S. 128 f.), so dass negative empirische Befunde zu den abgeleiteten Prüfsätzen dann gegen die Theorie im Ganzen sprechen.

Der hypothetisch-deduktive Ansatz läuft vereinfacht typischerweise nach folgendem Muster ab (vgl. Lauth/ Sareiter 2005, S. 97 ff.; Wild 1975, Sp. 2660 f.):

- Zunächst wird das aus Forschungssicht interessierende Problem aus dem Phänomenbereich betrachtet.
- Hierüber werden eine oder mehrere Hypothesen oder die Ansätze einer ganzen Theorie aufgestellt, um das Phänomen zu erklären und das Problem zu lösen.
- Aus der Theorie werden Aussagen über beobachtbare Phänomene abgeleitet, mit denen die Gültigkeit der Hypothese anhand des in der Realität beobachteten Sachverhaltes bzw. Zusammenhangs getestet werden kann.
- Im Zeitablauf können die tatsächlich beobachteten Phänomene mit den theoretisch fundierten Vorhersagen verglichen werden.

Wie ersichtlich ist, bezieht sich der hypothetisch-deduktive Ansatz in seiner von KARL POPPER entwickelten Reinform (vgl. hierzu vor allem bereits Popper 1934/ 1994) auf eindeutige Ja-Nein-Entscheidungen im Hinblick auf die hypothesengeleiteten Beobachtungsresultate zu einzelnen Ereignissen. Auf spezielle, von der Hypothesenart abhängige Besonderheiten gehen wir im Folgenden näher ein.

Diese Vorgehensweise können Sie auch Ihrem eigenen Forschungsvorhaben zu Grunde legen. Wenn Sie keine breite Feldforschung als empirische Überprüfung durchführen, sondern lediglich einige Experteninterviews, dann reduzieren sich automatisch der Gültigkeitsbereich und die Aussagekraft Ihrer theoretisch fundierten und empirisch überprüften Erkenntnisse.

In der wirtschafts- und sozialwissenschaftlichen Forschungspraxis kann nicht davon ausgegangen werden, dass bei einem deduktiven Vorgehen immer umfassende Theoriegebäude und Hypothesen mit einem hohen Bestätigungsgrad oder sogar Gesetzmäßigkeiten vorliegen. Vielmehr werden eher in ihrer Gültigkeit räumlich-zeitlich beschränkte Hypothesen zu Grunde liegen, deren wissenschaftliches Aussagenniveau durch den neuen Forschungsprozess bzw. das vorgesehene Forschungsvorhaben verbessert werden soll. Ziel hierbei sind also Erkenntnisse über **bestimmte, empirisch bestätigte Muster**, die auf umfangreichem Erfahrungswissen über Einzelfälle und verallgemeinerbaren bzw. allgemeingültigeren Ursachen-Wirkungs-Beziehungen basieren. Verallgemeinerbare Aussagen beziehen sich dann auf eine größere Anzahl von beobachteten Fällen bzw. realen Phänomenen, und allgemeingültigere Aussagen beinhalten eine höhere Stabilität der Wirkungsmechanismen unter bestimmten Randbedingungen als Vorstufe für die Invarianz bzw. Zeitstabilität von Gesetzmäßigkeiten. Dieses Wissen kann dann für die Gestaltung und Steuerung einzelner Phänomene in der Realität genutzt, also wieder auf Einzelfälle übertragen werden. An die deduktive Erkenntnismethode mit der induktiven Anwendung und Prüfung schließt sich dann wiederum eine deduktive Erkenntnisphase an, die das Theorie- und Hypothesenniveau verbessern soll (vgl. auch Schurz 2006, S. 29 ff.).

Auf die **Anwendung der Deduktion** im Forschungsprozess bei der Aufstellung von Theorien und Formulierung von vermuteten Gesetzmäßigkeiten als Hypothesen gehen wir in Kapitel C.II.4.a. ausführlicher ein.

In Abbildung C-9 ist das **Zusammenwirken der beiden Richtungen und Methoden im Erkenntnisprozess** skizziert, wie wir es vorstehend, ausgehend von der deduktiven Methode, im Ansatz bereits beschrieben haben.

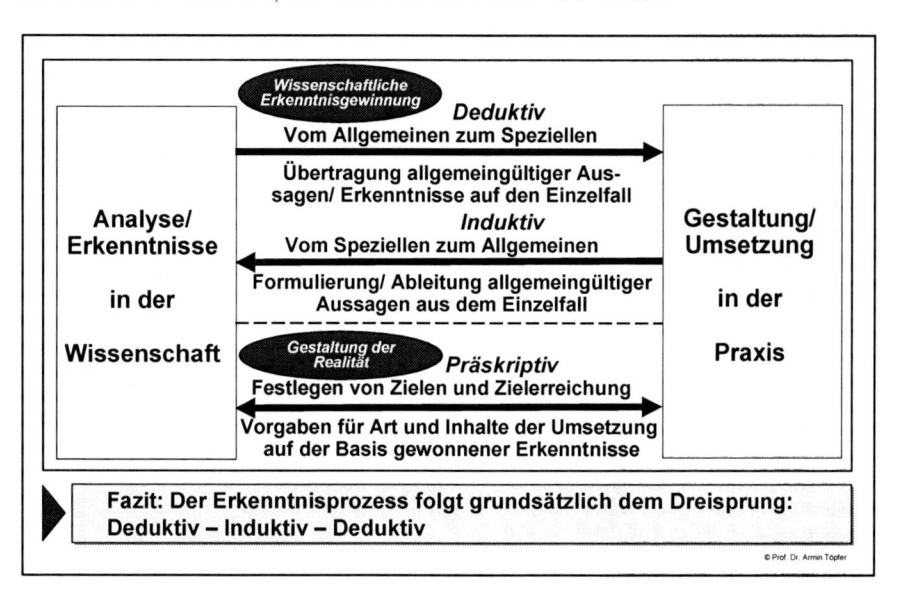

Abb. C-9: Generelle Richtungen im Erkenntnisprozess

Wissenschaftliche Erkenntnisgewinnung strebt demnach die Kombination von deduktivem und induktivem Vorgehen an. Die Frage nach der anfänglichen Methode hängt, wie angesprochen, von den Vorerfahrungen im betrachteten Forschungsbereich ab. Sie wird damit zur Frage nach „Henne oder Ei". Wenn man auf bereits bestehenden Theorien aufbauen kann und Vorerfahrungen vorliegen, dann wird der Erkenntnisprozess in einem **Dreisprung Deduktiv – Induktiv – Deduktiv** erfolgen. Allerdings kann gerade für die Erweiterung der Erkenntnisperspektive und die Formulierung neuer Theorien sowie Hypothesen der induktive Methodenansatz besonders zielführend sein. Induktiv sind beispielsweise immer auch die Auswahl eines Forschungsthemas und der Beginn der Arbeit mit dem Aufspannen der Analyse- und Erkenntnisperspektive.

Wie aus Abbildung C-9 ebenfalls erkennbar wird, sind die Gestaltung der Realität und deren Analyse, also die präskriptive Festlegung von Zielen und die Steuerung der Zielerreichung, auf der Basis gewonnener wissenschaftlicher Erkenntnisse oder praktischer Erfahrungen und damit über beide Richtungen möglich.

Der Dreiklang Deduktiv – Induktiv – Deduktiv besitzt beispielsweise auch Gültigkeit für die evidenzbasierte Medizin. Auf der Basis des bisherigen Theoriegebäudes der medizinischen Diagnose und Therapie (Deduktiv) werden veränderte bzw. neue Therapieformen eingesetzt (Induktiv), ohne dass immer bereits eine empirisch geprüfte Theorie bzw. entsprechende Hypothesen vorliegen. Zeigt die neue Therapieform bei einer definierten Fallgruppe systematisch Wirkung, dann wird – fallgruppenbezogen oder sogar generell – der Versuch unternommen, hieraus allgemeingültige Erkenntnis- und Gestaltungsmuster abzuleiten. Die erworbenen Erkenntnisse werden also auf das Verstehen und Gestalten von Einzelfällen übertragen und aus den hieraus gewonnenen neuen Erkenntnissen wird versucht, ein höheres Wissensniveau und Wissenschaftsniveau durch weiterführende Theorien und Hypothesen zu erreichen.

Die beiden **erkenntnislogischen Richtungen induktiv und deduktiv** werden im Unterkapitel F.III. bezogen auf die Hypothesenbildung wieder aufgegriffen/ eingeordnet.

Die vorstehenden Ausführungen lassen folgende **Schlussfolgerung** zu: Die Trennung zunächst von Entdeckungs- und Begründungszusammenhang und daraufhin vom Verwertungszusammenhang ist von besonderer Bedeutung. Das Vorgehen beim Aufstellen neuer Ursachen-Wirkungs-Zusammenhänge mag in hohem Maße induktiv erfolgen, es führt dabei aber kein logischer Weg von den Erfahrungen und Beobachtungen zur Theorie. Logisch kann dagegen abgeleitet und beurteilt werden, welche Voraussagen der neue „Entwurf" zulässt, und ob die prognostizierten singulären Ereignisse eintreffen oder nicht. ALBERT EINSTEIN hat dies bezogen auf die Physik folgendermaßen formuliert: „Höchste Aufgabe der Physiker ist also das Aufsuchen jener allgemeinsten elementaren Gesetze, aus denen durch reine Deduktion das Weltbild zu gewinnen ist. Zu diesen elementaren Gesetzen führt kein logischer Weg, sondern nur die auf Einfühlung in die Erfahrung sich stützende Intuition." (Einstein 1934/ 2005, S. 121).

Wichtig ist damit auch ein weiterer Aspekt, nämlich die **unterschiedlichen Anforderungen an den Forscher**, die mit den verschiedenen Anlässen und Phasen eines Forschungsprozesses bei der Anfertigung einer wissenschaftlichen Arbeit verbunden sind und die er erfüllen muss, um zu gehaltvollen Ergebnissen zu gelangen. Hiervon hängt in entscheidendem Maße auch die Qualität und Effektivität Ihres eigenen Forschungsvorhabens ab. Die formulierten Zielsetzungen bezogen auf den Entdeckungs-, Begründungs- und Verwertungszusammenhang differieren; hierdurch bestehen unterschiedliche Anforderungen an die Intuition und Heuristik, an die Explanation und Konfirmierung sowie an die Technologie, also die Verwertung in Form von Gestaltungs- und Handlungsempfehlungen.

Der forschungsspezifische, auf das Entwickeln neuer Erkenntnisse bezogene Unterschied zwischen dem **Entdeckungs- und Begründungszusammenhang** liegt – wie wir im Unterkapitel C.I.1. angesprochen haben – darin, dass beim Entdeckungszusammenhang (context of discovery) die Kühnheit in der Vermutung gefordert ist, während beim Begründungszusammenhang (context of justification) die Strenge in der Widerlegung der vermuteten Theorien und Hypothesen die ausschlaggebende Rolle spielt (nach Lakatos 1974, S. 90). Im Vordergrund steht also die Aufgabe, die Genese von Gesetzeshypothesen wie auch kompletter theoretischer Systeme von der Prüfung ihrer Geltung zu trennen. REICHENBACH, auf den die Unterscheidung zwischen Entdeckungs- und Begründungszusammenhang zurückgeht, formuliert dies so: „Die Umstände, unter denen ein Einfall zustande gekommen ist, sagt über dessen sachlichen Wert nichts aus." (Reichenbach 1938/ 1983, S. 6 f.; nach Carrier 2006, S. 36).

Auf der Basis der gewonnenen Erkenntnisse ist im Rahmen des **Verwertungszusammenhangs** (oder **Verwendungszusammenhangs**) zum einen durch den Forscher zu entscheiden, auf welchen Wegen und mit welchen Intentionen er seine Ergebnisse einer breiteren (Fach-)Öffentlichkeit zugänglich machen will. Sollen seine Resultate im Rahmen von Praxisprojekten zur Anwendung kommen, dann gilt es zum anderen, zunächst das angestrebte Zielniveau zu formulieren, um dann durch geeignete Maßnahmen als Ursachen/ Mittel die angestrebten Wirkungen zu erreichen. Neben der mit dem Anlass der Forschung verbundenen normativen Zielsetzung sind damit also immer auch Wertungen auf dieser Verwendungsebene wissenschaftlicher Aussagen gegeben.

Ingesamt lässt sich eine zusätzliche Erkenntnis ableiten: Ein Forschungsprojekt ist dann nicht erfolgreich, wenn eine relativ irrelevante Forschungsidee mit aufwändigen Methoden empirisch überprüft wird und die erzielten Ergebnisse hochsignifikant bestätigt werden. Sie führen dann zu keinem oder lediglich zu einem minimalen Erkenntnisfortschritt in der Theorie und Praxis. Dies entspricht in Abbildung C-5 gemäß der Klassifikation von ANDERSON et al. dem 3. oder 4. Quadranten der „Formalisierten praxisfernen Wissenschaft" oder – in Abhängigkeit vom Forschungsdesign und den durchgeführten statistischen Tests – der „Simplifizierten nutzlosen Wissenschaft". Auch für ein wissenschaftliches Forschungsprojekt gilt dann der Satz: Garbage in – garbage out.

II. Inhalte und Zusammenhänge der 6 Ebenen des wissenschaftlichen Erkenntnisprozesses

Bevor wir die einzelnen Ebenen des wissenschaftlichen Erkenntnisprozesses inhaltlich vertiefen, wird zunächst ein Überblick über die Abfolge und den Zusammenhang zwischen den 6 Ebenen anhand von Abbildung C-10 gegeben. Sie kennzeichnet die einzelnen methodischen Schritte und konkreten Inhalte jeder Ebene. Wie in Kapitel A bereits angesprochen, ist zunächst eine eindeutige Begriffsklärung erforderlich, die dann auch eine Klassenbildung erlaubt. Auf dieser Basis können inhaltliche Phänomene und Sachverhalte des gewählten Forschungsthemas relativ eindeutig beschrieben und dabei benannt sowie zugeordnet werden. Nach diesen 3 vorwissenschaftlichen Phasen beginnt der eigentliche wissenschaftliche Erkenntnisprozess, der dann Empfehlungen für die Praxis erlaubt. Das primäre wissenschaftliche Ziel ist die Erklärung bestimmter Wirkungen durch die Analyse ihrer Ursachen. Hieraus lassen sich Prognosen für die Zukunft ableiten. Die maßgebliche Konsequenz für die reale Welt ist dann, dass wir Gestaltungs- und Handlungsempfehlungen geben können.

Methodische Schritte und konkrete Inhalte jeder Ebene im Erkenntnisprozess

1. Worüber sprechen wir?
   ⇒ *Definition (Begriffsklärung/ Explikation)*
2. Was lässt sich unterscheiden bzw. worüber sprechen wir nicht?
   ⇒ *Klassifikation (Klassenbildung)*

Vorwissenschaftlicher Bereich

3. Was läuft im Detail ab bzw. verändert sich?
   ⇒ *Deskription (Konzeptualisierung und Operationalisierung)*
4.a Woran lag es in der Vergangenheit und was bewirkte es?
   ⇒ *Theorie (Erklärung durch Ursachen und Wirkungen/ Explanation)*
4.b Was ist für die Zukunft zu erwarten?
   ⇒ *Theorie (Prognose auf Basis der Ursachen und Wirkungen)*

Wissenschaftlicher Bereich

5. Welche Konsequenzen ziehen wir daraus für die Umsetzung in der Praxis?
   ⇒ *Technologie (Gestaltung durch Maßnahmen zur Zielerreichung)*

Theoretisch basierte Umsetzung

6. Welche Wertvorstellungen sind für welche Gruppe wichtig?
   ⇒ *Philosophie (Werturteile/ Ethik und Moral)*

Normative Vorgaben

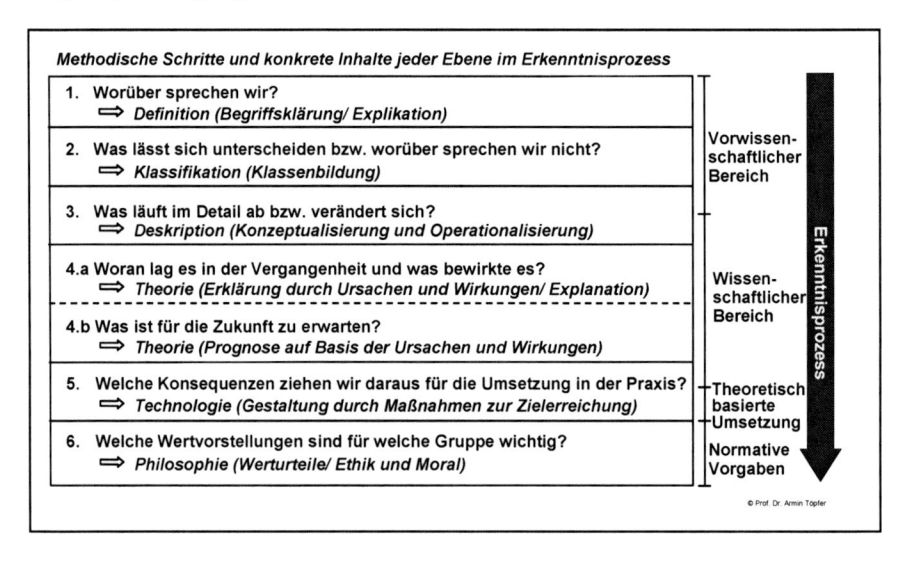

© Prof. Dr. Armin Töpfer

Abb. C-10: 6 Ebenen des wissenschaftlichen Erkenntnisprozesses

Die 6. Ebene behandelt eine generelle Problematik, nämlich Wertvorstellungen, die auf allen Ebenen direkt oder indirekt zum Tragen kommen. Die entscheidende Frage lautet hier: Welchen Wertvorstellungen welcher Gruppen unterliegen die wissenschaftliche Analyse und praktische Gestaltung?

Dies beginnt – wie bereits angesprochen – mit den subjektiven Bewertungen des Forschers im Hinblick auf die Auswahl der ihn interessierenden wissenschaftlichen Thematik, es setzt sich fort mit individuellen Wertungen innerhalb des konkreten Untersuchungsbereichs, und es hat vor allem auch Auswirkungen in Form der Werturteile, die mit der Umsetzung der gewonnenen Erkenntnisse in die Praxis verbunden sind (vgl. auch Specht 2004, S. 525 ff.; Stitzel 1992, S. 35 ff.). Grundsätzlich können wissenschaftliche Erkenntnisse, die umgesetzt werden, 2 Wirkungsrichtungen haben, zum einen zum Wohl und zum anderen zum Schaden der Menschen. Um es an einem Beispiel zu verdeutlichen: Wenn die Forschungserkenntnisse der Physik die Spaltung von Atomkernen ermöglichen, dann gibt es die eine Umsetzungsalternative der friedlichen Kernenergie-Nutzung und die andere Umsetzungsalternative des Baus von Atombomben. Mit Forschungsergebnissen sind also immer auch Werturteile über deren Verwendung, basierend auf den gesellschaftsbezogenen Normen der Ethik und Moral, verbunden.

Im Folgenden gehen wir auf die Details der 6 Ebenen des wissenschaftlichen Erkenntnisprozesses ein, die jeweils Aussagen unterschiedlicher Art umfassen. Die 6 Ebenen kennzeichnen eine fortschreitende Erkenntnis (1. bis 4. Ebene) und anschließende Umsetzung (5. Ebene), generell basiert bzw. ausgerichtet auf normative Vorgaben/ Restriktionen (6. Ebene).

Bevor wir dies tun, sollen das Grundmuster und die Zusammenhänge auf und zwischen den verschiedenen Ebenen des wissenschaftlichen Erkenntnisprozesses an einem aktuellen Beispiel, nämlich der **Finanz- und Wirtschaftskrise der Jahre 2008 und 2009**, plastisch verdeutlicht werden. Gerade für die Erklärung der Finanzkrise, die zunächst eine Bankenkrise war und darüber hinaus dann zu einer Wirtschaftskrise führte, ist die Aufstellung von Ursachen-Wirkungs-Beziehungen von zentraler Bedeutung. Denn neben einer Erklärung ließen sich damit auch Prognosen der zukünftigen Entwicklungen ableiten. Erfahrungen zu derart komplexen und vor allem global vernetzten Krisensituationen lagen bisher nicht vor. Von daher gab es auch keine Technologie im Sinne von in der Vergangenheit bewährten Gestaltungsmaßnahmen auf der Basis theoretisch fundierter Ziel-Maßnahmen-Konzepte.

Mit anderen Worten war der jetzt zu startende Erkenntnisprozess zum großen Teil auf „tastendes" und nur in geringem Ausmaß auf Erfahrung begründetes induktives Vorgehen angewiesen. Die Wissenschaft, speziell die Volkswirtschaftslehre, konnte hierbei auch nur begrenzt helfen. Dies war unter anderem auch darin begründet, dass finanzwissenschaftliche Theorien verhaltenswissenschaftliche Erkenntnisse und Modelle bisher kaum integriert haben – soweit sie überhaupt bereits vorlagen. So waren das Phänomen Gier und mangelnde Fairness im Wirtschaftsleben bisher nicht im Fokus der Wissenschafter, die im Bereich Finanzmärkte forschen. Insbesondere der hohe Grad mathematisierter und teilweise sehr ausgeklügelter Modelle hat diesen verhaltensbezogenen Teil der Realität weitgehend ausgeblendet. Dies kennzeichnet die an früherer Stelle geführte und in Abbildung C-5 dargestellte Diskussion über „Rigour and Relevance" des wissenschaftlichen Forschens.

Aus diesem Grunde herrschte in den „praxisorientierten" Theorien die Fiktion des homo oeconomicus noch vor, also eines rational nach eindeutigen und nachvollziehbaren Kriterien handelnden Menschen als zentrale und fundamentale Annahme der klassischen Ökonomie. Genau dies ist aber auch auf Finanzmärkten und speziell in Krisensituationen nicht gegeben. Mit anderen Worten konnten die Wirtschaftswissenschaftler auf viele Fragen nur unzureichende Antworten geben, so dass die Politik und Praxis nicht auf bewährte, also konzeptionell umfassende und empirisch geprüfte, Theorien für vorgesehenes technologisches Handeln zurückgreifen konnten. Die Wissenschaftler konnten deshalb auch nur in sehr begrenztem Maße Vorschläge für die Lösung der Finanz- und Wirtschaftskrise machen. Denn dieses Menschenbild eines homo oeconomicus als berechender Nutzenmaximierer bewirkt zwar große Fortschritte bei der Ausarbeitung ökonomischer Theorien und Modelle, erfasst aber reale Phänomene und Verhaltensweisen der tatsächlich agierenden Menschen in viel zu geringem Maße (vgl. Beck 2009, S. 10).

Diese kurze Kennzeichnung dieser globalen Krisensituation verdeutlicht das generelle Problem eines oftmals fehlenden Wechselspiels zwischen Theorie und Praxis. Wenn theoretische ökonomische Modelle zu realitätsfern sind, können sie keine praktische Hilfestellung leisten. Die wissenschaftlichen Akteure müssen sich dann weiterhin den Vorwurf der „Elfenbeinturm-Forschung" gefallen lassen. Zumindest für die US-Ökonomen hat dieses Defizit und Versagen zu einem Bewusstsein geführt, das einen inhaltlichen und methodischen Neuanfang anstrebt (vgl. Schneider 2009).

So fordert beispielsweise der amerikanische Wirtschafts-Nobelpreisträger GEORGE AKERLOF einen weitgehenden Paradigmenwechsel in den Wirtschaftswissenschaften mit dem Ziel, die Verhaltensökonomie stärker in den Vordergrund zu rücken (vgl. Akerlof 2009). Dadurch gewinnen Erkenntnisse z.B. aus der Psychologie, Anthropologie und Soziologie einen größeren Einfluss. Allerdings ist bisher noch kein klares Design für eine verhaltensorientierte Ökonomie als behavioral economics erarbeitet worden. So gibt es heute also zwei Lager bei den Ökonomen: Die traditionellen Vertreter mathematisch basierter Wirtschaftsmodelle auf der einen Seite und die eher noch kleine Gruppe von verhaltensorientierten Ökonomen auf der anderen Seite. In der Konsequenz läuft dies auf das Scheitern des Marktfundamentalismus hinaus. Dies ist eine Ansicht, die auch JOSEPH STIGLITZ vertritt.

Für AKERLOF wird die Konsequenz nicht darin bestehen, die gängige Wirtschaftstheorie partiell zu verbessern, also lediglich zu „kitten", sondern erforderlich wird – im Sinne einer Fundamentalkritik – ein neuer theoretischer Ansatz (vgl. Fricke/ Kaelble 2009, S. 26). Interessant ist in diesem Zusammenhang die von STIGLITZ geäußerte Kritik einer zu weitgehenden Deregulierung. Um dem Menschenbild in der Realität mit vielen kognitiven Beschränkungen gerechter zu werden, hat sich mittlerweile die Verhaltensökonomik als umfangreiches und fruchtbares Forschungsfeld etabliert, das mit den renommierten Fachvertretern DANIEL KAHNEMAN als Psychologe und VERNON L. SMITH als Ökonom inzwischen anerkannt ist. Eine Einschränkung und ein Problem besteht allerdings bei dieser Forschungsrichtung der behavioral economics darin, dass viele empirische Ergebnisse zu Ursachen-Wirkungs-Beziehungen nur auf Laborexperimenten basieren, so dass ihre empirische Evidenz relativ gering ist.

1. Definition – Begriffsklärung/ Explikation

Die 3 Ebenen des überwiegend vorwissenschaftlichen Bereichs, wie sie in Abbildung C-11a erläutert und durch ein Beispiel ergänzt sind, beinhalten keinen Erkenntniszugewinn als Erklärung, sind aber – wie angesprochen – eine wichtige Voraussetzung und damit notwendig für die anschließenden wissenschaftlichen

II. Inhalte und Zusammenhänge der 6 Ebenen des wiss. Erkenntnisprozesses

Analysen der Theorie und Technologie. Der Prozess der Forschung beginnt mit Definitionen (vgl. Prim/ Tilmann 2000, S. 28 ff.) als möglichst präzisen Begriffsklärungen bzw. Explikationen von hypothetischen Konstrukten für die weitere Verwendung über die 6 Ebenen.

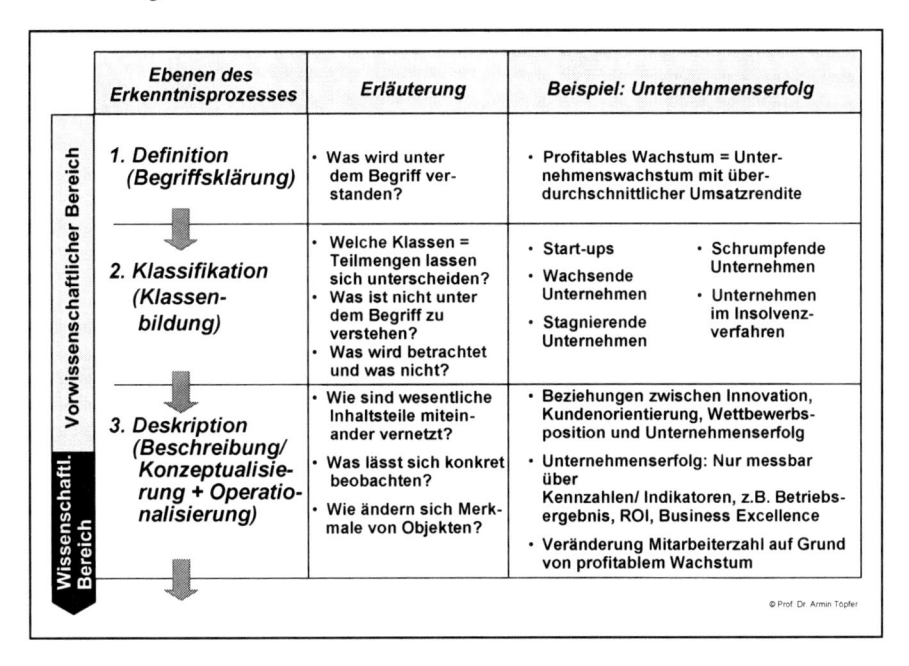

	Ebenen des Erkenntnisprozesses	Erläuterung	Beispiel: Unternehmenserfolg
Vorwissenschaftlicher Bereich	1. Definition (Begriffsklärung)	• Was wird unter dem Begriff verstanden?	• Profitables Wachstum = Unternehmenswachstum mit überdurchschnittlicher Umsatzrendite
Wissenschaftl. Bereich	2. Klassifikation (Klassenbildung)	• Welche Klassen = Teilmengen lassen sich unterscheiden? • Was ist nicht unter dem Begriff zu verstehen? • Was wird betrachtet und was nicht?	• Start-ups • Wachsende Unternehmen • Stagnierende Unternehmen • Schrumpfende Unternehmen • Unternehmen im Insolvenzverfahren
	3. Deskription (Beschreibung/ Konzeptualisierung + Operationalisierung)	• Wie sind wesentliche Inhaltsteile miteinander vernetzt? • Was lässt sich konkret beobachten? • Wie ändern sich Merkmale von Objekten?	• Beziehungen zwischen Innovation, Kundenorientierung, Wettbewerbsposition und Unternehmenserfolg • Unternehmenserfolg: Nur messbar über Kennzahlen/ Indikatoren, z.B. Betriebsergebnis, ROI, Business Excellence • Veränderung Mitarbeiterzahl auf Grund von profitablem Wachstum

© Prof. Dr. Armin Töpfer

Abb. C-11a: Ebenen des Erkenntnisprozesses (1/2)

An dem illustrierenden **Beispiel** „Unternehmenserfolg" bedeutet dies, dass zunächst der Begriff „Erfolg eines Unternehmens" definiert werden muss. Erfolgt dies wie in Abbildung C-11a z.B. als „Profitables Wachstum", dann ist eine einheitliche und verständliche Basis für diesen thematisch zentralen Begriff gegeben. Originär darin enthalten sind aber beispielsweise nicht der Beitrag eines Unternehmens für die Umwelt und das Umfeld, also bezogen auf nachhaltiges und damit ökologisches sowie soziales Wirtschaften. Die Definition ist als „Profitables Wachstum" ausschließlich ökonomisch und berücksichtigt nicht die Nachhaltigkeit als zusätzliche Verantwortung des Unternehmens beim Wirtschaften. Hieran wird deutlich, dass die jeweils gewählte Begriffswelt zugleich auch die Forschungsperspektive einschränkt. Nachhaltigkeit ist dann nur noch als Rahmenbedingung, also limitierend, oder ggf. auch als Maßnahme für „Profitables Wachstum" und damit instrumentell möglich, aber von vornherein nicht als übergeordnete, gleichwertige Zielsetzung angesehen. Der gesamte Themenbereich der Nachhaltigkeit ist dadurch kein zentraler Bestandteil des Forschungsprojektes. Zusätzlich sind dann die Messgrößen für „profitabel" und „Wachstum" ebenfalls möglichst genau zu definieren und in der Höhe des geforderten Ausmaßes festzulegen. Hierbei wird es i.d.R. um Intervalle gehen, so dass zugleich auch der quantitative Bezug zur 2. Ebene der Klassenbildung entsteht.

Wie in Unterkapitel C.I.1. angesprochen, stellt eine präzise Nomenklatur im wissenschaftlichen Sprachgebrauch eine wichtige Grundlage für eindeutig adressierbare und gehaltvolle Forschungsvorhaben dar. Jede Unschärfe in der Begriffswelt erschwert im vorwissenschaftlichen Bereich Klassifikationen sowie Deskriptionen und behindert erst recht im wissenschaftlichen Bereich die Konzeptualisierung und Operationalisierung von Ursachen-Wirkungs-Beziehungen. Aus diesem Grunde kommt Definitionen als Explikation bzw. Erläuterung von hypothetischen Konstrukten in der Vorstufe der Explanation als Erklärung eine sehr wichtige unterstützende Funktion zu.

Bereits die Definition als Begriffsbildung wirft eine Reihe von Fragen auf, wie z.B.: Was wird unter dem Begriff verstanden? Welche Ausprägungen lassen sich alle unter diesem Begriff subsumieren? Wie ist dieser Begriff von anderen ähnlichen Begriffen abgegrenzt?

Eine **Definition** hat eine eindeutig abgegrenzte Begriffsbestimmung zum Gegenstand, die präzise und überschneidungsfrei einem Wort bestimmte Merkmale zuordnet. Diese Merkmale können als Unterbereiche der Definition verschiedene Ausprägungen aufweisen, und somit bilden sie die zulässigen Dimensionen des definierten Begriffs.

Wie Abbildung C-12 zusätzlich verdeutlicht, sind immer der Oberbegriff und dazu gehörige Unterbegriffe als Vorstufe für eine Klassifikation (vgl. Schweitzer 2000, S. 67 ff.; Friedrichs 1990, S. 87 ff.) zu unterscheiden. Ziel ist es deshalb, bei allen interessierenden Akteuren in Wissenschaft und Praxis, also bei Forschern und Befragten, möglichst ein einheitliches Verständnis der Begriffe zu erzeugen, um Probleme aufgrund einer Vagheit und Mehrdeutigkeit von Begriffen zu vermeiden.

Wenn im Rahmen einer deskriptiven Untersuchung ein Gegenstandsbereich beschrieben oder abgebildet werden soll, dann ist zuvor festzulegen, auf welche Aspekte oder Dimensionen der Realität sich eine solche Erhebung bezieht. Deskriptive Untersuchungen machen also vorherige **dimensionale Analysen** erforderlich.

Dimensionen sind diejenigen Einzelaspekte, die an einem empirischen Sachverhalt unterschieden werden können, der also nicht „eindimensional" ist, sondern ein mehrdimensionales Konstrukt theoretischer bzw. hypothetischer Art aufweist. Dies kann am Beispiel des Begriffs „Individuelle Lebensqualität" illustriert werden. Als Teilaspekte/ Dimensionen können angesehen werden: Umweltqualität insgesamt/ Wohnumwelt/ Konsummöglichkeiten/ Freizeitangebot/ Berufs- und Arbeitssituation/ Familiensituation usw. Hierüber kann dann entschieden werden, ob eine Untersuchungsperson ihre Lebensqualität als „hoch" oder „niedrig" einschätzt. (vgl. Kromrey 2009, S. 112 ff.).

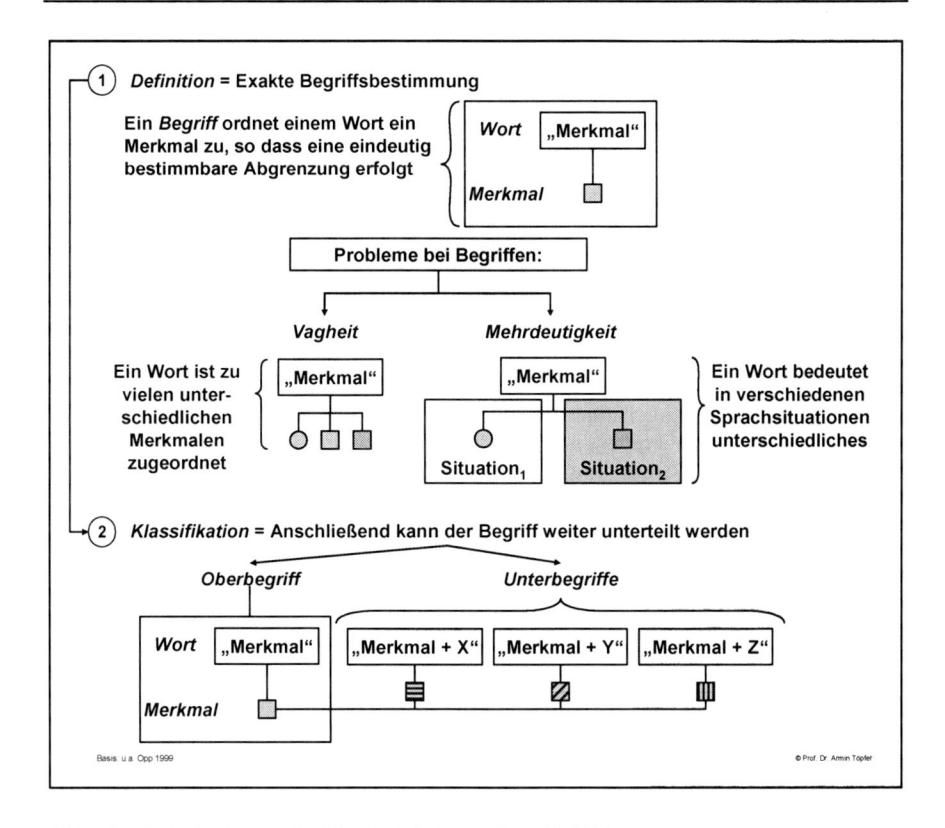

Abb. C-12: Anforderung der Eindeutigkeit von Begriffsbildungen

2. Klassifikation – Klassenbildung/ Abgrenzungen

Bezogen auf die Klassifikation ist zunächst von entscheidender Bedeutung, welche Teilmengen sich unterscheiden lassen bzw. unterschieden werden sollen. Für die Klassifikation in Ihrer wissenschaftlichen Arbeit ist wichtig, dass Sie nicht nur bewusst ausführen, welche Teilgruppen Sie einschließen, sondern vor allem auch, welche Sie von vornherein thematisch ausschließen und damit nicht behandeln. Dadurch wird in Ihrer Forschungsarbeit präzise und eindeutig abgegrenzt, was in Ihrem Themenfeld Ihr konkreter Untersuchungsbereich ist.

Im Rahmen unseres **Beispiels** „Unternehmenserfolg" lassen sich Klassen von Unternehmen nach der jeweiligen Marktsituation und nach der Lebensdauer des Unternehmens sowie der Unternehmenssituation bilden. Es ist leicht nachvollziehbar, dass das realisierte oder zu erwartende „Profitable Wachstum" bei diesen einzelnen Klassen bzw. Segmenten von Unternehmen deutlich unterschiedlich ausfallen wird, beispielsweise bei Start-ups, wachsenden oder schrumpfenden Unternehmen. Entsprechend werden die oben angesprochenen Intervalle für die quantitativen Ausprägungen von „Profitablem Wachstum" in der Höhe erheblich voneinander abweichen. Die Ausführungen im Rahmen der Klassenbildung sind zugleich eine wichtige Grundlage für auf der 4. Ebene der Erklärung und Prognose formulierte Unterschiedshypothesen.

3. Deskription – Beschreibung/ Konzeptualisierung und Operationalisierung

Die 3. Ebene des immer noch teilweise vorwissenschaftlichen Bereichs ist auf dieser Grundlage die Deskription. Eine ausschließliche Beschreibung realer Sachverhalte als Phänomene der Realität oder bereits vorliegender Forschungserkenntnisse zählt von ihrem Inhalt und Erkenntniswert nicht zur wissenschaftlichen Analyse. Hier ist der Forscher noch im Stadium des „Jägers und Sammlers". Anders ist dies mit der Konzeptualisierung und Operationalisierung einer Forschungsthematik und der damit verbundenen hypothetischen Konstrukte. Dies ist sehr wohl bereits eine wissenschaftliche Leistung.

Unter der **Konzeptualisierung** wird die Ausformulierung eines hypothetischen Konstruktes zu der gewählten Forschungsthematik/ dem Forschungsproblem verstanden, das auf vermuteten Ursachen-Wirkungs-Beziehungen als zentralem Bestandteil eines theoretischen Ansatzes bzw. einer Theorie basiert und die damit ein mögliches Erklärungsmuster liefert. Um dies empirisch überprüfen zu können, ist eine **Operationalisierung** erforderlich, die strukturierte Beziehungen und definierte Messgrößen umfasst.

Die **Konzeptualisierung** hat zum Gegenstand, eine Formulierung und Vernetzung wesentlicher Inhaltsteile des Forschungsvorhabens zu bewerkstelligen. Ist sie erfolgreich vollzogen und dabei noch innovativ, so kann im Hinblick auf den Entdeckungszusammenhang hiermit ein „großer Wurf" gelungen sein. Maßgeblich für die Aussagekraft dieser konzeptionellen Arbeit ist dann die Möglichkeit der Konkretisierung und damit der Operationalisierung.

Die Konzeptualisierung bezieht sich in dem Beispiel Unternehmenserfolg auf das Wirkungsgefüge zwischen Innovation, Kundenorientierung, Wettbewerbsposition und dem daraus resultierenden Unternehmenserfolg. Erste Ansätze der Operationalisierung wurden bereits im Rahmen der Definition klarer Begriffe und der Klassifikation durch die Gruppenbildung sowie – auf das Beispiel Unternehmenserfolg bezogen – die unterschiedlichen Höhen der Ergebnismargen bei den Messgrößen vorgenommen. Auf der 3. Ebene geht es vor allem um inhaltliche Darstellungen und Präzisierungen, welche die Fragen beantworten, was sich konkret beobachten lässt und wie sich Merkmale von Objekten ändern. Damit verbunden sind präzise Handlungsanweisungen für Forschungsoperationen (vgl. Prim/ Tilmann 2000, S. 46 f.).

In unserem **Beispiel** sind hier für die operationale Messung des Unternehmenserfolgs zum einen Messgrößen als Kennzahlen angegeben, wie das Betriebsergebnis oder der Return on Investment (ROI) als Verzinsung des eingesetzten Kapitals, also Begriffe mit direktem empirischen Bezug. Zum anderen sind aber auch Messgrößen als Indikatoren genannt, wie das Business Excellence-Niveau, die dann nur einen indirekten empirischen Bezug besitzen und deshalb nicht unmittelbar gemessen werden können. So kann beispielsweise die Kundenzufriedenheit als Indikator für ein Business Excellence-Niveau und dieses wiederum als Indikator für den Unternehmenserfolg zu Grunde gelegt werden. Es liegt auf der Hand, dass die Sichtweise und Bezugsbasis eine andere, nämlich deutlich weitere und häufig auch vagere, ist als bei der direkt messbaren Kennzahl ROI.

Eine wesentliche Veränderung in Unternehmen mit profitablem Wachstum kann z.B. eine steigende Mitarbeiterzahl sein, die zugleich wiederum zukünftiges Wachstum ermöglicht. Denkbar wäre als **Beobachtung** aber auch, dass profitables Wachstum durch eine Prozessoptimierung und damit die unmittelbar messbaren Kennzahlen der Durchlaufzeit und der Fehlerrate als Ausdruck für Qualität (1-Fehlerrate) erreicht wurde. Gemessen wird also eine dabei gestiegene Wirtschaftlichkeit/ Effizienz und Wirksamkeit/ Effektivität, die zu einer Reduzierung der Mitarbeiterzahl führte. Beide beobachteten Aussagen sind **Vorstufen für Erklärungen**. Zusätzlich werden sie im Forschungsdesign für die inhaltliche Operationalisierung und Präzisierung der Konzeption des Forschungsthemas in den Ableitungsbeziehungen zwischen strategischen Zielen und operativen Messgrößen herangezogen. Hiermit wird also eine wichtige Vorarbeit für die Konzeptualisierung und Operationalisierung der wissenschaftlichen Fragestellung geleistet. Dies macht den Wert der 3. Ebene sowie der beiden Vorstufen deutlich.

In Ihrer Forschungsarbeit sollten Sie also **genügend Zeit und Input** für diese 3 Phasen verwenden. Es muss Ihnen aber klar sein, dass diese nur Mittel zum Zweck und keinesfalls Endzweck sind. Denn sonst umfasst Ihre wissenschaftliche Arbeit z.B. vielleicht alle 26 verschiedenen Definitionen, die es gibt, und klassifiziert und beschreibt alle interessierenden Sachverhalte. Sie kommt aber nicht zum eigentlichen Kern des wissenschaftlichen Arbeitens, nämlich zu Erklärungen, Prognosen sowie Gestaltungs- bzw. Handlungsempfehlungen, und bewirkt keinerlei Erkenntniszuwachs. Hierauf gehen wir im Folgenden ein.

4. Theorie – Erkennen von Ursachen-Wirkungs-Beziehungen

Als kleine Zwischenbilanz geben wir Ihnen zu Beginn des eigentlichen wissenschaftlichen Forschungsprozesses in den Ebenen 4 und 5 mit der nachstehenden Abbildung C-13 noch einmal einen Überblick über den Gesamtzusammenhang der 6 Ebenen des wissenschaftlichen Arbeitens. Wir haben dazu wiederum das Bild des Hauses der Wissenschaft gewählt, hier aber mit dem Fokus auf den Erkenntniszugewinn. Die Voraussetzungen für einen Erkenntniszugewinn in Form von eindeutigen Definitionen und Klassifikationen sowie aussagefähigen Beschreibungen haben wir bereits behandelt. Sie bilden die wichtige Basis für die Konzeptualisierung und Operationalisierung hypothetischer Konstrukte. Letztere sind bereits eine wesentliche Vorarbeit für den eigentlichen wissenschaftlichen Forschungsprozess und damit für neue Erkenntnisse.

78   C. Wie ist der wissenschaftliche Erkenntnisprozess insgesamt strukturiert?

```
                          Werturteile
                        Ethik und Moral

  Erkenntnis                    | Erkenntnis

  durch Theorie                 | durch Technologie

  = Erkennen von Ursachen-      | = Bewertung der Wirtschaftlichkeit
    Wirkungs-Beziehungen für    |   und Wirksamkeit von Gestaltungs-
    Erklärung und Prognose      |   und Handlungskonzepten/
                                |   -empfehlungen

  – Begründungszusammenhang –   | – Verwertungszusammenhang –

  Voraussetzungen für Erkenntniszugewinn
  • Eindeutige Definitionen und Klassifikationen
  • Aussagefähige Beschreibungen
  als Basis für die Konzeptualisierung und Operationalisierung
  hypothetischer Konstrukte

                  – Entdeckungszusammenhang –
                                          © Prof. Dr. Armin Töpfer
```

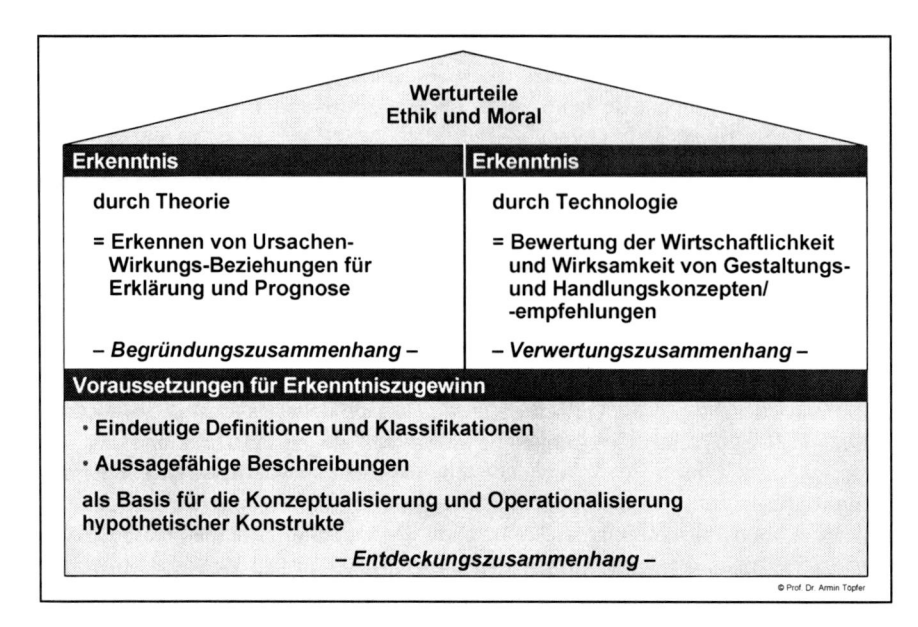

Abb. C-13: Forschen für Erkenntniszugewinn

Erkenntnisse werden sowohl durch die Theorie als auch durch die Technologie erarbeitet. Der Unterschied liegt in einer stärker erkenntnisorientierten Forschung im ersten Fall und einer stärker handlungsorientierten Forschung im zweiten Fall. Hierauf gehen wir anschließend ein. Den Überbau – in Form des Daches – bilden die dem Forschungsprozess zu Grunde liegenden Werturteile des Forschers, aber auch die Werturteile, die bei den Probanden des Forschungsprojektes, auf die sich das Forschungsvorhaben als interessierende Akteure also ausrichtet, vorhanden sind. Dies werden wir am Ende dieses Kapitels ausführen.

Zugleich lassen sich zusätzlich die bereits im Unterkapitel C.I.1. ausgeführten 3 Erkenntnisperspektiven diesem auf den Erkenntniszugewinn ausgerichteten Haus der Wissenschaft zuordnen. Der Entdeckungszusammenhang konzentriert sich primär auf die Ebenen 1 bis 3; er ist aber im Endeffekt in allen Bereichen des Hauses der Wissenschaft durch die Konzeptualisierung, Operationalisierung und empirische Prüfung der Gültigkeit formulierter Aussagensysteme angestrebt. Der Begründungszusammenhang bezieht sich unmittelbar auf die Theorie, also die Erklärung und die Prognose. Der Verwertungszusammenhang steht im Vordergrund bei der Technologie.

Nach den wichtigen Vorarbeiten auf den Ebenen 1 bis 3 beginnt jetzt auf den Ebenen 4 und 5 die eigentliche wissenschaftliche Forschungsarbeit der Theorie und Technologie. Wie Abbildung C-11b erkennen lässt, geht es darum, Erklärungen zu finden und wissenschaftliche Prognosen aufzustellen (4. Ebene: Theorie), aus denen Gestaltungsmaßnahmen auf der 5. Ebene, der Technologie, abgeleitet werden können. Dies führen wir im Folgenden detailliert aus. Auf die 6. Ebene, die sich mit der Philosophie respektive den Werturteilen befasst, gehen wir am Ende des Kapitels C.II. ein.

Theorien kennzeichnen wissenschaftliche Lehrgebäude unabhängig davon, mit welchen Methoden sie gewonnen wurden oder auf welche Gegenstände sie sich beziehen. Theorien kennzeichnen damit den Gegensatz zur Praxis, also zum Handeln und Gestalten. Wesentlich ist allerdings, ob die Praxis, also das Gestalten, auf Theorien mit empirisch geprüften Ursachen-Wirkungs-Beziehungen basiert. Diese können hypothetisch-deduktiv oder empirisch-induktiv hergeleitet werden (vgl. Seiffert 1992, S. 368 f.).

Vorstufen aussagefähiger, also theoretisch ausformulierter und empirisch geprüfter, Theorien als Aussagen- und Hypothesensysteme sind Axiome und daraus abgeleitete Theoreme. Beide stellen keine Quasi-Gesetzmäßigkeiten dar. Quasi-Gesetzmäßigkeiten sind nur Raum-Zeit-abhängig gültig, Gesetzmäßigkeiten streben eine Raum-Zeit-unabhängige Gültigkeit an. Wir gehen hierauf in diesem Kapitel noch ausführlicher ein. **Axiome** sind dabei absolut richtig anerkannte Grundsätze, also gültige Wahrheiten, die keines Beweises bedürfen. Sie sind nicht abgeleitete Aussagen eines Wissenschaftsbereiches; aus ihnen können allerdings andere Aussagen deduziert werden. **Theoreme** sind Lehrsätze, insbesondere in der Philosophie und der Mathematik, die sich auf gedankliche Erklärungen beziehen, ohne dabei bereits empirische Überprüfungen durchlaufen zu haben.

Axiome können an den Anfang einer Theorie gestellt werden, so dass aus diesen allgemein gültigen Grundsätzen weitere Erkenntnisse für die Theorie deduziert werden. Dieser Prozess wird Axiomatisierung genannt. Bei der Auswahl der Axiome gilt, dass aus diesen alle weiteren Sätze der Theorie abgeleitet werden müssen. Diese weiteren Sätze werden auch als Theoreme bezeichnet (vgl. Carnap 1968, S. 172). Generell gilt: Je mehr Theoreme, also Lehrsätze, aus einem Axiom abgeleitet werden können, desto höher ist der logische Gehalt des Axioms.

Grundsätzlich gilt also: Axiome und Theoreme können ein Axiomensystem bilden, wenn aus den Axiomen nach vorher festgelegten Regeln Theoreme logisch deduktiv abgeleitet wurden (Axiomatisierung). Dieses Axiomensystem, oder auch Argument bzw. deduktives System genannt, kann wiederum Bestandteil einer Theorie sein. Damit können Axiome und Theoreme als Vorstufen einer Theorie betrachtet werden. Im weiteren Sinne werden Axiome ebenso als Prämissen oder Postulate bezeichnet und Theoreme als Konklusion und auch als Schlusssatz (vgl. Opp 1999, S. 168).

Wie leicht nachvollziehbar ist, werden die beiden Ebenen der **Theorie und Technologie als wissenschaftlicher Kernbereich die größte Herausforderung** an Sie bei Ihrer wissenschaftlichen Forschungsarbeit stellen. Von Ihrem gesamten Zeitbudget sollten Sie deshalb einen ausreichend großen Zeitraum für die vertiefte Auseinandersetzung mit diesen wissenschaftlichen Fragestellungen vorsehen und tatsächlich dazu verwenden. Da dieser Teil einer wissenschaftlichen Arbeit offensichtlich der schwierigste ist und die damit verbundenen kreativen sowie analytisch-intellektuellen Anforderungen am höchsten sind, könnte eine Verdrängungsstrategie darin bestehen, sich möglichst lange mit den Ebenen 1 bis 3 zu befassen, so dass für die zentralen Forschungsebenen 4 und 5 kein großes Zeitbudget mehr vorhanden ist. Dies mag verständlich und nachvollziehbar sein, wird aber eindeutig zu Lasten der Qualität und des Erkenntniswertes Ihrer Forschungsarbeit gehen.

Ebenen des Erkenntnisprozesses	Erläuterung	Beispiel: Unternehmenserfolg
4. Theorie **a) Erklärung** **b) Prognose**	• Welche Gesetzeshypothese wird unterstellt? • Was sind erkennbare (gestaltungsfähige und/oder vorgegebene/ restriktive) Ursachen für nachvollziehbare Wirkungen und Gültigkeit der Gesetzeshypothese? • Welche Ergebnisse lassen sich auf dieser Basis vorhersagen?	• Gesetzeshypothese: Wenn Unternehmen in reifen Märkten Kostenführer sind, dann haben sie Unternehmenserfolg a) Unternehmen A (Branche 1) **hat** Erfolg in reifem Markt → A **ist** Kostenführer b) Unternehmen B (Branche 2) **ist** Kostenführer in reifem Markt → B **wird** Erfolg haben
5. Technologie (Gestaltung)	• Unter welchen Voraussetzungen und mit welchen Gestaltungsmaßnahmen lassen sich angestrebte Wirkungen erreichen?	• Unternehmen C **will** in reifem Markt Erfolg haben, Empfehlung: Kostenführerschaft anstreben
6. Philosophie (Werturteile)	• Welche Wertvorstellungen lassen sich bei bestimmten Adressatengruppen nachvollziehen? • Welche Prioritäten gehen davon aus?	• Vorstand: Wir stellen keine ökologisch bedenklichen Produkte her • Aufsichtsrat: Vermeidung von Entlassungen, so lange akzeptabler Unternehmensgewinn

(Wissenschaftlicher Bereich)

© Prof. Dr. Armin Töpfer

Abb. C-11b: Ebenen des Erkenntnisprozesses (2/2)

Aus eigener Erfahrung beurteilt, wird dieser wissenschaftliche Erkenntnisprozess nicht von Anfang an nach dem Prinzip „Heureka – Ich hab's gefunden" ablaufen. Vielmehr ist er durch Denkprozesse gekennzeichnet, die eher nach dem Muster „Versuch und Irrtum" ablaufen. Erste Analyse- und Erklärungsversuche werden also wieder verworfen oder inhaltlich ergänzt oder vertieft, bis sie eine einigermaßen tragfähige Basis für eine Mustererkennung und für Erklärungsansätze liefern. Genau diese Denkprozesse, die nicht selten bis in den prälogischen Bereich der Ideenfindung reichen, sind aber wichtig, um mit einer mentalen Inkubation, also der in das Unterbewusstsein verdrängten und damit sublimen Weiterbearbeitung des wissenschaftlichen Problems, nach einiger Zeit überhaupt zu ansatzweise neuen Erkenntnissen zu gelangen. Wenn dieses Stadium erreicht ist, dann eröffnen sich manchmal „neue Welten", also Sachverhalte, Zusammenhänge und Wirkungsbeziehungen werden in einem neuen Licht erkennbar.

Der natürliche und beste Weg hierzu ist nicht der, allein am Schreibtisch vor dem PC zu sitzen. Von Zeit zu Zeit ist es im Laufe einer Forschungsarbeit unbedingt erforderlich, die Diskussion mit anderen Personen zu suchen und ihnen das eigene Gedankengebilde vorzutragen. Dies schafft für einen selbst die Möglichkeit, die Artikulationsfähigkeit sowie die Plausibilität und Stringenz der erarbeiteten Forschungserkenntnisse zu bewerten. Dabei empfiehlt es sich, zweistufig vorzugehen: Zum einen mit Personen auf mindestens dem gleichen Wissensniveau zu diskutieren, um in einem intellektuellen Gedankenaustausch die Widerspruchsfreiheit des eigenen Erkenntnisansatzes zu überprüfen. Zum anderen aber auch Personen, die kaum einschlägiges Wissen in dem konkreten Forschungsbereich haben, das Konzept, wesentliche Inhalte und Schlussfolgerungen einfach und verständlich darzustellen, um so die Ausdrucks- und Kommunikationsmöglichkeit sowie die Plausibilität der eigenen Gedanken zu testen.

Auf wesentliche **Strukturierungshilfen** in diesem zugegebenermaßen schwierigen Prozess gehen wir in Kapitel E beim Forschungsdesign, ergänzt durch Kapitel F zur Hypothesenformulierung, sowie in Kapitel G beim empirischen Analysedesign und in Kapitel H beim Gestaltungsdesign ein.

Bevor wir in den Unterkapiteln C.II.4.a. und 4.b. detailliert auf die Erklärung und Prognose eingehen, geben wir nachfolgend zunächst eine Übersicht über grundlegende Sachverhalte der **Theorienbildung**.

Was wird unter dem Begriff und dem Zustandekommen einer Theorie verstanden? Allgemein gesehen kann hiermit zunächst das Ergebnis geistiger Tätigkeit schlechthin gemeint sein oder es wird eine generelle Kennzeichnung gegenüber der Praxis vorgenommen. Im wissenschaftlichen Sinn sind Theorien Sätze bzw. Systeme von Sätzen, welche in einer axiomatischen Form vorliegen. Hierdurch bilden sie eine Ableitungsreihenfolge, d.h. also, sie beruhen auf „letzten" Prämissen als Axiomen, die absolut richtig anerkannte Voraussetzungen bzw. Grundsätze und damit unmittelbar einleuchtende Wahrheiten zum Gegenstand haben. Ein Musterbeispiel solcher evidenter Sätze sind die Axiome der euklidischen Geometrie (vgl. Andersson 1992, S. 26).

Erfahrungswissenschaftliche Theorien unterscheiden sich von metaphysischen und logisch aufgebauten Theorien dadurch, dass hierauf bezogene Beobachtungen möglich sind und somit die hypothetisch aufgestellte Theorie im Rahmen ihrer Prüfung auch scheitern kann (Popper-Kriterium der Falsifizierbarkeit). Reiche Theorien zeichnen sich durch eine Menge logisch miteinander verbundener Gesetze aus; wegen der generell nicht gegebenen Möglichkeit einer Gewinnung sicherer Erkenntnis wird der Theoriebegriff aber bereits auch auf einfacheren Stufen verwendet, z.B. also für einzelne Erklärungen/ Prognosen oder für Hypothesen (vgl. Brinkmann 1997, S. 5 f.; Popper 1934/ 1994, S. 31 ff.; Schanz 1988, S. 23 f.).

Zunächst stellt sich die Frage, welche Merkmale eine **gute wissenschaftliche Theorie** aufweist respektive aufweisen sollte. In der Literatur (vgl. Carrier 2006, S. 95 ff.; Kuhn 1997) werden 5 wesentliche **Eigenschaften** genannt:

1. **Tatsachenkonformität:** Wenn eine Theorie tatsachengerecht ist, dann stehen auf ihrem Anwendungsgebiet die aus ihr ableitbaren Folgerungen mit den vorhandenen Experimenten und Beobachtungen in nachgewiesener Übereinstimmung.
2. **Widerspruchsfreiheit:** Wenn eine Theorie widerspruchsfrei ist, dann ist sie dies nicht nur in sich, sondern sie ist auch mit anderen zurzeit anerkannten The-

orien verträglich, die sich auf verwandte Aspekte des Gegenstandsbereichs beziehen. – Allerdings führt eine innovative Theorie dazu, dass sie mit bestehenden und anerkannten Theorien häufig nicht mehr vereinbar ist. Gerade dies bringt aber den Erkenntnisfortschritt. Dies lässt sich z.b. in der Physik und Medizin nachvollziehen.
3. **Reichweite:** Wenn eine Theorie eine große Reichweite hat, dann geht sie bezogen auf ihre Konsequenzen weit über die Beobachtungen, Gesetze oder Teiltheorien hinaus, die sie ursprünglich erklären sollte.
4. **Einfachheit:** Wenn eine Theorie – im engen Zusammenhang mit dem 3. Kriterium – einfach ist, dann ist sie in der Lage, Erscheinungen in der Realität zu ordnen, die ohne sie isoliert und zusammengenommen verworren wären.
5. **Fruchtbarkeit:** Wenn eine Theorie – für effektive wissenschaftliche Entscheidungen von besonderer Bedeutung – neue Forschungsergebnisse hervorbringt, dann ist sie in der Lage, neue Erscheinungen oder bisher unbekannte Beziehungen zwischen bekannten Erscheinungen aufzudecken.

Bevor wir die Details der **Theorie und Technologie** ausführen und dann auch alle Sachverhalte an unserem Beispiel „Unternehmenserfolg" erläutern, soll zunächst der **Zusammenhang** zwischen den beiden wissenschaftlichen Kernbereichen aufgezeigt werden. Abbildung C-14 stellt die unterschiedlichen wissenschaftlichen Fragestellungen sowie Ableitungskonzepte dar und klärt auf diese Weise den Zusammenhang zwischen Erklärung, Prognose und Gestaltung.

Vereinfacht lässt sich der Zusammenhang folgendermaßen darstellen: Bei der Erklärung als 1. Teil der Theorienbildung ist das Explanandum, also das zu Erklärende, gegeben (a). Für die in der Realität beobachtbaren Wirkungen wird dann das Explanans (b) gesucht, also die maßgebliche(n) Antecedens- bzw. Randbedingung(en), welche die Ursache(n) für die eingetretene(n) Wirkung(en) bildet respektive bilden, sowie die hierzu korrespondierende(n) nomologische(n) Hypothese(n) als erkannte und ggf. – zu einem früheren Zeitpunkt – bereits empirisch bestätigte Ursachen-Wirkungs-Beziehung(en) mit dem Charakter von Gesetzmäßigkeit(en). Um die Frage nach dem Warum, also den Ursachen für diese Wirkungen, beantworten zu können und retrospektiv eine auf die Vergangenheit bezogene Erklärung geben zu können, ist es demnach zusätzlich erforderlich, zumindest eine Gesetzmäßigkeit als nomologische Hypothese zu erkennen.

Wenn **die Wissenschaft** über tragfähige Erklärungen **der Praxis** Hilfen zur Gestaltung physikalisch-technischer Phänomene und sozialer Interaktionen bieten will, dann sind hierzu im jeweiligen Gegenstandsbereich notwendigerweise derartige generelle Mechanismen herauszuarbeiten, welche jenseits bzw. „unterhalb" lediglich situationsspezifischer und individueller Einflüsse wirken. Das Aufdecken grundsätzlicher Regelmäßigkeiten kann nur insoweit gelingen, als die hierzu in sich konsistent formulierten Aussagen rein rational nachvollziehbar sind. Für die wissenschaftliche Vorgehensweise besteht die Herausforderung also darin, Irrationalitäten jeglicher Art im jeweiligen Untersuchungsfeld zu erkennen und „herauszudividieren", um daraufhin eine möglichst vollständige Rationalität zu erreichen.

Die Art und Weise, wie wir Menschen bei unserem individuell-praktischen Handeln bisherige Erkenntnisse überprüfen bzw. „anpassen", weist dagegen eine hohe Spezifität und damit eine übergroße Variabilität aus, so dass diese Vorgänge häufig nur als irrational gekennzeichnet werden können. Hierzu ist – zumindest beim derzeitigen Stand der Natur- und Geisteswissenschaften – kaum eine Generalisierung möglich, mit welcher auf die absolute Gültigkeit oder Zuverlässigkeit der jeweils als handlungsleitend zu Grunde liegenden Erkenntnisse geschlossen werden könnte. Dieser wichtige Punkt reduziert sich damit auf das bereits zur Induktion in C I.2. besprochene logische Problem, ob aus der Aggregation einzeln beobachteter Regelmäßigkeiten überhaupt auf generell gültige Gesetzmäßigkeiten geschlossen werden kann.

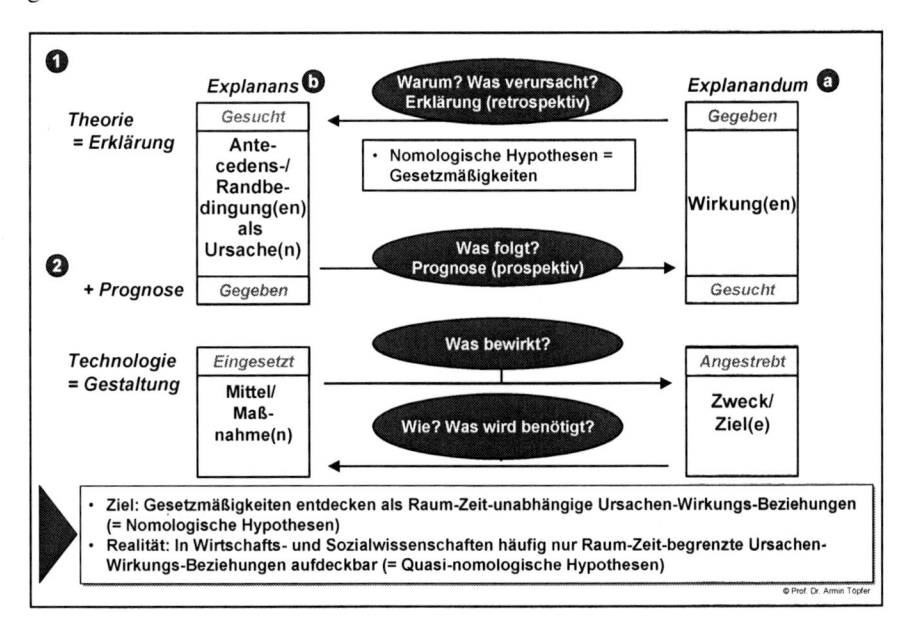

Abb. C-14: Der Zusammenhang zwischen Theorie und Technologie

Das hat zur Folge, dass gerade auch in den **Wirtschafts- und Sozialwissenschaften** derartige Gesetzmäßigkeiten in aller Regel nur als **Raum-Zeit-abhängige bzw. Raum-Zeit-begrenzte Ursachen-Wirkungs-Beziehungen** und somit nicht als zeitstabile, also invariante und allgemeingültige Beziehungen herausgearbeitet werden können. In der Realität so genannter inexakter bzw. „weicher" Wissenschaften sind demzufolge meist nur Raum-Zeit-bezogene Ursachen-Wirkungs-Beziehungen aufdeckbar (vgl. Prim/ Tilmann 2000, S. 89 ff.). Diese besitzen also zeitlich und inhaltlich lediglich eine beschränkte Gültigkeit und sind somit nur quasi-nomologische Hypothesen. Damit wird dann also nur noch mit einer **begrenzten Zeitstabilitätshypothese** gearbeitet.

Hierbei kann aber dennoch eine probabilistische Hypothesengültigkeit abgeleitet werden, also eine nur mit einem bestimmten Bestätigungsgrad und damit mit einer bestimmten Wahrscheinlichkeit versehene Aussage über den jeweiligen Ursachen-Wirkungs-Zusammenhang. Das dazu angewendete mathematisch-statistische Verfahren basiert auf der Testtheorie, die vor allem von FISHER entwickelt wurde (vgl. Fisher 1959), und den Arbeiten zur wahrscheinlichkeitstheoretischen Fundierung der Logik von CARNAP (vgl. Carnap 1950, Carnap/ Stegmüller 1959). Trotz ihrer reduzierten Aussagekraft sind quasi-nomologische Hypothesen, wie sie in den Wirtschafts- und Sozialwissenschaften eher die Norm als die Ausnahme sind, auf jeden Fall eine wichtige Vorstufe für das Entdecken von nomologischen Hypothesen. Manchmal ist dies jedoch auch das maximal erreichbare Erkenntnisniveau. Im Gegensatz hierzu sind die **Naturwissenschaften** so genannte **exakte und damit „harte" Wissenschaften**, bei denen nomologische Hypothesen eher der Normalfall sind.

Unterscheiden lassen sich im Rahmen der Theorie bzw. Erklärung damit vor allem der **deduktiv-nomologische (DN) Ansatz** und der **induktiv-statistische (IS) Ansatz**. Bei IS-Erklärungen tritt das Explanandum nicht mehr „mit Sicherheit", sondern mit einer angebbaren Wahrscheinlichkeit ein. So wird es nicht mehr rein logisch aus dem – statistische Gesetzesaussagen enthaltenden – Explanans abgeleitet, und deshalb induktiv-statistisch genannt (vgl. Hempel 1965/ 1977, S. 5 ff. und S. 55 ff.).

Bei den vorstehend angeführten induktiv-statistischen Erklärungen wird die Problematik, strikt universelle Regelmäßigkeiten als Gesetzesaussagen aufdecken zu können, darüber abgemildert, dass das Eintreten des Explanandums nicht „immer", sondern nur mit der angesetzten Wahrscheinlichkeit angenommen wird. Die zweite, ebenfalls schon angesprochene Möglichkeit besteht darin, quasi-nomologische Hypothesen so zu bilden, dass hierbei außer der Zeit- auch die Raumkomponente eingeschränkt wird. Bezogen auf die betriebswirtschaftliche Absatzlehre wird so beispielsweise nicht nach generellen Regelmäßigkeiten für weltweit alle Unternehmen gesucht, sondern die Forschung richtet sich etwa auf marktwirtschaftliche Systeme und ggf. eine spezielle Marktsituation, wie die des Käufermarktes in Überflussgesellschaften. Die in der Betriebswirtschafts- und Managementlehre etwa ab 1960 verstärkt verfolgte Programmatik, Erklärungen von vornherein auf komplex abgegrenzte Untersuchungsfelder zu beziehen, wird als **kontingenztheoretischer oder situativer Ansatz** bezeichnet (vgl. Kieser 2006; Staehle 1999, S. 48 ff.). Dies drückt aus, dass Phänomene und damit deren mögliche Erklärungen als kontingent in Bezug auf die jeweilige Situation angesehen werden, also von bestimmten Situationsbedingungen abhängig sind. Die Zielsetzung, einen Ausweg aus der Schwierigkeit genereller Invarianzen zu finden, kann sich hierbei allerdings auch ins Gegenteil verkehren, und zwar dann, wenn die Raum-Zeit-Beschränkungen – anders als im vorherigen Beispiel – zu eng gesetzt werden. Dann ist die Gefahr groß, dass anstatt wirklicher Ursachen-Wirkungs-Beziehungen nur „Artefakte" zu Tage gefördert werden, die über die entsprechenden Gestaltungen die echten Zusammenhänge sogar weiter in den Hintergrund treten lassen.

Festzuhalten bleibt, dass Hypothesen nicht auf einzelne, unwiederholbare Tatsachen bezogen sind, sondern es geht um allgemeine Gesetzmäßigkeiten, so dass die wissenschaftlichen Erklärungen auch Voraussagen ermöglichen. Im Vordergrund steht damit das Erschließen deterministischer oder wahrscheinlicher Zusammenhänge zwischen gleichzeitigen sowie zeitlich getrennten Zuständen bzw. Geschehnissen.

Bei einer Prognose als 2. Teil der Theorienbildung (siehe Abb. C-14) kann in einer prospektiven Ausrichtung also die Frage beantwortet werden: Was folgt in der Zukunft? Ausgehend von dem gegebenen Explanans (b), also der (den) Antecedens- bzw. Randbedingung(en) als Ursache(n), wird unter Zugrundelegen der gefundenen (quasi-)nomologischen Hypothese(n) eine Vorhersage auf die erwarteten Wirkungen, also das Explanandum (a), vorgenommen. Erklärung und Prognose weisen damit eine grundsätzlich gleiche Struktur auf. Die Erkenntnisrichtung der Prognose ist allerdings umgekehrt zu der der Erklärung.

Bei der Technologie wird der prinzipiell gleiche Erkenntnismechanismus wie bei der Prognose zu Grunde gelegt. Die Technologie ist also lediglich die tautologische Umformung der Prognose. Es geht jetzt nicht mehr um Ursachen und Wirkungen. Vielmehr soll auf der Basis der Erkenntnisse der Erklärung und Prognose und damit auf der Basis nomologischer Hypothesen bei Gestaltungsmaßnahmen vorhergesagt werden, ob mit bestimmten eingesetzten Mitteln und Maßnahmen der beabsichtigte Zweck bzw. das angestrebte Ziel erreicht wird. Beantwortet wird zum einen also die Frage: Was bewirkt ein bestimmter Mitteleinsatz? Zum anderen lässt sich hieraus aber umgekehrt auch die Antwort auf die Frage ableiten: Was wird benötigt für ein bestimmtes angestrebtes Ziel bzw. wie lässt es sich erreichen?

a. Erklärung – Explanation von Ereignissen als Wirkungen

Ereignisse wissenschaftlich zu erklären bedeutet, sie als eingetretene Wirkungen auf erkannte Ursachen-Wirkungs-Zusammenhänge zurückzuführen. Erklärungen sind also immer vergangenheitsorientiert und sollen nach einem bestimmten wissenschaftlichen Erkenntnisschema bestätigte Ursachen-Wirkungs-Zusammenhänge liefern, die zugleich zukunftsorientiert für Prognosen verwendet werden können. Im Kern geht es demnach darum, wie Abbildung C-11b zeigt, gestaltungsfähige und/ oder vorgegebene und damit restriktive Ursachen für nachvollziehbare Wirkungen und somit für die Gültigkeit einer Gesetzeshypothese zu erkennen.

Die Grundlagen für die Verwendung deduktiver Erklärungen in den Wissenschaften auf der Basis von Aussagensystemen wurden von KARL POPPER gelegt, und zwar in seinem 1934 in erster Auflage erschienenen Buch „Logik der Forschung".

Nach POPPER sind **2 verschiedene Arten von Sätzen** notwendig:

1. Allgemeine Sätze – Hypothesen, Naturgesetze – und
2. Besondere Sätze, d.h. Sätze, die nur für den betreffenden Fall gelten, die so genannten „Randbedingungen",

die erst gemeinsam eine vollständige „kausale Erklärung" liefern und damit die Kernaussage einer Hypothese bilden (vgl. Popper 1934/ 1994, S. 32; Prim/ Tilmann 2000, S. 94 ff.).

86 C. Wie ist der wissenschaftliche Erkenntnisprozess insgesamt strukturiert?

Dieser zunächst kompliziert anmutende Sachverhalt und Zusammenhang soll im Folgenden anhand eines in der Wissenschaft akzeptierten Erklärungsansatzes ausgeführt sowie auf der Basis unseres Beispiels „Unternehmenserfolg" plausibel belegt werden.

Die schematische Darstellung des Erklärungsansatzes geht auf eine Veröffentlichung von CARL G. HEMPEL und PAUL OPPENHEIM aus dem Jahr 1948 zurück (vgl. Hempel/ Oppenheim 1948; Hempel 1965/ 1977). Von daher findet sich hierfür häufig auch die Bezeichnung HEMPEL-OPPENHEIM-Schema (HO-Schema). Es fasst die vorstehenden Aussagen POPPERs zu den einzelnen Bestandteilen des Explanans in ihrer Ableitung auf das Explanandum schematisch zusammen. Für wissenschaftliche Erklärungen und Prognosen hatte sich so ein Grundmuster für die theoriegeleitete und auf Hypothesen basierende empirische Forschung herausgebildet.

In Abbildung C-15 ist das Grundraster des **HEMPEL-OPPENHEIM-Schemas** für die Erklärung und Prognose in einer erweiterten Form wiedergegeben und anhand unseres **Beispiels** aus Abbildung C-11b zum „Unternehmenserfolg" illustriert. Im Folgenden werden die Argumentationsketten der Abbildungen C-15 und C-11b erläutert.

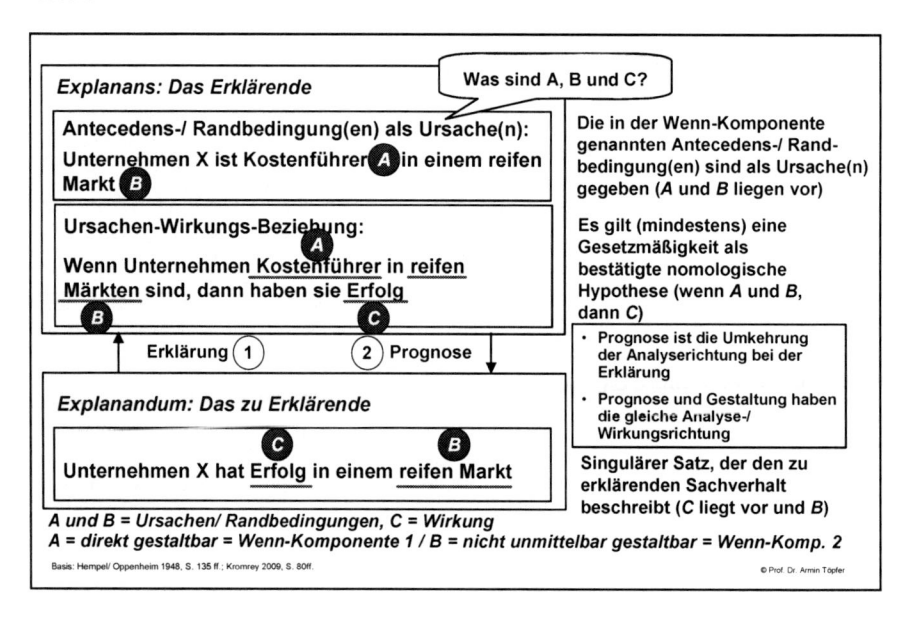

Abb. C-15: Erklärung und Prognose auf der Basis des HEMPEL-OPPENHEIM-Schemas

Als **Explanandum**, also in der Realität beobachtbares und zu erklärendes Phänomen, ist gegeben: Unternehmen X hat Erfolg (C) in einem reifen Markt (B). Gegeben ist also ein singulärer Satz, der den zu erklärenden Sachverhalt beschreibt, nämlich (C) liegt vor und (B). (C) ist die beobachtbare Wirkung, also die Dann-Komponente des Aussagensystems.

> Die Erklärung eines bestimmten Sachverhaltes (**das Explanandum = das zu Erklärende**), also der konkrete Einzelfall der Realität, wird aus einem zweiteiligen Erklärungsgrund (**das Explanans = das Erklärende**, bestehend aus Gesetzmäßigkeit und Antecedensbedingung), abgeleitet. Dies spiegelt die zu Grunde gelegten allgemeingültigen Erkenntnisse wider, die im besten Fall bereits empirisch, also an der Realität geprüfte und (vorläufig) bestätigte Gesetzmäßigkeiten sind.

Jetzt geht es darum, das **Explanans**, also das erklärende Erkenntnismuster, aufzudecken, das sich aus der Ursachen-Wirkungs-Beziehung als Wenn-Dann-Aussage und der Antecedens- bzw. Randbedingung als Ursache bzw. Wenn-Komponente zusammensetzt. Wir gehen davon aus, dass eine empirisch bestätigte nomologische Hypothese als Gesetzmäßigkeit vorliegt, die für unseren Fall besagt: Wenn (A) und (B), dann (C). Ausformuliert beinhaltet diese Ursachen-Wirkungs-Beziehung: Wenn Unternehmen Kostenführer (A) in reifen Märkten (B) sind, dann haben sie Erfolg (C).

Hierzu sind zunächst die Antecedens- bzw. Randbedingung(en) als Ursache(n) auf ihre Existenz in der Realität zu überprüfen. Beobachtbar muss sein, dass Unternehmen X Kostenführer (A) in einem reifen Markt (B) ist. Dies stellt die singuläre Aussage (Prognose/ Vorhersage) aufgrund der herangezogenen Gesetzmäßigkeit dar. Das trifft zu, und so sind die in der Wenn-Komponente genannte(n) Antecedens-/ Randbedingung(en) als Ursache(n) gegeben: (A) und (B) liegen also vor. Damit ist die beobachtbare Wirkung Unternehmenserfolg (C) auf der Basis der erkannten Ursachen-Wirkungs-Beziehung als nomologische Hypothese und über das Vorliegen der Antecedens-/ Randbedingung(en), also die Existenz der Ursache(n), als Wenn-Komponente erklärt: Unternehmen X hat Erfolg in einem reifen Markt, weil es Kostenführer ist.

Im Hinblick auf die Wenn-Komponente nehmen wir eine sprachliche Erweiterung bzw. Präzisierung gegenüber HEMPEL/ OPPENHEIM vor. Die Wenn-Komponente lässt sich als Ursache(n) grundsätzlich zum einen unterscheiden in direkt gestaltbare Ursache(n) (A), also Kostenführer werden/ sein. Wir nennen diese Handlungsfelder **Wenn-Komponente 1**. Zum anderen kann sie ausgeprägt sein als nicht unmittelbar gestaltbare situative Gegebenheit, in unserem Beispiel reife Märkte. Wir nennen dies **Wenn-Komponente 2**. Bei den Wenn-Komponenten 1 handelt es sich folglich um endogene Komponenten und bei den Wenn-Komponenten 2 um exogene situative Gegebenheiten, die aber ebenfalls Teil der für die Erklärung notwendigen Ursachenkomponenten sind. Diese Unterscheidung ist bei der Überführung in technologische Aussagen auf der Basis wissenschaftlicher Prognosen wichtig, weil hierdurch zugleich erkannt und gekennzeichnet wird, wo und wie groß der Gestaltungsspielraum im Maßnahmenbereich ist.

Zusammenfassend bleibt also festzuhalten: Der singuläre Satz des Explanandums, der zu erklären ist, sagt aus: (C) liegt vor und (B). Das Explanans, also das Erklärungsmuster umfasst die folgenden beiden Aussagen: Der singuläre Satz der Antecedensbedingung besagt als Wenn-Komponente: (A) und (B) liegen vor. Die nomologische, empirisch bestätigte Hypothese hat die Ursachen-Wirkungs-Beziehung zum Gegenstand: Wenn (A) und (B), dann (C). Dies ermöglicht die Erklärung von (C) in der Realität, wenn (A) und (B) gegeben sind. Da (B) bereits Bestandteil der Beschreibung des Explanandums ist, richtet sich die deduktive Prüfung in erster Linie auf das Vorliegen von (A). Wenn dieses festgestellt wird, dann ist (C) damit erklärt.

Wie nachvollziehbar ist, haben im Rahmen der Erklärung deduktiv aufgedeckte Muster i.d.R. eine höhere Erklärungskraft und Stringenz als die im Unterkapitel zur Deduktion und Induktion angesprochenen Muster auf der Basis eines induktiven Vorgehens. Mustererkennung auf der Basis von Ursachen-Wirkungs-Beziehungen, die mehr oder weniger zeitlich stabil sind, erlaubt dann eine wissenschaftlichen Ansprüchen genügende Überführung in ein **Modell**. Modelle streben eine möglichst naturgetreue Abbildung der Realität an (vgl. Stachowiak 1992, S. 219 ff.).

Modelle lassen sich als eine reduzierte Form theoretischer Ursachen-Wirkungs-Zusammenhänge kennzeichnen, die formal-logisch aufgebaut sind oder deren Gültigkeit empirisch bestätigt sein kann. Das Ziel ist, dass die Modelle zumindest homomorph, also strukturgleich, mit der Realität sind, so dass auf der Basis bestimmter Prämissen Schlussfolgerungen abgeleitet werden können.

Als **homomorphe**, und damit **strukturgleiche**, **Abbildung** der Realität führen Modelle immer zu einer Reduzierung auf die wichtigsten Beziehungen, Strukturniveaus sowie Aggregate und Parameter. Das Ziel besteht darin, eine bedeutungsgleiche Abbildung der Realität zu erreichen. Es sei denn, das Modell ist **isomorph**, also **phänomengleich** und damit eineindeutig (vgl. Bortz/ Döring 2006, S. 65). Die Abbildung der Realität ist dadurch deutlich umfassender als bei homomorphen Modellen.

Hierbei ist jeweils zu entscheiden, welche Aggregate und Parameter extern vorgegeben, also exogen, sind und welche Aggregate und Parameter durch das Modell erklärt und dann auch in ihrer Höhe und Ausprägung gestaltet werden. Letzteres sind endogene Variablen. Dadurch stellt sich immer die Frage, wie gut diese Abbildung der Realität erfolgt oder ob wesentliche Einflussgrößen unberücksichtigt bleiben. Über diesen Sachverhalt sollen neben konzeptionellen theoretischen Überlegungen insbesondere empirische Untersuchungen und Überprüfungen Aufschluss geben.

b. Prognose – Vorhersage von Ereignissen

Die **Prognose** als Vorhersage von Ereignissen auf der Basis erkannter Ursachen-Wirkungs-Zusammenhänge stützt sich als **2. Teil der Theorienbildung** auf Erklärungen ab und macht eine zukunftsbezogene Aussage; der weniger bedeutsame Fall ihres Gebrauchs für in der Vergangenheit liegende Ereignisse wird **Retrognose** genannt. Mit anderen Worten gehe ich als Forscher mit meiner Analyse nicht von der Gegenwart in die Zukunft, sondern – auf der Basis und zur Prüfung vermuteter Ursachen-Wirkungs-Zusammenhänge – versuche ich, ausgehend von einem Vergangenheitszeitpunkt t_2, mit meinem theoretischen Instrumentarium die Entwicklungen und Wirkungsbeziehungen bis zum Vergangenheitszeitpunkt t_1 zu prognostizieren. Da beide Zeitpunkte in der Vergangenheit liegen, kann die Erklärungs- und Prognosekraft des theoretischen Konzeptes unmittelbar überprüft und nachvollzogen werden.

Prognosen sind gekennzeichnet durch die Umkehrung der Analyserichtung bei der Erklärung. Bezogen auf unser **Beispiel** „Unternehmenserfolg" in Abbildung C-11b lässt sich auf dieser Erkenntnisbasis Folgendes schlussfolgern: Die Erklärung lieferte die Erkenntnis, dass Unternehmen A (Branche 1) Erfolg in einem reifen Markt hat, weil A Kostenführer ist. Denn die empirisch bestätigte Gesetzeshypothese besagte: Wenn Unternehmen in reifen Märkten Kostenführer sind, dann haben sie Unternehmenserfolg. Die Prognose erlaubt es jetzt, auf dieser Basis als Ergebnis vorherzusagen: Unternehmen B (Branche 2) ist Kostenführer in einem reifen Markt. B wird Erfolg haben.

Für aussagefähige Prognosen ist eine grundsätzliche oder zumindest relativ hohe **Zeitstabilität der Randbedingungen und der erkannten Gesetzmäßigkeit** wichtig (vgl. Prim/ Tilmann 2000, S. 97; Popper 1963/ 1997, S. 491 ff.). Bei einer DN-Erklärung ist die Stabilität des „Supersystems", für die eine Gesetzesaussage gilt, von zentraler Bedeutung. Dies schließt das Erhaltenbleiben des Auftretens und der Konstanz der Antecedens- bzw. Randbedingungen ein (vgl. Lenk 1972, S. 26 ff.). Insgesamt bedeutet dies, dass sich bei Existenz von lediglich quasi-nomologischen Hypothesen oder empirischen Regelmäßigkeiten/ Generalisierungen (IS-Erklärungen) der offensichtliche „Spielraum", also die Unschärfe in der Erklärung, auf die Prognosen mit einer derartigen Grundlage überträgt. Wichtig ist aber zunächst die konstatierte Möglichkeit, rationale Voraussagen auch auf einer vergleichsweise „unsicheren Basis" – also gestützt auf Hypothesen unterhalb des Ideals nomologischer Regelmäßigkeiten – aufstellen zu können.

5. Technologie – Gestaltungs-/ handlungsorientierte Umsetzung von Ursachen-Wirkungs-Zusammenhängen in Zweck-Mittel-Relationen

Die **Technologie** bezweckt die gestaltungs- und handlungsorientierte Umsetzung von Ursachen-Wirkungs-Zusammenhängen in Maßnahmen-Ziel-Relationen bzw. Mittel-Zweck-Relationen. Wie bereits angesprochen, haben eine wissenschaftliche Prognose und die technologische Gestaltung die gleiche Analyse- und Wirkungsrichtung. Die Gestaltung ist damit die tautologische Umformung der Prognose, wie dies in Abbildung C-16 nachvollziehbar ist. Die Bedeutung der Theorie liegt hier darin, dass sie die Grundlage der Technologie darstellt und damit ein klares Erkenntnis- und Vorgehensmuster für den Maßnahmeneinsatz zur Zielerreichung liefert.

Im Detail geht es also um folgende **Erkenntniszusammenhänge**: Bei der **Erklärung** wird versucht, die Frage zu beantworten, warum etwas in der Gegenwart bzw. Vergangenheit in einer bestimmten Weise abgelaufen ist. Das zu Grunde liegende Erkenntnisschema, also das HEMPEL-OPPENHEIM-Schema, unterscheidet zwischen dem Explanandum und dem Explanans.

Bei der **Prognose** wird die Frage beantwortet, wie ein bestimmter Sachverhalt in der Zukunft ausgeprägt sein wird. Aus der Erklärung erkannte Ursachen sind gegeben bzw. liegen vor. Gesucht wird jetzt die zukünftige Wirkung, die es – auf der Basis unterschiedlicher Einflussgrößen – vorherzusagen gilt. Wie vorstehend ausgeführt, tritt sie in Abhängigkeit von der herangezogenen respektive unterstellten Gesetzmäßigkeit häufig nur mit einer bestimmten Wahrscheinlichkeit auf, ist also oft probabilistisch und nicht deterministisch, also nicht sicher.

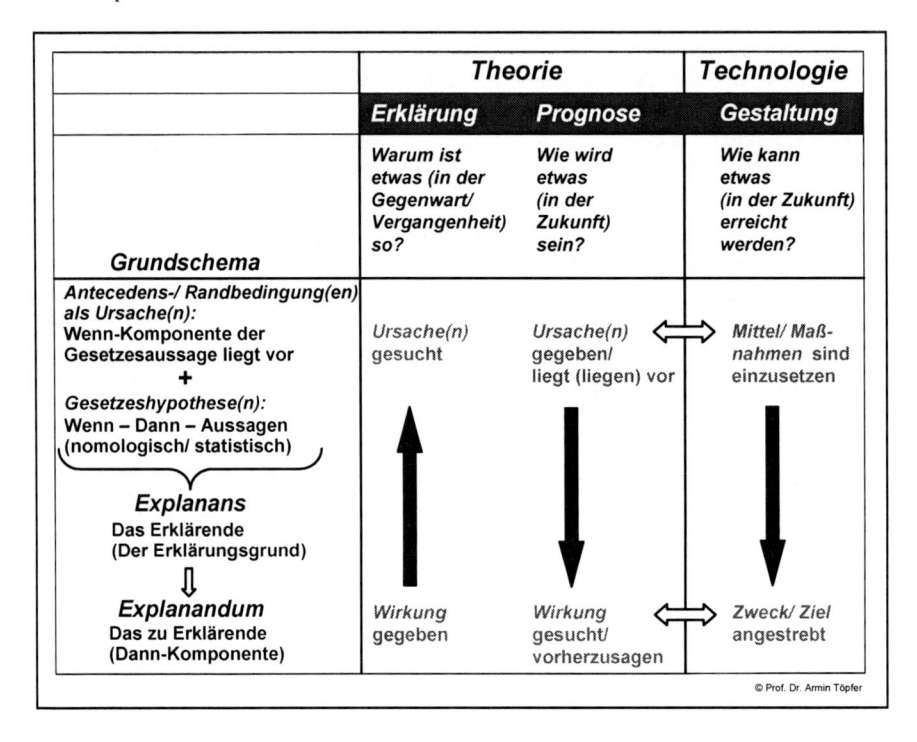

Grundschema	Theorie		Technologie
	Erklärung	Prognose	Gestaltung
	Warum ist etwas (in der Gegenwart/ Vergangenheit) so?	Wie wird etwas (in der Zukunft) sein?	Wie kann etwas (in der Zukunft) erreicht werden?
Antecedens-/ Randbedingung(en) als Ursache(n): Wenn-Komponente der Gesetzesaussage liegt vor + Gesetzeshypothese(n): Wenn – Dann – Aussagen (nomologisch/ statistisch)	Ursache(n) gesucht	Ursache(n) gegeben/ liegt (liegen) vor	Mittel/ Maßnahmen sind einzusetzen
Explanans Das Erklärende (Der Erklärungsgrund) ⇩ Explanandum Das zu Erklärende (Dann-Komponente)	Wirkung gegeben	Wirkung gesucht/ vorherzusagen	Zweck/ Ziel angestrebt

© Prof. Dr. Armin Töpfer

Abb. C-16: Theorie als Grundlage der Technologie

Bei der **Technologie als Gestaltungsmuster** soll die Frage beantwortet werden, wie ein bestimmter Sachverhalt und damit ein Ziel in der Zukunft bei Gültigkeit eines Sets von Randbedingungen, also Ursachen und situativen Gegebenheiten, erreicht werden kann. Einzusetzen sind jetzt also – insgesamt oder in den noch nicht realisierten Teilen – diejenigen Mittel und Maßnahmen, die im Rahmen von Erklärung und Prognose als Ursachen fungieren, und zwar insoweit, als sie generell einer Gestaltung zugänglich sind (Wenn-Komponenten 1), um den formulierten Zweck respektive das angestrebte Ziel zu erreichen. Dies kennzeichnet den Theorie-Praxis-Bezug der Wissenschaft. Im Rahmen normativ-praktischer Wissenschaften, wie den Wirtschaftswissenschaften, ist dieser praxeologische Ansatz der Verbesserung des menschlichen Lebens das eigentliche Ziel der Wissenschaft.

Bezogen auf unser **Beispiel „Unternehmenserfolg"** in Abbildung C-11b bedeutet dies die Antwort auf die Frage, unter welchen Voraussetzungen und mit welchen Gestaltungsmaßnahmen sich angestrebte Wirkungen erreichen lassen: Wenn ein Unternehmen C in einem reifen Markt Erfolg haben will, dann geht die Empfehlung dahin, die Kostenführerschaft anzustreben. Dabei gilt bei in der Praxis grundsätzlich auftretenden mehrstufigen Maßnahmen-Ziel-Hierarchien, dass jede Maßnahme wiederum Zielcharakter für die daraus abgeleitete Folgemaßnahme hat. In unserem Beispiel besitzt die Maßnahme Kostenführerschaft zugleich also auch Zielniveau für alle darauf bezogenen Umsetzungsmaßnahmen.

Die technologische Umsetzung erfordert eine „gute" Theorie; ansonsten ist mit Nebenwirkungen zu rechnen, deren Anzahl und Ausmaß die Zielwirkungen (vgl. Chmielewicz 1994, S. 11 ff.) übersteigen kann. Die Technologie basiert auf der Theorie, die – wie gezeigt – instrumental oder praxeologisch umformuliert wird. Dabei ist es vorstellbar, und in der Praxis auch immer wieder feststellbar, dass die theoretische Durchdringung eines Gegenstandsbereichs erst nach der Herausbildung technologischer Konzepte erfolgt (vgl. Chmielewicz 1994, S. 181 ff.). Gleichwohl liefert die Theorie dann im Nachgang die validen Erklärungen, auf deren Grundlage sich die Technologie schließlich vollends ausbilden kann. Wenn sich aber die Technologie über eine längere Zeit nicht auf eine theoretische Basis gründet, dann besteht eine doppelte Gefahr. Zum einen kann die Gestaltung nur vordergründig erfolgreich sein, weil sie noch nicht genügend praktischen Bewährungsproben ausgesetzt war. Zum anderen – und das wiegt schwerer – ist die schon im Zusammenhang mit quasi-nomologischen Gesetzen angesprochene Möglichkeit in Betracht zu ziehen, dass originäre Erklärungs- und Prognosezusammenhänge im Gegenstandsbereich dadurch perspektivisch verfälscht respektive „verbogen" werden. Eine vordergründige Orientierung auf eine „machbare" Technologie hätte damit die zusätzliche Konsequenz, Erkenntnisse über die Zusammenhänge „hinter den Phänomenen" nachhaltig zu behindern.

Von Interesse ist abschließend in diesem wissenschaftlichen Kernbereich die Antwort auf die Frage, ob wissenschaftliches Forschen und damit in Zusammenhang stehende wissenschaftliche **Konzeptionen eher erkenntnisorientiert oder eher handlungsorientiert** sind. Die vorstehende Diskussion über Technologien ohne theoretische Basis hat hierzu die Antwortrichtung vorgegeben. Wenn Forschung, vor allem wenn sie empirisch ausgerichtet ist, auf einem theoretischen Konzept basiert und Erklärung sowie Prognose anstrebt, dann ist sie eher erkenntnisorientiert. Das Ziel ist, auf der Grundlage erkannter und bestätigter Ursachen-Wirkungs-Beziehungen als allgemeingültigem Aussagesystem singuläre Phänomene in der Realität und bei Gültigkeit bestimmter Antecedensbedingungen zu erklären. Der Erkenntnisprozess ist damit stärker deduktiv, wie dies in Abbildung C-17 skizziert ist.

Gleichwohl kann diese erkenntnisorientierte und theoriebasierte Forschung auch aussagefähig handlungsorientiert sein. Gestaltungsmaßnahmen der Technologie werden dann aus gültigen, da bestätigten, Wirkungsbeziehungen abgeleitet. Die Gestaltungsmaßnahmen auf einem empirisch abgesicherten Fundament sind i.d.R. dann wirtschaftlicher und wirkungsvoller, also effizienter und effektiver.

Bezogen auf die Frage der Form der theoretischen Fundierung hat sich die Praxis durchgesetzt, die HAUSCHILDT „**Problemgeleitete Theorieverwendung**" (Hauschildt 2003) nennt. Das gewählte Forschungsthema ist der Ausgangspunkt, um aus den existierenden

Theorien die auszuwählen, die nach Möglichkeit einen großen Beitrag zur Beantwortung der formulierten Forschungsfragestellungen liefern und dabei auch durch empirische Forschungsergebnisse untermauert werden können (vgl. Homburg 2007, S. 36).

Wissenschaftliche Konzeption	Ziel	Vorgehen/ Ansatz	Abfolge und Vernetzung
Erkenntnisorientierter Ansatz ↳ Erklärung und Prognose	*Theorie* = Erkenntnisgewinnung über Ursachen-Wirkungs-Beziehungen mit hohem empirischen Bestätigungsgrad als allgemeingültiges Aussagensystem	*Synoptisch* = Ganzheitliches Optimum	Generalisierend/ Allgemeingültig *Deduktiv* *Deduktiv* ⇓ ⇑ oder
Handlungsorientierter Ansatz ↳ Gestaltung	*Technologie* = Handlungsoptimierung über gültige (bestätigte) Konzepte und Wirkungsbeziehungen	*Inkremental/ schrittweise* = Lokales Optimum = Insgesamt suboptimal, aber machbar; „Durchwursteln" häufig ohne Theorie als Basis = Suboptimales Ergebnis	*Induktiv* *Induktiv* Auf den Einzelfall bezogen

© Prof. Dr. Armin Töpfer

Abb. C-17: Konzeptionen der Wissenschaft

Anders kann es sich verhalten, wenn Technologien ohne theoretische Basis formuliert werden. Im besten Fall kann ein empirisch gültiger, aber nicht aufgedeckter Wirkungsmechanismus intuitiv bzw. mit Fingerspitzengefühl und Erfahrung zu Grunde gelegt werden. Das Ergebnis kann dann gleich gut sein wie bei einer theoretisch fundierten Technologie. Häufig wird dies jedoch nicht der Fall sein, so dass induktives, auf den Einzelfall bezogenes Vorgehen nicht **synoptisch** und damit alle wesentlichen Einflussfaktoren berücksichtigend ist. Der Ansatz wird vielmehr **inkremental** bleiben und schrittweise bzw. „scheibchenweise" bei dieser Strategie des „Sich-Durchwurstelns" (muddling through) ohne theoretische Basis lediglich ein suboptimales Ergebnis bewirken.

Der Königsweg der wissenschaftlichen Forschung liegt in der **Kombination des erkenntnis- und des handlungsorientierten Ansatzes.** Dadurch werden Theorie und Technologie leistungsfähig kombiniert. Dies entspricht dem 2. Quadranten sowohl bei ANDERSON/ HERRIOT/ HODGKINSON als auch bei STOKES (siehe Kap. C.I.2.).

Im Rahmen Ihrer eigenen Forschungsarbeit als Abschlussarbeit Ihres Studiums werden Sie vielleicht stärker zum handlungsorientierten Ansatz der Gestaltung tendieren. Beim Vorhaben einer Dissertation wird die Erklärung und Prognose als erkenntnisorientierter Ansatz aber eher einen höheren Stellenwert einnehmen.

Technologieorientiertes Vorgehen, das Maßnahmen zielorientiert gestalten und einsetzen will, gibt Sollwerte vor und hat damit Werturteile zum Gegenstand. Hierauf gehen wir im folgenden Unterkapitel näher ein.

6. Philosophie – Einbeziehung normativ-wertender Aussagen in den wissenschaftlichen Erkenntnisprozess

Die Philosophie bezieht sich auf normativ-wertende Aussagen im wissenschaftlichen Erkenntnisprozess. Werturteile können dabei unterschiedlich ausgeprägt sein. Die beiden Arten von Werturteilen, nämlich normativ bzw. wertsetzend oder präskriptiv und damit vorschreibend sind in Abbildung C-18 aufgeführt.

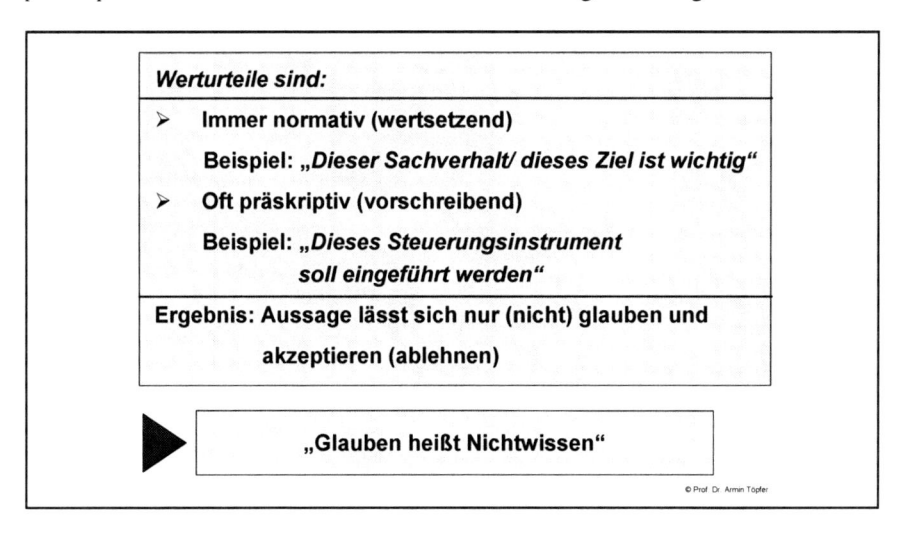

Werturteile sind:
- Immer normativ (wertsetzend)
  Beispiel: *„Dieser Sachverhalt/ dieses Ziel ist wichtig"*
- Oft präskriptiv (vorschreibend)
  Beispiel: *„Dieses Steuerungsinstrument soll eingeführt werden"*

Ergebnis: Aussage lässt sich nur (nicht) glauben und akzeptieren (ablehnen)

▶ „Glauben heißt Nichtwissen"

© Prof. Dr. Armin Töpfer

Abb. C-18: Werturteile in der Wissenschaft auf der 6. Ebene: Philosophie

In der Realität sind diese beiden Arten von Werturteilen oft miteinander verbunden. Eine **normative wertsetzende Aussage** kennzeichnet dann eine spezielle Einstellung oder Überzeugung. Die hierauf bezogene **präskriptive vorschreibende Aussage** stellt dann eine Handlungsanweisung dar. An einem einfachen Praxisbeispiel verdeutlicht kann dies so lauten:
- **Normative**, also wertsetzende Aussage
  Beispiel: „Das Ziel der Nachhaltigkeit des Wirtschaftens hat für uns höchste Priorität."
- Hierauf bezogene **präskriptive**, also vorschreibende Aussage
  Beispiel: „Höchste Energieeffizienz und ein möglichst schneller Übergang auf regenerative Energiequellen sollen umgesetzt werden."

Eine normative oder präskriptive Aussage verbindet in einer sprachlichen Verknüpfung immer einen Gegenstand als Wertträger, zu dem Stellung genommen wird, mit einem Wertprädikat, also der Art und dem Ausmaß des Wertvollseins. Neben positiven Ausprägungen sind dabei auch negative Wertungen möglich. Um es an einem Beispiel zu demonstrieren: „Internet-Unternehmen (Wertträger) sind Anlegerfallen (Wertprädikat)".

Auf der Ebene der Philosophie werden **Aussagen in Form von Werturteilen** formuliert. Sie sind damit immer normativ und zwar entweder zielorientiert oder präskriptiv. In dieser Form sind sie nicht faktisch wahrheitsfähig, sondern müssen für eine wissenschaftliche Analyse in einen operationalisierten und damit messbaren Zusammenhang gebracht werden.

Die Konsequenz daraus ist, dass sich diese Aussagen originär – entsprechend dem Forschungsverständnis des Kritischen Rationalismus – nicht wissenschaftlich untersuchen lassen, sondern erst durch eine Transformation einer wissenschaftlichen Analyse zugänglich gemacht werden können. In der vorliegenden Form kann eine derartige Aussage also wissenschaftlich nicht hinterfragt werden und nach wissenschaftlichen Kriterien angenommen oder verworfen werden. Sie lässt sich dadurch als Aussage nur glauben oder nicht glauben bzw. akzeptieren oder nicht akzeptieren. **Werturteile** sind damit in dieser Form per se **nicht faktisch wahrheitsfähig (nicht F-wahrheitsfähig)**, da sie sich nicht faktisch, also nicht empirisch, überprüfen lassen. Denn das POPPER-Kriterium der Falsifizierbarkeit der Aussage ist nicht gegeben und deshalb nicht anwendbar. Als Ergebnis ist damit das entsprechende **Werturteil nicht faktisch wahr (nicht F-wahr)**.

Dies trifft grundsätzlich auch für jede Ideologie zu, da sie ein Aussagensystem zum Gegenstand hat, das zwar Ursachen-Wirkungs-Beziehungen enthalten kann, aber gegen eine Falsifizierung und damit auch gegen Kritik und Modifikationen immunisiert ist. Die Lehre von MARX zum Kommunismus mit der zwangsläufigen Verelendung des Proletariats ist hierfür ein einfaches Beispiel.

In Abbildung C-19 sind die 4 Ebenen, auf denen Werturteile möglich sind, einfach und übersichtlich mit Beispielen dargestellt.

- 1. Ebene: **Werturteile im Basisbereich** sind zulässig, da sie z.B. zum Gegenstand haben, was wie wissenschaftlich untersucht werden soll (vgl. Köhler 2004, S. 311; Diekmann 2008, S. 68 f.). Werturteile im Basisbereich durch den Forscher beziehen sich zum einen also auf die von ihm ausgewählten Inhalte seiner wissenschaftlichen Analyse und zum anderen auf die dabei von ihm zu Grunde gelegte wissenschaftstheoretische Programmatik. Auf Letzteres gehen wir im Kapitel D ausführlich ein. Die Wahl des Forschungsfeldes und der Forschungsmethode kann sich z.B. auf den Führungsstil im Unternehmen beziehen, der mit Interviews analysiert werden soll.
- 2. Ebene: **Werturteile im Objektbereich** (vgl. Köhler 2004, S. 313 f.), also in der untersuchten Realität, werden ständig ausgesprochen; sind aber so nicht in der Wissenschaft zulässig bzw. unmittelbar analysierbar. Erforderlich ist für eine mögliche wissenschaftliche Untersuchung die Transformation auf die 4. E-

bene. Dies schafft dann die Voraussetzung für empirisch überprüfbare Aussagen, wie sie in dem Beispiel aufgeführt sind. Ein bestimmter Prozentsatz oberster Führungskräfte fordert eine kooperative Führung von jeder Führungskraft im Unternehmen. Dieses Werturteil kann auf der Basis eine Verteilungshypothese wissenschaftlich untersucht werden. Hierauf gehen wir in Kapitel F bei den Hypothesenarten näher ein.

Ebenen und Definition	Beispiel	Zulässigkeit
1. Ebene: Werturteile im Basisbereich		
• Was will ich wissenschaftlich wie untersuchen? • *Wahl des Forschungsfeldes und der Forschungsmethode*	z.B. Führungsstil im Unternehmen mit Interviews	→ zulässig
2. Ebene: Werturteile im Objektbereich		
• Wertende Aussage in der realen Welt • *Werturteile in der Realität als Gegenstand der wissenschaftlichen Analyse*	z.B. „Jeder im Unternehmen muss kooperativ führen" sagen 25% der Vorstandsvorsitzenden	→ Werturteile ständig ausgesprochen → So nicht in Wissenschaft zulässig → Wissenschaftlich nur zulässig durch Transformation auf die 4. Ebene
3. Ebene: 1. Metaebene von Werturteilen		
• Wertende Aussage, die vom Wissenschaftler getroffen wird, ohne gewonnene Erkenntnisse (ohne Ursachen-Wirkungs-Analysen), also nur persönliche Meinung • *Werturteile im Aussagenbereich durch den Wissenschaftler*	z.B. „Frauen führen kooperativer als Männer" →"Frauen sollten Dienstleistungs-Unternehmen führen" sagt ein Wissenschaftler	→ Nicht F-wahrheitsfähig, deshalb nicht zulässig → Aber F-wahrheitsfähig auf 4. Ebene = Aussage ist in einer wissenschaftlichen Analyse überprüfbar
4. Ebene: 2. Metaebene von Werturteilen = Eigentliche Wissenschaftsebene		
• Alle Aussagen wissenschaftlich untersucht und so formuliert, dass sie faktisch wahrheitsfähig (F-wahrheitsfähig) sind = faktisch und damit empirisch überprüfbar und falsifizierbar, also widerlegbar • *Werturteile in dieser Form wissenschaftlich untersuchbar und falsifizierbar*	z.B. „Der kooperative Führungsstil erhöht die Mitarbeiterzufriedenheit"	→ Ursachen-Wirkungs-Beziehungen analysiert (= F-wahrheitsfähig) → Ergebnis: Empirisch geprüfte Theorie

© Prof. Dr. Armin Töpfer

Abb. C-19: Ebenen und Zulässigkeit von Werturteilen

- 3. Ebene: **Werturteile im Aussagebereich** durch den Wissenschaftler sind als 1. Metaebene der problematischste Bereich von Werturteilen. Der Grund liegt darin, dass solche wertenden Aussagen des Wissenschaftlers nur seine persönliche Meinung wiedergeben und nicht auf wissenschaftlich gewonnenen Erkenntnissen, also nicht auf theoretisch-empirisch fundierten Ursachen-Wirkungs-Analysen basieren (vgl. Diekmann 2008, S. 69 ff.). Diese Werturteile sind nicht F-wahr und deshalb nicht zulässig. Aber die F-Wahrheitsfähigkeit ließe sich durch eine Transformation auf Aussagen der 4. Ebene für eine wissenschaftliche und damit überprüfbare Analyse zugänglich machen, wie das entsprechende Beispiel in Abbildung C-19 erkennen lässt. Ob ein Unterschied im Führungsstil zwischen Frauen und Männern besteht, lässt sich wissenschaftlich anhand eines aussagefähigen Kriterienrasters mit einer Unterschiedshypo-

these überprüfen. Hierauf kommen wir ebenfalls in Kapitel F bei den Hypothesenarten zurück.
- 4. Ebene: **Werturteile auf der eigentlichen Wissenschaftsebene** als 2. Metaebene sind zulässig, da sie durch die analysierbaren Ursachen-Wirkungs-Beziehungen F-wahrheitsfähig sind. Dies setzt voraus, dass alle Aussagen so formuliert sind, dass sie empirisch überprüfbar und falsifizierbar, also widerlegbar, sind. Im Beispiel ist angeführt, dass der kooperative Führungsstil – als Ursache – die Mitarbeiterzufriedenheit – als Wirkung – erhöht. Die Mitarbeiterzufriedenheit ist hier als angestrebte Wirkung zugleich eine Zielsetzung. Im Rahmen einer teleologischen, also zielorientierten Analyse kann dann wissenschaftlich geprüft werden, inwieweit die Einflussgrößen und Rahmenbedingungen diese Wirkung herbeigeführt haben. Die empirische Überprüfung basiert damit auf einer Wirkungshypothese unter Nennung der wesentlichen Einflussgrößen und Rahmenbedingungen (siehe Kap. F). Auf diese Weise ist eine empirisch geprüfte Theorie erreichbar. Werturteile als formulierte Zielsetzungen auf der 4. Ebene sind in einer wissenschaftlichen Analyse also immer auch Bestandteil einer Technologie und damit der Formulierung von Gestaltungs- und Handlungsempfehlungen.

Teleologie ist die Zielgerichtetheit oder Finalität eines Prozesses. Der griechische Begriff bedeutet Ende, Ziel, Zweck. Dadurch wird zum Ausdruck gebracht, dass die wirkliche oder mögliche Erreichung eines bestimmten Zustandes wesentlich ist für das Verstehen eines in die Richtung dieses Zustandes laufenden Prozesses (vgl. Spaemann 1992, S. 366 ff.).

In Abbildung C-11b sind bei der 6. Ebene des Erkenntnisprozesses, Philosophie und Werturteile, 2 Fragen als Erläuterung aufgeführt, die einer wissenschaftlichen Analyse zugänglich sind. Zum einen die Frage nach unterscheidbaren Wertvorstellungen bei einzelnen Probandengruppen als interessierende Akteure und zum anderen die Frage, welche Prioritäten davon ausgehen. Die Aussagen hierzu bei unserem **Beispiel** „Unternehmenserfolg" dokumentieren die moralisch-ethische Einstellung der beiden Stakeholder-Gruppen Vorstand und Aufsichtsrat. Wenn diese ökologischen und sozialen Wertvorstellungen empirisch beobachtbar sind, dann bilden sie bei einer relativ engen ökonomischen Definition von Unternehmenserfolg zumindest restriktive Nebenbedingungen für das Maßnahmen- und Handlungsspektrum.

Hiermit verbunden kann zugleich aber auch eine Rückkoppelung auf die 1. Ebene, die Definition, sein. Denn offensichtlich gibt es Unternehmen, welche den Begriff Unternehmenserfolg umfassender definieren. Die erweiterte Begriffsdefinition wäre dann ein „nachhaltiger Unternehmenserfolg". Dabei entsprechen die ökologischen und sozialen Werte bzw. Überzeugungen von Vorstand und Aufsichtsrat keiner sehr engen ökonomischen Sichtweise und Definition von Unternehmenserfolg, sondern spiegeln eine ganzheitliche, auch auf die Erfüllung der gesellschaftlichen Verantwortung des Unternehmens ausgerichtete Handlungsweise wider (vgl. hierzu auch Kirchhoff 2006; Wiedmann 2004, S. 6 ff.). Zum einen ist dies eine fortschrittliche Sicht. Zum anderen ist hierbei aber durchaus auch eine

Rückwirkung auf den ökonomischen Erfolg des Unternehmens gegeben, z.B. darüber, wie die Kunden des Unternehmens in ihrem Verhalten auf diese praktizierten Werte der Nachhaltigkeit reagieren oder wie das Unternehmen auf sich verschärfende gesetzliche Anforderungen besser eingestellt und vorbereitet ist.

Dies ist, wie vorstehend gezeigt wurde, einer wissenschaftlichen Analyse zugänglich bzw. kann ihr zugänglich gemacht werden. So kann analysiert werden, wie viel Prozent der Unternehmen bereits diese Sichtweise des nachhaltigen Unternehmenserfolges praktizieren. Zusätzlich kann z.B. untersucht werden, inwieweit die oben angesprochenen Verhaltensweisen von Kunden beobachtbar sind und welche positiven ökonomischen Effekte im Hinblick auf Umsatz und Ertrag für das Unternehmen damit verbunden sind.

In Abbildung C-20 ist noch einmal abschließend und zusammenfassend ein Werturteil wiedergegeben, welches in eine technologische Ziel-Mittel-Aussage überführt ist.

Werturteil überführt in eine (technologische) Ziel-Mittel-Aussage

➢ Nicht normativ/ nicht präskriptiv (wertfrei)

  Beispiel: *„Wenn wir dieses Ziel/ Ergebnis erreichen wollen, dann ist dieses Instrument als Mittel/ Maßnahme dafür geeignet"*
  oder
  „Das Instrument ist als Mittel/ Maßnahme geeignet für die Erreichung dieses Ziels/ Ergebnisses"

Zusätzlich basiert auf einer (theoretischen) Ursachen-Wirkungs-Analyse

➢ Erklärung

  Beispiel: *„Wenn Unternehmen eine überdurchschnittlich gute Kostenstruktur aufweisen (Wirkung), dann haben sie dieses Instrument umfassend eingesetzt (Ursache)"*

➢ Prognose

  Beispiel: *„Wenn Unternehmen dieses Instrument umfassend einsetzen (Mittel), dann werden sie ihre Kosten überdurchschnittlich senken (Ziel)"*

© Prof. Dr. Armin Töpfer

Abb. C-20: Werturteile im wissenschaftlichen Zusammenhang

Dieser Zusammenhang erhält eine höhere Aussagekraft, wenn er zusätzlich auf einer theoretisch formulierten und empirisch überprüften Ursachen-Wirkungs-Analyse basiert, wie dies im unteren Teil der Abbildung nachvollziehbar ist.

Was bedeutet diese Erkenntnis zu Werturteilen für Sie und Ihr Forschungsvorhaben? Werturteile auf der 1. Ebene sind, wie ausgeführt, zulässig und, da sie forschungslenkend sowie erläuternd sind, in einer wissenschaftlichen Arbeit ausdrücklich erwünscht. Denn sie geben Auskunft über die forschungsbezogenen Basisentscheidungen des Wissenschaftlers. Werturteile im Objektbereich, also innerhalb des untersuchten Realitätsausschnitts, sind von Ihnen als solche zu kennzeichnen und bei Bedarf in eine wissenschaftlich zugängliche Form zu transformieren.

Problematisch sind, wie oben nachvollziehbar, **Werturteile auf der 3. Ebene**. Denn auch in Ihrer Forschungsarbeit könnte das Problem darin bestehen, dass nicht unterscheidbar ist, ob sich die wertende Aussage auf Ihre eigene Meinung bezieht oder ein Ergebnis empirischer Forschung ist. Aus diesem Grunde haben Sie in diesem Bereich große Sorgfalt in der Aussage und Dokumentation walten zu lassen. MARK TWAIN hat dieses Problem vor langer Zeit bereits treffend formuliert: „Die Vorurteile eines Professors nennt man Theorie."

Anzustreben sind in Ihrer Forschungsarbeit also Werturteile im wissenschaftlichen Aussagenbereich der 4. Ebene, die Sie dann anhand existierender oder selbst ermittelter Forschungsergebnisse theoretisch sowie empirisch belegen.

III. Umsetzung der Strukturierung anhand der 3 Beispielthemen

Im Folgenden greifen wir die in Kapitel B bereits vorgestellten 3 Beispielthemen wieder auf und durchlaufen – in vereinfachter Form – exemplarisch die **6 Ebenen des wissenschaftlichen Erkenntnisprozesses** bei jedem Thema.

Das Ziel ist, anhand dieser Beispiele zu verdeutlichen, wie dieser Prozess des Eindringens in eine gegebene Themenstellung auf verschiedenen Ebenen des vorwissenschaftlichen Bereichs, aber erst recht des wissenschaftlichen Bereichs konkret abläuft. Dabei handelt es sich, wie auch bei der Erarbeitung der Inhalte Ihres Forschungsthemas, nicht um das endgültige Ergebnis, sondern um einen wichtigen Prozessschritt, um anschließend auf diesen Grundlagen ein gehaltvolles Forschungsdesign aufstellen zu können.

Die Inhalte der 3 Abbildungen C-21 bis C-23 erschließen sich weitgehend von selbst und stehen hier nicht im Vordergrund. Sie können dem interessierten Leser allerdings dazu dienen, diesen methodischen Zwischenschritt inhaltlich an unterschiedlichen Beispielthemen nachzuvollziehen. Im Folgenden werden zu jeder der 3 Abbildungen kurze erläuternde Ausführungen gemacht. Wie erinnerlich, sind die Inhalte von 3 unterschiedlichen Teams von Doktoranden im Rahmen eines Graduiertenseminars erarbeitet worden. Ausführlicher analysiert und interpretiert werden im Kapitel F die auf dieser Basis entwickelten Forschungsdesigns zu den 3 Beispielthemen.

Beim Thema **„Erzeugen von innovativen und robusten Produkten im Produktentwicklungsprozess (PEP)"** wurde auf der 1. Ebene als Definition das robuste Design im Sinne einer ausfallfreien Nutzung des Produktes über den gesamten Lebenszyklus herausgearbeitet (siehe Abb. C-21). Als unterscheidbare Klassen im Produktentwicklungsprozess wurden die Bauteile und die Produkte selbst sowie die Wertschöpfungsprozesse der Herstellung und abschließend die Systeme als wesentliche Bestandteile der Produktqualität unterschieden. Produktqualität wurde dabei entsprechend der vorstehenden Definition als Null-Fehler-Qualität verstanden. Bewusst ausgeschlossen wurden die Anmutung des Produktes und weitergehende Dienstleistungen als immaterielle Leistungen zum Produkt. Auf der 3. Ebene wurde zunächst die Konzeptualisierung der Forschungsthematik in der Weise vorgenommen, dass die Beziehungen zwischen Produkt- und Prozessinnovation sowie robustem Design und dem dadurch bewirkten Unternehmenserfolg herausgearbeitet wurden. Beobachtbar und beschreibbar sind dann auf der 3. Ebene, der Deskription, ebenfalls die beiden entscheidenden Kriterien Ausfallrate, also die Defizite an Qualität, und die Lebensdauer.

Erzeugen von innovativen und robusten Produkten im Produktentwicklungsprozess (PEP)

	Ebenen des Erkenntnisprozesses	Erläuterung	Beispiel
Vorwissenschaftlicher Bereich	1. Definition (Begriffsklärung)	Was bedeutet robustes Design?	Robustes Design = Ausfallfreie Nutzung im vorgesehenen Lebenszyklus
	2. Klassifikation (Klassenbildung)	Welche Klassen werden betrachtet?	• Produkte/ Bauteile • Prozesse • Systeme } Produktqualität
		Was wird nicht betrachtet?	• Ästhetik • Dienstleistungen
	3. Deskription (Beschreibung/ Konzeptualisierung + Operationalisierung)	Wie sind wesentliche Inhaltsteile vernetzt?	• Wirkungsgefüge zwischen Innovation, robustem Design und Unternehmenserfolg
		Was lässt sich konkret beobachten?	• Ausfallrate • Lebensdauer
Wissenschaftlicher Bereich	4. Theorie a) Erklärung b) Prognose	Was sind erkennbare Ursachen-Wirkungs-Beziehungen?	1.) Eine Produktinnovation führt zu Prozessinnovationen 2.) Diese Prozessinnovationen führen zur Erhöhung des robusten Designs und zur Kostensenkung
	5. Technologie (Gestaltung)	Mit welchen Maßnahmen lässt sich robustes Design erzielen?	Ziel: Robustes Design über Produkt-/ Prozessinnovationen Empfehlung: Verstärkter Einsatz von Kreativitätsmethoden im PEP/ Kunden-Fokusgruppen
	6. Philosophie (Werturteile)	Welche Wertvorstellungen?	• Innovationen sind wichtig für die Zukunftssicherung des Unternehmens

© Prof. Dr. Armin Töpfer

Abb. C-21: Ebenen des Erkenntnisprozesses zum Thema Produktentwicklungsprozess

Für die eigentliche wissenschaftliche Analyse interessieren auf der 4. Ebene der Theorie im Rahmen der Erklärung und Prognose folgende Hypothesen: „Eine Produktinnovation führt zu Prozessinnovationen." Hiermit wird ausgesagt, dass innovative Produkte mit robustem Design oftmals mit Prozessinnovationen verbunden sind. Dies kann bedeuten, dass in der Konsequenz Auswirkungen auf Prozessinnovationen ausgehen oder Prozessinnovationen als Voraussetzungen erfordert sind. Die 2. These besagt dann, dass Prozessinnovationen der Schlüsselfaktor für robustes Design und Kostensenkung sind. Auf der Ebene der Technologie werden diese Erkenntnisse in Handlungsempfehlungen umgesetzt und durch die angegebenen Instrumente, nämlich Kreativitätsmethoden und Kunden-Fokusgruppen, instrumentell unterstützt. Auf der 6. Ebene der Werturteile wird die Bedeutung von Innovationen für die Zukunftssicherung des Unternehmens formuliert.

Beim Thema **„Kundenorientierte Gestaltung von Internetportalen zur Steigerung des Kundenwertes in der Zielgruppe 50+"** (siehe Abb. C-22) ist auf der 1. Ebene die Definition der Zielgruppe gegeben.

	Ebenen des Erkenntnisprozesses	Erläuterung	Beispiel
Vorwissenschaftlicher Bereich	1. Definition (Begriffsklärung)	Wer gehört zur Zielgruppe 50+? Was wird unter Kundenwert verstanden?	⇨ Zielgruppe 50+ = Alle Menschen ≥ 50 Jahre ⇨ Kundenwert = Diskontieren des monetären Ertragspotenzials eines Kunden (CLV)
	2. Klassifikation (Klassenbildung)	Anhand welcher Kriterien können die Mitglieder der Zielgruppe 50+ unterschieden/ in homogene Gruppen eingeteilt werden?	• Soziodemographie { Geschlecht, Einkommen, Bildungsgrad, Wohnort, Kinder, Berufsgruppen • Gesundheitszustand { Gesund, Dement (nicht geschäftsfähig)
Wissenschaftlicher Bereich	3. Deskription (Beschreibung/ Konzeptualisierung + Operationalisierung)	Wie sind wesentliche Inhaltsteile miteinander vernetzt? Anhand welcher Indikatoren lässt sich der Kundenwert ermitteln?	• Information und Emotionalisierung • Kundenwert: Messbar über Indikatoren z.B. Besucherhäufigkeit, Kaufvolumen pro Transaktion ...
	4. Theorie a) Erklärung b) Prognose	Welche Zusammenhänge sind zwischen bestimmten Segment der Zielgruppe 50+ und deren Kundenwert erkennbar? Welche Auswirkungen resultieren daraus für ein Unternehmen?	• Je höher der Bildungsgrad, desto höher der Kundenwert in der Zielgruppe 50+ • Je höher der Anteil an gebildeten Kunden 50+ im Kundenstamm, desto werthaltiger ist der Kundenstamm
	5. Technologie (Gestaltung)	Welche Implikationen ergeben sich für die Gestaltung der Unternehmensstrategie/ des Kundenmanagements?	• Wenn ein Unternehmen seinen Kundenwert der Zielgruppe 50+ maximieren (steigern) will, dann erfolgt eine Konzentration auf Kunden mit hohem Bildungsgrad
	6. Philosophie (Werturteile)	Welche Rahmenbedingungen müssen von der Gesellschaft geschaffen werden?	• Politik: Senioren sollen in Bezug auf ihren Zugang zum Internet gefördert werden

© Prof. Dr. Armin Töpfer

Abb. C-22: Ebenen des Erkenntnisprozesses zum Thema Internet für 50+

Schwieriger als die Definition der Zielgruppe 50+ ist die begriffliche Bestimmung und Abgrenzung des Begriffs Kundenwert. Dies kann in unterschiedlicher Weise vorgenommen werden, z.B. so wie er in Abbildung C-22 definiert wurde. Für die Klassenbildung werden soziodemographische Kriterien und der Gesundheitszustand zu Grunde gelegt, als Basis zur weiteren Abgrenzung und Einschränkung der anvisierten Zielgruppe. Auf der 3. Ebene, der Beschreibung/ Konzeptualisierung und Operationalisierung, wird unter anderem ausgeführt, wie die Beziehung zwischen Informationswert und Emotionalisierung auf einer Internet-plattform ist und außerdem anhand welcher Indikatoren der Kundenwert gemessen wird.

Auf der 4. Ebene, der Theorie, wird in einer Hypothese als einem Teilaspekt der Erklärung der Zusammenhang zwischen Bildungsgrad und Kundenwert beispielhaft formuliert. Die 2. Hypothese macht eine Aussage über den Wirkungszusammenhang zwischen dem Bildungsgrad der Kunden und der Werthaltigkeit des Kundenstamms. Auf der 5. Ebene, der Technologie, präzisiert die Handlungsempfehlung, auf welche inhaltlich abgrenzbare Zielgruppe eine Konzentration erfolgen soll, wenn eine Steigerung des Kundenwertes angestrebt ist. Die 6. Ebene, die Philosophie, fordert als Werturteil entsprechende Fördermaßnahmen des Internetzugangs durch die Politik als unterstützende Rahmenbedingungen.

Beim Thema „**Risikomanagement und Lernen im Krankenhaus**" wird auf der Ebene der Begriffsklärung Lernen nicht nur als Wissensanreicherung definiert, sondern – in einer erweiterten Sichtweise – als Prozess, um stabile Veränderungen im Verhalten herbeizuführen (siehe Abb. C-23). Auf der Ebene der Klassifikation werden unterschiedliche Arten des Lernens differenziert, die alle von Bedeutung sind. Die 3. Ebene, die Deskription sowie Konzeptualisierung und Operationalisierung, entwirft zunächst ein Wirkungsgefüge zwischen der Unternehmenskultur, dem praktizierten Führungsstil, einer offenen Kommunikation sowie der dadurch erreichten Risikoerkennung und den aus Verbesserungsmaßnahmen realisierten Lerneffekten.

Danach wird operationalisiert und beschrieben, welche Formen von Risikomanagement und Lernen beobachtbar sind. Unterschieden wird dabei der Umgang mit Risiken durch bessere Informationen, Informationsaustausch durch Meetings sowie die Androhung von Sanktionen beim Auftreten von Fehlern als nicht zulässige Abweichungen von bestimmten Arbeitsanweisungen. Insbesondere vom letzten beobachteten Sachverhalt sind Auswirkungen auf das Mitarbeiterverhalten und den Umgang mit Fehlern zu erwarten.

Auf der Ebene der Theorie wird als Hypothese formuliert, dass ein offener Umgang mit Fehlern zu einer größeren Bereitschaft der Fehlermeldung führt. Dabei wird dialektisch unterschieden als eine These der sofortige Vollzug von Fehlersanktionen und als Antithese ein entgegengesetztes Steuern im Krankenhaus, allerdings mit der Absicherung eines hohen Lernniveaus. Auf der 5. Ebene, der Technologie, werden wiederum entsprechende Handlungs- und Gestaltungsempfehlungen gegeben, um ein präventives Risikomanagement unter aktiver Einbeziehung der Mitarbeiter zu erreichen. Auf der Ebene der Philosophie beziehen sich die formulierten Werturteile zum einen auf die Patienten und dabei auf den Stellenwert seiner Unversehrtheit, zum anderen wird die Priorität einer Philosophie des kontinuierlichen Verbesserunsprozesses im Krankenhaus betont.

Bezogen auf die generellen Wissensanforderungen beim Durchlaufen dieser 6 Ebenen des Erkenntnisprozesses lässt sich Folgendes festhalten: Es versteht sich von selbst, dass jeder Bearbeiter bereits für diesen 1. inhaltlichen Strukturierungs- und Vertiefungsprozess des zu erforschenden Themas über ein ausreichendes fachliches Wissen verfügen muss. Die Strukturierungsinstrumente ersetzen eine fundierte Literaturrecherche und -auswertung nicht, aber sie machen sie im Ergebnis viel effektiver, weil sie helfen, das erworbene Wissen zu ordnen, inhaltlich in Beziehung zu setzen und so insgesamt aussagefähig zu strukturieren.

	Ebenen des Erkenntnisprozesses	Erläuterung	Beispiel
Vorwissenschaftlicher Bereich	1. Definition (Begriffsklärung)	Was wird unter • Risikomanagement • Lernen verstanden?	Lernen: Prozess, der zu einer relativ stabilen Veränderung im Verhalten oder im Verhaltenspotenzial führt und auf Erfahrungen beruht (Definition nach Zimbardo 1992)
	2. Klassifikation (Klassenbildung)	• Welche Arten von Lernen lassen sich unterscheiden?	• Bewusst/ Unbewusst • Individuell/ Kollektiv • Präventiv/ Reaktiv
Wissenschaftlicher Bereich	3. Deskription (Beschreibung/ Konzeptualisierung + Operationalisierung)	• Wie sind die Inhaltsteile miteinander vernetzt? • Was lässt sich beobachten/ messen?	• Wirkungsgefüge zwischen Unternehmenskultur, Führungsstil, offener Kommunikation, Risikoerkennung und Lerneffekten Beobachtbar/ messbar: • Zugriff auf Informationen ← Verhalten (Umgang mit Risiken) • Anzahl von Meetings ← Kommunikation • Sanktionen ← In Anweisungen
	4. Theorie a) Erklärung b) Prognose	a) Was sind die Gründe für eine hohe bzw. eine geringe Bereitschaft der Mitarbeiter über gemachte Fehler zu berichten? b) Was lässt sich bezüglich der Fehlermeldebereitschaft der Mitarbeiter vorhersagen, wenn bei erstmalig gemachten Fehlern kaum Sanktionen zum Einsatz kommen	Wenn offener Umgang mit Fehlern, dann größere Bereitschaft Fehler zu melden a) Fehlersanktionen (beim 1. Mal) ↳ Wenig gemeldete Fehler b) Krankenhaus hat geringe Fehlersanktionen bei hohem Lernniveau ↳ Mitarbeiter kommuniziert offener über Fehler und ist lernbereiter
	5. Technologie (Gestaltung)	• Wie kann ein Krankenhaus ein präventives Risikomanagement mit einer offenen Fehlermeldekultur fördern?	Krankenhaus will besseres präventives Risikomanagement Empfehlung: • Abbau von Sanktionen • Einsatz von Anreizen
	6. Philosophie (Werturteile)	• Welche Wertvorstellungen existieren im Krankenhaus? • Welche Prioritäten gehen davon aus?	• Gesundheit und Leben des Patienten stehen an erster Stelle • Ständiger Verbesserungsprozess als Krankenhaus-Philosophie

Risikomanagement und Lernen im Krankenhaus

© Prof. Dr. Armin Töpfer

Abb. C-23: Ebenen des Erkenntnisprozesses zum Thema Risikomanagement und Lernen

IV. Literaturhinweise zum Kapitel C

Akerlof, G. (2009): „Die Ökonomie gleicht einem englischen Garten", Interview geführt von U.H. Müller, in: Financial Times Deutschland, 15.04.2009, S. 16.

Amonn, A. (1927/ 1996): Objekt und Grundbegriffe der theoretischen Nationalökonomie, 2. Aufl., Wien 1927 – Neudruck Wien et al. 1996.

Anderson, N./ Herriot, P./ Hodgkinson, G.P. (2001): The Practitioner-Researcher divide in Industrial, Work and Organizational (IWO) Psychology: Where are we now, and where do we go from here?, in: Journal of Occupational and Organizational Psychology, 74. Jg., Part 1 – March 2001, S. 391-411.

Andersson, G. (1992): Deduktion, in: Seiffert, H./ Radnitzky, G. (Hrsg.): Handlexikon zur Wissenschaftstheorie, München 1992, S. 22-27.

Atteslander, P. (2008): Methoden der empirischen Sozialforschung, 12. Aufl., Berlin 2008.

Beck, H. (2009): Angriff auf den Homo oeconomicus, in: Frankfurter Allgemeine Zeitung, 02.03.2009, Nr. 51, S. 10.

Belz, C./ Rudolph/ T./ Tomczak, T. (2002): Wegleitung zur Erstellung von Diplomarbeiten in der Vertiefung „Marketing", Abfrage vom 01.07.2008 unter http://bpm.imh.unisg.ch /org/imh/web_archiv.nsf/bf9b5a227ab50613c1256a8d003f0349/03f094245265cd23c1 256bb20050ba48/$FILE/Diplomarbeiten.pdf.

Bortz, J./ Döring, N. (2006): Forschungsmethoden und Evaluation für Human- und Sozialwissenschaftler, 4. Aufl., Heidelberg 2006.

Brinkmann, G. (1997): Analytische Wissenschaftstheorie – Einführung sowie Anwendung auf einige Stücke der Volkswirtschaftslehre, 3. Aufl., München 1997.

Carrier, M. (2006): Wissenschaftstheorie zur Einführung, Hamburg 2006.

Carnap, R. (1950): Logical Foundations of Probability, London 1950.

Carnap, R. (1968): Symbolische Logik, 3. Aufl., Wien 1968.

Carnap, R./ Stegmüller, W. (1959): Induktive Logik und Wahrscheinlichkeit, Wien 1959.

Chalmers, A.F. (2007): Wege der Wissenschaft – Einführung in die Wissenschaftstheorie, hrsg. und übersetzt von N. Bergemann und C. Altstötter-Gleich, 6. Aufl., Berlin et al. 2007.

Chmielewicz, K. (1994): Forschungskonzeptionen der Wirtschaftswissenschaft, 3. Aufl., Stuttgart 1994.

Diekmann, A. (2008): Empirische Sozialforschung – Grundlagen, Methoden, Anwendungen, 19. Aufl., Reinbek 2008.

Diller, H. (Hrsg) (2001): Vahlens Großes Marketing Lexikon, 2. Aufl., München 2001.

Einstein, A. (1934/ 2005): Prinzipien der Forschung – Rede zum 60. Geburtstag von Max Planck (23. April 1918, Physikalische Gesellschaft in Berlin), in: A. Einstein: Mein Weltbild, Amsterdam 1934; 30. Aufl., hrsg. von Carl Seelig, Berlin 2005, S. 119-122.

Fisher, R.A. (1959): Statistical Methods and Scientific Inference, 2. Aufl., Edinburgh/ London 1959.

Fricke, T./ Kaelble, M. (2009): Das Pendel schlägt zurück, in: Financial Times Deutschland, 05.03.2009, S. 26.

Friedrichs, J. (1990): Methoden empirischer Sozialforschung, 14. Aufl., Opladen 1990.

Hauschildt, J. (2003): Zum Stellenwert der empirischen betriebswirtschaftlichen Forschung, in: Schwaiger, M./ Harhoff, D. (Hrsg.): Empirie und Betriebswirtschaft: Entwicklungen und Perspektiven, Stuttgart 2003, S. 3-24.

Hempel, C.G. (1965/ 1977): Aspects of Scientific Explanation and other Essays in the Philosophy of Science, New York 1965, deutsche Teilausgabe: Aspekte wissenschaftlicher Erklärung, Berlin/ New York 1977.

Hempel, C.G./ Oppenheim, P. (1948): Studies in the Logic of Explanation, in: Philosophy of Science, 15. Jg., 1948, Nr. 2, S. 135-175.

Homburg, C. (2007): Betriebswirtschaftslehre als empirische Wissenschaft – Bestandsaufnahme und Empfehlungen, in: Zeitschrift für betriebswirtschaftliche Forschung, Sonderheft 56/ 2007, S. 27-60.

Kieser, A. (2006): Der Situative Ansatz, in: Kieser, A./ Ebers, M. (Hrsg.): Organisationstheorien, 6. Aufl., Stuttgart 2006, S. 215-245.

Kieser, A./ Nicolai, A.T. (2005): Success Factor Research – Overcoming the Trade-Off Between Rigor and Relevance?, in: Journal of Management Inquiry, 14. Jg., Nr. 3, S. 275-279.

Kirchhoff, K.R. (2006): CSR als strategische Herausforderung, in: Gazdar, K. et al. (Hrsg.): Erfolgsfaktor Verantwortung – Corporate Social Responsibility professionell managen, Berlin/ Heidelberg 2006, S. 13-33.

Köhler, R. (2004): Wie vermeintliche Werturteilsfreiheit das Managementverhalten normativ beeinflusst, in: Wiedmann, K.-P./ Fritz, W./ Abel, B. (Hrsg.): Management mit Vision und Verantwortung – Eine Herausforderung an Wissenschaft und Praxis, Wiesbaden 2004, S. 309-325.

Kosiol, E. (1964/ 1978): Betriebswirtschaftslehre und Unternehmensforschung – Eine Untersuchung ihrer Standorte und Beziehungen auf wissenschaftstheoretischer Grundlage, in: Zeitschrift für Betriebswirtschaft, 34. Jg., 1964, Nr. 12, S. 743-762, wiederabgedruckt in: Schweitzer, M. (Hrsg.) (1978): Auffassungen und Wissenschaftsziele der Betriebswirtschaftslehre, Darmstadt 1978, S. 133-159.

Kromrey, H. (2009): Empirische Sozialforschung – Modelle und Methoden der standardisierten Datenerhebung und Datenauswertung, 12. Aufl., Stuttgart 2009.

Kuhn, T.S. (1997): Die Entstehung des Neuen – Studien zur Struktur der Wissenschaftsgeschichte, herausgegeben von Krüger, L., 5. Aufl., Frankfurt am Main 1997.

Lakatos, I. (1974): Falsifikation und die Methodologie der wissenschaftlichen Forschungsprogramme, in: Lakatos, I./ Musgrave, A. (Hrsg.): Kritik und Erkenntnisfortschritt, Braunschweig 1974, S. 89-189.

Lauth, B./ Sareiter, J. (2005): Wissenschaftliche Erkenntnis – Eine ideengeschichtliche Einführung in die Wissenschaftstheorie, 2. Aufl., Paderborn 2005.

Lenk, H. (1972): Erklärung, Prognose, Planung – Skizzen zu Brennpunktproblemen der Wissenschaftstheorie, Freiburg 1972.

OECD Directorate for Scientific Affairs (1970): The Measurement of Scientific and Technical Activities: Proposed Standard Practice for Surveys of Research and Experimental Development (Frascati Manual), Paris 1970.

Opp, K.-D. (1999): Methodologie der Sozialwissenschaften – Einführung in Probleme ihrer Theorienbildung und praktische Anwendung, 4. Aufl., Opladen 1999.

Popper, K.R. (1934/ 1994): Logik der Forschung, Wien 1934 (mit Jahresangabe 1935); 10. Aufl., Tübingen 1994.

Popper, K.R. (1945/ 1992): The Open Society and Its Enemies, Vol. II: The High Tide of Prophecy – Hegel, Marx, and the Aftermath, London 1945, deutsch: Die offene Gesellschaft und ihre Feinde, Band II: Falsche Propheten – Hegel, Marx und die Folgen, 7. Aufl., Tübingen 1992.

Popper, K.R. (1963/ 1997): Conjectures and Refutations – The Growth of Scientific Knowledge, London 1963, deutsch: Vermutungen und Widerlegungen – Das Wachstum der wissenschaftlichen Erkenntnis, Teilband 2, Widerlegungen, Tübingen 1997.

Popper, K.R. (1972/ 1984): Objective Knowledge – An Evolutionary Approach, Oxford 1972, deutsch: Objektive Erkenntnis – Ein evolutionärer Entwurf, 4. Aufl., Hamburg 1984.

Prim, R./ Tilmann, H. (2000): Grundlagen einer kritisch-rationalen Sozialwissenschaft – Studienbuch zur Wissenschaftstheorie Karl R. Poppers, 8. Aufl., Wiebelsheim 2000.

Raffée, H. (1995): Grundprobleme der Betriebswirtschaftslehre, 9. Aufl., Göttingen 1995.

Reichenbach, H. (1938/ 1983): Experience and Prediction – An Analysis of the Foundations and Structure of Knowledge, Chicago 1938, deutsch: Erfahrung und Prognose – Eine Analyse der Grundlagen und der Struktur der Erkenntnis, Braunschweig 1983.
Schanz, G. (1988): Methodologie für Betriebswirte, 2. Aufl., Stuttgart 1988.
Schanz, G. (2004): Wissenschaftsprogramme der Betriebswirtschaftslehre, in: Bea, F.X./ Friedl, B./ Schweitzer, M. (Hrsg.): Allgemeine Betriebswirtschaftslehre, Band 1: Grundfragen, 9. Aufl., Stuttgart 2004, S. 80-161.
Schneider, F. (2009): "Wir sind alle sprachlos", Interview geführt von U.H. Müller, in: Financial Times Deutschland, 02.03.2009, S. 14.
Schurz, G. (2006): Einführung in die Wissenschaftstheorie, Darmstadt 2006.
Schweitzer, M. (1978): Wissenschaftsziele und Auffassungen der Betriebswirtschaftslehre – Eine Einführung, in: Schweitzer, M. (Hrsg.): Auffassungen und Wissenschaftsziele der Betriebswirtschaftslehre, Darmstadt 1978, S. 1-14.
Schweitzer, M. (2000): Gegenstand und Methoden der Betriebswirtschaftslehre, in: Allgemeine Betriebswirtschaftslehre, Band 1: Grundfragen, 8. Aufl., Stuttgart 2000, S. 23-79.
Seiffert, H. (1992): Theorie, in: Seiffert, H./ Radnitzky, G. (Hrsg.): Handlexikon zur Wissenschaftstheorie, München 1992, S. 368-369.
Spaemann, R. (1992): Teleologie, in: Seiffert, H./ Radnitzky, G. (Hrsg.): Handlexikon zur Wissenschaftstheorie, München 1992, S. 366-368.
Specht, G. (2004): Ethische Verantwortung im Innovationsprozess, in: Wiedmann, K.-P./ Fritz, W./ Abel, B. (Hrsg.): Management mit Vision und Verantwortung – Eine Herausforderung an Wissenschaft und Praxis, Wiesbaden 2004, S. 521-546.
Stachowiak, H. (1992): Modell, in: Seiffert, H./ Radnitzky, G. (Hrsg.): Handlexikon zur Wissenschaftstheorie, München 1992, S. 219-222.
Staehle, W.H. (1999): Management – Eine verhaltenswissenschaftliche Perspektive, 8. Aufl., München 1999.
Stitzel, M. (1992): Die ethische Dimension wirtschaftlich-technischen Handelns, in: Steger, U. (Hrsg.): Unternehmensethik, Frankfurt am Main/ New York 1992, S. 35-50.
Stokes, D.E. (1997): Pasteur's Quadrant – Basic Science and Technological Innovation, Washington 1997.
Töpfer, A. (2007): Betriebswirtschaftslehre – Anwendungs- und prozessorientierte Grundlagen, 2. Aufl., Berlin/ Heidelberg 2007.
Ulrich, P./ Hill, W. (1979): Wissenschaftstheoretische Grundlagen der Betriebswirtschaftslehre, in: Raffée, H./ Abel, B. (Hrsg.): Wissenschaftstheoretische Grundfragen der Wirtschaftswissenschaft, München 1979, S. 161-190.
Van der Sijde, P. (2008): Entrepreneurial University as Challenge: Scientist and Commercialization, in: Diensberg, C./ Fessas, Y. (Hrsg.): Rostocker Arbeitspapiere zu Wirtschaftsentwicklung und Human Resource Development, Nr. 29, Rostock 2008, S. 101-111.
Varadarajan, P.R. (2003): Musings on Relevance and Rigor of Scholarly Research in Marketing, in: Journal of the Academy of Marketing Science, 31. Jg., Nr. 4, S. 368-376.
Wiedmann, K.-P. (2004): Vision und Verantwortung als zentrale Leitvorstellungen einer zukunftsgerichteten Managementpraxis und -wissenschaft, in: Wiedmann, K.-P./ Fritz, W./ Abel, B. (Hrsg.): Management mit Vision und Verantwortung – Eine Herausforderung an Wissenschaft und Praxis, Wiesbaden 2004, S. 3-71.

Wild, J. (1975): Methodenprobleme in der Betriebswirtschaftslehre, in: Grochla, E./Wittmann, W. (Hrsg.): Handwörterbuch der Betriebswirtschaftslehre, Band 2, 4. Aufl., Stuttgart 1975, Sp. 2654-2677.

Wild, J. (1976): Theorienbildung, betriebswirtschaftliche, in: Grochla, E./ Wittmann, W. (Hrsg.): Handwörterbuch der Betriebswirtschaftslehre, Band 3, 4. Aufl., Stuttgart 1976, Sp. 3889-3910.

Kapitel D
Auf welcher wissenschaftstheoretischen Grundlage basiert der in diesem Forschungs-Leitfaden vorgestellte wissenschaftliche Erkenntnisprozess, und welche Alternativen gibt es hierzu?

– Zum Grundkonzept des Kritischen Rationalismus und anderen wissenschaftstheoretischen Konzeptionen –

Welche Rolle spielen Deduktion und Induktion in den Grundrichtungen der Erkenntnisgewinnung? Welche wissenschaftstheoretischen Konzeptionen heben auf die Veränderung wissenschaftlicher Erkenntnisse ab? Inwieweit hat der Unterschied zwischen exakten Naturwissenschaften und inexakten Sozialwissenschaften zu unterschiedlichen Programmatiken der Erkenntnisgewinnung und -veränderung geführt? Wie sieht eine wissenschaftstheoretische Konzeption aus, die wesentliche Elemente des Kritischen Rationalismus und des Wissenschaftlichen Realismus kombinieren will?

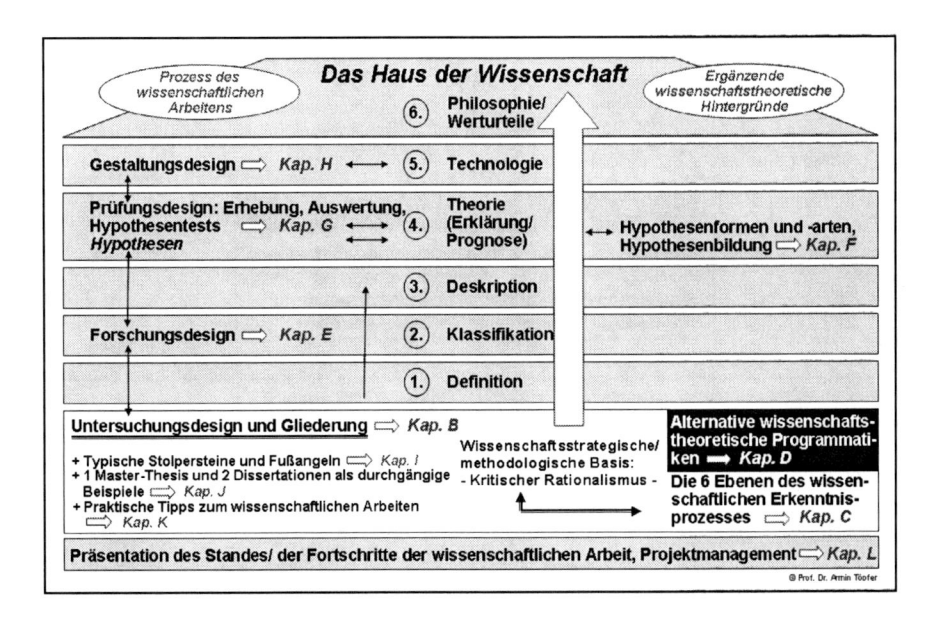

Abb. D-1: Das Haus der Wissenschaft – Einordnung des Kapitels D

I. Grundrichtungen der Erkenntnisgewinnung und alternative wissenschaftstheoretische Konzeptionen

Die Ausführungen in diesem Kapitel geben Ihnen einen **Überblick über unterschiedliche wissenschaftstheoretische Konzepte**. Damit liefern sie Ihnen generelles Hintergrundwissen und erleichtern Ihnen die Unterscheidung der wesentlichen Grundrichtungen bezogen auf die Erkenntnisgewinnung sowie vor allem auch die Erkenntnisveränderung. Das ermöglicht es Ihnen zugleich, beim Studium der Literatur einzuordnen, welche erkenntnistheoretische Grundposition einzelne Autoren einnehmen und welche wissenschaftstheoretische Konzeption sie ihren Forschungsarbeiten zu Grunde legen, auch wenn diese hierzu keine explizite und umfassende Stellungnahme abgeben. Vor allem helfen Ihnen die folgenden Erläuterungen aber dabei, Ihre eigene Position im Hinblick auf die gängigen wissenschaftstheoretischen Programmatiken zu bestimmen. Der Wert des Kapitels liegt damit in der Reflektion der Hauptströmungen wissenschaftlicher Erkenntnisprozesse.

Idealismus/ Konstruktivismus
Die Wirklichkeit ist vom einzelnen Subjekt und dessen Wahrnehmung im Gehirn abhängig. Hierdurch wird unser gesamtes Wissen über die Realität konstruiert.

Rationalismus
Form und Inhalt jeder Erkenntnis gründen auf Verstand und Vernunft und nicht auf Wahrnehmung mit den Sinnen.

Empirismus
Erfahrung durch Wahrnehmung über die Sinne ist die wichtigste Quelle menschlicher Erkenntnis.

Kontingenztheoretischer/ situativer Ansatz

Möglichkeiten der Erkenntnisgewinnung

Kritischer Rationalismus

Wissenschaftlicher Realismus

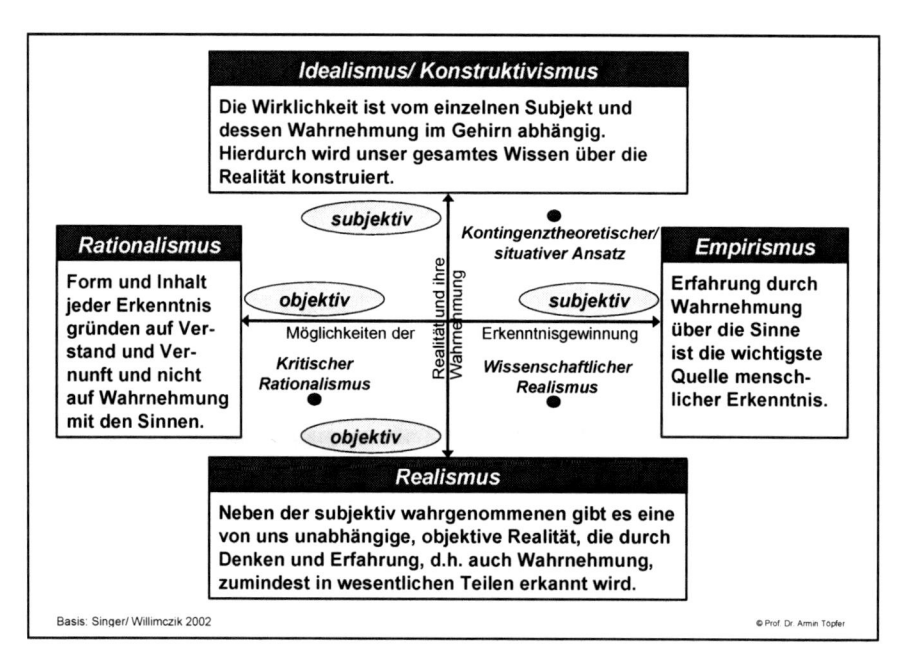

Realismus
Neben der subjektiv wahrgenommenen gibt es eine von uns unabhängige, objektive Realität, die durch Denken und Erfahrung, d.h. auch Wahrnehmung, zumindest in wesentlichen Teilen erkannt wird.

Basis: Singer/ Willimczik 2002 © Prof. Dr. Armin Töpfer

Abb. D-2: Grundlegende erkenntnistheoretische Positionen

Als Einstieg in diese anspruchsvolle, aber grundsätzlich wichtige Materie zeigen wir Ihnen in Abbildung D-2 zunächst die **4 grundlegenden erkenntnistheoretischen Positionen**, um Ihnen ein Grundverständnis zu ermöglichen. Auf 2 Dimensionen, nämlich zur **Realität und ihrer Wahrnehmung** (senkrechte Achse) sowie zu den **grundsätzlichen Möglichkeiten der Erkenntnisgewinnung** (waagerechte Achse), werden jeweils das objektive und das subjektive Extrem einander gegenübergestellt. Diese unterschiedlichen Sichtweisen können demnach in folgender Weise zusammengefasst werden:

- Wahrnehmen und Verstehen der Realität in subjektiver Sicht: **Idealismus (Konstruktivismus)** und **Empirismus**
- Wahrnehmen und Verstehen der Realität in objektiver Sicht: **Realismus** und **Rationalismus**

Die inhaltlichen Kennzeichnungen der jeweiligen erkenntnistheoretischen Grundrichtungen sind aus Abbildung D-2 nachvollziehbar. Zusätzlich haben wir wichtige erkenntnistheoretische Konzeptionen und Programmatiken, auf die wir im Folgenden noch ausführlich eingehen, in diesem Koordinatensystem einzelnen Quadranten zugeordnet.

Die Auffassungen zu Wissenschaft, Erkenntnis und Gestaltung waren im Zeitablauf mehrfachen Änderungen unterworfen, und für ein näheres Verständnis des heutigen Wissenschaftsbetriebs ist es wichtig, diese nachvollziehen zu können. Dabei haben wir einen mehrstufigen Ansatz gewählt: Zunächst zeichnen wir die generellen Grundrichtungen der Erkenntnisgewinnung nach, die sich in methodologischer Hinsicht historisch vor allem in der Rivalität zwischen Induktion und Deduktion manifestierten. Von großer Bedeutung ist dabei auch das Wirklichkeitsverständnis; untersucht die Wissenschaft also die Realität oder nur die Wahrnehmung der Realität durch Individuen. Eine zusätzliche Frage ist dann, welche Position bei einzelnen wissenschaftstheoretischen Programmatiken im Hinblick auf den wissenschaftlichen Fortschritt eingenommen wird. Insgesamt geht es also letztlich darum, wie das Verhältnis von Wissenschaft und Gesellschaft gesehen wird, und ob von den Wissenschaftlern nutzbringende Weiterentwicklungen für die jeweiligen Gemeinwesen zu erwarten sind.

1. Klassische Konzepte zu den verschiedenen Wegen der Erkenntnisgewinnung

Wie in Kapitel C eingangs angesprochen, ist die Wissenschaftstheorie als Metatheorie eine **Theorie der Forschung**. Sie formuliert Aussagen über die Wissenschaft im Hinblick auf die Logik, Programmatik und Konzeption der Forschung (vgl. Popper 1934/ 1994, S. 31; Brinkmann 1997, S. 10 f.; Chmielewicz 1994, S. 34 ff.). Nach der Reichweite des untersuchten Gegenstandsbereichs lässt sich folgende Aufteilung vornehmen:

- In einem **externalen Ansatz** können zum einen Beschreibung und Erklärung des Wissenschaftsprozesses bzw. der Institution Wissenschaft Gegenstand wissenschaftstheoretischer Aussagen sein; diesbezügliche Teildisziplinen sind die Wissenschaftspsychologie, -soziologie, -ökonomie oder -geschichte.
- Zum anderen kann ein **internaler Ansatz** eingeschlagen werden, bei dem das Erreichen von Satz- bzw. Aussagensystemen, also fundierten wissenschaftlichen Erkenntnissen als Ergebnis des Forschens, den Objektbereich der Wissenschaftstheorie bildet (vgl. Raffée 1995, S. 17 f.).

Das Schwergewicht der folgenden Ausführungen liegt dabei zu einem geringeren Teil auf wissenschaftslogischen Betrachtungen, bei denen Wissenschaftstheorie mit auf Erkenntnis angewandter Logik gleichgesetzt wird. Dies kennzeichnet man als **analytische Wissenschaftstheorie** (vgl. Brinkmann 1997, S. 10). Unser Fokus liegt vielmehr auf der **methodologischen Wissenschaftstheorie** (vgl. Wild 1975, Sp. 2654 f.; Chmielewicz 1994, S. 36 ff.; Schanz 1988b, S. 1 ff.). Sie untersucht in einer übergeordneten und damit philosophischen Betrachtung die Voraussetzungen für die Formulierung wissenschaftlicher Aussagen und unternimmt zugleich den Versuch, Forschungsmethoden zu entwickeln und zu begründen.

Basierend auf diesen Aspekten unseres vornehmlich internalen Ansatzes werden im Folgenden alternative wissenschaftstheoretische Erkenntnis- und Gestaltungsmuster anhand eines Rasters vorgestellt (vgl. als Basis Burrell/ Morgan 1979, S. 3). Hiermit lassen sich unterschiedliche **wissenschaftstheoretische Konzeptionen** als paradigmatische Grundkonzepte/ Schulen/ Richtungen der Erkenntnisgewinnung und -umsetzung mit ihren auf die Forschungsmethode bezogenen Programmatiken unterscheiden und beurteilen. Abbildung D-3 zeigt zunächst für die Dimension Wege der Erkenntnisgewinnung einzelne Aspekte in ihren Gegensatzpaaren auf. Hierüber lässt sich eine zusätzliche Kennzeichnung in objektive und subjektive Ansätze vornehmen (vgl. zum Ansatz von Burrell/ Morgan auch Scherer 2006, S. 34 ff.; Ochsenbauer/ Klofat 1997, S. 73 ff.).

Der Orientierungsrahmen von BURRELL/ MORGAN erstreckt sich über 2 „Spannungslinien" (vgl. Deger 2000, S. 67): Annahmen zur Natur der (Sozial-)Wissenschaft und solche zur Natur der Gesellschaft (vgl. Burrell/ Morgan 1979, S. 1 ff., 10 ff.). Zur Einordnung verschiedener wissenschaftstheoretischer Richtungen und damit aus einer metawissenschaftlichen Perspektive wird hier allein deren 1. Dimension herangezogen (vgl. zusätzlich Wyssusek 2002, S. 239 f. und 2004; Guba 1990, S. 18 ff.; Morgan/ Smircich 1980, S. 492 ff.).

Die klassischen Kategorien sind **Ontologie** und **Epistemologie**. Hier werden die Fragen beantwortet, was das Wesen der Realität ausmacht (Ontologie) und wie Erkenntnisse gewonnen werden können respektive was Wahrheit ist (Epistemologie).

Das grundlegende Ziel der Wissenschaft ist ein Erkenntnisfortschritt und damit die Zunahme des empirischen Gehalts von Theorien bzw. eine „Annäherung an die Wahrheit" (Popper 1934/ 1994, S. 428 ff.). Dies impliziert zugleich, im Rahmen der **Ontologie** den erkenntnistheoretischen Standpunkt des **Realismus** einzunehmen. Diese Vorstellung liegt auch dem Kritischen Rationalismus nach POPPER zu Grunde. Die hierbei unterstellte Existenz einer vom erkennenden Subjekt unabhängigen Wirklichkeit wird in der Gegenposition des **Idealismus** negiert. Dort wird angenommen, dass die Realität letztlich Ideen oder Eindrücke im Geist der erkennenden Subjekte sind. Die Wirklichkeit wird also durch das Individuum erst konstituiert (vgl. Brinkmann 1997, S. 14 f.; Kutschera 1982, S. 179 ff., 189 ff.; Popper 1972/ 1984, S. 38ff., 69 ff.). Der Mensch findet seine Welt nicht, sondern er erfindet sie (vgl. Töpfer 2007, S. 29).

In der Betriebswirtschaftslehre lässt sich diese wissenschaftstheoretische Auffassung, dass also Realität letztlich erst durch die Wahrnehmung von Subjekten entsteht, in verschiedenen Erklärungsansätzen finden. Verhalten und Handeln von

Konsumenten wird – mit Anleihen aus psychologischen Theorien – als Reaktion auf Perzeption, also auf subjektive Wahrnehmung, und als Konsequenz von Involvement, also Ich-Bezogenheit von sozialen Phänomenen, erklärt (vgl. Kroeber-Riel/ Weinberg/ Gröppel-Klein 2009, S. 386 ff., 412 ff.).

Zentrale Kategorien wissenschaftstheoretischer Konzeptionen
1. Dimension: Wege der Erkenntnisgewinnung

	Objektiver Ansatz:	Subjektiver Ansatz:
Ontologie: Was existiert – Was ist das Wesen der Realität?	Realismus	Idealismus
Epistemologie: Wie ist Erkenntnis möglich – Was ist Wahrheit?	Rationalismus	Empirismus
Menschenbild: Wie ist die Natur des Menschen?	Determinismus	Indeterminismus
Methodologie: Wie ist im Erkenntnisprozess vorzugehen?	Deduktionsprimat Falsifikationsprinzip	Induktionsprimat Verifikationsprinzip

Basis: Burrell/ Morgan 1979, S. 3; Wyssusek et al. 2002, S. 240   © Prof. Dr. Armin Töpfer

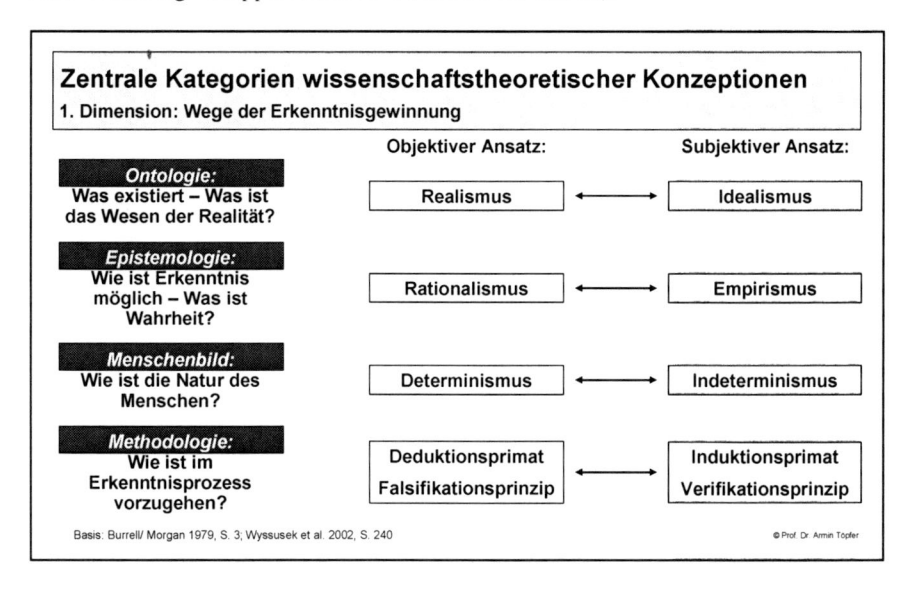

Abb. D-3: Unterschiedliche Wege der Erkenntnisgewinnung

Im Hinblick auf die grundlegende Frage, wie der Mensch generell zu Erkenntnissen gelangen kann, lassen sich im Rahmen der **Epistemologie** die erkenntnistheoretischen Hauptströmungen des Rationalismus und des Empirismus unterscheiden (vgl. Popper 1930-1933/ 1994, S. 10 ff.).

Im klassischen **Empirismus** (John Locke, David Hume u.a.) als passivistischer Erkenntnistheorie (vgl. Popper 1945/ 1992, S. 249 f.) wird die Ansicht vertreten, dass wahres Wissen aus den Eindrücken der Natur auf den Verstand der Menschen resultiert, diese dabei also mehr oder weniger unbeteiligt sind (vgl. Lakatos 1974, S. 102). Demnach bildet die Erfahrung die einzige Quelle menschlicher Erkenntnis. Im **Rationalismus** (Platon, Descartes, Kant u.a.) als aktivistischer Erkenntnistheorie wird hingegen angenommen, dass „wir das Buch der Natur ohne geistige Tätigkeit, ohne eine Interpretation im Lichte unserer Erwartungen und Theorien nicht lesen können" (Lakatos 1974, S. 102). Dies bedeutet letztlich, dass die menschliche Vernunft einzige Quelle sicherer Erkenntnis ist.

Die von BURRELL/ MORGAN zusätzlich eingeführte Kategorie **Menschenbild** hebt darauf ab, was der Natur des Menschen immanent ist. Ist sein Verhalten eher gleich bleibend, von seiner Situation und seinem Umfeld bestimmt und damit vorhersagbar, also im Ansatz **deterministisch**; oder ist sein Verhalten unterschiedlich, völlig selbstbestimmt und damit hybrid, also **indeterministisch** (vgl. Burrell/ Morgan 1979, S. 6). Letzteres erschwert jede Aussage über Invarianzen oder sogar

Gesetzmäßigkeiten bzw. reduziert sie auf präzise definierte Situationen und Personengruppen. Dies führt zu Raum-Zeit-abhängigen und damit eingeschränkten Hypothesen.

Die **Methodologie** kam mit der Anfang des 20. Jahrhunderts einsetzenden Unterscheidung von Wissenschaftstheorie und Erkenntnistheorie hinzu (vgl. Haase 2007, S. 55; Kamitz 1980, S. 773 ff.) und beantwortet die Frage, wie im Erkenntnisprozess vorzugehen ist. Hierbei stehen sich die **Deduktion** und die **Induktion** als Richtungen der Erkenntnisgewinnung mit ihren Prinzipien der **Falsifikation** und der **Verifikation** als Richtungen der Erkenntnisabsicherung gegenüber (siehe hierzu bereits Kap. C.I.3.).

Auf der Basis dieser klassischen Konzepte der Erkenntnisgewinnung gehen wir jetzt zu den „originär wissenschaftstheoretischen" Konzeptionen über, in denen erstmals die Methodologie einen hohen Stellenwert erhielt. Dies sind der **Logische Empirismus/ Neopositivismus** mit Verifikationsprinzip sowie der **Kritische Rationalismus** mit Falsifikationsprinzip.

2. Der Logische Empirismus/ Neopositivismus – Induktion und Verifikation als methodologische Schwerpunkte

Im klassischen Empirismus wird – wie in D I.1. kurz ausgeführt – davon ausgegangen, dass allein Erfahrungen in Form von Sinneseindrücken als Quellen menschlicher Erkenntnis fungieren. Der zeitlich etwas spätere und auf AUGUSTE COMTE zurückgehende Positivismus setzt dagegen stärker auf **beobachtbare Fakten**; hier wird gefordert, vom Tatsächlichen und somit vom „Positiven" dessen auszugehen, was wahrgenommen wird (vgl. Schanz 1988a, S. 2). Dieser Ansatz ist über den zentralen Stellenwert der Beobachtungen für die Erkenntnis weiterhin mit dem Empirismus verbunden, und so finden sich auch für seine Weiterentwicklung Anfang des 20. Jahrhunderts die Kennzeichnungen als Logischer Empirismus oder als Neopositivismus; auch Neoempirismus findet Verwendung (vgl. Schanz 1988b, S. 43).

Im **Logischen Empirismus/ Neopositivismus** wird die Realität subjektiv durch Beobachtungen und Erfahrungen wahrgenommen und verstanden. Der Erkenntnisansatz ist damit induktiv.

Die Kennzeichnung als „logisch" verweist darauf, dass es ihren Protagonisten (Moritz Schlick, Otto Neurath, Rudolf Carnap u.a.) insbesondere darum ging, eine Erkenntnislehre zu entwickeln, die **ohne metaphysische Rückgriffe** auskommt. Dies ist zugleich als Beginn der heutigen Wissenschaftstheorie anzusehen (vgl. Kühne 1999). Die nach ihrem wissenschaftlichen Zirkel als „Wiener Kreis" bezeichneten Forscher einte die Vorstellung, allein über logische Aussagen zur realen Welt zu umfassenden Theoriegebäuden zu gelangen (vgl. Behrens 1993, Sp. 4764). Grundlegend für die weitere Entwicklung der Wissenschaftstheorie waren hierbei insbesondere **sprachanalytische Arbeiten**, nach denen z.B. in eine Beobachtungs- und eine theoretische Sprache zu unterscheiden ist. Hierauf bezogen sind dann Korrespondenzregeln notwendig, welche diese beiden sprachlichen Welten aufeinander beziehen (vgl. Schanz 1988b, S. 44).

Das Bemühen um ein Ausschalten jeglichen Psychologismus kann vor dem Hintergrund der dramatischen Umbrüche in der physikalischen Theorienbildung zu Beginn des 20. Jahrhunderts (vgl. Carrier 2006, S. 140) nachvollzogen werden. Dennoch bleibt der Neopositivismus der empiristischen Basis durch Sinneserfahrungen vermittelter Tatsachenerkenntnis verhaftet. Dieser Ansatz impliziert das **Induktionsproblem**, also von Einzelerkenntnissen auf umfassende Regelmäßigkeiten zu schließen. Zwar werden strenge Maßstäbe für die Beobachtungssprache angelegt; kognitiv sinnvolle Aussagen dürfen also beispielsweise nicht dispositional sein (z.b. für die BWL „wachsend" oder „schrumpfend"). Über solche Regeln entsteht ein „tatsachenbasierter", in sich axiomatischer Zusammenhang zwischen Empirie und Theorie. Der Umkehrschluss hierzu, Aussagen nur dann als wissenschaftlich zu qualifizieren, wenn sie generell verifizierbar sind, ihr Zutreffen/ ihre Wahrheit also durch positive empirische Befunde nachgewiesen werden kann, bleibt dennoch problematisch. So kann dieses **Verifikationsprinzip** vor allem damit kollidieren, dass in der Ableitungskette von Einzelereignissen zu übergeordneten Hypothesen/ Gesetzmäßigkeiten/ Theorien relevante Aspekte nicht erkannt wurden und damit nicht einbezogen sind (vgl. Burian 1980, S. 153 ff.). Dessen ungeachtet wurde sich aber intensiv darum bemüht, wie die Wahrheit respektive Gültigkeit theoretischer Aussagen empirisch nachgewiesen werden kann.

RUDOLF CARNAPs Lösungsansatz hierzu war, auf der Basis der empirischen Prüfbefunde eine Wahrscheinlichkeit für die zu Grunde liegende Hypothese zu ermitteln, welche dann als deren Bestätigungsgrad interpretiert werden kann. Hierbei gab es allerdings gravierende Schwierigkeiten, die auch zu mehrfachen Uminterpretationen und Neufassungen durch CARNAP führten (vgl. Lauth/ Sareiter 2005, S. 105 ff.; Wild 1975, Sp. 2666). Sein Ziel, eine die Induktion als solche praktikabel machende „induktive Logik" zu konzipieren, konnte CARNAP nicht erreichen. Seiner **„Logik des Bestätigungsgrades"** liegt letztlich ein wiederum deduktives Vorgehen zu Grunde (Wahrscheinlichkeit einer Hypothese „bezogen auf" die empirischen Befunde); hiermit hat er aber entscheidende Beiträge zur Entwicklung der heute gängigen Testtheorie geliefert. Insgesamt konnte die neopositivistische Richtung eine Grundlegung der gegenwärtigen Wissenschaftstheorie leisten; ihre begrifflich-systematischen Aufarbeitungen zu einer wissenschaftlich fundierten Erkenntnis wirken in den folgenden Konzeptionen bis heute fort.

3. Der Kritische Rationalismus nach Karl Popper – Deduktion und Falsifikation als methodologische Schwerpunkte

Einer der namhaftesten Vertreter der Wissenschaftstheorie ist KARL R. POPPER. Auf ihn geht die wissenschaftstheoretische Konzeption zurück, die von ihm selbst als **Kritischer Rationalismus** bezeichnet wurde (vgl. Popper 1945/ 1992, S. 265 ff.; Popper 1976/ 1994, S. 164). Methodologische Aspekte hervorhebend, sprach POPPER auch von der **deduktiven Methodik der Nachprüfung** (vgl. Popper 1934/ 1994, S. 5 f.). Der epistemische Kern der Konzeption POPPERs, also deren auf Erkenntnis und Wahrheit bezogene Basis, besteht darin, dass Wissenschaft keine endgültigen wahren Aussagen hervorbringen kann. Sie macht vielmehr lediglich Vorschläge zur Problemlösung, die als vorläufig anzusehen sind. Nach dem Prinzip von Versuch und Irrtum steht dabei nicht deren Bestätigung, sondern deren Widerlegung und damit die Vorlage neuer und besserer Problemlösungsvorschläge im Vordergrund. Unter dieser Sichtweise – der auch hier gefolgt wird – stellt sich Wissenschaft als ein dynamischer Prozess dar, der immer wieder auch die aktuellen Veränderungen in seinem Gegenstandsbereich berücksichtigen kann und muss (vgl. Töpfer 2007, S. 2). Bei dieser wissenschaftstheoretischen Konzeption wird also davon ausgegangen, dass es über den Ablauf von **Vermutungen und Widerlegungen** – Conjectures and Refutations – bezüglich neuer oder veränderter **Hypothesen** zu einer Abfolge von im Zeitablauf überholten **Theorien** kommt, die dadurch aber eine **zunehmende Wahrheitsnähe** (Verisimilitude) aufweisen (vgl. Popper 1963/ 1994-1997, S. 340 ff.; Schanz 1978, S. 296 ff.).

In Abbildung D-4 sind die Grundzüge der Wissenschaftskonzeption des Kritischen Rationalismus noch einmal zusammengefasst.

> **Deduktive Methodik der Nachprüfung**

Annahme:

Wissenschaft kann keine endgültig wahren Aussagen hervorbringen
→ **Wissenschaft liefert Vorschläge zur Problemlösung, die als vorläufig anzusehen sind**
→ **Im Vordergrund steht die Widerlegung dieser Vorschläge und damit die Vorlage neuer und besserer Problemlösungsvorschläge**

Zielsetzung (Theorie und Empirie):

> **Falsifizierung von Hypothesen als vermutete Ursachen-Wirkungs-Beziehungen durch empirische Überprüfung, um durch modifizierte Hypothesen und dadurch aussagefähigere Theorien den Wahrheitsgehalt der Aussagen zu steigern**
= *Hypothetisch-deduktive Methode*

> **Verknüpfung von Erfahrung als Methode und Prüfinstanz mit dem Ableitungsverfahren der Deduktion**

© Prof. Dr. Armin Töpfer

Abb. D-4: Wissenschaftskonzeption des Kritischen Rationalismus von KARL POPPER

Im **Kritischen Rationalismus** wird die Existenz einer objektiven Realität anerkannt und Erkenntnisse gründen sich auf Verstand und Vernunft, in ihrer empirischen Überprüfung allerdings auch auf Beobachtung und Erfahrung. Der deduktiven Methodik der Nachprüfung liegt die Zielsetzung einer Falsifizierung von Hypothesen als vermuteten Ursachen-Wirkungs-Beziehungen zu Grunde, um durch modifizierte Hypothesen und dadurch aussagefähigere Theorien den Wahrheitsgehalt der Aussagen zu steigern.

Hypothesen als Bestandteile von Theorien und – hierauf bezogen – das Aufstellen von **Ursachen-Wirkungs-Beziehungen** mit der Möglichkeit, dass sie falsifiziert werden, sich also als falsch herausstellen, sind ein wesentliches Kennzeichen des Kritischen Rationalismus. Aus allgemeinen theoretischen Aussagen werden in den Fällen der Erklärung oder Prognose spezielle Aussagen zum Vorliegen einzelner Sachverhalte abgeleitet und empirisch überprüft. Dies ist heute die gängige wissenschaftstheoretische Basis. Die von POPPER aufgeführten Beispiele konzentrieren sich vor allem auf das Gebiet der Physik, bei der es sich um eine exakte Wissenschaft handelt. Die Elemente des Kritischen Rationalismus, nämlich Ursachen-Wirkungs-Beziehungen als Hypothesen und Gesetzmäßigkeiten sowie das Prinzip der Deduktion, sind dort eher einsetzbar bzw. vorfindbar als in den Wirtschafts- und Sozialwissenschaften. POPPER will seine Wissenschaftsmethodologie aber nicht allein auf die Naturwissenschaften, sondern auch auf die Sozialwissenschaften angewendet sehen (vgl. Popper 1965/ 1993, S. 114; Popper 1945/ 1992, S. 259).

Im Mittelpunkt der Methodenlehre POPPERs stehen Festsetzungen über aus hypothetisch aufgestellten Theorien **deduktiv** gewonnene singuläre Basissätze (Popper 1934/ 1994, S. 73). Diese betreffen im HEMPEL-OPPENHEIM-Schema (siehe Kap. C.II.4.a.) im Rahmen der Erklärung die Antecedens- bzw. Randbedingungen des Explanans und die Aussage im Explanandum. Im Rahmen der Prognose sind solche singuläre Aussagen auf vorliegende Antecedens- bzw. Randbedingungen und auf die entsprechend dem Explanandum erwarteten Ereignisse bezogen.

Aufgrund seiner Ablehnung einer induktionslogischen Verifikation stellt POPPER an diese auf Ursachen oder Wirkungen bezogenen Prüfsätze die Forderung, dass ihr Scheitern an der Erfahrung – Beobachtung oder Experiment – möglich sein muss, dass sie also **falsifizierbar** sind. Soweit erwartete Ergebnisse tatsächlich nicht eintreten, ist damit der entsprechende Basissatz sowie wegen dessen deduktiver Herleitung auch die zu Grunde gelegte Hypothese/ Theorie widerlegt. Die Falsifizierbarkeit wissenschaftlicher Sätze stellt zugleich das von POPPER entwickelte Abgrenzungskriterium empirischer Wissenschaften gegenüber nicht-empirischen Wissenschaften (Mathematik und Logik sowie Metaphysik) und außerwissenschaftlichen Gebieten (wie z.B. die Astrologie) dar (vgl. Popper 1930-1933/ 1994; S. 347 sowie Popper 1934/ 1994, S. 8 ff., 14 ff.). Die zur Theorie- respektive Hypothesenprüfung aufgestellten Basissätze sollen in der Weise objektiv sein, dass sie einer intersubjektiven Nachprüfbarkeit bzw. Kritik zugänglich sind (vgl. Popper 1934/ 1994, S. 18 ff.). Ihre Anerkennung geschieht letztlich durch Beschluss, durch Konvention (Popper 1934/ 1994, S. 71 ff.); sie stellen also durch die wissenschaftliche Gemeinschaft getragene Festsetzungen dar.

Das Ziel dieser **hypothetisch-deduktiven Methode** ist – vor jeder induktiv gerichteten Überprüfung – die Aufstellung von wissenschaftlichen Theorien. Wissenschaftliche Theorien sind nach POPPER echte Vermutungen, also höchst informative Mutmaßungen über die Welt, die zwar nicht verifizierbar (d.h. nicht als wahr erweisbar) sind, aber dennoch strengen kritischen Prüfungen unterworfen

116 D. Wissenschaftstheoretische Grundlagen

werden können. Sie sind ernsthafte Versuche, die Wahrheit zu entdecken (vgl. Popper 1963/ 1994-1997, S. 167).

Das zu seiner Zeit neue und prinzipiell auch heute noch überzeugende Vorgehen POPPERs besteht darin, dass er mit seinem Kritischen Rationalismus die **Erfahrung** als Methode und Prüfinstanz mit dem Ableitungsverfahren der **Deduktion** verknüpft (siehe hierzu auch Abb. D-4). Damit ist erstmals ein Brückenschlag zwischen den in Abbildung D-3 als objektiv und subjektiv gekennzeichneten Ansätzen gelungen: POPPER verbindet einen streng deduktivistischen mit einem streng empiristischen Standpunkt. Ähnlich wie der klassische Rationalismus nimmt auch der Kritische Rationalismus an, dass die allgemeinsten Sätze (Axiome) der Naturwissenschaft (vorerst) ohne logische oder empirische Rechtfertigung aufgestellt werden. Aber im Gegensatz zum klassischen werden sie bei POPPERs kritischem Konzept nicht a priori (aufgrund ihrer Evidenz, also rein aus Vernunftgründen) als wahr angenommen, sondern sie werden als vorläufige Annahmen bzw. Vermutungen aufgestellt. Ihre Bewährung oder Widerlegung erfolgt – streng empiristisch – nur durch Erfahrung, also durch Deduktion von Sätzen als singulären Prognosen, die unmittelbar empirisch überprüft werden können (vgl. Popper 1930-1933/ 1994, S. 15 f.).

POPPER war Realist und glaubte, dass es eine von den Menschen unabhängige Wirklichkeit gibt. Die Methode POPPERs hat die Wissenschaft in vielen Disziplinen seinerzeit und bis heute außerordentlich beflügelt und aus ihrer damaligen Abgeschlossenheit herausgeführt. So war und ist sie auch für die Betriebswirtschaftslehre eine leitende Wissenschaftskonzeption, wie Abbildung D-5 skizziert, auch wenn es aufgrund der kritischen Einwände einige Weiterentwicklungen gibt, auf die wir im Folgenden noch eingehen.

Konzeption der Betriebswirtschaftslehre als *anwendungsorientiertes Wissenschaftsgebiet*

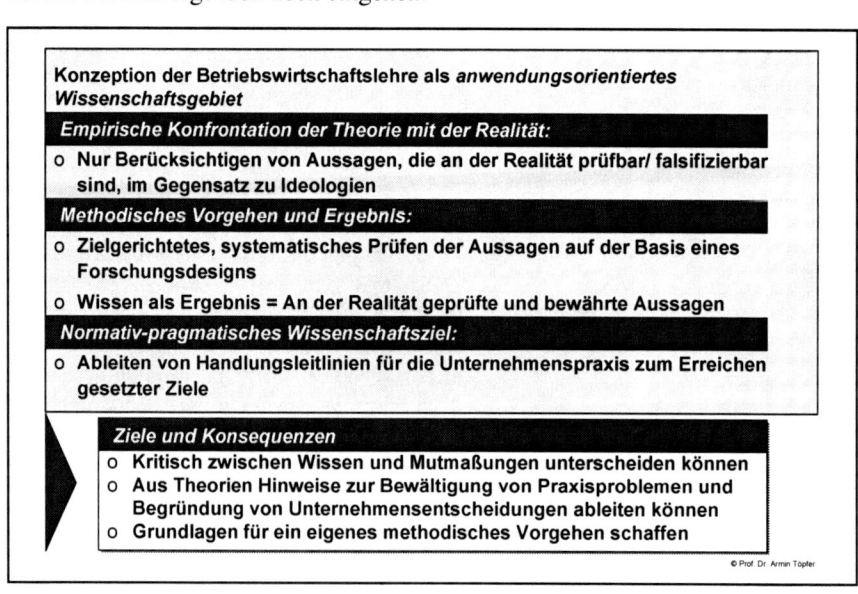

Empirische Konfrontation der Theorie mit der Realität:
o Nur Berücksichtigen von Aussagen, die an der Realität prüfbar/ falsifizierbar sind, im Gegensatz zu Ideologien

Methodisches Vorgehen und Ergebnis:
o Zielgerichtetes, systematisches Prüfen der Aussagen auf der Basis eines Forschungsdesigns
o Wissen als Ergebnis = An der Realität geprüfte und bewährte Aussagen

Normativ-pragmatisches Wissenschaftsziel:
o Ableiten von Handlungsleitlinien für die Unternehmenspraxis zum Erreichen gesetzter Ziele

Ziele und Konsequenzen
o Kritisch zwischen Wissen und Mutmaßungen unterscheiden können
o Aus Theorien Hinweise zur Bewältigung von Praxisproblemen und Begründung von Unternehmensentscheidungen ableiten können
o Grundlagen für ein eigenes methodisches Vorgehen schaffen

© Prof. Dr. Armin Töpfer

Abb. D-5: Die Anwendung des Kritischen Rationalismus auf die BWL

II. Veränderung wissenschaftlicher Erkenntnis als Schwerpunkt wissenschaftstheoretischer Konzeptionen

1. Wissenschaftlicher Fortschritt als wissenschaftstheoretische Dimension

Die Weiterentwicklung der Wissenschaftstheorie war dadurch gekennzeichnet, dass die explizite Thematisierung des wissenschaftlichen Fortschritts (vgl. Chalmers 2007, S. 59 ff.; Carrier 2006, S. 138; Diederich 1980) als zeitlich neues wissenschaftstheoretisches Problem hinzukam. Ein Kulminationspunkt hierzu wurde mit der KUHN-POPPER-Kontroverse erreicht (vgl. hierzu Lakatos/ Musgrave 1970/ 1974). Im Folgenden wird kurz auf die in diesem Zusammenhang relevanten wissenschaftstheoretischen Konzeptionen eingegangen:

- Die Struktur wissenschaftlicher Revolutionen (Thomas Kuhn)
- Das Konzept methodologischer Forschungsprogramme (Imre Lakatos)
- Das Prinzip „Anything Goes" (Paul Feyerabend)

In Abbildung D-6 wird in Weiterführung der Abbildung D-3 eine 2. Dimension für wissenschaftstheoretische Konzeptionen, nämlich der Grad der veränderten wissenschaftlichen Erkenntnis, veranschaulicht. Neben den überwiegend statischen Aspekten innerhalb der Wege der Erkenntnisgewinnung (1. Dimension) ist hiermit die dynamische Komponente zur Weiterentwicklung wissenschaftlicher Aussagensysteme bzw. Theorien eingeführt.

Zentrale Kategorien wissenschaftstheoretischer Konzeptionen
2. Dimension: Grad der veränderten wissenschaftlichen Erkenntnis

	Ansatz der Selektion und Modifikation:	Ansatz des radikalen Wandels:
Gegebenheit einer subjektunabhängigen Realität/ Wahrheit	prinzipiell ja	prinzipiell nein
Möglichkeiten der Annäherung an „diese Wahrheit"	sukzessiv	temporär
	⇒ Auslese/ Veränderung/ Anpassung von Erklärungsmustern im Zeitablauf	⇒ Kompletter Wechsel von Erklärungsmustern/ Paradigmen zu einzelnen Zeitpunkten

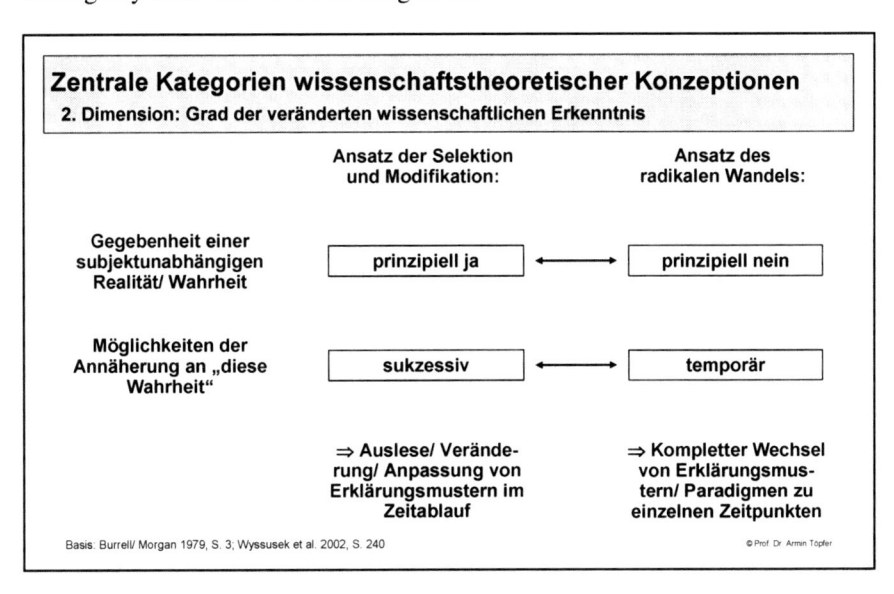

Basis: Burrell/ Morgan 1979, S. 3; Wyssusek et al. 2002, S. 240

Abb. D-6: Grad der veränderten wissenschaftlichen Erkenntnis

Der Grund liegt darin, dass die bloße Weiterentwicklung von vorhandenem Wissen auf Dauer oft nicht ausreicht. Dadurch kann es zu Suboptima kommen. Bei Erklärungsansätzen und -mustern, die plafondiert, also bildlich gesprochen nach oben begrenzt, sind, bedeutet dies, dass die Zugewinne an Wissen eher abnehmen. Eine Strategie der Anpassung des Erkenntnisprozesses läuft dann häufig nur noch auf ein „Feintuning" hinaus. Der Wissenszugewinn unter Zugrundelegung einer bestimmten wissenschaftstheoretischen Konzeption und auf der Basis eines erarbeiteten wissenschaftlichen Aussagensystems bzw. einer Theorie ist in diesem Falle nur noch marginal.

In dieser Situation kommt es in der Wissenschaft nach einer Phase „relativer Unzufriedenheit und Unruhe" der Wissenschaftler häufig zu einem radikalen Wandel. Der bisherige Pfad der Erkenntnisgewinnung wird verlassen und ein gänzlich anderes **Erkenntnismuster (Paradigma)** wird gewählt. Die vorstehenden Kennzeichnungen sind eher wissenschaftshistorischer und vor allem wissenschaftssoziologischer Art. Insbesondere vom Kritischen Rationalismus ist ein solcher Verlauf des Forschungsbetriebs nicht beabsichtigt. Bei dieser wissenschaftstheoretischen Programmatik wird davon ausgegangen, dass im Zuge der angestrebten aktiven Ideenkonkurrenz immer zugleich auch nach neuen Ursachen-Wirkungs-Zusammenhängen gesucht wird. Deshalb wurde der in Abbildung D-6 aufgeführte 1. Ansatz bereits mit „Selektion" und „Modifikation" gekennzeichnet.

Unterschieden werden folgende kategoriale Ausprägungen. Bei der Annahme einer gegebenen objektiven und damit subjektunabhängigen Realität bzw. Wahrheit liegt das Schwergewicht eher auf dem Ansatz der Selektion und Modifikation. Dabei kann von folgendem Zusammenhang ausgegangen werden: Es kommt zur Auslese und Veränderung/ Anpassung von Erklärungsmustern im Zeitablauf, die dennoch sukzessiv auf die für möglich erachtete „eine Wahrheit" hinauslaufen.

Wird hingegen das Erreichen einer objektiven Wahrheit eher verneint, dann geht damit die Auffassung eines sich temporär, also in Zeitsprüngen vollziehenden radikalen Wandels wissenschaftlicher Aussagesysteme einher. Dies besagt, dass sich von Zeit zu Zeit ein kompletter Wechsel von Erklärungsmustern/ Paradigmen vollzieht.

Unter einem **Paradigma bzw. Erklärungs- und Erkenntnismuster** wird ein empirisch ausgerichtetes und bis zum gegenwärtigen Zeitpunkt noch nicht widerlegtes wissenschaftliches Aussagensystem bzw. Satzsystem verstanden. Damit werden zugleich die Ausrichtung und der Inhalt einer Theorie festgelegt. Die Erkenntnisqualität des Paradigmas wird also begrenzt durch die in den Erklärungszusammenhang einbezogenen und inhaltlich präzisierten Sachverhalte. Mit anderen Worten gilt: Alle Variablen, die nicht endogen im System als Ursachen erklärt werden oder zumindest exogen als Einflussgrößen gemonitort werden (mediierende oder moderierende Variablen), können zur Erklärung von nachvollziehbaren Wirkungen nicht berücksichtigt werden. Wenn die Erklärungskraft eines Paradigmas nicht mehr ausreicht, dann wird es bei einer progressiven Wissenschaftsentwicklung zum oben skizzierten Phänomen des Paradigmenwechsels kommen (vgl. Lauth/ Sareiter 2005, S. 118 ff.; Kuhn 1997, S. 392 ff.; Töpfer 1994, S. 230 ff.; Stegmüller 1985, S. 203 ff.).

Der Begriff des Paradigmas als Erklärungs- und Erkenntnismuster lässt sich demnach zum einen auf die konkreten realen Sachverhalte, also auf das, **was es zu erklären gilt**, beziehen. Zum anderen lässt er sich aber auch für die Kennzeichnung der zu Grunde liegenden wissenschaftstheoretischen Konzeption, also für den programmatischen Erklärungs- und Erkenntnisprozess, **wie etwas erklärt werden kann**, verwenden.

Auf den logischen Empirismus/ Neopositivismus und auf den Kritischen Rationalismus nach POPPER wurde vorstehend bereits eingegangen. Ihre Kurzkennzeichnung ist in Abbildung D-7 noch einmal aufgeführt. Im Folgenden werden die 3 weiteren wissenschaftstheoretischen Grundpositionen für die Erkenntnisgewinnung der Abbildung D-7 erläutert, deren Schwerpunkt auf der Erkenntnisveränderung liegt (vgl. Töpfer 1994, S. 232 ff.).

	Programmatik	**Kritik**
Logischer Empirismus/ Neopositivismus Wiener Kreis ⇨ *Formal*	*Verifikationsprinzip* ⇨ Rein logische Konstruktion von auf Tatsachen basierenden wissenschaftlichen Theorien Fundierung der Wissenschaftstheorie	Induktionsproblem nicht generell lösbar
Popper ⇨ *Normativ*	*Falsifikationsprinzip* ⇨ Durch Widerlegung Abfolge von Theorien mit zunehmenden Wahrheitsgehalt	Strenge Ideenkonkurrenz versus wissenschaftliche Praxis
Kuhn ⇨ *Deskriptiv*	*Paradigmawechsel* ⇨ „Wissenschaftliche Revolution" durch völlig neue Lösungsansätze	Konzept des Wechsels/ der Abfolge durch historische Beispiele nur über größeren Zeitraum gestützt
Lakatos ⇨ *Normativ/ deskriptiv*	*Weiterentwickeltes Falsifikationsprinzip* ⇨ Forschungsprogramme mit Theorienreihen als graduelle Weiterentwicklungen (progressive/ degenerative Problemverschiebung)	Gefahr der Immunisierung durch selektive Wahrnehmung
Feyerabend ⇨ *Normativ/ deskriptiv*	*Konkurrenz alternativer, aber gleichrangiger Theorien* ⇨ Aufgestellte Theorie prägt die kognitiv wahrgenommene Erfahrung, deshalb Theorienpluralisierung	Prinzip „Anything Goes" fördert „Theorienanarchie"

Abb. D-7: Wissenschaftstheoretische Grundpositionen für die Erkenntnisgewinnung

2. Die Struktur wissenschaftlicher Revolutionen nach Thomas Kuhn

Wie in Abbildung D-7 skizziert, sind nach der Programmatik für die Erkenntnisgewinnung und -veränderung von THOMAS S. KUHN im Zeitablauf **Paradigmenwechsel** in Form „wissenschaftlicher Revolutionen" durch völlig neue Lösungsansätze zu erwarten. Diese können beispielsweise durch die deduktive Herleitung neuer Theorien auf der Basis von Erkenntnissen anderer, verwandter Wissenschaftsdisziplinen eingeleitet werden. Ein konkretes Beispiel hierfür ist die Evolutionstheorie bzw. Evolutionsbiologie, die nicht nur auf Naturwissenschaften, sondern auch auf Ingenieurwissenschaften und Sozialwissenschaften anwendbar ist (vgl. Fisher 1930/ 1999; Gen/ Cheng 1997; Kieser/ Woywode 2006). Der deskriptive Ansatz von KUHN stützt sich bezogen auf das Konzept des Wechsels und die Abfolge von Paradigmen auf historische Beispiele über größere Zeiträume. Wissenschaftstheoretisch hat er damit keine Erklärungskraft, sondern er beschreibt lediglich die wissenschaftliche Praxis.

Bei seiner vorwiegend geschichtsbezogenen Analyse des Wissenschaftsprozesses (vgl. Kuhn 1997, S. 31 ff.) kommt KUHN in seiner 1962 erstmals erschienenen „Struktur wissenschaftlicher Revolutionen" zu dem Schluss, dass die Wissenschaftspraxis von der POPPER'schen Idealvorstellung weit entfernt zu sein scheint: „Kein bisher durch das historische Studium der wissenschaftlichen Entwicklung aufgedeckter Prozess hat irgendeine Ähnlichkeit mit der methodologischen Schablone der Falsifikation durch unmittelbaren Vergleich mit der Natur." (Kuhn 1970/ 2007, S. 90).

Seiner Auffassung nach schreitet die Wissenschaft vielmehr durch Revolutionen fort, im Rahmen derer sich jeweils Paradigmen als allgemein anerkannte wissenschaftliche Leistungen herausbilden, die für eine gewisse Zeit einer Gemeinschaft von Fachleuten maßgebende Probleme und Lösungen liefern (vgl. Kuhn 1970/ 2007, S. 10). Im Zeichen des jeweiligen Paradigmas erfolgt dann eine Phase „normaler Wissenschaft", bei der empirische Evidenzen für die Gültigkeit des Paradigmas bzw. der formulierten Theorie Musterbeispiele für seine Erklärungskraft sind und zugleich Arbeitsanleitungen für seine technologisch „normalwissenschaftliche" Umsetzung geben (vgl. Kuhn 1970/ 2007, S. 202 ff.).

Dieser Zustand gilt so lange, bis es über auftauchende Anomalien wieder zu einer wissenschaftlichen Revolution und damit zu einem neuen, das vorhergehende ablösende Paradigma kommt. Das Auftauchen und die Beachtung eines neuen Paradigmas, das einen neuen Erklärungsansatz bietet, setzt zuvor die erstmalige Anerkennung dieses Paradigma-Kandidaten durch eine wissenschaftliche Gemeinschaft voraus (vgl. Kuhn 1970/ 2007, S. 92). Nach KUHN ist dies ein Zeichen für die „Reife" eines wissenschaftlichen Fachgebietes (vgl. Kuhn 1970/ 2007, S. 26). Hiermit einher geht i.d.R., dass die Erklärungskraft des bislang gültigen Erkenntnis- und Erklärungsmusters ins Wanken gerät (vgl. Kuhn 1970/ 2007, S. 80).

KUHNs Interpretation des Wissenschaftsprozesses hat auch in den Sozialwissenschaften große Beachtung gefunden (vgl. Jetzer 1987, S. 90). Neben dem Auslösen heftiger und zum Teil auch polemisierender kritischer Reaktionen (vgl. z.B. Lakatos/ Musgrave 1970/ 1974) war das Konzept von KUHN offensichtlich in der Lage, ein in den Augen vieler Wissenschaftler und Wissenschaftstheoretiker zutreffendes Bild des Wissenschaftsprozesses zu vermitteln. Insoweit kann die KUHN'sche Interpretation ihrerseits als Paradigma im metatheoretischen Bereich angesehen werden. Aufgrund ihrer Neuartigkeit und ihrer Offenheit konnte sie als „Attraktor" im wissenschaftstheoretischen Bereich wirken. Ein Grund für die Popularität des Ansatzes von KUHN ist allerdings auch die relative Offenheit seines Paradigma-Begriffs (vgl. Jetzer 1987, S. 90; Hundt 1977, S. 20 f.; Masterman 1974).

Das Paradigma-Verständnis kann so, als „Vernebelungsinstrument" (Schneider 1981, S. 189) missbraucht, zu einer beinahe „inflationären Modevokabel" (Chmielewicz 1994, S. 137 f.) tendieren. Dies gilt auch heute noch: In der Praxis und auch in der Wissenschaft werden Phänomene, die nicht ohne weiteres erklärbar sind, vorschnell mit einem Paradigmawechsel in Zusammenhang gebracht. Für den wissenschaftlichen Erkenntnisprozess ist dies oftmals wenig förderlich (vgl. Töpfer 1994, S. 257 f.). Dennoch hat sich der Paradigma-Begriff inzwischen einen festen Platz in der wissenschaftlichen Literatur erobert. Hinzu kommt, dass Wissenschaftler, die sich einem gemeinsamen Paradigma verpflichtet fühlen, die positiv eingeschätzte Erklärungskraft grundlegender Modellvorstellungen eint. Grundlage für die hierauf bezogen gemeinschaftliche Problemsicht sind ähnliche präskriptive Vorstellungen der Forscher, ähnliche Denk- und Argumentationsmuster. Dies ist die Basis für die Bildung wissenschaftlicher Schulen.

In Ihrer eigenen Forschungsarbeit sollten Sie sowohl mit dem Begriff des Paradigmas als auch erst recht mit dem des Paradigmenwechsels sehr vorsichtig umgehen. Mit anderen Worten sind Aussagen Ihrerseits in dieser Hinsicht mit einer guten und stichhaltigen Argumentationsbasis zu versehen.

3. Das Konzept methodologischer Forschungsprogramme von Imre Lakatos

Die Forschungsprogrammatik des ungarischen Wissenschaftstheoretikers IMRE LAKATOS, wie sie in Abbildung D-7 kurz gekennzeichnet ist, enthält sowohl normative als auch deskriptive Elemente. Seine in den Jahren 1968 und 1970 vorgelegte Methodologie knüpft an den vornehmlich auf einzelne Theorien gerichteten Betrachtungen POPPERs sowie am Paradigmenwechsel von KUHN an und erreicht eine Weiterentwicklung durch den von ihm vorgenommenen Perspektivenwechsel im Hinblick auf **Theorienreihen**. Deren charakteristische Kontinuität entwickelt sich aus einem anfangs skizzierten Forschungsprogramm. Dabei wird unterschieden zwischen einem „harten Kern" von Leitideen als systemkonstituierenden Grundgedanken sowie einem „Schutzgürtel" von (Hilfs-)Hypothesen zu dessen Weiterentwicklung. Hierauf bezogen kommen im Forschungsprogramm methodologische Regeln zur Anwendung: Einige dieser Regeln beschreiben Forschungswege, die man vermeiden soll (negative Heuristik), andere geben Wege an, denen man folgen soll (positive Heuristik) (vgl. Lakatos 1974, S. 129 ff.).

Die negative Heuristik verbietet, den „harten Kern" eines Forschungsprogramms, der als „Leittheorie" (vgl. Chmielewicz 1994, S. 139) gemäß der methodologischen Entscheidung seiner Protagonisten unantastbar sein soll, in Frage zu stellen.

Mit Hilfe der positiven Heuristik wird ein „Schutzgürtel" um den „harten Kern" eines Forschungsprogramms errichtet. Sie besteht aus Vorschlägen oder Hinweisen, wie man die „widerlegbaren Fassungen" des Forschungsprogramms verändern und entwickeln soll, wie also der „widerlegbare" Schutzgürtel modifiziert und besser gestaltet werden kann.

Falsifikationsversuche sollen sich zunächst gegen den „Schutzgürtel" richten. Erst wenn sich die hierin formulierten (Hilfs-)Hypothesen als unhaltbar erweisen und sich dann auch der „harte Kern" erfolgreichen Widerlegungen ausgesetzt sieht, folglich keine progressive Problemverschiebung mehr möglich ist – und ein neues Forschungsprogramm zur Ablösung bereitsteht, wird das alte Forschungsprogramm als Ganzes eliminiert (vgl. Lakatos 1974, S. 130 f.; Chmielewicz 1994, S. 139).

Forschungsprogramme mit Theorienreihen entstehen also durch die graduelle Weiterentwicklung ihres Aussagegehaltes. Dabei ist ein Erkenntniszugewinn als „progressive Problemverschiebung" oder ein Erklärungsdefizit als „degenerative Problemverschiebung" möglich (vgl. Lakatos 1974, S. 115 f.). Im 2. Fall, wenn die Erklärungskraft einer Theorie bzw. Theorienreihe abnimmt, kann es zu neuen Forschungsprogrammen und damit zum grundsätzlichen Wechsel der Erkenntnislinie kommen. Die Gefahr liegt offensichtlich darin, dass dieser Wechsel bewusst oder unbewusst nicht nachvollzogen wird und dadurch – trotz der gegenteiligen Intention von LAKATOS – die Gefahr einer Immunisierung des bisherigen Erkenntnismusters droht (vgl. Töpfer 1994, S. 233).

Mit STEGMÜLLER kann als Leistung von LAKATOS vor allem festgehalten werden, dass er mit seinem Konzept eines weiterentwickelten Falsifikationismus die „Rationalitätslücke" der Theorienverdrängung bei KUHN geschlossen hat (vgl. Stegmüller 1985, S. 248, S. 254 ff.).

4. Das Prinzip „Anything Goes" von Paul Feyerabend

Der Ansatz von PAUL FEYERABEND weicht von der Forschungsprogrammatik bei LAKATOS insofern ab, als er die Konkurrenz alternativer, aber gleichrangiger Theorien vorsieht. Kommt der Ideenpluralität bereits bei den Methodologien von POPPER und LAKATOS eine entscheidende Bedeutung zu, so wird bei FEYERABEND die **Theorienpluralität** zum Programm erhoben. Aufgrund seines idealistischen Standpunktes, dass alle Theorien „menschengemachte Instrumente der Erkenntnis" (Lenk 1971, S. 97) sind und somit alle Erfahrung stets durch Theorien vorgeprägt ist, betrachtet er eine Vielfalt von Theorien nicht als Übergangszustand auf dem Weg zu „einer letztlich wahren" Theorie, sondern als erwünschten Dauerzustand (vgl. Feyerabend 1975/ 1986, S. 39 ff.).

Hinsichtlich der pragmatischen Zielsetzung einer Wissenschaft führt die Methodologie von FEYERABEND zu der nicht unproblematischen Konsequenz, dass die Praxis eventuell eine Vielzahl rivalisierender und zum Teil falscher oder zumindest in der technologischen Anwendung nicht zielwirksamer Theorien zur „Selbstbedienung" angeboten erhält. Dieser Theorienpluralismus nach dem Prinzip des „Anything Goes" (vgl. Feyerabend 1975/ 1986, S. 31 f., S. 381 ff.) liefert damit eigentlich keinen Beitrag zu einer fortschreitenden Erkenntnisgewinnung, sondern fördert eine „Theorienanarchie". Dies kann dazu führen, dass die Empirie als Kontrollinstanz hinter ein rein theoretisierendes Entwerfen letztlich spekulativer Erkenntnismuster zurücktritt (vgl. Chmielewicz 1994, S. 139).

III. Erkenntnisgewinnung und Erkenntnisveränderung in neueren wissenschaftstheoretischen Programmatiken

Im Folgenden wird vor dem Hintergrund der bisherigen Ausführungen kurz auf ausgewählte neuere Programmatiken mit einer geringeren erkenntnis- oder wissenschaftstheoretischen Breite bzw. Tiefe als die oben in Kapitel D.I. und II. dargestellten wissenschaftstheoretischen Konzeptionen eingegangen. Bei diesen Programmatiken werden teilweise andere Positionen zu den grundsätzlichen Wegen der Erkenntnisgewinnung – also zur 1. Dimension (Abb. D-3 in Kap. D.I.1.) – eingenommen. Im Einzelnen sind dies:

- Das Konzept des (Radikalen) Konstruktivismus
  (Konstruktivismus der Erlanger Schule: Wilhelm Kamlah, Paul Lorenzen u.a.;
  Radikaler Konstruktivismus: Heinz von Foerster, Ernst von Glasersfeld, Paul Watzlawick, Humberto R. Maturana, Francisco J. Varela u.a.)
- Die Programmatik Kontingenztheoretischer/ Situativer Ansätze
  (Tom R. Burns, Joan Woodward, Paul R. Lawrence, Jay W. Lorsch, Alfred Kieser, Herbert Kubicek, Wolfgang H. Staehle u.a.)
- Der Ansatz des Wissenschaftlichen Realismus:
  (Hilary Putnam, Jarrett Leplin, Richard Boyd, Michael Devitt, William H. Newton-Smith, Shelby D. Hunt u.a.)

1. Das Konzept des (Radikalen) Konstruktivismus

Bei KUHN und den konstruktivistischen Ansätzen nimmt die „technologische Wendung" der jeweiligen Erkenntnisse, also ihre praxisbezogene Umsetzung, eine relativ problematische Stellung ein.

Hinter der kritisch-rationalen Auffassung von Wissenschaft als Trial-and-error-Prozess (Versuch und Irrtum) steht die Vorstellung, dass zumindest eine Annäherung an die Wahrheit möglich ist. Dieses setzt die Grundüberzeugung des Realismus voraus, nach der es eine von den Menschen unabhängige Wirklichkeit gibt. Heute sind demgegenüber auch wieder **idealistische Positionen** en vogue, die davon ausgehen, dass alle Wirklichkeit sozial konstruiert ist. Hierzu haben sich zeitlich mehr oder weniger parallel und zunächst völlig unabhängig voneinander 2 forschungsmethodologische Richtungen herausgebildet:

- Der **Methodische Konstruktivismus**, zurückgehend auf die Erlanger Schule um WILHELM KAMLAH und PAUL LORENZEN auf Basis der Kritischen (Kommunikations-)Theorie von JÜRGEN HABERMAS (vgl. Mittelstraß 2008).
- Der **Radikale Konstruktivismus** auf kognitionstheoretischer, kybernetischer und neurobiologischer Basis (Heinz von Foerster, Ernst von Glasersfeld, Paul Watzlawick, Humberto R. Maturana, Francisco J. Varela u.a.) (vgl. Schmidt 2003).

Beide hier nicht näher vorzustellenden Programmatiken hinterfragen insbesondere bezogen auf die Sozialwissenschaften die Existenz einer gegebenen und damit für Untersuchungen überhaupt zugänglichen Realität. Die „Wirklichkeit als maßgebende Instanz kann nicht selbst entscheiden, da sie nicht redet, sondern schweigt" (Kamlah/ Lorenzen 1996, S. 143). Praktisches wie wissenschaftliches Handeln setzt demnach immer sprachliche Verständigung voraus, und so kann es auch keine vorsprachliche Erkenntnis geben. Entsprechend stehen im Methodischen Konstruktivismus **dialogische Verständigungsprozesse** zwischen der Praxis, den jeweiligen Wissenschaftsdisziplinen und auch der Wissenschaftstheorie im Vordergrund der Erkenntnis und Gestaltung (vgl. Scherer 2006, S. 44 ff.). Als Wahrheitsauffassung liegt dem zu Grunde, dass vernünftige und sachkundige Gesprächspartner im Rahmen von Diskursen die Wahrheit von Aussagen qua Konsens, also auf dem Wege einer inhaltlichen Übereinstimmung, herstellen (vgl. Kamlah/ Lorenzen 1993, S. 121; vgl. zusätzlich Becker et al. 2004, S. 341).

Der Radikale Konstruktivismus transzendiert diese vorrangig sprachgebundene Problematik insofern, als im Hinblick auf Wahrnehmung und Bewusstsein nicht mehr nach dem „Warum", sondern lediglich noch dem „Wie" gefragt wird. Damit stehen die **neuronalen Vorgänge subjektiven Erkennens** sowie deren Wirkungen und Resultate im Mittelpunkt der Betrachtungen (vgl. Schmidt 2003, S. 13 ff.). Auf einzelne Individuen bezogen, bedeutet es: Diese konstruieren ihre je eigene Realität, und damit ist ein intersubjektiver Wahrheitsbegriff nicht mehr relevant. Maßstab der Erkenntnis ist jetzt allein ihre Nützlichkeit (Viabilität) im Hinblick auf eine funktionale Anpassung an situationsbezogenes Erleben (vgl. Glasersfeld 2008, S. 18 ff.). Aus dem kognitionstheoretischen Ansatz folgt, dass wissenschaftstheoretischen Kategorien, wie Deduktion und Induktion oder Falsifikation und Verifikation, keine Bedeutung mehr zukommt. Die Schussfolgerung fällt indes ähnlich aus wie beim Methodischen Konstruktivismus: Wissenschaftliche Tätigkeit ist anwendungsorientiert und menschenbezogen zu entfalten, wobei die ethischen Konsequenzen aus der Einsicht in die Konstruktivität und Subjektinterdependenz allen Wissens und aller Werte zu berücksichtigen sind (vgl. Schmidt 2003, S. 72 f.).

Aus einer nicht-konstruktivistischen Perspektive erscheinen diese Ansätze wenig zielführend. Indem hier nicht von einer unabhängigen Wirklichkeit ausgegangen wird, kann hierüber auch keine raum- und zeitstabile Erkenntnis gewonnen werden. Die Konsequenzen dieser Methodologien liegen auf der Hand: Als theoretische Ansätze zum individuellen Vorstellungs-/ Wissenserwerb bezieht sich deren Umsetzung vor allem auf die Kommunikation zwischen Individuen und innerhalb von Gruppen. Im Hinblick auf eine Erkenntniserweiterung im Sinne für möglich erachteter und übergeordneter Gesamtzusammenhänge erscheint es eher hinderlich, wenn fortwährend auch darüber nachgedacht wird, wie die bei den Individuen erfolgende soziale Wirklichkeitskonstruktion letztlich „konstruiert" werden kann. In dieser Weise steht also eher das Bemühen um eine adäquate Verständigung im Vordergrund; eine aktive Ideenkonkurrenz, ein Ringen um bessere Lösungen für drängende Probleme dürfte hierbei deutlich abnehmen (vgl. Töpfer 2007, S. 29 f.).

2. Zur Programmatik Kontingenztheoretischer/ Situativer Ansätze

Der bereits in Kapitel C.II.4. angesprochene Situative bzw. Kontingenztheoretische Ansatz fokussiert auf das Erkennen der Einflüsse und Wirkungen von situativen Variablen auf das Gestaltungs- bzw. Handlungsergebnis. Die Zielsetzung geht also dahin, den Zusammenhang bzw. die Kontingenz bezogen auf ursächliche Einfluss- und Rahmenbedingungen sowie Ergebnisvariablen zu bestimmen und in ihrer Größe zu messen. Der Kern **klassisch-situativer Ansätze**, die vor allem in der Betriebswirtschafts-/ Managementlehre ab etwa 1960 verfolgt wurden, besteht im Aufdecken von Beziehungsmustern zwischen der Situation von Organisationen, ihrer Struktur, dem Verhalten ihrer Mitglieder/ Beschäftigten und der hieraus insgesamt resultierenden organisatorischen Effizienz; und zwar auf einem mittleren Abstraktionsniveau sowie ohne den hohen Anspruch allgemeiner Theorien (vgl. Staehle 1999, S. 48 ff.; Kieser 2006, S. 215 ff.; Kieser/ Walgenbach 2007, S. 43 ff.).

Der konzeptionell forschungsleitende Ansatz dieser Programmatik liegt darin, dass zur Erkenntnisgewinnung und praktischen Gestaltung Regelmäßigkeiten zwischen den Rand- bzw. Antecedensbedingungen als den Wenn-Komponenten im HEMPEL-OPPENHEIM-Schema und den entsprechenden Dann-Komponenten herausgearbeitet werden sollen. Neben den Wenn-Komponenten 1, also den für eine bestimmte Wirkung als Ursachen unmittelbar und damit direkt gestaltbaren Faktoren, liegt der Fokus hierbei vor allem auf den Wenn-Komponenten 2, also den als situative Gegebenheiten nicht unmittelbar, sondern nur indirekt oder überhaupt nicht gestaltbaren Faktoren. Von diesen geht aber ein Einfluss auf die Art, Richtung und Stärke der eintretenden Wirkung aus (vgl. hierzu Kap. C.II.4.a.), und deshalb sollen insbesondere deren Einflüsse im Hinblick auf eine zielführende Gestaltung aufgedeckt werden.

Bei kontingenztheoretischen Forschungen steht also im Zentrum, Zusammenhänge zwischen ursächlichen direkt gestaltbaren und indirekt beeinflussenden Variablen auf der einen Seite sowie bestimmten Wirkungsgrößen auf der anderen Seite zu analysieren.

Der Situative Ansatz wird als **analytischer Ansatz** häufig durch die vergleichende Forschung ergänzt. Dies ist eine methodische Vorgehensweise, um vor allem Struktur- und Situationsmerkmale zu bestimmen und ihre Ausprägungen mit statistisch gesicherten Methoden zu differenzieren, also signifikante Unterschiede festzustellen. In Abbildung D-8 ist die Struktur dieses analytisch ausgerichteten Situativen Ansatzes skizziert. Damit können die spezifischen Erscheinungsformen von Phänomenen auf Gemeinsamkeiten oder Unterschiede untersucht werden und Schlussfolgerungen im Hinblick auf ihre Wirkungen gezogen werden (vgl. Kieser/ Kubicek 1992, S. 46 ff.).

Erweiterte respektive **verhaltenswissenschaftliche situative Ansätze** berücksichtigen zusätzlich zu der in Abbildung D-8 wiedergegebenen Ableitungskette zwischen Situationskonstellationen und den beobachtbaren Effizienzwirkungen noch diverse intervenierende Variablen, welche insgesamt den organisatorischen „Spielraum" und damit gegebene Freiheitsgrade im Hinblick auf eine effiziente und effektive Gestaltung kennzeichnen (vgl. Staehle 1999, S. 55 ff.; Kieser/ Walgenbach 2007, S. 43 ff.)

Grundlegende Annahme des analytischen Ansatzes:
Erklärung eines Phänomens durch Ursachen-Wirkungs-Beziehungen mit der auf die Situation/ das Umfeld bezogenen Wenn-Komponente 2

Vergleichende Forschung — Wenn 2a / Wenn 2b (Situation) → Dann Wirkung

a und b: unterschiedliche Ausprägungen der Situationsmerkmale

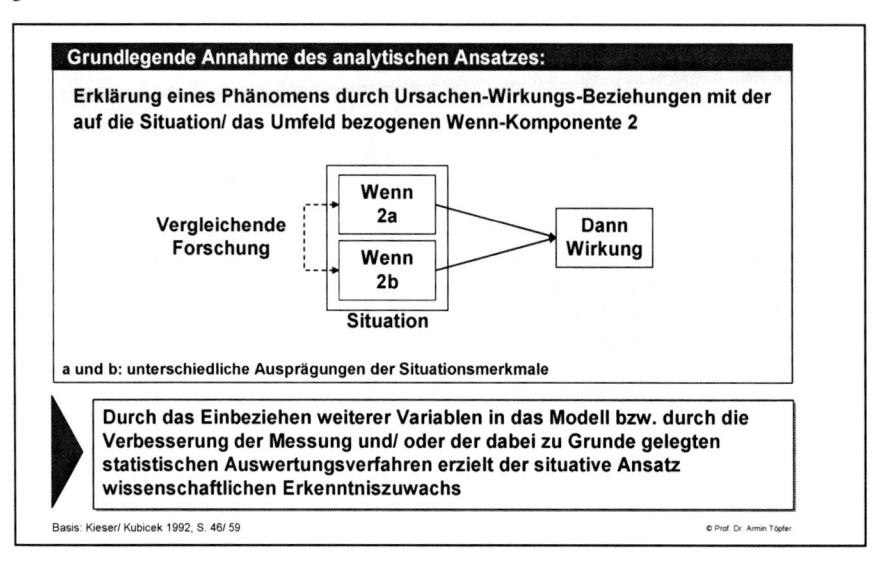

▶ Durch das Einbeziehen weiterer Variablen in das Modell bzw. durch die Verbesserung der Messung und/ oder der dabei zu Grunde gelegten statistischen Auswertungsverfahren erzielt der situative Ansatz wissenschaftlichen Erkenntniszuwachs

Basis: Kieser/ Kubicek 1992, S. 46/ 59   © Prof. Dr. Armin Töpfer

Abb. D-8: Der Situative Ansatz als analytischer Ansatz

Dieser **handlungsorientierte Ansatz** im Rahmen der Forschungsprogrammatik Situativer Ansätze ist als Grundmuster in Abbildung D-9 wiedergegeben. (Vgl. Kieser/ Kubicek 1992, S. 60 ff.) Wie hieraus ersichtlich, ist der analytische Ansatz ein Teil des handlungsorientierten Ansatzes.

Grundlegende Annahme des handlungsorientierten Ansatzes:
Die Organisationsstruktur ist so zu wählen, dass sich die Organisationsmitglieder entsprechend dieser verhalten und damit zielorientiert handeln

Organisationsstruktur — Ziele — Erwartete Wirkung auf das Verhalten der Individuen/ Organisation
Fit ---- Situative Bedingung

→ Inhaltliche Beziehungen (Diagnose)   ----▶ Instrumenteller Eingriff (Therapie)

▶ Durch die Gestaltung der Beziehung zwischen Organisationsstruktur und situativer Bedingung („Fit") werden die Ziele der Organisation erreicht. Dazu bestimmt die vergleichende Organisationsforschung die „Passform" von Organisationsstrukturen mit den korrespondierenden situativen Faktoren

Basis: Kieser/ Kubicek 1992, S. 60ff   © Prof. Dr. Armin Töpfer

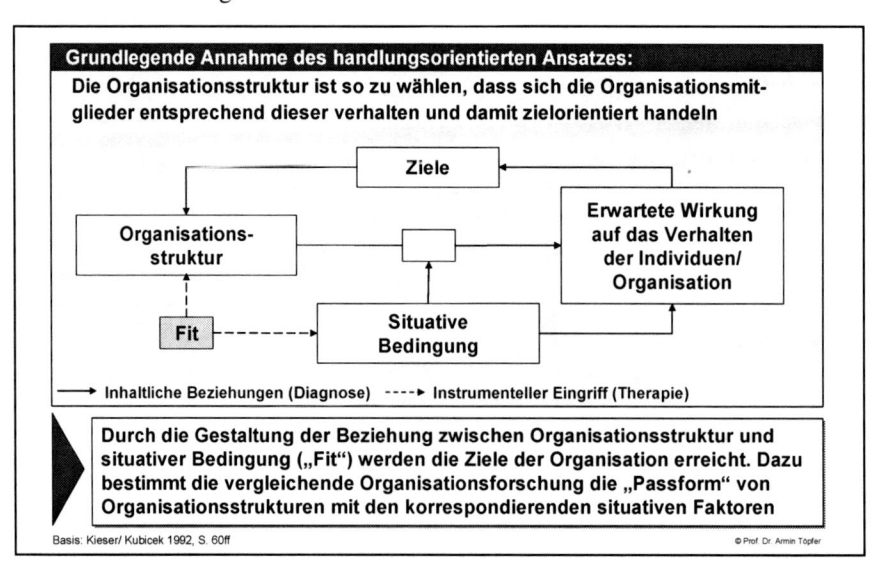

Abb. D-9: Der Situative Ansatz als handlungsorientierter Ansatz

Aus diesen kurzen Charakterisierungen kann ersehen werden, dass Situative Ansätze nicht im Rang wissenschaftstheoretischer Konzeptionen stehen. Der erklärungs- und gestaltungsnotwendige Bezugsrahmen wird weder streng hypothetisch-deduktiv noch eindeutig empirisch-induktiv abgeleitet. Angesichts der Problematik, in den Sozial- und Wirtschaftswissenschaften generell gültige, Raum-Zeit-invariante Ursachen-Wirkungs-Zusammenhänge erkennen zu können, wird dazu übergegangen, Regelmäßigkeiten auf statistischem Weg für bestimmte Situationsklassen herzuleiten (vgl. Staehle 1976, S. 33 ff.). Damit werden quasi-nomologische Erklärungs- und Gestaltungsansätze explizit zum Programm erhoben und mit einer verstärkt respektive eher ausschließlich empirischen Vorgehensweise verbunden.

Wenn auch Raum und Zeit nur relationalen Charakters sind und generell für bisher noch nicht aufgedeckte Rand-/ Antecedensbedingungen im Rahmen wissenschaftlicher Erklärungen, Prognosen und Gestaltungen stehen (vgl. Wild 1976, Sp. 3901), so ist doch im Zusammenhang mit der Programmatik Situativer Ansätze anzuerkennen, dass bei aktuell praktischen Gestaltungsproblemen nicht alleine auf den „großen Wurf" nomologischer Gesetzesaussagen gehofft werden kann. Die obige Erwähnung intervenierender Variablen zeigt im Übrigen, dass hierbei bereits in den späteren Kategorien kausalanalytischer Modellstrukturen mit mediierenden oder moderierenden Variablen „gedacht wurde", wenn auch entsprechende statistische Verfahren noch nicht zur Verfügung standen. Insoweit ist der regelmäßig gegenüber dem situativen Konzept erhobene Vorwurf einer weitgehenden Theorielosigkeit zu relativieren, wobei nochmals darauf hinzuweisen ist, dass ein vorrangig theoretischer Anspruch hiermit nie verbunden war (vgl. Kieser/ Kubicek 1992, S. 59).

Aus erkenntnistheoretischer Perspektive bleibt dennoch eine Frage offen: Welche Wirkungen entfalten Gestaltungen, die nicht-nomologischen Gesetzmäßigkeiten/ Hypothesen folgen? Logisch gesehen, müssten sie vom Erkennen der einen und evtl. doch gegebenen Wahrheit wegführen. Dies kann allerdings auch der Plan sein. Letzte Erkenntnis nützt niemandem, und so sind Situative/ Kontingenztheoretische Ansätze als ein Schritt auf dem Weg zur heute aktuellen und im nächsten Abschnitt dargestellten Programmatik des Wissenschaftlichen Realismus anzusehen.

3. Der Ansatz des Wissenschaftlichen Realismus

Die inzwischen breite Strömung des Wissenschaftlichen Realismus ist eine wissenschaftstheoretische Programmatik, welche sich direkt innerhalb einzelner Disziplinen entwickelt hat. Mit PUTNAM ist sie als „science's philosophy of science" (Putnam 1978, S. 37) zu kennzeichnen. Wenn Überlegungen zum Gewinnen von Erkenntnissen und deren Umsetzung zunächst allgemein philosophischer Natur waren, sich die Wissenschaftstheorie dann in diesem Rahmen als eigenständiger Zweig etablierte, so ist sie mit dem Wissenschaftlichen Realismus jetzt als evtl. zusätzliches Arbeitsgebiet einzelner Fachwissenschaftler unmittelbar innerhalb der einzelnen Disziplinen angesiedelt. Als Grund für diese Entwicklung wird angegeben, dass fachbezogene Herausforderungen philosophischer Art besser bewältigt werden können, wenn die hierzu notwendigen metaphilosophischen Ansätze ebenfalls nahe mit der jeweiligen Disziplin verbunden sind (vgl. Boyd 2002, S. 23).

Wie der Kritische Rationalismus grenzt sich auch der Wissenschaftliche Realismus von einem naiven Alltagsrealismus über die Annahme einer denkunabhängigen Wirklichkeit ab. Demnach macht Realität letztlich also mehr aus, als mit den menschlichen Sinnen direkt zu erfahren ist. Hieraus lassen sich die nachfolgend kurz benannten **Grundannahmen des Wissenschaftlichen Realismus** entwickeln (vgl. Zoglauer 1993; vgl. zusätzlich Homburg 2007, S. 34 f.):

- Annahme der realen Existenz unbeobachtbarer theoretischer Basiseinheiten.
- Rückführbarkeit theoretischer Terme auf diese Basiseinheiten, somit also ebenfalls über das rein Beobachtbare hinausgehend.
- Korrespondenztheoretische Wahrheitsauffassung; Theorien sind wahr oder falsch in Abhängigkeit davon, ob sie eine korrekte Beschreibung/ Erklärung der Wirklichkeit liefern oder nicht.
- Hieraus weitergeführt die Konvergenzannahme, dass Theorienreihen mit wachsender Wahrheitsähnlichkeit gegen „eine wahre" Gesamttheorie streben.
- Als Schlussfolgerung schließlich die Auffassung: Der Erfolg wissenschaftlicher Theorien ist empirisch überprüfbar und damit auch erklärbar.

Der **Wissenschaftliche Realismus** akzeptiert die Parallelität der subjektiv wahrgenommenen Realität und der von Menschen unabhängigen objektiven Realität. Durch Denken und Erfahrung, also auch Wahrnehmung, sollen neue Erkenntnisse gewonnen werden. Er entspricht damit in einigen Grundprinzipien dem Kritischen Rationalismus, versucht aber in stärkerem Maße eine Verbindung der Prüfprinzipien Falsifikation und Bestätigung (siehe Abb.D-10).

Als Konsequenz aus dieser forschungsprogrammatischen Grundausrichtung ist für den Wissenschaftlichen Realismus folgender Unterschied zum Kritischen Rationalismus hervorzuheben: Auf dem Wege einer methodologischen Qualifizierung, dass nämlich über einen bestimmten Zeitraum gut bestätigte Gesetze/ Hypothesen etwas mit den realen Verhältnissen zu tun haben müssen, kommt es hier zu einer Neubewertung des Verhältnisses von Falsifikation und Bestätigung. Hierauf bezogen kann man sogar von einer „**prinzipiellen Vereinigung**" des **Deduktionsprimats** mit dessen Falsifikationsprinzip und des **Induktionsprimats** samt zugehörigem Verifikationsprinzip sprechen (vgl. hierzu Abb. D-3 in Kap. D.I.1.).

Die **Kritik an den Prinzipien des Kritischen Rationalismus** insbesondere bezogen auf eine Anwendung wissenschaftlich realistischer Positionen in der Betriebswirtschaftslehre konzentriert sich auf folgende Punkte (vgl. Eggert 1999, S. 57 ff.; Homburg 2000, S. 64 f.):

- Die Komplexität in den Wirtschafts- und Sozialwissenschaften behindert die Falsifikation von Theorien, da nicht alle relevanten Einflussfaktoren beim Hypothesentest kontrolliert werden.

> **Annahme:**
> - Parallele Existenz einer subjektiv wahrgenommenen Realität und der von Menschen unabhängigen objektiven Realität
> - Entspricht in einigen Grundannahmen dem Kritischen Rationalismus
>
> **Unterschied zum Kritischen Rationalismus:**
> - Verbindung der Prüfprinzipien Falsifikation (Ablehnung) und Verifikation (Bestätigung)
> - *Akzeptiert die Unvollkommenheit der Messinstrumente*
>   Positive empirische Überprüfungen sind nicht als Aussagen mit endgültiger Sicherheit verifizierbar, sie liefern aber mit zunehmender Wahrscheinlichkeit mögliche Bestätigungen
>
> ▶ *Weiterentwicklung der Wissenschaft erfolgt entsprechend der Konzeption des Wissenschaftlichen Realismus nicht nur durch Falsifikation von Aussagen und Theorien, sondern auch durch deren Bestätigung*
>
> © Prof. Dr. Armin Töpfer

Abb. D-10: Die wissenschaftstheoretische Programmatik des Wissenschaftlichen Realismus

- In den Wirtschafts- und Sozialwissenschaften führen die zu berücksichtigenden Messfehler dazu, dass eine Hypothese nicht sicher falsifiziert werden kann. Diese Messfehlerproblematik hindert an der Anwendung der Prinzipien des Kritischen Rationalismus in den Wirtschafts- und Sozialwissenschaften. Denn Messfehler treten bei der Messung komplexer sozialwissenschaftlicher Konstrukte häufig umfassender auf als bei naturwissenschaftlichen Messungen. Der Wissenschaftliche Realismus akzeptiert die Unvollkommenheit der Messinstrumente (vgl. Hunt 1990, S. 9). Durch die Anwendung der Methodik der Kausalanalyse lassen sich Messfehler explizit berücksichtigen (vgl. Bagozzi 1980; Homburg 1989, S. 143 ff.).
- Und grundsätzlich ist das theoretische Niveau in den Wirtschafts- und Sozialwissenschaften noch nicht so ausgebildet, dass eine rein deduktive Vorgehensweise möglich ist. Mit anderen Worten liegt bei vielen Phänomenen und hypothetischen Konstrukten noch eine mangelnde theoretische Durchdringung vor, so dass im begrenzten Umfang auch induktiv geforscht werden muss.

Damit wird für eine Methodologie plädiert, die – entsprechend den Ausführungen in Kapitel C.II.4. – nicht ausschließlich DN-Erklärungen, also deduktivnomologische Erklärungsansätze auf der Basis von nomologischen Hypothesen bzw. Gesetzmäßigkeiten, vorsieht, sondern vor allem auch IS-Erklärungen und damit Erklärungsansätze auf der Basis induktiv-statistischer und dabei raum-zeitlich begrenzter Regelmäßigkeiten als quasi-nomologische Hypothesen bzw. Gesetzmäßigkeiten einbezieht.

Der Wissenschaftliche Realismus bietet nach Auffassung seiner Vertreter eine relativ gute Anpassung an die zuvor skizzierten Ausgangsbedingungen wirtschafts- und sozialwissenschaftlicher Forschung. Dabei wird – wie bereits angesprochen – ebenfalls davon ausgegangen, dass eine äußere Wirklichkeit unabhängig vom Bewusstsein und der Wahrnehmung der Menschen existiert. Dies zeigt einerseits die Nähe zum Kritischen Rationalismus, andererseits aber auch die Abgrenzung beispielsweise zu KUHN's Paradigma-Konzept. Entsprechend gilt: Positive empirische Überprüfungen sind nicht als Aussage mit endgültiger Sicherheit verifizierbar, sie liefern aber **mit zunehmender Wahrscheinlichkeit mögliche Bestätigungen** (vgl. McMullin 1984, S. 26). Diese Bestätigungen sind dabei mit dem im Kritischen Rationalismus gültigen wissenschaftstheoretischen Prüfprinzip vereinbar. Auch unter dieser Methodologie können Bestätigungen als Teil-„Verifikationen" angesehen werden, durch die ein zunehmender Wahrheitsgehalt zum Ausdruck gebracht wird, ohne dass damit ein Anspruch auf absolute Wahrheit, also Raum-Zeit-unbegrenzte und damit invariante Gültigkeit, verbunden ist.

Verifizierende Befunde haben im Wissenschaftlichen Realismus allerdings einen ganz anderen, eigenen Stellenwert: Die Konfrontation einer Hypothese mit der empirischen Realität kann also auch durchaus positiv ausfallen respektive die Hypothese „darf" folglich auch bestätigt werden im Sinne einer Konsistenz zwischen Hypothese und Beobachtung. Dies steht in Übereinstimmung mit der Sichtweise von CARNAP, der das Verifikationsprinzip des „Wiener Kreises" zum Prinzip der schrittweise zunehmenden Bestätigung ausgebaut hat (vgl. Carnap 1953, S. 48). Statt nomologischer Hypothesen werden dann auch quasi-nomologische Hypothesen mit einer Raum-Zeit-begrenzten Gültigkeit akzeptiert.

Die Weiterentwicklung der Wissenschaften erfolgt damit entsprechend der Konzeption des Wissenschaftlichen Realismus nicht nur durch Falsifikation von Aussagen und Theorien, sondern auch durch deren Bestätigung. Die schrittweise Annäherung an die Wahrheit ist also durch die wiederholte Bestätigung einer Theorie in Konfrontation mit der empirischen Wirklichkeit möglich. Gleichzeitig kann eine Aussage aber auch durch eine negativ ausfallende Konfrontation mit der empirischen Wirklichkeit widerlegt werden (vgl. Hunt 1992, S. 308). **Das Falsifikationsprinzip verliert also seine Position als Dogma.** Es wird dadurch aber nicht überflüssig, sondern nur in seinem absoluten Geltungsanspruch relativiert und durch das induktive Bestätigungsprinzip ergänzt (siehe Abb. D-11).

Dies entspricht der Entwicklung in weiten Teilen der Betriebswirtschaftslehre in Richtung einer neuerlich positivistischen Orientierung mit der Überzeugung, dass Beobachtung und Erfahrung eine wesentliche Quelle des Wissens sind. Nach CAUSEY (vgl. Causey 1979, S. 192) hat der Wissenschaftliche Realismus (Scientific Realism) in der modernen Wissenschaftstheorie mittlerweile eine dominante Bedeutung erreicht.

Aus der Programmatik des Wissenschaftlichen Realismus lassen sich **für konkrete Forschungsprojekte** folgende **4 grundlegende Aufgaben** ableiten (vgl. Hunt 1991, S. 383):

1. Das Ziel ist die Entdeckung neuer Konstrukte.
2. Die Konzeptualisierung von bestehenden Konstrukten soll verbessert werden.
3. Die Operationalisierung von bestehenden Konstrukten soll ebenfalls optimiert werden.

4. Zusätzlich sollen Beziehungen zwischen den Konstrukten, insbesondere als kausales Beziehungsgeflecht, also als Ursachen-Wirkungs-Beziehungen, entdeckt werden.

> Verbindung von:

Deduktionsprinzip
- Schluss vom Allgemeinen auf den speziellen Fall
- Prüfprinzip: Falsifikation

und

Induktionsprinzip
- Schluss vom speziellen Fall auf das Allgemeine
- Prüfprinzip: Verifikation

> *Ziel:*
- Schrittweise Annäherung an die Wahrheit durch wiederholte Bestätigung einer Theorie in Konfrontation mit empirischer Wirklichkeit
bzw.
- Widerlegung einer Aussage durch eine negativ ausfallende Konfrontation mit der empirischen Wirklichkeit

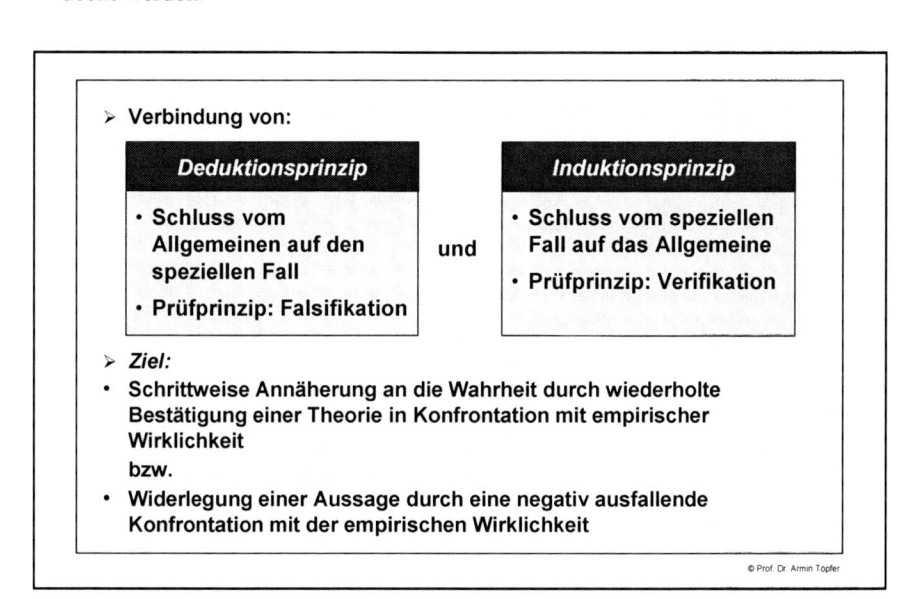

© Prof. Dr. Armin Töpfer

Abb. D-11: Brückenschlag zwischen Deduktions- und Induktionsprimat im Wissenschaftlichen Realismus

Diese forschungspraktische Aufgabenbeschreibung lässt die Nähe des Wissenschaftlichen Realismus zu kausalanalytischen Verfahren erkennen, wie wir sie in Unterkapitel G.IV.5.b. ausführen. Dabei ist ebenfalls eine ansatzweise induktive Vorgehensweise möglich und vor allem wird die Existenz von Messfehlern explizit berücksichtigt (vgl. Hunt 1990, S. 9).

Diese erkenntnistheoretische Programmatik beseitigt damit aber die Kritik von SCHANZ (vgl. Schanz 1975) nicht vollständig, dass nämlich in weiten Teilen der empirischen Forschung in der Betriebswirtschaftslehre eine mangelnde theoretische Fundierung und die Konzentration auf Ad-hoc-Hypothesen vorherrsche. Moniert wird, dass lediglich Vermutungen über Zusammenhänge zwischen unmittelbar beobachtbaren Phänomenen analysiert würden, ohne dabei auf allgemeine Erklärungsprinzipien zurückzugreifen und dadurch eine zu geringe deduktive Orientierung vieler empirischer Forschungen zu akzeptieren. In solcher Weise formulierte Ad-hoc-Hypothesen seien dann zu nah an der empirischen Basis und entbehrten übergeordnete Erkenntnismuster (vgl. Schanz 1975, S. 327; Schanz 1977, S. 67). Nach Meinung von SCHANZ ist diese Form empirischen Arbeitens als „**Empirismus$_1$**" weit entfernt von einem theoriegeleiteten Empirismus auf dem Gedankengut des Kritischen Rationalismus als „**Empirismus$_2$**" (vgl. Schanz 1977). Die Erwiderung auf die Kritik von SCHANZ konzentriert sich vor allem darauf, dass der theoretische Anspruch unrealistisch und damit realitätsfremd sei, da bisher eine ausreichende theoretische Basis in der Betriebswirtschaftslehre fehle (vgl. Witte/ Grün/ Bronner 1975, S. 797; Witte 1977, S. 271 f.).

Dabei bleibt die Frage weiterhin offen, ob eine solche Theoriebasis als Erklärungsmuster für weitergehende Erkenntnisse nicht aber perspektivisch doch zu erreichen ist und deshalb als wissenschaftsprogrammatische Forderung nach wie vor bestehen bleiben sollte. Was generell zu wenig beachtet wird, ist der aufsteigend **induktive Ast der Theorienentwicklung**, der dann im **hypothetisch-deduktiven Ansatz** die Grundlage **für die Theorienprüfung** bildet. Der Grad zwischen einer Abqualifizierung postulierter Regelmäßigkeiten als Ad-hoc-Hypothesen und dem Hoffen darauf, ein breit anwendbares Erklärungsmuster zu finden, ist insgesamt nur sehr schmal. Trotzdem bleibt bezogen auf das pragmatische Wissenschaftsziel die Erkenntnis: Jede zielführende Gestaltung als Technologie wird wirkungsvoller und wirtschaftlicher auf der Basis empirisch bestätigter Theorien. Die Konvergenzannahme und auch die am pragmatischen Erfolg gemessene Erklärungskraft von Theorien sind derzeit nicht zu beweisen. Der Brückenschlag zwischen Deduktions- und Induktionsprimat im Wissenschaftlichen Realismus liefert jedenfalls aber eine zunächst praktikable und eben realistische Sichtweise für den Wissenschaftsbetrieb. Diese bezieht sich auf das „Hier und Jetzt" und betreibt zunächst gewissermaßen eine „Vorwärtsbuchhaltung"; ein generell universeller Gültigkeitsanspruch wird damit nicht erhoben.

IV. Ein Plädoyer für das Festhalten an einer „aufgeklärten" kritisch-rationalen Wissenschaftskonzeption

Entsprechend der in Kapitel C ausgeführten 6. Ebene des Hauses der Wissenschaft, die sich mit den Werturteilen befasst, wollen wir im Folgenden unser Verständnis hinsichtlich des wissenschaftlichen Erkenntnisprozesses kurz und zusammenfassend darlegen. Diese normativen Aussagen beziehen sich auf die im Forschungsprozess zulässige 1. Werturteilsebene, die Werturteile im Basisbereich. Sie betreffen die methodologischen Komponenten und stellen somit unsere wissenschaftstheoretischen Basiswerturteile dar. Allgemein gesehen, folgen wir dabei WILD und dessen Postulaten der theoretischen Erklärung, des empirischen Informationsgehalts, der intersubjektiven Überprüfbarkeit und der Wertfreiheit im wissenschaftlichen Aussagebereich (vgl. Wild 1975, Sp. 2669 ff.).

In Verbindung mit aussagefähigen Bestandteilen unterschiedlicher Wissenschaftskonzeptionen beziehen wir folgenden Standpunkt: Wir wählen als wissenschaftstheoretische Programmatik bewusst eine kritisch-rationale Wissenschaftskonzeption und favorisieren damit die Methode eines hypothetisch-deduktiven Vorgehens, allerdings in einer „aufgeklärten" Ausprägung. Das Primat legen wir also auf die **hypothetische Gewinnung** neuer, allgemeiner Erklärungsmuster und bei deren Prüfung folgen wir der **Deduktion**. Uns ist klar, dass diese hohe Anforderung an die Entwicklung zukunftsweisender und erkenntnisreicher theoretischer Konzepte nicht selten schwierig zu erfüllen ist. Unabhängig davon ist gerade in den Wirtschafts- und Sozialwissenschaften auch die **Induktion** als Schließen vom

Einzelfall auf ein allgemeingültigeres Niveau eine akzeptable und anerkannte Methode im wissenschaftlichen Erkenntnisprozess, und zwar insbesondere bezogen auf die Hypothesengenerierung.

Ausschließliche Gültigkeit im Rahmen der Erkenntnisabsicherung hat das Falsifikationsprinzip und nicht das Verifikationsprinzip. Wissenschaftliche Aussagen werden als Hypothesen in Form von Ursachen-Wirkungs-Beziehungen formuliert, um sie im Hinblick auf ihre Falsifikation oder ihre vorläufige Gültigkeit, also ihren Bestätigungsgrad, empirisch überprüfen zu können (siehe Abb. D-12).

Ansatz:
- Hypothetisch-deduktives Vorgehen in „aufgeklärter" Ausprägung
- Hypothesen-Generierung entsprechend dem Induktionsprinzip (Erfahrung)
- Hypothesen-Prüfung und -Modifikation entsprechend dem Deduktionsprinzip (Falsifikation) und Induktionsprinzip (Bestätigungsgrad)

Ergebnis:
- Hypothetische Gewinnung neuer, allgemeiner Erklärungsmuster
- Herausarbeitung von Erklärungsmustern auf Basis von Ursachen-Wirkungs-Zusammenhängen für praxeologische Zielsetzungen und hierauf bezogene Handlungsleitlinien

Wissenschaftstheoretisches Ziel:
- Leistungsfähige Kombination von wesentlichen Komponenten erkenntnistheoretischer Konzeptionen und Programmatiken mit einer vergleichbaren inhaltlich-strukturellen Ausrichtung, also von Kritischem Rationalismus (Popper) und Wissenschaftlichem Realismus (Putnam)

© Prof. Dr. Armin Töpfer

Abb. D-12: Basis für eine „aufgeklärte" kritisch-rationale Wissenschaftskonzeption

Von allen hier vorgestellten wissenschaftstheoretischen Konzeptionen respektive Methodologien weist der Kritische Rationalismus die größte Anwendungsbreite auf. Dieses Konzept – und damit auch unser darauf basierendes Haus der Wissenschaft – kann einzelnen Realwissenschaften zu Grunde gelegt werden, es kann auf die Wissenschaftslehre selbst angewendet werden, und nicht zuletzt kann es auch als Leitkonzept für unser individuelles, praktisches Leben fungieren. Gilt doch getreu dem Spätwerk von KARL POPPER: „Alles Leben ist Problemlösen" (Popper 1994/ 2005, S. 255 ff.).

Diese Methodologie ist also durchgängig anwendbar; an die speziellen Erfordernisse der Sozialwissenschaften kann sie durch situative Relativierungen, also die Berücksichtigung von situationsabhängigen Gegebenheiten in der Wenn-Komponente 2, und durch probabilistische Hypothesen mit einer ausreichend hohen Wahrscheinlichkeit in der Dann-Komponente angepasst werden; in diesen Punkten sind wir liberaler als POPPER. Auch dialogische sowie jeweils problem- und lösungsorientierte Verständigungen sind unter dieser Programmatik im Rahmen eines insgesamt schrittweisen Vorgehens möglich und vorgesehen, ohne alle

Beteiligten (wie etwa auf Basis des Methodischen oder Radikalen Konstruktivismus) schon vom Konzept her über kurz oder lang zu überfordern.

Im Kern geht es immer um das **Herausarbeiten von Erklärungsmustern auf der Basis von Ursachen-Wirkungs-Zusammenhängen für praxeologische Zielsetzungen und hierauf bezogene Handlungsleitlinien**. Die angestrebte Theoriebildung betreffend, sind empirisch gehaltvolle Hypothesen zu entwickeln, auf deren Basis eine Erklärung und/ oder Prognose realer Phänomene möglich ist. Als Vorstufe hierzu können auch Idealtheorien oder Modelle Anwendung finden. Dabei werden auf dem Weg einer analytisch-deduktiven Ableitung gedankliche Sachverhalte in einen logisch konsistenten Zusammenhang gebracht. Diese theoretischen Konzepte sind um so aussage- und leistungsfähiger, je isomorpher, also phänomengleicher, sie im Hinblick auf die Realität sind. Komplexität ist dabei in dem für eine gehaltvolle Erklärung erforderlichen Maße abzubilden. Dies spricht für den Einsatz von Kausalmodellen als Strukturgleichungssystemen. Auf der Basis dieser Argumentation wird die Nähe zum Konzept des Wissenschaftlichen Realismus offensichtlich. Unser wissenschaftstheoretisches Ziel ist also eine leistungsfähige Kombination von wesentlichen Komponenten erkenntnistheoretischer Konzeptionen und Programmatiken mit einer vergleichbaren inhaltlich-strukturellen Ausrichtung.

Wenn formulierte Hypothesen empirisch nicht bestätigt, sondern falsifiziert werden, besteht die Aufgabe darin, durch modifizierte Hypothesen die Erklärungskraft der Theorie zu verbessern. Hierdurch wird stufenweise ein **höherer Reifegrad empirisch überprüfter Theorien** erreicht. Soweit sich dieses als nicht mehr möglich darstellt, sind völlig neue Hypothesen/ Gesetze/ Theorien zu konzipieren und wiederum empirisch zu überprüfen. Nur so kann dann die Wissenschaft ihrem pragmatischen Ziel, der Praxis Möglichkeiten zur Lösung anstehender Probleme anzubieten, weiterhin gerecht werden.

Insbesondere aus Gründen der **intersubjektiven**, also zwischen unterschiedlichen Personen möglichen, **Nachprüfbarkeit** verlangen hypothetisch-deduktive Erklärungen und Prognosen normalerweise nomologische Hypothesen und damit Aussagen über generelle Gesetzmäßigkeiten ohne räumliche oder zeitliche Beschränkungen.

Für die Naturwissenschaften und ihre in einem größeren Rahmen stabilen „Naturgesetze" kann dies als möglich angesehen werden, bei den Wirtschafts- und Sozialwissenschaften treten hier aber objektbedingte Schwierigkeiten auf. Die Komplexität und Dynamik der Beziehungen im Gegenstandsbereich sowie die „Schwankungsbreite" menschlichen Handelns und Verhaltens gestalten die Aufdeckung exakter Ursachen-Wirkungs-Beziehungen sehr schwierig. Hinzu kommt, dass – im Gegensatz zu Laborversuchen mit technischen Geräten in den Naturwissenschaften – Menschen lernfähig sind und damit nie wieder die gleichen Ausgangsbedingungen geschaffen werden können. Das Handlungs- und Verhaltensmuster ist dadurch – in Abhängigkeit von Wahrnehmung und Involvement – nicht oder kaum deterministisch, sondern primär indeterministisch.

Bei dieser Grundproblematik bieten sich im Hinblick auf die Nomologieforderung aber verschiedene – bereits angesprochene – Vorgehensweisen an, welche als „Zwischenlösungen" auf dem Weg zu letztlich invarianten Zusammenhängen praktikabel sind: Ein 1. Ausweg besteht darin, dass zunächst Theorien mittlerer Reichweite und damit raum- und zeitbezogene „Quasigesetze" aufgestellt werden. Hier wird die Gültigkeit des postulierten Zusammenhangs auf das Vorliegen bestimmter raum- und/ oder zeitbezogener Merkmale eingegrenzt. Auf diese Weise wird die Ableitung von Hypothesen möglich, die sich beispielsweise nur auf marktwirtschaftliche Wirtschaftssysteme, auf bestimmte Markt- und Wettbewerbssituationen oder auf bestimmte Zielgruppen beziehen (siehe Abb. D-13).

Für die Wirtschafts- und Sozialwissenschaften bietet sich im Grundschema der deduktiv-nomologischen Erklärung noch eine weitere Modifikation an: Die für das Stadium einer hohen Theoriereife geforderten nomologischen Hypothesen sind grundsätzlich deterministisch. Bei Vorliegen der Bestandteile der Wenn-Komponente wird über den Mechanismus der Wenn-Dann-Verknüpfung auf die in der Dann-Komponente beschriebenen Sachverhalte genau gefolgert. Hierbei ist es möglich, statistische Hypothesen einzusetzen, bei denen für die Sachverhalte oder Ereignisse der Dann-Komponente eine Eintrittswahrscheinlichkeit angegeben wird. Bei Vorliegen der Wenn-Bedingungen wäre die Aussage somit, dass mit einer Wahrscheinlichkeit von x% mit dem Eintreten der Wirkung gemäß der Dann-Komponente zu rechnen ist.

Akzeptanz von „Zwischenlösungen" auf dem Weg zu invarianten Ursachen-Wirkungs-Beziehungen

1. Aufstellung von Theorien mittlerer Reichweite

= Raum- und Zeit-begrenzte „Quasigesetze"
➢ Begrenzung der Gültigkeit des postulierten Ursachen-Wirkungs-Zusammenhangs als Wenn-Dann-Beziehung auf das Vorliegen bestimmter raum- und/ oder zeitbezogener Merkmale

2. Angabe einer Eintrittswahrscheinlichkeit

für Sachverhalte bzw. Ereignisse der *Dann-Komponente*
➢ Aussage bei Eintritt der Wenn-Komponente:
Eintreten der Wirkung in Dann-Komponente mit Wahrscheinlichkeit von x%

3. Rückgriff auf bereits bewährte Erklärungsansätze

für menschliches Handeln und Verhalten auf allgemeingültigem Niveau *anderer Disziplinen* (v.a. anderer Sozialwissenschaften wie der Psychologie)
➢ Hierauf aufbauende Suche nach Regelmäßigkeiten für wirtschaftliche Sachverhalte

© Prof. Dr. Armin Töpfer

Abb. D-13: Vorgehen bei einer „aufgeklärten" kritisch-rationalen Wissenschaftskonzeption

Des Weiteren ist gerade für die Betriebswirtschaftslehre noch einmal auf die Notwendigkeit hinzuweisen, bei ihren Erklärungsansätzen Erkenntnisse anderer und insbesondere sozialwissenschaftlicher Disziplinen, wie z.B. der Psychologie, einzubinden. Wenn dort bereits bewährte Erklärungsansätze für menschliches Handeln und Verhalten auf allgemeingültigem Niveau vorliegen, können hierauf aufbauend Regelmäßigkeiten für wirtschaftliche Sachverhalte gesucht werden. Ein Erklärungsansatz aus der Psychologie, der in den Wirtschaftswissenschaften und speziell in der Betriebswirtschaftslehre immer mehr Beachtung erfährt und verwendet wird, ist z.b. die Theorie des geplanten Verhaltens von AJZEN/ MADDEN (vgl. Ajzen/ Madden 1986, S. 453 ff.), die neben subjektiven Variablen auch soziale Variablen umfasst.

Hierbei ist zu beachten, dass Ereignisse oft erst über mehrere verschiedene Gesetzmäßigkeiten adäquat erklärt werden können. Demgemäß gilt es, bereits bei der Suche nach tragfähigen Erklärungsansätzen den – disziplinübergreifenden – Wirkungsverbund verschiedener Ursachen zu berücksichtigen. Zur Abschätzung derart hypothetisch unterstellter Beziehungen bietet sich dann die Durchführung von Vernetzungsanalysen an, was beispielsweise über Strukturgleichungssysteme im Rahmen von Kausalmodellen möglich ist. Dabei werden anhand von Korrelationen und Regressionen die Stärke und Wirkungsrichtung komplexer Zusammenhänge gemessen. Das Ergebnis sind dann Einschätzungen/ Validierungen zu mehrstufig vernetzten Ursachen-Wirkungs-Analysen.

Mit betriebswirtschaftlichen Aussagensystemen wird das Ziel der Erklärung und Prognose realer Phänomene verfolgt, somit ist ihre Prüfinstanz letztlich wieder alleine die Realität. Folglich kann ihr empirischer Gehalt auch nur gesteigert werden, wenn sie fortwährend empirischen Prüfungen unterzogen werden. Wichtig ist dabei, dass die empirische Forschung zur Überprüfung und Generierung von Hypothesen in einem Gesamtzusammenhang erfolgt, also hier wiederum eine enge (wissenschafts-)theoretische Vernetzung vorliegt (vgl. Töpfer 2007, S. 45).

V. Literaturhinweise zum Kapitel D

Ajzen, I./ Madden, T.J. (1986): Prediction of goal directed behavior: attitudes, intentions, and perceived behavioral control, in: Journal of Experimental social psychology, 22. Jg., 1986, S. 453-474.
Bagozzi, R. (1980): Causal Models in Marketing, New York 1980.
Becker, J. et al. (2004): Epistemologische Positionierungen in der Wirtschaftsinformatik am Beispiel einer konsensorientierten Informationsmodellierung, in: Frank, U. (Hrsg.): Wissenschaftstheorie in Ökonomie und Wirtschaftsinformatik – Theoriebildung und -bewertung, Ontologien, Wissensmanagement, Wiesbaden 2004, S. 335-366.
Behrens, G. (1993): Wissenschaftstheorie und Betriebswirtschaftslehre, in: Wittmann, W. et al. (Hrsg.): Handwörterbuch der Betriebswirtschaftslehre, Band 3, 5. Aufl., Stuttgart 1993, Sp. 4763-4772.
Boyd, R (2002): Scientific Realism, in: Edward N. Zalta (Hrsg.): The Stanford Encyclopedia of Philosophy (Summer 2002 Edition),
http://plato.stanford.edu/archives/sum2002/entries/scientific-realism/, 16.05.2008.
Brinkmann, G. (1997): Analytische Wissenschaftstheorie – Einführung sowie Anwendung auf einige Stücke der Volkswirtschaftslehre, 3. Aufl., München 1997.
Burian, R.M. (1980): Empirismus, in: Speck, J. (Hrsg.): Handbuch wissenschaftstheoretischer Begriffe – Band. 1: A-F, Göttingen 1980, S. 150-158.

Burrell, G./Morgan, G. (1979): Sociological Paradigms and Organisational Analysis – Elements of the Sociology of Corporate Life, London 1979.
Carnap, R. (1953): Testability and Meaning, in: Feigel, H./ Brodbeck, M. (Hrsg.): Readings in the Philosophy of Science, New York 1953, S. 47-92.
Carrier, M. (2006): Wissenschaftstheorie zur Einführung, Hamburg 2006.
Causey, R. (1979): Theory and Observation, in: Asquith, P./ Kyburg, H. (Hrsg.): Current Research in Philosophy, East Lansing 1979.
Chalmers, A.F. (2007): Wege der Wissenschaft – Einführung in die Wissenschaftstheorie, 6. Aufl., Berlin et al. 2007.
Chmielewicz, K. (1994): Forschungskonzeptionen der Wirtschaftswissenschaft, 3. Aufl., Stuttgart 1994.
Deger, P. (2000): G. Burrell/ G. Morgan – Sociological Paradigms and Organisational Analysis, in: Türk, K. (Hrsg.): Hauptwerke der Organisationstheorie, Wiesbaden 2000, S. 67-69.
Diederich, W. (1980): Fortschritt der Wissenschaft, in: Speck, J. (Hrsg.): Handbuch wissenschaftstheoretischer Begriffe – Band 1: A-F, Göttingen 1980, S. 237-238.
Eggert, A. (1999): Kundenbindung aus Kundensicht – Konzeptualisierung, Operationalisierung, Verhaltenswirksamkeit, Wiesbaden 1999.
Feyerabend, P. (1975/ 1986): Against Method – Outline of an Anarchistic Theory of Knowledge, London 1975, deutsch: Wider den Methodenzwang, Frankfurt am Main 1986.
Fisher, R.A. (1930/ 1999): The Genetical Theory of Natural Selection – A Complete Variorum Edition, Oxford 1999 (Erstveröffentlichung 1930).
Gen, M./ Cheng, R. (1997): Genetic Algorithms and Engineering Design, New York 1997.
Glasersfeld, E. von (2008): Konstruktion der Wirklichkeit und des Begriffs der Objektivität, in: Foerster, H. von et al.: Einführung in den Konstruktivismus, 10. Aufl., München/ Zürich 2008, S. 9-39.
Guba, E.G. (1990): The Alternative Paradigm Dialog, in: Guba, E.G. (Hrsg.): The Paradigm Dialog, Newbury Park 1990, S. 17-27.
Haase, M. (2007): Gegenstand und Informationsbedarf – Zur Relevanz von Erkenntnis- und Wissenschaftstheorie für die Methodenwahl, in: Haase, M. (Hrsg.): Kritische Reflexionen empirischer Forschungsmethodik Berlin 2007, S. 38-64. Im Internet verfügbar unter: http://www.wiwiss.fu-berlin.de/verwaltung-service/bibliothek/ diskussionsbeitraege/diskussionsbeitraege-wiwiss/2007/index.html, 14.05.2008.
Homburg, C. (1989): Exploratorische Ansätze der Kausalanalyse als Instrument der Marketingplanung, Frankfurt am Main 1989.
Homburg, C. (2000): Kundennähe von Industriegüterunternehmen – Konzeption, Erfolgsauswirkungen, Determinanten, 3. Aufl., Wiesbaden 2000.
Homburg, C. (2007): Betriebswirtschaftslehre als empirische Wissenschaft – Bestandsaufnahme und Empfehlungen, in: Zeitschrift für betriebswirtschaftliche Forschung, Sonderheft 56/ 2007, S. 27-60.
Hundt, S. (1977): Zur Theoriegeschichte der Betriebswirtschaftslehre, Köln 1977. (TG)
Hunt, S.D. (1990): Truth in Marketing Theory and Research, in: Journal of Marketing, 54. Jg., Juli, 1990, S. 1-15.
Hunt, S.D. (1991): Modern Marketing Theory: Critical Issues in the Philosophy of Marketing Science, Cincinnati 1991.
Hunt, S.D. (1992): Marketing Is …, in: Journal of the Academy of Marketing Science, 20. Jg., 1992, Nr. 4, S. 301-311.

Jetzer, J.-P. (1987): Kritischer Rationalismus und Nationalökonomie – Eine Konfrontation von 4 führenden Wissenschaftstheoretikern mit 3 bedeutenden Nationalökonomen verschiedener Richtungen, Bern et al. 1987.

Kamitz, R. (1980): Wissenschaftstheorie, in: Speck, J. (Hrsg.): Handbuch wissenschaftstheoretischer Begriffe – Band 3: R-Z, Göttingen 1980, S. 771-775.

Kamlah, W./ Lorenzen, P. (1996): Logische Propädeutik – Vorschule des vernünftigen Redens, 3. Aufl., Stuttgart/ Weimar 1996.

Kieser, A. (2006): Der situative Ansatz, in: Kieser, A./ Ebers, M. (Hrsg.): Organisationstheorien, 6. Aufl., Stuttgart 2006, S. 215-246.

Kieser, A./ Kubicek, H. (1992): Organisation, 3. Aufl., Berlin/ New York 1992.

Kieser, A./ Walgenbach, P. (2007): Organisation, 5. Aufl., Stuttgart 2007.

Kieser, A./ Woywode, M. (2006): Evolutionstheoretische Ansätze, in: Kieser, A./ Ebers, M. (Hrsg.): Organisationstheorien, 6. Aufl., Stuttgart 2006, S. 309-352.

Kroeber-Riel, W./ Weinberg, P./ Gröppel-Klein, A. (2009): Konsumentenverhalten, 9. Aufl., München 2009.

Kühne, U. (1999): Wissenschaftstheorie, in: Sandkühler, H.J. (Hrsg.): Enzyklopädie Philosophie, Band 2, Hamburg 1999, S. 1778-1791.

Kuhn, T.S. (1970/ 2007): The Structure of Scientific Revolutions, 2. erw. Aufl., Chicago 1970, deutsch: Die Struktur wissenschaftlicher Revolutionen, 20. Aufl., Frankfurt am Main 2007.

Kuhn, T.S. (1997): Die Entstehung des Neuen – Studien zur Struktur der Wissenschaftsgeschichte, herausgegeben von Krüger, L., 5. Aufl., Frankfurt am Main 1997.

Kutschera, F. von (1982): Grundfragen der Erkenntnistheorie, Berlin/ New York 1982.

Lakatos, I. (1974): Falsifikation und die Methodologie der wissenschaftlichen Forschungsprogramme, in: Lakatos, I./ Musgrave, A. (Hrsg.): Kritik und Erkenntnisfortschritt, Braunschweig 1974, S. 89-189.

Lakatos, I./ Musgrave, A. (Hrsg.) (1970/ 1974): Criticism and the Growth of Knowledge, Cambridge/ UK 1970, deutsch: Kritik und Erkenntnisfortschritt, Braunschweig 1974.

Lauth, B./ Sareiter, J. (2005): Wissenschaftliche Erkenntnis – Eine ideengeschichtliche Einführung in die Wissenschaftstheorie, 2. Aufl., Paderborn 2005.

Lenk, H. (1971): Philosophie im technologischen Zeitalter, Stuttgart et al. 1971.

Masterman, M. (1974): Die Natur eines Paradigmas, in: Lakatos, I./ Musgrave, A. (Hrsg.): Kritik und Erkenntnisfortschritt, Braunschweig 1974, S. 59-88.

McMullin, E. (1984): A Case for Scientific Realism, in: Leplin, J. (Hrsg.): Scientific Realism, Berkeley 1984.

Mittelstraß, J. (Hrsg.) (2008): Der Konstruktivismus in der Philosophie im Ausgang von Wilhelm Kamlah und Paul Lorenzen, Paderborn 2008.

Morgan, G./ Smircich, L. (1980): The Case for Qualitative Research, in: Academy of Management Review, 5. Jg., 1980, Nr. 4, S. 491-500.

Newton-Smith, W.H. (1981): The Rationality of Science, Boston/ London 1981.

Newton-Smith, W.H. (Hrsg.) (2000): A Companion to the Philosophy of Science, Malden 2000.

Ochsenbauer, C./ Klofat, B. (1997): Überlegungen zur paradigmatischen Dimension der Unternehmenskulturdiskussion in der Betriebswirtschaftslehre, in: Heinen, E./ Fank, M. (Hrsg.): Unternehmenskultur – Perspektiven für Wissenschaft und Praxis, 2. Aufl., München/ Wien 1997, S. 67-106.

Popper, K.R. (1930-1933/ 1994): Die beiden Grundprobleme der Erkenntnistheorie – Aufgrund von Manuskripten aus den Jahren 1930-1933, 2. Aufl., Tübingen 1994.

Popper, K.R. (1934/ 1994): Logik der Forschung, Wien 1934 (mit Jahresangabe 1935); 10. Aufl., Tübingen 1994.

Popper, K.R. (1945/ 1992): The Open Society and Its Enemies, Vol. II: The High Tide of Prophecy – Hegel, Marx, and the Aftermath, London 1945, deutsch: Die offene Gesellschaft und ihre Feinde, Band II: Falsche Propheten – Hegel, Marx und die Folgen, 7. Aufl., Tübingen 1992.

Popper, K.R. (1963/ 1994-1997): Conjectures and Refutations – The Growth of Scientific Knowledge, London 1963, deutsch: Vermutungen und Widerlegungen, Teilband 1: Vermutungen, S. 1-365, Tübingen 1994, Teilband 2: Widerlegungen, S. 368-627, Tübingen 1997.

Popper, K.R. (1965/ 1993): Prognose und Prophetie in den Sozialwissenschaften, in: Topitsch, E. (Hrsg.): Logik der Sozialwissenschaften, Köln/ Berlin 1965, 12. Aufl., Frankfurt am Main 1993, S. 113-125.

Popper, K.R. (1972/ 1984): Objective Knowledge – An Evolutionary Approach, Oxford 1972, deutsch: Objektive Erkenntnis – Ein evolutionärer Entwurf, 4. Aufl., Hamburg 1984.

Popper, K.R. (1976/ 1994): Unended Quest – An Intellectual Autobiography, London 1976, deutsch: Ausgangspunkte – Meine intellektuelle Entwicklung, 2. Aufl., Hamburg 1994.

Popper, K.R. (1994/ 2005): Alles Leben ist Problemlösen – Über Erkenntnis, Geschichte und Politik, München/ Zürich 1994; Sonderausgabe, 2. Aufl., 2005.

Putnam, H. (1978): Meaning and the Moral Sciences, London 1978.

Raffée, H. (1995): Grundprobleme der Betriebswirtschaftslehre, 9. Aufl., Göttingen 1995.

Schanz, G. (1975): Zwei Arten des Empirismus, in: Zeitschrift für betriebswirtschaftliche Forschung, 27. Jg., 1975, S. 307-331.

Schanz, G. (1977): Jenseits von Empirismus$_1$ – Eine Perspektive für die betriebswirtschaftliche Forschung, in: Köhler, R. (Hrsg.): Empirische und handlungstheoretische Forschungskonzeption in der Betriebswirtschaftslehre, Stuttgart 1977.

Schanz, G. (1978): Pluralismus in der Betriebswirtschaftslehre – Bemerkungen zu gegenwärtigen Forschungsprogrammen, in: Schweitzer, M. (Hrsg.): Auffassungen und Wissenschaftsziele der Betriebswirtschaftslehre, Darmstadt 1978, S. 292-335.

Schanz, G. (1988a): Erkennen und Gestalten – Betriebswirtschaftslehre in kritisch-rationaler Absicht, Stuttgart 1988.

Schanz, G. (1988b): Methodologie für Betriebswirte, 2. Aufl., Stuttgart 1988.

Scherer, A.G. (2006): Kritik der Organisation oder Organisation der Kritik? – Wissenschaftstheoretische Bemerkungen zum kritischen Umgang mit Organisationstheorien, in: Kieser, A./ Ebers, M. (Hrsg.): Organisationstheorien, 6. Aufl., Stuttgart 2006, S. 19-61.

Schmidt, S.J. (2003): Der Radikale Konstruktivismus – Ein neues Paradigma im interdisziplinären Denken, in: Schmidt, S.J. (Hrsg.): Der Diskurs des Radikalen Konstruktivismus, 9. Aufl., Frankfurt am Main 2003, S. 11-88.

Schneider, D. (1981): Geschichte betriebswirtschaftlicher Theorie – Allgemeine Betriebswirtschaftslehre für das Hauptstudium, München/ Wien 1981.

Singer, R./ Willimczik, K. (2002): Sozialwissenschaftliche Forschungsmethoden in der Sportwissenschaft – Eine Einführung, Hamburg 2002.

Staehle, W.H. (1976): Der situative Ansatz in der Betriebswirtschaftslehre, in: Ulrich, H. (Hrsg.): Zum Praxisbezug der Betriebswirtschaftslehre in wissenschaftstheoretischer Sicht, Bern/ Stuttgart 1976, S. 33-50.

Staehle, W.H. (1999): Management – Eine verhaltenswissenschaftliche Perspektive, 8. Aufl., München 1999.

Stegmüller, W. (1985): Probleme und Resultate der Wissenschaftstheorie und Analytischen Philosophie, Band II Theorie und Erfahrung, Teilband 2: Theorienstrukturen und Theoriendynamik, 2. Aufl., Berlin et al. 1985.

Töpfer, A. (1994): Zeit-, Kosten- und Qualitätswettbewerb: Ein Paradigmenwechsel in der marktorientierten Unternehmensführung?, in: Blum, U. et al. (Hrsg.): Wettbewerb und Unternehmensführung, Stuttgart 1994, S. 223-261.

Töpfer, A. (2007): Betriebswirtschaftslehre – Anwendungs- und prozessorientierte Grundlagen, 2. Aufl., Berlin/ Heidelberg 2007.

Wild, J. (1975): Methodenprobleme in der Betriebswirtschaftslehre, in: Grochla, E./ Wittmann, W. (Hrsg.): Handwörterbuch der Betriebswirtschaftslehre, Band 2, 4. Aufl., Stuttgart 1975, Sp. 2654-2677.

Wild, J. (1976): Theoriebildung, betriebswirtschaftliche, in: Grochla, E./ Wittmann, W. (Hrsg.): Handwörterbuch der Betriebswirtschaftslehre, Band 3, 4. Aufl., Stuttgart 1976, Sp. 3889-3910.

Witte, E. (1977): Lehrgeld für empirische Forschung: Notizen während einer Diskussion, in: Köhler, R. (Hrsg.): Empirische und handlungstheoretische Forschungskonzeptionen in der Betriebswirtschaftslehre, Stuttgart 1977, S. 269-281.

Witte, E./ Grün, O./ Bronner, R. (1975): Pluralismus in der betriebswirtschaftlichen Forschung, Zeitschrift für betriebswirtschaftliche Forschung, 27. Jg., 1975, S. 796-800.

Wyssusek, B. et al. (2002): Erkenntnistheoretische Aspekte bei der Modellierung von Geschäftsprozessen, in: Das Wirtschaftsstudium, 31. Jg., 2002, Nr. 2, S. 238-246.

Zoglauer, T. (1993): Kann der Realismus wissenschaftlich begründet werden?, in: Neue Realitäten – Herausforderungen der Philosophie, 16. Deutscher Kongreß für Philosophie, Sektionsbeiträge II, TU Berlin 1993, S. 600-607.

Kapitel E
Was untersuche ich theoretisch, wofür will ich Erklärungen geben und Gestaltungen ermöglichen?

– Das Forschungsdesign –

> Wie ist das Forschungsdesign in den Gesamtprozess der Ableitung und Vernetzung der 4 Designarten für wissenschaftliches Arbeiten einzuordnen? Was bewirken forschungsleitende Fragen? Welche 2 Arten von Forschungsdesigns lassen sich unterscheiden? Wie sind die 4 Ebenen eines Forschungsdesigns der Konzeptualisierung und Operationalisierung einer wissenschaftlichen Themenstellung zuzuordnen?

Abb. E-1: Das Haus der Wissenschaft – Einordnung des Kapitels E

Nach dem wissenschaftstheoretischen Exkurs und der Darstellung von grundlegenden Forschungsstrategien und -philosophien kommen wir jetzt wieder zu unserem systematischen Forschungsprozess zurück, der mit geeigneten Instrumenten zu unterstützen ist. In Kapitel B haben wir als 1. Baustein das Untersuchungsdesign kennen gelernt, aus dem dann die Gliederung entwickelt und verfeinert wird. In Kapitel C haben wir als Vorstufe für die jetzt folgende weitere Durchdringung und Strukturierung unseres Forschungsvorhabens die 6 Ebenen des wissenschaftlichen Erkenntnisprozesses durchlaufen. Wie sich zeigte, sind die dabei anzustellenden Überlegungen eine wesentliche Vorarbeit, um die gewählte wissenschaftliche Themenstellung konzeptionell sowie operativ und instrumentell besser zu strukturieren und dadurch in den Griff zu bekommen.

Im Forschungsdesign (Research Design) geht es jetzt also um die inhaltliche Durchdringung des Themas und das explizite Herleiten von Beziehungen und Abhängigkeiten. Der Ansatz kann dabei entweder stärker auf die Ableitung von – primär erkenntnisorientierten – Ursachen-Wirkungs-Beziehungen oder von – primär handlungsorientierten – Maßnahmen-Ziel-Beziehungen ausgerichtet sein, worauf wir in diesem Kapitel noch näher eingehen. Die Aufstellung eines Forschungsdesigns fokussiert damit sowohl auf die Konzeptualisierung als auch auf die Operationalisierung der Forschungsthematik sowie der damit verbundenen (hypothetischen) Konstrukte.

Auf der Basis eindeutiger Definitionen geht es also nach der Abgrenzung und Kennzeichnung unterschiedlicher Klassen um die Beschreibung von inhaltlichen Phänomenen und dabei insbesondere von Ursachen-Wirkungs-Beziehungen. Sie sollen im Rahmen der Theorie über die Erklärung und Prognose zu zusätzlichen Erkenntnissen führen und damit gleichzeitig – theoriebasiert – die Grundlage für technologische Zweck-Mittel-Beziehungen bilden. Die Frage, die sich zunächst stellt, ist die, welche Konstrukte und damit inhaltlichen Aggregate auf welcher Ebene der Aggregation und damit Abstraktion zu untersuchen sind.

Unter **Aggregation** wird dabei die Verdichtung von Phänomenen und deren Ausprägungen verstanden, also z.B. die Zusammenfassung von Individuen zu Abteilungen oder dem gesamten Unternehmen und die bei diesen Gruppen von Individuen feststellbaren Einstellungen und Verhaltensweisen. Das Gegenteil hierzu ist in wissenschaftlichen Analysen die **Ableitung** und damit die Differenzierung sowie Konkretisierung von Gruppen bis auf die Ebene einzelner Individuen.

Typischerweise lassen sich bei wirtschafts- und sozialwissenschaftlichen Fragestellungen neuerdings **4 Analyseebenen der Forschung** unterscheiden, die einen unterschiedlichen Aggregationsgrad aufweisen. Sie sind in Abbildung E-2 aufgeführt (vgl. hierzu Duchmann 2010). Die Ebene mit dem höchsten Aggregationsgrad ist die 1. Ebene einer **gesamten Organisation**, also z.B. ein Unternehmen oder eine Non Governmental Organization (NGO) wie Greenpeace oder auch eine politische Partei. Die folgende 2. Ebene sind **unterschiedliche Gruppen**, die in einer formellen Struktur als Führungskräfte und Mitarbeiter oder als Abteilungen und Projektteams mit unterschiedlichen Aufgabenstellungen in einer Organisation gebildet werden oder die sich informell zusammenfinden, wie z.B. als Fahrgemeinschaften oder als Anhänger eines bestimmten Hobbys. Darunter folgen dann als 3. Analyseebene **Individuen**, also Einzelpersonen, die mit dem Fokus der Zielsetzung eines Forschungsprojektes z.b. interpersonell im Hinblick auf ihre Qualifikation, Motivation oder Empathie bzw. Kundenorientierung analysiert werden. Die 4. Ebene umfasst in der Forschung intrapersonelle Analysen, und zwar insbesondere neuroökonomische Untersuchungen. Sie sollen in einem konkreten Forschungsvorhaben – bezogen auf die interessierende Fragestellung – Erkenntnisse über bestimmte **Prozesse und Reaktionen im menschlichen Hirn**, wie z.B. bei dem hypothetischen Konstrukt Vertrauen oder Kundenbindung, liefern. Typisch sind hierbei Gedächtnisleistungen, Reiz-Reaktions-Mechanismen oder bestimmte Emotionen, die auf bestimmte Hormone und die Aktivierung von Nervenzellen zurückzuführen sind (vgl. Duchmann/ Töpfer 2008).

Aggrega-tionsgrad	Gegenstand:		Beispiel:	Ableitungsrichtung
	1. Analyseebene: Gesamte Organisation			
		• Unternehmen • NGO • Politische Partei	• Strategie • Nachhaltigkeit • Organisationsstruktur	Emergenz
	2. Analyseebene: Unterschiedliche Gruppen			
		• Abteilungen • Fahrgemeinschaften • Hobbyanhänger	• Mobbing • Rollenerwartungen • Gruppendruck	
	3. Analyseebene: Einzelne Individuen			
		• Mitarbeiter • Kunde • Frau/ Mann	• Qualifikation • Motivation • Empathie	
	4. Analyseebene: Prozesse und Reaktionen im menschlichen Hirn			
		• Hormone • Aktivierung von Nervenzellen	• Testosteron • Adrenalin • Kortisol	Reduktion

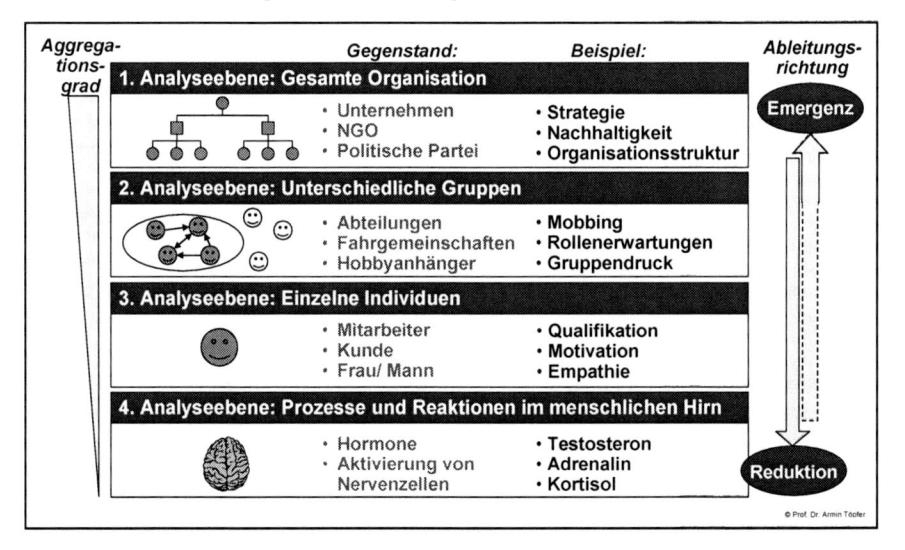

© Prof. Dr. Armin Töpfer

Abb. E-2: 4 Analyseebenen der Forschung

Von grundlegender Bedeutung sind in einem Forschungsvorhaben die Beziehungen zwischen den 4 Analyseebenen. Zunächst einmal ist die Frage zu beantworten, welche Analyseebene(n) in das konkrete Forschungsprojekt einbezogen werden. Dies ist die konkrete Entscheidung des Forschers, und damit ein Werturteil auf der 1. wissenschaftstheoretischen Ebene, also im Basisbereich. Um die Aussagefähigkeit der Erkenntnisse deutlich zu erhöhen, wird eine wissenschaftliche Analyse üblicherweise über mindestens 2 Analyseebenen durchgeführt.

Denn zwischen den Aggregaten auf den einzelnen Ebenen bestehen **Ableitungs- und Aggregationsbeziehungen**, die per se die Erkenntnisperspektive bereits erweitern. Beim Situativen Ansatz haben wir bereits den Fit zwischen der Organisationsstruktur und bestimmten Umfeldbedingungen als Situationsmerkmale angesprochen. Diesen Ableitungs- und Aggregationsbeziehungen liegen grundsätzlich Ursachen-Wirkungs-Zusammenhänge zu Grunde. So prägt in einer Mehr-Ebenen-Analyse die Priorisierung der Nachhaltigkeit in einer Organisation

(1. Ebene) beispielsweise das Rollenverhalten sowie den Gruppendruck auf der 2. Ebene und findet ihren Niederschlag auch in der verhaltensbezogenen Qualifikation und Motivation der Mitarbeiter (3. Ebene). Neuerdings lassen sich über die Analyse des menschlichen Hirns mit der funktionellen Magnet-Resonanz-Tomographie bei einzelnen Individuen dann auch verstärkte Nervenaktivierungen erkennen (z.B. bei Empathie, vgl. Duchmann/ Töpfer 2008). Der spezifische Forschungsansatz und die gewählte Mehr-Ebenen-Analyse schlagen sich unmittelbar in der Struktur und den Inhalten des Forschungsdesigns nieder.

Im Hinblick auf die beiden Ableitungsrichtungen der Reduktion oder der Emergenz ist von Forschungsinteresse, ob und in welchem Ausmaß dabei jeweils Ursachen-Wirkungs-Beziehungen existieren.

Bei der **Reduktion** geht es darum, die Eigenschaften eines komplexen Ganzen auf die Eigenschaften seiner Teile und vor allem auch auf die Beziehungen zwischen ihnen zurückzuführen (vgl. Nickles 1980, S. 548). Das Verhalten eines Systems kann also durch das Verhalten seiner Elemente erklärt werden. Im Idealfall besteht eine Isomorphie, also eine eineindeutige Phänomenzuordnung, der interessierenden Ursachen-Wirkungs-Beziehung auf der übergeordneten Analyseebene mit der entsprechenden Ursachen-Wirkungs-Beziehung auf der reduzierenden, also untergeordneten, Analyseebene.

Auf dieser Grundlage lässt sich die Forschungsfrage beantworten, in welchem Ausmaß und mit welchem Ergebnis organisations- und gruppenbezogene Phänomene in ihrer Wirkung auf der Individualebene auftreten und sich dann sogar auch auf neurowissenschaftliche bzw. speziell neuroökonomische Reiz-Reaktions-Mechanismen zurückführen lassen. So ist von DUCHMANN die kundenorientierte Wissensaufnahmefähigkeit des Unternehmens über die 3 unterschiedlichen Aggregationsebenen der Organisation, die traditionell als Makro-, Meso- und Mikro-Ebene bezeichnet werden, bis auf die 4. Ebene der neurowissenschaftlichen Analyse zurückgeführt worden. Hypothetische Konstrukte der Organisationstheorie und auch der Psychologie werden damit zusätzlich durch physiologische Prozesse erklärt (vgl. Duchmann 2010). Bei den organisationstheoretischen Untersuchungen messen wir verhaltensbezogene und damit vorwiegend psychologische Konstrukte mit anderen Methoden als den neurowissenschaftlichen Reiz-Reaktions-Mechanismen im menschlichen Gehirn. Die neurowissenschaftlichen Methoden erlauben heute die direkte Messung von vormals nicht beobachtbaren Konstrukten (vgl. Schilke/ Reimann 2007, S. 248 ff.).

Insbesondere bei der Messung organisationstheoretischer Konstrukte in der Betriebswirtschaftslehre bestehen für wissenschaftliche Analysen und die daraus abgeleiteten aussagefähigen Forschungsergebnisse relevante **Messprobleme ursächlicher Variablen**. Aufgrund der häufig mangelhaften Operationalisierungen ist an dieser Messung deutliche Kritik geübt worden (vgl. Boyd/ Gove/ Hitt 2005). Zu unterscheiden sind dabei immer **beobachtbare Variablen** als direkt messbare Größen bzw. Kriterien auf der einen Seite und **latente Variablen**, also nicht beobachtbare und damit nur indirekt über Indikatoren – als beobachtbare Phänomene – messbare Variablen, auf der anderen Seite. Beide können die eigentlich ursächlichen Einflussgrößen für die Erklärung eines Phänomens sein. Es liegt auf der Hand, dass diese Messanforderungen und -probleme – insbesondere bei den latenten Variablen – von gravierender Bedeutung für die Qualität der durch die Forschung ermittelten Erkenntnisse sind.

Wir gehen hierauf ausführlich in Kapitel G ein. Dort thematisieren wir die Erhebung empirischer Daten und die Prüfung der theoretischen Erkenntnisse mit quantitativen Methoden. Speziell vertiefen wir diese Anforderungen im Rahmen der Ausführungen zu **Kausalanalysen auf der Basis von Strukturgleichungsmodellen** (siehe Unterkapitel G.IV.5.b.)

Wir sprechen von der **Emergenz** als meta-hypothetischem Konstrukt immer dann, wenn organisationsbezogene Phänomene auf der übergeordneten 1. Analyseebene auftreten, ohne dass sie ursächlich und nachvollziehbar im Detail auf die darunter liegenden Ebenen der Gruppe und der Individuen zurückzuführen sind. In diesem Falle handelt es sich also um nicht reduzierbare ebenenspezifische Phänomene (vgl. Kim 2006, S. 547). Sie sind auf der übergeordneten Phänomenebene also beobachtbar, aber nicht ursächlich erklärbar, obwohl sie auf Wirkungsgefügen von Variablen auf nachgeordneten Ebenen basieren.

Dem liegt die Vermutung zu Grunde, dass durch Interaktionen von Teilen des Systems auf einer nachgeordneten Ebene charakteristische und weitgehend stabile „Muster" auf einer höheren Ebene zustande kommen. Die Besonderheit liegt darin, dass diese Phänomene auf der übergeordneten Ebene nicht vollständig auf ein für den Forscher transparentes Beziehungsgefüge auf einer nachgeordneten Ebene reduzierbar sind. Sie wirken also stärker global und nicht lokal und sind deshalb nicht erklärbar und damit auch nicht vorhersagbar (vgl. Humphreys 2006, S. 191).

Dies ist beispielsweise bei Erscheinungsformen organisationaler Phänomene bzw. Fähigkeiten der Fall, wenn z.B. eine Organisation bestimmte Riten und Regeln herausbildet, ohne dass dies als konkrete Zielsetzung an die Mitglieder der Organisation vorgegeben wurde. Ein weiteres Beispiel ist das Verhalten von Menschen in der Masse bei einer Sportveranstaltung, das sich deutlich von dem gezeigten Verhalten der Einzelnen als Individuen unterscheidet. So liegt allerdings die Vermutung nahe, dass neurowissenschaftliche Analysen von Reiz-Reaktions-Mechanismen im menschlichen Gehirn Ursachen-Wirkungs-Beziehungen zu Tage bringen können, die speziell bei Individuen in großen Menschenansammlungen mit spezifischen Massenphänomenen auftreten können bzw. werden.

Als **Zwischenfazit** bleiben folgende Erkenntnisse festzuhalten:

- Für die Erklärung von Phänomenen im menschlichen Lebensbereich ist es erforderlich, mehrere unterschiedliche Analyseebenen mit unterschiedlichen Aggregationsgraden zu berücksichtigen.

- Zwischen den einzelnen Analyseebenen bestehen Ableitungs- und Aggregationsbeziehungen.
- Organisationstheoretische Phänomene sind auf den übergeordneten Ebenen schwieriger direkt und auch indirekt zu messen als neurowissenschaftliche Phänomene auf der untersten reduzierenden Analyseebene.
- Messprobleme entstehen insbesondere durch eine mangelnde Konzeptualisierung und Operationalisierung hypothetischer Konstrukte sowie der dabei relevanten Ursachen-Wirkungs-Beziehungen.
- Phänomene auf übergeordneten Ebenen lassen sich durch Reduktion häufig auf nachgeordneten Ebenen mit dort auftretenden Ursachen-Wirkungs-Beziehungen erklären.
- Phänomene auf übergeordneten Ebenen, die relativ stabile Muster, ggf. sogar als Ursachen-Wirkungs-Beziehungen, aufweisen, lassen sich bei Existenz von Emergenz nicht durch Beziehungsgefüge und damit Ursachen auf einer nachgeordneten Ebene erklären sowie deshalb nicht darauf reduzieren.

Kommen wir jetzt wieder zurück zu der inhaltlichen Einführung des wissenschaftlichen Arbeitens mit Forschungsdesigns. Grundsätzlich dient ein **Forschungsdesign** dazu, komplexe Zusammenhänge für einen selbst und den Leser besser nachvollziehbar zu machen, weil man sie auf der Basis eines strukturierten Rasters durchdacht und eingeordnet hat. Dies gilt in gleicher Weise auch für die 4 Analyseebenen der Forschung in Abbildung E-2. Der Vorteil eines Forschungsdesigns liegt vor allem auch in der Visualisierung. Wie wir aus der Werbewirkungsforschung wissen, ist der Mensch in der Lage, ein Bild respektive eine Abbildung in einem Bruchteil der Zeit zu erfassen, die er benötigt, um die textlichen Aussagen hierzu zu lesen, zu verstehen und sich in seinem Gehirn eine entsprechend visualisierte Vorstellung zu schaffen (vgl. Töpfer 2007, S. 836).

Zweckmäßige Vorstufe eines Forschungsdesigns ist die **Formulierung von forschungsleitenden Fragen**. Ihre Funktion lässt sich am besten mit der folgenden Metapher erklären: Ohne forschungsleitende Fragen versucht ein Wissenschaftler den Erkenntnisraum vor sich, also das Erkenntnisobjekt, mit einem Scheinwerfer zu ergründen, der einen 180°-Winkel hat. Alles ist also im Licht und im Blickwinkel; alles ist damit wichtig und wert, erfasst und untersucht zu werden. Dies entspricht typischerweise unserem Bild des Wissenschaftlers als „Jäger und Sammler". Die Formulierung forschungsleitender Fragen für ein spezifisches Forschungsprojekt bedeutet, dass – um in der Metapher zu bleiben – der Kegel des Scheinwerfers deutlich reduziert wird, also beispielhaft nur noch 40° scharf ausgeleuchtet werden. Das Erkenntnisobjekt ist jetzt themenspezifisch sinnvoll eingeschränkt worden. Dadurch ist bei der Sichtung und Sammlung relevanter Literaturquellen eine klare Entscheidung möglich, welche Quellen themenspezifisch wichtig und welche weniger wichtig sind.

Die so erreichte Fokussierung des Themas bildet die Grundlage für das Forschungsdesign. Die weiterführende Schlussfolgerung aus einem Forschungsdesign ist dann die Formulierung von aussagefähigen Hypothesen als vermutete Ursachen-Wirkungs-Beziehungen und hierauf basierend von validen spezifischen Maßnahmen-Ziel-Konzepten.

I. Die Einordnung des Forschungsdesigns in das Konzept der 4 Designarten

1. Scharnierfunktion des Forschungsdesigns

Die Übersicht in der Abbildung E-3a zeigt die Einordnung des Forschungsdesigns in den Kontext der 4 unterschiedlichen Designarten. Wie leicht nachvollziehbar ist, kommt ihm als „Scharnier" eine zentrale Rolle zu. Im Forschungsdesign erfolgt die konkrete inhaltliche Umsetzung der im Untersuchungsdesign vorgesehenen Inhaltsteile. Hat das Untersuchungsdesign den Inhalt und die Reihenfolge der Analysen sowie damit den gesamten Ablauf der Untersuchung in Form eines „Fahrplans" dargestellt, so konzentriert sich das anschließende Forschungsdesign auf die inhaltliche Konzeptualisierung und Operationalisierung der gewählten Forschungsthematik. Um es in einem Bild auszudrücken: Das Untersuchungsdesign gibt einen Überblick aus der „Vogelperspektive", das Forschungsdesign erarbeitet alle inhaltlichen Details aus der „Froschperspektive". Im Zentrum des Forschungsdesigns steht also die inhaltlich vernetzte Darstellung der einzelnen Thementeile. Im Übergang vom Entdeckungs- zum Begründungszusammenhang ist hierbei die Konzeptualisierung und anschließende Operationalisierung der einzelnen Konstrukte und Variablen zu leisten, so dass diese für die späteren Messungen genügend konkretisiert sind und die – als Hypothesen aufzustellenden – vermuteten Ursachen-Wirkungs-Beziehungen auf dieser Basis geprüft werden können.

> Das **Forschungsdesign** nimmt eine zentrale Rolle innerhalb der 4 Designarten ein. Es umfasst die Konzeptualisierung als möglichst innovative Ausrichtung des Erklärungskonzeptes im Rahmen des Entdeckungszusammenhangs und die Operationalisierung als Präzisierung der Inhaltsbereiche und Messgrößen für die Überprüfung der hypothetischen Ursachen-Wirkungs-Beziehungen.

Auf den Punkt gebracht, ist das Forschungsdesign also – wie es die Bezeichnung bereits ausdrückt – der Kern und damit das **Herzstück des eigenen Forschungsvorhabens**, in dem der konzeptionelle Rahmen und die Basis für die eigenen theoretischen Analysen der Erklärung und Prognose gelegt werden. Durch die Konzeptualisierung werden, auf der Basis forschungsleitender Fragen, die zentralen inhaltlichen Analysefelder vernetzt; im Rahmen der Operationalisierung werden die Messgrößen für deren empirische Untersuchung bestimmt.

Bei nicht wenigen wissenschaftlichen Arbeiten ist zu beobachten, dass entweder kein Forschungsdesign den wissenschaftlichen Analysen vorangestellt, oder aber dass das Forschungsdesign unterbewertet eingeordnet wird. Dem Leser wird dann keine oder nur eine geringe Chance zum Nachvollziehen – und dies heißt auch zum „Nachdenken" – der analysierten Ursachen-Wirkungs-Beziehungen gegeben. So kann er beispielsweise nicht oder nicht klar genug ersehen, ob der Autor stärker erkenntnis- oder handlungsorientiert arbeitet.

148 E. Das Forschungsdesign

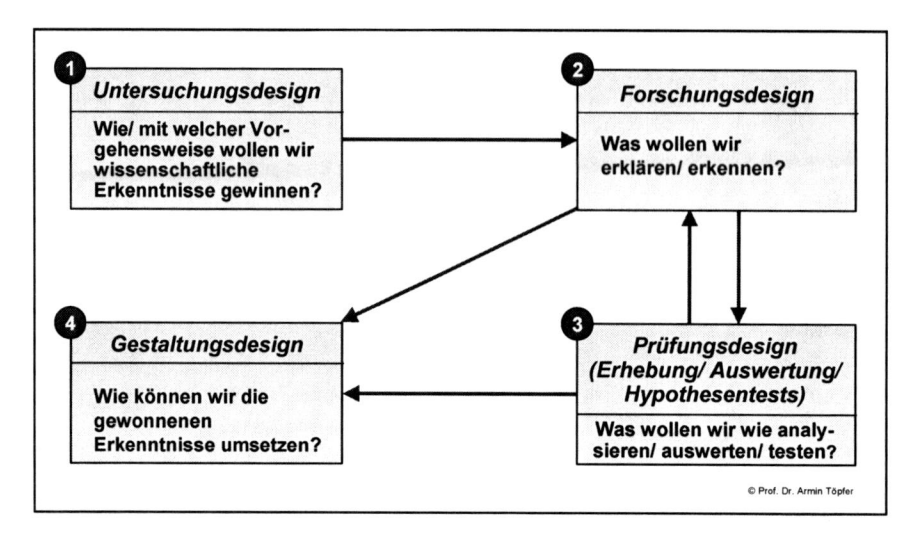

```
┌─────────────────────────────────────────────────────────────────┐
│  ❶ Untersuchungsdesign              ❷ Forschungsdesign          │
│  Wie/ mit welcher Vor-                                          │
│  gehensweise wollen wir   ────▶    Was wollen wir               │
│  wissenschaftliche                  erklären/ erkennen?         │
│  Erkenntnisse gewinnen?                                         │
│                                            ▲                    │
│                                            │                    │
│                                            ▼                    │
│  ❹ Gestaltungsdesign               ❸ Prüfungsdesign             │
│                                      (Erhebung/ Auswertung/     │
│  Wie können wir die                  Hypothesentests)           │
│  gewonnenen              ◀────                                  │
│  Erkenntnisse umsetzen?              Was wollen wir wie analy-  │
│                                      sieren/ auswerten/ testen? │
│                                                                 │
│                                          © Prof. Dr. Armin Töpfer│
└─────────────────────────────────────────────────────────────────┘
```

Abb. E-3a: Die 4 Designarten

Das **Untersuchungsdesign** hat also die Frage beantwortet, was wir untersuchen wollen und wie bzw. mit welcher Vorgehensweise wir wissenschaftliche Erkenntnisse gewinnen wollen. Es liefert damit die „Landkarte" für das Vorgehen und den Prozess der Analyse. Im **Forschungsdesign** wird diese Roadmap inhaltlich umgesetzt. Hierzu werden die auf das Forschungsthema und -problem bezogenen Fragen beantwortet, die wir durch Erkenntnisse theoretisch lösen bzw. durch formulierte Hypothesen erklären wollen.

Die empirische Analyse wird dann anhand des 3. Designbausteins, dem **Prüfungsdesign**, durchgeführt. Im Zentrum stehen dabei die Erhebung von Informationen/ Daten, deren Auswertung sowie hierauf bezogene Hypothesentests. Der Inhalt solcher konfirmatorischen Analysen kann sich sekundärstatistisch auf die bisherigen Ergebnisse der empirischen Forschung beziehen oder eigene primärstatistische Analysen, z.B. in Form von Beobachtungen, Befragungen oder Experimenten, zum Gegenstand haben. Das Ziel besteht darin, die formulierten Hypothesen auf ihre Gültigkeit hin zu überprüfen. Bei einer Falsifikation sind sie entsprechend zu modifizieren und generell im Hinblick auf ihr statistisches Signifikanzniveau zu dokumentieren, welches zur Beibehaltung oder Verwerfung führte. Hierdurch wird insgesamt die Frage beantwortet, was wir analysieren bzw. erheben/ erfragen wollen und wie wir dieses auswerten/ testen. Die enge Vernetzung mit dem Forschungsdesign ist durch die gegenläufigen Pfeile in Abbildung E-3a angedeutet.

Das **Gestaltungsdesign** wird direkt aus dem Forschungsdesign und dem Prüfungsdesign abgeleitet. Empirisch bestätigte bzw. auch nicht bestätigte Hypothesen determinieren das Spektrum an geeigneten Maßnahmen zur Erreichung der formulierten Ziele. Auf diese Weise und auf dieser Basis werden konkrete Gestaltungs- und Handlungsempfehlungen gegeben, und es wird die Frage beantwortet, wie wir die gewonnenen Erkenntnisse zur Problemlösung und Zielerreichung umsetzen können. Das Gestaltungsdesign ist, wie Abbildung E-3b bezogen auf die

I. Einordnung des Forschungsdesigns in das Konzept der 4 Designarten 149

Aufgabenschwerpunkte der 4 Designarten anspricht, im Hinblick auf den zu Grunde gelegten theoretischen Erklärungs-/ Prognoseansatz häufig um zusätzliche Rahmenbedingungen und auch Gestaltungsbereiche zu ergänzen, die als situative Gegebenheiten und Maßnahmen bei einer konkreten Ausgangslage und Zielsetzung erforderlich sind. Die Maßnahmen beziehen sich dabei auf Inhalte, Prozesse und/ oder Systeme. Wir gehen hierauf in Kapitel H beim Gestaltungsdesign näher ein.

Untersuchungsdesign (Vorgehen)
- Fahrplan des wissenschaftlichen Erkenntnis- und Anwendungsprozesses
- Inhalt und Reihenfolge der Analysen
- ↳ Nachvollziehbare Grundlage für den gesamten Forschungs- und Umsetzungsprozess schaffen

Forschungsdesign (Theorie)
- Aufstellen von vermuteten Ursachen-Wirkungs-Beziehungen als Hypothesen
- Theorienbildung über Entdeckungs- und Begründungszusammenhang zur Erklärung und Prognose
- ↳ Zusammenhänge und Ursachen-Wirkungs-Beziehungen analysieren und ausdifferenzieren

Prüfungsdesign (Erhebung, Auswertung, Hypothesentests) (Überprüfung)
- Struktur und Ergebnisse der empirischen Forschung
- Bei Falsifikation Modifizierung der Theorie, ansonsten vorläufige Beibehaltung
- ↳ Theoretisches Wissen an Vorgängen bzw. Phänomenen in der Realität testen

Gestaltungsdesign (Technologie)
- Umsetzung des Forschungsdesigns in ein Gestaltungsdesign
- Ergänzung um zusätzliche Rahmenbedingungen/ Gestaltungsbereiche
- ↳ Erworbenes/ geprüftes Wissen in/ für die Praxis bezogen auf Inhalte/ Prozesse/ Systeme umsetzen

© Prof. Dr. Armin Töpfer

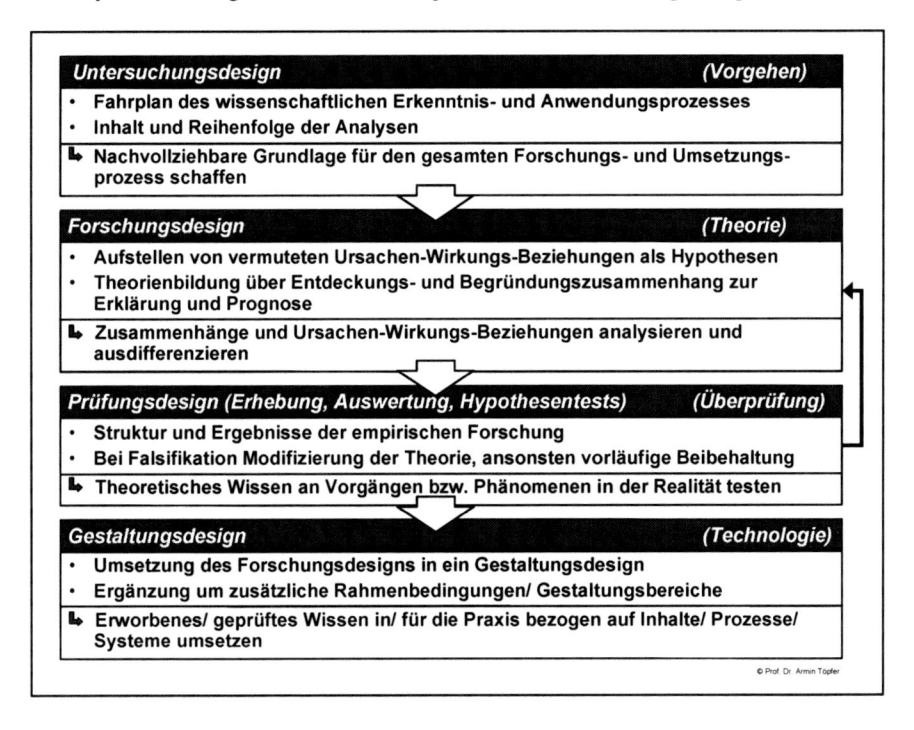

Abb. E-3b: Aufgabenschwerpunkte der 4 Designarten

In der Literatur finden sich für die hier bewusst unterschiedenen Strukturierungen des Untersuchungs- und Forschungsdesigns häufig andere, bezogen auf die damit insgesamt verbundenen Inhalte und Zielsetzungen aber weitgehend synonyme Begriffe. Wir sind hierauf bereits zu Beginn des Kapitels B eingegangen. ATTESLANDER z.B. bezeichnet den wissenschaftlichen Analyseprozess im Ganzen als Forschungsablauf und stellt dabei unterschiedliche Forschungsdesigns vor, womit aber eher verschiedene Forschungsrichtungen gekennzeichnet werden (vgl. Atteslander 2008, S. 17 ff.; 44 ff.). BORTZ/ DÖRING behandeln allgemein die Untersuchungsplanung und verwenden im Zusammenhang mit der Konzeption empirischer Untersuchungen den Begriff Untersuchungsdesign (vgl. Bortz/ Döring 2006, S. 46 ff.; 87 ff.). Ähnlich verfährt DIEKMANN, er gebraucht hierfür allerdings den Begriff Forschungsdesign als Phase 3 innerhalb des von ihm vorgestellten Untersuchungsablaufs (vgl. Diekmann 2008, S. 187 ff.).

150   E. Das Forschungsdesign

In diesem Kapitel gehen wir im Detail auf Forschungsdesigns ein. In Abbildung E-4 finden Sie eine Übersicht mit den **wesentlichen Inhalten und Zusammenhängen eines Forschungsdesigns**. Sie sind in Abhängigkeit von der konkreten Fragestellung des Forschungsprojektes inhaltlich auszudifferenzieren und zu vernetzen. Die hierin aufgezeigten Inhalte und Zusammenhänge werden im Folgenden in der Klassifikation von FRITZ wieder verwendet.

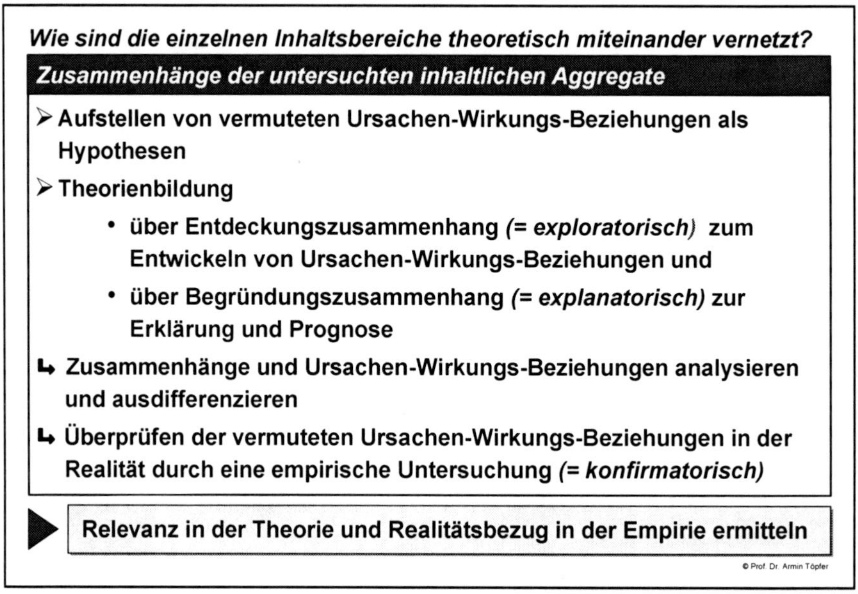

Wie sind die einzelnen Inhaltsbereiche theoretisch miteinander vernetzt?

Zusammenhänge der untersuchten inhaltlichen Aggregate

➢ **Aufstellen von vermuteten Ursachen-Wirkungs-Beziehungen als Hypothesen**

➢ **Theorienbildung**
  - über Entdeckungszusammenhang (= *exploratorisch*) zum Entwickeln von Ursachen-Wirkungs-Beziehungen und
  - über Begründungszusammenhang (= *explanatorisch*) zur Erklärung und Prognose

↳ **Zusammenhänge und Ursachen-Wirkungs-Beziehungen analysieren und ausdifferenzieren**

↳ **Überprüfen der vermuteten Ursachen-Wirkungs-Beziehungen in der Realität durch eine empirische Untersuchung** (= *konfirmatorisch*)

▶ **Relevanz in der Theorie und Realitätsbezug in der Empirie ermitteln**

© Prof. Dr. Armin Töpfer

Abb. E-4: Inhalte und Zusammenhänge eines Forschungsdesigns

2. Grundlegende empirische Forschungsdesigns

FRITZ ist einer der wenigen Autoren, die den Begriff Forschungsdesign expliziter verwenden, und zwar im hier verstandenen Sinne. Er liefert hierzu eine zweidimensionale Klassifikation unterschiedlicher empirischer Forschungsdesigns, auf die wir nachstehend ausführlicher eingehen (vgl. Fritz 1995, S. 59 ff.).

Bezogen auf die Verbindung zwischen unserem Forschungs- und Prüfungsdesign unterscheidet FRITZ 6 grundlegende empirische Forschungsdesigns, die in Abbildung E-5 wiedergegeben sind. Die beiden Dimensionen sind das generelle Untersuchungsziel und die Art der jeweils angestrebten Aussagen. Zur besseren Nachvollziehbarkeit haben wir die beiden Untersuchungsziele mit Buchstaben und die Aussagearten mit Ziffern gekennzeichnet. Der aufmerksame Leser wird bemerkt haben, dass FRITZ den Begriff explikativ anders, nämlich zur Kennzeichnung von „erklärend", verwendet als wir in diesem Forschungs-Leitfaden. Explikativ wird in unserem Sinne erläuternd für hypothetische bzw. theoretische Kon-

I. Einordnung des Forschungsdesigns in das Konzept der 4 Designarten 151

strukte gebraucht und nicht erklärend wie in unserem Sinne der Begriff explanatorisch. Der Aussagekraft des Klassifikationsschemas von FRITZ tut dies aber keinen Abbruch.

Dabei verwendet FRITZ für die Kennzeichnung des Untersuchungsziels die beiden Klassen **exploratorisch bzw. explorativ (A)**, also entdeckend bzw. erkundend, und **konfirmatorisch (B)**, also bestätigend. Damit wird die Unterscheidung darin gesehen, ob das Ziel eines empirischen Forschungsprojekts dahin geht, Inhalte, Wirkungszusammenhänge und damit Strukturen aufzudecken, oder ob es darauf abzielt, unterstellte theoretische Zusammenhänge und damit vor allem hypothetische Ursachen-Wirkungs-Beziehungen zu überprüfen und zu bestätigen. Bezogen auf die Aussagenart differenziert er zwischen 3 Ausprägungen, nämlich **deskriptiven (1)**, also beschreibenden, oder **explikativen (2)**, also erklärenden, oder **instrumentellen (3)**, also umsetzenden, im Sinne von auf technologische Mittel bezogenen, Aussagen. Alle 3 Aussagenarten können bei den beiden unterschiedlichen Zielrichtungen der Forschung jeweils im Vordergrund stehen.

Untersuchungsziel / Aussagenart	**A** Exploratorisch (entdeckend)	**B** Konfirmatorisch (bestätigend)
① **Deskriptiv** (beschreibend)	**ED-Design:** (A1) z.B. Ermittlung von Konsumentengruppen nach ökonomischen und ökologischen Kriterien mittels Clusteranalyse	**KD-Design:** (B1) z.B. Überprüfung des Einstellungsmodells LOHAS mittels konfirmatorischer Faktorenanalyse
② **Explikativ** (erklärend)	**EE-Design:** (A2) z.B. Systematische Modifikation des Kausalmodells zur Entdeckung neuer erklärungsrelevanter Zusammenhänge als Ursachen	**KE-Design:** (B2) z.B. Überprüfung des Kausalmodells zur Erklärung des Unternehmenserfolgs mit LOHAS-Produkten
③ **Instrumentell** (umsetzend/ auf Mittel bezogen)	**EI-Design:** (A3) z.B. Entwicklung von Marktforschungsmodellen mit LOHAS-Variablen	**KI-Design:** (B3) z.B. Systematische Überprüfung der Leistungsfähigkeit von Multi-Attributiv-Modellen

➩ ... Zweckmäßige Vorgehensweise in Forschungsvorhaben

Basis: Fritz 1995, S. 60   © Prof. Dr. Armin Töpfer

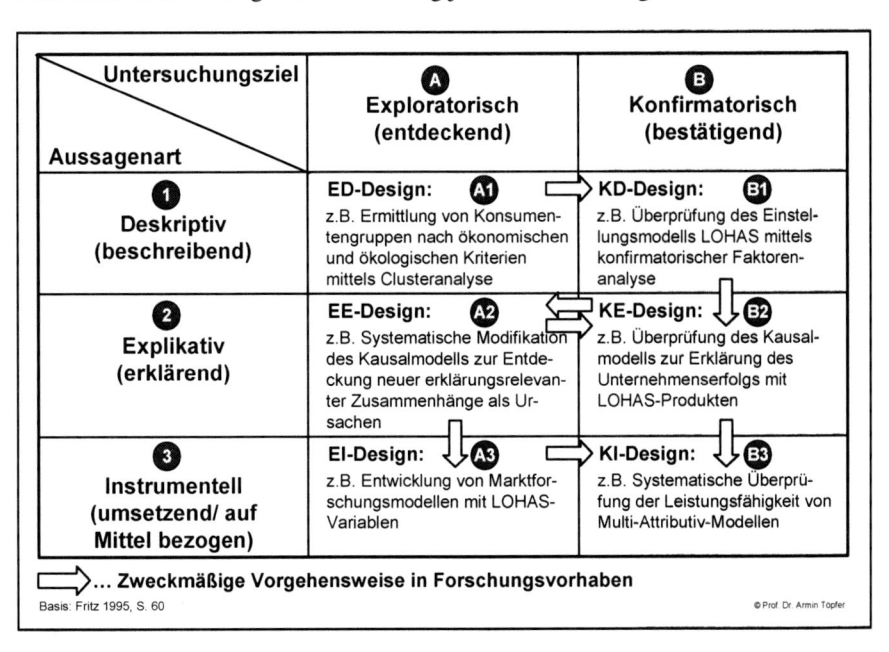

Abb. E-5: 6 grundlegende empirische Forschungsdesigns mit Forschungsbeispielen

Dass in dieser Übersicht die Aussagenart 2 als explikativ – und nicht als explanatorisch – gekennzeichnet wird, ist also – wie oben schon angesprochen – in der Systematik dieser Klassifikation begründet. Die hier als eigenständige Dimension herangezogenen Aussagenarten stehen sämtlich im Rang von Instrumenten, um Darstellungen im Kontext der jeweiligen Untersuchungsziele (A) oder (B) zu erreichen. Zur Kennzeichnung der Aussagenart 2 erfolgt deshalb ein Rückgriff auf die Stufe der Begriffsbildung; dort wird unter Explikation das Finden besserer Begriffsklärungen verstanden (vgl. Stegmüller 1965, S. 374 ff.). Lateinisch stehen explanare wie explicare für erklären; dabei hat sich die Ableitung explanatorisch (samt Explanans und Explanandum; siehe hierzu Kap. C.II.4.a.) für wissenschaftliche Aussagensysteme über Ursachen-Wirkungs-Beziehungen eingebürgert, während die Explanation – wie auch in unserem Forschungs-Leitfaden – regelmäßig eine Ebene tiefer angesiedelt wird (vgl. Chmielewicz 1994, S. 51 f.; 152). Über den Zweck-Mittel-Charakter der Aussagenarten für das Erreichen der Untersuchungsziele ist es also nachzuvollziehen, dass die Art der Aussagen 2 in Abbildung E-5 als explikativ für (A) oder (B) bezeichnet wird.

Zu den von FRITZ als Kombinationen der beiden Dimensionen gegeneinander abgegrenzten 6 unterschiedlichen empirischen Forschungsdesigns haben wir jeweils ein aktuelles Beispiel formuliert. Es bezieht sich auf neuere Erkenntnisse der Einstellungsforschung und legt diese für weitere strategische Ausrichtungen und Erklärungen des Unternehmenserfolges zu Grunde. Ausgangsbasis ist eine immer stärker erkennbare und besser abgrenzbare Gruppe von Konsumenten, die stark gesundheits- und umweltbewusst ist. Sie wird mit dem englischen Begriff **LOHAS** umschrieben, der für „**Lifestyle of Health and Sustainability**" steht (vgl. Töpfer 2008, S. 203 f.; Schmidt/ Littek/ Nickl 2007; Kirig/ Wenzel 2009; Stadler 2008; Wutscher 2008). In unserem Beispiel stellt sich die Frage, welche Bedeutung und Konsequenzen für die Unternehmenspolitik von dieser neuen Konsumentengruppe ausgehen.

Eine **exploratorisch-deskriptive Forschung (ED-Design – A1)** zielt darauf ab, bestimmte Gestaltungsfelder zu entdecken und zu beschreiben. Bezogen auf unser Beispiel geht es also um die Ermittlung von Konsumentengruppen als unterscheidbare Marktsegmente nach definierten ökonomischen und ökologischen Kriterien auf der Basis einer Clusteranalyse. Durch die Clusteranalyse werden die Konsumenten als Objekte in möglichst homogene Gruppen entsprechend den Ausprägungen der definierten Kriterien zusammengefasst. Der Ansatz ist also deutlich handlungsorientiert, zumal in dieser Phase des wissenschaftlichen Erkenntnisprozesses keine theoretischen Entwürfe bzw. Konzepte formuliert werden.

Die hier und im Folgenden angesprochenen **statistischen Auswertungsverfahren** werden in Kapitel G.IV. näher ausgeführt.

Im Vergleich hierzu setzt eine **konfirmatorisch-deskriptive Forschung (KD-Design – B1)** bereits auf Modellvorstellungen bzw. Theorieentwürfen auf, welche die wesentliche Grundlage für empirische Analysen zur Überprüfung und Bestätigung bilden. Die bisherigen Erkenntnisse und Forschungsergebnisse zur Konsumentengruppe LOHAS liefern hierfür die Basis. Der Forschungsansatz ist hier also zumindest in Ansätzen im wissenschaftstheoretischen Sinne erkenntnisorientiert. Jetzt kann es beispielsweise darum gehen, anhand detaillierter Einstellungsvariablen bezogen auf die Bereiche Gesundheit und ökologische Nachhaltigkeit mithilfe einer konfirmatorischen Faktorenanalyse herauszuarbeiten und damit zu überprüfen, ob ein Faktor, der auf den LOHAS-Variablen basiert, eine hohe Bedeutung besitzt. Dies führt zu einer Überprüfung des aufgestellten und bisher gängigen Einstellungsmodells.

Exploratorisch-explikativ (EE-Design – A2) ist eine empirische Forschung immer dann, wenn theoriebasierte Erklärungskonzepte bereits erarbeitet und überprüft wurden, ihre beschränkte Erklärungskraft aber Modifikationen erforderlich macht. Dies ist bei unserem Beispiel dann der Fall, wenn sich etwa herausstellt, dass die LOHAS-Konsumenten deutlich stärker bei den Altersgruppen unter 40 Jahren vertreten sind und Unternehmen, die sich mit ihren Produkten und ihrem Marketing hierauf konzentrieren, einen höheren Erfolg aufweisen als andere Unternehmen mit ökologie- und gesundheitsorientierten Produkten. Eine Modifikation des theoretischen Ansatzes in dieser Weise bzw. des entsprechenden Kausalmodells führt dann eventuell zur Entdeckung neuer erklärungsrelevanter Zusammenhänge, nämlich zielgruppenbezogen zur altersmäßigen Präzisierung und unternehmensbezogen zur produktspezifischen Differenzierung.

Die **konfirmatorisch-explikative Forschung (KE-Design – B2)** hat hingegen die Überprüfung theoretisch bereits relativ geschlossener Konzepte im Hinblick auf ihre Validität, also Gültigkeit (Bestätigung gegenüber Verwerfung), zum Gegenstand. Im Beispiel findet somit eine Überprüfung des Kausalmodells zur Erklärung des Unternehmenserfolgs statt, und zwar in der Weise, ob Unternehmen als betrachtete Objekte, die sich konsequent mit ihren Produkten auf die Konsumentengruppe mit stark ausgeprägten LOHAS-Variablen ausrichten, zur Spitzengruppe, also den erfolgreichsten Unternehmen, zählen. Der Erfolg einer Gruppe von Unternehmen kann also über diese LOHAS-Variablen erklärt und nachgewiesen werden, die sie in ihren Produkten systematisch umsetzen.

Eine exploratorisch-instrumentelle Forschung bezweckt, wie die konfirmatorisch-instrumentelle Forschung, die Anwendung der gewonnenen Erkenntnisse auf konkrete betriebliche Sachverhalte. Im 1. Fall, der **exploratorisch-instrumentellen Forschung (EI-Design – A3)**, geht es um die Entwicklung neuer instrumenteller Konzepte. Bezogen auf unser Beispiel kann dies ein neues Design für Marktforschungsprojekte sein, um bei der Einstellungsforschung bei Konsumenten neben ökonomischen Kriterien auch psychografische Kriterien mit LOHAS-Charakter systematisch zu erfassen.

Im 2. Fall, der **konfirmatorisch-instrumentellen Forschung (KI-Design – B3)**, steht die systematische Überprüfung von entwickelten Konzepten im Vordergrund, also z.B. die Leistungsfähigkeit von Multi-Attributiv-Modellen, mit denen neben ökonomischen Kriterien, wie dem Preis-Leistungs-Verhältnis oder der Qualität, auch Einstellungskriterien, wie ökologieorientiertes Verhalten, auf ihre Priorität bewertet werden und damit daraufhin, ob sie bei hoher Ausprägung gegenüber ökonomischen Kriterien für Kaufentscheidungen dann ausschlaggebend sind. Das Ergebnis dieser konfirmatorischen Analyse kann aber beispielsweise auch sein, dass Konsumenten mit sehr stark ausgeprägten LOHAS-Kriterien zugleich auch ein attraktives Preis-Leistungs-Verhältnis und ein hohes Qualitätsniveau priorisieren.

Bezogen auf die **Ebenen des Hauses der Wissenschaft** (siehe Abb. E-1) werden durch diese Klassifikation demnach die Ebenen 3, 4 und 5 abgedeckt. Der Teil der Ebene 3, der Deskription, der sich auf die Formulierung eines theorieorientierten Designs und damit die Konzeptualisierung des Forschungsvorhabens bezieht, wird durch die Felder A1 und B1 angesprochen. Inhalte der 4. Ebene, der Theorie, werden durch die Felder A2 und B2 ausgeführt. Die Basis für Gestaltungsempfehlungen auf der Grundlage der 5. Ebene, der Technologie, wird in den Feldern A3 und B3 geschaffen.

Die auf der Grundlage des Ansatzes von FRITZ vorgestellten und mit dem LOHAS-Beispiel erläuterten 6 grundlegenden empirischen Forschungsdesigns sind, wie die vorstehenden Ausführungen gezeigt haben, nicht jeweils isoliert, sondern in ihrem sukzessiven Zusammenhang zu betrachten. Dieser wird mit den in die Abbildung E-5 eingetragenen Pfeilen zum Ausdruck gebracht. Einzelne Forschungsvorhaben können ihren Schwerpunkt in einem der 6 Felder haben, so dass insgesamt mit den unterschiedlichen Forschungsdesigns letztlich ein ganzer Forschungszyklus bezogen auf eine zunächst neue und dann immer differenzierter untersuchte Thematik umfasst wird. In einer ähnlichen Weise grenzen wir 2 grundlegende Typen von Forschungsdesigns ab, und zwar erkenntnisorientierte (entsprechen in etwa A1, B1, A2, B2) gegenüber handlungsorientierten (entsprechen in etwa A3, B3). Dabei weist auch unser Ansatz zur Darstellung der Forschungsdesigns eine zweite Richtung auf, und zwar unterscheiden wir erkenntnis- und handlungsbezogen generell in 4 verschiedene Ebenen, die im Rahmen eines Forschungsdesigns abzudecken sind.

Die Frage ist nun, wie der **Zusammenhang zwischen diesen 6 grundlegenden empirischen Forschungsdesigns** konkret aussieht. Aus den vorstehenden Ausführungen wird erkennbar, dass die Konzeptualisierung und Operationalisierung eines Forschungsvorhabens immer zuerst auf der 1. Spalte der grundlegenden empirischen Forschungsdesigns aufsetzt, also zunächst exploratorisch-deskriptiv (A1) ist. Danach können hypothetische Konstrukte im Rahmen erster konfirmatorisch-deskriptiver Analysen (B1) überprüft/ bestätigt werden, worauf eine dezidierte konfirmatorisch-explikative Untersuchung (B2) möglich ist, also beispielsweise die Validität des um LOHAS-Variablen respektive -Produkte erweiterten Kausalmodells zur Erklärung des Unternehmenserfolgs getestet werden kann. Ist die Erklärungskraft dieses erkenntnisorientierten theoretischen Ansatzes noch nicht groß genug, was auf explanatorische Defizite hinweist, dann empfiehlt sich eine exploratorisch-explikative Erweiterung (A2), um über die systematische Modifikation der Ursachen-Wirkungs-Beziehungen im Modell neue erklärungsrelevante Variablen und Zusammenhänge respektive Wirkungsbeziehungen aufzudecken. In unserem Beispiel war dies die Fokussierung der LOHAS-Produkte auf bestimmte Altersgruppen.

Das explanatorische, also erklärende, Defizit bestand darin, dass – dem Ansatz der Evolutionstheorie entsprechend – eine Gruppe von Unternehmen nicht ausreichend erkannt wurde, die sich in ihrem Produktangebot mit hohem Erfolg sehr spezifisch auf die LOHAS-Konsumentengruppe eines bestimmten Alters ausgerichtet hat. Gegenstand dieses Forschungsansatzes ist jetzt also keine breite Feldforschung über alle Konsumenten und alle Unternehmen als Objekte hinweg. Vielmehr steht in beiden Richtungen die Segmentierung nach LOHAS-Variablen im Vordergrund, zum einen ob sie bei Konsumenten kaufentscheidend und zum anderen ob sie bei Unternehmen produktbestimmend sind. Damit ist das Herausfiltern einer – gegenwärtig – noch kleinen Gruppe von Konsumenten, die von einer kleinen Gruppe von Unternehmen spezifisch und erfolgreich bedient wird, das Erkenntnisziel dieser Forschung.

Aus beiden stärker erkenntnisorientierten Designs mit der explikativen bzw. erklärenden Aussagenart lassen sich jetzt instrumentelle Schlussfolgerungen, also rein handlungsorientierte Maßnahmen/ Ergebnisse, ableiten. Generell ist hier die Abfolge wiederum so, dass zunächst exploratorisch-instrumentell (A3) vorgegangen wird, also z.B. neue Marktforschungsmodelle mit LOHAS-Variablen entwickelt werden. Auf dieser Grundlage können dann konfirmatorisch-instrumentell (B3) erweiterte, komplexe Multi-Attributiv-Modelle im Hinblick auf ihre Leistungsfähigkeit systematisch untersucht werden.

Nach der Konzeptualisierung mit der explikativen Aussagenart ist die Operationalisierung zunächst für konfirmatorische Analysen auf der Basis von Messgrößen erforderlich. Verstärkt wird die Operationalisierung noch auf der instrumentellen Ebene. Insgesamt lässt sich mit dieser Abfolge zunächst das teilweise vorwissenschaftliche, weil deskriptive, Wissenschaftsziel verfolgen, das aber eine wichtige Vorstufe für das theoretische Wissenschaftsziel ist. Auf der Basis der Empirie als kritischer Prüfinstanz kann dann auch ein Beitrag zur Erfüllung des pragmatischen Wissenschaftsziels mit konkreten Gestaltungs- und Handlungsempfehlungen gegeben werden.

Für Ihre eigene Forschungsarbeit bietet die Klassifikation von FRITZ 2 Ansatzpunkte: Zum einen hilft sie Ihnen persönlich, Ihr Forschungsfeld und Ihr genaues Forschungsthema, basierend auf dem gegenwärtigen Stand der diesbezüglichen Forschung, nach dem Untersuchungsziel, also exploratorisch und konfirmatorisch, und nach der (den) Aussagenart(en), also deskriptiv, explikativ/ explanatorisch und instrumentell, einzuordnen. Sie selbst durchdenken und präzisieren das jeweilige Forschungsdesign, das Sie mit Ihrem eigenen Forschungsvorhaben realisieren wollen, und Sie können es diesen 6 grundlegenden Forschungsdesigns zuordnen. Dies schafft konzeptionelle und methodische Klarheit. Zum anderen ist von Ihnen dann die Frage zu beantworten, ob Sie die Ergebnisse dieses Analyse- und Zuordnungsprozesses anderen auch nachvollziehbar und damit transparent machen wollen. Ist dies der Fall, dann gibt das auf ihre Arbeit spezifisch ausgerichtete Klassifikationsschema dem Leser einen gut strukturierten Überblick über Ihre Zielsetzung und Ihre methodische Vorgehensweise.

II. Das Forschungsdesign als Vernetzung der Inhalte, Beziehungen und Abhängigkeiten aller untersuchten Aggregate

1. Forschungsleitende Fragen als wesentliche Vorarbeit

Wie bereits angesprochen, sind forschungsleitende Fragen immer die Vorstufe eines Forschungsdesigns. Sie helfen Ihnen, die gewählte Themenstellung besser zu durchdringen, und sie geben dem Leser Zielrichtung und Hilfestellung, Ihren wissenschaftlichen Erkenntnis- und Argumentationsprozess besser nachvollziehen zu können. Dabei empfiehlt es sich, die forschungsleitenden Fragen in 3 Rubriken mit der nachstehenden Reihenfolge zu untergliedern:

- Deskriptive Forschungsfragen
- Theoretische Forschungsfragen
- Praxeologische Forschungsfragen.

Dadurch ist Ihr Forschungsansatz auf der Konstruktebene (deskriptiv) klar unterscheidbar von den Forschungszielen im Bereich der Erklärung und Prognose (theoretisch und ggf. empirisch) sowie der Gestaltungs- und Handlungsempfehlungen (praxeologisch respektive technologisch). Dies erleichtert dem Gutachter/ Leser die differenzierte Nachvollziehbarkeit.

Entsprechend den Grundsätzen des Dialogmarketing ermöglichen forschungsleitende Fragen den stummen Dialog zwischen Forscher und Leser. Mit Fragen führen Sie den Leser inhaltlich durch Ihre Arbeit. In Abbildung E-6 ist das vereinfachte Grundmuster von forschungsleitenden Fragen wiedergegeben.

> ➢ **Machen Aussagen zu zentralen Zielrichtungen und Inhalten der Erkenntnisgewinnung**
>   - → **Was wollen wir erkennen bzw. erklären?**
>   - → **Wo, also in welchen Inhaltsbereichen, wollen wir etwas erkennen bzw. erklären?**
>   - → **Wie, also mit welchen wissenschaftlichen Methoden, wollen wir es erkennen bzw. erklären?**
> ➢ **Ermöglichen einen stummen Dialog zwischen Forscher und Leser**
>
> ▶ **In der Regel ca. 5 forschungsleitende Fragen als inhaltliche „Leitplanken" einer zielgerichteten Forschung**
>
> © Prof. Dr. Armin Töpfer

Abb. E-6: Forschungsleitende Fragen

Bevor also eine inhaltliche Differenzierung der einzelnen untersuchten Aggregate in ihren Beziehungen und Abhängigkeiten durchgeführt werden kann, ist es zweckmäßig, die Zielrichtungen der wissenschaftlichen Durchdringung möglichst präzise, aber doch mit einem gebotenen Spielraum festzulegen. Hierzu sind forschungsleitende Fragen geeignet, welche die Einflussfaktoren, Inhalte und angestrebten Ergebnisse bzw. Wirkungen der wissenschaftlichen Analyse umreißen. Der Vorteil dieser Vorgehensweise liegt darin, dass das gesamte Forschungsvorhaben in einer frühen Phase zunächst auf wenige, aber wesentliche Fragestellungen reduziert wird, die dann den gesamten Detaillierungs-, Analyse- und Erkenntnisprozess begleiten. Die Leitfragen sind also – bildlich gesprochen – die „Leitplanken" für eine zielgerichtete Forschung. Dies soll am Beispiel von 2 Forschungsarbeiten verdeutlicht werden.

CHRISTIAN HOMBURG legt seiner Habilitationsschrift mit dem Titel „Kundennähe von Industriegüterunternehmen – Konzeption, Erfolgsauswirkungen, Determinanten" (vgl. Homburg 2000, S. 5) folgende 4 forschungsleitende Fragen zu Grunde, auf deren Basis im späteren Verlauf der Analyse dann 8 Hypothesen formuliert werden:

- Was ist Kundennähe?
- Welche Auswirkungen hat Kundennähe auf die Geschäftsbeziehung?
- Welche Auswirkungen hat Kundennähe auf den Geschäftserfolg?
- Welche organisationalen Merkmale beeinflussen Kundennähe?

ANDREAS MANN verwendet in seiner Habilitationsschrift mit dem Titel „Dialogmarketing – Konzeption und empirische Befunde" (vgl. Mann 2004, S. 48) die folgenden 5 forschungsleitenden Fragen zur Präzisierung seiner wissenschaftlichen Analyse, die er anschließend in 14 Hypothesen überführt:

- Welche relevanten Kerndimensionen charakterisieren das Konzept des Dialogmarketing?
- Welche Ausprägungen und Facetten des Dialogmarketing werden in der Praxis verfolgt?
- Welche Erfolgswirkungen ergeben sich aus der Dialogorientierung auf der Unternehmens- bzw. Geschäftsfeldebene?
- Welche internen Unternehmensbedingungen beeinflussen die Erfolgswirkungen des Dialogmarketing?
- Welche Anforderungen und Erwartungen der Dialogpartner beeinflussen die Effizienz und Effektivität des Dialogmarketing?

Wie nachvollziehbar ist, beginnen die forschungsleitenden Fragen häufig zunächst mit Fragestellungen zur Begriffsklärung sowie zu den Begriffsdimensionen und unterschiedlichen Kategorien zum Verständnis des zu untersuchenden Konstruktes. Dies entspricht im Ansatz der 1. und 2. Ebene unseres Hauses der Wissenschaft, also Definitionen und Klassifikationen. Danach schließt sich häufig eine Fragestellung zum aktuellen Forschungsstand und den Ausprägungen des Untersuchungsgegenstandes an. Dies korrespondiert mit der 3. Ebene, der Deskription als Beschreibung empirisch nachvollziehbarer Sachverhalte. Hierauf aufbauend, beziehen sich die Folgefragen auf zu untersuchende Ursachen-Wirkungs-Beziehungen sowie die Rahmenbedingungen und Anforderungen an die Wirtschaftlichkeit und Wirksamkeit von Gestaltungsmaßnahmen. Diese Sachverhalte finden sich auf der 4. Ebene, der Theorie, und der 5. Ebene, der Technologie, des Hauses der Wissenschaft wieder. Werturteile als Bestandteil der 6. Ebene im Sinne von Anforderungen und Zielrichtungen werden meistens ergänzend in den Fragen zur praktischen Gestaltung respektive Umsetzung angesprochen.

Die Anforderung und Kunst bei forschungsleitenden Fragen liegt gerade in der Beschränkung auf eher wenige, aber gehaltvolle Fragen, die dann auch leicht verständlich und gut nachvollziehbar formuliert sind. Eine komplizierte Sprache behindert gerade in dieser Phase der Forschung und bei dem noch nicht ausdifferenzierten Erkenntnisstand meist den Forschungsprozess eher, als dass sie ihn beflügelt.

Was passiert, wenn ein Forscher auf spezifische forschungsleitende Fragen verzichtet? Die gesammelten Erfahrungen aus der Betreuung von Abschlussarbeiten und Dissertationen liefern relativ eindeutige Hinweise: Ohne Forschungsfragen als zielgerichtete „Leitplanken" fehlt häufig ein klarer Forschungsansatz oder ein guter und tragfähiger Forschungsansatz ist nicht ausreichend durch klare Zielrichtungen des Forschungsprojektes präzisiert. Als Folge davon ist das Forschungsdesign eher relativ unspezifisch, was sich dann auch auf die inhaltliche Qualität der formulierten Hypothesen auswirkt. In der Konsequenz leiden hierunter auch die Ergebnisse des gesamten Forschungsprozesses respektive Forschungsprojektes.

Hierdurch entsteht eine zweite große Gefahr für jede Forschungsarbeit und dabei insbesondere auch für Dissertationen; nämlich die, dass eine Dissertation aufgrund des unscharfen Forschungsansatzes und Forschungsdesigns in nicht wenigen Teilen zu einem Lehrbuch degeneriert. Mit anderen Worten werden viele Sachverhalte und Phänomene inhaltlich ausgeführt und beschrieben, aber alles zu wenig unter einer bestimmenden Fragestellung bzw. Hypothese analysiert, da genau dieser Erkenntnisfilter nicht formuliert wurde und damit fehlt. Wenn also zu viele Deskriptionen in einer Forschungsarbeit vorzufinden sind, dann ist dies ein relativ eindeutiges Indiz dafür, dass z.B. in einem Dissertationsentwurf eine klare Konzeption und damit ein tragfähiger Forschungsansatz bisher noch fehlt.

2. Die 4 Ebenen des Forschungsdesigns: Inhaltliche und aggregatsbezogene Differenzierungen – Einfluss-, Strategie-, Gestaltungs- und Auswirkungsebene

Für die auf der Basis dieser Leitlinien angestrebte Konzeptualisierung und Operationalisierung des zu untersuchenden Konstruktes werden folgende 4 Ebenen des Forschungsdesigns vorgeschlagen, wodurch die untersuchten Aggregate mit einem jeweils spezifischen Anspruch und Inhalt analysiert und untereinander konsequent vernetzt werden. Im Einzelnen sind dies die Einfluss-, Strategie-, Gestaltungs- und Auswirkungsebene. Wie Abbildung E-7 erkennen lässt, umreißt die **Einflussebene** die wesentlichen Einflussfaktoren und Rahmenbedingungen des Untersuchungsgegenstandes. Dies entspricht der Erfassung und Analyse situativer Gegebenheiten und korrespondiert mit dem Kontingenztheoretischen bzw. Situativen Ansatz.

Auf der **Strategieebene** werden die inhaltlichen Bausteine konkretisiert und die dabei verfolgten Zielsetzungen präzisiert. Dies entspricht dem Kern der Konzeptualisierung des Forschungsthemas. Auf der anschließenden **Gestaltungsebene** wird ausgeführt, wie die Ziele durch konkrete Gestaltungsmaßnahmen erreicht werden. Dies korrespondiert mit der wissenschaftlichen Operationalisierung des untersuchten Konstruktes und läuft nicht nur auf die Präzisierung von Maßnahmen- und Gestaltungsbereichen, sondern auch von operativen Messdimensionen hinaus.

Was ist der konkrete Inhalt jeder Ebene?

1. Einflussebene
- ➢ Was sind wesentliche Einflussfaktoren auf und Rahmenbedingungen für den Untersuchungsgegenstand?

2. Strategieebene
- ➢ Was sind wesentliche inhaltliche Bausteine, wie soll der Untersuchungsgegenstand generell beeinflusst und welche Ziele sollen erreicht werden?

3. Gestaltungsebene
- ➢ Wie sollen diese Ziele konkret erreicht werden und was muss zur detaillierten Umsetzung gestaltet/ durchgeführt werden?

4. Auswirkungsebene
- ➢ Welche Auswirkungen positiver, aber auch negativer Art sind zu erwarten/ zu berücksichtigen?

- Welche Beziehungen bestehen zwischen einzelnen Größen auf und zwischen den 4 verschiedenen Ebenen (horizontal und vertikal)?
- Was sind „Treibergrößen" (kritische Variablen durch aktive (→) und passive (←) Vernetzungen gleichzeitig) und was sind eher Ursachen- oder Wirkungsgrößen (aktive oder passive Variablen)?

© Prof. Dr. Armin Töpfer

Abb. E-7: Ebenen und Fragestellungen des Forschungsdesigns

Wesentliches Ziel und Ergebnis der wissenschaftlichen Untersuchung des Forschungsthemas ist die inhaltliche Differenzierung und Vernetzung auf der **Auswirkungsebene**. Hier kommt es darauf an, die Effekte der operationalisierten Maßnahmen- und Gestaltungsfelder auf untersuchte wesentliche Wirkungskategorien zu analysieren.

Die Qualität eines Forschungsdesigns hängt zum einen in starkem Maße davon ab, welche **Beziehungen zwischen den einzelnen Aggregaten** auf einer Ebene und zwischen den verschiedenen Ebenen, also horizontal und vertikal, herausgearbeitet werden. Zum anderen wird das Forschungsdesign dann in seiner Aussagekraft dadurch beeinflusst, ob – in der Klassifikation von PROBST/ GOMEZ – die kritischen Variablen als wesentliche „Treibergrößen" erkannt werden. In der Vernetzungsanalyse sind sie dadurch bestimmt, dass von ihnen zahlreiche Wirkungen ausgehen (aktive Variable) und auf sie zugleich auch maßgebliche Wirkungsbeziehungen einmünden (passive Variable) (vgl. Probst/ Gomez 1991, S. 14).

Unter **Mediatoren** versteht man Variablen, die häufig latent und damit nicht direkt beobachtbar sind und zwischen einer Ursachen- und einer Wirkungsvariablen direkt auftreten (vollständige Mediation) oder indirekt von der Ursachenvariablen ausgehend auf die Wirkungsvariable wirken (teilweise Mediation). Unter **Moderatoren** versteht man Variablen, die immer indirekt auf die Beziehung zwischen einer Ursachen- und einer Wirkungsvariablen einwirken.

Anhand der analysierten Wirkungsbeziehungen und Vernetzungen sind zusätzlich bereits auch **mediierende und moderierende Variablen** erkennbar. Die Wirkung durch Mediation sieht so aus: Eine unabhängige Variable X (Prädiktorvariable) wirkt auf eine Variable Z (Mediatorvariable); die Variable Z wirkt wiederum auf eine abhängige Variable Y (Prognosevariable). Die Variable Z ist damit die (vollständig oder teilweise) mediierende Variable zwischen den beiden Variablen X und Y (vgl. Homburg 2007, S. 47 f.; Müller 2009, S. 245 ff.). Bei der vollständigen Mediation durch die Variable Z wirkt X ausschließlich über Z auf Y; bei der teilweisen Mediation durch die Variable Z besteht neben der direkten Wirkungsbeziehung zwischen X und Y auch eine zusätzliche Wirkungsbeziehung über Z. In Abbildung E-8 ist dieser Zusammenhang, auch bezogen auf die im Folgenden dargestellten Moderatorvariablen, wiedergegeben.

Eine Moderatorbeziehung existiert dann, wenn von einer dritten Variablen (X_2) als moderierenden Variablen zusätzlich bestimmte Wirkungen ausgehen, die auf die Beziehung bzw. Regression zwischen der unabhängigen Prädiktorvariablen (X_1) und der abhängigen Prognosevariablen (Y) einwirken. Diese Moderatorvariable kann qualitativ (z.B. Geschlecht) oder quantitativ (z.B. Einkommen) sein. Durch den moderierenden Effekt wird also die Stärke eines Zusammenhangs zwischen 2 Variablen (X_1 und Y) durch eine dritte Variable (X_2) beeinflusst (vgl. Müller 2009, S. 237 ff.; Homburg 2007, S. 49 f.).

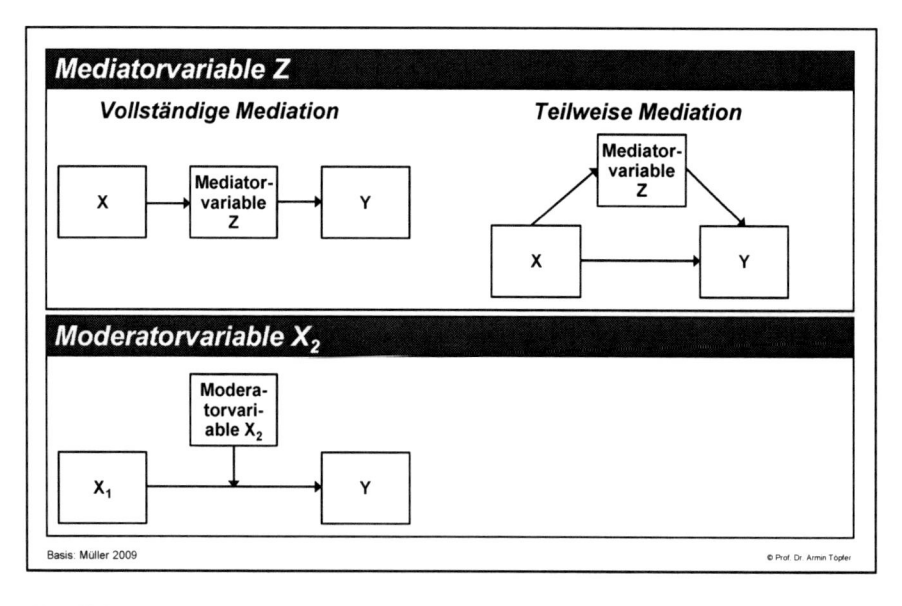

Abb. E-8: Mediator- und Moderatorvariablen

Wenn auf der Basis des Forschungsdesigns im Rahmen eines späteren empirischen Prüfungsdesigns ein Kausalmodell entwickelt wird, dann kommt der Analyse mediierender und moderierender Effekte durch entsprechende Variablen eine wichtige Funktion zu. Die beiden Begriffe werden in der Literatur teilweise unter-

II. Das Forschungsdesign als Vernetzung aller untersuchten Aggregate 161

schiedlich und teilweise gleich gebraucht (vgl. Homburg/ Becker/ Hentschel 2008, S. 122 ff.; Fischer/ Wiswede 2009). Von derartigen Variablen kann entweder eine positive, also verstärkende, oder eine negative, also abschwächende, Wirkung ausgehen. Der Nachweis und damit die Messung solcher Variablen ist dabei oft deutlich schwieriger als die Messung derjenigen Merkmale, die als exogene (unabhängige) Prädiktorvariable oder endogene (abhängige) Prognosevariable ermittelt werden.

In Kapitel G.I. und G.IV.5.b. gehen wir im Rahmen der Auswertungsmethoden und dabei speziell der Kausalanalyse mit Strukturgleichungsmodellen auf die **mediierenden und moderierenden Effekte** noch einmal vertiefend ein.

In einem 1. Schritt zur Erarbeitung eines Forschungsdesigns ist es – auf der Basis der forschungsleitenden Fragen – zweckmäßig, zunächst eine „Stoffsammlung" auf den einzelnen Ebenen durchzuführen, also die jeweils wichtigen Aggregate und Variablen auszuformulieren und aufzulisten. In Abbildung E-9 ist dies bezogen auf die grundlegenden Inhalte des Konstruktes „Marktorientierte Unternehmensführung" durchgeführt.

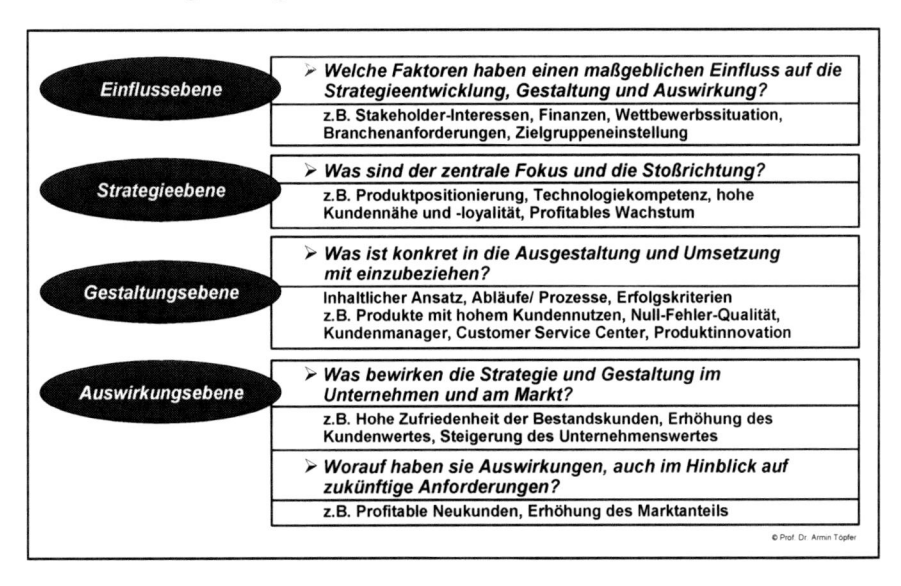

Ebene	Fragestellung / Beispiele
Einflussebene	➤ Welche Faktoren haben einen maßgeblichen Einfluss auf die Strategieentwicklung, Gestaltung und Auswirkung? z.B. Stakeholder-Interessen, Finanzen, Wettbewerbssituation, Branchenanforderungen, Zielgruppeneinstellung
Strategieebene	➤ Was sind der zentrale Fokus und die Stoßrichtung? z.B. Produktpositionierung, Technologiekompetenz, hohe Kundennähe und -loyalität, Profitables Wachstum
Gestaltungsebene	➤ Was ist konkret in die Ausgestaltung und Umsetzung mit einzubeziehen? Inhaltlicher Ansatz, Abläufe/ Prozesse, Erfolgskriterien z.B. Produkte mit hohem Kundennutzen, Null-Fehler-Qualität, Kundenmanager, Customer Service Center, Produktinnovation
Auswirkungsebene	➤ Was bewirken die Strategie und Gestaltung im Unternehmen und am Markt? z.B. Hohe Zufriedenheit der Bestandskunden, Erhöhung des Kundenwertes, Steigerung des Unternehmenswertes
	➤ Worauf haben sie Auswirkungen, auch im Hinblick auf zukünftige Anforderungen? z.B. Profitable Neukunden, Erhöhung des Marktanteils

© Prof. Dr. Armin Töpfer

Abb. E-9: Ebenen und Fragestellungen der Marktorientierten Unternehmensführung im Forschungsdesign

Bei diesem Beispiel ist eine Gefahr deutlich erkennbar: Je allgemeiner und umfassender die gewählte wissenschaftliche Themenstellung ist, desto unspezifischer sind die einzelnen inhaltlichen Aggregate auf den 4 Ebenen. Das Problem kann dann soweit gehen, dass thematisch mehr oder weniger nur noch **Allgemeinplätze** behandelt werden. Unser Rat geht deshalb in folgende Richtung: Formulieren Sie Ihr Thema möglichst präzise und vor allem nicht zu weit. Durch den eingeschränkteren Themenfokus steigt die Qualität einer wissenschaftlichen Arbeit, da alle inhaltlichen Aussagen i.d.R. enger und konkreter gefasst sind. Dies wirkt sich nach einer derartigen Stoffsammlung dann auch positiv auf die Ausformulierung des Forschungsdesigns aus.

3. Das Forschungsdesign als visualisierter „Netzplan/ Schaltkreis" zur Konzeptualisierung und Operationalisierung

Das Ergebnis der Erstellung eines Forschungsdesigns ist an dem Beispiel in Abbildung E-10 nachvollziehbar. Dargestellt ist die vereinfachte Version des Forschungsdesigns einer wissenschaftlichen Begleitforschung, die sich auf die Restrukturierung des ehemaligen Daimler-Benz Konzerns in den Jahren 1995 bis 1997 bezieht (vgl. Töpfer 1999). Es handelt sich hierbei also nicht um ein erkenntnisorientiertes theoretisches Forschungsdesign zu einem neuartigen hypothetischen Konstrukt. Der Gegenstand dieses Forschungsdesigns ist vielmehr konkrete praxisbezogene Forschung, und zwar die Beantwortung der Frage, wie ein Unternehmen in einer misslichen Ausgangssituation möglichst schnell durch gezielte Maßnahmen auf der Basis abgesicherter, also empirisch bestätigter Ursachen-Wirkungs-Beziehungen eine Sanierung vollziehen und zu seiner früheren Stärke zurückfinden kann. Im Vordergrund steht also eine handlungsorientierte Konzeption, bei der Ursachen-Wirkungs-Beziehungen die breite Erfahrungsbasis der Managementtheorie zu Grunde legen, hier aber mit einem **sehr engen Raum-Zeit-bezogenen Fokus** auf die Situation dieses speziellen Unternehmens übertragen werden.

Auf der Einflussebene sind die von außen vorgegebenen, also exogenen, Variablen aufgeführt, die – entsprechend unserer früheren Klassifikation – als Wenn-Komponente 2 vom Unternehmen nicht bzw. höchstens indirekt beeinflussbar sind. Alle anderen 3 Ebenen enthalten endogene Variablen, die innerhalb des Modells bzw. der Vernetzung im Forschungsdesign gestaltet und in ihrer Wirkung erklärt werden.

Wesentliche Determinanten und Rahmenbedingungen werden also auf der Einflussebene aufgeführt. Die hohen Verluste waren der wesentlichste Einflussfaktor für die Fokussierung der Strategie. Sie hatte vor dem Hintergrund des globalen Wettbewerbs und der Stake-/ Shareholder-Anforderungen eine Konzentration bzw. Reduzierung auf die Kerngeschäfte, -prozesse und -aktivitäten zum Gegenstand. Unter diesem Blickwinkel handelte es sich also um ein Forschungsdesign zur konkreten Verbesserung der marktorientierten Führung dieses Unternehmens, die eindeutig auf die Steigerung des Unternehmenserfolges ausgerichtet ist.

Beim Formulieren von Ursachen-Wirkungs-Beziehungen entsprechen auf der Einflussebene die Determinanten und Rahmenbedingungen einem Teil der Wenn-Komponente des HEMPEL-OPPENHEIM-Schemas, nämlich der Wenn-Komponente 2 für kaum bzw. nicht beeinflussbare situative Gegebenheiten. Zusammen mit den

II. Das Forschungsdesign als Vernetzung aller untersuchten Aggregate 163

Maßnahmenbereichen als Ursachen für angestrebte Wirkungen, die wir als Wenn-Komponente 1 für unmittelbar gestaltbare Ursachen- respektive Maßnahmenbereiche bezeichnet haben, bilden diese beiden Teile die gesamte relevante Wenn-Komponente zum Untersuchungsgegenstand als Antecedens-/ Randbedingungen im Forschungsdesign ab.

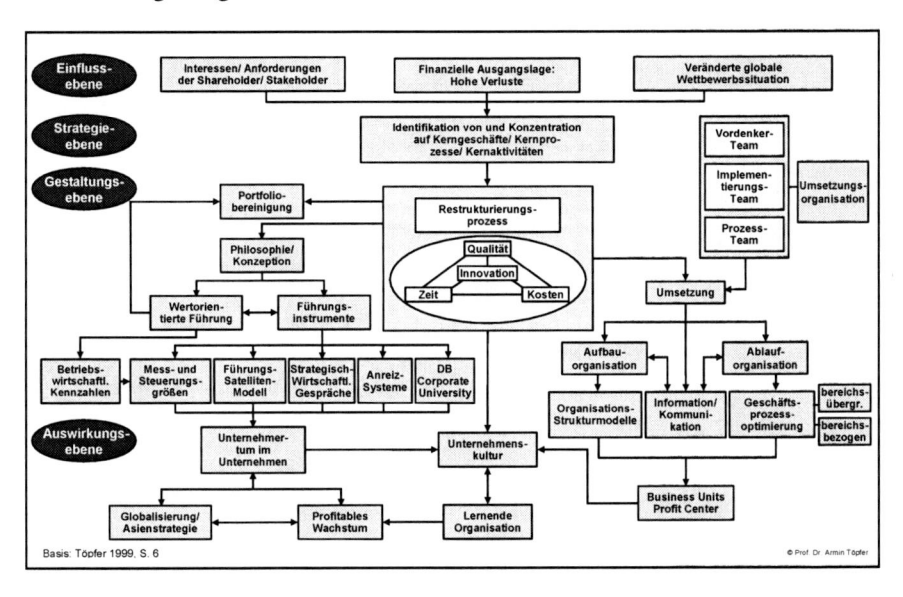

Abb. E-10: Vereinfachtes Forschungsdesign der wissenschaftlichen Begleitforschung: Restrukturierung des Daimler-Benz Konzerns 1995-1997

Entsprechend der in Kapitel C ausgeführten Nähe und konzeptionellen Entsprechung von Theorie und Technologie, also den Ebenen 4 und 5 des Hauses der Wissenschaft, lassen sich bei einem handlungsorientierten Forschungsdesign einer wissenschaftlichen Arbeit in theoretischer Sicht erkannte und bestätigte Ursachen-Wirkungs-Beziehungen in technologische Maßnahmen-Ziel- respektive Mittel-Zweck-Beziehungen überführen.

Das Ziel ist an dieser Stelle nicht, detailliert auf alle Teile und Facetten dieses Forschungsdesigns einzugehen. Zur Kennzeichnung der wesentlichen Inhalte und ihrer Aussagefähigkeit im Rahmen dieser Vernetzungsanalyse sollen die einzelnen Inhaltsblöcke nur kursorisch angesprochen werden. Die Verbindung zwischen der Strategie- und Gestaltungsebene wird durch die oben rechts in der Abbildung E-10 dargestellten 3 Teams der Umsetzungsorganisation sichergestellt. Auf der Gestaltungsebene liegt der Schwerpunkt auf dem Restrukturierungsprozess, der sich zum einen auf die Aufbau- und Ablauforganisation bezieht (rechte Seite der Abb.) und zum anderen die Portfoliobereinigung der bisherigen Geschäftsfelder zum Gegenstand hat (linke Seite der Abb.). Unter dem Primat einer – erstmaligen – wertorientierten Führung wurde die Anzahl der Geschäftsfelder von 35 auf 25 redu-

164　E. Das Forschungsdesign

ziert. Zugleich wurden mehrere unterschiedliche und neue Führungsinstrumente eingeführt.

Auf der Auswirkungsebene werden sowohl weiche Erfolgsfaktoren, wie Unternehmertum im Unternehmen, Unternehmenskultur und eine Lernende Organisation, als auch harte Erfolgsfaktoren, wie eine Profit Center-Organisation, die Globalisierungsstrategie und quantifiziertes profitables Wachstum, formuliert.

Welche Erfahrungswerte können Sie für Ihre eigene wissenschaftliche Arbeit hierdurch erhalten? Wie an diesem Beispiel nachvollziehbar ist, fördert ein derartiges Forschungsdesign die Kommunikationsfähigkeit von wesentlichen Inhalten und vor allem auch Vernetzungen im Rahmen einer wissenschaftlichen Forschungsarbeit deutlich. Nicht mehr und nicht weniger ist der Nutzen einer derartigen instrumentellen Unterstützung.

Beim Erstellen eines Forschungsdesigns werden meistens zu viele einzelne Aggregatsgrößen unterschieden und dann zu viele mögliche Ursachen-Wirkungs-Beziehungen gekennzeichnet. Dadurch geht die Übersichtlichkeit und Nachvollziehbarkeit schnell verloren. Hier ist weniger mehr. Das Forschungsdesign zeigt die Basisstruktur der Ursachen-Wirkungs-Beziehungen, ersetzt aber nicht die textlichen Ausführungen hierzu und gibt sie schon gar nicht im Detail wieder.

4. Mögliche Schwerpunktsetzung: Erkenntnisorientiertes und/oder handlungsorientiertes Forschungsdesign

In den vorstehenden Ausführungen ist bereits angesprochen worden, dass es nicht nur einen Typus von Forschungsdesigns gibt, sondern dass wir zwischen einem stärker erkenntnisorientierten und einem stärker handlungsorientierten Forschungsdesign unterscheiden (vgl. hierzu in Kap. C.I.2. die Abb. C-7 zu Stokes Quadranten). Diese beiden Arten von Forschungsdesigns sind in Abbildung E-11 gegenübergestellt.

Das **erkenntnisorientierte Forschungsdesign** basiert auf einer theorieorientierten Analyse und entspricht von seinem Forschungsansatz her stärker der wissenschaftstheoretischen Konzeption des Kritischen Rationalismus. Vor allen empirischen Überlegungen und Prüfungen dominiert hier der hypothetisch-deduktive Ansatz mit dem Ziel, auf der Basis eigener rationaler Überlegungen das in der Themenstellung fokussierte hypothetische Konstrukt auf der Definitions-, Klassifikations- und Deskriptionsebene zu durchdringen und auf der 4. Ebene des Hauses der Wissenschaft bezogen auf die Wenn-Dann-Komponenten wissenschaftliche Hypothesen und Theorieentwürfe zur Erklärung und Prognose der interessierenden Phänomene aufzustellen. Die vorgeschlagene Systematik einer Differenzierung in Einfluss-, Strategie-, Gestaltungs- und Wirkungsgrößen lässt sich auch hier zu Grunde legen, wenn auch mit einer deutlich grundsätzlicheren Ausrichtung.

Im Fokus steht dabei zunächst der Entdeckungszusammenhang als exploratives Aufstellen von vermuteten Ursachen-Wirkungs-Beziehungen als Hypothesen im Rahmen der Theorienbildung. Hierauf folgt dann der Erklärungs- bzw. Begründungszusammenhang, also die explanatorische Ausarbeitung zur Erklärung und

II. Das Forschungsdesign als Vernetzung aller untersuchten Aggregate 165

Prognose. Nach dem Schema von HEMPEL-OPPENHEIM bezieht sich dieser Prozess auf die Ausformulierung der inhaltlichen Ursachengrößen als Antecedens-/ Randbedingung(en) und damit die direkt gestaltbaren Einflussgrößen als Wenn-Komponenten 1 und die nicht direkt gestaltbaren Prämissen als Wenn-Komponenten 2. Bezogen auf die Wirkungsgrößen sind die Dann-Komponenten ebenfalls für eine aussagefähige Messung zu operationalisieren.

1. Erkenntnisorientiertes Forschungsdesign	2. Handlungsorientiertes Forschungsdesign
Basis: Theorieorientierte Analyse	**Basis:** Technologieorientierte Analyse
Ansatz: Theoretisches Konstrukt von ➢ Inhaltlichen Ursachengrößen als Antecedens-/ Randbedingung(en) = Direkt gestaltbare Einflussgrößen/ nicht direkt gestaltbare Prämissen • als Wenn-Komponenten 1 und 2 ➢ und Wirkungsgrößen • als Dann-Komponenten	**Ansatz:** • Suche nach und Analyse von problemadäquaten Hypothesen/ Gesetzen/ Theorien • Vernetztes Konzept von Einfluss-, Strategie-, Gestaltungs- und Wirkungsgrößen
Ziel: Aufstellung von wiss. Hypothesen/ Gesetzen/ Theorien mit dem Ziel der Erklärung, Prognose (u. Gestaltung)	**Ziel:** Theoretisch basiertes Konzept mit dem Ziel von Gestaltungs- und Handlungsempfehlungen
Kritischer Rationalismus	Wissenschaftlicher Realismus	Kontingenztheoretischer/ Situativer Ansatz

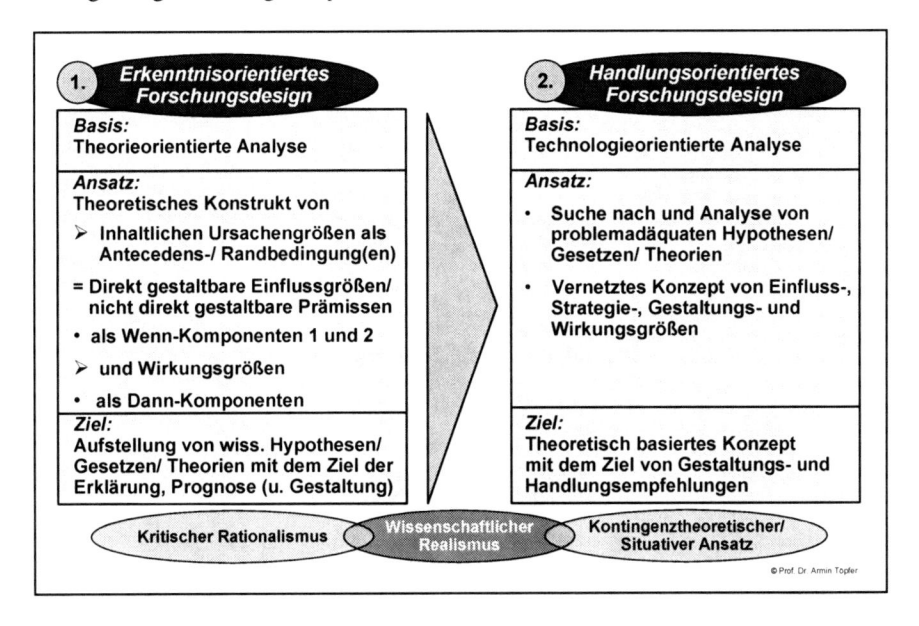

© Prof. Dr. Armin Töpfer

Abb. E-11: 2 Arten von Forschungsdesigns

Die anschließende Überprüfung der vermuteten Ursachen-Wirkungs-Beziehungen durch empirische Untersuchungen, also die konfirmatorische Analyse auf der Basis eines Prüfungsdesigns benötigt diese Vorarbeiten im Rahmen des Forschungsdesigns. Der Anspruch eines erkenntnisorientierten Forschungsdesigns ist generell relativ hoch – und wohl auch nicht immer umfassend zu realisieren.

Das **handlungsorientierte Forschungsdesign** konzentriert sich auf eine technologieorientierte Analyse und weist dabei eine größere Nähe zum empirisch-induktiven Gedankengut sowie auch zur konstruktivistischen Sichtweise auf. Generell beinhaltet dieser Ansatz aber ebenfalls die Suche nach und Analyse von problemadäquaten Hypothesen, Gesetzen und Theorien. Durch die vernetzten Analysen von Einfluss-, Strategie-, Gestaltungs- und Wirkungsgrößen mit dem Ziel von Handlungs- und Gestaltungsempfehlungen greift dieses programmatische Konzept stärker auf den Kontingenztheoretischen bzw. Situativen Forschungsansatz zurück.

In dem Maße, wie das handlungsorientierte Forschungsdesign durch erkenntnisorientierte Überlegungen untersetzt ist, Technologie also auf der Basis von Theorie formuliert und abgeleitet wird, ist ein handlungsorientiertes Forschungs-

166 E. Das Forschungsdesign

design ebenfalls tragfähig. Problematisch kann der Ansatz dann werden, wenn es sich um reine Technologie ohne Theorie handelt, also Gestaltungs- und Handlungsempfehlungen einzig basierend auf der Summe von Erfahrungen und ggf. auch Vorurteilen abgeleitet werden.

Wie in Kapitel D ausgeführt wurde, kann der Wissenschaftliche Realismus als Verbindung erkenntnisorientierter Elemente auf der Basis erkannter kausaler Beziehungen mit handlungsorientierten Elementen, abgestützt auf kontingenztheoretische/ situative Analysen, eine tragfähige Synthese liefern. Allerdings nur unter der Voraussetzung, dass eine statistikgetriebene Analyse und Auswertung das konzeptionelle Denken in theoretisch basierten Erkenntnismustern nicht ersetzt.

III. Umsetzung der Strukturierung anhand der 3 Beispielthemen

Zum Abschluss dieses Kapitels wird wieder Bezug genommen auf die in Kapitel A III. angesprochenen 3 Beispielthemen, deren Untersuchungsdesigns und Gliederungen wir in Kapitel B.III. bereits vorgestellt und kommentiert haben. In Abbildung E-12 ist das auf dieser Basis sowie unter Bezugnahme auf die 6 Ebenen des Hauses der Wissenschaft zustande gekommene Forschungsdesign für das 1. Beispielthema, nämlich das **Erzeugen von innovativen und robusten Produkten im Produktentwicklungsprozess (PEP)**, wiedergegeben.

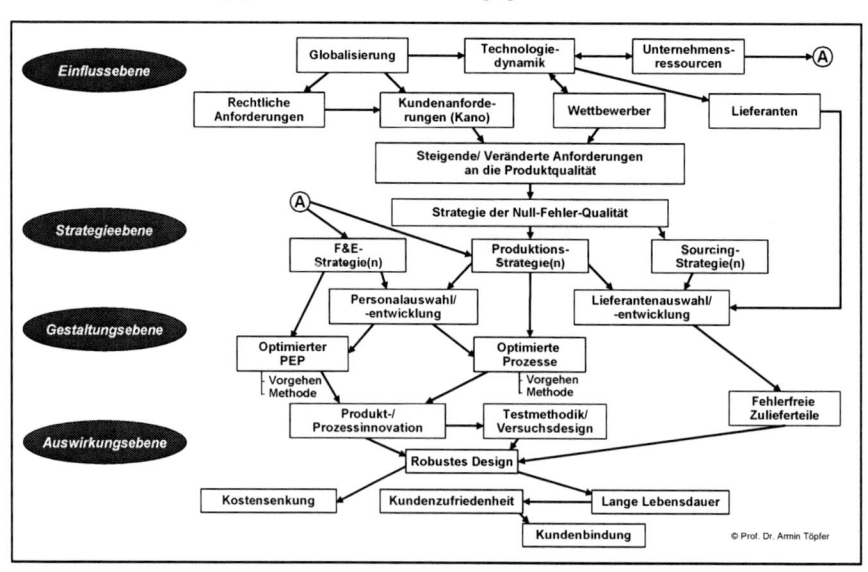

Abb. E-12: Forschungsdesign zum Thema Produktentwicklungsprozess

Auf der Einflussebene sind die wesentlichen externen und internen Determinanten aufgeführt, die den Handlungs- und Gestaltungsrahmen eingrenzen. Aus ihnen werden auf der Strategieebene die zentralen strategischen Ansatzpunkte für den Neuprodukterfolg im Wettbewerbsumfeld abgeleitet. Formal sei folgender Punkt noch angesprochen: Wenn die Vernetzungen zu umfassend sind, dann lässt sich die Übersichtlichkeit durch 2 identische Abholpunkte – in der Abbildung (A) – erhalten. Auf der Gestaltungsebene werden hieraus konkrete Ansatzpunkte und Inhalte entwickelt, die eine hohe Prozessqualität und wirkungsvolle Prozessergebnisse sicherstellen. Auf der Auswirkungsebene sind dann die hierauf ausgerichteten, markt- und unternehmensbezogenen Erfolgsgrößen zu ermitteln. Die Anzahl der Vernetzungen auf einer Ebene und zwischen den Ebenen ist bei diesem Beispiel überschaubar.

Anhand des Forschungsdesigns in Abbildung E-12 soll exemplarisch der generelle Zusammenhang zwischen jeweils exogenen und dabei moderierenden oder mediierenden sowie endogenen Variablen im Rahmen eines Forschungsdesigns verdeutlicht werden, der dann in späteren empirischen Analysen z.B. auf der Basis von Kausalmodellen mit Strukturgleichungssystemen im Detail untersucht wird. Auf der Strategieebene sind die 3 Strategien F&E-Strategie, Produktions-Strategie und Sourcing-Strategie exogene Variablen. Personalauswahl/ -entwicklung auf der einen Seite und Lieferantenauswahl/ -entwicklung auf der anderen Seite sind typische **Mediatorvariablen**, da sie die resultierenden Ergebniswirkungen teilweise oder ganz beeinflussen können und zusätzlich noch im eigenen Entscheidungsbereich des Unternehmens liegen. Von ihnen und den exogenen Variablen hängt dann das Niveau der endogenen Variablen ab, nämlich einerseits der optimierte Produktentwicklungsprozess und andererseits fehlerfreie Zulieferteile.

Hierdurch wird noch einmal die Bedeutung hervorgehoben, ein Forschungsdesign vor allen empirischen Konzepten und instrumentellen Messungen zu erarbeiten. Denn im Sinne eines **hypothetisch-deduktiven Vorgehens**, in Übereinstimmung mit den Grundsätzen des Kritischen Rationalismus, werden so hypothetische Ursachen-Wirkungs-Beziehungen und damit Theorieentwürfe aufgestellt, die eine deutlich breitere Erkenntnisperspektive liefern können, als eine unmittelbare empirische Messung nach dem Prinzip des Versuchs und Irrtums dies vermag.

Das Forschungsdesign zum 2. Thema, der **Kundenorientierten Gestaltung von Internetportalen zur Steigerung des Kundenwertes in der Zielgruppe 50+**, ist in Abbildung E-13 nachvollziehbar. Prinzipiell folgt es mit den 4 Ebenen, den unterschiedlichen Inhaltsbereichen sowie deren Vernetzungen dem gleichen Schema. Die externen Determinanten ermöglichen als Strategien eine Qualitätsführerschaft und/ oder eine Nischenstrategie, welche in die spezifische Ausgestaltung des Internetportals umzusetzen sind. Das zentrale Erfolgskriterium sind dabei die Kosten der Gestaltungsmaßnahmen. Auf der Auswirkungsebene werden die unterschiedlichen, angestrebten Ergebnisgrößen aufgeführt und vernetzt.

Zum 3. Beispielthema, **Risikomanagement und Lernen im Krankenhaus** (siehe Abb. E-14), zeigt das Forschungsdesign, dass die externen Einflussgrößen eindeutig auf eine Risikoverminderungsstrategie hinauslaufen. Die hieraus abgeleiteten Maßnahmen auf der Gestaltungsebene sind relativ breit gefächert. Die auf der Auswirkungsebene abgeleiteten Effekte bzw. angestrebten Ergebnisse beziehen sich auf Verhaltensänderungen, Qualitätsfaktoren, bessere Qualifikation und Serviceleistungen sowie daraus abgeleitete positive Wirkungen beim Patienten

168 E. Das Forschungsdesign

und beim Image des Krankenhauses. Sie alle münden in einen größeren wirtschaftlichen Erfolg.

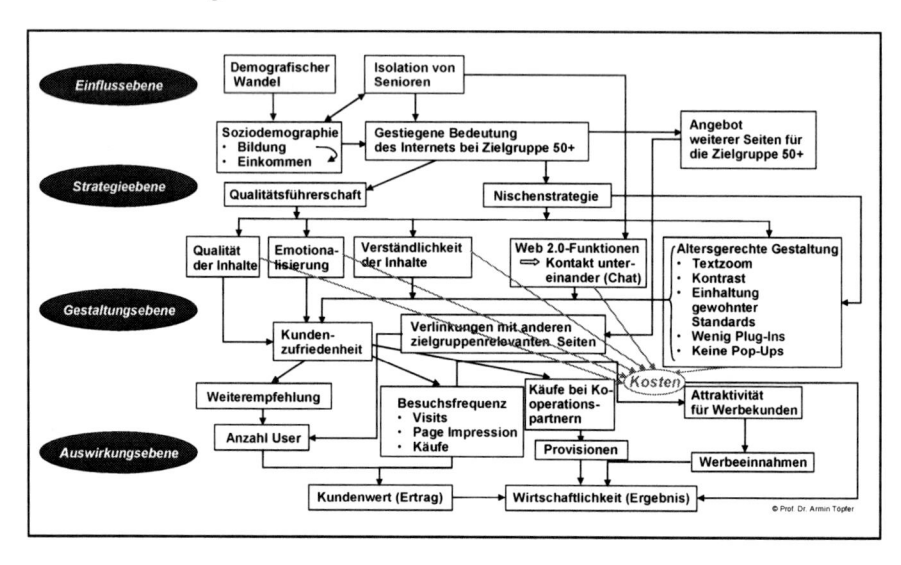

Abb. E-13: Forschungsdesign zum Thema Internet für 50+

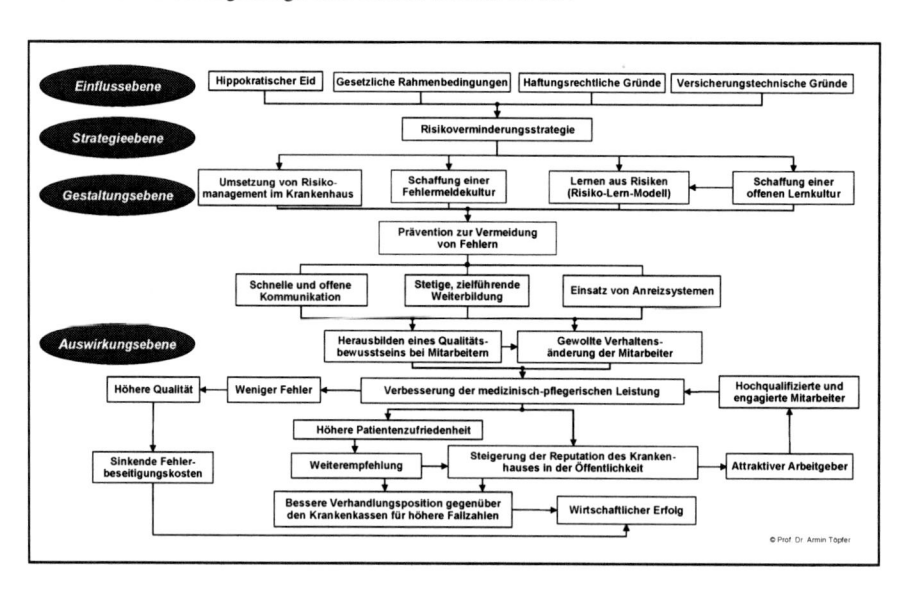

Abb. E-14: Forschungsdesign zum Thema Risikomanagement und Lernen

Abschließend lassen sich folgende **Erkenntnisse aus Erfahrungen** mit Graduiertenseminaren sowie der Betreuung von Abschlussarbeiten und Dissertationen festhalten: Wenn man die Untergliederung des Forschungsdesigns mit den 4 genannten Ebenen zu Grunde legt, dann erfolgt die Einordnung des zentralen Themenbestandteils der Forschungsfragestellung in Abhängigkeit von der genauen Themenformulierung. Mit anderen Worten kann das Thema auf der 2. Ebene, der Strategieebene, in seinen wesentlichen Teilen benannt werden oder es wird auf der 4. Ebene des Forschungsdesigns, also der Auswirkungsebene, in der Konzeption durch mehr oder weniger detaillierte Messgrößen für die angestrebten Auswirkungen operationalisiert. Dies ist typischerweise dann der Falle, wenn im Thema Auswirkungen als Ziel formuliert werden. Denn dann zeigt das Forschungsdesign über mehrere Ebenen den inhaltlichen Weg auf, um diese Auswirkungen zu erreichen, die im Forschungsthema als Zielsetzung formuliert sind. Bei einem stärker erkenntnisorientierten Forschungsdesign entspricht dies der Konzeptualisierung und Operationalisierung von Ursachen-Wirkungs-Beziehungen. In einem primär handlungsorientierten Forschungsdesign erfolgt das Denken in und das Ableiten von Maßnahmen-Ziel-Beziehungen, um die angestrebten Veränderungen in der Realität zu erreichen.

Die skizzierte Vorgehensweise soll an einem kurzen **Beispiel** verdeutlicht werden. Bei der Thematik **„Erhöhung des Mitarbeiter-Engagements im Unternehmen"** ist der zentrale Themenbestandteil auf der 4. Ebene des Forschungsdesigns, also der Auswirkungsebene, einzuordnen. Auf der Einflussebene werden situative Faktoren, wie beispielsweise der bisher praktizierte Führungsstil, genannt. Auf der Strategieebene werden dann die Anforderungen z.B. an einen stärker kooperativen Führungsstil, an die Organisation und die Zielorientierung, an Anreizsysteme und an die Qualifikation der Mitarbeiter aufgenommen. Dies kennzeichnet die strategische Ausrichtung und die inhaltlichen Ansatzpunkte in verschiedenen Bereichen. Auf der Gestaltungsebene sind hieraus konkrete Maßnahmen und angestrebte Verbesserungen abzuleiten. Sie beziehen sich beispielsweise auf die Kommunikation, Zielvereinbarung sowie Belohnungs- und Entgeltsysteme. Durch die Einordnung des Mitarbeiter-Engagements auf der Auswirkungsebene lassen sich dort in einer zwei- oder mehrstufigen Prozessdarstellung weitere Folgen und Auswirkungen darstellen und untersuchen. Sie erstrecken sich z.B. auf einen höheren Grad der Zielerreichung, einen besseren Kundenservice, eine geringere Fehlerrate, eine höhere Qualifikation, Kosteneinsparungen sowie eine höhere Mitarbeiter-Zufriedenheit, eine geringere Fluktuation von Leistungsträgern und ggf. einen geringeren Krankenstand. Hieraus lassen sich zugleich auch Beziehungen zu den strategischen Ansatzpunkten aus Unternehmenssicht auf der Strategieebene herstellen.

Eine nicht zu unterschätzende Gefahr besteht darin, dass nicht verstanden wird, dass ein aussagefähiges Forschungsdesign immer erst das **Ergebnis eines längeren kreativen und kritischen Denk-, Strukturierungs- und Analyseprozesses** ist. Mit anderen Worten lässt sich kein Forschungsdesign als einmaliger „großer Wurf" entwickeln. Dies ist nur nach dem Prinzip Heureka („Ich hab's gefunden") für eine zündende Forschungsidee im Rahmen des Entdeckungszusammenhangs möglich. Das Forschungsdesign wächst hingegen Stück für Stück mit dem Durchdringen der Forschungsthematik, also dem Lesen und Verarbeiten wesentlicher Literaturquellen sowie den eigenen Fortschritten in der Konzeptualisierung und Operationalisierung der gewählten Thematik. In diesem Sinne gibt es also auch einen **KVP-Prozess der Forschung** in der Form eines kontinuierlichen Verbesserungsprozesses im wissenschaftlichen Arbeiten.

Häufig ist es sinnvoll und zweckmäßig, nicht gleich in einem frühen Kapitel des Forschungsvorhabens das gesamte ausdifferenzierte Forschungsdesign für die gewählte Thematik abzubilden. Im Interesse der Übersichtlichkeit und leichteren Erfassbarkeit für den Leser bzw. Gutachter empfiehlt es sich, zu Beginn der fertigen Arbeit ein – in der Regel aus einem detaillierten Forschungsdesign nachträglich heraus kristallisiertes – **reduziertes Forschungsdesign** wiederzugeben, das in übersichtlicher Form die wesentlichsten Elemente und Beziehungen der mehrstufigen Prozessdarstellung des gesamten Forschungsvorhabens enthält. Im Zuge der Bearbeitung der einzelnen Themenbestandteile des Forschungsdesigns können dann einzelne Felder für Ursachen und Rahmenbedingungen als Einflussgrößen sowie für strategische Ausrichtungen und operationalisierte Gestaltungsmaßnahmen und nicht zuletzt für die angestrebten und untersuchten Auswirkungen inhaltlich ausdifferenziert und grafisch dargestellt werden. Das **umfassende und detaillierte Forschungsdesign** ist dann das abschließende Ergebnis dieses Prozesses und liefert ggf. die Grundlage für eine empirische Überprüfung anhand geeigneter Messgrößen.

Aus allen diesen Ausführungen zum Forschungsdesign wird erkennbar, dass es für jedes Forschungsvorhaben eine wesentliche Bedeutung hat und letztlich das „Herzstück" für eine erfolgreiche Forschungsarbeit ist.

IV. Literaturhinweise zum Kapitel E

Atteslander, P. (2008): Methoden der empirischen Sozialforschung, 12. Aufl., Berlin 2008.
Bortz, J./ Döring, N. (2006): Forschungsmethoden und Evaluation für Human- und Sozialwissenschaftler, 4. Aufl., Heidelberg 2006.
Boyd, B.K./ Gove, S./ Hitt, M.A. (2005): Construct Measurement in Strategic Management Research: Illusion or Reality?, in: Strategic Management Journal, 26. Jg., 2005, Nr. 3, S. 239-257.
Chmielewicz, K. (1994): Forschungskonzeptionen der Wirtschaftswissenschaft, 3. Aufl., Stuttgart 1994.
Diekmann, A. (2008): Empirische Sozialforschung – Grundlagen, Methoden, Anwendungen, 19. Aufl., Reinbek 2008.
Duchmann, C. (2010): Kundenorientierte Wissensaufnahmefähigkeit eines Unternehmens – Rückführung des organisationstheoretischen Konstrukts auf eine neurowissenschaftliche Ebene, Dissertation TU Dresden 2010.
Duchmann, C./ Töpfer, A. (2008): Neuroökonomie und Neuromarketing – Erkenntnisse der Gehirnforschung für die Gestaltung von Beziehungen zwischen Kunden und Unternehmen, in: Töpfer, A. (Hrsg.): Handbuch Kundenmanagement – Anforderungen, Prozesse, Zufriedenheit, Bindung und Wert von Kunden, 3. Aufl., Berlin/ Heidelberg 2008, S. 163-187.

Fischer, L./ Wiswede, G. (2009): Grundlagen der Sozialpsychologie, 3. Aufl., München/ Wien 2009.
Fritz, W. (1995): Marketing-Management und Unternehmenserfolg – Grundlagen und Ergebnisse einer empirischen Untersuchung, 2. Aufl., Stuttgart 1995.
Homburg, C. (2000): Kundennähe von Industriegüterunternehmen – Konzeption, Erfolgsauswirkungen, Determinanten, 3. Aufl., Wiesbaden 2000.
Homburg, C. (2007): Betriebswirtschaftslehre als empirische Wissenschaft – Bestandsaufnahme und Empfehlungen, in: Zeitschrift für betriebswirtschaftliche Forschung, 56. Jg., 2007, S. 27-60.
Homburg, C./ Becker, A./ Hentschel, F. (2008): Der Zusammenhang zwischen Kundenzufriedenheit und Kundenbindung, in: Bruhn, M./ Homburg, C. (Hrsg.): Handbuch Kundenbindungsmanagement, 6. Aufl., Wiesbaden 2008, S. 103-134.
Humphreys, P. (2006): Emergence, in: Borchert, D.M. (Hrsg.): Encyclopedia of Philosophy, Bd. 3, 2. Aufl., Detroit et al. 2006, S. 190-194.
Kim, J. (2006): Emergence: Core Ideas and Issues, in: Synthese, 151. Jg., 2006, Nr. 3, S. 547-559.
Kirig, A./ Wenzel, E. (2009): LOHAS, Bewusst grün – alles über die neuen Lebenswelten, München 2009.
Mann, A. (2004): Dialogmarketing – Konzeption und empirische Befunde, Wiesbaden 2004.
Müller, D. (2009): Moderatoren und Mediatoren in Regressionen, in: Albers, S. et al. (Hrsg.): Methodik der empirischen Forschung, 3. Aufl., Wiesbaden 2009, S. 237-252.
Nickles, T. (1980): Reduktion/ Reduktionismus, in: Speck, J. (Hrsg.): Handbuch wissenschaftstheoretischer Begriffe, Bd. 3: R-Z, Göttingen 1980, S. 548-553.
Probst, G.J.B./ Gomez, P. (1991): Die Methodik des vernetzten Denkens zur Lösung komplexer Probleme, in: Probst, G.J.B./ Gomez, P. (Hrsg.): Vernetztes Denken – Ganzheitliches Führen in der Praxis, 2. Aufl., Wiesbaden 1991, S. 4-20.
Schilke, O./ Reimann, M. (2007): Neuroökonomie: Grundverständnis, Methoden und betriebswirtschaftliche Anwendungsfelder, in: Journal für Betriebswirtschaft, 57. Jg., 2007, Nr. 3-4, S. 247-267.
Schmidt, A./ Littek, M./ Nickl, E. (2007): Greenstyle Report – Die Zielgruppe der LOHAS verstehen, Hubert Burda Media Research & Development und Hubert Burda Media Marketing & Communications GmbH (Hrsg.), München 2007.
Stadler, R. (2008): Aus – mit der – Freude am Fahren?, in: Süddeutsche Zeitung Magazin, 10.01.2008, Nr. 41, S. 39-42.
Stegmüller, W. (1965): Hauptströmungen der Gegenwartsphilosophie – Eine kritische Einführung, 3. Aufl., Stuttgart 1965.
Töpfer, A. (1999): Die Restrukturierung des Daimler-Benz Konzerns 1995-1997, 2. Aufl., Neuwied/ Kriftel 1999.
Töpfer, A. (2007): Betriebswirtschaftslehre – Anwendungs- und prozessorientierte Grundlagen, 2. Aufl., Berlin/ Heidelberg 2007.
Töpfer, A. (2008): Analyse der Anforderungen und Prozesse wertvoller Kunden als Basis für die Segmentierung und Steuerungskriterien, in: Töpfer, A. (Hrsg.): Handbuch Kundenmanagement – Anforderungen, Prozesse, Zufriedenheit, Bindung und Wert von Kunden, 3. Aufl., Berlin/ Heidelberg 2008, S. 191-228.
Wutscher, W. (2008): Lifestyle of Health and Sustainability, LOHAS – Leerformel oder Vision?, in: transfer Werbeforschung & Praxis, 2008, Nr. 3, S. 22-25.

Kapitel F
Wie sind Ursachen-Wirkungs-Zusammenhänge/ Hypothesen als Kernstücke erkenntniswissenschaftlicher Forschungen herauszuarbeiten?

– Hypothesenformen/ -arten und Hypothesenbildung –

Was unterscheidet alltägliche und unternehmerische Hypothesen von wissenschaftlichen Hypothesen? Wie sind wissenschaftliche Hypothesen aussagefähig zu formulieren? Was ist der Unterschied zwischen einer explorativen und einer explanatorischen Hypothesenbildung/ -prüfung? Wie groß ist die Erklärungskraft von nomologischen und quasi-nomologischen/ probabilistischen Hypothesen? Welche 4 Arten von Hypothesen lassen sich differenzieren?

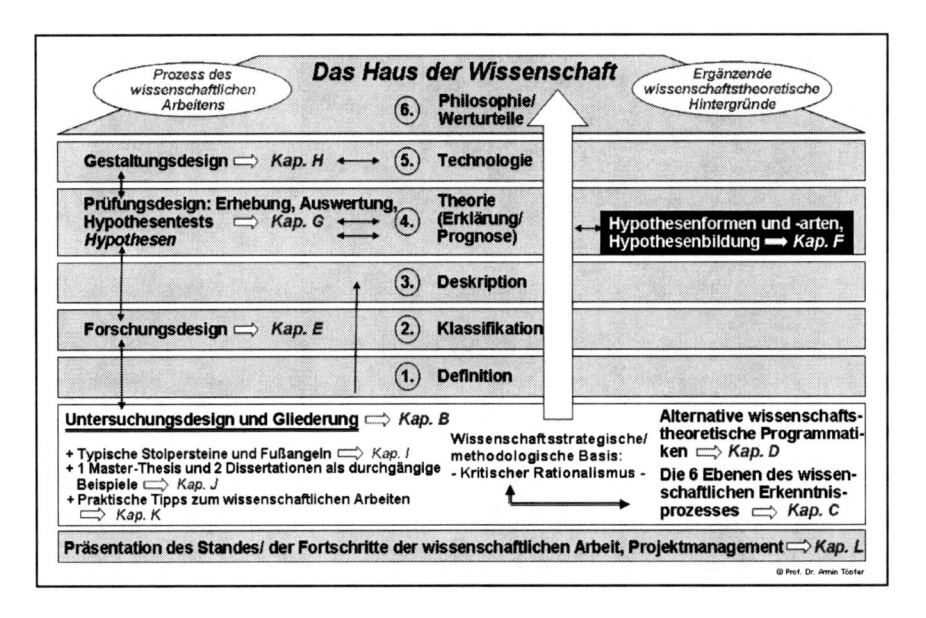

Abb. F-1: Das Haus der Wissenschaft – Einordnung des Kapitels F

I. Anspruchsniveaus von (wissenschaftlichen) Hypothesen – Abgrenzung nach ihrem Anwendungsbereich

Im Unterkapitel F.I. knüpfen wir an die Ausführungen in den Kapiteln C, D sowie E an und differenzieren Hypothesen zunächst im Hinblick auf unterschiedliche Anspruchsniveaus. Diese hängen vor allem von ihrem Anwendungsbereich in der Praxis oder Wissenschaft ab. Wissenschaftliche Hypothesen sind als Ursachen-Wirkungs-Beziehungen die zentralen Elemente von Theorien, die wir im Rahmen der Erklärung und Prognose auf der 4. Ebene des Hauses der Wissenschaft (Kap. C.II.4.) bereits eingeordnet und ausgeführt haben. Hypothesen sind damit auch wichtige Bestandteile in einem Forschungsdesign, das möglichst theoretisch basierte Wirkungsgefüge zum Gegenstand hat. Denn sie kennzeichnen in einem Forschungsdesign als Strukturierungshilfe für ein Forschungsprojekt genau diese Ursachen-Wirkungs-Beziehungen. Wir haben dies in Kapitel E bereits erläutert. Unterschiedliche wissenschaftstheoretische Konzeptionen bzw. Programmatiken und die jeweilige forschungsstrategische Position des Wissenschaftlers, auf die wir in Kapitel D eingegangen sind, bilden bei der Entwicklung eines Forschungsdesigns und der Hypothesenformulierung die wichtige Basis. Hypothesen sind damit insgesamt essentielle Bausteine für die Konzeptualisierung und Operationalisierung einer Forschungsthematik mit ihren zentralen theoretischen Konstrukten.

1. Hypothesen als „Grundgerüste" alltäglicher und unternehmerischer Entscheidungen

a. Thesenbildung im Alltagsleben

Bei allen alltäglichen Sachverhalten, die sich auf zukünftige Ereignisse beziehen, formulieren wir implizit oder explizit Überlegungen zu zukünftigen Wirkungen auf der Basis gegenwärtiger oder wiederum zukünftiger Ursachen und Einflussfaktoren. Um die Aussagekraft dieser Vorhersagen zu erhöhen, versuchen wir nach Möglichkeit, sie auf die Erklärung vergleichbarer Phänomene in der Vergangenheit zu stützen. Damit formulieren wir bewusst oder unbewusst Thesen, z.B. folgender Art:

- Je mehr ich während meines Studiums jobbe, um meinen Lebensunterhalt zu sichern, desto eher werde ich entweder eine schlechtere Examensnote haben oder deutlich länger als andere studieren.
- Wenn ich mein Studium mit einer guten Examensnote relativ schnell abschließe und anschließend innerhalb von 3 Jahren erfolgreich promoviere, dann erhalte ich interessante Stellenangebote mit hohem Einstiegsgehalt.

Also unabhängig von Ihrer aktuellen Aufgabenstellung, eine wissenschaftliche Arbeit zu schreiben, verwenden Sie mit derartigen Thesen schon einen grundlegenden Baustein wissenschaftlichen Arbeitens in Ihrem Alltag. Oftmals sind diese nicht so klar wie die beiden obigen Aussagen formuliert und damit in ihrer Struktur sowie Erklärungs- und Prognosekraft deutlich unschärfer.

Im strengen Sinn sind dies also keine wissenschaftlich ausformulierten Hypothesen, obwohl sie dem gleichen Grundmuster folgen. Sie sind demnach nicht mit einem identischen konzeptionellen Anspruch bezogen auf Wortwahl, Inhalt, Struktur und Stringenz aufgestellt worden, der eine klar nachvollziehbare Falsifizierung oder Bestätigung erlaubt. Das **Wort Hypothese** stammt aus dem Griechischen und kann mit „Unterstellung" übersetzt werden. Es beinhaltet also Vermutungen über die Gültigkeit bestimmter Ursachen-Wirkungs-Beziehungen zur Erklärung oder zur Prognose von realen Sachverhalten.

Wenn ich allerdings schnell und erfolgreich studiert habe und sich – bei der These 2 – dennoch der Erfolg nicht, wie prognostiziert, realisieren lässt, dann erhalte ich neue Erfahrungswerte, und diese veranlassen mich, meinen Ansatz zur Erklärung und Prognose zu verändern, also im Interesse einer höheren Aussagekraft zu modifizieren. Ein zusätzlicher Ursachen- oder Einflussbereich für die Wirkung ist beispielsweise die Persönlichkeit des Bewerbers, die wie bei allen Menschen grundsätzlich positiv oder negativ wirken kann. Erfahrungsgemäß ist heute die Persönlichkeit eines Bewerbers mindestens genau so wichtig wie sein Fachwissen und sein Studienabschluss. Das Erklärungs- und Prognosemuster wird also erweitert.

b. Thesen-/ Hypothesenbildung im Management

Entsprechende Erklärungs- und Prognosemuster existieren auch in der Unternehmenswelt. Gute Manager formulieren bei der Führung von Unternehmen oder Unternehmensteilen im Hinblick auf alle zukunftsbezogenen Sachverhalte, also Strategien der Marktbearbeitung und Produktgestaltung sowie Prognosen zum Kundenverhalten, zu den Reaktionen der Wettbewerber und zum Markterfolg des Unternehmens, regelmäßig Hypothesen. In Unternehmen sind derartige Thesen bzw. Hypothesen im Allgemeinen besser und damit aussagefähiger formuliert als im privaten Umfeld. Der Unterschied liegt i.d.R. in einer präziseren Benennung der Rahmenbedingungen, aber auch der Ursachen- und Wirkungsgrößen. Der Grund liegt darin, dass im Unternehmen die fachliche Kompetenz hierfür bei den Führungskräften oder Experten deutlich höher ist und dass auf dieser Basis Entscheidungen z.B. über Investitionen mit einer viel größeren finanziellen Auswirkung gefällt werden.

Eine Hypothese kann beispielsweise lauten: Wenn wir bei einem zunehmenden globalen Wettbewerb möglichst frühzeitig eine Produktionsstätte auch in Asien aufbauen, dann vergrößert dies, mit einem erfolgreichen Marketingkonzept, unsere Absatzchancen in Asien und wir erhöhen unseren Marktanteil und verbessern unsere Wettbewerbsposition. Trotz allem wird der vermutete Ursachen-Wirkungs-Zusammenhang nur mit einer bestimmten Wahrscheinlichkeit eintreten, so dass Fehlentscheidungen keineswegs ausgeschlossen sind.

Generell gilt, dass gute Manager, und dabei insbesondere Strategen und Experten der Unternehmensentwicklung, durch die Fähigkeit, in Theorien und Hypothesen, zu denken, immer auch die Basisvoraussetzungen guter Forscher haben. Aber nicht jeder gute Forscher ist automatisch ebenfalls ein guter Manager, weil hierfür zusätzlich eine hohe Umsetzungskompetenz im Hinblick auf die entsprechenden (Verbesserungs-)Maßnahmen erforderlich ist.

Auf der Basis der bisherigen Erläuterungen sind in Abbildung F-2 die beiden Vorstufen der Bildung wissenschaftlicher Hypothesen in ihren wesentlichen Elementen zusammengefasst.

> **1** *Thesen (Ad-hoc-Hypothesen)*
> - Erste, noch nicht ausgereifte Überlegungen zu möglichen Ursachen-Wirkungs-Beziehungen
> - Weniger aussagefähig als Arbeitshypothesen oder wissenschaftliche Hypothesen
> - Lediglich Analyse von Vermutungen über Zusammenhänge zwischen unmittelbar beobachtbaren Phänomenen, ohne Rückgriff auf allgemeine Erklärungsprinzipien
>
> **2** *Arbeitshypothesen*
> - Gehaltvoller als Thesen
> - Ursachen-Wirkungs-Beziehung in Wenn-Dann-Beziehung gebracht
> - Gedankengang bzw. Argumentationskette noch nicht vollständig durchdacht → Forscher befindet sich im „Prozess des Modellierens"
> - Hypothese noch nicht endgültig ausformuliert
>
> © Prof. Dr. Armin Töpfer

Abb. F-2: Vorstufen der Hypothesenbildung

2. Zielsetzung und Entwicklung wissenschaftlicher Hypothesen

POPPER kennzeichnet die Arbeit eines Wissenschaftlers folgendermaßen: „Die Tätigkeit des wissenschaftlichen Forschers besteht darin, Sätze oder Systeme von Sätzen aufzustellen und systematisch zu überprüfen; in den empirischen Wissenschaften sind es insbesondere Hypothesen, Theoriensysteme, die aufgestellt und an der Erfahrung durch Beobachtung und Experiment überprüft werden." (Popper 1934/ 1994, S. 3). Ergänzend definiert STEGMÜLLER den Begriff Hypothese: „Eine Hypothese ist eine Aussage, die, ohne mit Sicherheit als wahr erkannt zu sein, für bestimmte Zwecke angenommen wird, z.B. für wissenschaftliche Erklärungen oder Voraussagen." (Stegmüller 1980, S. 284).

Unter einer **Hypothese** versteht man eine wissenschaftlich formulierte Aussage über einen vermuteten Ursachen-Wirkungs-Zusammenhang. Sie bezieht sich auf ein singuläres Ereignis als Wirkung (Dann-Komponente als Explanandum), die durch die Existenz bestimmter Antecedens- bzw. Randbedingungen in Form von Ursachen, welche z.T. gestaltbare Handlungsfelder (Wenn-Komponente 1) und z.T. situative Gegebenheiten (Wenn-Komponente 2) mit einer hohen Spezifität sind, sowie auf der Basis einer Gesetzmäßigkeit mit einem hohen Niveau der Allgemeingültigkeit (Wenn-Dann-Beziehung als Explanans) zustande kommt.

Hypothesen fördern dadurch die Konzeptualisierung und Operationalisierung eines Forschungsprojektes. Bei einer Raum-Zeit-bezogenen Stabilität des Ursachen-Wirkungs-Zusammenhangs erlaubt die Hypothese nicht nur eine Erklärung, sondern auch eine Prognose. Zugleich gibt die empirische Bewährung und Bestätigung einer Hypothese klare Hinweise für deren Anwendung in Form von Gestaltungs- und Handlungsempfehlungen für die Praxis.

a. Strukturelle und sprachliche Hinweise zur Hypothesenbildung

Auch beim wissenschaftlichen Arbeiten beschreitet man den Weg über Thesen und Arbeitshypothesen, bis man zu gehaltvollen wissenschaftlichen Hypothesen mit der gebotenen Aussagekraft gelangt. Dabei werden folgende Vorstufen der Hypothesenbildung durchlaufen:

- **Thesen** enthalten erste, noch nicht ausgereifte Überlegungen zu möglichen Ursachen-Wirkungs-Beziehungen.
- Wenn sie in ihrem inhaltlichen Gehalt verbessert und in eine Wenn-Dann-Beziehung gebracht werden, dann werden daraus **Arbeitshypothesen**. Kennzeichnend für eine Arbeitshypothese ist, dass der Forscher sich noch im Prozess des Modellierens befindet und deshalb der Gedankengang bzw. die Argumentationskette noch nicht vollständig durchdacht und dadurch die Hypothese noch nicht endgültig ausformuliert ist. Der Übergang zu einer wissenschaftlichen Hypothese ist demnach durch einen zunehmenden Entwicklungs- und Reifeprozess gekennzeichnet.
- Dabei kann es mit dem Ziel einer höheren Aussagefähigkeit des theoretischen Zusammenhangs und einer besseren empirischen Überprüfbarkeit zweckmäßig sein, relativ pauschale Arbeitshypothesen in mehrere einzelne **wissenschaftliche Hypothesen** aufzuspalten, um jeden einzelnen Effekt besser nachvollziehen und überprüfen zu können. Arbeitshypothesen werden deshalb im Laufe der Analyse inhaltlich angereichert und gehaltvoller formuliert: Bezogen auf die Randbedingungen als Ursachen im Sinne von möglichen Gestaltungsbereichen (Wenn-Komponente 1) und situativen Gegebenheiten (Wenn-Komponente 2) sowie bezogen auf vermutete Gesetzmäßigkeiten und erwartete Wirkungen werden sie präzisiert und sind danach verwendbare, also auch empirisch überprüfbare Ursachen-Wirkungs-Beziehungen als wissenschaftliche Hypothesen. Abbildung F-3 kennzeichnet diese Vorgehensweise auf der Basis der beiden Vorstufen.

> **3** **Wissenschaftliche Hypothesen**
> - Inhaltlich angereicherte und gehaltvollere Formulierung im Vergleich zur Arbeitshypothese
> - Präzisierung der Arbeitshypothesen bezogen auf
>   - Antecedens-/ Randbedingungen als Ursachen (Wenn-Komponente 1) und als situative Gegebenheiten (Wenn-Komponente 2)
>   - Sowie auf vermutete Gesetzmäßigkeiten (Wenn-Dann-Beziehung)
>   - Und erwartete Wirkungen (Dann-Komponente)
>
> ▶ *Ergebnis:* Empirisch überprüfbare Ursachen-Wirkungs-Beziehungen als *wissenschaftliche Hypothesen*
>
> © Prof. Dr. Armin Töpfer

Abb. F-3: Endstufe der Hypothesenbildung

Alle diese Vorstufen sind wichtig, und sie sind notwendigerweise zu durchlaufen, da sie ein zunehmendes Niveau an Komplexität, an Strukturierung und an Präzision der inhaltlichen Aussage bezogen auf die einzelnen Bestandteile der Wenn-Dann-Beziehung sowie damit der Antecedensbedingungen und der vermuteten „Gesetzmäßigkeit" kennzeichnen.

Die Grundstruktur des Aussagensystems von Hypothesen zur Erklärung und Prognose haben wir beim HEMPEL-OPPENHEIM-Schema in Kapitel C.II.4. erläutert.

Zweckmäßigerweise sind wissenschaftliche Hypothesen in Ihrer Arbeit im jeweiligen inhaltlichen Kapitel Ihres Forschungsprojektes auf der Basis der Deskription relevanter Sachverhalte, der Darstellung des bisherigen Forschungsstandes und der Tiefe und Schärfe Ihrer Argumentationsketten zu entwickeln. Sie bilden damit, wie wir im Unterkapitel B.I.2. bereits angesprochen haben, die gehaltvolle inhaltliche Schlussfolgerung Ihrer Ausführungen. Da sie die **Quintessenz Ihrer Argumentation** darstellen, haben wir sie in einer Metapher mit dem Kochen verglichen, bei dem als Quintessenz ein Consommé zu Stande kommt. Das Ergebnis ist also ein Konzentrat aus allen guten Zutaten.

Sinnvollerweise bietet es sich an, die auf diese Weise im Laufe Ihrer inhaltlichen Analyse formulierten Hypothesen am Ende des gesamten theoretischen Teils Ihrer Arbeit in einer Übersicht abschließend aufzulisten. Zusätzlich ist es zweckmäßig, worauf wir in diesem Kapitel noch eingehen, die Hypothesen in Ihr erarbeitetes Forschungsdesign zur Kennzeichnung der jeweiligen Ursachen-Wirkungs-Gefüge einzuordnen. Ergänzend können in die Auflistung der Hypothesen, wenn Sie eine hierauf bezogene empirische Untersuchung durchführen, unmittelbar die entsprechenden Prüfbefunde (Bestätigung/ Verwerfung – Signifikanzniveau; siehe dazu Kapitel G.V.) eingetragen werden. Alle diese Ratschläge erhöhen die Übersichtlichkeit und Nachvollziehbarkeit Ihrer Forschungsarbeit.

Wodurch ist nun eine Hypothese im Einzelnen gekennzeichnet? In Abbildung F-4 sind einige wesentliche Aspekte aufgeführt. Ein vermuteter Ursachen-Wirkungs-Zusammenhang ist immer **Teil eines systematischen Gesamtzusammenhangs**. Mit anderen Worten ist sie – gedanklich – aus einem argumentativen Netzwerk, wie wir es im Forschungsdesign gezeigt haben, herausgelöst und wird als wissenschaftliches Konstrukt separat betrachtet.

Eine Hypothese ist eine Aussage über einen vermuteten Ursachen-Wirkungs-Zusammenhang

Eine Hypothese ...

... ist Teil eines systematischen Zusammenhangs

... darf nicht in Widerspruch zu anderen Hypothesen des systematischen Zusammenhangs stehen

... muss so formuliert sein, dass sie empirisch überprüfbar, also prinzipiell widerlegbar ist (nicht „es gibt ...", sondern „wenn x, dann y")

... ist operationalisierbar, also in beobachtungsrelevante Begriffe übertragbar

... kann auch Nebenbedingungen, moderierende bzw. intervenierende (zwischen Ursache und Wirkung liegende) Variablen enthalten

... enthält keine Wertung, z.B. in Form von „sollte", „müsste" usw.

© Prof. Dr. Armin Töpfer

Abb. F-4: Anforderungen an Hypothesen

Eine weitere Anforderung an wissenschaftliche Hypothesen (vgl. Hussy/ Jain 2002, S. 35) geht dahin, dass sie auf der sprachlichen Ebene **keine widersprüchlichen Formulierungen** aufweisen. Für Kausalhypothesen bieten sich – wie in unserem Leitfaden bereits verschiedentlich angeführt – Formulierungen der Form „Wenn-Dann" oder „Je-Desto" an. Zusätzlich ist die **Widerspruchsfreiheit gegenüber anderen Hypothesen**, die einer empirischen Untersuchung zu Grunde gelegt werden sollen, eine wesentliche Anforderung. Dies schließt allerdings nicht aus, dass eine Hypothese bei sonst gleichem Ableitungszusammenhang bewusst in einer inhaltlich gegensätzlichen Form formuliert wird, um so das gesamte Möglichkeitsfeld im Sinne des Gegensatzpaares „These – Antithese" abzudecken. Bei zunehmender Komplexität der insgesamt verwendeten theoretischen Struktur und damit einer größeren Zahl von aufeinander bezogenen Hypothesen ist ein solches Vorgehen allerdings nicht mehr ohne Weiteres möglich; es ist also vor allem in den frühen und insgesamt noch eher explorativen Stadien der Theorieentwicklung praktikabel.

Ein wesentliches Merkmal wissenschaftlicher Hypothesen besteht in ihrer von vornherein „ergebnisoffenen" Form. Hypothesen müssen sich im Lauf der nachfolgenden empirischen Überprüfung als wahr oder falsch erweisen können. Sie sind deshalb als faktisch-determinierte bzw. synthetische Aussagen – im Gegensatz zu logisch-determinierten – zu fassen (vgl. Chmielewicz 1994, S. 119, 90 ff.). Insgesamt kommt damit zum Ausdruck, dass mit einer als Hypothese bezeichneten Aussage kein sicheres Wissen, sondern nur widerlegbare und widerrufbare Vermutungen verbunden sind (vgl. Brinkmann 1997, S. 8). Damit unmittelbar verbunden ist das wichtige Merkmal der **empirischen Überprüfbarkeit**; die Prüfung von Hypothesen – also ihre Widerlegung oder vorläufige Beibehaltung – muss also generell möglich sein. Das ist gleichbedeutend damit, dass eine Hypothese einen empirischen Gehalt aufweist (vgl. Hussy/ Jain 2002, S. 35 f.). Als Ziel jeder Hypothesenformulierung ist also zu gewährleisten, dass diese Wenn-Dann-Aussage prinzipiell **widerlegbar, also falsifizierbar**, ist.

Hiermit wiederum in engem Zusammenhang steht die Forderung nach **Operationalisierbarkeit**. Das bedeutet, dass sämtliche enthaltenen theoretischen Begriffe in beobachtungsrelevante Begriffe heruntergebrochen werden können. Zur Notwendigkeit des empirischen Gehalts tritt jetzt also ergänzend hinzu, dass eine Hypothese auch mit empirischen Daten konfrontiert werden kann. Dies bezieht sich auf alle Aspekte einer Hypothese, also auch auf evtl. enthaltene **Nebenbedingungen** in Form von situativen Gegebenheiten sowie einbezogene moderierende oder teilweise mediierende Variablen, wie dies z.B. bei Kausalanalysen der Fall ist (siehe Kap. G.IV.5.b.).

Wertungen in Form von präskriptiven Formulierungen – auch konjunktivisch ausgedrückt, also z.B. „sollte" oder „müsste" – dürfen dagegen keine Bestandteile von Hypothesen sein. Hierauf gehen wir in Abbildung F-5 noch einmal ergänzend ein.

Durch die Formulierung „soll" oder „muss" will mancher angehende Forscher seiner Aussage oft Nachdruck verleihen. Nur: Dies ist der falsche Weg. Nachhaltigkeit erhält eine Hypothese erst dadurch, dass sie den Signifikanztest respektive mehrere empirische Tests erfolgreich bestanden hat, also an den realen Verhältnissen bestätigt und nicht verworfen ist. Eine bisher nicht eingetretene Falsifizierung ist also der eigentliche Beleg für eine relativ breite Raum-Zeit-bezogene Gültigkeit und damit eine hohe empirische Qualität der Hypothese. Durch präskriptive Formulierungen in der Hypothese wird dagegen eine Zielsetzung und ein damit verbundener Gültigkeitsanspruch zum Ausdruck gebracht. Letzterer ist nicht in Frage zu stellen, wenn man das Ziel akzeptiert. Der Forscher bewegt sich dann aber bereits auf der technologischen Ebene, also auf dem Niveau von Gestaltungsempfehlungen. Diese kann er aber prinzipiell nur – konzeptionell und inhaltlich abgesichert – geben, wenn er vorab im Rahmen der Theorienbildung die Gültigkeit der Hypothese für die Erklärung und Prognose überprüft hat; und genau hierzu ist die wertfreie Formulierung von Hypothesen notwendig. Anderenfalls reduziert sich das „Erkenntnismuster" auf eine Ideologie, die empirischen Überprüfungen unzugänglich ist.

In Abbildung F-5 ist bei den Beispielen eine derartige nicht akzeptable Formulierung aufgeführt. Entsprechend wenig aussagefähig sind „Kann-Aussagen", da sie unbestimmt sind und nur den abgesteckten Möglichkeitsraum beschreiben, aber keinen klaren und eindeutigen Ursachen-Wirkungs-Zusammenhang. Das 2. Beispiel zeigt dies. In gleicher Weise unzulässig sind in Hypothesen Formulierungen unter Verwendung von „richtig" oder „gut". Beide Aussagen sind normativ, also wertend, und setzen inhaltlich bestimmte Vorstellungen voraus, die in wissenschaftlicher Hinsicht in Form von operationalisierten Messgrößen, und damit intersubjektiv nachvollziehbaren Variablen, konkret und präzise zu formulieren sind. Anderenfalls ist eine Hypothese empirisch nicht überprüfbar, wie das 3. Beispiel erkennen lässt. Dies kann z.B. in dem bekannten Organisationsvorschlag gipfeln: „Der richtige Mann zur richtigen Zeit am richtigen Platz". Die Formulierung ist völlig inhaltsleer.

Was Hypothesen _nicht_ enthalten dürfen:
- „muss"/ „müsste"
- „sei"/ „wäre"
- „richtig"
- „soll"/ „sollte"
- „kann"
- „gut"
- Feststellung einer klassifikatorischen oder inhaltlichen „Tatsache"

Beispiele:

Der Krisenplan *muss/ sollte* ständig aktualisiert und an neue Gegebenheiten angepasst werden, damit eine wirksame Krisenprävention erfolgen kann.

Wenn es zu einem Katastropheneintritt kommt, dann *kann* dies auch positive Auswirkungen haben.

Wenn ein Unternehmen seinen Krisenbewältigungsprozess *gut* organisiert, dann ist eine erfolgreiche Krisenbewältigung *möglich*.

Wenn die Anforderungen nach Basel II strukturiert werden, entsteht ein Drei-Säulen-Konzept.

Eine risikoorientierte Balanced Score Card erfüllt alle Anforderungen eines integrierten Risikomanagementsystems besser als alle anderen Ansätze von Balanced Score Cards.

© Prof. Dr. Armin Töpfer

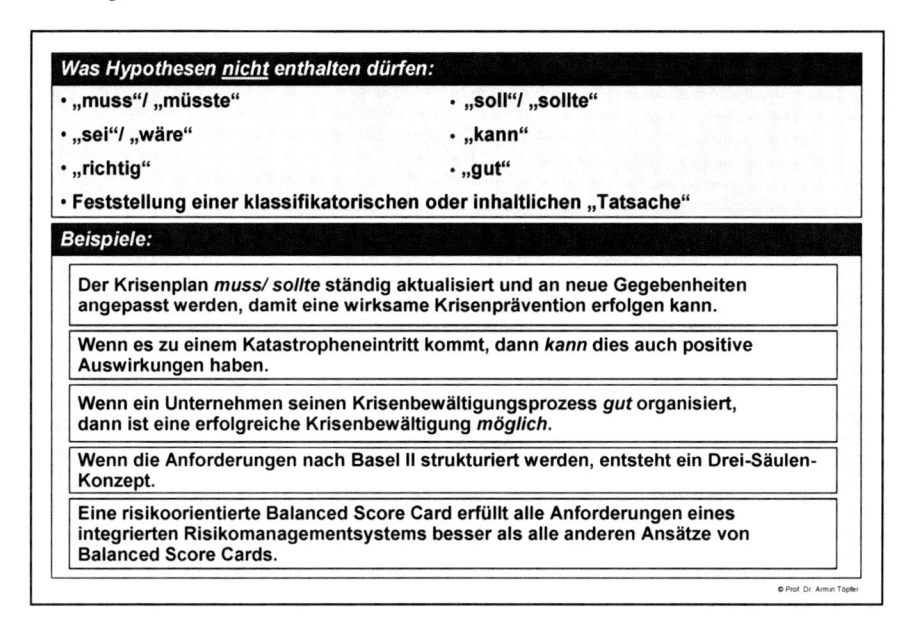

Abb. F-5: Don'ts bei der Hypothesenformulierung

Einen weiteren möglichen Defizitbereich von Hypothesen kennzeichnen die beiden letzten Aussagen. Hier sind in den Hypothesen keine echten Wenn-Dann-Beziehungen, also keine Funktionalitäten oder Kausalitäten, enthalten. Statt eines Ursachen-Wirkungs-Zusammenhangs wird lediglich ein klassifikatorischer Unterschied zum Ausdruck gebracht (5. Beispiel), oder es wird ein definierter inhaltlicher Sachverhalt beschrieben (4. Beispiel): Da die Anforderungen an Banken bezogen auf die Risikoabsicherung nach Basel II in 3 unterschiedliche Kategorien (Klassen) eingeteilt werden können, ist ein dadurch entstehendes Drei-Säulen-Konzept keine Erkenntnis, sondern ein durch die Klassifikation vorgegebenes Resultat, das bei einer Deskription nur noch einmal nachvollzogen werden kann. Die „Hypothese" wäre dadurch tautologisch, also inhaltsleer.

Was sind dann typische **inhaltliche Formulierungen**, die korrekt formulierte Hypothesen aufweisen? Zum einen sind die Aussagen immer **indikativ** gefasst, also als Ist-Aussagen in Wirklichkeitsform, im Gegensatz zu präskriptiven Soll-Aussagen, die weitgehend dem Imperativ entsprechen, oder konjunktiven (sei/ wäre) Aussagen als Möglichkeitsform (siehe Abb. F-5). Zum anderen enthält die Formulierung immer die **Ursachen-Wirkungs-Kennzeichnung**, also z.B. in Form von „Wenn-Dann-Aussagen" oder „Je-Desto-Aussagen", wie dies in Abbildung F-6 beispielhaft aufgezeigt ist (vgl. zusätzlich Diekmann 2008, S. 124 ff.; Atteslander 2008, S. 38 ff.; Kromrey 2009, S. 41 ff.).

Was Hypothesen enthalten können:
• „ist"
• „Wenn ... dann ..." / „Je ... desto"
Beispiele:
Bei gleicher fachlicher, aber unterschiedlicher sozialer Kompetenz von 2 Personen *besteht ein positiver Zusammenhang* zwischen der sozialen Kompetenz des Verantwortlichen für die Risikoidentifikation und der Anzahl identifizierter Risiken.
Die Qualität der Identifikation von Risiken *bestimmt* die Effektivität und Effizienz nachgelagerter Schritte des Risikomanagementprozesses.
Wenn Risiken/ Chancen explizit im unternehmerischen Entscheidungsfindungsprozess berücksichtigt werden, *dann* erhöhen sich die Effektivität und die Effizienz des unternehmerischen Handelns.
Je anspruchsvoller die Unternehmensziele und *je* größer die Chancen/ Risiken sind, *desto* leistungsfähiger ist das Steuerungsinstrumentarium der Balanced Score Card.
Wenn eine Balanced Score Card wesentliche Risiken in Form von Steuerungsgrößen auf den 4 Perspektiven enthält, dann erhöht sie die risikobezogene Reaktionsfähigkeit des Unternehmens.

© Prof. Dr. Armin Töpfer

Abb. F-6: Dos bei der Hypothesenformulierung

Unsere Empfehlung geht eindeutig dahin, dass Sie bei der Formulierung von Hypothesen – zumindest in der 1. Runde beim Beginn der Aufstellung der Hypothesen – immer Wenn-Dann- oder Je-Desto-Aussagen wählen. Dies sichert eine klare Strukturierung in Ursachen und Wirkungen. Die endgültige Formulierung von Hypothesen in einer Forschungsarbeit kann selbstverständlich auch – wie hier in den Beispielen 1 und 2 gezeigt – in anderer Form erfolgen. Wir verdeutlichen dies im Unterkapitel zu den verschiedenen Hypothesenarten.

Im Hinblick auf die Formulierungsbestandteile definitorischer und klassifikatorischer Art bei Hypothesen ist Folgendes wichtig: Zu allen eingeführten Begriffen und Kennzeichnungen unterschiedlicher Kategorien bzw. Klassen sind im gesamten Text einheitliche Bezeichnungen zu verwenden. Dies gibt dem Leser die Gewissheit, was der Forscher als Autor gemeint hat. Einer derartigen Eindeutigkeit ist also der Vorzug zu geben gegenüber einer sprachlichen Vielfalt, auch wenn das sprachliche Ausdrucksniveau hierdurch reduziert wird. Wenn unterschiedliche Bezeichnungen für einzelne Begriffe im Interesse eines abwechslungsreichen Stils verwendet werden, dann unterstellt der Leser zunächst einmal, dass mit unterschiedlichen Begriffen auch Unterschiedliches gemeint ist, und er versucht in einer Exegese als Deutung des Textes mit seinen sprachlichen Unterschieden, dieses zu ergründen. Für wissenschaftliche Texte gilt, dass die Präzision des Ausdrucks zu präferieren ist vor der stilistischen Variation. Diese wiederkehrende kontinuierliche Verwendung erstreckt sich beispielsweise auch auf die Konstruktion von Hypothesen mit Wenn-Dann- oder Je-Desto-Formulierungen. Je einfacher und klarer der sprachliche Ausdruck, desto leichter kann sich der Leser auf den i.d.R. schwierigeren Inhalt konzentrieren.

Noch ein weiterer Zusatz ist wesentlich: In die Hypothesenformulierung sollten zweckmäßigerweise keine Aussagen über das Bestätigungsniveau und damit die postulierte Gültigkeit einfließen. Auch in den Wirtschafts- und Sozialwissenschaften sind Hypothesen auf dem Niveau genereller Ursachen-Wirkungs-Beziehungen zu formulieren und – im Bedarfsfall – lediglich durch die Antecedensbedingungen Raum-Zeit-bezogen zu präzisieren und damit einzuschränken. Eine Aussage „… besteht ein signifikant positiver Zusammenhang" ist damit also nicht besser formuliert als die Aussage „… besteht ein positiver Zusammenhang". Denn das statistische Signifikanzniveau als Ausdruck dafür, dass der anhand einer Teilerhebung (Stichprobe) festgestellte Zusammenhang für das entsprechende Untersuchungsfeld insgesamt (Grundgesamtheit) gilt, wird durch die empirische Überprüfung ermittelt. Im Rahmen des Entdeckungs- und Begründungszusammenhangs ist es allerdings zielführend, die vermutete Beziehung inhaltlich genauer zu präzisieren, beispielsweise als „… besteht ein hoher positiver Zusammenhang". Über die Vorgabe eines mindestens zu erreichenden Korrelationskoeffizienten im Rahmen der Operationalisierung kann die Hypothese zunächst empirisch genauer gemessen und dann daraufhin getestet werden, ob der Zusammenhang ein signifikantes Niveau erreicht.

b. Explorationsorientiertes Bilden von Hypothesen zum Gewinnen neuartiger wissenschaftlicher Erkenntnisse

Bei einer explorativen Forschung geht es darum, ein neues Forschungsfeld zu erarbeiten bzw. zu vertiefen. Exploration ist also kennzeichnend für den Entdeckungszusammenhang. Im Vordergrund steht dann, auf der Basis von Definition, Klassifikation und Deskription mit ersten Gedanken und Analysen ein noch nicht oder nur in ersten Ansätzen erschlossenes Forschungsgebiet „aufzuschließen" und zu erkunden. Der Schwerpunkt der forschenden Tätigkeit liegt hier also im Erkennen von ersten grundlegenden Wirkungsmechanismen auf der Basis klar bestimmter und beschriebener Sachverhalte.

Dies ist eine wichtige Anfangstätigkeit des Forschers, um zu einem neuen Theorieentwurf zu gelangen. Wir haben dies in Kapitel D bezogen auf den fortschreitenden wissenschaftlichen Erkenntnisprozess für die wissenschaftstheoretischen Konzeptionen von KUHN und LAKATOS verdeutlicht (vgl. Kap. D.II.2. und 3.). Hypothesen haben in diesem Stadium des Forschens und der Erkenntnis naturgemäß auch eine andere Ausrichtung und Zielsetzung. Bildlich gesprochen geht es darum, den Untersuchungsgegenstand zunächst einmal unter den Röntgenschirm zu legen, um wesentliche inhaltliche Bestandteile in ihrem Zusammenwirken zu erkennen. Das Nahziel ist dann also, grundlegende Ursachen-Wirkungs-Mechanismen aufzudecken und ersten Prüfungen zu unterziehen, und zwar auf der Basis hypothetisch-deduktiver Überlegungen mit dem Fernziel der Aufstellung eines komplexen Theorieentwurfs als generellem Erkenntnismuster.

Eine wesentliche Rolle können dabei **mediierende oder moderierende Variablen** spielen, von denen als Einflussgrößen direkt oder indirekt zwischen einer Ursachen- und einer Wirkungsvariable ein verstärkender oder abschwächender Effekt ausgeht. Wir haben dies in Abbildung F-7 bezogen auf die positiven oder negativen Einflüsse einiger moderierender Variablen auf die Wirkungsgröße Kundenbindung, ausgehend von der Ursachengröße Kundenzufriedenheit, skizziert (vgl. Töpfer 2008, S. 86 ff.). Die Detailanalyse wird zu Tage bringen müssen, ob einige dieser Einflüsse auch zumindest teilweise mediierende Variablen sind.

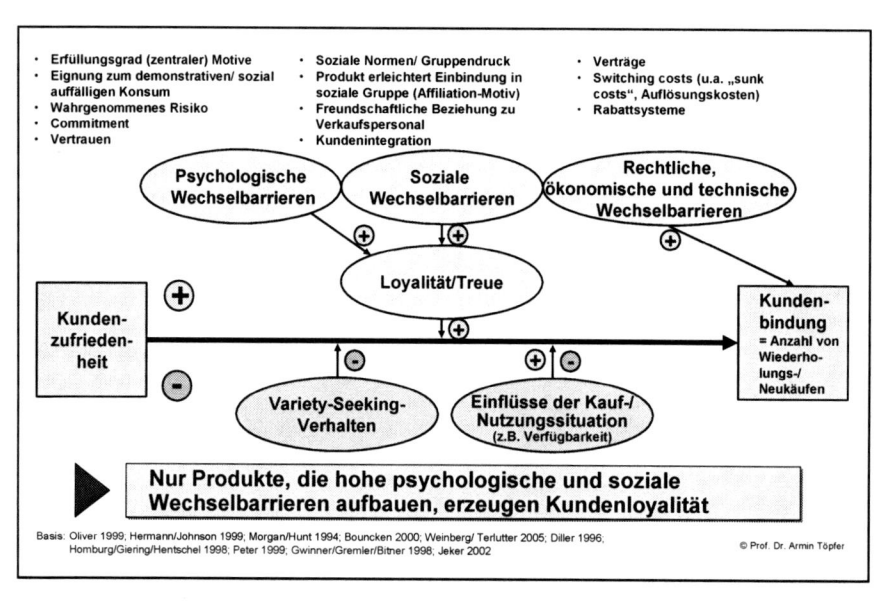

Abb. F-7: Der Einfluss moderierender Variablen auf die Kundenbindung

Wie nachvollziehbar ist, wird eine Ursachen-Wirkungs-Beziehung, die eine größere Zahl von in der Realität auftretenden, positiven oder negativen Mediator- oder Moderatorvariablen berücksichtigt, schnell relativ komplex. Bezogen auf die Aufstellung von Teilhypothesen, die diese einzelnen Wirkungsbeziehungen abgreifen, ist also strukturiert vorzugehen. Angedeutet sind dabei bei einigen Variablen jeweils auch die weiteren Operationalisierungen im Hinblick auf die eigentlichen Messungen. Die Komplexität im Prüfungs- und Gestaltungsdesign steigt hierdurch noch einmal zusätzlich.

Die Einordnung, mediierende oder moderierende Variablen beim explorationsorientierten Bilden von Hypothesen aufzudecken, ist allerdings keineswegs zwingend und definitiv. Dies kann auch bei dem im nächsten Unterkapitel behandelten theoriebasierten Ableiten von Hypothesen zum Prüfen und Ausdifferenzieren wissenschaftlicher Erkenntnisse erfolgen. Dann wäre das nicht mehr kennzeichnend für das Herausarbeiten grundlegender Zusammenhänge, sondern dafür, bereits nachvollziehbare wissenschaftliche Erkenntnisse weiter auszudifferenzieren und zu prüfen.

Ein genereller Unterschied zwischen explorationsorientiertem und theoriebasiertem wissenschaftlichen Arbeiten ist aber bei der empirischen Forschung gegeben. Beim Aufdecken von Grundmustern der Wirkungsmechanismen, insbesondere wenn sie auf veränderte Verhaltensweisen von Menschen fokussiert sind, konzentriert sich die explorative Forschung darauf, Verhaltensmuster von kleinen, aber in sich möglichst homogenen Segmenten mit einem vom Durchschnitt abweichenden Verhalten zu erkennen. Im Gegensatz hierzu ist die im Folgenden behandelte theoriebasierte Forschung in deutlich stärkerem Maße eine breite Feldforschung, die eine auf theoretischer Basis stehende Überprüfung von Hypothesen zum Mainstream-Verhalten unterschiedlicher Gesellschaftsgruppen zum Gegenstand hat.

c. Theoriebasiertes Ableiten von Hypothesen zum Prüfen/ Ausdifferenzieren wissenschaftlicher Erkenntnisse

Die wesentliche Grundlage hierfür ist, dass ein bereits explorativ entwickeltes und zum Teil empirisch abgesichertes Theoriegebäude besteht. Eine Explanation hat also bereits stattgefunden. Das Ziel ist deshalb, die Feinstruktur der Theorie durch das Ableiten von neuen Hypothesen zu erkennen. Es geht also um das „Feintuning" und die Konfirmierung bestehender wie auch neuer Hypothesen. Durch die empirische Hypothesenprüfung sollen dann über die dabei erreichbaren Bestätigungen respektive auch über entsprechende Verwerfungen und somit notwendige Modifikationen der Hypothesen die wissenschaftlichen Erkenntnisse weiter ausdifferenziert werden. Der Ansatz der empirischen Forschung kann dabei primär- oder sekundärstatistisch sein. Im ersten Fall wird also eine originäre empirische Forschung durchgeführt. Im zweiten Fall wird auf vorhandene Daten anderer Forscher zurückgegriffen, die für die eigenen wissenschaftlichen Zwecke ausgewertet und interpretiert werden.

Die Quintessenz ist also wiederum, dass Hypothesen über Ursachen-Wirkungs-Beziehungen nur empirisch bestätigt, aber nie bewiesen werden können (vgl. Kap. C.I.3.). Wir können in den Wirtschafts- und Sozialwissenschaften nicht wie z.B. in der Mathematik formal-logische Beweise führen oder wie in der Physik Experimente unter exakt kontrollierten Bedingungen durchführen. Ein mathematischer Beweis führt eine in sich logische Argumentation, die als definitives Lösungsprinzip prinzipiell nicht mehr veränderbar ist, sondern allenfalls durch eine andere Axiomatik ersetzt werden könnte. Mathematische Tatbestände sind nicht sinnesmäßig wahrnehmbar und entsprechende Aussagen deshalb weder verifizierbar noch falsifizierbar. Physikalische Hypothesen sind in der Realität zu testen; hier gilt dann aber, dass prinzipiell auch andere Ursachen-Wirkungs-Beziehungen als die derzeit zu Grunde gelegten möglich sind. So kommt nur eine Falsifizierung in Frage. Dabei sind die Experimente jedoch in aller Regel unter gleichen Bedingungen wiederholbar (Forderung nach Reliabilität), so dass Beobachtungsresultate, die zur Verwerfung einer Hypothese führen, exakt definiert werden können.

Bestätigen bedeutet, wir haben bei unserer aktuellen Messung – in den Wirtschafts- und Sozialwissenschaften i.d.R. bezogen auf eine Stichprobe – ein positives Ergebnis erreicht, das die Hypothese belegt – und zwar hochgerechnet auf die jeweilige Grundgesamtheit. Aber bei der nächsten Messung kann schon das Gegenteil eintreten und die Hypothese wird widerlegt respektive falsifiziert. Das Bestätigen einer Hypothese ist dadurch immer mit bestimmten Wahrscheinlichkeiten verbunden, die im Rahmen der Testtheorie eine Aussage machen über das Signifikanzniveau (z.B. 5%, 1% oder 0,1% Irrtumswahrscheinlichkeit) oder dieses Bestätigungsniveau einer Hypothese als unmittelbares Statistikmaß angeben. Als Fazit bleibt festzuhalten: Bestätigt sein bedeutet nicht, dass etwas wahr ist, sondern nur, dass es noch nicht widerlegt ist.

An einem **Beispiel** verdeutlicht, würde eine pauschale Hypothese zur Formulierung eines **Ursachen-Wirkungs-Zusammenhangs** in der Form **(Y= f(X))** lauten: „Das **Mitarbeiterengagement** (Y) hängt vom persönlichen Bezug zum Unternehmen (X1) und dem gegebenen Handlungs- und Gestaltungsspielraum (X2) ab." Das Problem bei einer derart pauschalen Hypothese ist immer die **Messbarkeit der einzelnen Effekte**. Werden diese nicht genügend differenziert und anschließend vor allem genauer operationalisiert, dann rückt die **Art der Messung** immer mehr auf ein oberflächliches und damit wenig aussagefähiges Niveau. Empfehlenswert ist deshalb eine möglichst präzise und trennscharfe Aufteilung der einzelnen Effekte.

Dieses einfache Beispiel zeigt, dass mit einer zunehmenden Durchdringung des Themas und der damit möglichen Detaillierung einzelner Themenaspekte die vermuteten Ursachen-Wirkungs-Beziehungen in ihren Einzeleffekten differenzierter herausgearbeitet und gemessen werden können. Dies führt dann z.B. zu der Formel (Y= f(X1a, X1b, X2a, X2b)). Bezogen auf unser Beispiel bedeutet dies: „Das Mitarbeiterengagement (Y) hängt von der Einstellung des Einzelnen zum Unternehmen (X1a) und von der Motivation gegenüber seiner Arbeit (X1b) ab; zusätzlich besteht eine Wirkung auf das Mitarbeiterengagement durch einen selbstständigen Handlungsspielraum (X2a) und durch die Mitwirkungsmöglichkeit bei bestimmten Entscheidungen (X2b)."

Auf die Aufstellung eines Prüfungsdesigns sowie damit auf die Operationalisierung der Hypothesen bzw. ihrer einzelnen Teile in Messgrößen und die anschließende empirische Messung mit unterschiedlichen mathematisch-statistischen Verfahren gehen wir im folgenden Kapitel G detailliert ein. Es setzt das Untersuchungs- und vor allem das Forschungsdesign in ein Prüfungsdesign zur Erhebung, Auswertung und zum Hypothesentest anhand aussagefähiger Variablen und Daten um.

Bei jedem Forschungsthema stellt sich also die Frage nach der **Messbarkeit der Ursachen- und Wirkungsgrößen**. Generell gilt, dass alle die Messgrößen, die nicht direkt und quantitativ messbar sind, indirekt über Indikatoren messbar gemacht werden müssen. Das bedeutet z.B. im Hinblick auf das Mitarbeiterengagement (Y), dass hierzu geeignete Merkmale, und damit verschiedene Fragen in einem Fragebogen, auszuwählen sind, aus denen Werte für das Engagement der Mitarbeiter erzeugt werden können. Damit verbunden ist die Anforderung, dass die zu Grunde gelegten Indikatoren in einem möglichst starken funktionalen Verhältnis zu dieser Variable (Y) stehen.

Bei einer explorativ begonnenen Theorienentwicklung kann sich herausstellen, dass die Erklärungskraft der oben aufgeführten Ursachen für das Wirkungsfeld Mitarbeiterengagement nicht ausreicht. Die Frage ist also, ob es einen weiteren, in bestimmten Situationen und Ausprägungen stark wirkenden Ursachen- bzw. Einflussbereich gibt. Hypothetisch-deduktive oder empirisch-induktive Analysen können beispielsweise zu dem Ergebnis führen, dass die „gelebte" Unternehmenskultur (X3) diesen wesentlichen Ursachen- bzw. Einflussbereich darstellt. Ob die Unternehmenskultur bei den Ursachen eher als gestaltbares Handlungsfeld oder als gegebenes Einflussfeld eingeordnet wird, hängt maßgeblich davon ab, wie stark und wie direkt diese Ursachen-Wirkungs-Beziehung nachvollziehbar ist. Ausprägungen der Unternehmenskultur sind jetzt zusätzlich als „weiche Faktoren" über Indikatoren zu präzisieren. Die Frage ist also zu beantworten, mit welchen Indikatoren wir die Unternehmenskultur messen. Zwei Ansätze zur möglichen Richtung einer Operationalisierung seien genannt: Zum einen kann sie gemessen werden über das hypothetische Konstrukt Vertrauen (X3a), das vornehmlich qualitativ ist. Zum anderen kann sie über das Konstrukt Zielvereinbarung (X3b) gemessen werden, das instrumentell quantitativ und im Hinblick auf seine Wirkung auch qualitativ ist. Die Hypothese lautet dann: $Y = f(X1a, X1b, X2a, X2b, X3a, X3b)$.

Der Vorteil einer derartigen Aufteilung in mehrere (Teil)Hypothesen liegt darin, dass nicht nur einzelne Effekte überprüft, sondern vor allem jeweils einzeln auch bestätigt oder falsifiziert werden können. Zusätzlich lassen sich damit über die Stärke der Wirkungsbeziehungen die Treiberfaktoren für Mitarbeiterengagement herausfiltern.

Unser Theorieansatz zum Beispiel Mitarbeiterengagement enthält also nicht nur einzelne, relativ unspezifische, allgemeingültige Wirkungsmechanismen. Stärkere Detaillierungen der wesentlichen Bestandteile von Ursachen-Wirkungs-Zusammenhängen sollen die Anwendbarkeit und die Bewährung der Theorie erhöhen. Damit verbunden ist allerdings eine deutlich größere Anzahl von Einflussgrößen, die zu monitoren sind; im Detail sind dies als Ursachenvariablen Handlungsbereiche des Unternehmens, situative Gegebenheiten oder mediierende und moderierende Größen.

Hierbei ist noch auf Folgendes hinzuweisen: Je mehr Kriterien wir in die Wenn-Komponente einer Hypothese aufnehmen, um die Dann-Komponente zu erklären, desto mehr Ursachen- bzw. Einflussfaktoren kommen dadurch in den Fokus unserer wissenschaftlichen Analyse. Durch die Detaillierung und Präzisierung der inhaltlichen Ursachen- bzw. Einflussfaktoren erhöht sich die **Bestimmtheit**, also die **Spezifität** des theoretischen Aussagensystems, erheblich, und damit weist es einen hohen **Informationsgehalt** auf. Diese Bestimmtheit bzw. Spezifität kann aber in einer gegenläufigen Beziehung zur **Allgemeinheit** und damit **Allgemeingültigkeit** der Theorie bezogen auf die Ursachen-Wirkungs-Beziehungen stehen (vgl. Chmielewicz 1994, S. 123 ff.). Durch die Vielzahl der Ursachen- bzw. Einflussfaktoren sowie deren empirisch zum Teil unterschiedliche Bestätigung bzw. Gültigkeit reduzieren sich dann die Allgemeingültigkeit der aufgestellten Hypothesen und damit deren generelle Erklärungskraft im Hinblick auf die zu untersuchende Wirkung. Dies gilt vor allem dann, wenn aus der hoch spezifizierten Wenn-Komponente eine ebensolche Dann-Komponente folgt, die jeweilige Erklärung also nur noch sehr spezielle Fälle umfasst.

Das ist in unserem Beispiel nicht der Fall. Das betriebswirtschaftlich wichtige Phänomen Mitarbeiterengagement wird als solches beispielsweise „für deutsche Industrieunternehmen" über eine Reihe miteinander verbundener hypothetischer Konstrukte allgemein erklärt. Diese Theorie besitzt über die spezifische Wenn-Komponente zwar ein nicht geringes Risiko der Falsifizierung, dabei aber dennoch eine hohe Allgemeinheit.

II. Hypothesen als Kernelemente wissenschaftlicher Erklärungen und Prognosen

In diesem Unterkapitel werden zur Rekapitulierung wesentlicher Erkenntnisse aus den Kapiteln C und D noch einmal die hier interessierenden Kernaussagen kurz zusammengefasst.

Wie wir in Kapitel C.II.4. gesehen haben, bilden Hypothesen im Rahmen der Theorie das Herzstück für die Erklärung und Prognose (4. Ebene des Hauses der Wissenschaft), und sie sind zugleich – entsprechend ihrer Bestätigung – die Basis für die Technologie als Gestaltungs- und Handlungsempfehlungen (5. Ebene des Hauses der Wissenschaft).

Zunächst gehen wir auf das höchste Hypothesenniveau, nämlich nomologische Hypothesen mit universellem Geltungsanspruch, ein. Danach leiten wir die in vielen Wissenschaftsbereichen realitätsnäheren quasi-nomologischen Hypothesen mit raum-zeitlichen Beschränkungen ab. Dann zeigen wir auf, wie mit Hypothesen auf der Basis statistischer Erklärungen umgegangen werden kann. Schließlich gehen wir noch darauf ein, welcher Stellenwert einfachen Existenzhypothesen im wissenschaftlichen Forschungsprozess zukommen kann.

Hypothesen können aus bestehenden wissenschaftlichen Theorien abgeleitet werden (siehe auch Bortz/ Döring 2006, S. 491 f.). Sie sind als Forschungshypothesen immer kontextabhängig zu bilden; dabei können auch Voruntersuchungen, eigene Beobachtungen und Überlegungen eingehen. Jedenfalls aber sind sie in dieser „ersten Form" noch nicht für empirische Tests praktikabel. Jetzt muss also das geschehen, was von POPPER als Deduktion des besonderen Satzes beschrieben ist (vgl. Kapitel C.II.4.a.): Es muss eine spezielle Aussage abgeleitet werden, welche sich auf den Ausgang respektive das Ergebnis der empirischen Prüfung bezieht. Diese „zweite Form" wird operationale Hypothese genannt. Wenn komplexere Phänomene in den Sozialwissenschaften mittels Befragungen untersucht und mit statistischen Methoden ausgewertet werden, dann ist eine nochmalige Übersetzung in eine statistische Hypothese notwendig (vgl. Popper 1934/ 1994, S. 32).

Im Lauf eines hypothetisch-deduktiven Forschungsprozesses sind die Hypothesen also über mehrere Stufen immer exakter zu fassen, so dass sie schließlich mit Daten aus der Realität konfrontiert werden können und so gleichermaßen der empirisch-induktive Forschungsansatz zum Tragen kommt. Anknüpfend an die vorhergehende textliche Aufgliederung können in diesem Ableitungszusammenhang 4 Stufen unterschieden werden (vgl. Hussy/ Jain 2002, S. 92, 120 ff.):

- **Theoretisch-inhaltliche Hypothesen** (TIH), mit denen – abgeleitet aus einer Theorie oder einem eigenständigen Gesamtansatz entsprechend – die vermuteten Beziehungen und Abhängigkeiten zunächst noch unter Rückgriff auf abstrakte Begriffe und Merkmale postuliert werden.
- Über den Weg der Operationalisierung wird dann der nächste Schritt absolviert, nämlich die Aufstellung **empirisch-inhaltlicher Hypothesen** (EIH). Hier sind jetzt alle zuvor noch enthaltenen theoretischen Begriffe so zu fassen, dass sie einer Beobachtung, Messung und Erfassung zugänglich sind.
- Die Parametrisierung führt im 3. Schritt zu **statistischen Vorhersagen** (SV). Dabei sind die mit der „allgemeinen" Hypothesenformulierung korrespondierenden Kennwerte und deren Vertrauensbereiche festzulegen, die sich bei Gültigkeit der Hypothese in der empirischen Untersuchung ergeben müssten.
- Hieraus sind schließlich im 4. Schritt spezielle **statistische Hypothesen** (SH) als Testhypothesen abzuleiten. Hierbei handelt es sich immer um Hypothesenpaare aus Null- und Alternativhypothese, mit denen eine angemessene und entscheidungsmögliche Umsetzung der statistischen Vorhersage vorweggenommen wird. Wir gehen hierauf in Kapitel G.V. noch ausführlicher ein.

1. Nomologische Hypothesen mit universellem Geltungsanspruch

Dieses Hypothesenniveau ist die Grundanforderung für den hypothetisch-deduktiven Erkenntnisprozess im Kritischen Rationalismus. Wie angesprochen wurde, haben nomologische Hypothesen als Aussagensysteme das höchste Niveau. Sie fordern **Invarianzen mit einer Raum-Zeit-unabhängigen Gültigkeit**. Zu Grunde liegt dann die **Zeitstabilitätshypothese**. Sie sind damit deterministischer und nicht probabilistischer Natur; sie gelten also immer vollständig und nicht nur mit einer bestimmten Wahrscheinlichkeit. Die Hypothese als empirisch nachvollziehbarer Ursachen-Wirkungs-Zusammenhang kennzeichnet dadurch einen eindeutigen und immer gegebenen Wirkungsmechanismus.

Nomologische Hypothesen kennzeichnen das höchste Hypothesenniveau, da sie als formulierte Ursachen-Wirkungs-Zusammenhänge Raum-Zeit-unabhängige und damit uneingeschränkt gültige Invarianzen sind. Ihnen kommt dadurch Gesetzescharakter zu. Empirisch bestätigte Hypothesen auf diesem Niveau sind in den Naturwissenschaften eher vorzufinden als in den Wirtschafts- und Sozialwissenschaften.

Wissenschaftliche Hypothesen werden auf der Basis des HEMPEL-OPPENHEIM-Schemas (HO-Schema) formuliert, und sie entsprechen damit der folgenden Struktur von **wissenschaftlichen Satzsystemen** (vgl. hierzu Chmielewicz 1994, S. 80 ff.). Sie enthalten immer eine Wenn-Komponente und eine Dann-Komponente (vgl. Opp 2005, S. 37 f.). Alternativ und gleichwertig kann dies auch eine Je-Desto-Formulierung sein.

Die Wenn-Komponente schließt die Rand- bzw. Antecedensbedingungen ein. Dies sind nach unserer Interpretation die Ursachen als Wenn-Komponente 1, die gestaltbare Variablen umfasst, und die situativen Gegebenheiten als Wenn-Komponente 2, die weitgehend nicht beeinflussbare Faktoren umschreibt. Beides sind singuläre Aussagen als Teile eines mehr oder weniger allgemeingültigen Satzes, der nomologischen (Gesetzes-)Hypothese. Deren Dann-Komponente als zu erklärende oder zu prognostizierende Wirkung ist ebenfalls eine singuläre Aussage (vgl. Hempel 1965/ 1977, S. 5 f.). In Abbildung F-8 ist die Basisstruktur einer derartigen Ursachen-Wirkungs-Beziehung dargestellt.

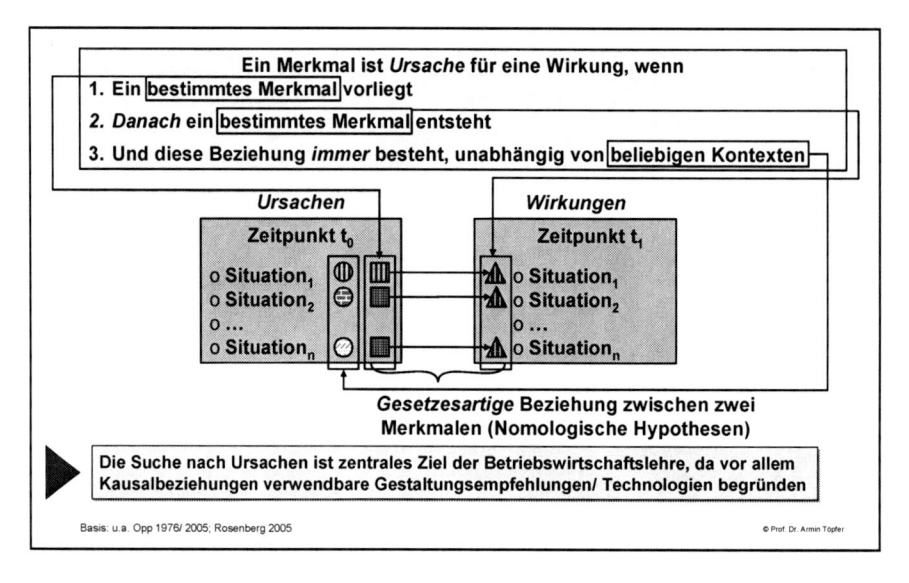

Ein Merkmal ist *Ursache* für eine Wirkung, wenn
1. Ein bestimmtes Merkmal vorliegt
2. *Danach* ein bestimmtes Merkmal entsteht
3. Und diese Beziehung *immer* besteht, unabhängig von beliebigen Kontexten

Ursachen — Zeitpunkt t_0
o Situation$_1$
o Situation$_2$
o ...
o Situation$_n$

Wirkungen — Zeitpunkt t_1
o Situation$_1$
o Situation$_2$
o ...
o Situation$_n$

Gesetzesartige Beziehung zwischen zwei Merkmalen (Nomologische Hypothesen)

▶ Die Suche nach Ursachen ist zentrales Ziel der Betriebswirtschaftslehre, da vor allem Kausalbeziehungen verwendbare Gestaltungsempfehlungen/ Technologien begründen

Basis: u.a. Opp 1976/ 2005; Rosenberg 2005 © Prof. Dr. Armin Töpfer

Abb. F-8: Basisstruktur einer Ursachen-Wirkungs-Beziehung

Generell wird die Forschung bestrebt sein, immer allgemeinere, also allgemeingültigere, und präzisere, also in den Sachverhalten möglichst genaue, Ursachen-Wirkungs-Beziehungen herauszuarbeiten. Dabei hängt die Erklärungskraft nomologischer Hypothesen von den in ihren Wenn- und Dann-Komponenten formulierten Sachverhalten ab. Eine Anreicherung der Tatbestände in der Wenn-Komponente kann – wie bereits angesprochen – eine sinkende Allgemeinheit der Hypothese bewirken, wenn sie hierdurch auf immer speziellere Fälle zugeschnitten wird. Erweiterungen der Dann-Komponente haben dagegen per se eine höhere Präzision bzw. Bestimmtheit zur Folge; so wird die Wirkung detaillierter und umfänglicher beschrieben. Auf dem Weg zu generell gültigen Regelmäßigkeiten können allerdings zunächst Hypothesen mit einer niedrigeren Allgemeinheit und/ oder Bestimmtheit zweckmäßiger sein und deshalb gesucht werden.

In Abbildung F-9 werden Hauptgründe dafür genannt, warum Ursachen-Wirkungs-Beziehungen von Kontext-Variablen unabhängig sein sollen. Letztere können entsprechend unserer Nomenklatur Wenn-Komponenten 1 oder 2 sein.

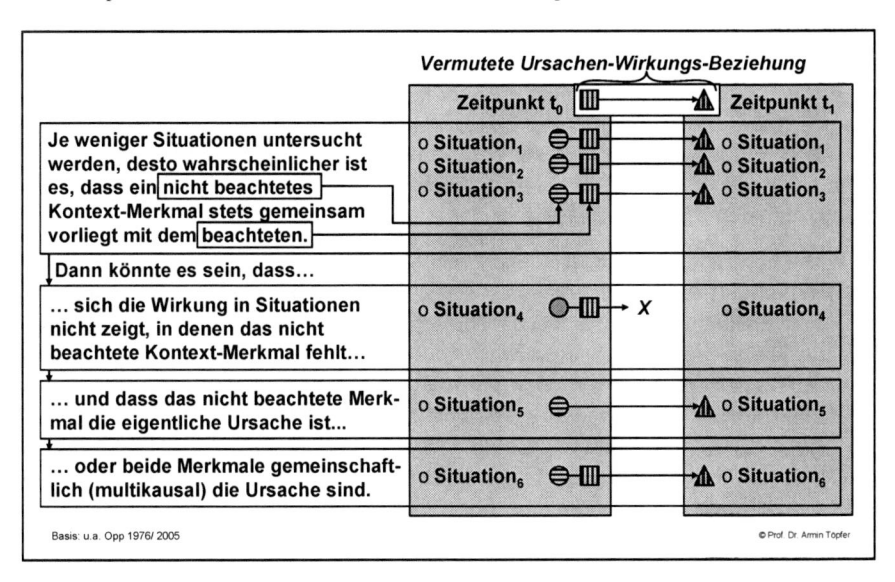

	Vermutete Ursachen-Wirkungs-Beziehung	
	Zeitpunkt t_0	Zeitpunkt t_1
Je weniger Situationen untersucht werden, desto wahrscheinlicher ist es, dass ein nicht beachtetes Kontext-Merkmal stets gemeinsam vorliegt mit dem beachteten.	o Situation$_1$ o Situation$_2$ o Situation$_3$	o Situation$_1$ o Situation$_2$ o Situation$_3$
Dann könnte es sein, dass…		
… sich die Wirkung in Situationen nicht zeigt, in denen das nicht beachtete Kontext-Merkmal fehlt…	o Situation$_4$ → X	o Situation$_4$
… und dass das nicht beachtete Merkmal die eigentliche Ursache ist…	o Situation$_5$	o Situation$_5$
… oder beide Merkmale gemeinschaftlich (multikausal) die Ursache sind.	o Situation$_6$	o Situation$_6$

Basis: u.a. Opp 1976/ 2005 © Prof. Dr. Armin Töpfer

Abb. F-9: Unabhängigkeit einer Ursachen-Wirkungs-Beziehung von Kontext-Variablen

Der hohe Anspruch nomologischer Hypothesen lässt sich vorwiegend nur in den Naturwissenschaften realisieren. Dort geht es primär um die Beobachtung und die Analyse von Materie. In den Wirtschafts- und Sozialwissenschaften stehen hingegen die Beobachtung und die Analyse des menschlichen Verhaltens im Vordergrund. Wie an früherer Stelle angesprochen wurde, haben Gesetzmäßigkeiten deshalb nur im Ausnahmefall den Charakter von generellen Invarianzen. Im Allgemeinen weisen Hypothesen in diesen Wissenschaftsdisziplinen nur eine mehr oder weniger hohe statistische Bestätigung auf.

2. Quasi-nomologische Hypothesen mit raum-zeitlichen Einschränkungen

Die Erkenntnis, dass nomologische Hypothesen in den Wirtschafts- und Sozialwissenschaften eher die Ausnahme und nicht die Regel sind, führte dazu, quasi-nomologische Hypothesen mit raum-zeitlichen Einschränkungen als „praktikable Zwischenlösung" zu akzeptieren. Hierbei werden Zusammenhänge oder Abhängigkeiten postuliert, deren Geltungsanspruch auf in räumlicher und zeitlicher Hinsicht abgegrenzte Phänomene beschränkt ist. Hierauf bezogen wird dann aber dennoch von einer allgemeinen und generellen Regelmäßigkeit der hypothetisch unterstellten Sachverhalte ausgegangen, was durch die Bezeichnung als „**quasi**"-**nomologische Hypothesen** zum Ausdruck kommt. Hiermit können Quasi-Theorien (vgl. Albert 1993) respektive Theorien mittlerer Reichweite (vgl. Merton 1968/ 1995) entstehen.

Quasi-nomologische Hypothesen sind formulierte Ursachen-Wirkungs-Beziehungen, deren Gültigkeit Raum-Zeit-begrenzt ist. Sie gelten also nicht immer und überall, sondern nur für präzisierte Zeiträume und Teilklassen. Ihr Bestätigungsgrad wird auf dem Wege der empirisch-statistischen Überprüfung ermittelt und mit statistischen Hypothesentests gemessen. Wenn sie nicht als falsifiziert bewertet werden, dann gelten sie lediglich als vorläufig bestätigt. Diese Art von Hypothesen ist der Standard in den Wirtschafts- und Sozialwissenschaften.

Wenn von räumlich-zeitlicher Abgrenzung gesprochen wird, dann bezieht sich das letztlich auf die in einem geografischen Gebiet oder einer Epoche gegebenen Sets von sozialen, ökonomischen, technischen oder ökologischen Rahmenbedingungen. Wenn diese nach und nach in weiterentwickelte Ursachen-Wirkungs-Zusammenhänge eingebaut werden können, ist von einer strukturellen Relativierung und damit einer Nomologisierung zu sprechen (vgl. Wild 1976, Sp. 3900 ff.; Albert 1993, S. 131 ff.). Weitere sachliche Einflussfaktoren werden als Ursachen in das theoretische System endogenisiert, und so ist die grundsätzliche Richtung gekennzeichnet, letztlich doch zu invarianten Regelmäßigkeiten zu gelangen.

Im Hinblick auf ihre Prüfung gilt auch für quasi-nomologische Hypothesen, dass sie – unter den jeweiligen Einschränkungen noch nicht aufgedeckter Einflüsse – falsifizierbar oder vorläufig bestätigbar sind. Im Falle ihrer Zurückweisung sind auch sie zu modifizieren, um eine bessere Anpassung an die realen Verhältnisse zu erreichen.

Raum-bezogen eingeschränkte Gültigkeit bedeutet also beispielsweise, dass eine Hypothese nicht bezogen auf alle Menschen eines Gesellschaftsraumes oder alle Wirtschaftssubjekte eines Wirtschaftsraumes formuliert wird, sondern lediglich für einzelne, möglichst klar voneinander abgrenzbare Gruppen.

Dieser Sachverhalt lässt sich an einem betriebswirtschaftlichen **Beispiel** demonstrieren: Formuliert man eine Hypothese über die hohe Bedeutung ökologischer Kriterien für ein gezieltes wirtschaftliches Handeln von Menschen, dann kann eine repräsentative Befragung der Gesamtbevölkerung das Ergebnis erbringen, dass diese Hypothese zum Stellenwert ökologischer Kriterien für das Handeln mit einer Verantwortung der Nachhaltigkeit nicht bestätigt, sondern klar falsifiziert wird. Die Vermutung geht jetzt dahin, dass es in der Gesamtbevölkerung einzelne Gruppen mit einem stark unterschiedlichen ökologischen Verantwortungsbewusstsein gibt. Das Ziel ist, diese Unterschiede im Verhalten zu erkennen.

Erforderlich ist es deshalb, die Zielgruppe(n) herauszufiltern, die aufgrund ihrer Überzeugung und Einstellung ökologische Ziele und Anforderungen auch für das eigene Verhalten definiert hat und sich deshalb entsprechend umweltbewusst verhält. Wenn hierfür messbare Kriterien gefunden werden können, dann kann eine Hypothese im obigen Sinne für diese Zielgruppe(n) formuliert werden, und sie wird sich auch mit einem signifikanten Ergebnis bestätigen lassen.

Die entscheidende Frage ist jetzt, ob diese Personengruppe in der Zukunft eher gleich bleibt, etwas zunehmen oder stark zunehmen wird. Damit stellt sich die

Frage nach der **zeitbezogenen Gültigkeit der Hypothese**. Von daher wird der ursprüngliche Sachverhalt bzw. das ursprüngliche hypothetische Konstrukt (Menschen verhalten sich in hohem Maße ökologisch orientiert) aufgeteilt in 2 Hypothesen, nämlich in die 1. Hypothese (Es gibt eine kleine, aber klar identifizierbare Gruppe von Wirtschaftssubjekten, die sich ökologisch verantwortungsvoll verhalten) und in die 2. Hypothese (Die Gruppe von Wirtschaftssubjekten, die sich ökologisch verantwortungsvoll verhalten, wird in den nächsten Jahren zahlenmäßig stark ansteigen).

Dies bedeutet mit anderen Worten, dass die 1. Hypothese insofern falsifiziert wird, als die ökologisch verantwortungsvoll handelnde Gruppe nach einem bestimmten Zeitraum nicht mehr klein ist. Dadurch wird die 2. Hypothese bestätigt. Das Wahrscheinlichkeitsniveau für die Gültigkeit der beiden Hypothesen und damit ihre empirische Bestätigung wird also deutlich unterschiedlich sein.

Die praktische Umsetzung dieser theoretischen Erkenntnisse ist insofern stärker zielgerichtet, weil in der 1. Phase nach der Einführung eines umweltverträglichen Produktes – wissenschaftlich fundiert – eine kleine, aber klar abgrenzbare Zielgruppe ermittelt werden kann, die dann möglichst ohne große Streuverluste und mit einem hohen Ausschöpfungsgrad an Produktkäufen beworben wird. Erst im Zeitablauf wird sie dann nach ebenfalls zu definierenden Kriterien an Größe zunehmen.

Ein **Praxisbeispiel** für diese Markt- und Zielgruppensituation, die zugleich Fehler im Management dokumentierte, ist die bisherige Ausrichtung der Produkte der amerikanischen Automobilindustrie auf wenig umweltverträgliche Autos im Vergleich zu einer frühzeitigen Entwicklung eines Autos mit Hybrid-Motor, wie z.B. der Prius von Toyota. Als dieses Auto in die Entwicklung ging, war eine Zielgruppe größenmäßig kaum vorhanden (1. Hypothese), die in etwa der von uns thematisierten LOHAS-Gruppe entspricht. Die Prognose bei Toyota ging aber dahin, dass mit einem starken Anwachsen dieser umweltbewussten Einstellung und des entsprechenden Kaufverhaltens gerechnet wird (2. Hypothese). Die 2. Hypothese war also die Grundlage, um über diesen Zeitraum im Vergleich zum Wettbewerb ein höheres technologisches Kompetenzniveau für ökologisch verträgliche Motoren zu entwickeln.

An diesem Beispiel wird noch einmal die wichtige Unterscheidung zwischen explorativer, eng begrenzter Zielgruppenforschung und explanatorischer, Mainstream-orientierter Feldforschung deutlich.

In den Ursachen-Wirkungs-Zusammenhang können zusätzlich – mit dem Ziel einer besseren Erklärung des Zielgruppenverhaltens – beim Beispiel Toyota Prius noch Aussagen zu mediierenden und/ oder moderierenden Variablen aufgenommen werden, so z.B. Steuervergünstigungen für ökologische Fahrzeuge. Ein persönlich starkes ökologisches Bewusstsein (Ursache) und/ oder der soziale Druck der eigenen gesellschaftlichen Bezugsgruppe (Moderatorvariable) (vgl. Ajzen/ Madden 1986) wirken neben der Verfügbarkeit des ökologisch verträglichen Autos (Ursache) positiv auf die zahlenmäßige Zunahme dieser Gruppe und die höheren Verkaufszahlen dieser Autos (Wirkung). Dies ist beispielsweise bezogen auf einige aufgeführte Variablen der Bedingungsrahmen dafür, dass der Toyota Prius an der Universität Berkeley in Kalifornien einen weit überdurchschnittlichen Anteil aller PKWs ausmacht.

Was ist die **Quintessenz und Erkenntnis**? Der eingangs aufgezeigte Grundansatz quasi-nomologischer Erklärungen entspricht den betriebswirtschaftlichen Denkmustern einer inhaltlichen Segmentierung und zeitlichen Variation. Wissenschaftliche Hypothesen zum Abbilden menschlichen Verhaltens sind in den Wirtschafts- und Sozialwissenschaften folglich immer zuerst nach diesen 2 Dimensionen Raum und Zeit zu formulieren bzw. zu präzisieren. Die Kernfrage ist dann, ob die Erklärung im Rahmen einer aufgestellten Theorie für das gegenwärtige Verhalten auch eine Prognose in Richtung auf ein verändertes Verhalten erlaubt. Weiterhin ist regelmäßig zu prüfen, ob ein themenbezogener Theorieansatz aus anderen Teil- oder Interdisziplinen herangezogen oder für solche fruchtbar gemacht werden kann. Zusammen kennzeichnet dies das generell in allen Wissenschaftszweigen vorherrschende Bemühen, von zunächst Raum-Zeit-bezogenen Regelmäßigkeiten schließlich doch zu universell invarianten Gesetzmäßigkeiten zu gelangen. Mit POPPER kann hierzu das philosophische Problem angeführt werden, das alle denkenden Menschen interessiert: „Es ist das Problem der Kosmologie: Das Problem, die Welt zu verstehen – auch uns selbst, die wir ja zu dieser Welt gehören, und unser Wissen. Alle Wissenschaft ist Kosmologie in diesem Sinn, …" (Popper 1934/ 1994, S. XIV).

3. Hypothesen im Rahmen statistischer Erklärungen

Wie in Kapitel C.II.4.a. angesprochen, gibt es neben dem deduktiv-nomologischen (DN) Ansatz der wissenschaftlichen Erklärung auch ein induktiv-statistisches (IS) Vorgehen. Ebenfalls maßgeblich auf HEMPEL und OPPENHEIM zurückgehend (vgl. Hempel/ Oppenheim 1948, S. 139 f.; Hempel 1965/ 1977, S. 60 ff.), wird hierbei ein von seiner Struktur gleiches Vorgehen gewählt, dass also vom Gegebensein einzelner Rand-/ Antecedensbedingungen über eine – jetzt statistische oder probabilistische – Gesetzmäßigkeit auf das Eintreten einer Wirkung geschlossen werden kann. Anders als im deduktiv-nomologischen Fall ist dieser Schluss jetzt aber nicht mehr mit Sicherheit, sondern nur noch mit der in der Gesetzmäßigkeit/ der Hypothese enthaltenen Wahrscheinlichkeit möglich.

Statistische Hypothesen – also Hypothesen zu statistischen Erklärungen – können logisch nicht auf Raum-Zeit-unabhängigen Hypothesen basieren. Ihre Evidenz begründet sich vielmehr auf quasi-nomologische Hypothesen, die für definierte Zeiträume und bestimmte Teilklassen gelten. Überprüfungen sind wegen eines „doppelten Wahrscheinlichkeitsproblems" kaum möglich; ihre Erklärungs- oder Prognosewahrscheinlichkeit kann mit den Wahrscheinlichkeiten statistischer Hypothesentests in keinen validen Zusammenhang gebracht werden.

Abbildung F-10 illustriert diesen Grundsachverhalt statistischer Hypothesen/ Erklärungen an einem **Beispiel**. Hierbei geht es um die Analyse statistischer Beziehungen zwischen Merkmalen zu unterschiedlichen Zeitpunkten. Das Ergebnis dokumentiert, dass der vermutete Zusammenhang in x% der Situationen gilt und in (1-x)% der Situationen nicht gilt. Er wird also auf der Basis ermittelt, dass alle Situationen 100% ausmachen. Von daher ist das theoretische Anspruchsniveau deutlich geringer, da jetzt keine vermutete Raum-Zeit-stabile und empirisch geprüfte Ursachen-Wirkungs-Beziehung vorhanden ist. Sie gilt stattdessen nur in x% der Fälle. Anschließend vorgesehene Gestaltungs- und Handlungsempfehlungen basieren damit auch nur auf dieser postulierten Wahrscheinlichkeit.

Dies hat gravierende Konsequenzen für die empirische Überprüfung derart statistischer Erklärungen/ Hypothesen. Die Beobachtungsresultate können generell nicht dahingehend eingeordnet werden, ob sie zutreffend oder zufallsbedingt unter die angestrebte Wirkung oder den nicht von der Hypothese erfassten Teil fallen. Ein aus letztlich vernünftigen Gründen entschiedenes Verwerfen statistischer Hypothesen relativ zu anerkannten Daten ist damit immer nur provisorisch. Beim Hinzutreten neuer Daten kann es also wieder rückgängig gemacht werden, ohne dass hierdurch die vorhergehende Entscheidung als irgendwie fehlerhaft gekennzeichnet werden kann (vgl. Stegmüller 1973, S. 50).

Ohne hier auf unterschiedliche Ansätze des Testens statistischer Hypothesen näher einzugehen, sei nur festgehalten, dass probabilistische und damit indeterministische Regelmäßigkeiten prinzipiell „unbewährbar" sind (vgl. Lenzen 1980, S. 89). Dies besagt mit anderen Worten, dass solche Hypothesen einer definitiven Bestätigung oder Verwerfung generell nicht zugänglich sind. Hingewiesen werden soll noch darauf, dass hierbei wiederum das Grundproblem evident wird, auf induktivem Weg, ausgehend von einzelnen Beobachtungen, valide Gesetzmäßigkeiten ableiten zu wollen.

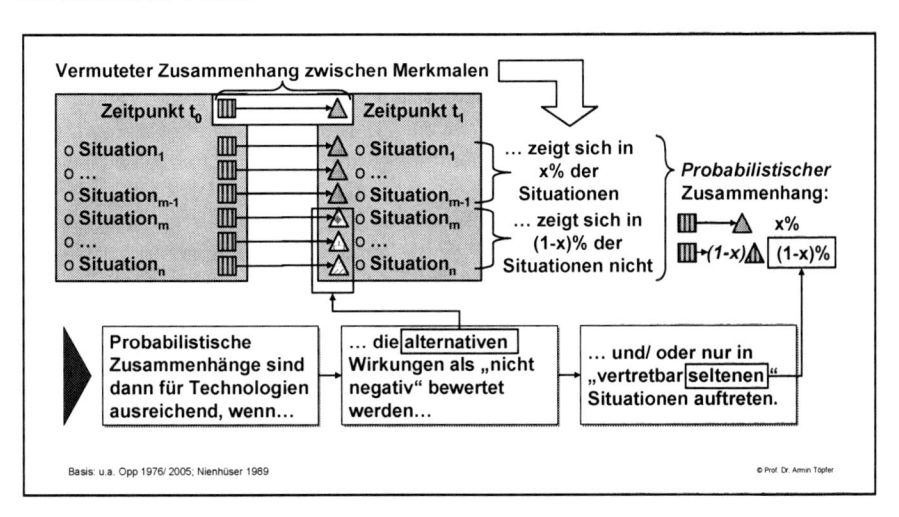

Abb. F-10: Statistische Beziehungen zwischen Merkmalen

Statistische Hypothesen sind darüber hinaus für die beabsichtigte Technologie als Gestaltungs- und Handlungsempfehlung problematisch. Die Anwendung reduziert sich dann auf die Situationen, bei denen die alternativen Wirkungen nicht grundsätzlich negativ bewertet werden und/ oder diese nur relativ selten auftreten. Dadurch wird – betriebswirtschaftlich argumentiert – das Wertvernichtungspotenzial bei diesem Vorgehen deutlich klein gehalten. Da kein erkannter Ursachen-Wirkungs-Mechanismus mit einer ausreichend hohen Bestätigung zu Grunde liegt, beschränkt sich das Arbeiten mit statistischen Hypothesen auf empirisch-induktive Evidenzen.

4. Existenzhypothesen zu einzelnen Sachverhalten im Vorfeld wissenschaftlicher Erklärungen

Die bisher aufgezeigten Hypothesenformen zeichnen sich zum einen durch einen mehr oder weniger großen Allgemeingültigkeitsanspruch aus und sind von daher – im Gegensatz zu singulären, auf Einzelereignisse bezogene Aussagen – als generelle, **allgemeine Aussagen** einzuordnen (vgl. Chmielewicz 1994, S. 82). Ihre Universalität kommt dabei auch dadurch zum Ausdruck, dass sie – dem HEMPEL-OPPENHEIM (HO)-Schema für wissenschaftliche Erklärungen folgend – meist bereits als Verknüpfungen unterschiedlicher Ursachen- und Wirkungstatbestände konzipiert sind.

Es können aber auch auf der Basis **singulärer Aussagen** Sachverhalte hypothetisch formuliert werden. Diese beziehen sich dann nicht auf eine Ursachen-Wirkungs-Beziehung, sondern auf Elemente einer dieser beiden Seiten und treffen hierzu eine i.d.R. zukunftsbezogene Aussage. Es wird also postuliert, dass näher bestimmte Sachverhalte/ Phänomene eintreten werden, dass es diese geben wird; deshalb heißen solche Formen **Existenzhypothesen** (vgl. Hussy/ Jain 2002, S. 38; Huber 2005, S. 48). Sie können in unbestimmter Form verwendet werden, indem z.B. die Annahme aufgestellt wird, es gibt ein psycho-physiologisches Korrelat zum betriebswirtschaftlichen Begriff bzw. Konstrukt des Involvement. In ihrer bestimmten Form werden bezogen auf das zu Grunde gelegte Merkmal räumliche oder zeitliche Einschränkungen vorgenommen. Damit können dann beispielsweise Aussagen über Merkmale getroffen werden, die für bestimmte Personen- oder Individuengruppen respektive zu unterschiedlichen Zeitpunkten gelten sollen.

Es liegt auf der Hand, dass diese Hypothesenformen im Rahmen der Exploration bei wissenschaftlichen Untersuchungen von großem Nutzen sein können. So lassen sich erste Vorstellungen über einzelne Sachverhalte fixieren, und soweit sich dieses auf Anteilswerte bezieht, ist hierzu bezogen auf den „wahren" Wert in der Grundgesamtheit auch eine statistische Prüfung möglich.

III. Arten wissenschaftlicher Hypothesen – Abgrenzung nach ihrer inneren Struktur

Eine große Anzahl von generierten Hypothesen sagt grundsätzlich nichts über die Qualität der wissenschaftlichen Forschungsarbeit aus. Im Gegenteil: Eine (zu) große Anzahl von formulierten Hypothesen kann auch ein Beleg dafür sein, dass das zu Grunde liegende theoretische Konzept zu wenig durchdacht ist und in zu geringem Maße grundsätzliche und eher allgemeingültige Aussagen induziert.

Eine hohe inhaltliche Differenzierung erfordert aber in der Tendenz eine größere Anzahl von Hypothesen, um alle Ursachen- und Einflussvariablen in den Wirkungszusammenhang einzubeziehen. Wie vorstehend ausgeführt, geht die damit bewirkte Bestimmtheit evtl. zu Lasten der Allgemeinheit der Hypothesenaussage. Auf der anderen Seite kann aber auch eine lediglich holzschnittartige Analyse und Darstellung von Wirkungsmechanismen dazu führen, dass nur wenige Hypothesen abgeleitet werden können. Die dann geringe Bestimmtheit ist aber aufgrund der fehlenden Durchdringung wesentlicher Ursachen-Wirkungs-Beziehungen mit einem niedrigeren Informationsgehalt verbunden, was eine ebenfalls niedrigere Allgemeinheit und damit auch niedrigere Aussagekraft der Hypothesen bzw. der gesamten Theorie zur Folge hat.

Bevor wir die 4 unterschiedlichen Hypothesenarten im Folgenden ausführlicher vorstellen und anhand von einfachen Beispielen plastisch erläutern, wollen wir sie anhand der Abbildung F-11a kurz kennzeichnen und gruppieren. Wie hieraus bereits ersichtlich wird, sind Verteilungs- und Zusammenhangshypothesen einfache Vorstufen und weniger gehaltvoll im Sinne von aussagestark als Wirkungs- und Unterschiedshypothesen.

> **Verteilungshypothese und Zusammenhangshypothese**
>
> **= Einfache Vorstufen von aussagefähigen wissenschaftlichen Hypothesen**

> **Wirkungshypothese und Unterschiedshypothese**
>
> **= Wissenschaftlich gehaltvolle Hypothesen**

▶ **Eine Wirkungshypothese ist immer auch eine Zusammenhangshypothese**

© Prof. Dr. Armin Töpfer

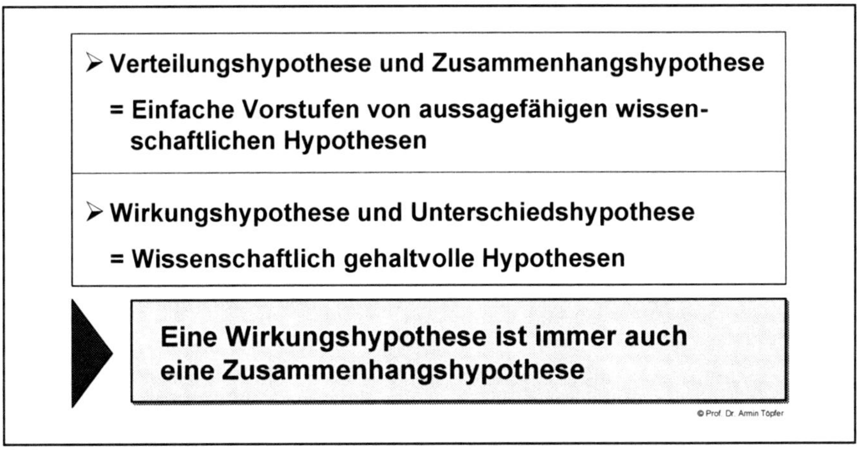

Abb. F-11a: Gruppierung der 4 Hypothesenarten

Die 4 im Folgenden unterschiedenen wesentlichen Hypothesenarten sind in Abbildung F-11b in ihren Kernaussagen und in ihrem Wirkungsverbund zusammengestellt. Im Einzelnen ausgeführt werden Verteilungs-, Zusammenhangs-, Wirkungs- und Unterschiedshypothesen. Sie werden anhand von Stichprobenerhebungen mit spezifischen mathematisch-statistischen Auswertungen bzw. Tests auf ihre Allgemeingültigkeit überprüft, auf die wir in Kapitel G noch ausführlicher eingehen. Hier stehen jetzt die **4 verschiedenen Arten von theoretisch-inhaltlichen Hypothesen** im Vordergrund, die unterschiedlich fundierte Ergebnisse und Erkenntnisse zur Folge haben.

Diese stärker forschungsorientierten Hypothesen unterscheiden sich damit teilweise von den in Statistik-Lehrbüchern und der Literatur zur empirischen Sozialforschung aufgeführten überwiegend 3 Hypothesenarten, nämlich Zusammenhangs-, Unterschieds- und Veränderungshypothesen; letztere zielen dabei auf Zeitreihen- und Panelanalysen ab (vgl. z.B. Bortz/ Döring 2006, S. 491 ff.). Dabei sind allerdings Veränderungshypothesen als gesonderter Typ nicht zwingend notwendig; die zeitliche Variation ist mit entsprechenden Zeitvariablen auch über die anderen Hypothesenarten abbildbar. Darüber hinaus läuft die eigentliche Schichtung bei empirischen Untersuchungen viel öfter über die Frage, ob von korrelativen oder kausalen Beziehungen auszugehen ist. Dem kommen wir mit unserer Art der Wirkungshypothesen nach.

= Aussage über Anzahl Objekte in einer Klasse ($Y_{1/2/3}$)	= Aussage, welche Objekte zwei interessierende Merkmale aufweisen („Korrelation") ($X \cap Y$)
Kennzeichnet Entwicklungsstand eines Sachverhaltes	Kennzeichnet gleich- oder entgegengerichtete Entwicklungen
Beispiel: „20% der Unternehmen setzen Direktmarketing umfassend ein (Y_1)"	Beispiel: „Unternehmen mit einer hohen Kundenorientierung (X_1) betreiben auch Direktmarketing auf hohem Niveau (Y_1)"
1. Verteilungshypothese	**2. Zusammenhangshypothese**
4. Unterschiedshypothese	**3. Wirkungshypothese**
Beispiel: „Kleine Unternehmen (A) setzen Direktmarketing häufiger umfassender (Y_1) ein als Großunternehmen (B)"	Beispiel: „Wenn Unternehmen umfassendes Direktmarketing (Y_1) betreiben, dann erreichen sie eine längere Kundenbindung (Z_1)"
= Aussage über Verteilung von Merkmalen bei Objekten unterschiedlicher Klassenzugehörigkeit ($A \rightarrow Y_1 > B \rightarrow Y_1$)	= Aussage über Ursachen (*Kausalhypothesen*) ($Y \rightarrow Z$)
Kennzeichnet Unterschiede bezogen auf definierte Sachverhalte bei bestimmten Aggregaten	Kennzeichnet bestimmte Wirkungen durch spezifizierte und nachvollziehbare Ursachen

© Prof. Dr. Armin Töpfer

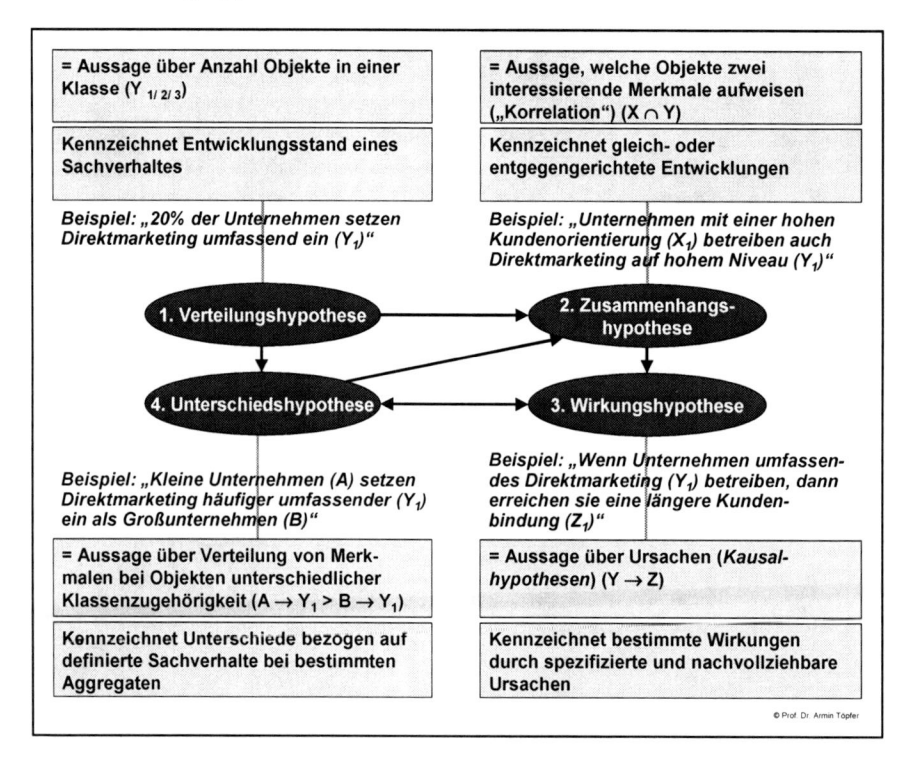

Abb. F-11b: Kennzeichnung der 4 Hypothesenarten

Wir werden jede der 4 Hypothesenarten kurz kennzeichnen und an einem Beispiel erläutern. Zusätzlich klassifizieren wir die jeweiligen statistischen Berechnungs- bzw. Auswertungsmethoden, zum Teil auch bereits erforderliche Testmethoden. Damit ist der Weg aufgezeigt, wie die jeweilige Art theoretisch-inhaltlicher Hypothesen in ihre empirisch-inhaltlich Form operationalisiert und schließlich in eine statistische Testhypothese überführt werden kann.

Zu den 4 unterschiedenen Hypothesenarten und zu der Kombination von unterschiedlichen Hypothesenarten werden wir in den einzelnen Unterkapiteln eine

Reihe von Beispielen aus publizierten Forschungsarbeiten heranziehen. Sie werden durch Hypothesen zu den 3 Beispielthemen in Kapitel F.IV. ergänzt. Im Kapitel G und vor allem im Kapitel J führen wir eine Reihe weiterer Beispiele aus realisierten Forschungsprojekten an. Auf der Basis der vorstehenden Ausführungen kann der Leser – zugleich als Test der eigenen wissenschaftlichen Analysefähigkeit – die jeweils gewählte Hypothesenformulierung nachvollziehen und bewerten. Wie erkennbar ist, wurden von den Autoren unterschiedliche Formen der Hypothesenformulierung gewählt. Für weiter gehende Informationen und vertiefende Analysen wird auf die einschlägige Forschungsliteratur verwiesen.

1. Verteilungshypothesen

Das geringste Hypothesenniveau liegt bei der Verteilungshypothese vor. Hierbei macht eine Hypothese beispielsweise lediglich eine Aussage über die Anzahl der Objekte (Prozentsatz der Stichprobe respektive der Grundgesamtheit) in einer Klasse. Dieser Messung ist zunächst eine **Klassenbildung** mit unterscheidbaren Ausprägungsniveaus (z.B. 1 = umfassend, 2 = teilweise, 3 = kaum) zu Grunde zu legen. Wie aus dem Beispiel ersichtlich ist, besagt die hypothetische Aussage in Abbildung F-11b über eine vermutete **Häufigkeitsverteilung**, dass 20% der Unternehmen (Anzahl der Objekte) Direktmarketing umfassend einsetzen (zugehörig zu der Klasse Y_1, nämlich der Anwender mit dem höchsten inhaltlichen Niveau). Bezieht sich eine Hypothese also auf die vom Forscher vermutete Verteilung „eines" Merkmals oder einer Zufallsvariablen, so wird sie Verteilungshypothese genannt.

Gemäß den Ausführungen im vorangegangenen Unterkapitel sind Verteilungshypothesen als Existenzhypothesen einzuordnen. Wie leicht nachvollziehbar ist, enthält dieses niedrige Hypothesenniveau keine Aussage über Ursachen-Wirkungs-Zusammenhänge. Die Hypothese formuliert lediglich ein instrumentelles Niveau für einen bestimmten Prozentsatz von Unternehmen, ohne daraus Schlussfolgerungen im Hinblick auf eine erreichte Wirkung abzuleiten oder Anforderungen in Bezug auf zu realisierende Ursachen anzugeben. Die Verteilungshypothese hat damit vorwiegend im Rahmen einer explorativen Studie zur Erkundung des Theorienraumes eine Berechtigung. Eine Erklärung bzw. Explanation von tiefer gehenden Sachverhalten ist dadurch nicht möglich. Allerdings zeigt dann der empirisch ermittelte Prozentsatz für diese Klasse von Unternehmen mit dem höchsten Anwendungsniveau, ob zum einen der Verbreitungs- bzw. Realisierungsgrad in der Praxis schon relativ groß ist und ob es sich zum anderen hierbei rein zahlenmäßig (noch) um ein lohnendes Forschungsfeld handelt.

Verteilungshypothesen sind zwar eindimensional und heben nicht auf Referenzwerte als Bezugs- oder Vergleichsgrößen ab, bezogen auf hiermit postulierte Anteilswerte sind aber dennoch Schätzungen im Hinblick auf die Grundgesamtheit im Rahmen von Signifikanztests möglich. Der in der Verteilungshypothese formulierte Wert wird daraufhin getestet, wie wahrscheinlich sein Auftreten in der Grundgesamtheit ist.

Für die empirische Messung dieser Hypothese ist eine Operationalisierung anhand von Kriterien bzw. Variablen vorzunehmen, was Direktmarketing inhaltlich umfasst und wodurch ein umfassendes Realisationsniveau gekennzeichnet ist. Implizit sind hier zumindest in der operationalen Messung bestimmte Ursachen- und Wirkungsfaktoren bereits enthalten. Sie sind aber nicht Gegenstand eines Erklärungs- oder Prognosezusammenhangs. Auf weitere Beispiele zu Verteilungshypothesen gehen wir bei den Ausführungen zu den 3 Beispielthemen ein.

2. Zusammenhangshypothesen

Eine Zusammenhangshypothese ist die 1. Verbesserung des Aussageniveaus einer Verteilungshypothese. Sie macht eine Aussage darüber, welche Objekte, also in unserem Falle Unternehmen, 2 interessierende Merkmale gleichzeitig aufweisen. Dies sind in unserem Beispiel Kundenorientierung (X) und Direktmarketing (Y). Der Gegenstand der Hypothese ist damit ein **ungerichteter Zusammenhang** zwischen diesen Merkmalen. Hierzu wird zum Ausdruck gebracht, dass Unternehmen mit einer hohen Kundenorientierung (X_1) auch Direktmarketing auf einem hohen Niveau (Y_1) betreiben. Die beiden Variablen weisen also jeweils in dieser Spitzengruppe ein hohes positives Niveau auf. Entsprechend unterstellt die Hypothese, dass es noch andere geringere Ausprägungen bei beiden Variablen gibt, so dass hieraus insgesamt die entsprechende **Korrelation** resultiert.

Die Hypothese besagt also, dass ein Zusammenhang zwischen den beiden Variablen X und Y mit jeweils korrespondierenden Ausprägungsniveaus existiert. Sie sagt aber noch nichts über die Wirkungsrichtung aus. Das Instrument zur Messung dieses inhaltlichen Zusammenhangs bzw. dieser Korrelation sind **Korrelationsanalysen respektive Kontingenzanalysen**. Die Zusammenhänge können ordinal oder kardinal – bei den Kontingenzanalysen auch nominal – gemessen werden und sie können gleich gerichtet oder entgegengesetzt gerichtet sein. Letzteres reduziert sich bei Kontingenzanalysen auf die bloße Feststellung eines Zusammenhangs.

In einem Forschungsprojekt des Autors dieses Forschungs-Leitfadens zur Umwelt- und Benutzerfreundlichkeit von Produkten als strategische Unternehmungsziele wurden 13 Hypothesen formuliert, die sich auf unterschiedliche Hypothesenarten bezogen (vgl. Töpfer 1985, S. 244). Formuliert und empirisch untersucht als Zusammenhangshypothese wurde

> Hypothese 1: Zwischen der Umweltfreundlichkeit und Benutzerfreundlichkeit von Produkten besteht hinsichtlich der jeweiligen Bedeutungsbeimessung durch Unternehmungen ein positiver Zusammenhang.

3. Wirkungshypothesen

Wenn die Wirkungsrichtung zwischen 2 Variablen eindeutig klar ist, dann lassen sich Wirkungshypothesen über die Aufteilung in eine unabhängige und eine abhängige Variable aufstellen. Der Gegenstand dieser Hypothesenart ist also ein **ge-**

richteter Zusammenhang, der beispielsweise eine Aussage über die Art und die Stärke einer Regression macht, welche die Beziehung zwischen einer Ursachengröße x und einer Wirkungsgröße y – in einer, hier als linear angenommenen, funktionalen Form – über die Funktion $y = b \cdot x + a$ abbilden kann.

Angestrebt sind dabei Aussagen über Ursachen im Sinne einer Kausalhypothese und nicht nur Aussagen über Funktionalzusammenhänge. Kausal bedeutet also, eine Begründung über Ursachen zu geben. Funktional kennzeichnet nur den einfachen Wirkungszusammenhang in der Weise, dass die Variable A eine funktionale inhaltliche Wirkung auf die Variable B hat, ohne dabei unbedingt eine Ursache zu sein.

In unserem Beispiel ist hierzu ausgeführt, dass der Direktmarketingeinsatz (Y) die Ursache für Kundenbindung (Z) ist; und zwar in der Weise, dass Unternehmen, die umfassendes Direktmarketing (Y_1) betreiben (Ursache) eine längere Kundenbindung (Z_1) erreichen (Wirkung).

Die zur Analyse und Überprüfung eingesetzte statistische Methode ist die **Regressionsanalyse**, z.B. als einfache oder logistische Regression. Da wissenschaftliche Hypothesen per se vermutete Aussagen über Ursachen-Wirkungs-Zusammenhänge enthalten, sind derartige Wirkungshypothesen und die sich daran anschließende empirische Überprüfung das Kernstück jeder empirischen Forschungsarbeit.

Die hier formulierte Wirkungshypothese gibt lediglich den Ursachen-Wirkungs-Zusammenhang zwischen 2 Variablen wieder. Es sind beispielsweise keine zusätzlichen Annahmen zu weiteren Determinanten formuliert worden. Diese könnten sich beispielsweise auf die Schärfe der Wettbewerbssituation und damit den Teil der Wenn-Komponente im Rahmen der Antecedensbedingungen beziehen, den wir Wenn-Komponente 2 genannt haben und der vom Unternehmen also nicht bzw. kaum beeinflussbar ist. Wie ausgeführt, würde hierdurch die Bestimmtheit der Hypothese erhöht, die Allgemeinheit der Aussage aber reduziert, da damit zugleich eine Einschränkung der Dann-Komponente erfolgt.

Als Beispiel für die Formulierung von Wirkungshypothesen wird die Dissertation von EGGERT gewählt (vgl. Eggert 1999, S. 144 f.), die ein klar strukturiertes und inhaltlich fokussiertes Modell zum Thema hat. Er formuliert bezogen auf das von ihm aufgestellte a priori Wirkmodell der Kundenbeziehung folgende

> Basishypothese: Im Zustand der Verbundenheit haben Kunden positivere Verhaltensabsichten als im Zustand der Gebundenheit.

Innerhalb seiner Forschungsarbeit untersucht er die Verhaltenswirkungen der generischen Bindungszustände im Hinblick auf die Weiterempfehlungsabsicht, die Bereitschaft der Kunden zur Intensivierung der Geschäftsbeziehung, die Suche nach alternativen Anbietern und im Hinblick auf die Wechselabsicht der Kunden. Hierzu formuliert er das folgende Hypothesensystem, das neben der Basishypothese aus 4 weiteren Wirkungshypothesen besteht.

> Hypothese 1: Im Zustand der Verbundenheit besitzen Kunden eine höhere Empfehlungsbereitschaft als im Zustand der Gebundenheit.

> Hypothese 2: Im Zustand der Verbundenheit besitzen Kunden eine höhere Bereitschaft zur Intensivierung der Geschäftsbeziehung als im Zustand der Gebundenheit.
>
> Hypothese 3: Im Zustand der Verbundenheit suchen Kunden weniger intensiv nach alternativen Anbietern als im Zustand der Gebundenheit.
>
> Hypothese 4: Im Zustand der Verbundenheit besitzen Kunden eine geringer ausgeprägte Wechselabsicht als im Zustand der Gebundenheit.

Dieses Hypothesensystem wird im Rahmen der Arbeit von EGGERT mithilfe der Kausalanalyse empirisch überprüft.

4. Unterschiedshypothesen

Unterschiedshypothesen machen eine explizite Aussage über die Verteilung bestimmter Merkmale und deren Ausprägungsniveau bei Objekten, die zu unterschiedlichen Klassen gehören. Gegenstand dieser Hypothesen ist die Annahme bzw. der Nachweis, dass sich **Objekte in unterschiedlichen Klassen im Hinblick auf definierte Merkmale (signifikant) unterscheiden**. Unterschiedshypothesen sind eigentlich die „einfachste und eleganteste" Hypothesenform, da wir zunächst nur die klassenbezogenen Unterschiede postulieren und messen. Wenn wir einen Unterschied bei der Ausprägung eines Merkmals in 2 unterschiedlichen Klassen als signifikant bestätigt haben, dann ist von Interesse, welche Ursachen für diese erkannten Unterschiede als Wirkungen bestehen. Hierzu benötigen wir pro Klasse eine formulierte Wirkungshypothese. Unterschiedshypothesen sind also bei nachgewiesenen signifikanten Ergebnissen „Türöffner" für Wirkungshypothesen.

Konkret bedeutet dies an unserem Beispiel, dass uns interessiert und deshalb in einer Unterschiedshypothese formuliert wurde: Kleine Unternehmen (A) setzen Direktmarketing häufiger (und) umfassender ein (Y_1) als Großunternehmen (B). Der Anteil der Unternehmen der Klasse A, die ein Direktmarketingniveau (Y_1) aufweisen bzw. realisiert haben, ist also größer als der Anteil der Unternehmen der Klasse B, die ebenfalls Direktmarketing auf dem Niveau (Y_1) praktizieren.

Zu Grunde liegen dieser Hypothesenart Aussagen und Erkenntnisse von Verteilungshypothesen, die sich auf diese beiden Klassen (A und B) beziehen. Unterschiedshypothesen können auch Zusammenhangshypothesen „speisen", wenn die dort interessierenden beiden Variablen zusätzlich unterschiedliche Ausprägungen je nach der Klassenzugehörigkeit der Unternehmen aufweisen. Unterschiedshypothesen nutzen vor allem aber auch Erkenntnisse aus Wirkungshypothesen, wenn diese wie in unserem Fall belegen, dass umfassendes Direktmarketing eine maßgebliche Ursache für längere Kundenbindung ist. In entsprechender Weise besteht auch eine in die umgekehrte Richtung interessierende Beziehung zwischen Unterschieds- und Wirkungshypothesen, also trifft diese Wirkungshypothese auf bestimmte Klassen von Unternehmen stärker zu als auf andere.

Die Frage, die sich bei einer hohen Bestätigung dieser Unterschiedshypothese stellt, dass demnach kleine Unternehmen häufiger und umfassender Direktmarketing einsetzen als Großunternehmen, ist die nach den maßgeblichen Ursachen. Von wissenschaftlichem Interesse ist demzufolge, ob kleine Unternehmen ihre Nachteile eines kleineren Vertriebsapparates und einer dadurch bewirkten geringeren Vertriebsintensität durch umfassendes Direktmarketing ausgleichen.

Die statistische Methode, mit der die Unterschiede von Merkmalsausprägungen zwischen 2 unterschiedlichen Klassen von Objekten ermittelt werden, ist die **Varianzanalyse**. Bei mehr als 2 Klassen von Objekten, deren Verteilungen von Merkmalen respektive deren Mittelwerte verglichen werden sollen, sind zum Nachweis signifikanter Unterschiede zusätzlich Mittelwertsvergleichstests durchzuführen.

Weitere Analysen, welche die Objekte respektive Unternehmen näher betrachten und damit in den Vordergrund der Analyse stellen, sind Cluster- und Diskriminanzanalysen. Hierauf gehen wir ebenfalls im Kapitel G detaillierter ein.

Aus dem bereits zitierten Forschungsprojekt des Autors dieses Forschungs-Leitfadens zur Umwelt- und Benutzerfreundlichkeit von Produkten werden beispielhaft 2 Unterschiedshypothesen mit weiteren Teilhypothesen zitiert (vgl. Töpfer 1985, S. 244 ff.).

> Hypothese 1a: Es gibt Unternehmungen, die der Umwelt- und Benutzerfreundlichkeit von Produkten eine höhere Bedeutung beimessen als traditionellen Wachstums- und Gewinnzielen.
>
> Hypothese 1b: Konsumgüter-Unternehmungen sind stärker auf Umwelt- und Benutzerfreundlichkeit der Produkte ausgerichtet als Investitionsgüter-Unternehmungen.
>
> Unternehmungen mit einer Sozial- und Ökologiestrategie
>
> Hypothese 2a: setzen häufiger neue Produkt- und Produktionstechnologien ein und
>
> Hypothese 2b: weisen ein geringeres Alter der Produkte seit der Markteinführung auf
>
> im Vergleich zu Unternehmungen in anderen Clustern.

5. Aussagefähige Kombination wissenschaftlicher Hypothesen im Rahmen von Theorien und Forschungsprojekten

Wie nachvollziehbar wurde, kommt den 4 Hypothesenarten im wissenschaftlichen Erkenntnisprozess eine unterschiedliche Bedeutung zu. Von Interesse und zusätzlicher Aussage- und Erklärungskraft ist dabei vor allem die **gezielte Kombination dieser Hypothesen und der mit ihnen verbundenen Analysen**. Dies soll noch einmal in einer zusammenhängenden Argumentation resümiert werden, die vor dem Hintergrund des **Beispiels zum Direktmarketing** mit den genannten Ursachen, Wirkungen und Unterschieden erfolgt, ohne diese im Folgenden jeweils erneut näher zu explizieren.

Für einen Forscher stellt sich dabei die zentrale Frage: Wie läuft dieser Prozess in meinem konkreten Forschungsprojekt ab? Die Summe aller Objekte respektive Unternehmen mit den im Rahmen meiner Forschung interessierenden Merkmalen bzw. Variablen will ich zunächst daraufhin untersuchen, ob sich die Ausprägung eines Merkmals deutlich von den anderen unterscheidet. Dieses Merkmal ist also über die Objekte unterschiedlich ausgeprägt. Hierzu ist im Vorfeld eine **Verteilungshypothese** aufzustellen.

Wenn ich jetzt bezogen auf alle Objekte wissen will, ob zwischen 2 Merkmalen bzw. Variablen ein Zusammenhang besteht, dann formuliere ich hierzu eine **Zusammenhangshypothese**. Sie ist i.d.R. die **Vorstufe für eine Wirkungshypothese** oder anders formuliert: Ohne Zusammenhang gibt es keine Wirkung. Ich will jetzt wissen, ob der Zusammenhang zwischen 2 Merkmalen, die sich gleich oder unterschiedlich gerichtet entwickeln, sich in der Weise differenzieren lässt, dass das eine Merkmal als Ursache und das andere als Wirkung erkannt wird.

Wenn ich Ursachen-Wirkungs-Beziehungen erkannt habe, dann interessiert mich, ob zwischen einigen Klassen der untersuchten Objekte, also Unternehmen, bezogen auf die Ausprägung bestimmter Merkmale signifikante Unterschiede bestehen. Hierzu formuliere ich **Unterschiedshypothesen**. Wie angesprochen ist dann aber zusätzlich von Interesse, durch welche Ursachen diese unterschiedlichen Ausprägungen bestimmter Merkmale pro Klasse zu Stande kommen. Damit bin ich wieder auf dem Niveau von Wirkungshypothesen.

Der methodischen Korrektheit halber sei hier ein Punkt noch angeführt, den wir in Kapitel G.II. noch ausführen. Ob wir von der Messung eines Zusammenhangs im Rahmen der 2. Hypothesenart auf das 3. Niveau der Wirkungsmessung gehen können, hängt vom Skalenniveau der untersuchten, vor allem von dem der unabhängigen Variablen ab. Wenn dieses nicht als metrisch behandelt werden kann, z.B. also lediglich rating-skaliert ist, dann fokussieren wir auf die Untersuchung von Unterschiedshypothesen mit der Varianzanalyse. Hier können nominalskalierte Gruppierungsmerkmale als Faktoren und damit als Ursachen interpretiert werden, welche die konstatierten Unterschiede bei den abhängigen Variablen bewirken.

Insgesamt gilt also: **Verteilungs- und Zusammenhangshypothesen** sind einfache Vorstufen von aussagefähigeren wissenschaftlichen Hypothesen. **Wirkungs- und Unterschiedshypothesen** sind die Kernbereiche wissenschaftlich gehaltvoller Hypothesen. Eine Wirkungshypothese schließt immer auch eine Zusammenhangshypothese ein, da sie im Vergleich zu einer Zusammenhangshypothese durch die Angabe der Wirkungsrichtung ein höheres Aussageniveau aufweist.

Die **Kombination unterschiedlicher Hypothesenarten** wird abschließend an einem konkreten **Beispiel aus der Forschungspraxis** exemplarisch verdeutlicht. Es bezieht sich auf die Motivation und Bindung von High Potentials, die THOM und FRIEDLI im Vergleich zu allen übrigen Mitarbeitern im Hinblick auf ihre relevante Anreizstruktur untersucht haben (vgl. Thom/ Friedli 2003, S. 68 ff.). In Abbildung F-12 sind die 3 Hypothesen wiedergegeben und bezogen auf die Hypothesenart sowie die zweckmäßigen statistischen Auswertungen/ Tests eingeordnet.

Wie ersichtlich ist, macht Hypothese H1 als Unterschiedshypothese eine Aussage zu Präferenzen der High Potentials im Vergleich zu Low Potentials. Innerhalb jeder Gruppe lässt sich die Interessenlage mit einer Regression analysieren und zwischen den Gruppen mit einer Varianzanalyse (t-Test). Hypothese H2 macht als Wirkungshypothese eine Aussage zur Bindungswirkung der High Potentials aufgrund dieser Anreizgestaltung. Sie ist mit einer Regressionsanalyse überprüfbar. Hypothese H3 schließt dann in der Weise an, dass die Stärke der Mitarbeiterbindung von High Potentials als Ursache für eine geringe Neigung zum Stellenwechsel – ebenfalls mit einer Regressionsanalyse – gemessen wird. Bei den Hypothesen H2 und H3 handelt es sich jeweils um einen gerichteten Zusammenhang.

An diesem Forschungsbeispiel kann gut nachvollzogen werden, wie Hypothesen Teile eines umfangreicheren Forschungsdesigns abgreifen und jeweils bezogen auf ihre empirische Gültigkeit messen, ohne dabei sofort mit einem ganzheitlichen Kausalmodell anzusetzen. Eine wesentliche Schlussfolgerung lässt diese Forschungsarbeit zu: Die Wirkung von Anreizsystemen im Unternehmen erhöht sich, wenn sie zielgruppenspezifisch ausgestaltet werden. Denn bei High Potentials und Low Potentials sind die Präferenzen für unterschiedliche Arten von Anreizkomponenten unterschiedlich verteilt.

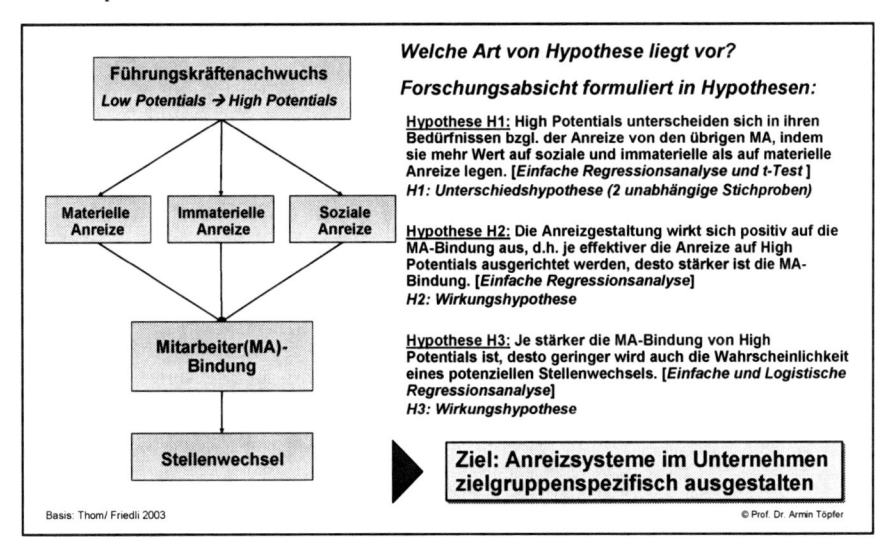

Abb. F-12: Forschungsdesign zur Motivation und Bindung von High Potentials

Generell macht ein derartiges Forschungsthema mit zum erheblichen Teil qualitativen Merkmalen bzw. Kriterien deutlich, wie wichtig eine aussagefähige und methodisch einwandfreie Operationalisierung in Messgrößen ist. Von dieser Überführung theoretisch-inhaltlicher Hypothesen in ihre empirisch-inhaltliche Form hängt die anschließende Qualität der erzielten Ergebnisse auf der Basis durchgeführter statistischer Tests ab. Gute wissenschaftliche Forschung, die sich nicht auf rein theoretische Analysen der Konzeptualisierung beschränkt, sondern auch eine empirische Überprüfung der wissenschaftlich untersuchten Phänomene respektive Konstrukte in der Realität anstrebt, integriert diese Operationalisierung bereits in ihre Designs. Anderenfalls hat sie in einer späteren „Anschlussforschung" zu erfolgen.

Folgende **Differenzierung der grafischen Hypothesenzuordnung** ist dabei zweckmäßig, um dem Betrachter das Verständnis für die Art und die inhaltliche Zuordnung jeder einzelnen Hypothese zu erleichtern. Wie Ihnen der folgende Text zeigt, ist dies ein detaillierter Handlingsvorschlag (siehe hierzu beispielhaft Abb. F-13).

Wird die Hypothesennummer, also z.B. H1, unmittelbar an den Kasten mit der Bezeichnung bzw. dem Text zu einem Aggregat positioniert, dann kennzeichnet dies eine **Verteilungshypothese**, also wie viel Prozent der untersuchten Einheiten eine bestimmte inhaltliche Ausprägung bei einem Merkmal zeigen. Beziehungslinien zwischen 2 interessierenden Aggregaten ohne Pfeilspitzen in die eine oder andere Richtung kennzeichnen **Zusammenhangshypothesen** als ungerichtete Wirkungsbeziehungen. Ob es sich um eine gleich gerichtete Beziehung zwischen 2 untersuchten Merkmalen handelt oder um eine gegenläufige Beziehung zwischen diesen Merkmalen, kann im Forschungsdesign durch „H2+" oder „H2-" gekennzeichnet werden. Andernfalls ist dies nur aus der Ausformulierung der Hypothese erkennbar.

Entsprechend der Logik der Darstellung lässt sich eine **Wirkungshypothese**, die also eine Beziehung zwischen zwei Merkmalen als Ursachen- und Wirkungsvariablen zum Ausdruck bringt, durch einen einseitig gerichteten Pfeil kennzeichnen. Die positive oder negative Regression erschließt sich wiederum durch die Kennzeichnung („H3+", „H3-") oder aus dem Text der Hypothese. Die Pfeilspitze weist immer auf die Wirkungsvariable.

Unterschiedshypothesen, die Unterschiede in den Ausprägungen von Merkmalen zwischen 2 oder mehreren Gruppen von untersuchten Einheiten (Probandengruppen) ermitteln sollen, lassen sich zweckmäßigerweise dadurch kennzeichnen, dass dieselbe Hypothesennummer bei den interessierenden Gruppen von untersuchten Einheiten steht. Die in dem Forschungsprojekt relevanten und deshalb zu untersuchenden Unterschiede können sich dabei sowohl auf eine unterschiedliche Ausprägung einzelner Sachverhalte beziehen und/ oder auch auf unterschiedliche Wirkungsbeziehungen. Dabei ist es also möglich, dass bei den untersuchten Probandengruppen (Objekte) eine Wirkungsbeziehung zwischen zwei Merkmalen als untersuchten Variablen verschieden stark ausgeprägt ist.

Dieser zugegebenermaßen auf den ersten Eindruck kompliziert wirkende Sachverhalt ist in Abbildung F-13 bezogen auf das bereits angesprochene Forschungsthema einer Motivation und Bindung von High Potentials durch eine zielgerichtete Anreizstruktur und dadurch erreichte Wirkungen noch einmal exemplarisch dargestellt. Dabei sind die unterschiedlichen Hypothesen einzeln und kombiniert grafisch und textlich nachvollziehbar. Wie leicht erkennbar ist, bezieht sich eine Verteilungshypothese immer nur auf ein Aggregat bzw. eine Variable und deren unterschiedliche Ausprägungen. Zusammenhangs-, Wirkungs- und Unterschiedshypothesen erstrecken sich immer auf zwei oder mehrere Aggregate bzw. Variablen.

Verteilungshypothese

H1 High Potentials

Hypothese H1:
X% der Mitarbeiter im Unternehmen sind High Potentials.

Zusammenhangshypothese

High Potentials — H2 — HRM

Hypothese H2:
Unternehmen mit einem hohem Anteil an High Potentials investieren mehr in das Human Resource Management (HRM).

Wirkungshypothese

Mitarbeiterbindung — H3 → Stellenwechsel

Hypothese H3:
Je stärker die Mitarbeiterbindung an das Unternehmen ist, desto geringer wird auch die Wahrscheinlichkeit eines Stellenwechsels.

Unterschiedshypothese und Verteilungshypothese

H4 High Potentials / Low Potentials H4
Bedürfnisstruktur / Anreizstruktur

Hypothese H4:
High Potentials unterscheiden sich von Low Potentials in ihren Bedürfnissen und den dann wirksamen Anreizen.

Unterschiedshypothese und Zusammenhangshypothese

H5 High Potentials / Low Potentials H5
Soziale Anreize | Immaterielle Anreize | Materielle Anreize

Hypothese H5:
High Potentials unterscheiden sich von Low Potentials dadurch, dass sie mehr Wert auf soziale und immaterielle als auf materielle Anreize legen.

Unterschiedshypothese und Wirkungshypothese

H6 High Potentials / Low Potentials H6
Eingesetzte Anreize nach Bedürfnissen
Motivation | Zielorientiertes Engagement | Bindungswirkung

Hypothese H6:
High Potentials unterscheiden sich von Low Potentials in ihren Bedürfnissen und den wirksamen Anreizen sowie der damit erreichbaren Motivation, dem zielorientierten Engagement und der Bindungswirkung.

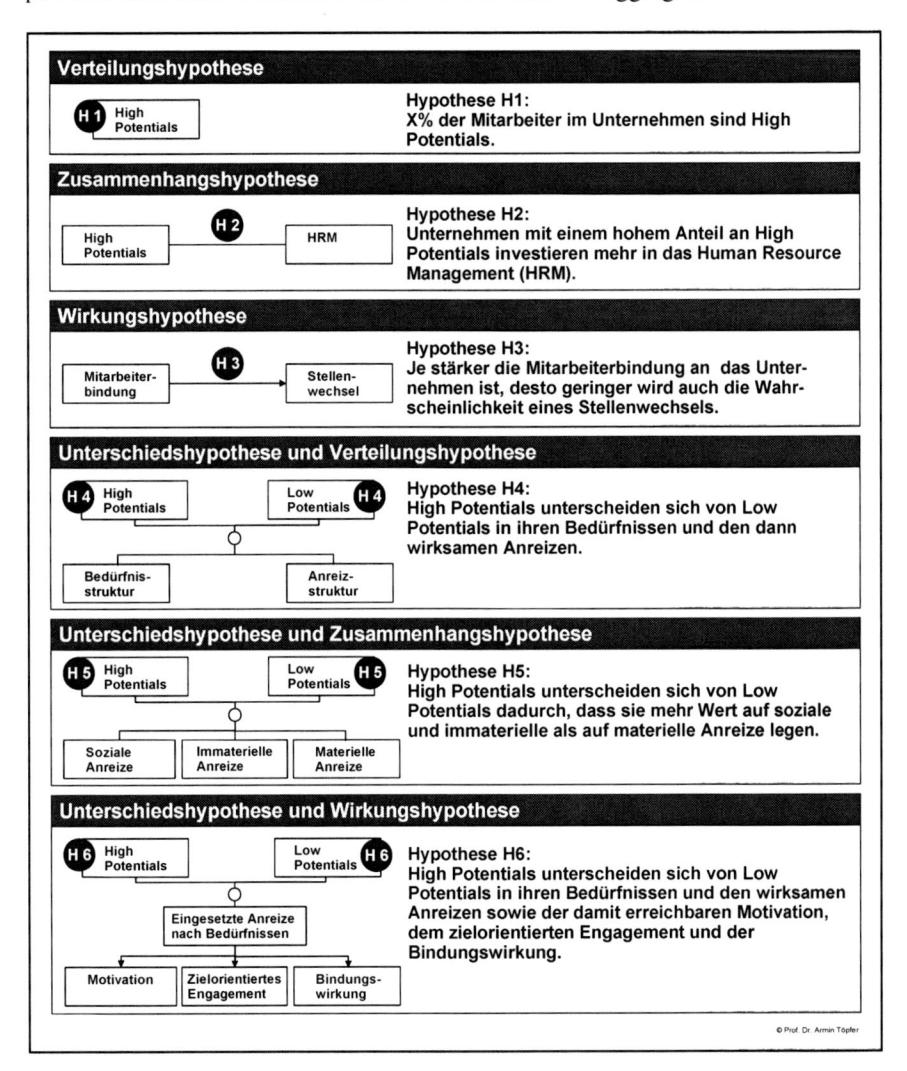

© Prof. Dr. Armin Töpfer

Abb. F-13: Exemplarische Hypothesenkennzeichnung im Forschungsdesign

Diese formale und bildliche Strukturierung in einem Forschungsprojekt darf nicht überschätzt werden, aber sie erleichtert dem Leser bzw. Gutachter die Nachvollziehbarkeit der erarbeiteten Hypothesenstruktur im Forschungsdesign. Der damit verbundene Vorteil liegt zudem auch darin, dass der Forscher selbst frühzeitig bewerten kann, ob und wo die Aufstellung von Hypothesen sinnvoll und zweckmäßig ist.

IV. Umsetzung der Strukturierung anhand der 3 Beispielthemen

Wir kommen nun wieder zurück auf unsere 3 Beispiele von Forschungsthemen, die in dem Graduiertenkolleg für Doktoranden exemplarisch nach der hier vorgestellten Vorgehensweise bearbeitet und inhaltlich vertieft wurden. Im Kapitel E haben wir bereits die 3 vereinfachten Forschungsdesigns gezeigt. Jetzt wollen wir im Folgenden anhand dieser Forschungsdesigns darstellen, zwischen welchen Inhaltsbereichen respektive Merkmalen bzw. Variablen Hypothesen zweckmäßig sind. Wenn die Hypothesen-Kennzeichnungen in der Abbildung des Forschungsdesigns jeweils spezifisch bei den einzelnen Aggregaten oder auf den Verbindungslinien zwischen den betreffenden inhaltlichen Aggregaten eingetragen werden, dann ist auf einen Blick gut überschaubar, an welchen Stellen respektive zwischen welchen Inhaltsbereichen Hypothesen formuliert werden sollen. Zusätzlich werden in einer 2. Abbildung die hierzu jeweils exemplarisch erarbeiteten Hypothesen aufgeführt.

Im Forschungsdesign für das 1. Beispielthema, nämlich das **Erzeugen von innovativen und robusten Produkten im Produktentwicklungsprozess (PEP)**, ist in Abbildung F-14a lediglich der Bereich markiert, auf den sich die Hypothesen beziehen. Wie nachvollziehbar ist, fokussiert die Themenbehandlung auf den handlungsorientierten Ansatz. Die Hypothesen erstrecken sich auf vermutete Ursachen-Wirkungs-Beziehungen zwischen Aggregaten der Gestaltungs- und Auswirkungsebene.

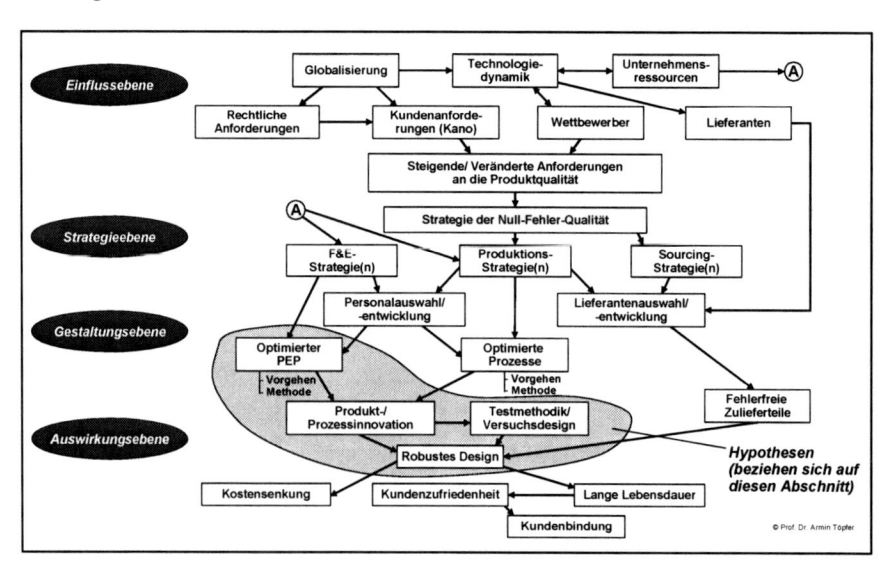

Abb. F-14a: Hypothesenkennzeichnung im Forschungsdesign zum Thema Produktentwicklungsprozess

In Abbildung F-14b sind die von der Gruppe erarbeiteten Beispiele an Hypothesen aufgelistet. Dabei ist zu jeder der 4 Hypothesenarten eine Hypothese formuliert worden. Da die Hypothesen nicht explizit an die Verbindungslinien zwischen einzelnen Inhaltsbereichen/ Aggregaten eingetragen sind, muss der Leser jeweils die Zuordnung der Hypothesen zu Teilen des Forschungsdesign vornehmen. Es steht außer Frage, dass eine unmittelbare Zuordnung der Hypothesen im Forschungsdesign von Vorteil ist und vor allem auch Mehrdeutigkeiten und inhaltliche Diskussionen eher vermeidet. Bei allen 4 im Folgenden aufgeführten Hypothesen lässt sich über ihre inhaltliche Ausrichtung diskutieren und es lassen sich schnell alternative oder generell andere Beziehungen zwischen Aggregaten des Forschungsdesigns finden. Dies verdeutlicht noch einmal, wie wichtig es ist, im Text die Hypothesen als Quintessenz aus einer jeweiligen fundierten Argumentationskette abzuleiten.

Erzeugen von innovativen und robusten Produkten im Produktentwicklungsprozess (PEP)

Beispiel

1. Verteilung (H1):
Die Mehrheit der deutschen Unternehmen setzt einen standardisierten PEP ein.

2. Zusammenhang (H2):
Je mehr Prozessinnovationen generiert werden, desto robuster sind die erzeugten Produkte, unter der Voraussetzung der Anwendung einer qualifizierten Testmethodik.

3. Wirkung (H3):
Wenn Unternehmen Vorgehen und Methodeneinsatz im Rahmen des PEP standardisieren, dann weisen sie eine höhere Innovationsrate auf.

4. Unterschied (H4):
Große Unternehmen setzen häufiger einen standardisierten PEP ein als kleine Unternehmen.

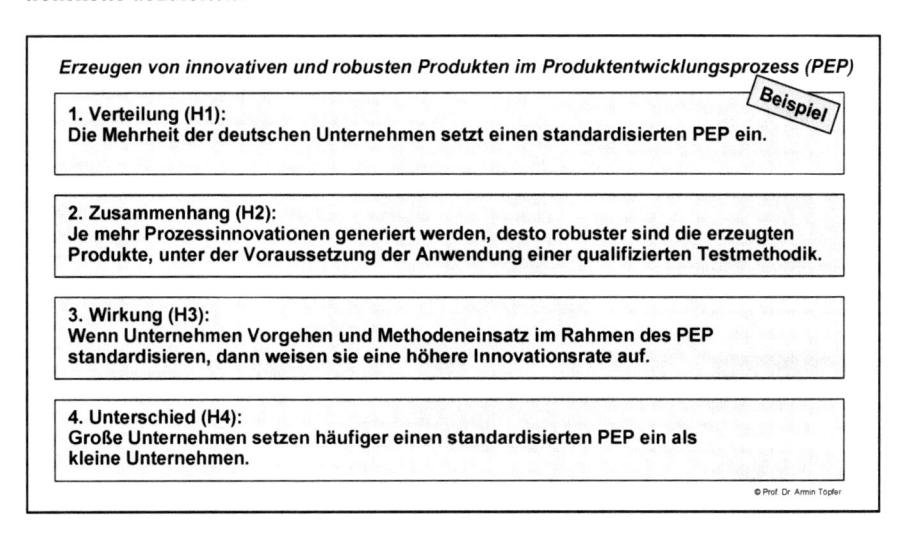

© Prof. Dr. Armin Töpfer

Abb. F-14b: Hypothesenbildung zum Forschungsdesign: Produktentwicklungsprozess

Die Verteilungshypothese (H1) macht eine generelle Aussage zur Verbreitung eines standardisierten Produktentwicklungsprozesses (PEP). Die Zusammenhangshypothese (H2) formuliert eine Korrelation zwischen der Anzahl der Prozessinnovationen und dem Grad der Robustheit der Produkte, mit der ergänzenden Angabe einer Voraussetzung, im Sinne einer zusätzlichen Wenn-Komponente 1.

Die Wirkungshypothese (H3) hebt darauf ab, dass eine standardisierte Vorgehensweise und ein entsprechender Methodeneinsatz im Produktentwicklungsprozess zu einer höheren Innovationsrate des Unternehmens führen. Die letzte Hypothese (H4) differenziert als Unterschiedshypothese in der Weise, dass ein standardisierter Produktentwicklungsprozess in Großunternehmen häufiger eingesetzt wird als in kleinen Unternehmen. Hierzu sind also die Mittelwerte des PEP-Einsatzes in beiden Gruppen von Unternehmen auf einen signifikanten Unterschied in der Größenordnung zu messen.

Generell wird anhand dieses Beispiels noch einmal deutlich, wie wichtig eine **aussagefähige Operationalisierung** in Form von empirisch beobachtbaren und damit auch **nachvollziehbaren Messgrößen** ist. Diese Messgrößen beziehen sich vor allem auf die operationale Definition eines standardisierten PEP, die Bestimmung, wann eine Prozessinnovation vorliegt, wie der Grad der Robustheit von Produkten gemessen wird, wie der Methodeneinsatz im PEP standardisiert werden kann, wann eine Innovation vorliegt und vor allem, worauf sie sich bezieht, also auf Produkte und Prozesse, und nicht zuletzt, wie die größenmäßige Abgrenzung zwischen großen und kleinen Unternehmen vorgenommen und anhand welcher Kriterien sie gemessen wird. Wie aus dieser Aufzählung ersichtlich ist, resultieren aus der Konzeptualisierung einer Forschungsthematik im Forschungsdesign relativ schnell eine größere Anzahl offener Fragen, wenn es dann um die anschließende Operationalisierung und Messung, also insbesondere um die empirische Überprüfung von Hypothesen geht. Bei den nächsten beiden Beispielen gelten die vorstehenden Anmerkungen entsprechend. Mit anderen Worten: Wenn Sie Ihre eigene Forschungsarbeit anfertigen, dann sollten Sie genau durchdenken, wie Sie beim Forschungsdesign und bei der Hypothesenformulierung vorgehen wollen, um hier Unschärfen und Missdeutung zu vermeiden.

Beim 2. Thema, der **Kundenorientierten Gestaltung von Internetportalen zur Steigerung des Kundenwertes in der Zielgruppe 50+**, hat die Arbeitsgruppe die Zuordnung der Hypothesen zu einzelnen Inhaltsteilen im Forschungsdesign vorgenommen (siehe Abb. F-15a).

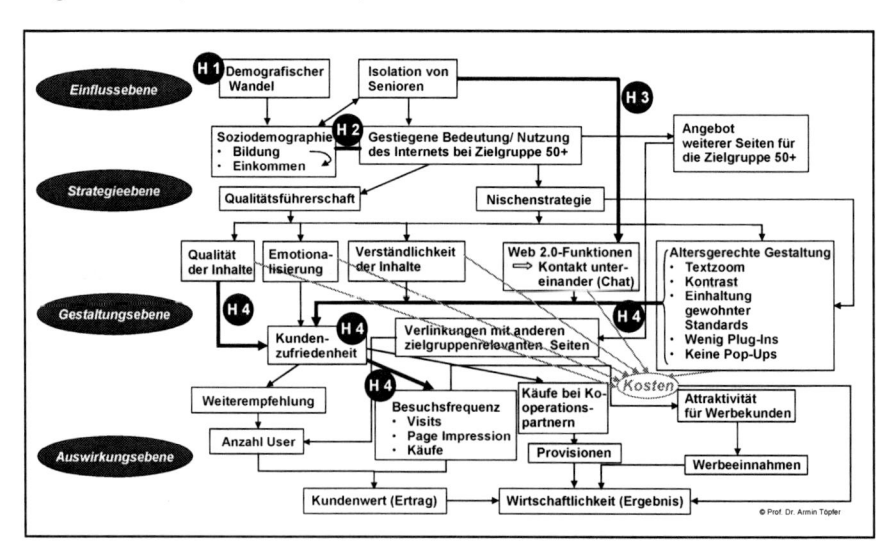

Abb. F-15a: Hypothesenkennzeichnung im Forschungsdesign zum Thema Internet für 50+

Die Verteilungshypothese (H1) macht eine Aussage über die zukünftige Entwicklung der Internetnutzer zwischen 50 und 60 Jahren in den nächsten 10 Jahren. Es handelt sich damit also um einen nicht vom Unternehmen unmittelbar beeinflussbaren Gestaltungsbereich als situativ gegebene Faktoren (Wenn-Komponente 2 als Teil der Antecedensbedingung). Die Zusammenhangshypothese (H2) hebt auf den Bildungsgrad der hier interessierenden Zielgruppe ab und die damit verbundene Wahrscheinlichkeit einer Internetnutzung. Für die Prognose der zukünftigen Nutzung des Internets durch diese Zielgruppe ist eine Aussage über derartige Rahmenbedingungen eine wesentliche Grundlage (siehe Abb. F-15b).

Kundenorientierte Gestaltung von Internetportalen zur Steigerung des Kundenwertes in der Zielgruppe 50+

Beispiel

1. Verteilung (H1):
Der Anteil der 50- bis 59-jährigen, die das Internet nutzen, wird von heute 62% in den nächsten 10 Jahren auf 72% ansteigen.

2. Zusammenhang (H2):
Je höher der Bildungsgrad einer Person der Zielgruppe 50+, desto höher ist die Wahrscheinlichkeit für die Nutzung des Internets.

3. Wirkung (H3):
Wenn ein im Internet aktiver Angehöriger der Zielgruppe 50+ sozial isoliert ist, dann nutzt er häufiger Chat-Funktionen im Internet.

4. Unterschied und Wirkung (H4):
Mit der Gestaltung und dem inhaltlichen Angebot eines Internetportals weisen bei der Zielgruppe 50+ zufriedene Kunden eine signifikant höhere Besuchsfrequenz dieses Internetportals auf als unzufriedene Kunden dieser Zielgruppe.

© Prof. Dr. Armin Töpfer

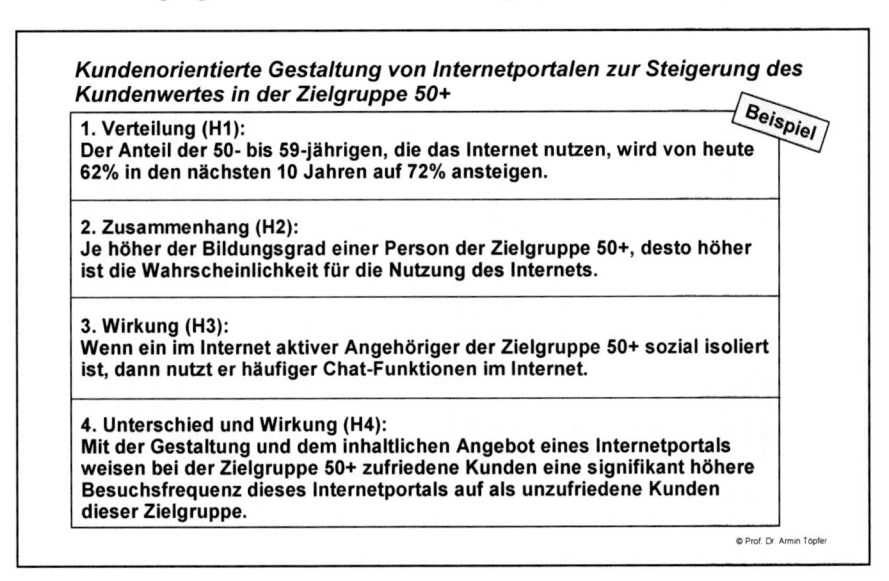

Abb. F-15b: Hypothesenbildung zum Forschungsdesign: Internet für 50+

Im Vergleich hierzu erstreckt sich die Wirkungshypothese (H3) auf die Art der Nutzung des Internets, und dabei insbesondere der Chat-Funktionen, bei der Gültigkeit einer bestimmten Rahmenbedingung für Angehörige der Zielgruppe, nämlich einer sozialen Isolation. Die Unterschiedshypothese (H4) bezieht sich auf mehrere Teile des Forschungsdesigns. Der Unterschied zwischen 2 verschiedenen Nutzergruppen soll gemessen werden bezogen auf die Häufigkeit der Besuche, also die Besuchsfrequenz, wobei die Besuchsarten bereits nach 3 Kriterien operationalisiert sind. Das Differenzierungskriterium zwischen den beiden Nutzergruppen, also Klassen von Zielgruppenangehörigen, ist der Grad der Zufriedenheit mit der Gestaltung und dem inhaltlichen Angebot auf dem Internetportal. Die altersgerechte Gestaltung ist dabei im Forschungsdesign ebenfalls bereits operationalisiert. Bei der Qualität der Inhalte ist dies noch nicht der Fall.

Dieses Forschungsdesign lässt 2 Punkte erkennen: Zum einen erleichtert die genaue Zuordnung der Hypothesen die Verständlichkeit und Nachvollziehbarkeit der Konzeption. Zum anderen sollte sich die Operationalisierung wichtiger Inhaltsbereiche bereits im Forschungsdesign auf wenige für das gesamte Forschungsdesign sehr wichtige Aggregate begrenzen, da sonst die Übersichtlichkeit hierunter leidet.

Diese zu operationalisierenden Messgrößen sind ergänzend im Text oder in einer zusätzlichen Abbildung aufzuführen.

Beim 3. Beispielthema, dem **Risikomanagement und Lernen im Krankenhaus**, ist wiederum in der gleichen Art vorgegangen worden. Die Hypothesenzuordnung im Forschungsdesign erfolgt so, dass die Nummer jeder einzelnen Hypothese bei den Aggregaten des Forschungsdesigns aufgeführt wurde, die inhaltlich in die Hypothese einbezogen sind (siehe Abb. F-16a). Dies hat den Vorteil, dass die Inhaltsteile des Forschungsdesigns, die Bestandteil der Hypothese sind, klar gekennzeichnet werden. Damit verbunden ist zugleich aber der Nachteil, dass unter der größeren Anzahl von genannten Hypothesen die Übersichtlichkeit leiden kann. Wenn insgesamt nicht zu viele Hypothesen formuliert werden und die Beziehungsgefüge bzw. Wirkungszusammenhänge in den Hypothesen bezogen auf das Forschungsdesign nicht zu komplex sind, dann überwiegt der Vorteil eindeutig.

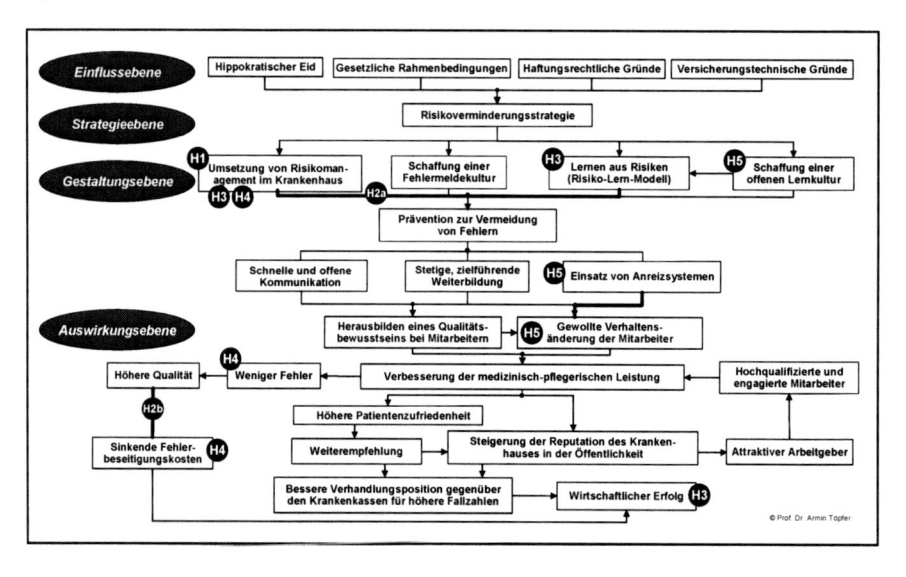

Abb. F-16a: Hypothesenkennzeichnung im Forschungsdesign zum Thema Risikomanagement und Lernen

Die Verteilungshypothese (H1) ist als grundsätzlich eindimensionale Aussage in diesem Fall wiederum konzentriert auf die vermutete Häufigkeit in Objekten (hier: Krankenhäuser) bei der umfassenden Umsetzung des zentralen Themenbestandteils (hier: ganzheitliches Risikomanagement). Mit der Zusammenhangshypothese (H2) werden Korrelationen zwischen 4 Inhaltsbereichen ausgedrückt. Ein ganzheitliches Risikomanagement geht einher mit dem Lernen aus Risiken, und eine Verbesserung der medizinisch-pflegerischen Leistung korreliert mit reduzierten Fehlerbeseitigungskosten. Diese Hypothese lässt erkennen, dass sie bereits eine gute Vorstufe für eine anschließende Wirkungshypothese sein könnte (siehe Abb. F-16b).

IV. Umsetzung der Strukturierung anhand der 3 Beispielthemen 213

> **Risikomanagement und Lernen im Krankenhaus** *Beispiel*
>
> **1. Verteilung (H1):**
> Weniger als die Hälfte der Krankenhäuser in Deutschland führen ein ganzheitliches Risikomanagement konsequent durch.
>
> **2. Zusammenhang (H2):**
> In Krankenhäusern besteht ein positiver Zusammenhang zwischen
> H2a: dem Einsatz eines ganzheitlichen Risikomanagements und dem konsequenten Lernen aus analysierten Risiken.
> H2b: einer gestiegenen Qualität der angebotenen medizinisch-pflegerischen Leistung und den dabei gleichzeitig reduzierten Fehlerbeseitigungskosten.
>
> **3. Wirkung (H3):**
> Wenn Krankenhäuser ein ganzheitliches Risikomanagement umfassend durchführen und stetig aus analysierten Risiken lernen, dann erhöht sich langfristig gesehen ihr wirtschaftlicher Erfolg.
>
> **4. Unterschied und Wirkung (H4):**
> Wenn in Krankenhäusern ein ganzheitliches Risikomanagement konsequent durchgeführt wird, dann sind die Anzahl der Fehler bei der Erbringung der medizinisch-pflegerischen Leistung und damit auch die Fehlerbeseitigungskosten niedriger als in Krankenhäusern, in denen keine Anweisungen zur Vermeidung und Verminderung von Fehlern existieren.
>
> **5. Wirkung (H5):**
> Wenn zur Förderung einer offenen Lernkultur im Krankenhaus geeignete Anreizsysteme für die Mitarbeiter eingesetzt werden, dann trägt dies positiv zum Erreichen der angestrebten Verhaltensänderung bei den Mitarbeitern bei.
>
> © Prof. Dr. Armin Töpfer

Abb. F-16b: Hypothesenbildung zum Forschungsdesign: Risikomanagement und Lernen

Die Wirkungshypothese (H3) greift die beiden Ursachengrößen „ganzheitliches Risikomanagement umfassend durchgeführt" und „stetiges Lernen aus erkannten Risiken" auf und setzt sie mit der Wirkungsgröße „langfristig höherer wirtschaftlicher Erfolg" in Beziehung. Da diese Aggregate nicht unmittelbar benachbart sind, lässt sich die bisherige Regel, eine Wirkungsbeziehung an einer Linie mit einer gerichteten Pfeilspitze durch die Hypothesennummer zu kennzeichnen, nicht mehr einhalten. Stattdessen ist es in diesem Falle – wie bei einer Unterschiedshypothese – empfehlenswert, die entsprechende Hypothesennummer bei den in den Hypotheseninhalt einbezogenen Aggregaten jeweils auszuweisen.

In der Unterschiedshypothese (H4), verbunden mit einer Wirkungshypothese, wird wiederum nach dem thematisch interessierenden Inhaltsteil differenziert, hier also nach dem Umsetzungsniveau eines ganzheitlichen Risikomanagements. Hierauf bezogen werden dann die Anzahl der Fehler in medizinisch-pflegerischen Leistungen sowie die Höhe der damit verbundenen Fehlerbeseitigungskosten gemessen. Ergänzend zur Unterschiedsmessung ist hier auch für jede einzelne Klasse von Objekten eine Wirkungsmessung möglich. Die entsprechenden Aggregate sind mit der Hypothesennummer H4 gekennzeichnet.

Bei der zusätzlich aufgeführten 5. Hypothese, einer weiteren Wirkungshypothese (H5), wird der Ursachenbereich „Einsatz von Anreizsystemen" mit dem Wirkungsbereich „gewollte Verhaltensänderung" in Beziehung gesetzt. Die Einordnung des außerdem genannten Inhaltsaggregates „Schaffung einer offenen Lernkultur" hängt von der Argumentation ab. Es kann aber am ehesten als moderierende Variable zwischen den beiden anderen Größen dienen. Gerade bei den in der Hypothese 5 enthaltenen vorwiegend qualitativen Aggregaten kommt einer Operationalisierung in beobachtbare Messgrößen eine hohe Bedeutung zu.

V. Literaturhinweise zum Kapitel F

Ajzen, I./ Madden, T.J. (1986): Prediction of goal directed behavior: attitudes, intentions, and perceived behavioral control, in: Journal of Experimental social psychology, 22. Jg., 1986, S. 453-474.
Albert, H. (1993): Theorie und Prognose in den Sozialwissenschaften, in: Topitsch, E. (Hrsg.): Logik der Sozialwissenschaften, Köln/ Berlin 1965, 12. Aufl., Frankfurt am Main 1993, S. 126-143.
Atteslander, P. (2008): Methoden der empirischen Sozialforschung, 12. Aufl., Berlin 2008.
Bortz, J./Döring, N. (2006): Forschungsmethoden und Evaluation für Human- und Sozialwissenschaftler, 4. Aufl., Heidelberg 2006.
Bouncken, R. (2000): Vertrauen – Kundenbindung – Erfolg?, in: Bruhn, M./ Stauss, B. (Hrsg.): Dienstleistungsmanagement Jahrbuch 2000 – Kundenbeziehungen im Dienstleistungsbereich, Wiesbaden 2000, S. 3-22.
Brinkmann, G. (1997): Analytische Wissenschaftstheorie – Einführung sowie Anwendung auf einige Stücke der Volkswirtschaftslehre, 3. Aufl., München 1997.
Chmielewicz, K. (1994): Forschungskonzeptionen der Wirtschaftswissenschaft, 3. Aufl., Stuttgart 1994.
Diekmann, A. (2008): Empirische Sozialforschung – Grundlagen, Methoden, Anwendungen, 19. Aufl., Reinbek 2008.
Diller, H. (1996): Kundenbindung als Marketingziel, in: Marketing ZFP, 18. Jg., 1996, Nr. 2, S. 81-94.
Eggert, A. (1999): Kundenbindung aus Kundensicht – Konzeptualisierung, Operationalisierung, Verhaltenswirksamkeit, Wiesbaden 1999.
Gwinner, K./ Gremler D.D./ Bitner, M.J. (1998): Relational Benefits in Services Industries: The Customer's Perspective, in: Journal of the Academy of Marketing Science, 26. Jg., Spring, 1998, S. 101-114.
Hempel, C.G. (1965/ 1977): Aspects of Scientific Explanation and other Essays in the Philosophy of Science, New York 1965, deutsche Teilausgabe: Aspekte wissenschaftlicher Erklärung, Berlin/New York 1977.
Hempel, C.G./ Oppenheim, P. (1948): Studies in the Logic of Explanation, in: Philosophy of Science, 15. Jg., 1948, Nr. 2, S. 135-175.
Herrmann, A./ Johnson, M.D. (1999): Die Kundenzufriedenheit als Bestimmungsfaktor der Kundenbindung, in: Zeitschrift für betriebswirtschaftliche Forschung, 51. Jg., 1999, Nr. 6, S. 579-598.
Homburg, C./ Giering, A./ Hentschel, F. (1998): Der Zusammenhang zwischen Kundenzufriedenheit und Kundenbindung, in: Bruhn, M./ Homburg, C. (Hrsg.): Handbuch Kundenbindungsmanagement, 2.Aufl., Wiesbaden 1998, S. 81-112.
Huber, O. (2005): Das psychologische Experiment – Eine Einführung, 4. Aufl., Bern 2005.
Hussy, W./ Jain, A. (2002): Experimentelle Hypothesenprüfung in der Psychologie, Göttingen et al. 2002.
Jeker, K. (2002): Das Bindungsverhalten von Kunden in Geschäftsbeziehungen Theoretische und empirische Betrachtung der Kundenbindung aus Kundensicht, Bern 2002.

Kromrey, H. (2009): Empirische Sozialforschung – Modelle und Methoden der standardisierten Datenerhebung und Datenauswertung, 12. Aufl., Opladen 2009.

Lenzen, W. (1980): Bewährung, in: Speck, J. (Hrsg.): Handbuch wissenschaftstheoretischer Begriffe – Band 1: A-F, Göttingen 1980, S. 81-90.

Merton, R.K. (1968/ 1995): Social Theory and Social Structure, 2. Aufl., New York 1968, deutsche Teilausgabe: Soziologische Theorie und soziale Struktur, Berlin et al. 1995.

Morgan, R.M./ Hunt, S.D. (1994): The Commitment-Trust-Theory of Relationship Marketing, in: Journal of Marketing, 58. Jg., 1994, S. 20-38.

Nienhüser, W. (1989): Die praktische Nutzung theoretischer Erkenntnisse in der Betriebswirtschaftslehre – Probleme der Entwicklung und Prüfung technologischer Aussagen, Stuttgart 1989.

Oliver, R.L. (1999): Whence Consumer Loyalty?, in: Journal of Marketing, 63. Jg., 1999, Nr. 4, Special Issue, S. 33-44.

Opp, K.-D. (1976): Methodologie der Sozialwissenschaften – Einführung in Probleme ihrer Theorienbildung und praktische Anwendung, 2. Aufl., Reinbek 1976.

Opp, K.-D. (2005): Methodologie der Sozialwissenschaften – Einführung in Probleme ihrer Theorienbildung und praktische Anwendung, 6. Aufl., Wiesbaden 2005.

Peter, S.I. (1999): Kundenbindung als Marketingziel, Identifikation und Analyse zentraler Determinanten, 2. Aufl., Wiesbaden 1999.

Popper, K.R. (1934/ 1994): Logik der Forschung, Wien 1934 (mit Jahresangabe 1935); 10. Aufl., Tübingen 1994.

Rosenberg, A. (2005): Philosophy of Science: A Contemporary Introduction, 2. Aufl., New York et al. 2005.

Stegmüller, W. (1973): Probleme und Resultate der Wissenschaftstheorie und Analytischen Philosophie, Band IV Personelle und Statistische Wahrscheinlichkeit, Zweiter Halbband Statistisches Schließen – Statistische Begründung – Statistische Analyse, Berlin et al. 1973.

Stegmüller, W. (1980): Hypothese, in: Speck, J. (Hrsg.): Handbuch wissenschaftstheoretischer Begriffe – Band 2: G-Q, Göttingen 1980, S. 284-287.

Thom, N./ Friedli, V. (2003): Motivation und Erhaltung von High Potentials, in: zfo, 72. Jg. 2003, Nr. 2, S. 68-73.

Töpfer, A. (1985): Umwelt- und Benutzerfreundlichkeit von Produkten als strategische Unternehmungsziele, in: Marketing ZFP, 7. Jg., 1985, Nr. 4, S. 241-251.

Töpfer, A. (2008): Ursachen-Wirkungs-Konzepte für Kundenloyalität und Kundenbindung, in: Töpfer, A. (Hrsg.): Handbuch Kundenmanagement – Anforderungen, Prozesse, Zufriedenheit, Bindung und Wert von Kunden, 3. Aufl., Berlin/ Heidelberg 2008, S. 81-103.

Weinberg, P./ Terlutter, R. (2005): Verhaltenswissenschaftliche Aspekte der Kundenbindung, in: Bruhn, M./ Homburg, C. (Hrsg.): Handbuch Kundenbindungsmanagement – Strategien und Instrumente für ein erfolgreiches CRM, 5. Aufl., Wiesbaden 2005, S. 41-64.

Wild, J. (1976): Theoriebildung, betriebswirtschaftliche, in: Grochla, E./ Wittmann, W. (Hrsg.): Handwörterbuch der Betriebswirtschaftslehre, Band 3, 4. Aufl., Stuttgart 1976, Sp. 3889-3910.

Kapitel G
Wie erhebe ich empirische Daten, wie prüfe ich meine theoretischen Erkenntnisse mit quantitativen Untersuchungen?

– Untersuchungs- und Forschungsdesign umgesetzt im Prüfungsdesign (Erhebung, Auswertung und Hypothesentests) –

> Welche methodischen Grundkenntnisse benötige ich für eine systematische und wissenschaftlich abgesicherte Informationserhebung und -auswertung? Welche Methoden der qualitativen Sozialforschung lassen sich zur Exploration und Deskription des Forschungsfeldes einsetzen? Welche Methoden der quantitativen Sozialforschung sind zur Falsifikation oder Konfirmation von Hypothesen und zur Analyse kausaler Strukturen geeignet? Wie lassen sich statistische Verfahren der Datenauswertung in einer hierarchischen Methodenstruktur bezogen auf Variablen und Objekte kombinieren? Wie ist das Design von Hypothesentests zu gestalten und die Aussagefähigkeit der Testergebnisse zu bewerten?

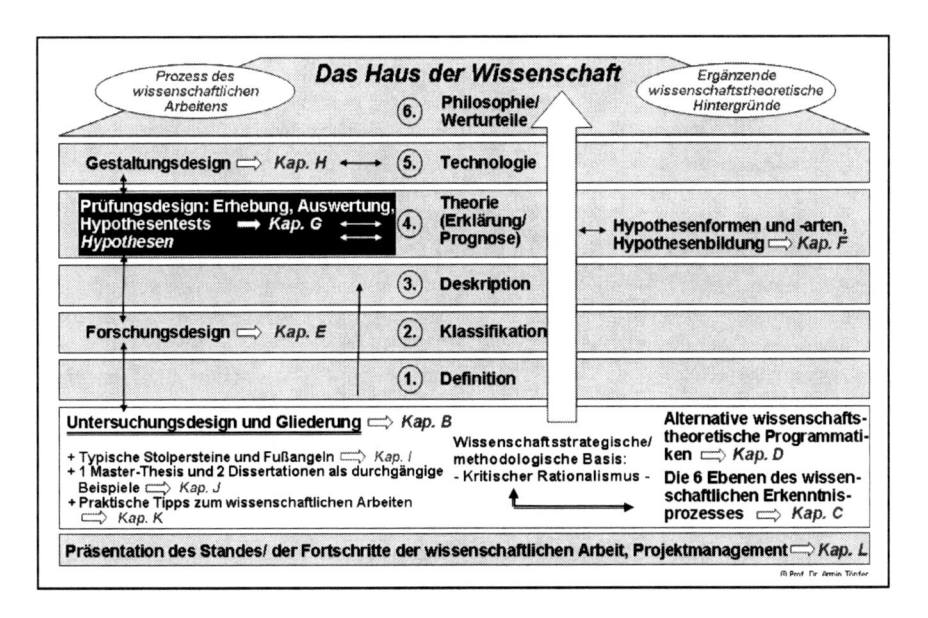

Abb. G-1: Das Haus der Wissenschaft – Einordnung des Kapitels G

Das Ziel dieses Kapitels G liegt darin, Ihnen für das eigene Forschungsvorhaben zunächst einen Überblick zu geben über die grundlegenden Anforderungen an eine empirische Forschung, über unterschiedliche Methoden der Datenerhebung sowie über die hierdurch zum Teil bereits vorbestimmten statistischen Verfahren der Datenauswertung. Hieraus resultieren dann ferner Konsequenzen bezüglich der möglichen Hypothesentests, um also Signifikanztests zur Überprüfung statistischer Hypothesen auf der Basis von Stichprobenergebnissen durchzuführen. Der Anspruch der folgenden Ausführungen geht dahin, Ihnen – im Rahmen des Möglichen – eine einfache und leicht verständliche Übersicht über empirische Forschungsmethoden zu liefern, so dass Sie danach über den grundsätzlichen Weg und die Bewertung des Methodeneinsatzes entscheiden können. Einfachheit und Übersichtlichkeit dominieren dabei Vollständigkeit und Detailliertheit. Mit anderen Worten wird es unerlässlich sein, dass Sie zur konkreten Durchführung eines empirischen Forschungsvorhabens bezogen auf die Prozessphasen und Methoden jeweils auf spezielle Literatur zurückgreifen. Sie wird an den entsprechenden Stellen kursorisch angesprochen.

I. Die Übersetzung des wissenschaftlichen Erkenntnis- oder Gestaltungsproblems in eine empirischen Untersuchungen zugängliche Konzeption

Im Folgenden werden verschiedene Linien unserer bisherigen Erörterungen miteinander verbunden, nämlich die Vorarbeiten zur Eingrenzung und Beschreibung des Forschungsfeldes sowie die daraus abgeleitete Konzeptualisierung und Operationalisierung mit dem hier jetzt einmündenden Argumentationsstrang, der die Methode der Erklärung über Hypothesen als Ursachen-Wirkungs-Zusammenhänge und deren empirische Überprüfung zum Gegenstand hat.

Hieraus resultiert – wie bereits zu Beginn des Kapitels F.II. angesprochen – die Konsequenz, dass theoretisch-inhaltliche Hypothesen, die im Rahmen der Konzeptualisierung des Forschungsvorhabens aufgestellt wurden, in empirisch-inhaltliche Hypothesen und schließlich in statistische Hypothesen umzusetzen sind, so dass auf Basis deren Prüfung die forschungsleitenden Ausgangshypothesen falsifiziert, modifiziert oder vorläufig bestätigt werden können. Diese Ableitung schließt vor allem die Operationalisierung der theoretisch interessierenden Phänomene und damit deren Messbarkeit in Form von festzulegenden Messkriterien ein. Hierdurch wird die Aussagefähigkeit der theoretisch-inhaltlichen Leithypothesen sowie deren Präzision und Bestimmtheit und damit die des gesamten Forschungsvorhabens bei einem gut durchdachten und formulierten theoretischen Konzept/ Forschungsdesign i.d.R. steigen. Dies kann allerdings zu Lasten der Allgemeingültigkeit der Hypothesen gehen.

Probleme bei der Operationalisierung sind dagegen ein deutliches Anzeichen dafür, dass der theoretische Bezugsrahmen nicht hinreichend konsistent ist oder in Teilen einer empirischen Untersuchung gar nicht zugänglich ist. Soweit die höhere Bestimmtheit im Verlauf der Ableitungsstadien aus der speziellen Konstruktion

I. Übersetzung des wissenschaftlichen Problems in eine empirische Konzeption

von Merkmalen oder dem untersuchungsbedingten Ausschluss einzelner Objektklassen/ Gruppen von Merkmalsträgern resultiert, bewirkt dies ein Sinken der Allgemeinheit einer Hypothese, was auch für die anfänglich formulierte theoretisch-inhaltliche Hypothese zu berücksichtigen ist.

Eine wissenschaftliche Fragestellung kann also nicht direkt und unmittelbar empirisch untersucht werden. Sie muss zunächst theoretisch gefasst werden, und aus dem entsprechenden Forschungsdesign mit den Hypothesen ist dann die empirische Untersuchung abzuleiten. Hierdurch wird erst der Inhalt der Überschrift dieses Unterkapitels erfüllt, nämlich die „Übersetzung des wissenschaftlichen Erkenntnis- oder Gestaltungsproblems in eine empirischen Untersuchungen zugängliche Konzeption".

Entsprechend den Ebenen des Hauses der Wissenschaft (siehe Abb. G-1) befinden wir uns mit der **empirischen Forschung** auf der **4. Ebene, der Theorie,** welche die **Erklärung und Prognose** zum Gegenstand hat und auf den 3 vorausgehenden Ebenen, Definition, Klassifikation und Deskription, aufbaut. Wir haben die damit verbundenen Anforderungen in Kapitel C.II. erörtert. Der eigentliche **Zweck der Erkenntnisgewinnung** im Rahmen des theoretischen Wissenschaftszieles liegt, wie in Kapitel C.I.1. ausgeführt, darin, über die **Prüfinstanz der Realität**, also durch empirische Untersuchungen, theoretisch basierte **Gestaltungs- und Handlungsempfehlungen** zu formulieren, die soziale und/ oder technische Probleme des menschlichen Lebens lösen. Dies entspricht dann der **5. Ebene des Hauses der Wissenschaft, der Technologie.**

Empirische Forschung hat die systematische Erfassung und Deutung/ Prüfung beobachtbarer Tatbestände und ihrer Zusammenhänge/ Regelmäßigkeiten zum Gegenstand. Mit dem Wort „empirisch" wird vermittelt, dass interessierende Phänomene erfahrbar sind und durch Sinnesorgane bzw. zunächst durch spezifische Messapparaturen wahrgenommen werden können. Empirische Sozialforschung ist – eingeengt auf sozialwissenschaftlich interessierende Phänomene – die systematische Erfassung und Deutung sozialer Tatbestände (vgl. Atteslander 2008, S. 3). Der Begriff „systematisch" kennzeichnet dabei die Vorgehensweise; der Forschungsverlauf folgt vorher festgelegten Regeln und wird auf diese Weise den Anforderungen des Untersuchungsgegenstandes und -feldes gerecht.

Bei Ihrer empirischen Forschung sollten Sie das folgende Problem erkennen und vermeiden, nämlich dass Sie zu sehr in die Methoden sowie deren Anforderungen, Anwendung und Ergebnispotenzial „verstrickt" sind und dadurch die generelle Zielsetzung und Linie Ihres Forschungsvorhabens aus den Augen verlieren. Anderenfalls verselbstständigt sich das methodische Vorgehen in der Weise, dass empirisch-statistische Verfahren ihre instrumentelle Funktion verlieren und immer stärker zum Selbstzweck werden. Dies gipfelt z.B. darin, dass auf eine Konzeptualisierung und damit die Erarbeitung eines theoretischen Wirkungszusammenhangs von Einfluss-, Ursachen- und Wirkungsgrößen gänzlich verzichtet wird, weil diese Aufgabe empirisch-statistische Verfahren „übernehmen" können respektive sollen. Durch die Anwendung statistischer Methoden werden dann in einem rein induktiven Vorgehen empirische Befunde ermittelt, deren Sinnhaftigkeit im Nachhinein versucht wird zu belegen. Der Forscher wird dadurch auf eine andere Art neben einem unspezifischen Anhäufen von Literatur- und Datenquellen wiederum zu einem wissenschaftlich wenig effizienten und effektiven „Jäger und Sammler".

Wir schlagen deshalb folgende Vorgehensweise bei den 5 Phasen des Prüfungsdesigns vor, die in Abbildung G-2 wiedergegeben sind. Zunächst wird das **Erhebungsdesign** entwickelt. Es basiert auf den vorgesehenen Inhalten und Prozessen des Untersuchungsdesigns als geplanten Wegen der wissenschaftlichen Erkenntnisgewinnung. Auf diese Weise wird die Umsetzung der wissenschaftlich-empirischen Fragestellung in konkrete Frageninhalte und Messgrößen vorbereitet. Die Datenerhebung ist dann – je nach wissenschaftlicher Zielsetzung – grundsätzlich explorativ, deskriptiv oder explanatorisch, also kausalanalytisch, ausgerichtet. Hierdurch wird zugleich das Spektrum geeigneter Erhebungsmethoden und dann möglicher statistischer Auswertungsmethoden bestimmt.

1. Formulierung der wissenschaftlich-empirischen Fragestellung – Entwicklung des Erhebungsdesigns
- Frageninhalte und Messgrößen grundsätzlich explorativ, deskriptiv oder explanatorisch, also kausalanalytisch, ausgerichtet
- Auswahl geeigneter Erhebungsmethoden und dadurch möglicher statistischer Auswertungsmethoden

2. Konzeptualisierung – Präzisierung des Forschungsdesigns
- Hypothetische Ursachen-Wirkungs-Beziehungen direkt oder nur indirekt über Mediator- und Moderatorvariablen bei Konstrukten erfassbar
- Messgrößen direkt quantitativ oder nur indirekt über Indikatoren messbar

3. Informationsgewinnung – Umsetzung des Erhebungsdesigns in der Feldphase
- Datenerhebung durch repräsentative Stichprobe, Experiment oder einzelne Fallstudien

4. Datenauswertung/ Informationsanalyse – Auswertungsdesign als Basis
- Auswahl des Sets an inhaltlichen Auswertungsmethoden und Reihenfolge des Einsatzes zur fokussierten Erkenntnisgewinnung möglichst ohne Informationsverlust

5. Hypothesentests – Überprüfung und ggf. Modifikation der Ursachen-Wirkungs-Beziehungen
- Ermittlung der Falsifikation oder des statistischen Bestätigungsniveaus getesteter Hypothesen
- Kein unsystematisches Scannen aller Daten mit statistischen Auswertungsmethoden

© Prof. Dr. Armin Töpfer

Abb. G-2: 5 Phasen des Prüfungsdesigns

Auf dieser Grundlage kann dann das **Forschungsdesign** in seiner Konzeptualisierung für die empirische Erhebung und damit das Prüfungsdesign geschärft werden. Im Zentrum stehen hierbei die Fragen, ob zum einen die hypothetischen Ursachen-Wirkungs-Beziehungen unmittelbar oder nur mittelbar über Mediator- und Moderatorvariablen erfasst werden können und ob zum anderen die Merkmale direkt quantitativ oder – bei Konstrukten – nur indirekt über Indikatoren gemessen werden können.

Für die Informationsgewinnung und damit die Umsetzung des Erhebungsdesigns in der **Feldphase** ist von wesentlicher Bedeutung und durch das Erhebungsdesign bereits weitgehend determiniert, ob die Daten auf der Basis einer repräsentativen Stichprobe befragter Personen respektive durchgeführter Experimente oder anhand von einzelnen Fallstudien gewonnen werden. Beide Arten der Informationsgewinnung haben ihre wissenschaftliche Berechtigung, da sie unterschiedlich ausgerichtet sind, nämlich die Stichprobenerhebung und das Experiment stärker auf die konfirmatorische Hypothesenprüfung und die Analyse von Fallstudien eindeutig auf die exploratorische Erkenntnisgewinnung und damit die Fähigkeit zur Entwicklung von Hypothesen.

An die Feldphase schließen sich die Datenauswertung und die eigentlich interessierende wissenschaftliche Informationsanalyse an. Hierzu ist vorab ein **Auswertungsdesign** zu entwickeln und damit das Set an inhaltlichen Auswertungsmethoden in ihrer zweckmäßigen Reihenfolge des Einsatzes festzulegen. Maßgeblich ist hierfür eine fokussierte Erkenntnisgewinnung, die nicht automatisch zu einem zunehmenden Abstraktionsgrad der Ergebnisse führen, sondern möglichst ohne großen Informationsverlust vonstatten gehen soll. Dies setzt die Kombination und den Einsatz von statistischen Auswertungsinstrumenten voraus, die nicht nur Wirkungsbeziehungen, sondern vor allem auch Unterschiede zwischen Mittelwerten bzw. einzelnen Messgrößen analysieren und auf Signifikanzen bewerten können.

Diese Aktivität geht direkt in die Durchführung der **Hypothesentests** über, die vor allem das Ziel haben, die in Form von theoretisch-inhaltlichen Zusammenhangs-, Wirkungs- und Unterschiedshypothesen vermuteten Ursachen-Wirkungs-Beziehungen zu überprüfen, deren statistisches Bestätigungsniveau zu ermitteln und sie dann bei Bedarf auch zu modifizieren, um einen Erkenntniszugewinn, über die Falsifikation der Ursprungshypothese hinaus, zu erreichen. Dabei ist vor allem der „Verlockung" zu widerstehen, alle Daten mit allen möglichen und im Ansatz sinnvollen statistischen Auswertungsmethoden zu scannen, um so aussagefähige empirische Befunde „herauszukämmen". Diese Vorgehensweise kann durchaus zu interessanten Ergebnissen führen, ist aber dadurch vom verfügbaren methodisch-statistischen Instrumentarium abhängig und nicht von vorherigen konzeptionellen und theoretischen Überlegungen. Der Erkenntnisgewinnungsprozess ist auf diesem Weg also rein instrumentell-induktiv und in keiner Weise hypothetisch-deduktiv. Nur in seltenen Fällen können hieraus Hypothesen-basierte Theoriekonzepte resultieren. Es versteht sich von selbst, dass es mit einer wissenschaftlichen Ehrlichkeit nicht vereinbar ist, entdeckte Befunde vorab noch in Hypothesen umzuformulieren, die dann mit einem hohen Bestätigungsgrad „abgesegnet" werden.

Bevor auf grundsätzliche Anforderungen sowie Methoden zur Datenerhebung, -auswertung und Hypothesenprüfung eingegangen wird, wird kurz der gegenwärtige Stand der empirischen Forschung in der Betriebswirtschaftslehre anhand von **10 Empfehlungen** für die Messung betriebswirtschaftlicher Probleme respektive Phänomene resümiert. Die in Abbildung G-3 zusammengestellten Empfehlungen sind von CHRISTIAN HOMBURG auf der Basis seiner Forschungserfahrungen gegeben worden (vgl. Homburg 2007, S. 39 ff.). Dazu jetzt einige Ausführungen, die zugleich von wesentlicher Bedeutung für ein besseres Verständnis der folgenden methodischen Vorgehensschritte sind. Für vertiefende Details wird auf die Originalquelle verwiesen. Der Leser wird so auch generell in den aktuellen Diskussionsstand der empirischen Forschung eingeführt. Die Empfehlungen – auch die zur Messung – betreffen vor allem das theorie- und hypothesengeleitete Vorgehen, bei welchem im Rahmen des Forschungsdesigns postulierte Zusammenhänge und Abhängigkeiten zu modellieren und auf dieser Basis empirisch zu prüfen sind.

Empfehlungen zur Messung betriebswirtschaftlicher Phänomene

- Empfehlung 1: Die Messung betriebswirtschaftlicher Phänomene explizit modellieren.
- Empfehlung 2: Bei der Auswahl der Indikatoren zur Messung eines Konstrukts die Herstellung inhaltlicher Validität in den Vordergrund stellen.
- Empfehlung 3: Die Mehrdimensionalität der betrachteten Konstrukte adäquat berücksichtigen.
- Empfehlung 4: Die Validität der Antworten von Schlüsselinformanten („Key Informants") systematisch sicherstellen.
- Empfehlung 5: Das Risiko eines „Common Method Bias" reduzieren.

Empfehlungen zur Abbildung der Komplexität betriebswirtschaftlicher Zusammenhänge

- Empfehlung 6: Die Modellvariablen so auswählen, dass alternative Erklärungen für die betrachteten Zusammenhänge ausgeschlossen werden können.
- Empfehlung 7: Direkte und indirekte Effekte der unabhängigen Variablen bei der Datenanalyse berücksichtigen.
- Empfehlung 8: Den Einfluss dritter Variablen auf die Stärke und Richtung bivariater Zusammenhänge überprüfen.
- Empfehlung 9: Die Annahme linearer Zusammenhänge zwischen den betrachteten Phänomenen hinterfragen.
- Empfehlung 10: Abhängigkeiten zwischen Untersuchungseinheiten bei der Datenanalyse berücksichtigen.

Quelle: Homburg 2007, S. 53

Abb. G-3: Empfehlungen zur Messung komplexer betriebswirtschaftlicher Phänomene

Die ersten 5 Empfehlungen beziehen sich konkret auf die **Messung betriebswirtschaftlicher Phänomene**. Die zweiten 5 Empfehlungen thematisieren das Problem der adäquaten Abbildung der Komplexität betriebswirtschaftlicher Zusammenhänge.

Die **1. Empfehlung** geht dahin, die **Messung** des in dem Forschungsvorhaben untersuchten betriebswirtschaftlichen Phänomens **explizit zu modellieren**. In dem Maße, in dem betriebswirtschaftliche Forschungsvorhaben Phänomene wie beispielsweise Einstellungen und Motivation auf individueller Ebene sowie Kultur- und Unternehmensstrategie auf Unternehmensebene einbeziehen und dann auch operational messen wollen, nimmt der Stellenwert dieser Empfehlung zu. Die zu klärende Messphilosophie bezieht sich vor allem auf den Zusammenhang zwischen dem jeweils betrachteten Konstrukt und seinen zur Messung vorgesehenen Indikatoren. Es liegt auf der Hand, dass die Wahl der Messphilosophie einen großen Einfluss auf die Ergebnisse von Dependenzanalysen respektive Kausalanalysen hat, da hierdurch vor allem die Richtung der Wirkungsbeziehung, also der

Kausalität, entschieden wird. Konkret geht es dabei darum, ob bei der Modellierung eines Konstruktes die Indikatoren in ihrer Ausprägung als kausale Ursachen (formative Konstruktmessung) oder als kausales Ergebnis (reflektive Konstruktmessung) für die Ausprägung des Konstrukt verstanden werden (vgl. Homburg 2007, S. 39 ff.).

Am **Beispiel LOHAS**, also einem neu entstandenen Zielgruppensegment, das den Lifestyle of Health and Sustainability (LOHAS) priorisiert (vgl. Kap. E.I.2.), lässt sich nachvollziehen, wie wichtig es bei einer wissenschaftlichen Analyse ist, aussagefähige Indikatoren zur Messung des (hohen) Stellenwertes der Konstrukte Gesundheitsorientierung und Nachhaltigkeit zu generieren, und zwar sowohl im Hinblick auf die individuelle Verhaltensweise/ Einstellung als auch für die formulierte/ umgesetzte Unternehmensstrategie.

Die 2. **Empfehlung** stellt die **inhaltliche Validität bei der Auswahl der Indikatoren** zur Messung eines Konstruktes in den Vordergrund. Gütekriterien sind für die formale Qualität von Indikatoren wichtig. Eigentlich bilden sie aber nur die Nebenbedingung; im Zentrum steht die inhaltliche Validität der Indikatoren zur Messung des spezifischen Konstruktes. Ein insgesamt schwierig zu erreichendes Ziel ist dabei die Vollständigkeit der zu Grunde gelegten Kriterien, sei es bei der Anlage von Konstrukten als kausale Ursache oder als kausales Ergebnis. Die einzige aussagefähige Basis hierzu ist eine theoretisch-konzeptionelle Argumentation als wichtige Vorarbeit. Deduktive Ableitungen aus Theoriekonzepten bestimmen dann die folgende Operationalisierung des Messmodells. Die inhaltliche Validität sichert zugleich die Repräsentativität des Messmodells für das in dem Forschungsprojekt interessierende Konstrukt (vgl. Homburg 2007, S. 41 f.).

Empirisch relevante Phänomene der Betriebswirtschaftslehre weisen, insbesondere wenn sie organisationale und individualpsychologische Aspekte umfassen, eine mehrdimensionale Struktur auf. Diese **Mehrdimensionalität der betrachteten Konstrukte** ist – als 3. **Empfehlung** – adäquat zu berücksichtigen. Abgesehen von der verstandesmäßigen Nachvollziehbarkeit mehrerer Ursachen- und mehrerer Wirkungsvariablen/ -ebenen durch den Forscher ist dies weniger ein Problem bezogen auf die Bestimmung der Messgüte als vielmehr im Hinblick auf die Berücksichtigung komplexer Faktorstrukturen in Dependenzanalysen. Mit Bezug auf konfirmatorische Faktorenanalysen gehen wir hierauf im Kapitel G.IV.5.b. bei den Kausalmodellen noch ergänzend ein. Die Lösung ist dabei zwischen der kompletten Modellierung eines mehrdimensionalen Konstrukts mit der Gefahr einer hohen Modellkomplexität auf der einen Seite und stabileren Ergebnissen bei der dimensionalen Konzeptualisierung über Teilkonstrukte auf der anderen Seite zu suchen. Ein wesentlicher Ansatz zur Steigerung des Erkenntniswertes solcher Kausalmodelle ist die Durchschnittsbildung pro Dimension eines Indikators als Verdichtung (vgl. Homburg 2007, S. 42 f.).

Eine zentrale Rolle bei der Beantwortung der inhaltlichen Fragestellungen zum Unternehmensgeschehen spielen so genannte Schlüsselinformanten. Von ihrer zielführenden Auswahl hängen die Messung und damit das Ergebnis zum untersuchten Konstrukt und seinen Indikatoren maßgeblich ab. Verzerrungen bei den Befragungsergebnissen beeinträchtigen unmittelbar die Qualität des gesamten Ergebnisses der Forschung. Maßgeblich für derartige Verzerrungen können Wahrnehmungs- und Einstellungsprobleme sein. Der Auswahl sowie der auf dieser Basis erreichbaren **Validität der Antworten von Schlüsselinformanten** (Key Informants) kommt – als **4. Empfehlung** – deshalb große Bedeutung zu. Eine hohe Transparenz des Forschungsvorhabens bei den Befragten ist hierfür die formale Grundlage. Sie gibt aber grundsätzlich keine Garantie, dass nicht doch strategisch geantwortet wird und auf diese Weise Verzerrungen entstehen. Ein hohes Maß an Übereinstimmung zwischen verschiedenen Befragten ist ein formales Indiz dafür, dass kein derartiger großer Bias, also keine Verzerrung, besteht. Allerdings kann der jeweilige Tätigkeitshintergrund und Informationsstand von Schlüsselinformanten durchaus auch zu unterschiedlichen Wahrnehmungen und Bewertungen führen. Mit konfirmatorischen Faktorenanalysen können solche systematischen Unterschiede – bezogen auf die Variablen – nachvollzogen werden. Subjektive Bewertungsergebnisse sollten ferner nach Möglichkeit mit zugänglichen objektiven Unternehmensdaten abgeglichen werden (vgl. Homburg 2007, S. 43 f.).

Wenn im Rahmen von Befragungen oder Beobachtungen sowohl unabhängige als auch abhängige Variablen eines Untersuchungsmodells bei denselben Probanden gemessen werden, dann besteht die Gefahr, dass die untersuchten Zusammenhänge und Abhängigkeiten nicht oder nur eingeschränkt den tatsächlichen Verhältnissen entsprechen. Wird für beide Variablengruppen dieselbe Informationsquelle verwendet, dann können Schwierigkeiten der kognitiven Differenzierung und argumentativen Strukturierung bei den Probanden zu derart verzerrten respektive überlagerten Ergebnissen führen. Als **Empfehlung 5** ist also dieses **Risiko eines „Common Method Bias"** zu reduzieren (vgl. Homburg 2007, S. 44 f.; Söhnchen 2009, S. 137 ff.). Das Problem und die Forderung sind klar; der Weg, dies zu vermeiden, ist jedoch schwierig. Ein Ansatz liegt darin, auf unterschiedliche Datenquellen für unabhängige und abhängige Variablen zurückzugreifen, wie dies im Rahmen fortschrittlicher Marktforschung geschieht.

Der 2. Teil der Empfehlungen von HOMBURG, der sich auf die **Abbildung der Komplexität betriebswirtschaftlicher Zusammenhänge** bezieht, beginnt mit der **6. Empfehlung**, die Modellvariablen so auszuwählen, dass **alternative Erklärungen für die betrachteten Zusammenhänge** ausgeschlossen werden können. Hierzu empfiehlt es sich, Variablen, die für alternative Erklärungen herangezogen werden können, unmittelbar in das Dependenzmodell bzw. das experimentelle Design zu integrieren. Sie haben dann die Funktion von Kontrollvariablen. Um die Erklärungskraft derart erweiterter theoretischer Modelle sicherzustellen, ist zu gewährleisten, dass sich die alternativen Erklärungen für betrachtete Zusammenhänge in einem Forschungsdesign auf Phänomene beziehen, die hinter den ausgewählten Konstrukten stehen und sich ausreichend unterscheiden. Unterschiede zwischen verschiedenartig angelegten Konstrukten können dann über deren Diskriminanzvalidität beurteilt werden. Geringe Unterschiede zwischen den Konstrukten weisen auf starke Korrelationen zwischen mehreren unabhängigen oder auch zwischen mehreren abhängigen Variablen hin und führen zu ungenauen und instabilen Modellergebnissen (vgl. Homburg 2007, S. 46 f.).

Ein zentrales Problem empirischer Forschung ist die zutreffende und dabei möglichst auch theoretisch fundierte Abbildung von Wirkungszusammenhängen in Form kausaler Ketten. Die Frage stellt sich dabei, ob zwischen 2 Variablen eine unmittelbare Wirkungsbeziehung besteht oder ob zwischen diesen beiden Variablen eine weitere Variable wirkt, die einen **mediierenden Effekt** verursacht. Die Aussagekraft des Erklärungsmodells hängt wesentlich von der **7. Empfehlung** ab, dass nämlich nicht nur **direkte**, sondern vor allem auch **indirekte Effekte der unabhängigen Variablen** bei der Datenanalyse berücksichtigt werden. Dabei lassen sich mehrere unterschiedliche Konstellationen unterscheiden (vgl. Homburg 2007, S. 47 f.; Müller 2009, S. 237 ff.).

Derartige Mediatorvariablen haben wir bereits bei der Erläuterung von Forschungsdesigns in Kapitel E.II.2. mit der Abbildung E-8 angesprochen.

Eng damit verbunden ist die **8. Empfehlung**, nämlich den **Einfluss dritter Variablen** auf die Stärke und Richtung bivariater Zusammenhänge zu überprüfen. Unter dieser korrelativen bzw. regressiven Perspektive, als **moderierte Effekte** bezeichnet, kommt diesen – vergleichbar mit der Wirkung teilweise mediierender Variablen – ein Erklärungsbeitrag für die Ausprägung der zweiten respektive abhängigen Variablen zu, der unterschiedlich hoch sein kann, sowie evtl. auch für deren Richtung. In der betriebswirtschaftlichen Forschung sind diese moderierenden Variablen häufig nicht leicht zu erkennen, um sie dann in Kausalmodellen zu erfassen. In der mathematischen Statistik existieren eine Reihe von Verfahren, mit denen der Einfluss von Moderatorvariablen getestet werden kann (vgl. Homburg 2007, S. 49 f.).

In der betriebswirtschaftlichen Forschung wird zusätzlich oft unterstellt, dass zwischen Variablen, zu denen in Hypothesen Ursachen-Wirkungs-Beziehungen formuliert wurden, grundsätzlich lineare Zusammenhänge bestehen. Damit wird angenommen, dass die Stärke und die Richtung eines Zusammenhangs zwischen 2 Variablen unabhängig von der Ausprägung der beteiligten Variablen sind. Wenn dem allerdings nicht so ist, dann haben Hypothesen in der Form „Je mehr" (oder „Je weniger") – „desto besser" (oder „desto schlechter") nur eine begrenzte Aussagefähigkeit. Die Anforderung, formuliert in der **9. Empfehlung**, geht dann dahin, in deutlich stärkerem Maße als heute, **nicht-lineare Zusammenhänge** zu analysieren und in aussagefähige Forschungsmodelle, z.B. mit der Modellierung kurvenartiger Verläufe, wie sie zwischen Kundenzufriedenheit und -bindung oder Kundenzufriedenheit und Preisbereitschaft wahrscheinlich sind, zu erfassen. Zur Analyse anwendbar sind hierfür primär regressionsanalytische Verfahren höherer Ordnung (vgl. Homburg 2007, S. 50 f.).

Die **10. und letzte Empfehlung** bezieht sich darauf, die **Abhängigkeiten zwischen Untersuchungseinheiten**, also betrachteten Objekten in Form von Unternehmensteilen oder Unternehmen, zu berücksichtigen. Die Anwendung von dependenzanalytischen Verfahren (z.B. Regressions- oder Kovarianzstrukturanalysen) setzen bei der Parameterschätzung die Unabhängigkeit der beobachteten Untersuchungseinheiten voraus. Diese Annahme wird in der Realität und damit in den betriebswirtschaftlichen Forschungsdesigns häufig jedoch nicht erfüllt. Untersuchungseinheiten lassen sich zumindest bezogen auf bestimmte Charakteristika über ihre Zugehörigkeit zu einer Teilgruppe der Stichprobe erklären, also z.B. nach bestimmten Branchen oder der Zugehörigkeit zu unterschiedlichen Abteilungen. Derartige Strukturen in einem Datensatz werden als „verschachtelte" Beobachtungen bezeichnet. Aufgedeckt werden können sie über die Kenntnis der Gruppenstruktur durch Mehr-Ebenen-Modelle oder im anderen Falle, bei fehlender Kenntnis über die Gruppenstruktur, durch spezielle Segmentierungsverfahren (vgl. Homburg 2007, S. 51 f.).

II. Grundlagen der Informationserhebung und -auswertung

1. Grundgesamtheiten/ Stichproben, Merkmalsträger, Variablen und deren Ausprägungen als fundamentale Kategorien empirischer Untersuchungen

In diesem Unterkapitel klären wir – im Nachgang der vorhergehenden Ausführungen – einige Basisbegriffe und -inhalte als Voraussetzung für die Durchführung empirischer Forschungen. Ziel ist es also, auch den Leser ohne einschlägige Vorkenntnisse mit der empirischen „Basis-Ebene" der Forschung vertraut zu machen, bevor die Erhebungs- und Auswertungsmethoden im Einzelnen dargestellt werden.

Wie zuvor deutlich wurde, kann es beim empirischen Forschen zunächst darum gehen, Realität und damit Praxis in ihrer Vielfältigkeit abzubilden, um Vorstellungen über Zusammenhänge und Abhängigkeiten in Form von Beziehungen zwischen Ursachen und Wirkungen zu entwickeln. Sind solche möglichen Erklärungen auf der Ebene der Theorie gefunden respektive hypothetisch aufgestellt, dann ist deren erneute Konfrontation mit den Verhältnissen in der Realität bzw. Praxis notwendig.

Zum Beschreiben und Auswerten realer Sachverhalte haben sich eine Reihe grundlegender Begriffe eingebürgert, auf die wir im Folgenden kurz eingehen (vgl. Sachs/ Hedderich 2009, S. 12 ff.; Bamberg/ Baur/ Krapp 2009, S. 5, 41 ff.):

- Alle Einheiten (Objekte – Personen/ Dinge, z.B. Unternehmen), auf die sich eine empirische Untersuchung bezieht, bilden deren **Grundgesamtheit**. Sie ist analog der wissenschaftlichen Fragestellung in sachlicher, räumlicher und zeitlicher Hinsicht genau abzugrenzen. Endliche Grundgesamtheiten sind – wie i.d.R. bei Befragungen – abzählbar. Hypothetische Grundgesamtheiten bestimmen sich – z.B. bei wiederholten Experimenten – über die Definition der ihr zugehörigen Einheiten.
- Grundgesamtheiten sind häufig sehr groß. Will man beispielsweise eine explorative oder konfirmatorische Analyse zur Qualitätsmanagementphilosophie Six Sigma (vgl. Töpfer 2007b) in der deutschen Industrie durchführen, dann wären hierbei entsprechend alle deutschen Unternehmen einzubeziehen, um aussagefähige und verallgemeinerbare Resultate zu erhalten. Ein solches Vorgehen als

II. Grundlagen der Informationserhebung und -auswertung   227

Voll- oder Totalerhebung ist teuer und zudem organisatorisch kaum zu handhaben. Das Ziel, die Verhältnisse in der Realität adäquat abzubilden, kann auch im Rahmen einer Teilerhebung über eine **Stichprobe** als Teilmenge der Grundgesamtheit erreicht werden. Haben hierbei – über entsprechende Auswahlverfahren gesteuert – alle Einheiten die gleiche Chance, ein Element der Stichprobe zu werden, dann liegt eine so genannte **Zufallsstichprobe** vor. Auf dieser Basis können Parameter geschätzt, statistische Tests angewendet und Vertrauensbereiche angegeben werden, von denen auf die interessierenden Sachverhalte in der Grundgesamtheit geschlossen werden kann. Das Ziel besteht darin, systematische Effekte von zufälligen abzutrennen und Entscheidungen auf möglichst objektiver Informationsbasis vorzubereiten.

- Die in den bisherigen Erläuterungen bereits angesprochenen Einheiten (oder Fälle bzw. Objekte) werden üblicherweise als **Merkmalsträger** bezeichnet. Sie sind die unmittelbaren Gegenstände einer empirischen Untersuchung.
- Ein **Merkmal** ist generell eine zu untersuchende Eigenschaft (z.B. Alter, Einkommen), deshalb also auch die Bezeichnung der Untersuchungseinheiten als Merkmalsträger. Im Hinblick auf Zufallsstichproben bzw. ihre Funktion in statistischen Auswertungen/ Modellen wird anstelle von Merkmalen meist von **Variablen** gesprochen. Bezogen auf Wirkungen oder Unterschiede können diese dann in Einfluss- und Zielgrößen differenziert werden. Erstere umfassen die gut zu kontrollierenden und als **unabhängige Variablen** bezeichneten Einflussgrößen/ -faktoren (exogene bzw. erklärende x-Variablen) sowie evtl. weniger gut kontrollierbare **Störvariablen**. Die hiervon beeinflussten Zielvariablen werden als **abhängige Variablen** (endogene bzw. erklärte y-Variablen) bezeichnet.

    Wir stellen diese Unterschiede noch einmal in Kapitel G.IV.5.b. bei der Wiedergabe und Erläuterung von kausalanalytischen Modellen dar.

- Die jeweils konkrete Erscheinungsform eines Merkmals wird **Merkmalsausprägung** genannt. Ist sie zählbar oder messbar (z.B. Jahresumsatz) dann handelt es sich um ein quantitatives Merkmal, sind lediglich Kategorien (z.B. höchster Bildungsabschluss) zu unterscheiden, dann liegt ein qualitatives Merkmal vor.
- Es ist heute nicht mehr der Regelfall, dass allen Variablen in theoretischen Überlegungen/ Modellen – und auch im allgemeinen Sprachgebrauch – unmittelbar beobachtbare Merkmale zugeordnet werden können. Wir sprechen von Einstellung, Involvement oder Kundenzufriedenheit und -bindung sowie von Image, ohne dass es hierzu direkt zu erhebende bzw. zu messende Merkmale bei den Merkmalsträgern beispielsweise im Rahmen einer Befragung gibt. Solche Merkmale heißen **latente Variablen** respektive **hypothetische Konstrukte** (vgl. Backhaus et al. 2006, S. 339 ff.); hier ist also die im vorherigen Unterkapitel angesprochene Operationalisierung als Ableitung bzw. Übersetzung in beobachtbare Größen notwendig.
    Außer der zuvor erläuterten Unterscheidung in Einfluss- und Zielgrößen sind bei Modellen mit latenten Variablen i.d.R. als weitere Effekte die in Kapitel

E.II.2. bereits ausgeführten Einflüsse durch dritte moderierende Variablen auf die Wirkungsbeziehung zwischen der unabhängigen und der abhängigen Variablen zu beachten. Zusätzlich kann es auch erforderlich sein, die Wirkung einer mediierenden Variablen zu berücksichtigen und zu berechnen, die teilweise oder vollständig zwischen den betrachteten Ursachen- und Wirkungsvariablen liegt.

2. Messtheoretische Grundlagen/ Unterschiedliche Messniveaus

Mit den Grundlagen des Messens und den unterschiedlichen Formen der Skalierung sind jetzt weitere Sachverhalte der empirischen Forschung kurz anzusprechen, die für die Erhebung und Auswertung von Informationen/ Daten von grundsätzlicher Bedeutung sind. Folgende einfache Erkenntnis ist dabei für das methodische und instrumentelle Vorgehen generell maßgeblich: Nur was man messen kann, kann man generalisierend beschreiben, erklären und gestalten. Aus diesem Erfordernis des Messens resultieren dann Anforderungen an das Messniveau von Variablen; sie werden zum zentralen Stellwert der Messvorgänge (vgl. ausführlich Töpfer 2007a, S. 802 ff.; Greving 2009, S. 65 ff.; Schnell/ Hill/ Esser 2008, S. 138 ff.).

In den Wirtschafts- und Sozialwissenschaften besteht die Besonderheit, dass vielfach Sachverhalte zu erfassen sind, die zunächst nur qualitativ beschrieben werden können. Ein marktforschungsbezogenes Beispiel hierfür stellt das Erheben der Kundenzufriedenheit im Hinblick auf die Beratung beim Kauf oder mit dem Produkt bei dessen Verwendung dar (vgl. zu Details Töpfer/ Gabel 2008, S. 383 ff.).

Messen umfasst immer den Versuch, eine Quantifizierung von qualitativen und/ oder quantitativen Phänomenen vorzunehmen. Im Fall qualitativer Tatbestände ist dieses Vorhaben deutlich schwieriger, da es i.d.R. nur über Indikatoren realisierbar ist, wobei auch die dafür nach theoretisch-inhaltlichen Gesichtspunkten ausgewählten Merkmale oft in keiner direkt maßstäblich zählbaren Form vorliegen. Generell bedeutet Messen das Zuordnen von Zahlen zu Merkmalen von Objekten, wobei Relationen zwischen den zugeordneten Zahlen analoge Relationen zwischen den ursprünglichen Objekten/ Merkmalen in der Realität wiedergeben sollen. Der Messvorgang zielt also darauf ab, zumindest ein strukturgetreues (homomorphes) Abbilden von Merkmalen zu ermöglichen. Hierdurch werden in der Wirklichkeit beobachtbare Größen (empirische Relative) in zahlenmäßige Ausdrücke (numerische Relative) gefasst.

Für diese Transformation realer Phänomene in entsprechende Zahlenwerte/ Messergebnisse stehen **4 unterschiedliche Messniveaus** von Variablen zur Verfügung, die in Abbildung G-4 zusammengefasst dargestellt sind:

- Das niedrigste Messniveau ist bei **Nominalskalen** gegeben. Die Ausprägungen eines Merkmals werden hierbei lediglich nach ihrer Gleichartigkeit unterschie-

den. Gleiche Ausprägungen erhalten denselben Zahlenwert; für verschiedene Ausprägungen sind also unterschiedliche Codierungen vorzusehen. Auf dem Nominalniveau können nur Klassifikationen gebildet werden (Geschlecht, Autofarben, Freizeitaktivitäten als Merkmalsbeispiele); außer einfachen Häufigkeitsauswertungen sind bezogen auf solche Merkmale keine weiter gehenden Berechnungen mit den zugewiesenen Zahlenwerten möglich.
- Können klassifizierte Merkmale außerdem in eine Rangordnung gebracht werden, dann ist von einer **Ordinalskala** zu sprechen. Neben der Gleichartigkeit von Ausprägungen sind diese jetzt auch in Größer-/ Kleiner-Verhältnisse zu setzen (Benotungen oder höchster Bildungsabschluss als Merkmalsbeispiele). Zu den Ausprägungen solcher Merkmale lassen sich bestimmte Lageparameter errechnen (Welche mittlere Note steht als Median im Zentrum der geordneten Antworten einer Kundenzufriedenheitsanalyse (50%-Wert)? Wo liegen die Quartile als jeweilige 25%-Werte der Benotungsreihe, wo ein bestimmter Prozentrang? – z.B. 80% der Benotungen schlechter als „3" für „befriedigend").

Messniveau	Informationsgehalt			
	Nicht-metrische Daten		Metrische Daten	
	Nominalniveau	Ordinalniveau	Intervallniveau	Verhältnis-/ Rationiveau
Beschreibung der Messwerteigenschaften	Bestimmung von Gleichheit und Ungleichheit	Zusätzlich: • Bestimmung einer Rangfolge möglich; z.B. a > b > c	Zusätzlich: • Gleiche Intervalle zwischen Messwerten; z.B. (10-7) ˜ (7-4) • Willkürlich festgelegter Nullpunkt	Zusätzlich: • Bestimmung gleicher Verhältnisse; z.B. (a:b) ˜ (x:y) • Absoluter Nullpunkt
Identität Ränge Abstände Nullpunkt	x	x x	x x x	x x x x
Beispiele	Geschlecht, Wochentag	Schulnoten, Uni-Ranking	Temperatur, Kalenderzeit	Alter, Jahresumsatz

Basis: Atteslander 2008, S. 217 f. nach Grubitzsch/ Rexilius 1978, S. 60; Schnell/Hill/Esser 2008, S.144 © Prof. Dr. Armin Töpfer

Abb. G-4: 4 Messniveaus von Skalen

- Haben zusätzlich auch die relativen Differenzen zwischen den Messwerten eine empirische Bedeutung (Kalendertage, Temperaturangaben in Celsiusgraden oder Messwerte standardisierter psychometrischer Tests, wie zur Intelligenz oder zu Einstellungen, als Beispiele), so liegt das Niveau der **Intervallskala** vor. Hiermit geht ein weiterer Informationsgewinn einher; nun können – wiederum zunächst lediglich auf die erhobenen Merkmale bezogen – arithmetische Mittelwerte berechnet werden, und zur Streuung der Ausprägungen lassen sich die Varianz und die Standardabweichung ermitteln.

- Wenn die Merkmalsausprägungen sinnvoll auf einen absoluten Nullpunkt bezogen werden können, dann müssen die kategorisierten Zahlen außer im Hinblick auf ihre Rangordnung und ihre Abstände auch in ihren Verhältnissen interpretierbar sein. Damit ist das höchste Messniveau der **Verhältnis- oder Ratioskala** erreicht. Bei Merkmalen, welche dieser Art der Messung zugänglich sind, können die Ausprägungen mit der gesamten Breite von Lage- und Streuungsparametern charakterisiert werden. Beispielsweise für den mehrjährigen Durchschnitt von Indexwerten ist hier der geometrische Mittelwert zu berechnen, und verschiedene Ausprägungsreihen eines Merkmals können über das relative Streuungsmaß des Variationskoeffizienten verglichen werden. Bei den quantitativen Messungen über Meter-, Gewichts- oder Volumenmaße liegt immer ein Abbilden auf Verhältnisskalen vor.

Die 4 Messniveaus können zu 2 Gruppen zusammengefasst werden:

- Nominal- und Ordinalskalen werden als topologische (nicht-metrische, qualitative) Skalen bezeichnet.
- Dem gegenüber stehen die Intervall- und die Verhältnis-/ Ratioskala als metrische (quantitative) Skalen.

Wie die vorstehenden Erläuterungen bereits gezeigt haben, findet mit der Verwendung der 4 unterschiedlichen Skalenniveaus zugleich eine Festlegung der Rechenoperationen/ Auswertungen statt, die im Hinblick auf die Messwerte als „numerische Relative" zulässig sind. Hieraus resultiert die Bezeichnung als unterschiedliche Messniveaus. Diese sind abwärtskompatibel; ein höheres Messniveau trägt jeweils auch die Informationsgehalte der vorgelagerten Skalentypen. Damit kann bei Datenerhebungen immer auf tiefere Messniveaus zurückgegangen werden; das Erreichen einer höheren Stufe setzt dagegen zusätzliche Informationen über die Ausprägungen der Merkmale und damit i.d.R. einen neuen Messvorgang voraus.

Der Messvorgang qualitativer Sachverhalte wird bei Befragungen häufig in der Weise durchgeführt, dass Fragen zu den Untersuchungsobjekten durch das Ankreuzen vorformulierter Antworten zu beantworten sind. Diesen sind dann Zahlen zugeordnet, so dass aus den Antworten numerische Messwerte resultieren. Die Bedeutung von „sehr gut" wird dann beispielsweise als „5" und die Bedeutung von „sehr schlecht" als „1" erfasst. Solche Einschätzungs- oder Zuordnungsskalen werden als **Rating-Skalen** in der Marktforschung, z.B. zum Kundenverhalten, häufig eingesetzt. Ihre Struktur entspricht der von Ordinalskalen, deren Rangplätze verbal differenziert sind. Wird zu den vorgegebenen semantischen Abständen, z.B. zwischen „sehr zufrieden" und „zufrieden" sowie „zufrieden" und „teilweise zufrieden", die Annahme getroffen, dass diese einander gleich sind bzw. zumindest subjektiv so eingeschätzt und interpretiert werden können, dann lassen sich mit in gleichen Intervallen gebildeten Ausprägungszahlen auch höherwertige Berechnungen durchführen. Rating-Skalen nehmen damit die Eigenschaften von Intervallskalen an, und folglich sind die für dieses Messniveau möglichen statistischen Operationen durchführbar (vgl. Hammann/ Erichson 2000, S. 341 f.).

3. Gütekriterien der Informationserhebung – Objektivität, Validität, Reliabilität und Generalisierbarkeit

Empirische Forschung hat **4 wichtige Anforderungen** bei der Durchführung von wissenschaftlichen Untersuchungen zu erfüllen, also z.b. bei Befragungen von bestimmten Probanden, die i.d.R. in Form einer aussagefähigen Stichprobe durchgeführt werden (siehe Abb. G-5). Dies sind bei der Informationserhebung die grundlegenden Gütekriterien der Objektivität, Validität und Reliabilität (vgl. Herrmann/ Homburg/ Klarmann 2008a, S. 10 ff.; Diekmann 2008, S. 247 ff.). Ergänzt werden diese Anforderungen durch das seit geraumer Zeit in der Literatur thematisierte 4. Kriterium der Generalisierbarkeit, das insbesondere bei wissenschaftlichen Studien von Bedeutung ist (vgl. Himme 2009, S. 485 ff.; Töpfer/ Gabel 2008, S. 394).

- **Objektivität** fordert und besagt, dass weder durch die Personen, welche die Informations-/ Datenerhebung durchführen, noch durch das jeweilige Instrumentarium, also z.B. eine spezielle Befragungsmethode und die Fragenformulierungen, ein Einfluss auf die Untersuchungspersonen/ Befragten stattfindet, welcher deren Antworten inhaltlich verfälscht oder sogar manipuliert. Neben der Erhebung muss auch die Auswertung und Interpretation der erhobenen Daten objektiv von statten gehen (vgl. Töpfer 2007a, S. 808 ff.). In diesem Sinne lässt sich die Forderung der Objektivität in eine Durchführungs-, Auswertungs- und Interpretationsobjektivität differenzieren (vgl. Berekoven/ Eckert/ Ellenrieder 2009, S. 80).

Objektivität
Keine Verzerrung durch Befragende und Befragungsinstrumentarium

Validität
Es wird das gemessen, was gemessen werden soll

Reliabilität
Eine Messwiederholung unter gleichen Bedingungen führt zu gleichem Messergebnis

Generalisierbarkeit
Repräsentativität
Verallgemeinerbarkeit

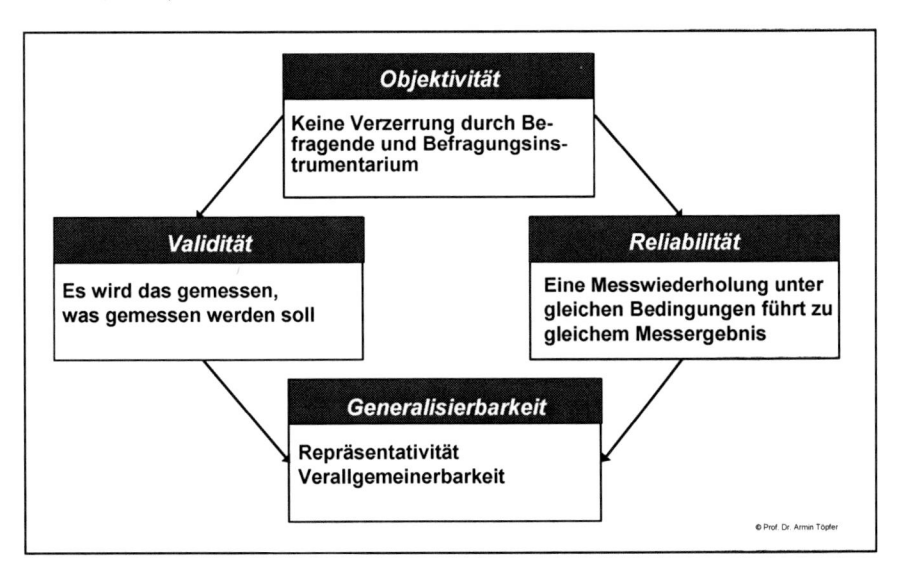

© Prof. Dr. Armin Töpfer

Abb. G-5: Gütekriterien der Informationserhebung

- **Validität** fordert und besagt, dass das gemessen wird, was gemessen werden soll. Extern valide ist eine Untersuchung, wenn ihre Ergebnisse vor dem Hintergrund der besonderen Untersuchungssituation verallgemeinerbar sind. Intern valide ist eine Untersuchung, wenn ihre Ergebnisse eindeutig interpretierbar sind (vgl. Bortz 2005, S. 8). Die Validität wird also vornehmlich durch die zutreffende Bestimmung der Merkmale und ihrer Dimensionen sowie die empirisch korrekt festgestellten Merkmalsausprägungen bewirkt.

- **Reliabilität** fordert und besagt, dass eine wiederholte Messung unter gleichen Bedingungen – auch wenn sie von unterschiedlichen Personen durchgeführt wird – zum gleichen Messergebnis führt, die Messung also zuverlässig ist, weil die Messwerte reproduzierbar und über mehrere Messvorgänge sowie bei mehreren Mess-Personen stabil sind (vgl. Himme 2009, S. 485 ff.).
- **Generalisierbarkeit** von Test- bzw. Stichprobenergebnissen fordert und besagt, dass das Ausmaß, mit dem von den einzelnen Beobachtungen auf das „Universum zulässiger Beobachtungen" (Cronbach et al. 1972, S. 18 ff.) verallgemeinert werden kann, möglichst groß ist. Damit rückt es in die Nähe der Repräsentativität, die ebenfalls eine **Verallgemeinerbarkeit** von Testergebnissen fordert. Die Forderung nach der **Repräsentativität** einer Messung ist den anderen Gütekriterien um eine Ebene vorgelagert. Jetzt geht es darum, ob die in eine Erhebung als Merkmalsträger einbezogenen Untersuchungsobjekte so ausgewählt wurden, dass die Messergebnisse auf eine größere Grundgesamtheit übertragbar sind. Das Kriterium der Generalisierbarkeit vereint zugleich Aspekte der Reliabilität und Validität (vgl. Rentz 1987, S. 26). Die präzise Angabe der Messbedingungen ist eine wesentliche Voraussetzung für das Ausmaß, in dem verallgemeinert werden kann.

Unterscheiden lassen sich die **zahlenmäßige, strukturelle und inhaltliche Repräsentativität** (vgl. Töpfer/ Gabel 2008, S. 404 ff.). In der Forschung im Rahmen wissenschaftlicher Analysen und in der Praxis der Marktforschung stellt die Anforderung der Repräsentativität eine zentrale Herausforderung dar. Eine wesentliche Voraussetzung für die zahlenmäßige Repräsentativität ist die Rücklaufquote. Die strukturelle Repräsentativität wird dadurch gesichert, dass beim Rücklauf nicht ganze Teilgruppen fehlen. Und die inhaltliche Repräsentativität, die am schwierigsten zu bewerten ist, wird erreicht, wenn die Probanden die Frageninhalte entsprechend dem Forschungskonzept verstanden und dann auch gemäß ihrer persönlichen Überzeugung beantwortet haben. Im Ergebnis entspricht die inhaltliche Repräsentativität der Validität, dass wir also das messen, was gemessen werden soll.

Die **Rücklaufquote** bezieht sich auf den Anteil der Probanden, die tatsächlich an einer Befragung teilgenommen haben in Relation zur Anzahl derjenigen Probanden, die der Forscher ebenfalls angesprochen respektive angeschrieben hat und die er als Teil der Stichprobe oder Grundgesamtheit auch befragen wollte. Schickt der Forscher z.B. 100 Fragebogen an die vorher bestimmten bzw. ausgewählten potentiellen Probanden und erhält 20 (vollständig) ausgefüllte Fragebogen zurück, dann beträgt die Rücklaufquote 20%. Ziel ist es immer, eine möglichst hohe Rücklaufquote und damit eine hohe zahlenmäßige Repräsentativität zu erreichen.

Der Rücklauf kann z.B. dadurch beeinträchtigt werden, dass das Befragungsthema für die anvisierte Zielgruppe völlig uninteressant, zu abstrakt formuliert, in den Fragen zu schwierig zu beantworten oder zu persönlich ist. Letzteres ist vor allem dann ein Problem, wenn der Befragte das Gefühl hat, dass seine Anonymität nicht gesichert ist. Wie hieraus leicht nachvollziehbar ist, hat also die sachgerechte Qualität der Befragung einen wesentlichen Einfluss auf die Rücklaufquote.

Die Rücklaufquote ist daraufhin zu untersuchen, ob es nur **zufällige oder auch systematische Verzerrungen** gibt. Systematische Verzerrungen beeinträchtigen die strukturelle Repräsentativität. In unserem kleinen Beispiel müsste der Forscher also überprüfen, wie die Verteilung der Repräsentativität der 80% ist, die nicht an der Befragung teilgenommen haben, gegenüber den 20%, die den Fragebogen ausgefüllt haben. Die strukturelle Repräsentativität ist beispielsweise dann beeinträchtigt, wenn ganze Segmente der Zielgruppe nicht geantwortet haben. Eine Verzerrung kann also z.B. dadurch entstehen, wenn sich die Mitglieder unserer LOHAS-Gruppe einer Befragung über ein nicht-ökologisches, also umweltschädigendes, Produkt weitgehend entzogen haben. Die Bewertung des Produktes ist dann deutlich positiver, als sie bei einem repräsentativen Befragungsergebnis wäre. Durch diese Verzerrung ist das Befragungsergebnis demnach nicht repräsentativ und damit wenig aussagefähig (vgl. Bortz/ Döring 2006, S. 256 ff.).

Im Ergebnis bestimmt die Rücklaufquote die zahlenmäßige und strukturelle Repräsentativität, lässt aber keine Rückschlüsse auf die inhaltliche Repräsentativität zu. Hinweise auf die inhaltliche Repräsentativität lassen sich nur über Pretests dadurch erreichen, dass in Interviews die Werte, Einstellungen und Verhaltensbereitschaften unterschiedlicher Probandensegmente erforscht werden. Würden bestimmte Gruppen den Fragebogen nicht bzw. falsch verstehen respektive nicht beantworten wollen, dann beeinträchtigt die fehlende inhaltliche Repräsentativität auch die strukturelle Repräsentativität.

Auf die verschiedenen Methoden der Stichprobenbildung wird hier nicht näher eingegangen, sondern auf die relevante Literatur verwiesen (vgl. Kaya/ Himme 2009, S. 79 ff.; Schnell/ Hill/ Esser 2008, S. 265 ff.; Berekoven/ Eckert/ Ellenrieder 2009, S. 43 ff.).

Damit von den Messergebnissen bei einer Teilerhebung auf die Merkmalsausprägungen in der Grundgesamtheit geschlossen werden kann, ist es grundsätzlich notwendig, dass die Verteilungen „strukturbildender Merkmale" (z.B. also demographische, soziographische und kaufverhaltensbezogene äußere Merkmale) in der Teil- und in der Grundgesamtheit einander entsprechen. Ist dies gewährleistet, dann kann zu den eigentlichen Fragestellungen (beispielsweise zu inneren, psychischen Merkmalen) von den Ergebnissen der Teilgesamtheit auf das Antwortverhalten in der Grundgesamtheit hochgerechnet werden.

Letzteres erfolgt mit den Mitteln der Wahrscheinlichkeitstheorie. Umgesetzt in entsprechende Testverfahren der analytischen, schließenden Statistik kann der in Teilerhebungen auftretende Zufallsfehler abgeschätzt werden, womit die zuverlässige Ermittlung eines für die Grundgesamtheit gültigen wahren Wertes

bzw. eines wahren Wertebereichs möglich ist (vgl. Hammann/ Erichson 2000, S. 125 ff.).
Es ist leicht nachvollziehbar, dass die weiter vorne angesprochenen Key Informants als Schlüsselinformanten über die Validität ihrer Aussagen zusätzlich auch alle anderen Gütekriterien der Informationserhebung beeinflussen, also die Objektivität, die Reliabilität sowie die Generalisierbarkeit.

4. Deskriptive und induktive Statistik – Unterschiedliche Konzepte für die Datenauswertung bei explorativ-beschreibenden oder hypothesentestenden Untersuchungen

Wenn es im Rahmen der empirischen Forschung um die systematische Erfassung und Deutung sozialer Tatbestände respektive um die Prüfung hierauf bezogener Hypothesen geht, dann liefert die **Statistik „als Brücke zwischen Empirie und Theorie"** (Sachs 2006, S. 16) die entsprechend unterschiedlichen Verfahren zur Auswertung erhobener Daten.

Gemäß diesem generell zweigeteilten Aufgabenspektrum wird üblicherweise die beschreibende (deskriptive) Statistik von der beurteilenden (analytischen, induktiven) Statistik abgegrenzt. Mit der folgenden Abbildung G-6 wird darüber hinaus verdeutlicht, dass die beurteilende Statistik einerseits auf der beschreibenden Statistik aufbaut und andererseits auf der Wahrscheinlichkeitsrechnung basiert.

Beschreibende (deskriptive) Statistik:	Beurteilende (analytische, induktive) Statistik:	Wahrscheinlichkeitsrechnung (Teilgebiet der Mathematik):
• Häufigkeitsverteilungen eines Merkmals (univariate Analysen) • Häufigkeitsverteilungen zweier Merkmale (bivariate Analysen) mit Untersuchungen der – Kontingenz – Korrelation – Regression von Zeitreihen	• Theorie- und hypothesengeleitete Analyse der Zusammenhänge und Abhängigkeiten bei mehr als zwei Variablen (multivariate Analysen) • Punktschätzungen • Bereichsschätzungen • Hypothesentests	• Wahrscheinlichkeitstheorie • Kombinatorik • Zufallsvariablen und Wahrscheinlichkeitsverteilungen – Diskrete Verteilungen – Stetige Verteilungen – Testverteilungen • Grenzwertsätze zur Wahrscheinlichkeit von Stichprobenparametern

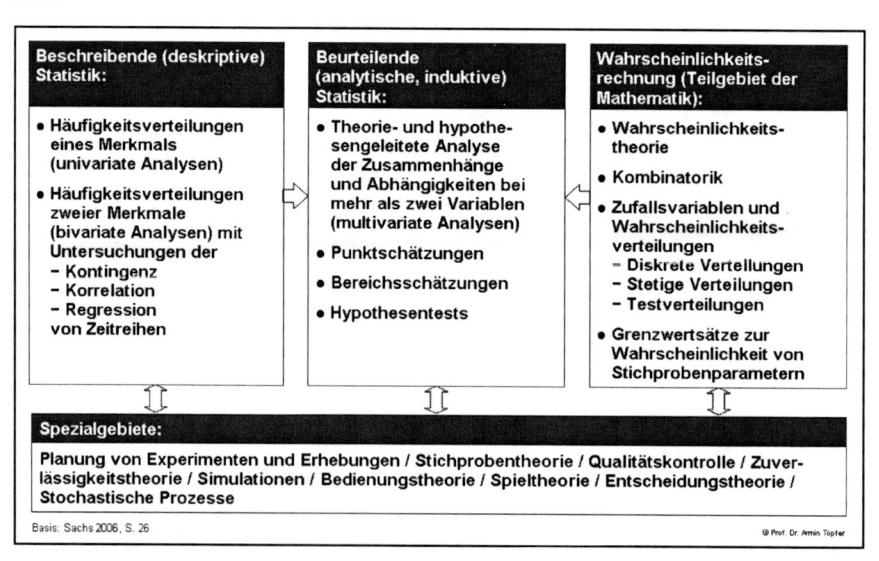

Spezialgebiete:
Planung von Experimenten und Erhebungen / Stichprobentheorie / Qualitätskontrolle / Zuverlässigkeitstheorie / Simulationen / Bedienungstheorie / Spieltheorie / Entscheidungstheorie / Stochastische Prozesse

Basis: Sachs 2006, S. 26 © Prof. Dr. Armin Töpfer

Abb. G-6: Teilgebiete der Statistik/ Stochastik

Die Darstellung trägt ferner der zentralen Stellung der beurteilenden Statistik Rechnung. Erst hiermit sind Schlüsse von Stichproben auf zugehörige Grundgesamtheiten möglich und können mittels empirischer Daten wissenschaftliche Hypothesen geprüft werden. Die entsprechenden Ergebnisse werden dabei mit Wahrscheinlichkeitsaussagen fundiert, und sie können auf dieser Basis zur Grundlage praktischen Gestaltens werden (vgl. Sachs/ Hedderich 2009, S. 12).

> Während rein **deskriptive Verfahren** das Ziel einer Beschreibung des Datensatzes/ der Stichprobe verfolgen, werden mit den **induktiven Verfahren** die Gewinnung von Erkenntnissen zu den Verhältnissen in der zu Grunde liegenden Grundgesamtheit (Punkt- und Bereichsschätzungen) angestrebt bzw. Hypothesentests durchgeführt (vgl. hierzu auch Homburg/ Klarmann/ Krohmer 2008, S. 213 ff.).

Unterscheidet man in uni-, bi- und multivariate Auswertungsverfahren, dann lassen sich letztere nach der bei ihrer Anwendung angelegten generellen Ausgangsfragestellung unterscheiden. In Abhängigkeit von dem jeweiligen Forschungsdesign können sie in Dependenzanalysen und in Interdependenzanalysen differenziert werden (vgl. Töpfer 2007a, S. 811 f.).

Bei **kausalanalytischen und deskriptiven Forschungsdesigns** besteht eine hypothesengeleitete, modellmäßige Vorstellung über die Regelmäßigkeiten in den erhobenen Informationen. Auf diese vermuteten Abhängigkeiten (Dependenzen) zwischen Variablen und Fällen/ Fallgruppen ist mit statistischen Methoden also die Datenstruktur kausalanalytisch zu prüfen bzw. es sind die Ausprägungen einzelner Merkmale/ Indikatoren zu bestimmen respektive zu prognostizieren.

> **Dependenzanalysen** sind damit als Strukturen prüfende Analysen von Abhängigkeiten einzuordnen. Hierbei sind unabhängige Variablen (Prädiktorvariable; eine oder mehrere) in ihrer Wirkung auf abhängige Variablen (Kriteriumsvariable; eine oder mehrere) zu testen.

Explorative Forschungsdesigns sind methodisch dadurch gekennzeichnet, dass die gegenseitigen Abhängigkeiten (Interdependenzen) von Variablen und Fällen/ Fallgruppen und damit insbesondere auch die einzelnen Wirkungsrichtungen noch nicht genau bekannt sind. Damit steht bei den **Interdependenzanalysen** das Strukturen entdeckende Analysieren wechselseitiger Beziehungen im Vordergrund. Den Analysen kann noch keine Unterscheidung in abhängige und unabhängige Variablen zu Grunde gelegt werden. Wegen der auch hier gegebenen Notwendigkeit, die jeweiligen Analyserichtungen vor der Datenauswertung festzulegen, sind die multivariaten Analysen in Abbildung G-6 insgesamt der beurteilenden Statistik zugeordnet.

Die Unterscheidung zwischen deskriptiver und analytischer, induktiver Statistik lässt sich also weniger am dependenz- oder interdependenzanalytischen Vorgehen festmachen. Als allgemeine Einordnung kann gelten: Die Verfahren rechnen dann zur **beschreibenden (deskriptiven) Statistik**, wenn hierdurch eine große Menge erhobener Daten zunächst allgemein dargestellt oder gemäß den im Untersuchungsdesign getroffenen Annahmen reduziert respektive – ohne größere Informationsverluste – verdichtet werden soll. Die Testverfahren zu Hypothesen/ zur Signifikanz von Stichprobenergebnissen gehören dagegen generell zur **beurteilenden (analytischen, induktiven) Statistik**. Grundsätzlich gilt, dass die Verfahren/ Berechnungen der beschreibenden Statistik, wie in Abbildung G-6 verdeutlicht, immer auch denen der beurteilenden Statistik zu Grunde liegen. Deskriptive Methoden bilden folglich die Basis für die weiter führenden induktiven Analysen; hier kann also von einer Mittel-Zweck-Relation gesprochen werden.

Wenn die beurteilende Statistik überwiegend als „induktive" Statistik bezeichnet wird, dann sind hierzu noch einige Anmerkungen notwendig: Wie zum Gütekriterium der Generalisierbarkeit respektive Repräsentativität schon angesprochen, geht es hierbei um die Verallgemeinerung von deskriptiven Ergebnissen aus Stichproben auf übergeordnete Grundgesamtheiten mit Hilfe der Wahrscheinlichkeitstheorie. Dies kann Annahmen über die Merkmalsverteilung (Verteilungstests) oder das Schätzen von Parametern (Parametertests) betreffen. Die hierzu gebildeten Hypothesen sind auf eine vorab festgelegte – niedrige – Irrtumswahrscheinlichkeit (Signifikanz) zu prüfen, und deswegen sind diese Methoden insgesamt auch als Signifikanz testende Verfahren zu bezeichnen.

Bei dieser Methodik der empirischen Feststellung, Messung und Auswertung von Beobachtungen/ Phänomenen als empirisch-induktivem Verfahren wird i.d.R. von Stichproben auf endliche, abgegrenzte Gesamtheiten und umgekehrt geschlossen (indirekter und direkter Schluss), wobei die Irrtums- oder Fehlerrisiken zufallsbedingter Art aufgrund mathematischer Beziehungen feststellbar sind (vgl. Wild 1975, Sp. 2665). Dabei wird mittels statistischer Methoden von einzelnen Fällen auf die Verhältnisse in größeren Aggregaten geschlossen. Dies bedeutet aber nicht, dass auf dem Weg einer allgemeinen Induktion übergeordnete Gesetzmäßigkeiten abgeleitet werden sollen respektive können (vgl. hierzu Kapitel C.I.3.). Das empirisch-induktive Verfahren verläuft innerhalb eines Rahmens, der durch die nähere Festlegung/ Kenntnis der Gesamtheit aufgespannt wird, für welche der Schluss gelten soll. Dies schlägt sich in der notwendigen Annahme zur Art der Wahrscheinlichkeitsverteilung der betrachteten Zufallsvariable/ Testverteilung nieder (vgl. Bamberg/ Baur/ Krapp 2009, S. 127 ff.; Sachs/ Hedderich 2009, S. 365 f.).

Der Schluss von einer Zufallsstichprobe auf die Grundgesamtheit hat also nähere Kenntnisse hierzu zur Voraussetzung. Über die Stichprobenergebnisse, die Stichprobenfunktion und die korrespondierende Wahrscheinlichkeitsverteilung einer Zufallsvariablen kann abgeleitet werden, mit welcher Wahrscheinlichkeit die Stichprobenparameter von denjenigen der Grundgesamtheit abweichen. Gleiches gilt für die statistischen Hypothesentests; außer den Annahmen zur Grundgesamtheit und zur Stichprobenfunktion kommt jetzt noch die Festlegung auf eine Sicherheits-/ Irrtumswahrscheinlichkeit hinzu; aus den hierzu verschieden möglichen Werten lassen sich zusätzlich als „Gütefunktion" (Ablehnungswahrscheinlichkeit) bzw. als „Operationscharakteristik" (Annahmewahrscheinlichkeit) neue wahrscheinlichkeitstheoretische Funktionen ermitteln, mittels derer über die jeweiligen Tests entschieden werden kann (vgl. Brinkmann 1997, S. 113 f.).

Die Beurteilung, Annahme und Verwerfung von Hypothesen auf der Basis vorliegender empirischer Daten bedient sich also der Regeln der herkömmlichen Logik. Anders als es die häufig verwendete Kennzeichnung als „induktiv" mutmaßen lässt, geht es der beurteilenden Statistik nicht um eine Logik des Bestätigungsgrades aufgrund der bisherigen Prüfbefunde zu Hypothesen im Sinne von CARNAP (vgl. hierzu Lauth/ Sareiter 2005, S. 105 ff.). Vielmehr ist mit den vorstehend kurz zusammengefassten Vorgehensweisen von einer insgesamt **deduktiven Systematik** auszugehen. Ihre Fragestellungen bewegen sich dabei letztlich im Rahmen des Begründungszusammenhangs. Das heißt, sie will und kann keine methodischen Regeln dafür liefern, wie man in wissenschaftlicher Sicht von gegebenen Sätzen zu neuen Sätzen kommt. Diese Frage gehört in den Entdeckungszusammenhang und ist mit Mitteln der Logik nicht rational nachkonstruierbar (vgl. Wild 1975, Sp. 2666).

Auch nach der üblichen Nomenklatur bleibt festzuhalten, dass für wissenschaftliche Forschungsvorhaben die beurteilende bzw. analytische, induktive Statistik wichtiger ist als die beschreibende Statistik. Auf der beschreibenden Statistik aufbauend, spielt sie – auch als schließende, mathematische oder wertende Statistik (statistical inference) bezeichnet – die entscheidende Rolle. Die beurteilende Statistik ermöglicht den Schluss von der Stichprobe auf die zugehörige Grundgesamtheit und auch die Hypothesenprüfung allgemeiner, dennoch aber meist Raum-Zeit-abhängiger Gesetzmäßigkeiten, die über den Beobachtungsbereich hinaus Gültigkeit beanspruchen. So erlaubt sie es in allen empirischen Wissenschaften, durch die Gegenüberstellung von empirischen Befunden mit Ergebnissen, die man aus wahrscheinlichkeitstheoretischen Modellen – als Idealisierungen spezieller experimenteller Situationen – herleitet, empirische Daten zu beurteilen sowie wissenschaftliche Hypothesen und Theorien zu überprüfen. Dabei sind allerdings nur Wahrscheinlichkeitsaussagen möglich. Diese liefern dem Wissenschaftler die Information über das Bestätigungsniveau seiner Hypothesen und Theorien, dem Praktiker bieten sie als validierte Gestaltungsempfehlungen wichtige Informationen für seine Entscheidungen (vgl. Sachs/ Hedderich 2009, S. 12).

III. Generelle Methoden der empirischen Sozialforschung zur Datenerhebung

Für die empirische Forschung ist eine für den Untersuchungszweck und damit für das Forschungsziel gut verwendbare, weil aussagefähige Datenerhebung die wesentliche Voraussetzung. Bereits bei der Datenerhebung müssen deshalb die Gütekriterien der Informationserhebung umfassend berücksichtigt und eingehalten werden. Zugleich sind zusätzlich die messtheoretischen Grundlagen zu schaffen, um das erforderliche Messniveau für die Anwendung der vorgesehenen statistischen Verfahren sicherzustellen. In Frage kommen i.d.R. nur Stichprobenmessungen, so dass dabei über die Gewährleistung der Generalisierbarkeit/ Repräsentativität auch alle Anforderungen der schließenden Statistik zu erfüllen sind.

Welche Methoden der Datenerhebung lassen sich bei der qualitativen und der quantitativen Sozialforschung als der charakteristischen Basis der Forschung in den Wirtschafts- und Sozialwissenschaften unterscheiden (vgl. Kaya 2009, S. 49

ff.)? Mit dem generell aufgezeigten Methodenspektrum sind **2 unterschiedliche Forschungs-/ Erkenntnisstrategien** verbunden.

Wir geben in diesem Unterkapitel einen kurzen Überblick; vertiefende Details sind wiederum der spezifischen Literatur zu entnehmen (vgl. Kromrey 2009, S. 191 ff.; Seipel/ Rieker 2003, S. 13 ff.; Kepper 1996, S. 7 ff.; Tomczak 1992, S. 80 ff.).

Die **qualitative Sozialforschung** basiert auf dem erkenntnisleitenden Ausgangspunkt der individuell-sinnhaften Konstruktion sozialer Wirklichkeiten (idealistisches Wirklichkeitsverständnis). Meist als Ergänzung des etablierten quantitativen Zweiges propagiert, wird darin aber teilweise auch eine eigenständige und alternative Sozialforschungsrichtung gesehen. Der **quantitativen Sozialforschung** liegt die von einem realistischen Wirklichkeitsverständnis ausgehende und den Naturwissenschaften entlehnte hypothetisch-deduktive Methode der Erklärung, Prognose und darauf basierender Gestaltung von Ursachen-Wirkungs-Zusammenhängen zu Grunde. Damit ist sie sowohl die empirische Forschungsmethode für den Kritischen Rationalismus als auch für den Wissenschaftlichen Realismus (vgl. Töpfer 2007a, S. 701 f.).

Aus der Vielfalt möglicher Verfahren im Rahmen einer empirischen Forschung geben wir nachfolgend eine kurze Übersicht der **generellen Methoden zur Informationsgewinnung/ Datenerhebung** (siehe Abb. G-7).

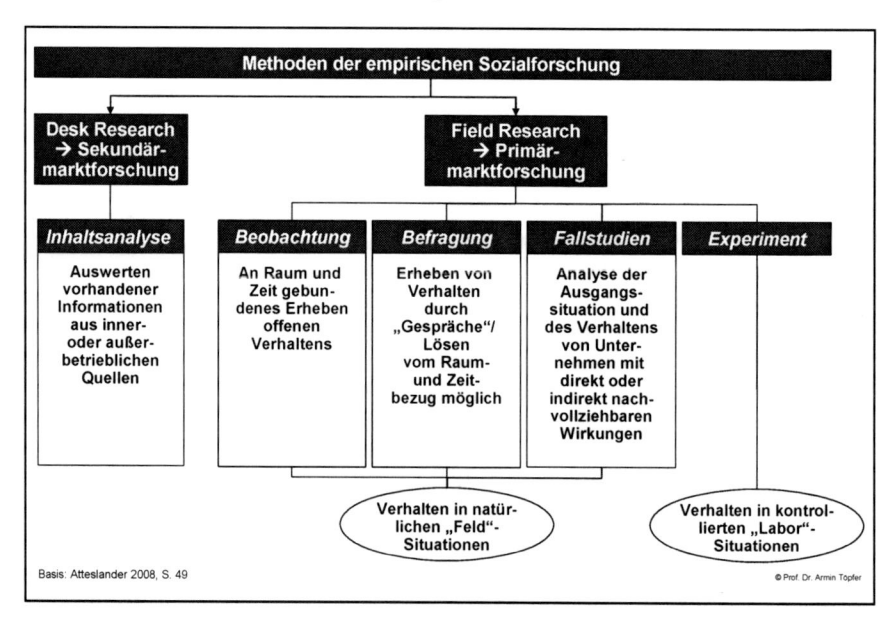

Abb. G-7: Generelle Methoden der empirischen Sozialforschung

⚠️ Entsprechend der gängigen Einteilung in der Marktforschung verwenden wir zunächst die Unterscheidung in Desk Research und Field Research. Das Auswerten von in der Literatur vorhandenen Informationen zu dem interessierenden Forschungsfeld bzw. von Schriftdokumenten oder anderen gegenständlichen Informationsträgern der einbezogenen Untersuchungsobjekte lässt sich praktisch „am Schreibtisch" durchführen, und deswegen wird diese Methode der Sekundärforschung **Desk Research** genannt. Werden originäre Erhebungen durchgeführt, dann bezeichnet man eine solche Primärforschung zur Erkenntnisgewinnung sowohl in Feld- als auch in Labor-Situationen als **Field Research**.

Inhaltsanalysen erstrecken sich auf die Beschreibung materieller Produkte und immaterieller Dienstleistungen als Ergebnisse menschlicher Tätigkeit und somit auf unterscheidbare Objekte des interessierenden Forschungsfeldes. Beobachtungen, Befragungen und Experimente beziehen sich demgegenüber explizit auf aktuelles menschliches Handeln und Verhalten (vgl. Atteslander 2008, S. 49). Letzteres gilt auch für die Fallstudien, wobei hier eher Gruppen von Individuen in gemeinsamen Zweckverbänden, vorrangig also Unternehmen, im Zentrum der Analyse stehen.

Sind alle vermuteten Ursachen-Wirkungs-Zusammenhänge modellmäßig erfasst, dann können die Auswertungen entsprechend angelegter Erhebungen (Beobachtungen, Befragungen, Fallstudien und auch Inhaltsanalysen) zum **Überprüfen postulierter Erklärungsmuster** auch unter Verzicht auf die kontrollierte Labor-Situation genutzt werden, um empirische Nachweise für das Verwerfen oder das Bestätigen der vermuteten Beziehungen zu erhalten. Wegen der nicht mehr direkt möglichen Kontrolle bzw. Variation einzelner Variablen sind diese Befunde einerseits weicher als unmittelbare Experimentergebnisse. Andererseits stellt sich aber bei den Experimenten die berechtigte Frage, ob nicht gerade auch Einflüsse von der besonderen Labor-Situation ausgehen. Dies würde bedeuten, dass bei deren Abwesenheit – also im Rahmen eines normalen/ natürlichen Verhaltens – mit anderen Ergebnissen bei den Relationen zu rechnen wäre.

Das Abtesten von Erklärungsmustern auf nicht-experimentellem Weg eignet sich für **kausalanalytische und deskriptive Ansätze**. Der Unterschied hierbei bezieht sich auf die Neuartigkeit in den zu Grunde gelegten Zusammenhängen und Kausalitäten. Deskriptive Ansätze bewegen sich auf bekanntem Terrain, während im anderen Fall eine neue Hypothesenstruktur zu entwerfen und zu prüfen ist. Wenn es sich bei der Strukturierung des Forschungsproblems zeigt, dass keine zielführenden Möglichkeiten der Verwendung konsistenter Modellansätze gegeben sind, dann ist für die konkrete Problematik eine in Teilen oder insgesamt neue Konzeptualisierung vorzunehmen. Hierbei ist i.d.R. ein **explorativer Ansatz** zur Sondierung des Forschungsfeldes vorzuschalten. Das anschließende Überprüfen eines neu entworfenen Erklärungsmusters ist dann wieder mit einem **konfirmatorisch-explikativen Forschungsansatz** zu verfolgen, und zwar im Rahmen einer weiteren, neuen empirischen Studie.

Bezogen auf derart unterschiedliche Phasen im Forschungsprozess und die dabei einsetzbaren Methoden zur Datenerhebung differiert i.d.R. das Messniveau der interessierenden Variablen. In einer exploratorischen Studie interessiert im Rahmen des Entdeckungszusammenhangs zunächst, z.b. welche kaufverhaltensbezogenen Kriterien wie relevant sind. Gemessen wird dann also auf einem nominalen und ordinalen Skalenniveau, das sich beispielsweise auf das Preisverhalten, die Mediennutzung sowie die Einkaufsstätten- und Produktwahl bezieht. Für die weitere Forschung wichtig sind zusätzliche Informationen zu relevanten psychographischen Kriterien der Probanden, also z.b. allgemeine Persönlichkeitsmerkmale, wie Werte, Einstellungen, Interessen und Meinungen, sowie produktspezifische Merkmale, wie Motive, Präferenzen, Wahrnehmungen und Kaufabsichten.

Nach der näheren Konzeptualisierung des Forschungsthemas und der anschließenden Operationalisierung in die relevanten Messvariablen werden in einer konfirmatorischen Studie die vermuteten Ursachen-Wirkungs-Beziehungen abgeprüft. Das Skalenniveau der Variablen ist dann im überwiegenden Fall rating-skaliert. Ergänzend ist häufig eine Messung von sozio-demographischen Kriterien wesentlich und aussagefähig, also z.b. demographisch Geschlecht, Alter und Familienstand, sozioökonomisch Beruf, Ausbildung und Einkommen sowie geographisch Ort der Wohnung. Wie ersichtlich ist, finden diese Messungen auf unterschiedlichen Skalenniveaus statt.

Die Erfassung dieser Variablen mit mehreren Ausprägungen erlaubt dann tiefer gehende Analysen. Ausgehend von der jeweiligen Grundgesamtheit ist das Ziel der empirischen Forschung, eine repräsentative Stichprobe zu ziehen, um die vermuteten Ursachen-Wirkungs-Beziehungen als Mustererkennung auf ihre Gültigkeit in der Realität überprüfen zu können. Gerade bei innovativen Themen, die für die Forschung besonders interessant sind, werden sich diese Muster aber oft nicht beim Durchschnitt aller Befragten nachvollziehen lassen. Anhand der oben aufgeführten Variablen lassen sich so nach relevanten Ausprägungsunterschieden **unterscheidbare Segmente von Befragten** bilden. Für innovative Themen wird dann die Gültigkeit der Ursachen-Wirkungs-Beziehungen bei der oder den Gruppen mit einer entsprechend fortschrittlichen Einstellung überprüft und am ehesten empirisch nachvollziehbar. Dadurch lassen sich innovative Cluster von Probanden herausfiltern, bei denen die aufgestellten Hypothesen bestätigt werden können. Wichtig hierbei ist, dass außer der gemäß dem System zu prüfender Ursachen-Wirkungs-Beziehungen erfolgten Variablenauswahl auch bereits die Segmentbildung im Forschungsdesign begründet wird. So werden die eigentlich interessierenden Zielgruppen der empirischen Untersuchung theoretisch-inhaltlich definiert, während weitere Segmente als Kontrollgruppen fungieren.

Das Ergebnis einer Segmentierung kann also nach unserem **Beispiel** etwa das Erkennen und Herausfiltern einer **LOHAS-Gruppe** von Konsumenten (Lifestyle of Health and Sustainability) auf der Basis aussagefähiger Kriterien sein. Aufgrund der begrenzten Anzahl untersuchter Probanden lassen sich auf dieser Basis keine statistisch signifikanten Ergebnisse ermitteln, was auch nicht das Ziel dieser explorativen Studien ist, sondern erst bei der konfirmativen Überprüfung von aufgestellten Hypothesen Gegenstand wird.

Im Folgenden werden die qualitativen und quantitativen Methoden der empirischen Sozialforschung kurz charakterisiert.

III. Generelle Methoden der empirischen Sozialforschung zur Datenerhebung 241

1. Methoden der qualitativen Sozialforschung zur Exploration und Deskription des Forschungsfeldes – Inhaltsanalysen, Beobachtungen, niedrig abstrahierte Befragungen, Fallstudien

Methoden der qualitativen Sozialforschung sind bezogen auf den wissenschaftlichen Erkenntnisprozess vor allem einsetzbar auf den Ebenen 1 bis 3 und 6 des Hauses der Wissenschaft, also Definition, Klassifikation, Deskription und Werturteile bzw. Ziele (siehe Kap. C.II.).

Bei der auf soziale Wirklichkeiten ausgerichteten qualitativen Sozialforschung kommt als wissenschaftlicher Grundansatz anstatt des deduktiven Erklärens (vom Allgemeinen/ der hypothetisch unterstellten Regelmäßigkeit auf das Besondere/ den Einzelfall) vorrangig das induktive Verstehen (vom besonderen Einzelfall zur allgemeinen Invarianz) und Vorgehen zum Einsatz. An die Stelle der bei quantitativen Sozialforschungsprojekten notwendigen Vorabfestlegung jedes einzelnen Forschungsschrittes tritt das so genannte Prinzip der Offenheit (vgl. Gläser/ Laudel 2006, S. 27 ff.; Seipel/ Rieker 2003, S. 63 ff.). Dies bedeutet, dass im Hinblick auf die anvisierten Erkenntniszusammenhänge und damit auch die einzubeziehenden Personen(kreise) sowie die zu verwendenden Instrumente über weite Strecken der empirischen Forschung eine hohe Variabilität zugelassen ist, aus der sich erst allmählich die schließlich eingenommene Erkenntnisperspektive herauskristallisiert. Bei dieser Art der Forschung kommt der Validität der Aussagen von **Schlüsselinformanten** (Key Informants) eine besondere Bedeutung zu. Im Vergleich zur quantitativen Sozialforschung kann deren qualitative Variante als eher **theorieentwickelnd** eingeordnet werden und ihr nicht zu unterschätzender Stellenwert liegt, wie angesprochen, insbesondere im Rahmen des **Entdeckungszusammenhangs**.

Nun zu den 3 Methoden Inhaltsanalysen, Beobachtungen und niedrig abstrahierte Befragungen: **Inhaltsanalysen** (vgl. Schnell/ Hill/ Esser 2008, S. 407 ff.; Borchardt/ Göthlich 2009, S. 42 f.), die auf die 3 Ebenen Definition, Klassifikation und Deskription fokussieren, sind auf menschengeschaffene Gegenstände – also auf die Resultate menschlicher Tätigkeit – ausgerichtet. Hiermit können beispielsweise vorliegende Dokumente zu Wertschöpfungsprozessen, Produkten oder Vermarktungskonzepten und generell zu Organisationen erfasst, präzisiert und auf die mit ihrem Einsatz/ ihrer Gestaltung beabsichtigte Wirkung als angestrebte Ziele untersucht werden. Inhaltsanalysen können sich auf die Frequenz (Häufigkeit), Valenz (Wertigkeit/ Relevanz), Intensität (Wirkungsstärke) und Kontingenz (Zusammenhänge/ Beziehungen) von untersuchten Phänomenen beziehen.

Dies impliziert, dass der Gehalt und die Bedeutung von Objekten über ein zuvor aufzustellendes **Kategoriensystem** herausgearbeitet werden. Untersucht werden dann einzelne Aussagen und Phänomene, was ein erweitertes Verständnis und eine Präzisierung des Forschungsgegenstandes erlaubt. In dieser Phase ist bereits besonderer Wert auf die unterscheidbaren Strukturierungskriterien zu legen, die dann zunächst eine Klassifikation ermöglichen, aber später auch für Erklärungszusammenhänge von Bedeutung sind.

Die Problematik, in einer systematischen Weise die wesentlichen Inhalte vorliegender Materialien/ Unterlagen zum jeweiligen Erkenntnisgegenstand herauszuarbeiten, stellt sich regelmäßig zu Beginn empirischer Forschungsarbeiten. Über das Festlegen eines in geeignete Dimensionen aufgegliederten „**Erfassungssystems**" mit bedeutungsbezogenen Zuordnungsregeln für Aussagen oder gegenständliche Objekte ist bereits in den anfänglichen Phasen der Informationsaufnahme die entscheidende Grundlage für das Gewinnen aussagefähiger Ergebnisse zu legen (vgl. Kromrey 2009, S. 105 ff.). Hierbei geht es letztlich darum, zunächst ein „Gerüst" für das begriffliche Fassen und Abbilden des empirischen Untersuchungsraums zu entwickeln. Ohne ein solches Tragwerk kann das „Endprodukt", nämlich gehaltvolle Aussagen zu Ursachen-Wirkungs-Zusammenhängen – wie beim Bau eines Hauses – nicht erstellt werden.

Beobachtungen und Befragungen finden in originären, natürlichen (Feld-)Situationen Einsatz. Dabei sind Beobachtungen unmittelbar auf offenes Verhalten bezogen und müssen deshalb zeitgleich hiermit stattfinden. Für Befragungen ist dieser direkte Zeit- und Raumbezug nicht erforderlich, diese können allgemein als Gespräche über das Verhalten in bestimmten Situationen eingeordnet werden.

Beobachtungen stehen vom Prinzip her in engem Zusammenhang zu Experimenten, auf die wir bei den Methoden der quantitativen Sozialforschung noch eingehen. Anders als beim inhaltsanalytischen Vorgehen werden im Rahmen von Beobachtungen nicht die materialisierten Ergebnisse menschlicher Handlungen auf ihren Bedeutungsgehalt hin untersucht; jetzt richtet sich das Erkenntnisinteresse direkt auf Handlungs-, Verhaltens- oder Interaktionsprozesse im sozialen Feld. Diese sind in einer unmittelbar sinnesorganischen Wahrnehmung (Sehen, Hören etc.) zu erfassen und in ihrer „latenten Bedeutung" vor dem Hintergrund der Bedürfnis- und Motivlagen der beteiligten Akteure einzuordnen (vgl. Kromrey 2009, S. 325 ff.).

Beobachtungen lassen sich nach folgenden Dimensionen differenzieren (vgl. Friedrichs 1990, S. 272 f.): Erkennbarkeit des Beobachters (offene versus verdeckte Beobachtungen), Interagieren des Beobachters (teilnehmende versus nichtteilnehmende Beobachtungen), Grad der Standardisierung (systematische versus unsystematische Beobachtungen). Das generelle Ziel besteht darin, situationsspezifisch alle relevanten Einflussfaktoren zu erfassen und damit zu kontrollieren sowie in Bezug zu nachvollziehbarem Handeln und Verhalten zu setzen. In der Forschung ist dies insbesondere in kaufrelevanten Situationen im Handel oder in Führungssituationen im Unternehmen von Interesse (vgl. Borchardt/ Göthlich 2009, S. 40 ff.).

Niedrig abstrahierte, mündliche Befragungen stellen einen weiteren Weg zur Exploration inhaltlicher Sachverhalte und Beziehungen im Rahmen eines Forschungsprojektes sowie auch zum Herausarbeiten der „ideellen Wertbasis" im jeweiligen Forschungsfeld dar. Zum Einsatz kommen hier z.B. narrative oder situationsflexible Interviews, bei denen unter Vorgabe eines Rahmenthemas zu einem „freien Erzählen" aufgefordert wird, oder Leitfadengespräche, deren Schwergewicht auf freien Assoziationen der Beteiligten liegt. Der Ablauf dessen, was der oder die Forscher thematisieren möchten, ist hierbei allerdings schon sehr viel klarer vorgegeben (vgl. Atteslander 2008, S. 121 ff.). Bei Experteninterviews steht nicht der Befragte als Person, sondern seine Erfahrungen und Interpretationen im Hinblick auf das interessierende Forschungsthema im Vordergrund (vgl. Borchardt/ Göthlich 2009, S. 34 ff.). Hierbei wird oft ein halbstandardisierter Fragebogen bzw. Interviewleitfaden eingesetzt, der sicherstellt, dass das relevante Kriterienraster angesprochen wird, aber dennoch genügend Freiraum für individuelle Aussagen lässt. Alternativ oder ergänzend können auch Workshops als themenzentrierte Gruppendiskussionen durchgeführt werden, an denen Vertreter aller internen Kerngruppen/ Stakeholder teilnehmen (vgl. Kepper 2008, S. 186 ff.).

Fallstudien haben die Analyse eines Zeitabschnittes bezogen auf eine Person, eine Personengruppe oder eine Organisation, also z.B. ein Unternehmen, zum Gegenstand (vgl. Schnell/ Hill/ Esser 2008, S. 249 ff.), indem die Ausgangssituation, wesentliche Verhaltensweisen und Entscheidungen sowie daraus resultierende direkte und indirekte Wirkungen herausgearbeitet werden. Sie sind im Rahmen der qualitativen empirischen Sozialforschung ein komplexer und hinsichtlich der Wahl der Datenerhebungsmethoden ein offener Forschungsansatz. In den letzten Jahren haben sie insbesondere auch auf der internationalen Ebene an Zuspruch gewonnen und entscheidende Impulse für den Fortschritt und die Innovation in den Wirtschafts- und Sozialwissenschaften auf der Basis herausragender Arbeiten geliefert (vgl. Borchardt/ Göthlich 2009, S. 33 ff.). In Deutschland erfahren qualitative Ansätze und damit auch Fallstudien in der Forschung im Vergleich zu quantitativen Methoden eine deutlich geringere Beachtung und Wertschätzung.

Das Ziel ist, im Rahmen einer explorativen Studie bestimmte Muster in der Determinantenkonstellation und bei den Verhaltens- sowie Wirkungsvariablen zu erkennen. Dabei können auch die vorstehend angesprochenen Methoden der Inhaltsanalyse, Beobachtung und niedrig abstrahierte Befragungen im Zuge der Erarbeitung von Fallstudien zum Einsatz kommen. Vergleichend angelegt, ist von zentraler Bedeutung für solche niedrigzahligen Analysen in einer begrenzten Anzahl von Unternehmen ein einheitliches Klassifikationssystem für die unterschiedlichen Variablenarten, also für deren definierte mögliche Ausprägungen und für denkbare Beziehungen zwischen den Variablen. Dies entspricht – auf qualitativer Ebene – mit einer definitorischen, klassifikatorischen und deskriptiven Zielsetzung den wichtigen Vorarbeiten, wie sie beispielsweise auch bei Kausalanalysen zum Erkennen des Strukturmodells und zum Präzisieren des Messmodells durchzuführen sind. Unter diesem Blickwinkel kann also auch hier Konstruktvalidität auf einem bestimmten Niveau erreicht werden.

Die Analyse bezieht sich dann in jedem einzelnen Unternehmen auf die gleichen Determinanten sowie Handlungs- und Verhaltensweisen (Explanans) und auf das gleiche Set von Wirkungsgrößen als Explanandum, die aber alle unterschiedliche Ausprägungen einnehmen bzw. aufweisen können. Hierdurch lassen sich in den Unternehmen gleiche oder unterschiedliche Konstellationen erkennen, die dann zu mehr oder weniger typischen Mustern in bestimmten Ausgangssituationen und bei einem bestimmten Verhalten mit nachvollziehbaren Wirkungen führen. Durch diese Mustererkennung können auf einer exploratorisch-deskriptiven Ebene (vgl. Kap. E.I.2.) weiterführende Hypothesen formuliert bzw. modifiziert und weiterentwickelt werden, bevor in einer späteren Forschung eine konfirmatorisch-explikative Analyse durchgeführt wird. Wie in Kapitel C.II.3. und 4. gezeigt wurde, ist diese wissenschaftliche Vorarbeit im Entdeckungszusammenhang eine wichtige Grundlage für tiefer gehende Analysen im Begründungszusammenhang. Unter dieser Perspektive leitet sich auch der Stellenwert von Fallstudien her.

Die Zielsetzung geht dabei dahin, trotz des empirisch-induktiven Schwerpunktes von Fallstudien auch in einem möglichen Maße hypothetisch-deduktiv und damit theoriegeleitet vorzugehen. Durch die Art der Datenerhebung und -bewertung können die Forschungsergebnisse weniger bzw. nur zum Teil funktionalistisch und objektiv ermittelt werden. Das Hauptschwergewicht liegt vielmehr auf einer interpretativen und subjektiven Datenbeschreibung und -bewertung, allerdings – im optimalen Fall – auf der Grundlage eines wissenschaftlich eindeutig und aussagefähig definierten Begriffs-, Klassifikations- und Beziehungsrasters (vgl. Borchardt/ Göthlich 2009, S. 34 ff.).

2. Methoden der quantitativen Sozialforschung zur Falsifikation oder Konfirmation von Hypothesen/ kausalen Strukturen – Standardisierte Befragungen, Experimente

Die Methoden der quantitativen Sozialforschung sind im wissenschaftlichen Erkenntnisprozess stärker auf der 4. sowie auch auf der 5. und 6. Ebene des Hauses der Wissenschaft einsetzbar. Im Zentrum stehen also die Erklärung und die Prognose im Rahmen der Theorienbildung und -überprüfung sowie die Technologie und dabei mit der Formulierung von Gestaltungs- und Handlungsempfehlungen verbundene Zielsetzungen. Mit anderen Worten werden Methoden der quantitativen Datenerhebung eingesetzt, um Hypothesen bzw. kausale Strukturen in einer späteren Phase des Erkenntnisprozesses konfirmieren oder falsifizieren/ modifizieren zu können.

Die **quantitative Sozialforschung** benötigt für den auf ihrer Basis angestrebten hypothetisch-deduktiven Prozess der Erklärung, Prognose und Gestaltung eine vom Skalenniveau her gesicherte Datenbasis. Im Vordergrund steht deshalb das Messen sowie insbesondere das umfängliche Quantifizieren sozialer Sachverhalte mittels standardisierter Erhebungsinstrumente. Zum Gewinnen repräsentativer Aussagen wird mit großen Fallzahlen/ Stichproben gearbeitet. Deren hypothesengeleitete Auswertung erfolgt rechnergestützt mit den Verfahren der deskriptiven und analytischen Statistik (vgl. Atteslander 2008, S. 69 f.; Riesenhuber 2009, S. 7 ff.; Seipel/ Rieker 2003, S. 27 ff.).

Ein solches, kurzgefasst als großzahlige Statistik bezeichnetes Vorgehen ist mit den dazugehörigen, im Voraus aufzustellenden detaillierten Forschungsplänen in einer **theorie-testenden** Weise einzusetzen. Damit liegt der Schwerpunkt quantitativer Sozialforschung im **Begründungszusammenhang** empirischer Forschungsprojekte zur Untersuchung menschlichen Handelns, Verhaltens und Entscheidens.

Hierzu bieten sich vor allem **standardisierte**, meistens schriftliche, heute aber auch mehr und mehr elektronische **Befragungen** an. Damit können anhand einer entwickelten und überprüften Item-Batterie, also eines vorab getesteten und validen Kriterienkatalogs, die interessierenden Phänomene und Sachverhalte quantitativ gemessen werden und beispielsweise nach unterschiedlichen Befragten-Gruppen klassifiziert und ausgewertet werden. Die Befragungen können sich auf alle relevanten Personengruppen, bei Unternehmen auf alle Interessengruppen (Stakeholder) beziehen. Bei Unternehmensbefragungen werden Hauptadressaten die Kunden als Abnehmer der Produkte/ Leistungen bzw. weitere Interessengruppen des Unternehmens sein (z.b. die Lieferanten), oder aber auch – in interner Sicht – die Mitarbeiter. Eine Standardisierung in Form eines gleichen Befragungsmodus und strukturell repräsentativer Stichproben sichert bei unterschiedlichen Befragten-Gruppen und zu unterschiedlichen Befragungs-Zeitpunkten die geforderte Aussagefähigkeit.

Bei **Experimenten** liegt der Unterschied zu Befragungen und auch zu Beobachtungen in einer anderen Umfeldsituation (vgl. Rack/ Christophersen 2009, S. 17 ff.). Unterscheiden lassen sich insbesondere Feld- und Laborexperimente, die jeweils im Hinblick auf die zu analysierenden Phänomene simultan oder sukzessiv aufgebaut werden können. Bei **Feldexperimenten** ist die Beeinflussung durch den Forscher geringer als bei Laborexperimenten, da erstere in der sozialen Realität, also z.B. in einem Supermarkt, stattfinden. Untersucht werden hierbei beispielsweise verschiedene Regalstandplätze in einem Handelsunternehmen in ihrer kaufverhaltensbezogenen Wirkung auf unterschiedliche Ergebnisgrößen (Absatzzahlen, Einstellung zur Marktleistung, Image des Unternehmens etc.).

Bei **Laborexperimenten** wird die Umweltsituation hingegen vom Forscher arrangiert; deshalb findet mit diesen Experimenten ein Untersuchen menschlichen Verhaltens unter nahezu vollständig kontrollierten Laborbedingungen statt. Beispiele hierfür sind: In der Werbewirkungsforschung die Verwendung von Blickaufzeichnungsgeräten (vgl. Kroeber-Riel/ Weinberg/ Gröppel-Klein 2009, S. 314 ff.) oder in der Neuroökonomie der Einsatz von fMRT, also der funktionellen Magnetresonanztomografie, zur Reduktion von Verhaltensweisen von Individuen auf die Messung von Hirnströmen bzw. -aktivitäten der Probanden in bestimmten Entscheidungssituationen (siehe hierzu den Anfang von Kap. E). Exemplarisch hierfür ist die Messung der Empathie in Zusammenhang mit wahrgenommener Fairness und Unfairness der Akteure zu nennen (vgl. Singer et al. 2006; Duchmann/ Töpfer 2008, S. 172).

Laborexperimente bezwecken also, auf der Basis von genau definierten Umfeldbedingungen, gezielt Daten zur Analyse und Aufschlüsselung ökonomisch relevanter Sachverhalte zu gewinnen. Seit geraumer Zeit kommt Experimenten eine zunehmende Bedeutung in der wirtschaftswissenschaftlichen Forschung zu. Speziell in der Volkswirtschaftslehre bzw. der mikroökonomischen Forschung werden damit Situationen analysiert, um auf der Basis der Entscheidungs- oder Spieltheorie individuell optimales Verhalten prognostizieren zu können (vgl. Friedman/ Cassar/ Selten 2004; Ockenfels/ Selten 1998). Laborexperimente schaffen die Testmöglichkeit, ob die Experimentteilnehmer sich tatsächlich so verhalten, wie entsprechend der zu Grunde gelegten Theorie zu erwarten ist. Wenn das beobachtete Individualverhalten systematisch von der bisherigen Prognose zur spezifischen Situation abweicht, dann kann mithilfe von weiteren Experimenten nach den Ursachen hierfür gesucht werden. Das Ziel ist dann, die formulierte Theorie zu modifizieren respektive weiterzuentwickeln, um eine bessere Prognosegüte zu erreichen. Die neu gewonnenen Theorien lassen sich dann im Labor wiederum testen.

Der große Vorteil von Laborexperimenten liegt darin, dass sie unmittelbar messbar unter kontrollierten und damit nachvollziehbaren Bedingungen ablaufen. Dies ist insbesondere dann von Bedeutung, wenn das spezifische Entscheidungsumfeld, vor allem aber das interessierende Verhalten nicht direkt messbar sind, also über die dann genau zu messenden Indikatoren erschlossen werden müssen. Darüber hinaus sind Experimente dann angezeigt, wenn der Kausalzusammenhang zwischen der Verhaltensänderung und den vermuteten Ursachen anhand von Felddaten empirisch nicht nachgewiesen werden kann. Labordaten sind Felddaten dadurch überlegen, dass im Experiment eine einzelne Variable kontrolliert variiert werden kann. Hierdurch kann – bei Konstanz der übrigen Parameter – eine beobachtete Verhaltensänderung mit hinreichend hoher Wahrscheinlichkeit auf die Variation der unabhängigen Variablen zurückgeführt werden. Dies führt zu einer hohen internen Validität (vgl. Stefani 2003, S. 243 ff.).

3. Spezielle Forschungsansätze – Aktionsforschung, Meta-Analysen

Wodurch sind spezielle Forschungsansätze wie Aktionsforschung und Meta-Analysen gekennzeichnet? Hierauf wird im Folgenden kurz unter dem Blickwinkel der mit diesen Forschungsansätzen generierbaren Inhalte, Daten und Ergebnisse eingegangen.

Unter der **Aktionsforschung** versteht man einen prozess- und adressatenbegleitenden Forschungsansatz, bei dem auf der Basis von wissenschaftlichen Vorüberlegungen soziale Phänomene in der Realität beobachtet werden, um hieraus unmittelbar wissenschaftliche Erkenntnisse zu ziehen und auch Gestaltungsempfehlungen zu geben. Kennzeichnend für diesen, unter anderem auf KURT LEWIN zurückgehenden Ansatz ist vor allem die interaktive Zusammenarbeit von Wissenschaftlern, Praktikern und den in konkreten Projekten beteiligten Mitarbeitern. Hierbei gliedern sich die Forscher zeitweilig in ihr Untersuchungsfeld ein; die sonst übliche Subjekt-Objekt-Beziehung soll auf diese Weise überwunden werden (vgl. Atteslander 2008, S. 48). Der Aktionsforschung folgende Projekte finden sich zahlreich zu genuin sozial- und wirtschaftswissenschaftlichen Problemstellungen; sie sind typischerweise auf Konflikte innerhalb und zwischen den Kern- und Interessengruppen von Unternehmen (vgl. hierzu Töpfer 2007a, S. 103 ff.) ausgerichtet (vgl. French/ Bell 1994, S, 118 ff.).

Die Aktionsforschung ist damit eine Echtzeitwissenschaft, die also begleitend zu vorgesehenen oder bereits durchgeführten Entscheidungen und Gestaltungsmaßnahmen stattfindet. Der Hauptkritikpunkt geht dahin, dass sie oftmals zu wenig theoriegeleitet und damit kaum hypothetisch-deduktiv, sondern primär empirisch-induktiv angelegt und ausgerichtet ist (vgl. Kromrey 2009, S. 512 ff.; Friedrichs 1990, S. 372 ff.). Basisanforderungen des Kritischen Rationalismus und des Wissenschaftlichen Realismus werden damit kaum erfüllt.

Im Vergleich hierzu ist der Forscher bei **Meta-Analysen** nicht unmittelbar in die empirische Forschung (1. Ordnung) einbezogen, sondern er hat den Status eines nachträglichen Analytikers und Systematikers. Meta-Analysen sind dadurch wissenschaftliche Untersuchungen 2. Ordnung, bei denen statt dem vorstehend angesprochenen primärstatistischen Vorgehen eine Datenanalyse auf sekundärstatistischem Niveau durchgeführt wird. Wir geben hier zunächst eine Kurzkennzeichnung dieser Methode der empirischen Sozialforschung: Das Ziel ist, die ermittelten Ergebnisse von verschiedenen vorliegenden wissenschaftlichen Studien zum selben Sachverhalt noch einmal gemeinsam zu analysieren und statistisch nach einzelnen Inhalten und Ergebnissen auszuwerten (vgl. Glass/ McGaw/ Smith 1981). Dieses Vorgehen ist bei der Aufarbeitung des bisherigen Forschungsstandes angebracht und üblich, weil auf diese Weise die erreichten Ergebnisse klassifiziert und zusammenfassend quantifiziert werden können. Das Resultat ist dann eine evaluierte Forschungs- und Literaturübersicht (vgl. Kornmeier 2007, S. 137 ff.). Ein Problem besteht darin, dass die spezifischen methodischen Vorgehensweisen der einzelnen Studien sowie vor allem die Stichprobenarten, -ziehungen und -größen oft nicht vollständig in den Publikationen belegt und damit auch nicht nachvollziehbar sind, so dass letztlich unterschiedliche Ergebnisse auf der Basis unterschiedlicher Erhebungs- und Methodendesigns miteinander verglichen werden.

Im Folgenden gehen wir noch etwas detaillierter auf diesen interessanten, zugleich aber anspruchsvollen Forschungsansatz der Meta-Analyse als „Analyse von Analysen" ein. Er dient dazu, die Ergebnisse vorliegender Forschungsprojekte systematisch zu erfassen, um sich einen Überblick über den relevanten Stand und die Inhaltsbereiche in einem Forschungsbereich zu erarbeiten. Hierzu steht dem Forscher zunächst eine Vielzahl von **Review-Verfahren** zur Verfügung, die als qualitativ oder quantitativ eingeordnet werden können. Der englische Begriff Review kennzeichnet dabei das Ziel der Verfahren, nämlich eine Literaturübersicht zu gewinnen, die Ergebnisse der bisherigen Forschung strukturiert vorzustellen und kritisch zu kommentieren (vgl. Bortz/ Döring 2006, S. 672). Abbildung G-8 gibt einen Überblick über diese wissenschaftlichen Untersuchungen 2. Ordnung.

Das **„Erzählende"-Review** beschränkt sich auf die verbale Beschreibung von Studien mit dem Fokus auf den theoretischen Grundlagen und den Ergebnissen der empirischen Untersuchung. Bisher existiert kein standardisiertes Verfahren, welches eine strukturierte Gewinnung von Erkenntnissen auf der Basis „Erzählender"-Reviews ermöglicht, d.h. der Forscher ist relativ frei in der Auswahl seiner betrachteten Studien bzw. in der Art und Weise der Erkenntnisgewinnung und Ergebnisformulierung. Im Gegensatz dazu beinhaltet das **„Beschreibende"-Review** eine systematische Auswertung der Literatur mit dem Ziel, möglichst alle wesentlichen Studien in dem Review zu erfassen. Die Studien werden kodifiziert, z.B. nach dem Erscheinungsjahr, der zu Grunde gelegten Theorie, der verwendeten statistischen Auswertungsmethode oder der Signifikanz der Ergebnisse, um sie strukturiert vorstellen und bewerten zu können.

Das **Vote-Counting-Verfahren** ist ein Verfahren, welches es bereits erlaubt, quantitative Aussagen als Ergebnis zu formulieren. Dabei wird eine Beziehung zwischen verschiedenen Konstrukten untersucht und dichotom eingeordnet als statistisch signifikant (positiv/ negativ) oder nicht signifikant. Implizit geht man dabei also davon aus, dass signifikante Beziehungen zwischen verschiedenen Konstrukten, die zahlreich empirisch nachgewiesen wurden, eine höhere Erklärungskraft haben als diejenigen, die weniger häufig empirisch untersucht und bestätigt wurden. Diese relativ einfache Methode berücksichtigt allerdings z.B. keine Effektstärken und unterstellt Homogenität der Studien, weshalb die Aussagekraft der Ergebnisse relativ begrenzt ist (vgl. King/ He 2005, S. 667 f.).

```
┌─────────────────────────────────────────────────────────────────────────────┐
│  Fokus auf den Ergebnissen/              Fokus auf den Daten der             │
│  Schlussfolgerungen der                  empirischen Untersuchung            │
│  empirischen Untersuchung                                                    │
│                                                                              │
│  Qualitativ  ├──────────────────────────────────────────▶ Quantitativ        │
│                                                                              │
│  „Erzählendes"-Review │ „Beschreibendes"-Review │ Vote-Counting │ Meta-Analyse│
│                                                                              │
│  Ergebnisse von unabhängigen, relativ homogenen Primärstudien zu einer       │
│  einheitlichen Forschungsthematik                                            │
│  • statistisch aggregiert und untersucht,                                    │
│  • ob Ursachen-Wirkungs-Beziehungen zwischen interessierenden Variablen      │
│    vorliegen und                                                             │
│  • wie stark diese sind                                                      │
│  Drei grundlegende Prinzipien für die Durchführung: Präzision, Einfachheit,  │
│  Klarheit                                                                    │
│                                                                              │
│  Ziele:                                                                      │
│  • Eine fundierte, literaturbasierte Übersicht zu den bisher vorliegenden    │
│    Erkenntnissen im abgegrenzten Themenbereich erarbeiten                    │
│  • Neue Erkenntnisse gewinnen bzw. Schlussfolgerungen für die weitere/       │
│    eigene Forschung ziehen                                                   │
│                                                                              │
│  Basis: King/ He 2005, S. 666ff.; Bortz/ Döring 2006, S. 673; Hall/          │
│  Rosenthal 1995, S. 395f.                    © Prof. Dr. Armin Töpfer        │
└─────────────────────────────────────────────────────────────────────────────┘
```

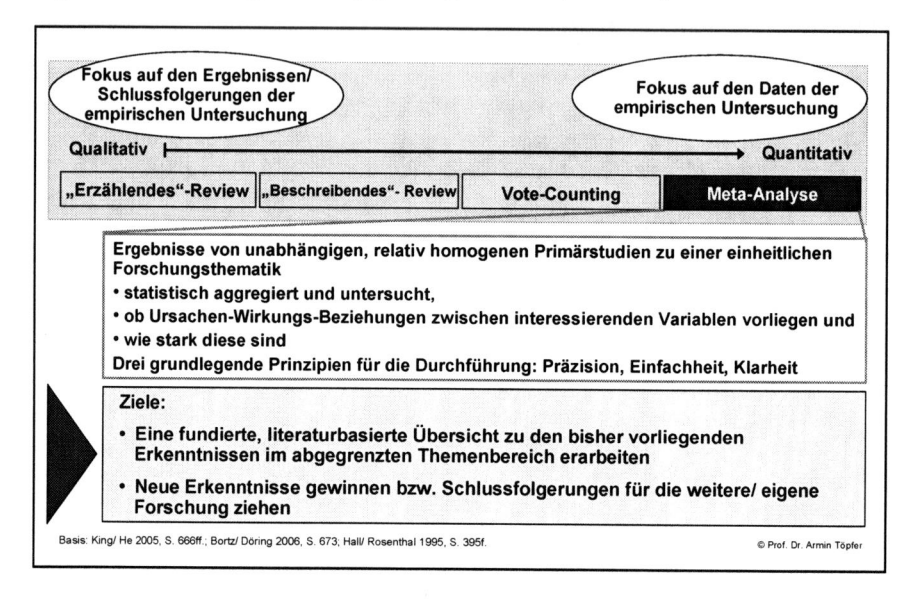

Abb. G-8: Ausgewählte Verfahren 2. Ordnung

Die hier interessierende **Meta-Analyse** wird heute vor allem in der Psychologie, der Medizin und den Sozialwissenschaften eingesetzt (vgl. Hedges/ Pigott 2001, S. 203). Sie ist ein quantitatives Verfahren und damit weniger durch das subjektive Vorgehen bzw. die subjektive Meinung des Forschers geprägt als die vorstehend angesprochenen Methoden (vgl. z.B. Bortz/ Döring 2006, S. 672). Dadurch, dass die Ergebnisse von verschiedenen vorliegenden wissenschaftlichen Studien zum selben Sachverhalt gemeinsam analysiert und nach den interessierenden Kriterien statistisch ausgewertet werden, kennzeichnet dies den konfirmatorischen Charakter der Meta-Analyse. Darüber hinaus ist es mit diesem Verfahren 2. Ordnung auch möglich, neue Erkenntnisse durch ein exploratives Vorgehen zu gewinnen.

In Abbildung G-9 haben wir das Vorgehen bei der Durchführung einer Meta-Analyse schematisch aufgeführt. Nachfolgend gehen wir auf einige wesentliche, mit der Anwendung dieses Verfahrens verbundene Aspekte ein.

Zunächst konnten meta-analytische Verfahren Effekte 1. Ordnung identifizieren. Mit zunehmender Diskussion und Weiterentwicklung der Meta-Analyse treten heute immer mehr Verfahren hinzu, die sich mit der Bestimmung von Moderator- und Mediator-Effekten befassen. Damit fokussiert die Meta-Analyse nicht allein auf die Häufigkeit signifikanter Effekte, wie die vorher benannten Verfahren 2. Ordnung, insbesondere das Vote-Counting-Verfahren, sondern auf das Ausmaß der jeweiligen Effekte. Allerdings untersucht die Meta-Analyse nur singuläre Beziehungen zwischen abhängiger und unabhängiger Variable, was gleichzeitig bedeutet, dass das „große Ganze" nicht berücksichtigt wird (vgl. Rosenthal/ DiMatteo 2001, S. 63 ff.).

Wir sind insbesondere in Kapitel E.II. auf die **Formulierung von forschungsleitenden Fragen** und in Kapitel F auf die präzise **Bestimmung von Hypothesen** eingegangen. Dies ist auch die Grundlage für die Durchführung einer Meta-Analyse. Nur wenn der Forscher seine zu untersuchende Fragestellung exakt formulieren kann, ist er in der Lage, geeignete Kriterien zur Auswahl der zu untersuchenden Primärstudien zu einem Forschungsthema zu bestimmen.

Definition des Forschungsproblems
➢ Formulierung einer präzisen Forschungsfrage mit abhängiger und unabhängiger Variable

Suche/ Identifikation von relevanten Primärstudien
➢ Breit angelegte Suche nach entsprechenden empirischen Studien (Datenerhebung)

Codierung und Bewertung der einzelnen Primärstudien
➢ Bestimmung von relevanten, also in der Meta-Analyse zu berücksichtigen Studien/ Größen (Datenerfassung)

Datenanalyse
➢ Identifikationen der entsprechenden statistischen Größen, eventuell notwendige Transformationen

Präsentation und Interpretation der Ergebnisse
➢ Auswertung der Effekte und Schlussfolgerungen/ Ergebnisse bezogen auf die Forschungsfrage

Basis: Rosenthal 1995; DeCoster 2004; Eisend 2004 © Prof. Dr. Armin Töpfer

Abb. G-9: Schematische Vorgehensweise bei der Meta-Analyse

FIELD stellt mittels einer Monte Carlo-Simulation heraus, dass eine Meta-Analyse mindestes 15 Primärstudien umfassen sollte, da sich ansonsten die Wahrscheinlichkeit für den Fehler 1. Art (α-Fehler) stark erhöht (vgl. Field 2001, S. 178). Auf den Fehler 1. und 2. Art gehen wir im Unterkapitel G.V. noch detaillierter ein. Generell gilt: Je mehr Studien in die Meta-Analyse einfließen, desto besser, d.h. desto stabiler, sind ihre Ergebnisse (vgl. Rosenthal 1995, S. 185). Für die exakten statistischen Verfahren bei Meta-Analysen verweisen wir auf die entsprechende Literatur (vgl. z.B. Bortz/ Döring 2006, S. 683 ff.; DeCoster 2004).

Meta-Analysen können grundsätzlich anhand von zwei Annahmen modelliert werden. Man unterscheidet so genannte Fixed und Random Effect Models. An einem fiktiven Beispiel erklärt: Wir gehen davon aus, dass für unsere Meta-Analyse 20 Primärstudien vorliegen, die – entsprechend unserer schon mehrfach angeführten **LOHAS-Zielgruppe** – den Zusammenhang zwischen der Einstellung zu gesundheitsbewusstem und umweltschonendem Verhalten und dem tatsächlichen Kaufverhalten von Konsumenten messen. Allerdings variiert die Anzahl der befragten Probanden in den 20 Studien sehr stark. Bei dem **Fixed Effect Model** würden wir die gesamte Anzahl der Befragten (Summe der Probanden über alle Studien, also z.B. 85) als Grundgesamtheit für die Meta-Analyse übernehmen. Damit haben wir für weitere statistische Untersuchungen eine gute Ausgangsbasis aufgrund der hohen Stichprobengröße. Gleichzeitig müssen wir die Generalisierbarkeit der Ergebnisse unserer Meta-Analyse einschränken, nämlich nur auf diese Gruppe der Befragten; denn wir unterstellen eine starke Homogenität der Studien. Im Gegensatz dazu gehen wir beim **Random Effect Model** davon aus, dass alle Studien, also die Summe der Studien, hier damit 20, die Grundgesamtheit bilden. Wir erkaufen uns damit quasi die Generalisierbarkeit unserer Ergebnisse, schränken aber auch die Stichprobengröße ein. Diese beiden verschiedenen Grundannahmen ziehen in der Folge jeweils unterschiedliche Auswertungsverfahren innerhalb der Meta-Analyse nach sich (vgl. Hall/ Rosenthal 1995, S. 400 ff.).

HALL/ ROSENTHAL weisen darauf hin, dass es den Königsweg zur Durchführung einer Meta-Analyse nicht gibt. Die Autoren stellen jedoch auf die in Abbildung G-8 angeführten drei grundlegenden Arbeitsprinzipien – Einfachheit, Klarheit und Präzision – ab (vgl. Hall/ Rosenthal 1995, S. 395, siehe auch Rosenthal 1995, S. 190). Grundsätzlich gilt, dass die Meta-Analyse in der Durchführung so gestaltet werden muss, dass sie den Kriterien der Reliabilität und der Objektivität genügt.

Die Meta-Analyse weist allerdings auch **methodische Schwächen** auf: Die Datengrundlage ist entscheidend für die Qualität der Ergebnisse, was generell auch für Verfahren 1. Ordnung gilt. Meta-Analysen lassen sich für Befragungen, (Labor-)Experimente, Feldstudien und Feldexperimente durchführen. Dagegen können z.B. Fallstudien, mathematische Modelle, Ergebnisse von Verfahren 2. Ordnung und qualitative Untersuchungen innerhalb einer Meta-Analyse nicht berücksichtigt werden (vgl. King/ He 2005, S. 671). Darüber hinaus hängt die Datengrundlage auch von der Fähigkeit des Forschers ab, Primärstudien zu der entsprechenden Forschungsthematik zu identifizieren und die dazu gehörigen Daten aus den jeweiligen empirischen Erhebungen zu extrahieren. Damit geht der so genannte Publikations-Bias einher, der besagt, dass statistisch signifikante Ergebnisse eher veröffentlicht werden als Untersuchungen, die zu nicht signifikanten Ergebnissen führen. Um eine solche starke Verzerrung zu vermeiden, ist eine strukturierte, vielfältige Vorgehensweise bei der Suche nach Primärstudien wichtig, d.h. der Forscher sollte sich nicht nur auf die Veröffentlichungen z.B. in Journals festlegen, sondern seine Suche auch auf Bücher, Dissertationen und andere Publikationen ausweiten. Zudem sollten in die Suche nach geeigneten Primärstudien auch (noch) nicht veröffentlichte, aber zugängliche Studien eingeschlossen werden.

Das bereits angesprochene Problem der eingeschränkten oder überhaupt nicht möglichen Nachvollziehbarkeit der methodischen Vorgehensweise von Primärstudien wird in der Literatur oftmals als das Problem „Äpfel mit Birnen zu vergleichen" bezeichnet. Das spiegelt die Forderung wider, dass nur relativ homogene Primärstudien in eine Meta-Analyse aufgenommen werden sollten (vgl. Hunt 1997, S. 61ff.).

Eine weitere Schwäche der Meta-Analysen ist das bekannte „Garbage In – Garbage Out"-Problem (vgl. Hunt 1997). Dies bedeutet hier, dass qualitativ gut durchgeführte empirische Untersuchungen mit qualitativ weniger gut durchgeführten in die Analyse einfließen, wobei letztere die meta-analytischen Ergebnisse verzerren können. Diesem Problem kann begegnet werden, indem die Primärstudien beispielsweise anhand von Ratings in ihrer methodischen Qualität bewertet und die Ergebnisse danach gewichtet werden (siehe dazu Rosenthal 1995, S. 184). Eine zweite Möglichkeit ist, dass der Forscher Mindeststandards hinsichtlich der Methodik einführt und damit unzureichend durchgeführte Studien von der weiteren Betrachtung ausschließt (vgl. Bortz/ Döring 2006, S. 675).

Zusammenfassend gilt, dass sich die Meta-Analyse und das Review nicht entgegenstehen, sondern dass beides Verfahren sind, die wertvolle Erkenntnisse für die aktuellen Forschungsergebnisse zu einem Themenbereich generieren können, wenn sie methodisch gut ausgeführt werden. Quantitative und qualitative Verfahren ergänzen sich also auch hier sehr gut.

Angewandt auf unser **LOHAS-Beispiel** könnte der Forscher zunächst ein Review über die bestehenden differenzierten Einstellungen des Kundentyps geben und meta-analytisch untersuchen, ob es einen systematischen Zusammenhang zwischen der Einstellung zur Umweltfreundlichkeit und dem Kauf eines Elektroautos gibt, und wenn ja, wie groß dieser ist. Allerdings hat sich mit zunehmender Verbreitung der Meta-Analyse laut SCHMIDT der Fokus der Wissenschaft von der Bedeutung der Daten aus Einzelstudien in Richtung Meta-Analysen verändert. Dabei ist jedoch zu berücksichtigen, dass einzelne Primärstudien immer als Dateninput für Meta-Analysen notwendig sind (vgl. Schmidt 1992, S. 1179), was diese Gewichtsverschiebung mittelfristig relativiert.

4. Mehrmethodenansätze der Datenerhebung

Nach der Darstellung der einzelnen qualitativen und quantitativen Methoden stellt sich jetzt die Frage, ob diese alle nur alternativ oder auch in einer bestimmten Weise kombiniert eingesetzt werden können. Die Zielsetzung geht dabei dahin, unterschiedliche Methoden bezogen auf die Art der Datenerhebung, die Qualität der inhaltlichen Analysen bzw. Messgrößen und das erreichbare Skalenniveau in der Abfolge zu kombinieren, so dass – entsprechend dem Bild des Trichters – die Aussagefähigkeit und wissenschaftliche Verwertbarkeit des resultierenden „Daten-Extrakts" kontinuierlich zunimmt.

Unterscheiden lassen sich dabei idealtypisch insgesamt 3 Phasen, die wir in Kapitel B bereits bei der Darstellung des Untersuchungsdesigns angesprochen haben. In der 1. Phase wird zunächst eine **sekundärstatistische Analyse** mit dem Ziel durchgeführt, den bereits vorhandenen Forschungsstand im Rahmen von Meta-Analysen aufzuarbeiten. Dies ermöglicht die Fokussierung der eigenen Forschungsfragen und der eigenen Zielsetzung für einen Erkenntniszugewinn und verhindert, dass bereits vorhandene, aber dem Forscher nicht gegenwärtige Forschungsergebnisse erneut nachvollzogen werden. Der auf der Basis dieser 1. Phase erstellte Entwurf für das eigene Forschungsdesign ist auf diese Weise deutlich fundierter und aussagefähiger.

In einer 2. Phase lassen sich für eine zunächst **qualitative Datenerhebung und -auswertung** explorative Studien zur weiteren inhaltlichen Ausfüllung des Entdeckungszusammenhangs vornehmen. Um den Forschungsgegenstand unter der gewählten fokussierten Themenstellung zu durchdringen und dadurch nach und nach in den Griff zu bekommen, bieten sich als Vorstudie z.B. Vorgespräche in Form von Interviews mit Probanden des anvisierten Forschungsfeldes an. Das Ziel ist ein besseres Verständnis der forschungsrelevanten Fragestellungen, Bereiche und Kriterien zum jeweiligen Forschungsthema als Einstieg zur Entwicklung der späteren Messgrößen. Hierzu gehört auch, dass der Forscher die Nomenklatur und damit die gesamte Begriffswelt sowie die Denk- und Argumentationsstrukturen in der von ihm untersuchten Realität kennt und versteht. Dies erleichtert eine für die späteren Probanden verständliche Befragung, die zugleich in ihrer Abfolge und ihren Inhalten für die Befragten gut nachvollziehbar ist. Um Missverständnissen vorzubeugen: Selbstverständlich werden bei einem theoriegeleiteten Forschungsprojekt gleichermaßen Sachverhalte empirisch untersucht und damit auch erfragt, die von den Befragten nicht artikuliert und vielleicht noch nicht einmal durchdacht worden sind. Wichtig ist in diesem Falle aber ebenfalls, dass der Forscher mit seinen Frageformulierungen unmittelbar auf dem allgemeinen Verständnis der Probanden im von ihm untersuchten Realitätsfeld aufsetzt.

Im Detail geht es also um die Analyse der Inhalte und des Niveaus der bisherigen Forschung sowie um den bereits realisierten Stand an Lösungen und die aus beidem ableitbaren relevanten Problemstellungen zum Forschungsfeld, aus denen dann die eigenen wissenschaftlichen Fragestellungen bzw. forschungsleitenden Fragen abgeleitet werden können. Auf diesem vertieften Verständnis lässt sich anschließend ein aussagefähiges Forschungsdesign mit klar umgrenzten und vernetzten Analysebereichen entwickeln.

In einer 3. Phase können danach auf der Basis des Forschungsdesigns und der daraus in Messgrößen umformulierbaren Kriterien einzelner Untersuchungsbereiche inhaltlich genauer umrissene und damit präzisierte Phänomene für eine **quantitative Datenerhebung** und -auswertung vorgesehen werden. Nach der Konzeptualisierung des Forschungsthemas ist so eine Operationalisierung in Messgrößen möglich, welche im Rahmen von Stichprobenuntersuchungen analysiert werden im Hinblick auf ihre Ausprägungen und Zusammenhänge sowie vor allem im Hinblick auf nachvollziehbare Ursachen-Wirkungs-Beziehungen.

Als Fazit dieses methodischen Vorgehens in der empirischen Forschung lässt sich festhalten: Entsprechend der Klassifikation von FRITZ (vgl. Abb. E-5 in Kap. E.I.2.) können auf diese Weise explorativ- bzw. exploratorisch-deskriptiv (A1 bei Fritz) und konfirmatorisch-deskriptiv (A2) Pretests von Item-Batterien zur Ermittlung von Variablen und deren relevanten Ausprägungen für eine Hauptstudie durchgeführt sowie beispielsweise Beurteilungen der Validität von Faktoren vorgenommen werden. Die hierauf aufbauende eigene empirische Untersuchung zur Analyse von Wirkungszusammenhängen kann – in Abhängigkeit vom Stand der bisherigen Forschung und der Zielsetzung des eigenen Forschungsprojektes – entweder exploratorisch-explikativ (B1) oder konfirmatorisch-explikativ (B2) ausgerichtet sein. Hierdurch wird dann auch die inhaltliche Ausrichtung und Art der empirischen Analyse, also eine Pilotstudie (exploratorisch) oder eine Feldforschung (konfirmatorisch), bestimmt.

Abschließend vollziehen wir die mögliche Grundstruktur eines solchen Mehrmethodenansatzes an einem in seinen generellen Beziehungen dargestellten **Beispiel** – also ohne nähere Details – noch einmal nach. Wir wählen hierzu mit der wissenschaftlichen Analyse der **Unternehmenskultur** nach spezifischen Forschungsfragen eine Thematik aus, die nicht bzw. nur zum geringen Teil direkt messbar ist und die einen hohen Anteil an qualitativen Ursachen- und Wirkungsfaktoren enthält. Bei der Unternehmenskultur geht es neben gestalterischen Artefakten um Werte und Normen sowie vor allem um tiefer liegende Grundanschauungen und Überzeugungen, so dass der überwiegende Teil der Ausprägungen einer Unternehmenskultur immateriell ist (vgl. die Kulturebenen nach Schein 1995, S. 14). In einem Forschungsprojekt sind demnach die Werte, Normen, Einstellungen und Verhaltensweisen und damit vor allem die „ideelle Wertbasis" eines Unternehmens zu erfassen. Die hiermit verbundenen Messprobleme sind offensichtlich.

Unter methodologischen Aspekten ist den subjektiven Perspektiven der in die Untersuchung einbezogenen Personen ein hoher Stellenwert einzuräumen. Ohne die grundsätzliche Rollentrennung zwischen dem Forscher und den „Erforschten" in sozialen Zusammenhängen aufzuheben, ist es dennoch anzustreben, dass Erstere ihr Verständnis von den grundlegenden Ursachen-Wirkungs-Zusammenhängen in einem direkten Kontakt zu den handelnden Individuen entwickeln. Mit anderen Worten muss der Forscher in der Betriebswirtschaftslehre sein Untersuchungsfeld, also sein Erfahrungsobjekt, nicht nur gut genug kennen; vielmehr muss er vertiefte Einsichten über Wirkungsmechanismen durch den direkten Kontakt mit den Akteuren im Untersuchungsfeld gewinnen, um so sein Erkenntnisobjekt näher präzisieren zu können. Andernfalls wäre nur eine rein allgemein theoretische beziehungsweise allenfalls eine insoweit reduzierte empirische Forschung möglich. Dies kann man mit dem Bild eines Arztes vergleichen, der nie einen Patienten gesehen und direkt behandelt hat.

Die generelle, wissenschaftlich interessierende Fragestellung des beispielhaft angenommenen Forschungsprojektes sei die Klärung der Bedeutung der Unternehmenskultur für den **Unternehmenserfolg**, die mit möglichst gut nachvollziehbaren und belegbaren Messgrößen untersucht werden soll. Da es sich bei der Unternehmenskultur um ein insgesamt hypothetisches Konstrukt handelt, das qualitativ ist und sich nur über Indikatoren messen lässt, werden alle Erfassungs-, Mess- und Prüfungsprobleme evident. Im Kapitel J.I. referieren wir eine Master-Thesis, die sich mit speziellen Anforderungen an die Unternehmenskultur befasst.

Nach der Analyse des Standes der Forschung zu diesem Themenfeld (vgl. z.B. Töpfer 2007a, S. 689 ff.) sollen in diesem speziellen Forschungsprojekt anhand von 3 Unternehmen auf dem Wege von Inhaltsanalysen zunächst die normativen Vorgaben für die jeweils angestrebte Unternehmenskultur untersucht werden (vgl. mit ähnlicher Ausrichtung Beyer/ Fehr/ Nutzinger 1995, S. 80 ff.). Hierzu sind die Materialien zum formulierten Unternehmensleitbild und dabei insbesondere zur Mission, Vision und zu den Werten sowie zum Führungs-Leitfaden heranzuziehen.

Nach dieser Faktenanalyse interessiert die Frage, inwieweit die auf dem Papier formulierten Aussagen im Unternehmen gelebt werden und damit für die Mitarbeiter und Führungskräfte präsent und vor allem handlungsleitend sind. Zur empirischen Erfassung der gelebten Werte, Normen und Einstellungen sowie der aktuell wirksamen Handlungs- und Verhaltensmuster im Unternehmen bestehen mehrere Möglichkeiten; so z.B. eine Befragung, die sich aus situativen Indikatorfragen zusammensetzt, denen die Probanden zustimmen oder nicht zustimmen können. Diese Befragung kann im Rahmen einer explorativen Studie mit Interviews oder auch bereits in schriftlicher Form erfolgen. Eine andere Option ist die Durchführung von Beobachtungen.

Bei einer schriftlichen Befragung können nur linear vorformulierte Fragen beantwortet werden. Interviews haben den Vorteil, dass eine Interaktion zwischen Forscher und Proband zu Stande kommt und gleichzeitig das Verhalten der Probanden beobachtet werden kann. Ein wesentlicher Vorteil der mündlichen Befragung liegt zusätzlich darin, dass in einem 1. Teil zunächst ungestützt, also ohne konkrete Fragen, die Probanden ausführen sollen respektive können, worin sich ihrer Meinung nach eine gute Unternehmenskultur generell und in ihrem Unternehmen ausprägt. Wie leicht nachvollziehbar ist, erweitert dies situativ und unternehmensspezifisch das Inhaltsspektrum der Analyse und damit auch das Erkenntnisspektrum des Forschungsprojektes.

Werden Beobachtungen durchgeführt, dann ist es wichtig, dass bei diesen Feldstudien keine Verfälschungen der Situation und des Verhaltens der betroffenen Mitarbeiter und Führungskräfte aufgrund der Präsenz des Forschers entstehen. Dies ist zum einen eine Frage der Transparenz und der Offenheit bezogen auf die Ziele bzw. Zwecke und Inhalte der Studie sowie zum anderen auch des gegenseitigen Vertrauens und der Vertrautheit mit der Situation und dem Vorhaben.

Auf der Basis dieser Vorstudien lässt sich die weitere Konzeptualisierung des Forschungsprojektes und damit die Konzeption des Forschungsdesigns vornehmen. Hierdurch ist zugleich der methodische Wechsel von der bislang eher qualitativen zu einer jetzt stärker quantitativen Vorgehensweise markiert. Neben einer breitflächigen und repräsentativen Befragung von Unternehmen kann es dabei zusätzlich zweckmäßig sein, in 5 bis 10 Unternehmen unterschiedlicher Branchen, aber einer vergleichbaren Unternehmenssituation in Bezug auf hohe ökonomische

Erfolge, eine vergleichende und detaillierte Analyse der Ausprägungen der jeweiligen Unternehmenskulturen durchzuführen. Es versteht sich von selbst, dass es hier in einer dynamischen Sicht nicht nur um das Gewinnniveau, sondern z.B. auch um den Marktanteil, das Technologieniveau, die strategische Positionierung, die Markenstärke, das Image und die Kundenzufriedenheit sowie -bindung geht.

Interessant wäre vor allem auch eine Vergleichsstudie in der Weise, dass eine Anzahl von Unternehmen in das Forschungsprojekt einbezogen wird, die nachweislich keine hohen ökonomischen Erfolge aufweisen. Hierfür ist dann zur Datenerhebung das Analyseinstrumentarium mit gleichen Dimensionen zu Grunde zu legen; i.d.R. werden dabei aufgrund der differierenden Unternehmenssituationen einige zusätzliche Fragen- und Analysebereiche für das Erkennen von Ursachen-Wirkungs-Beziehungen wichtig sein. Als Problem dieser Studien in einer Kontrollgruppe kann sich allerdings der Feldzugang herausstellen; weniger erfolgreiche Unternehmen sind erfahrungsgemäß nicht leicht für eine Forschungskooperation zu gewinnen.

Bereits bei exploratorischen, erst recht aber bei konfirmatorischen Datenanalysen ist es von zentraler Bedeutung, das Forschungsprojekt auf aussagefähigen Hypothesen zu basieren. Die im Rahmen des Entdeckungszusammenhangs entwickelten und ausformulierten Hypothesen werden im Begründungszusammenhang dann auf ihre Gültigkeit, also Bestätigung oder Falsifikation/ Modifikation, geprüft. Die Hypothesen als vermutete Ursachen-Wirkungs-Beziehungen umfassen so neben dem Explanandum (hoher/ geringer Unternehmenserfolg) im Rahmen des Explanans die „unterstellte" Gesetzeshypothese mit den jeweiligen Antecedensbedingungen. Wir haben dies im Kapitel C.II.4.a. ausgeführt. Bezogen auf die Antecedensbedingungen haben wir in Ursachen, die in der Einwirkungsmacht des Unternehmens liegen und damit Gestaltungsbereiche sind (Wenn-Komponente 1), sowie in Ursachen, die situative Gegebenheiten darstellen und dadurch vom Unternehmen kaum oder nicht beeinflusst werden können (Wenn-Komponente 2), unterschieden. Das soweit referierte Beispiel verdeutlicht die Anforderungen an die Qualität der Datenerhebung und der Messmethoden.

IV. Statistische Verfahren der Datenauswertung

1. Hierarchische Methodenstruktur bezogen auf Variablen und Objekte

Mit welchen statistischen Verfahren lässt sich erhobenes Datenmaterial auswerten, darstellen und auf vermutete Regelmäßigkeiten (Zusammenhänge zwischen Variablen/ Unterschiede zwischen Merkmalsträgern) untersuchen? Einführend hierzu wird zunächst ein Überblick gegeben, wie die maßgeblichen statistischen Auswertungsmethoden sich nach Inhalten, also Variablen, und nach Merkmalsträgern, also Objekten, differenzieren lassen sowie vor allem in Beziehung stehen. In Abbildung G-10 ist diese Übersicht wiedergegeben (vgl. Töpfer 2008, S. 217).

Wie nachvollziehbar ist, sind die – vorwiegend multivariaten – statistischen Methoden Faktoren-, Kontingenz-, Korrelations- und Regressionsanalysen auf Variablen ausgerichtet und haben Zusammenhangsanalysen zum Gegenstand. Die statistischen Verfahren Cluster-, Varianz- und Diskriminanzanalyse fokussieren auf Objekte und haben dadurch Unterschiedsanalysen zum Ziel.

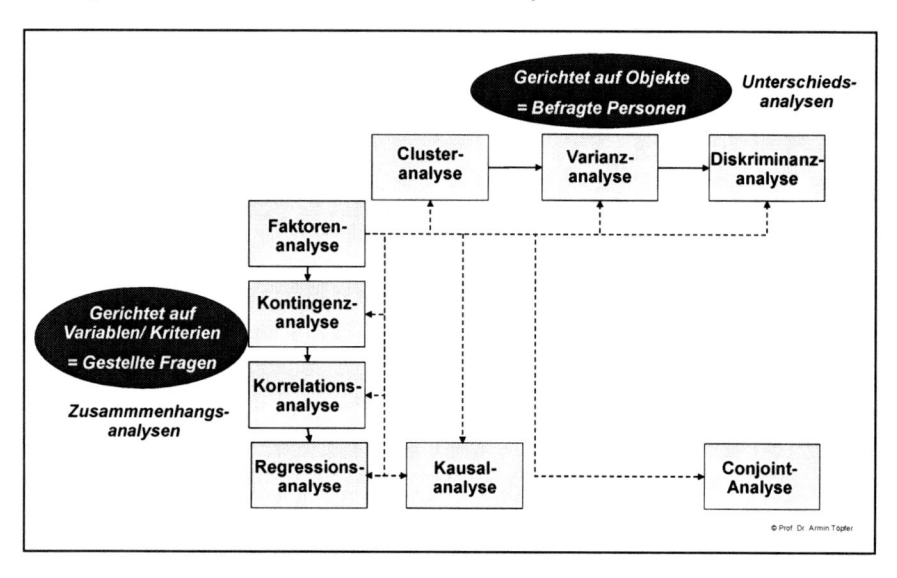

Abb. G-10: Hierarchische Methodenstruktur

Den im Unterkapitel F.III. ausgeführten unterschiedlichen Hypothesenarten lassen sich die im Rahmen einer Hypothesenprüfung relevanten statistischen Verfahren schwerpunktmäßig zuordnen. Bei Zusammenhangshypothesen sind es primär Korrelationsanalysen, bei Wirkungshypothesen sind es vor allem Regressionsanalysen und bei Unterschiedshypothesen sind es insbesondere Varianzanalysen. Wie leicht nachvollziehbar ist, lässt sich die einfache Verteilungshypothese mit diesen statistischen Verfahren nicht überprüfen, da es sich, wie ausgeführt, lediglich um die Struktur der Ausprägungen einer Variablen handelt. Wie wir bei den Hypothesenarten bereits gezeigt haben, können generell unterschiedliche Hypothesen kombiniert und demnach auch verschiedene statistische Verfahren in Kombination angewendet werden.

In konkreten Forschungsprojekten können die aufgezeigten statistischen Verfahren zur Datenauswertung also in Abhängigkeit von den angestrebten Forschungszielen verknüpft werden, um so zu zusätzlichen höherwertigen Erkenntnissen zu gelangen. Dabei wird typischerweise zunächst mit dem Einsatz von **Methoden** begonnen, die sich **auf Variablen** beziehen, um Zusammenhänge und insbesondere Wirkungsbeziehungen zu erkennen. In einem 2. Schritt werden dann bestimmte Merkmale mit **auf Objekte** respektive Merkmalsträger ausgerichteten

Methoden analysiert, um (signifikante) Unterschiede z.B. bei bestimmten Personen- bzw. Unternehmensgruppen aufzudecken bzw. nachzuweisen. Diese möglichen Kombinationen von statistischen Verfahren sind in Abbildung G-10 nachvollziehbar, und sie werden in den anschließenden Ausführungen zu den einzelnen Methoden noch einmal deutlich.

Kausalanalysen sind in erster Linie auf Variablen bezogen, wobei die Datenanalyse über die Ausrichtung auf latente, nicht direkt beobachtbare respektive zu messende Variablen eine übergeordnete Ebene erreicht. Innerhalb einer zu spezifizierenden Modellstruktur werden hier differenzierte Faktoren- und Regressionsanalysen vorgenommen. Dies wird sich häufig auf vorab definierte Fallgruppen beziehen.

Conjoint-Analysen beinhalten eine methodenimmanente Verbindung der Auswertungen nach Variablen und Objekten. Hier werden auf der Basis vorgegebener Variablen und Ausprägungen Präferenzen von unterschiedlichen Personen bzw. Zielgruppen herausgefiltert.

Im Einzelnen verfolgen diese statistischen Verfahren der Datenauswertung in einem mehrstufigen Prozess die in den nachstehenden Unterkapiteln jedem Verfahren vorangestellte Zielformulierung und können dadurch einen jeweils spezifischen Ergebnisbeitrag zur empirischen Erforschung einer wissenschaftlichen Fragestellung liefern (vgl. hierzu weiterführend Töpfer 2007a, S. 813 ff.). Diese Leitfragen jedes statistischen Verfahrens sind in der Abbildung G-11 aufgeführt.

Die Unterscheidung der statistischen Verfahren in den folgenden Kapiteln erfolgt danach, ob es sich um uni-, bi- oder multivariate Methoden handelt (vgl. Töpfer 2007a, S. 803 ff.). **Univariate Verfahren** werden bei jeder empirischen Analyse als Basisauswertung durchgeführt. In den Abbildungen G-10 und G-11 nicht gesondert dargestellt, sind sie auf jeweils eine Variable ausgerichtet und haben Häufigkeitsverteilungen mit Lage- und Streuungsparametern zum Gegenstand. Auf sie bezieht sich das niedrigste Hypothesenniveau, nämlich Verteilungshypothesen. **Bivariate Verfahren** sind z.B. Kreuztabellen bzw. Kontingenzanalysen sowie Korrelations- und Regressionsanalysen. Sie werden zur Überprüfung von Zusammenhangshypothesen sowie im letzten Fall auch für Wirkungshypothesen eingesetzt.

Bei **multivariaten Verfahren** lassen sich Strukturen entdeckende und Strukturen prüfende Methoden unterscheiden. Zu den **Strukturen entdeckenden Verfahren** gehören Faktoren- und Clusteranalysen, die Interdependenzanalysen ermöglichen. Diese Methoden werden vor allem im Rahmen von explorativen oder deskriptiven sowie auch explikativen Forschungsdesigns eingesetzt. Sie unterstützen die Bildung von allen 4 Hypothesenarten; zu deren Überprüfung sind sie vor allem für Zusammenhangs- und Unterschiedshypothesen einsetzbar. Auf die Einordnung und Wiedergabe der Mehrdimensionalen Skalierung in diese Gruppe wird hier verzichtet, da es sich um eine wichtige Praxismethode zur Bewertung von Wahrnehmungspräferenzen der Probanden handelt, ihr Stellenwert für die wissenschaftliche Forschung aber vergleichsweise niedrig ist. Zu den **Strukturen prüfenden multivariaten Verfahren** zählen insbesondere Multiple Regressionsanalysen, Varianzanalysen, Diskriminanzanalysen, Kausalanalysen und Conjoint Measurement; sie alle bezwecken die Aufdeckung von Abhängigkeiten im Rahmen von **Dependenzanalysen** und konzentrieren sich deshalb auf die Überprüfung von Wirkungs- und Unterschiedshypothesen primär in konfirmatorisch-explikativen Forschungsdesigns.

Methode	Charakterisierung
Faktorenanalyse	Welche direkt messbaren Variablen/ Kriterien beziehen sich auf den gleichen Sachverhalt und „laden" deshalb auf einen dahinter liegenden Faktor?
Kontingenzanalyse	Wie stark ist der Zusammenhang zwischen zwei oder (in multivariater Anwendung) mehreren nominal/ ordinal skalierten Variablen?
Korrelationsanalyse	Wie stark ist der Zusammenhang zwischen zwei oder (in multivariater Anwendung) mehreren ordinal oder metrisch skalierten Variablen?
Regressionsanalyse	Wie stark ist der funktionale Zusammenhang (y=f(x)) zwischen zwei oder (in multivariater Anwendung) mehreren metrisch skalierten Variablen, der i.d.R. als Ursachen-Wirkungs-Zusammenhang interpretierbar ist?
Clusteranalyse	Wie können nach bestimmten Kriterien zueinander ähnliche (homogene) Objekte in Gruppen zusammengefasst werden, die gegenüber Objekten anderer Gruppen möglichst heterogen sind?
Varianzanalyse	Wie stark unterscheiden sich gemessene Ausprägungen bestimmter Variablen und wie stark ist die Streuung von gemessenen metrischen Merkmalswerten innerhalb und zwischen Gruppen?
Diskriminanzanalyse	Wie eindeutig können Objekte durch die Analyse von Merkmalen (Variablen) unterschiedlichen Gruppen zugeordnet werden (Analyse) und wie eindeutig können bisher unbekannte Objekte diesen definierten Gruppen zugeordnet werden (Prognose)?
Conjoint-Analyse	Welche Kombination von Merkmalen/ Merkmalsausprägungen schafft als Nutzenbündel für bestimmte Nutzer/ Objekte den höchsten Nutzen?
Kausalanalyse	Welche Kausalbeziehungen bestehen bei mehrstufigen Ursachen-Wirkungs-Beziehungen zwischen bestimmten Ursachen und bestimmten Wirkungen in welcher Stärke direkt oder indirekt über Mediator- oder Moderatorvariablen?

Basis: Hüttner/ Schwarting 2002 © Prof. Dr. Armin Töpfer

Abb. G-11: Typische Fragestellungen für die Anwendung der einzelnen statistischen Verfahren

Die Klassifikation von Dependenz- und Interdependenzanalysen wird i.d.R. innerhalb der multivariaten Verfahren vorgenommen. Sie lässt sich aber auch auf die bivariaten Methoden anwenden. Demnach stellen Kreuztabellen sowie die Berechnung von Kontingenz- und Korrelationskoeffizienten normalerweise ungerichtete **Interdependenzanalysen** dar, während Regressionsanalysen als gerichtete Modellrechnungen das Niveau einer Dependenzanalyse erreichen. Werden hierbei mehrere unabhängige Variablen (als Ursachen) auf eine abhängige Variable (als Wirkung) bezogen, dann kommt eine multiple Regressionsanalyse zum Einsatz, womit wiederum von einem multivariaten Verfahren zu sprechen ist.

Mit den folgenden Ausführungen geben wir Ihnen einen Überblick zu den jeweiligen Methoden; zur Vertiefung wird auf die Spezialliteratur zu jedem Verfahren verwiesen (vgl. z.B. Herrmann/ Homburg/ Klarmann 2008, 2. Teil, S. 151 ff.; Albers et al. 2009; Backhaus et al. 2008; Fahrmeir/ Hamerle/ Tutz 1996). Eine konkrete Unterweisung im wissenschaftlichen Anwendungsprozess – also für Ihr praktisches Handeln im Erhebungs- und Auswertungsprozess der Daten – findet nicht statt.

2. Univariate Verfahren zur Charakterisierung der Verteilungen einzelner Merkmale – Häufigkeitsverteilungen, Lage- und Streuungsparameter

Wie bereits angesprochen, können univariate Verfahren zur Charakterisierung der Verteilungen einzelner Merkmale die Aufstellung und Prüfung von Verteilungshypothesen unterstützen. Im wissenschaftlichen Forschungsprozess sind ihre Messung und Auswertung vor allem im Vorfeld der Operationalisierung theoretischer Forschungskonzepte wichtig.

Univariate Verfahren (siehe Abb. G-12) werden regelmäßig zu Beginn einer Datenauswertung eingesetzt, um einen ersten Überblick zu den erhobenen Messwerten der einzelnen Merkmale/ Variablen zu erhalten (vgl. Töpfer 2007a, S. 813 ff.).

Ansatz:	Welche Ausprägungen eines Merkmals treten wie häufig auf? ⇒ Wie ist das Merkmal verteilt?			
Vorgehen:	Erstellen der Häufigkeitsverteilung (tabellarisch und/ oder grafisch) Ermittlung von Lage-/ Streuungsparametern und Verteilungskennwerten			
	Nicht-metrische Daten		**Metrische Daten**	
	Nominalniveau	Ordinalniveau	Intervallniveau	Verhältnis-/ Rationiveau
Lageparameter:	Modalwert	Zusätzlich: Median Quartile Prozentrangwerte	Zusätzlich: Arithmetisches Mittel	Zusätzlich: Geometrisches Mittel
Streuungsparameter:	Spannweite	Zentilabstand Mittlerer Quartilsabstand	Varianz Standardabweichung	Variationskoeffizient
Verteilungskennwerte:			Schiefe Wölbung	

Basis: Atteslander 2008, S. 217 f. © Prof. Dr. Armin Töpfer

Abb. G-12: Univariate Analysen einzelner Merkmale

Eine **Häufigkeitsverteilung** zeigt, welche Anzahlen auf die einzelnen Ausprägungen eines Merkmals bei allen – bzw. den in eine Teilauswertung einbezogenen – Untersuchungsobjekten/ Merkmalsträgern entfallen. Eine Variable wird also über alle/ die einbezogenen Fälle, z.B. Personen, aggregiert, und dann erfolgt ein „Auszählen" der **absoluten Häufigkeiten** für jeden Ausprägungs-/ Messwert, z.B. danach, von wie viel Personen ein Produkt ein-, zwei- oder dreimal bereits gekauft wurde. Werden die absoluten Häufigkeiten jeweils auf die Gesamtzahl der Fälle bezogen, erhält man **relative Häufigkeiten** als Prozentwerte des Vorkommens der Einzelausprägungen.

An unserem bereits angesprochenen **Beispiel des LOHAS-Marktsegmentes** verdeutlicht, kann dies also bedeuten: Im Rahmen einer repräsentativen Endkundenanalyse eines Lebensmittelkonzerns werden Kunden – unter anderem – nach den erworbenen Produkten befragt. Die Antworten/ Messwerte hierzu können über das Ankreuzen der gekauften Gegenstände in einer Auflistung (geschlossene Frage) oder durch ein „ungestütztes" Eintragen in das Antwortfeld einer offenen Frage erhoben werden. Zu diesem nominal skalierten Merkmal sind dann die absoluten und relativen Häufigkeiten der einzelnen Produkte (Ausprägungen) in der Stichprobe befragter Personen festzustellen. Die Frage nach den erworbenen Gegenständen lässt mehrere Antworten zu (Mehrfachantworten-Frage). Addiert man die von jedem Befragten als gekauft angegebenen Bio-Produkte, so kann darüber in der Datenauswertung die neue und verhältnisskalierte Variable „Anzahl erworbener Bio-Produkte" kreiert werden.

Wird die Gesamtzahl der befragten Endkunden beispielsweise nach den Angaben zum Geschlecht oder der Tätigkeit gruppiert, so können Teilauswertungen vorgenommen werden (wie viel/ welche Produkte haben Frauen/ Männer bzw. in Schulausbildung oder im Studium befindliche/ berufstätige Endkunden erworben?).

Der Vergleich der Häufigkeitsauswertungen zum Merkmal „Erworbene Bio-Produkte" mit der Verkaufsstatistik des Lebensmittelunternehmens liefert erste Hinweise auf die **strukturelle Repräsentativität der Befragtenauswahl**. Ein starkes Indiz hierfür wäre es, wenn die für die Stichprobe ermittelten Anteile der unterschiedlichen Produkte als relative Häufigkeiten denen der insgesamt vom Unternehmen in einer Bezugsperiode verkauften Produkte entsprächen.

Parameter sind **Maßzahlen/ Kennwerte**, mit denen eine Datenmenge hinsichtlich bestimmter Eigenschaften charakterisiert werden kann. Für eine Kennzeichnung von Häufigkeitsverteilungen bietet sich insbesondere das Berechnen von Lage- und Streuungsparametern an.

Mit **Lageparametern** (Lokalisationsparametern) wird die allgemeine Niveaulage der Ausprägungen/ Messwerte, die zu einem Merkmal/ einer Variable erhoben wurden, durch einen spezifischen Kennwert als typische Ausprägung beschrieben. In Abhängigkeit vom gegebenen Messniveau sind – wie bei den dazu erfolgten Erläuterungen bereits angesprochen – der **Modalwert** (häufigster Wert), der **Median** (mittlerer, eine geordnete Ausprägungsreihe halbierender Wert) und entsprechende Quartile/ Dezile/ Zentile (25%-/ 10%-/ 1%-Werte), das **arithmeti-**

sche **Mittel** (Schwerpunkt einer Verteilung als Summe aller Ausprägungen geteilt durch die Anzahl der Fälle n) sowie das **geometrische Mittel** (für Verhältniszahlen als n-te Wurzel aus dem Produkt aller Ausprägungen) zu berechnen.

Auf unser **LOHAS-Beispiel** übertragen, kann also etwa interessieren: Wie sind die Lageparameter für die Merkmale Kaufhäufigkeit (Wie oft wird ein Öko-Produkt, z.B. ein biologisch abbaubares Reinigungsmittel, von den Kunden in einem bestimmten Kalenderzeitraum im Durchschnitt gekauft?) und die durchschnittliche Verbrauchsdauer (Wie lange wird es genutzt bzw. dauert es, bis es verbraucht ist?) – im Gesamtrücklauf und pro unterschiedener Merkmalsträgergruppe?

Bei dem Erheben der Ausprägungen dieser Merkmale können die Befragten direkt mit der Angabe kardinaler Zahlen antworten (z.B. ein-, drei-, achtmal das betreffende Öko-Produkt gekauft; jeweils innerhalb etwa 10, 20 oder 30 Tage verbraucht), womit das Messniveau der Verhältnis- oder Ratioskala vorliegt. Für die untersuchte Stichprobe können also arithmetische Mittelwerte berechnet werden (z.B. 4,5mal das Produkt im Durchschnitt pro Periode gekauft; 15 Tage mittlere Verbrauchsdauer). Über die dabei gegebene Nullpunkt-Bedeutung sind zusätzlich auch Ergebnisvergleiche mit anderen/ früheren Erhebungen möglich. Für eine Zeitreihenbetrachtung können folglich Indexwerte gebildet werden, und daraus sind geometrische Mittelwerte abzuleiten.

Insbesondere in explorativen Studien ist es sehr wichtig, nicht nur die Mittelwerte von einzelnen Variablen zu verwenden, sondern die gesamte Verteilung der Merkmale und ihrer Häufigkeiten zu analysieren. Hieran können dann – wie in unserem LOHAS-Beispiel – frühzeitig Trends und neue Entwicklungen in der Weise erkannt werden, dass eine bisher noch kleine Gruppe ein anderes Entscheidungs- und Kaufverhalten an den Tag legt als die übrigen Konsumenten. Über die Analyse des Durchschnitts wäre diese neue Tendenz nicht erkennbar. Lediglich die Streuung um den Mittelwert ist ein Indiz dafür, dass die Werte dieser Variable(n) nicht konvergieren, sondern eher divergieren.

Streuungsparameter (Dispersionsparameter) sind Kennwerte für die Variabilität der Ausprägungen/ Messwerte eines Merkmals. Neben einfachen Maßzahlen für niedrige Messniveaus, wie der Spannweite (Differenz zwischen der größten und der kleinsten gemessenen Ausprägung) oder dem Zentils-/ Quartilsabstand (Differenz zwischen dem 90. und dem 10. Zentil oder dem 3. und dem 1. Quartil – auch als halber und damit mittlerer Quartilsabstand gebräuchlich), haben für metrisch skalierte Daten vor allem solche Parameter eine große Bedeutung, bei denen die Streuung der Merkmalsausprägungen auf den arithmetischen Mittelwert bezogen wird. Hier sind beispielsweise die **Varianz** als mittlere quadrierte Abweichung der Messwerte von ihrem arithmetischen Mittel sowie die **Standardabweichung** (positive Wurzel aus der Varianz, damit wieder dem Merkmal entsprechende Dimension) zu berechnen. Der **Variationskoeffizient** ist eine meist als Prozentwert angegebene dimensionslose Verhältniszahl aus Standardabweichung und arithmetischem Mittel; über dieses relative Streuungsmaß lassen sich unterschiedliche Merkmale/ Verteilungen vergleichen.

In unserem **LOHAS-Beispiel** entspricht dies der Analyse der Abweichungen der einzelnen Messwerte zur Kaufhäufigkeit und zur durchschnittlichen Nutzungsdauer von ihrem jeweiligen Mittelwert. Diese kann wiederum für alle Befragten sowie für einzelne Teilgruppen durchgeführt werden.

Verteilungskennwerte beziehen sich auf die Form, welche eine Häufigkeitsverteilung als Kurvenzug einnimmt. Sie sind als erste Hinweise dafür wichtig, ob der typische glockenförmige Verlauf gegeben ist, welcher auf das Vorliegen der für höherwertige Auswertungsverfahren notwendigen Normalverteilung schließen lässt. Außer über die optische Beurteilung der entsprechenden Grafik kann dies über die Parameter der **Schiefe** und **Wölbung** erfolgen, die sich anhand der Momente (Verteilungs- und Streuungsparameter 3. und 4. Ordnung) ermitteln lassen.

3. Bivariate Verfahren zur Beurteilung des Verhaltens zweier Merkmale – Kreuztabellen, Kontingenz-, Korrelations- und Regressionsanalysen

Auf der Basis der vorstehend erläuterten Grundlagen können **bivariate Verfahren** der Datenauswertung allgemein dadurch beschrieben werden, dass die Häufigkeitsverteilungen zweier Merkmale aufeinander bezogen werden (siehe Abb. G-13). Hierbei ist folglich von Interesse, wie die Ausprägungen zweier Merkmale im untersuchten Datensatz jeweils miteinander korrespondieren (vgl. Töpfer 2007a, S. 815 ff.).

Damit sind neue Häufigkeiten zu berechnen und in einer so genannten **Kreuztabelle** darzustellen, in der die beiden interessierenden Merkmale jeweils die Dimensionen der Kreuztabelle bzw. Matrix mit ihren Ausprägungen bilden (vgl. Backhaus et al. 2008, S. 297 ff.).

Ansatz:	Welche Ausprägungen zweier Merkmale treten kombiniert wie häufig auf? ⇒ Wie sind 2 Merkmale aufeinander bezogen verteilt?
Vorgehen:	Erstellen der gemeinsamen Häufigkeitsverteilung (Kontingenz-/ Kreuztabelle) und/ oder grafische Darstellung im Streudiagramm Ermittlung von Zusammenhangsmaßen für Kontingenzen/ Korrelationen Ermittlung von Abhängigkeitsmaßen für Regressionen

	Nicht-metrische Daten		Metrische Daten	
	Nominalniveau	*Ordinalniveau*	*Intervallniveau*	*Verhältnis-/ Rationiveau*
Kontingenz:	Kontingenzkoeffizient			
Korrelation:		Rangkorrelationskoeffizient (Spearman) Kendalls Tau	Korrelationskoeffizient (Bravais-Pearson)	
Regression:			Regressionskoeffizient Bestimmtheitsmaß	

Basis: Atteslander 2008, S. 217 f. © Prof. Dr. Armin Töpfer

Abb. G-13: Bivariate Analysen zweier Merkmale

Für die **LOHAS-Studie** kann z.B. von Interesse sein, wie die gemeinsame Verteilung der Merkmale Kaufhäufigkeit und durchschnittliche Nutzungsdauer aussieht. Hierfür sind die in Klassen zusammengefassten Antworten der Befragten für beide Merkmale einander gegenüberzustellen. Wenn bei beiden Merkmalen z.B. jeweils vier Klassen gebildet werden, dann ergibt die Kombination der Merkmale eine Matrix von 16-Feldern.

Das gemeinsame Auswerten zweier Merkmale geschieht i.d.R. vor dem Hintergrund folgender zentraler Fragen: Stehen die zu den beiden Variablen erhobenen Messwerte in irgendeinem Zusammenhang? Sind also bei den Antwortverteilungen zur Kaufhäufigkeit und zur durchschnittlichen Nutzungsdauer oder beispielsweise zum Bildungsstand und zur Ausstattung mit Energiespargeräten Regelmäßigkeiten zu erkennen? Wenn ja, können diese Zusammenhänge in ihrer Art und Richtung näher beschrieben werden? Ist es darüber hinaus möglich, aus den Ausprägungen eines Merkmals direkt auf den Wert der 2. Variablen zu schließen? Mit diesen Fragen sind die Einsatzzwecke dreier bivariater Analyseverfahren beschrieben, mit deren Anwendung jeweils unterschiedliche Anforderungen an das Messniveau der Daten verbunden sind.

> **Kontingenzanalyse:** Wie stark ist der Zusammenhang zwischen zwei oder (in multivariater Anwendung) mehreren nominal/ ordinal skalierten Variablen?

Kontingenzanalysen setzen lediglich ein **nominales Skalenniveau** voraus, weshalb sich ihr Einsatz auf den Nachweis einer irgendwie gearteten Regelmäßigkeit im Beantworten zweier Merkmale beschränkt.

Als Beispiel aus der **LOHAS-Studie** ist das Überprüfen einer Zusammenhangshypothese zur Verteilung der nominalen Merkmale erworbene Produkte und Geschlecht zu nennen. Diese kann etwa zum Inhalt haben, dass Frauen mehr Bio- respektive Öko-Produkte als Männer kaufen.

Außer dem Aufstellen von Kreuztabellen können verschiedene nominale Zusammenhangsmaße, wie z.B. der **Kontingenzkoeffizient**, berechnet werden (vgl. Backhaus et al. 2008, S. 309 ff.). Dieser nimmt Werte von 0 bis 1 an, wobei ein Ergebnis von annähernd 1 auf eine stark ausgeprägte Regelmäßigkeit im Verhältnis der beiden einbezogenen Häufigkeitsverteilungen hinweist. Sie ist damit allerdings nicht näher bestimmt, wobei das bei dem nominalen Datenniveau auch nicht erwartet werden kann.

> **Korrelationsanalyse:** Wie stark ist der Zusammenhang zwischen zwei oder (in multivariater Anwendung) mehreren ordinal oder metrisch skalierten Variablen?

Korrelationsanalysen können Aufschlüsse über die Art und Richtung von Zusammenhängen erbringen; hierzu müssen die Messwerte aber mindestens auf dem **Ordinalniveau** liegen (vgl. Töpfer 2007a, S. 817). Hier lassen sich aus den jeweils eine Rangordnung wiedergebenden Verteilungen der **Rangkorrelationskoeffizient** von SPEARMAN oder der **Tau-Koeffizient** von KENDALL berechnen. Für das Intervall- und damit auch das Verhältnisniveau steht der **Korrelationskoeffizient** nach BRAVAIS-PEARSON zur Verfügung (vgl. Bamberg/ Baur/ Krapp 2009, S. 33 ff.; Bortz/ Lienert 2003, S. 252 ff.).

Für die **LOHAS-Studie** ist z.B. die Hypothese zu testen, ob Angehörige eines höheren Bildungsstandes über eine umfangreichere Ausstattung mit Bio-Produkten und Öko-Geräten verfügen. Über das Ermitteln von Korrelationskoeffizienten (Wertebereich von -1 bis +1) können Aussagen dazu getroffen werden, ob sich die Ausprägungen zweier Merkmale gleichläufig (Variationen beider Merkmale entsprechen einander, höhere Ausprägungen eines Merkmals gehen mit höheren Werten des anderen einher) oder gegenläufig (bei höheren Ausprägungen eines Merkmals sind niedrigere Werten des anderen zu verzeichnen) verhalten. Für metrisch skalierte Variablen würden Ergebnisse nahe +1 bedeuten, dass die beiden Merkmale in einem relativ eindeutigen und positiven Zusammenhang stehen (Minuswerte entsprechend für gegenläufige, negative Zusammenhänge).

> **Regressionsanalyse:** Wie stark ist der funktionale Zusammenhang ($y=f(x)$) zwischen zwei oder (in multivariater Anwendung) mehreren metrisch skalierten Variablen, der i.d.R. als Ursachen-Wirkungs-Zusammenhang interpretierbar ist?

Mittels einer Regressionsanalyse können Zusammenhänge zwischen **metrischen Variablen** schließlich in eine bestimmte Form gebracht werden. Hierzu ist jetzt die Unterscheidung von abhängiger (y) und unabhängiger Variable (x) einzuführen. Neben Zusammenhangshypothesen, wie bei Korrelationsanalysen, können jetzt auch Wirkungshypothesen aufgestellt respektive überprüft werden.

Zur **LOHAS-Studie** kann z.B. die Annahme aufgestellt sein, dass von der unabhängigen Prädiktorvariable durchschnittliches Monatsnettoeinkommen auf die abhängige Kriteriumsvariable Anzahl erworbener Bio-Produkte und Öko-Geräte geschlossen werden kann. Wenn dies zutrifft, dann lassen sich die Ausprägungen beider Merkmale in einem validen funktionalen Zusammenhang abbilden (siehe Abb. G-14).

Bei der linearen Regressionsanalyse wird in die Punktewolke der zweidimensionalen Verteilung beider Merkmalsausprägungen eine Schätzfunktion als Ausgleichsgerade der Form $y = b \cdot x + a$ gelegt. Grundlage dieser Berechnung bildet die Forderung, dass die Abstände zwischen den Messwerten der abhängigen Variable und den hierfür über die Ausgleichsgerade geschätzten Werten minimiert werden. Im Ergebnis führt dies also zu einer Funktion, aufgrund derer von x-Werten auf y-Werte zu schließen ist (vgl. Töpfer 2007a, S. 817).

Werden diese Schätzwerte sowie die beobachteten Werte der abhängigen Variable y im Hinblick auf ihre Streuung um den arithmetischen Mittelwert analysiert, kann man daraus das **Bestimmtheitsmaß als ein Gütekriterium** der durchgeführten Regressionsrechnung ermitteln. Hiermit lässt sich die Aussage treffen, ein wie großer Anteil der Varianz der beobachteten y-Werte durch die Regressionsschätzung erklärt wird (vgl. Backhaus et al. 2008, S. 67 ff.).

IV. Statistische Verfahren der Datenauswertung 265

Voraussetzung: - Eine unabhängige Variable x (Regressor) und eine abhängige Variable y (Regressand) in metrischer Skalierung
- Logische Begründbarkeit des zu untersuchenden (linearen) Sachverhalts

Zielsetzung: Quantifizieren der Stärke und Richtung des unterstellten linearen Zusammenhangs

▶ H_0: Es gibt keinen Zusammenhang zwischen abhängiger und unabhängiger Variable

Beispiele

- y_i: Kaufhäufigkeit von Bio-Produkten / x_i: Höhe des Einkommens (€)
- y_i: Kaufhäufigkeit von Öko-Geräten / x_i: Höhe des Einkommens (€) — Anpassungslinie

x_i = Unabhängige Variable
y_i = Abhängige Variable

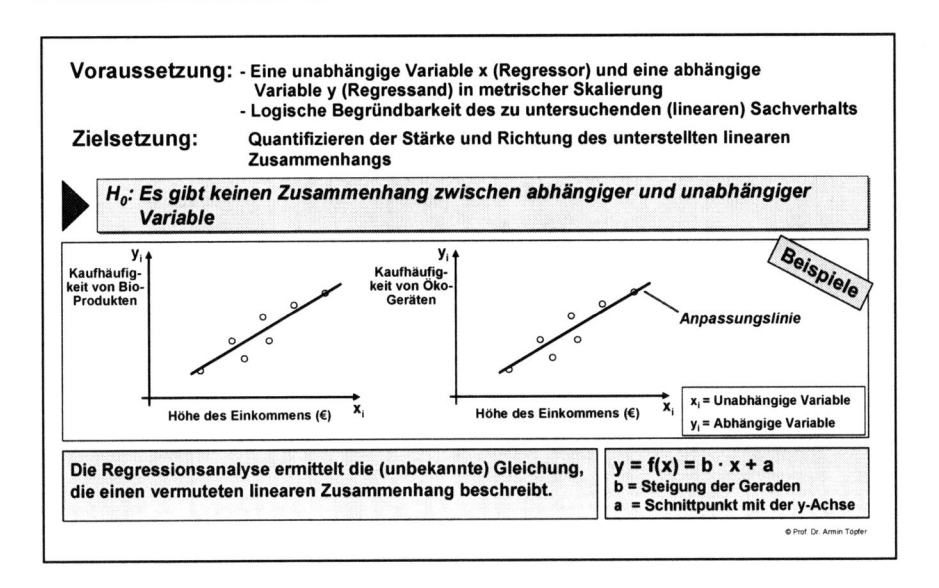

Die Regressionsanalyse ermittelt die (unbekannte) Gleichung, die einen vermuteten linearen Zusammenhang beschreibt.

$y = f(x) = b \cdot x + a$
b = Steigung der Geraden
a = Schnittpunkt mit der y-Achse

© Prof. Dr. Armin Töpfer

Abb. G-14: Einfache Regressionsanalyse

4. Strukturen entdeckende multivariate Verfahren (Interdependenzanalysen) – Faktoren- und Clusteranalysen

In **multivariate Verfahren** sind schließlich die Häufigkeitsverteilungen von mehr als 2 Variablen einbezogen. Wie bereits ausgeführt, wird mit solchen Auswertungen bezogen auf vermutete Regelmäßigkeiten entweder das Überprüfen von einseitigen Abhängigkeiten (Dependenzanalysen) oder das Herausarbeiten/ Aufdecken von wechselseitigen Beziehungen (Interdependenzanalysen) in den erhobenen Messwerten verfolgt (vgl. Töpfer 2007a, S. 818, 824 ff.). Dabei können die statistischen Routinen auf sämtliche einbegriffenen Merkmale und ihre Ausprägungen sowie auf alle untersuchten Fälle – also auf ausgewählte Variablen der ursprünglichen Datenmatrix – gerichtet sein. Häufig wird mit den Rechenoperationen aber auf Teilgruppen von Merkmalsträgern, also z.B. Personengruppen, abgehoben. Diese sind aus den Ausprägungen eines personenbezogenen Merkmals (wie etwa Geschlecht, Alter, ausgeübter Beruf) abgeleitet, oder sie können über das Verknüpfen der Merkmalsausprägungen mehrerer inhaltlicher Variablen erzeugt werden (z.B. Einkommen, Vermögen und Verbindlichkeiten als Basis von Kundenklassifikationen in Marktforschungsstudien im Bankenbereich). Bei solchen Fallgruppenselektionen stehen dann die durch die Gruppenbildung bedingten Regelmäßigkeiten der Verteilungen anderer Variablen im Vordergrund der statistischen Auswertung.

Anders als bei den zuletzt kurz vorgestellten Regressionsanalysen kann bei den Strukturen entdeckenden multivariaten Analysen – der Bezeichnung entsprechend – keine Unterscheidung in unabhängige und abhängige Variablen zu Grunde gelegt werden. Auf jeweils einer Reihe von Merkmalen basierend, geht es jetzt darum, ob hieraus eine Verdichtung von Merkmalen (Faktorenanalyse) oder Objekten (Clusteranalyse) möglich ist. Diese beiden Verfahren sind in Abbildung G-15 zusammenfassend gekennzeichnet, ihre Auswahl haben wir in Kapitel G.IV.1. begründet.

Ansatz:	Welche Zusammenhänge/ Strukturen können bezogen auf Variablen und Objekte in der Matrix erhobener Daten hergestellt werden? ⇒ Sind Aggregationen einzelner Variablen insgesamt oder im Hinblick auf unterschiedliche Gruppen von Objekten sinnvoll möglich?	
Vorgehen	**Verfahren**	**Skalenniveau**
Repräsentation mehrerer Variablen durch wenige synthetische Variablen/ Faktoren (Datenreduktion)	Faktorenanalyse	(vorwiegend) metrisch
Variablenbezogene Zusammenfassung von Objekten zu Klassen „ähnlicher" Objekte (Fallgruppenselektion)	Clusteranalyse	beliebig; nicht-metrisch und metrisch

Basis: Fahrmeir/ Hamerle/ Tutz 1996, S. 12 © Prof. Dr. Armin Töpfer

Abb. G-15: Strukturen entdeckende multivariate Analysen (Auswahl)

Die als **Interdependenzanalysen** einsetzbaren multivariaten Verfahren lassen sich im Einzelnen folgendermaßen charakterisieren.

Faktorenanalyse: Welche direkt messbaren Variablen/ Kriterien beziehen sich auf den gleichen Sachverhalt und „laden" deshalb auf einen dahinter liegenden Faktor?

Bei Faktorenanalysen entsprechend der Abbildung G-16 steht das Aufdecken wechselseitiger Beziehungen zwischen Variablen im Vordergrund; sie sind damit meist auf ausgewählte Merkmale der ursprünglichen Datenmatrix bezogen. Mit dieser Methode lässt sich eine größere Anzahl von Variablen auf eine kleinere Anzahl von hypothetischen, hinter den Variablen stehenden Faktoren reduzieren, wobei sich der Faktorbegriff nicht mit dem der Varianzanalyse deckt (vgl. Töpfer 2007a, S. 824 f.; Backhaus et al. 2008, S. 323 ff.).

Bei der Faktorenanalyse werden aus einer Vielzahl von Variablen vielmehr wechselseitig unabhängige Einflussfaktoren herauskristallisiert. Als Korrelationskoeffizienten zwischen den Faktoren und den Variablen geben die so genannten Faktorladungen an, wie viel ein Faktor mit den Ausgangsvariablen zu tun hat. Hierbei ist zu betonen, dass die wechselseitige Unabhängigkeit von Faktoren im mathematisch-statistischen Ansatz der Faktorenanalyse begründet ist. Sie darf also nicht als Ergebnis in dem Sinne interpretiert werden, man sei bei der Datenauswertung auf unabhängige Faktoren respektive – noch weniger richtig – auf unabhängige Variablen gestoßen.

Im Hinblick auf das Ziel statistischer Auswertungen, nämlich eine maximale Datenreduktion bei minimalem Informationsverlust zu erreichen, ist die Leistungsfähigkeit der Faktorenanalyse kritisch zu beurteilen. Die Datenreduktion wird hierbei durch eine Variablenaggregation erkauft. Zwar ermöglicht es die Faktorenanalyse, eine größere Zahl von Variablen durch eine kleinere Zahl von Faktoren (Supervariablen) darzustellen; während die Ausgangsvariablen aber jeweils eine empirische Bedeutung haben, handelt es sich bei den Faktoren um synthetische Konstrukte, deren Bezug zur Empirie nur aus den zu Grunde liegenden Merkmalen erschlossen werden kann, deren Berechnung zumindest teilweise von der eingesetzten statistischen Verfahrensvariante abhängt und vor allem deren Bezeichnung durch den Forscher gewählt und damit bestimmt wird. Wegen der im Einzelnen notwendigen differenzierten Rechenoperationen sollten die einbezogenen Merkmale vorwiegend **metrisches Niveau** aufweisen.

Zielsetzung: Reduktion der Vielzahl möglicher Variablen auf wenige – eher wichtige – Einflussfaktoren, die – mathematisch-statistisch – unabhängig voneinander sind

Beispiel: Beurteilung von Margarine (Butter-)Marken anhand der vorgegebenen Variablen/ Eigenschaften

Variablen (beobachtbar)
- Anteil ungesättigter Fettsäuren
- Kaloriengehalt
- Vitamingehalt
- Haltbarkeit
- Preis

Faktoren („dahinter"liegend)
- Gesundheit
- Wirtschaftlichkeit

Basis: Backhaus et al. 2008, S. 323 ff. © Prof. Dr. Armin Töpfer

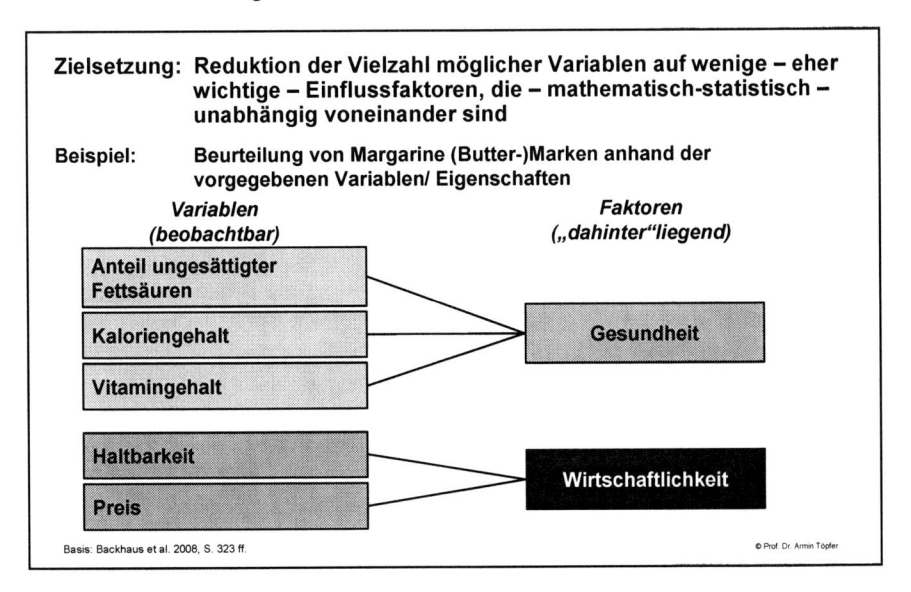

Abb. G-16: Faktorenanalyse

In der **LOHAS-Studie** könnten z.B. zahlreiche Fragen (eine so genannte Itembatterie) enthalten sein, um die Motivlage der Befragten beim Kauf von Bio-Produkten und Öko-Geräten zu ergründen. Im Beispiel der Abbildung G-16 geht es darum, zu ergründen, welche beobachtbaren Variablen auf den anschließend formulierten und dahinter liegenden Faktor „Gesundheit" laden. Zusätzlich kann dieser Faktor dann von den Variablen und dem dazugehörigen Faktor „Wirtschaftlichkeit" unterschieden werden sowie in der jeweiligen Bedeutung für das Kaufverhalten von unterschiedlichen Teilgruppen analysiert werden. Faktorenanalysen sind auf dieser Basis ein statistisches Verfahren, um Zusammenhangshypothesen empirisch zu prüfen, die innerhalb eines Faktors und bezogen auf unterschiedliche

Teilgruppen zwar nicht als Wirkungen, aber zumindest als Funktionalitäten interpretiert werden können.

Faktorenanalysen können sich dann anbieten, wenn es darum geht, eine größere Variablenzahl zunächst in ihren Gesamtbeziehungen zu untersuchen. Die daraus abgeleitete Variablenstruktur ist häufig hilfreich zum Ableiten differenzierterer Hypothesen. Faktorenanalysen können als Interdependenzanalysen somit die Vorstufe für weitere statistische Analysen bilden, bei deren Auswertung dann Strukturen prüfende Dependenzanalysen, wie beispielsweise bei Kausalmodellen, einzusetzen sind.

> **Clusteranalyse:** Wie können zueinander ähnliche (homogene) Objekte in Gruppen zusammengefasst werden, die gegenüber Objekten anderer Gruppen möglichst heterogen sind?

Während die vorstehend beschriebenen Faktorenanalysen in erster Linie alleine auf die einbezogenen Variablen gerichtet sind, wird mit Clusteranalysen – entsprechend unserer Klassifikation in Abbildung G-10 – ein weiter gehender – und informativerer – Ansatz verfolgt (vgl. Töpfer 2007a, S. 825 ff.). Dieser stellt ebenfalls auf eine Reihe verschiedener Merkmale ab, dabei geht es jetzt aber hinsichtlich ihrer Messwerte um das Herausfinden homogener Gruppen bzw. Cluster von Merkmalsträgern/ Befragten.

Der angestrebten Fallgruppenbildung liegt die Forderung zu Grunde, dass sich die in einer Gruppe zusammengefassten Untersuchungseinheiten im Hinblick auf ihre Messwerte/ Frageantworten zu mehreren vorgegebenen Merkmalen (clusterdefinierende Variablen) möglichst ähnlich sind, während sich die insgesamt gebildeten Fallgruppen hierauf bezogen untereinander möglichst stark unterscheiden sollen. Damit sind mittels verschiedener Berechnungsmethoden und so genannter Distanzmaße Ähnlichkeiten in der Antwortstruktur zu den clusterdefinierenden Variablen in einer Gesamtheit von Untersuchungsobjekten aufzudecken und als in sich homogene und untereinander heterogene Fallgruppen gegeneinander abzugrenzen.

Der Rechenvorgang einer hierarchischen, schrittweisen Clusteranalyse kann in einem **Dendrogramm** grafisch abgebildet werden. Diesem Baumdiagramm ist zu entnehmen, welche Fälle bzw. Objekte auf welcher Integrationsebene zusammengefasst werden können (vgl. Backhaus et al. 2008, S. 418 ff.). Die anfangs alle als einzelne Cluster angesehenen einzelnen Fälle werden in einem agglomerativen Verfahren zu größeren Clustern zusammengefasst und am Ende der Berechnung zu einer einzigen Gruppe vereint. Auf einer niedrigen Integrationsebene mögliche Gruppenbildungen weisen eine größere Homogenität auf als Cluster, in denen die Fälle erst später – also kurz vor Abschluss der Auswertung – zusammengeführt werden können.

Unter der Annahme, dass sich die Befragten in unserem **LOHAS-Beispiel** hinsichtlich ihres Kaufverhaltens von Bio-Produkten und Öko-Geräten in verschiedene Gruppen einteilen lassen, können die Häufigkeitsverteilungen der zuvor angesprochenen Itembatterie nach diesen Kriterien einer Clusteranalyse unterzogen werden. Dies könnte z.B. so der Fall sein, dass eine Teilgruppe von Befragten sehr stark gesundheitsorientiert ist und damit Bio-Produkte favorisiert und eine andere Teilgruppe stärker umweltschutzorientiert ist und demzufolge vor allem Öko-Geräte priorisiert. In Abbildung G-17 ist das Prinzip dieser Vorgehensweise skizziert.

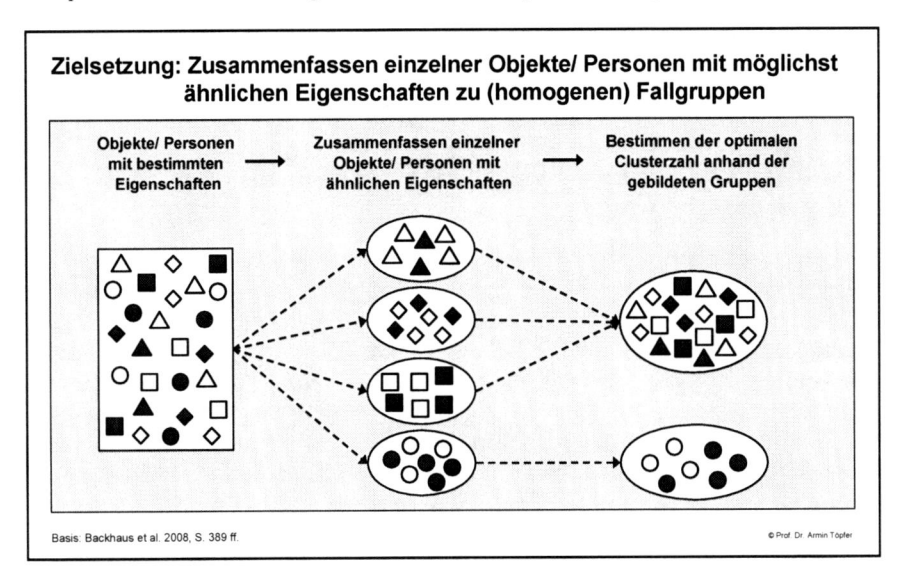

Abb. G-17: Prozess und Struktur einer Clusteranalyse

Über die Kennwerte der verwendeten Berechnungsmethode lässt sich entscheiden, wie viele homogene Cluster/ Gruppen von Befragten sinnvoll gegeneinander abgegrenzt werden können (vgl. hierzu auch Backhaus et al. 2008, S. 391 ff.; Boßow-Thies/ Clement 2009, S. 175 ff.). Im Ergebnis liefert die Clusteranalyse, wie hier skizziert, beispielsweise 2 Käufertypen oder ggf. auch mehr, die bezogen auf die clusterdefinierenden Variablen innerhalb eines Clusters jeweils ähnliche Antwortmuster aufweisen, welche von Cluster zu Cluster dagegen deutlich voneinander abweichen. Clusteranalysen sind damit ein wichtiges statistisches Verfahren, um Unterschiedshypothesen zu überprüfen.

Zur Interpretation und Benennung der Cluster bieten sich dann einfaktorielle Varianzanalysen an. Hierzu wird die als neue Variable im Datensatz erzeugte Gruppenzugehörigkeit (Cluster 1, 2, 3 usw.) als unabhängiger Faktor verwendet, nach dem dann die Verteilungen der clusterdefinierenden Variablen auf Mittelwertunterschiede analysiert werden können. Quergeschnitten über die einzelnen Cluster ist dabei zu ersehen, inwieweit sich die jeweiligen Antwortverteilungen signifikant voneinander unterscheiden. Pro Cluster – und damit im Längsschnitt der Variablen jeder Gruppe – lässt sich aus diesen Befunden dann eine charakteristische Bezeichnung ableiten.

Clusteranalytische Gruppierungen sind bei Variablen aller Messniveaus möglich. In Abhängigkeit vom Skalenniveau hat allerdings die Wahl des jeweiligen Distanz- oder Ähnlichkeitsmaßes zu erfolgen. Schwierigkeiten treten dann auf, wenn das Messniveau der einbezogenen Variablen gemischt ist (vgl. Backhaus et al. 2008, S. 389 ff.).

5. Strukturen prüfende multivariate Verfahren (Dependenzanalysen)

a. Multiple Regressions-, Varianz-, Diskriminanzanalysen, Conjoint Measurement

Strukturen innerhalb von Datensätzen zu prüfen bedeutet, dass hierzu vorab aufgestellte hypothetische Annahmen bestehen. Es bedeutet weiterhin, dass dabei die differenzierte Vorstellung existiert: Was wirkt wie bzw. worauf? Die theoretisch-inhaltlichen Hypothesen sollten also in Form von Ursachen-Wirkungs-Beziehungen vorliegen, so dass sie über eine Operationalisierung und Parametrisierung schließlich mittels statistischer Hypothesentests in ihrer Geltung für die entsprechende Grundgesamtheit beurteilt werden können. Werden mit derartigen Forschungshypothesen also kausale Strukturen abgebildet, dann ist wiederum in unabhängige und abhängige Variablen zu unterscheiden. Abbildung G-18 charakterisiert die hier ausgewählten Verfahren.

Zu Sonderformen der nicht-linearen und auch der logistischen Regressionsanalyse sowie der multivariaten Varianz- und der Kovarianzanalyse wird auf die Literatur verwiesen (vgl. Backhaus et al. 2008, S. 243 ff.; Fahrmeir/ Hamerle/ Tutz 1996, Kap. 4-7).

Die folgende Übersicht enthält zugleich Informationen über die erforderlichen Messniveaus sowie die Anzahl der jeweils als unabhängig oder abhängig einbezogenen Merkmale.

Die **dependenzanalytischen Verfahren** sind wie folgt zu kennzeichnen: Eine multiple Regressionsanalyse basiert auf dem allgemeinen linearen Modell der Regression, das wiederum auch die Basis der Strukturgleichungsmodelle von Kausalanalysen bildet. Eine **multiple Regressionsanalyse** wird durchgeführt, um die Wirkungen von 2 und mehr unabhängigen Variablen auf eine abhängige Variable in einer linearen Funktion abzubilden, so dass Schätzwerte aus den Ausprägungen der Prädiktorvariablen abgeleitet werden können (vgl. Backhaus et al. 2008, S. 64 ff.; Töpfer 2007a, S. 818 ff.). In Erweiterung des entsprechenden bivariaten Verfahrens wird jetzt eine Mehrfachregression vorgenommen, mit welcher die kombinierten Einflüsse der unabhängigen Variablen auf die abhängige Kriteriumsvariable zu ermitteln sind. Werden mehrere abhängige Variablen einbezogen, dann spricht man von multivariater Regression.

Die multiple Regressionsanalyse bietet sich für zahlreiche Fragestellungen in Forschungsprojekten an, da mit ihr komplexe Ursachen- und Wirkungsstrukturen auf der Basis von Wirkungshypothesen wissenschaftlich untersucht werden können.

Ansatz:	Welche variablen- und/ oder objektbezogenen Zusammenhänge/ Wirkungen/ Unterschiede treffen für die Matrix erhobener Daten zu? ⇒ Sind vorab hypothetisch entwickelte kausale Strukturen von abhängigen und unabhängigen Variablen für die Stichprobe (und die Grundgesamtheit) gültig?		
Vorgehen	Verfahren	Skalenniveau und Anzahl einbez. Variablen	
		Unabhängig (UV)	Abhängig (AV)
Analyse des Einflusses (Effekts) von unabhängigen Variablen (UV) auf eine oder mehrere abhängige Variablen (AV)	Multiple Regression	(vorwiegend) metrisch, UV > 1	metrisch, AV = 1 (AV > 1: Multivariat)
	Varianzanalyse	nominal, UV = 1	metrisch, AV = 1: Univariat) AV > 1: Multivariat
Unterscheidung/ Gruppenzuordnung (AV) anhand UV	Diskriminanzanalyse	(vorwiegend) metrisch, UV > 1	nominal, AV = 1
Ermittlung des Beitrags einzelner Merkmale (AV) aus Gesamteinschätzungen zu Objekten (UV)	Conjoint Measurement	metrisch, UV > 1	ordinal, AV = 1

Basis: Fahrmeir/ Hamerle/ Tutz 1996, S. 11; Backhaus et al. 2008, S. 12 © Prof. Dr. Armin Töpfer

Abb. G-18: Strukturen prüfende multivariate Analysen (Auswahl)

Für unser **LOHAS-Beispiel** können hiermit etwa unterschiedliche Einstellungsvariablen der Probanden im Hinblick auf ihre Wirkung auf die Kaufbereitschaft von Bio-Produkten und Öko-Geräten untersucht werden. Eine weitere Fragestellung aus Unternehmenssicht ist beispielsweise, ob und wie groß die Gesamtwirkung einer Markenidentität bei unterschiedlichen Ausstattungen sowie Preisniveaus dieser Produkte auf das LOHAS-Marktsegment ist.

Insbesondere bei empirischen Feldstudien können Regressionsanalysen häufig aber nur eingeschränkt (oder lediglich zusätzlich) durchgeführt werden, wenn das für alle einbezogenen Variablen vorwiegend geforderte metrische Skalenniveau nicht erreicht wird. So müssen auch die unabhängigen Variablen – die Regressoren – in einer detaillierten und damit feinen, praktisch stetigen Abstufung messfehlerfrei intervall- oder verhältniskaliert erhoben worden sein, um hieraus zuverlässig auf die abhängige Variable – den Regressand – schließen zu können.

Mit dem Befragen von Konsumenten zu hypothetischen Abnahmemengen bei alternativen Preisen (Preisbereitschaft) kann dieser Anforderung eventuell noch genügt werden. Will man für eine regressionsanalytische Bestimmung zu erwartender Nachfragemengen die entsprechende generelle Bereitschaft zur Werbeaufnahme oder Serviceinanspruchnahme ermitteln, dann stößt man jedoch auf erhebliche Messprobleme. Ein Ausweg besteht hierbei insoweit, als über die so genannte Dummy-Variablen-Technik auch nominal skalierte Variablen mit Werten von jeweils 0 oder 1 als unabhängige Variablen in eine multiple Regression eingehen können. Das bedeutet für das zuvor angeführte Beispiel aber, dass die z.B. mit 5 Ausprägungen ordinal skalierte Wahrnehmung der Werbung (niedrig bis hoch) in 4 solcher Dummy-Variablen (n Ausprägungen erfordern n-1 Dummy-Variablen) zu überführen ist (vgl. Backhaus et al. 2008, S. 13). Somit erhöht sich die Anzahl einbezogener Variablen und damit auch der Rechenaufwand erheblich. Gesondert stellt sich im Übrigen immer die Frage, ob der auf diese Weise einer Uminterpretation bewirkte Einbezug nicht-metrischer Daten zu begründen und zielführend ist.

Derartige Wirkungsbeziehungen lassen sich mit der multiplen Regression aus inhaltlichen und methodischen Gründen insgesamt nur unzureichend aufdecken. Hierfür bieten sich dann andere Strukturen prüfende multivariate Verfahren an, wie vor allem die als Nächstes zu erläuternden Varianzanalysen. Darüber hinaus zeigen kausalanalytische Methoden den Weg dazu auf, komplexere Konstrukte – wie die im Beispiel angesprochene Nachfrage-Reaktionsbereitschaft als Folge der Aufnahme von Werbebotschaften oder der Inanspruchnahme von Serviceleistungen – in untergeordnete und direkt messbare Variablen aufzugliedern.

> **Varianzanalyse:** Wie stark unterscheiden sich gemessene Ausprägungen bestimmter Variablen und wie stark ist die Streuung von gemessenen metrischen Merkmalswerten innerhalb und zwischen Gruppen?

Varianzanalysen dienen indirekt ebenfalls dem Zweck, die Wirkung einer oder mehrerer unabhängiger Variablen auf abhängige Variablen darzustellen. Dabei werden aber keine funktionalen Zusammenhänge und Abhängigkeiten untersucht, sondern Unterschiede in den Ausprägungen von Variablen analysiert. Diese beziehen sich auf die Analyse und den Vergleich der Streuung von Variablen innerhalb und zwischen Gruppen (vgl. Backhaus et al. 2008, S. 151 ff.; Töpfer 2007a, S. 819 f.).

Es geht also darum, ob sich im Hinblick auf die nach den verschiedenen Ausprägungen (Faktorstufen) der unabhängigen Variablen (Faktoren) gebildeten – als einzelne Stichproben aufzufassenden – Teilgruppen von Merkmalsträgern signifikante Unterschiede in den Verteilungen der abhängigen Variable (Testvariable) nachweisen lassen. Je nach der Anzahl einbezogener unabhängiger Variablen ist die Bezeichnung als einfaktorielle, zweifaktorielle usw. Varianzanalyse üblich; ab 2 abhängigen Variablen ist zusätzlich von einer multivariaten oder mehrdimensionalen Varianzanalysen zu sprechen. Diese statistischen Verfahren sind prädestiniert für das Testen von Unterschiedshypothesen, die sich auf signifikante Differenzen zwischen Variablen beziehen und über die dann auf signifikante Unterschiede bei Objekten bzw. Teilgruppen von Probanden geschlossen werden kann.

Die unabhängigen Variablen fungieren hierbei folglich als Gruppierungsvariable; jede Stufe dieser Faktoren bildet eine Vergleichsgruppe zur Untersuchung der als davon abhängig aufgefassten Testvariablen. Wie ersichtlich, richtet sich die Analyse also auf Unterschiede beim Testmerkmal auf der Basis der vorgenommenen Gruppierung; deren nähere Form steht hierbei nicht im Vordergrund.

Dieses generelle Auswertungskonzept führt dazu, dass bei den einbezogenen Variablen mit unterschiedlichen Messniveaus gearbeitet werden kann (siehe hierzu Abb. G-18). Lediglich die abhängige Testvariable braucht jetzt metrisch skaliert zu sein, während für die unabhängigen Gruppierungsvariablen bereits ein nominales Skalenniveau ausreicht. Danach gebildete Gruppen (z.B. Frauen und

Männer, nach ihrer Tätigkeit oder ihrem Bildungsstand unterschiedene Beantworter einer Befragung) können so hinsichtlich ihrer Antworten auf metrische Fragen/ Merkmale untersucht werden (z.b. Einkaufsvolumen und -frequenzen bei bestimmten Güterarten pro Monat).

Die Rechentechnik bei Varianzanalysen beruht auf dem Prinzip der Streuungszerlegung. Wo immer Daten in Gruppen erhoben wurden bzw. zerlegbar sind, lassen sich 3 Schätzungen für die Varianzen der zugehörigen Grundgesamtheiten berechnen: Eine totale Varianzschätzung für alle Ausprägungen ohne Berücksichtigung der Gruppierung, eine Varianzschätzung innerhalb der gebildeten Gruppen sowie eine solche zwischen den einzelnen Fallgruppen. Zum Nachweis einer signifikanten Wirkung der vorgenommenen Gruppierung auf die abhängige Testvariable werden damit so genannte **Mittelwertvergleichstests für mehrere unabhängige Stichproben** durchgeführt (vgl. Backhaus et al. 2008, S. 155 ff., Sachs/ Hedderich 2009, S. 437 ff.).

Außer für das Untersuchen von Befragungsergebnissen sind Varianzanalysen vor allem auch als Auswertungsverfahren bei experimentellen Versuchsanordnungen einzusetzen.

So ist in unserem **LOHAS-Beispiel** der Ansatz zur Gewinnung von Erkenntnissen über die Auswirkung unterschiedlicher Werbekampagnen für Bio-Produkte und Öko-Geräte auf die zu erwartende Absatzmenge beispielsweise darüber zu testen, dass repräsentativ ausgewählten Probanden die jeweils vom Unternehmen geplanten verschiedenen Anzeigenmotive zu einer Begutachtung vorgelegt werden (Copytest). Derartige **Experimente** werden in erster Linie auf die jeweilige Anzeigenresonanz gerichtet sein, dabei können aber ebenfalls Einschätzungen zur Höhe des damit verbundenen Kaufanreizes erhoben werden. In der Auswertung bilden dann die unterschiedlichen Kampagnen respektive auch separate Motive die einzelnen Faktorstufen, so dass analysiert werden kann, ob sich in der hierzu jeweils geäußerten Kaufwahrscheinlichkeit (Testmerkmal) regelmäßige Unterschiede zeigen.

Als weiteres auf unser **LOHAS-Beispiel** bezogenes Anwendungsfeld für eine varianzanalytische Versuchsauswertung können z.B. Regalplatzoptimierungen im Handel genannt werden. Hierbei bilden die verschiedenen Platzierungsalternativen eines Produkts (in Blick- oder Griffhöhe, in den oberen oder den unteren – schlechter zu erreichenden – Regalen) die Faktorstufen, welche in ihrer Beziehung zu den dabei erzielten Absatzmengen (Testmerkmal) untersucht werden.

Wie diese Beispiele zeigen, können mit einer derartigen Konzeptualisierung und Operationalisierung in wissenschaftlichen Forschungsprojekten aussagefähige Detailinformationen gewonnen werden, die sich dann sowohl erkenntnis- als auch handlungsorientiert verwenden lassen. Im Vergleich zu Pauschalfragen und damit undifferenzierten Analysen bezogen auf Unternehmen, wie etwa: „Handeln Sie kundenorientiert?" oder bezogen auf Konsumenten: „Sind für Sie der Gesundheit zuträgliche Produkte wichtig?" können auf dieser Basis und mit diesem Instrumentarium deutlich gehaltvollere und aussagefähigere Forschungsergebnisse generiert werden.

> **Diskriminanzanalyse:** Wie eindeutig können Objekte durch die Analyse von Merkmalen (Variablen) unterschiedlichen Gruppen zugeordnet werden (Analyse) und wie eindeutig können bisher unbekannte Objekte diesen definierten Gruppen zugeordnet werden (Prognose)?

Eine Diskriminanzanalyse (vom lateinischen „discriminare" für trennen, unterscheiden) bietet sich an, wenn entgegengesetzte Ausgangsfragestellungen als bei der zuvor in ihren Grundzügen beschriebenen Varianzanalyse vorliegen (vgl. Töpfer 2007a, S. 820 ff.). Solche sind dann gegeben, wenn es gilt, aus mehreren vorwiegend metrisch skalierten unabhängigen Variablen auf die Teilausprägungen einer abhängigen Gruppierungsvariable auf topologischem – also nominalem oder ordinalem – Niveau zu schließen. Das rechentechnisch aufwändigere Verfahren, 2 und mehr abhängige Variablen einzubeziehen, wird als mehrfache Diskriminanzanalyse bezeichnet.

Diskriminanzanalysen dienen demnach einem gegenüber Varianzanalysen umgekehrten Zweck: Bei den Varianzanalysen geht es darum, für unterschiedliche Ausprägungen der unabhängigen Gruppierungsvariablen signifikante Unterschiede zwischen den Verteilungen der abhängigen Kriteriumsvariablen zu ermitteln. Bei der Diskriminanzanalyse werden Teilgruppen der erhobenen Datenmatrix als Ausprägungsstufen der abhängigen Variable vorgegeben. Dann wird untersucht, ob sich über die jeweiligen Häufigkeitsverteilungen der in die Analyse einbegriffenen unabhängigen Prädiktorvariablen eine eindeutige Trennung der Fallgruppen erreichen lässt. Die Zugehörigkeit zu einer bestimmten Fallgruppe bei der jetzt als abhängig aufgefassten Gruppierungsvariable soll also über die berücksichtigten unabhängigen Merkmale – die so genannten Gruppenelemente – erklärt werden. Mit Diskriminanzanalysen können somit ebenfalls, wenn auch mit einer anderen Ausrichtung, Unterschiedshypothesen empirisch überprüft werden, und zwar dadurch, dass bestimmte Merkmalsausprägungen von Variablen bei unterschiedlichen Personen respektive Personengruppen hinsichtlich dieser Gruppierung auf ihr Zuordnungsvermögen, also eine hohe Trennschärfe untersucht werden.

Der dabei einzuschlagende Rechengang stellt eine Kombination des regressionsanalytischen Ausgleichsverfahrens und des varianzanalytischen Prinzips der Streuungszerlegung dar: Am einfachen Zwei-Gruppen-/ Zwei-Variablen-Fall geometrisch erläutert, bilden die bei den Mitgliedern jeder Gruppe erhobenen Messwerte/ Frageantworten im Koordinatensystem der beiden einbegriffenen Merkmale 2 Punktewolken. Hierzu wird jetzt die Trenngerade gesucht, welche diese 2 Gruppen von Mess-/ Beurteilungswerten optimal trennt (siehe Abb. G-19). Da nun aber die Gruppenzugehörigkeit der jeweiligen Messwerte interessiert, ist – als 3. Dimension – die senkrecht zur Trenngerade und durch den Nullpunkt des Koordinatensystems verlaufende Diskriminanzachse für die Lösung des Diskriminanzproblems heranzuziehen.

Auf diese Diskriminanzachse können die eingetragenen Messungen über davon gefällte Lote als Diskriminanzwerte projiziert werden. Grafisch ergeben sich hierzu die meisten Werte einer Gruppe im zugehörigen, von der Trenngerade mit der Diskriminanzachse gebildeten Sektor. Im Überschneidungsbereich der 2 Punktewolken können allerdings gleiche oder ähnliche Werte für verschiedenen Gruppen zuzurechnende Merkmalskombinationen auftreten.

Zielsetzung: Prognose der Gruppenzugehörigkeit von Objekten/ Personen auf Basis der Analyse der Ausprägung einzelner Merkmale
Beispiel: Einordnung der Margarine (Butter-)Käufer in die gebildeten Cluster auf Basis der Faktorenausprägung „Gesundheit" und „Wirtschaftlichkeit"

Diskriminanzfunktion
= Linearkombination zur Identifikation der Gruppenzugehörigkeit

$Y = b_0 + b_1 \cdot X_1 + b_2 \cdot X_2$

Legende:
• Gruppe A (Margarine)
□ Gruppe B (Butter)

Diskriminanzkriterium
= Distanz zwischen den Gruppencentroiden

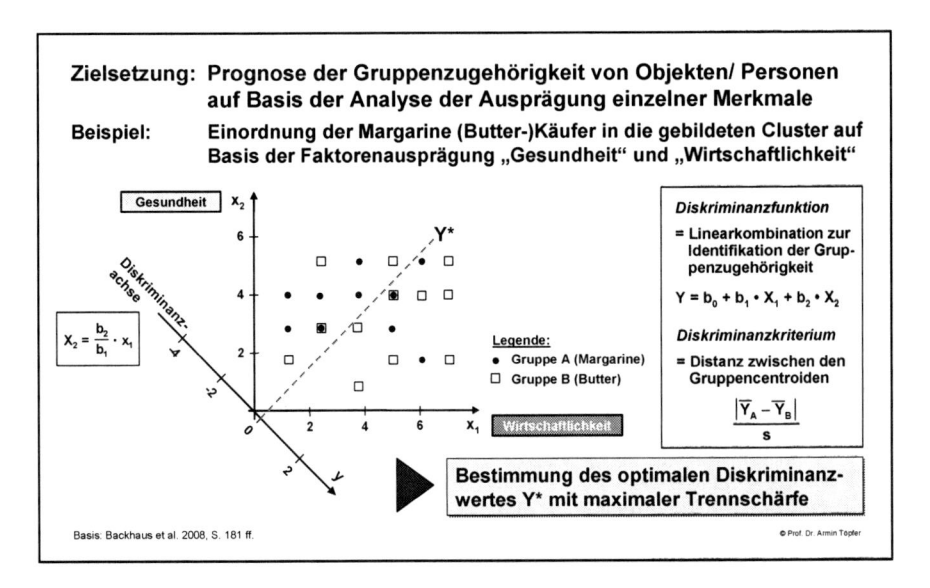

$$\frac{|\overline{Y}_A - \overline{Y}_B|}{s}$$

$X_2 = \frac{b_2}{b_1} \cdot X_1$

▶ **Bestimmung des optimalen Diskriminanzwertes Y* mit maximaler Trennschärfe**

Basis: Backhaus et al. 2008, S. 181 ff.   © Prof. Dr. Armin Töpfer

Abb. G-19: Grundstruktur der Diskriminanzanalyse

Das Ausgangsproblem, aus den beiden unabhängigen Gruppenelementen eine optimale Zuordnung bei der abhängigen Gruppierungsvariable vorzunehmen, lässt sich arithmetisch über das Ermitteln der Diskriminanzfunktion lösen. Dazu ist die folgende Linearkombination der unabhängigen Merkmalselemente zu finden $y = b_0 + b_1 \cdot x_1 + b_2 \cdot x_2$ (x-Werte als Messwerte der beiden Gruppenelemente; b-Werte als zu ermittelnde Diskriminanzkoeffizienten/ Trenngewichte, b_0 als konstantes Glied; y-Werte als resultierende Diskriminanzwerte), bei welcher die Diskriminanzwerte eine **maximale Zwischengruppenstreuung** (durch die Diskriminanzfunktion erklärte Streuung der Diskriminanzwerte) und eine **minimale Innergruppenstreuung** (nicht durch die Diskriminanzfunktion erklärte Streuung der Diskriminanzwerte) aufweisen (vgl. Backhaus et al. 2008, S. 186 ff.). Zur abschließenden Gruppenzuordnung kann hieraus ein kritischer Diskriminanzwert (Y*) als Trennkriterium abgeleitet werden; bis zu dessen Erreichen wird eine Ausprägungskombination der unabhängigen Merkmale der einen Teilgruppe zugeordnet, danach dann der anderen.

Als **Anwendungsbeispiel** zur Diskriminanzanalyse lässt sich die eingangs zu den multivariaten Verfahren schon angesprochene Kundenklassifikation im Bankenbereich heranziehen. Diese kann über eine diskriminanzanalytische Auswertung von Kundendaten oder Befragungsergebnissen erfolgen. Dazu sind aus allen vorliegenden Informationen (z.B. Überziehen des Kontokorrentlimits, dadurch bedingte Lastschriftrückgaben, Niveau der Besicherung von Krediten, dabei auftretende Rückzahlungsschwierigkeiten, Häufigkeit von Umschuldungsaktionen) zunächst Risikoklassen zu bilden (z.B. „niedrig", „mittel" und „hoch").

Sodann ist zu überlegen, welche Merkmale für eine Diskriminanz, also Trennung, dieser – bankspezifisch abgeleiteten – Fallgruppen herangezogen werden können (z.B. die bereits erwähnten Merkmale Einkommen, Vermögen und Verbindlichkeiten der Kunden sowie ergänzende Merkmale, wie die Anzahl weiterer Kredite bei anderen Instituten und soziodemographische Kennzeichen, wie ausgeübter Beruf, Dauer der Berufstätigkeit, Anzahl der Kinder oder das Alter). An den zu diesen Merkmalen erhobenen Daten ist schließlich zu testen, ob sich hierüber eine gute Zuordnung zur jeweiligen Risikoeinstufung der Kunden vornehmen lässt.

Die vorstehenden Erläuterungen lassen erkennen, dass Diskriminanzanalysen auf 2 unterschiedliche Weisen verwendet werden können. Dies geschieht in der Forschungspraxis z.B. dadurch, dass die erhobene Anzahl von Fällen als Untersuchungsobjekte im Verhältnis 60 zu 40 aufgeteilt wird: Zuerst wird mit den 60% der Fälle analysiert, ob mit den unabhängigen Merkmalen eindeutige Zuordnungen zu den untersuchten Merkmalsträgern/ Fallgruppen möglich sind und welche relativen Bedeutungen den einzelnen Gruppenelementen zukommen (Analysephase). Zusätzlich wird auf dieser Basis untersucht, inwieweit sich die restlichen 40% und dann später neue, nicht in die Analyse einbezogene Fälle zutreffend ihrer jeweiligen Fallgruppe – im Banken-Beispiel also der spezifischen Risikoklasse – zuordnen lassen (Prognosephase). Damit wird deutlich, dass Diskriminanzanalysen in der wissenschaftlichen Forschung bei der Theorienentwicklung und der Theorienanwendung auf der Basis von Prognosen einen exponierten Stellenwert haben. Auf der Basis eines bestimmten Profils von Personen lassen sich dann mit einer definierten Wahrscheinlichkeit Aussagen über deren Einstellungen und vor allem über ihr Verhalten treffen.

Bezogen auf unser **LOHAS-Beispiel** würde die Anwendung der Diskriminanzanalyse bedeuten, dass die LOHAS-Zielgruppe im Vergleich zu anderen Zielgruppen daraufhin untersucht wird, ob sie sich z.B. nach den Merkmalen Alter, Bildungsgrad, Einkommen und Verwendung regenerativer Energien/ Energiequellen trennscharf unterscheiden. Anknüpfend an das bei der Clusteranalyse angeführte Beispiel einer Identifikation von Bio-Produkte-Käufern und Öko-Geräte-Verwendern kann eine weitere Anwendung der Diskriminanzanalyse jetzt sein, dass detailliert untersucht wird, welchen Merkmalen bei dieser Gruppierung welcher Stellenwert zukommt. Auf diese Weise lassen sich dann die beiden Kundengruppen gezielt ansprechen; ihre Existenz ist clusteranalytisch ermittelt, und über die Diskriminanzanalyse kann geprüft werden, in welchen kaufverhaltensrelevanten Merkmalen sie sich deutlich unterscheiden.

> **Conjoint Measurement:** Welche Kombination von Merkmalen/ Merkmalsausprägungen schafft als Nutzenbündel den höchsten Nutzen?

Wie die Kausalanalyse ist auch das Conjoint Measurement (CM) ein kombiniertes Erhebungs- und Analyseverfahren, bei welchem zumindest das Festlegen eines detaillierten Erhebungsplans explizit vorausgesetzt wird (vgl. Backhaus et al. 2008, S. 451 ff.; Töpfer 2007a, S. 823 ff.). Insgesamt ist es als psychometrisches Testverfahren zu klassifizieren, mit dem die Nutzenvorstellungen respektive die Präferenzen von Personen ermittelt und näher aufgeschlüsselt werden können.

Gegenüber den bislang vorgestellten dependenzanalytischen Verfahren sind beim CM folgende Besonderheiten herauszustellen: Bei der Methode des CM repräsentieren vom Probanden abgegebene Bewertungen über empfundene Gesamtnutzen/ -präferenzen, welche im Hinblick auf verschiedene Objekte (z.B. neue Produkte oder Dienstleistungen) mit unterschiedlichen Ausstattungsmerkmalen/ Eigenschaftsausprägungen geäußert werden, die auf dem Ordinalniveau gemessene abhängige Variable. Die Objektorientierung bezieht sich also anhand definierter Kriterien auf unterschiedliche Bewertungen von Produkten. Zugleich können auf dieser Basis dann objektorientiert auch unterschiedliche Präferenzen bei einzelnen Merkmalsträgern, also z.B. Personen(gruppen) ermittelt werden.

Von diesen ordinalen Gesamtbeurteilungen wird dann auf **metrische Teilnutzenwerte/ -präferenzen** für die einzelnen Eigenschaftsausprägungen (für Neuprodukte also z.B. Technologie, Qualität, Design, Preis, Erhältlichkeit/ Vertriebsweg, Gewährleistung/ Garantie/ Service) als den – analysetechnisch gesehen – unabhängigen Variablen geschlossen.

Damit ist von einem **dekompositionellen Ansatz** zu sprechen. Die Teilnutzeneinschätzungen werden also nicht separat für jedes einzelne Ausstattungsmerkmal erhoben; deren Ermittlung erfolgt vielmehr über ein Herausrechnen aus den zu allen möglichen Merkmalskombinationen festgestellten Gesamtpräferenzen. Insofern bereitet hierbei die übliche Einteilung in abhängige und unabhängige Variablen Schwierigkeiten; beim CM werden die Ausprägungen der unabhängigen Variablen gewissermaßen aus den Gesamtpräferenzen zu beurteilten Objekten „destilliert".

Aus dieser generellen Anlage des CM wird die Notwendigkeit ersichtlich, die Erhebung im Rahmen eines Forschungsprojektes vorab genau zu planen (siehe Abb. G-20). Zunächst sind die einzubeziehenden Eigenschaften und deren Ausprägungen festzulegen. Hieraus ist die Gesamtzahl aller Kombinationsmöglichkeiten zu errechnen. In Abhängigkeit davon ist das Modell für die Erhebung zu bestimmen, was darauf hinaus läuft, dass auf der Basis der Bewertung von jeweils zwei Eigenschaften bei jedem Merkmal aus allen möglichen Kombinationen respektive aus allen insgesamt realisierbaren Eigenschaftskombinationen als so genannten Vollprofilen eine für die Probanden wesentliche Auswahl getroffen wird. Schließlich ist für die eigentliche Datenauswertung unter mehreren Varianten zur Schätzung der Teilnutzenwerte zu wählen.

Auf unser **LOHAS-Beispiel** bezogen, könnten mit dem CM grundlegende Informationen zur Positionierung neuer ökologischer Geräte erhoben werden. Als relevante Merkmale und Ausprägungen zur Ermittlung der Präferenzen von ökologisch orientierten Waschmaschinen-Käufern könnten – wie in Abbildung G-20 skizziert – beispielsweise herangezogen werden: Der Energieverbrauch (in Kilowattstunden) sowie zusätzlich der Wasserverbrauch und die Leistungsfähigkeit in Form der erzielten Sauberkeit in Relation zur Umweltbelastung. Außerdem sind dann unterschiedliche Preislagen für bestimmte Kombinationen der Ausprägungen als Nutzenbündel abzutesten.

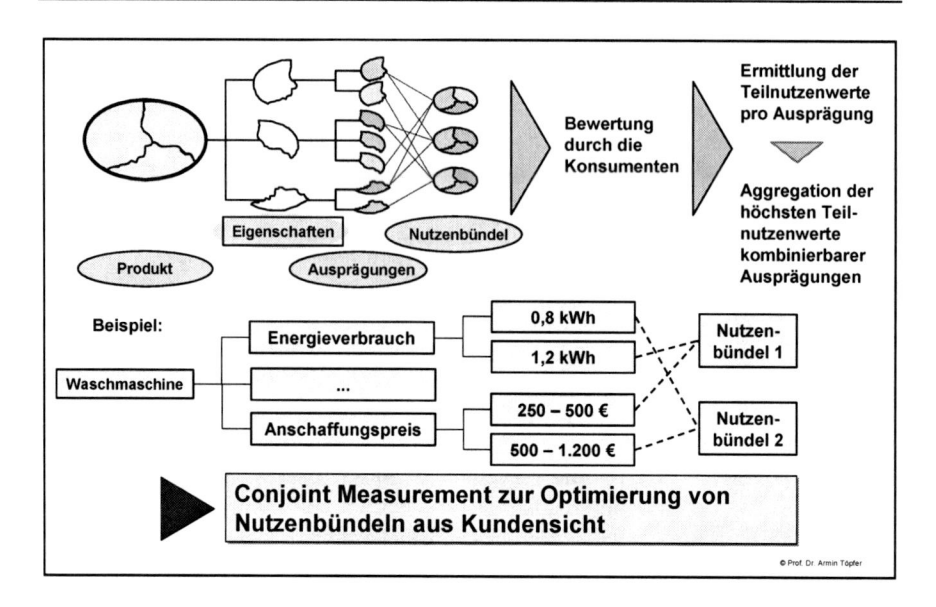

Abb. G-20: Grundstruktur von Conjoint-Analysen

Die Kombination der Eigenschaftsausprägungen ergibt dann z.B. für 3 Kriterien mit jeweils 2 Ausprägungen $3 \times 2 \times 2 \times 2 = 24$ unterschiedliche Varianten. Den Probanden werden Choice Sets für Wahlentscheidungen vorgegeben (vgl. Völckner/ Sattler/ Teichert 2008, S. 690). Aus dem hierzu von Testpersonen geäußerten jeweiligen Gesamtnutzen zu den einzelnen Produktvarianten als Nutzenbündeln lassen sich die Teilnutzen/ Wertschätzungen der einzelnen Ausstattungsmerkmale ermitteln, also ob – im LOHAS-Beispiel – ein geringer Energieverbrauch eine höhere Priorität bzw. einen höheren Nutzen besitzt als ein geringer Wasserverbrauch.

Für die konkrete Durchführung von Conjoint-Analysen mit Plancards, Prüfkarten und der Versuchsanordnung in Form unterschiedlicher Produktvarianten bei persönlichen Befragungen wird auf die spezielle Literatur verwiesen (vgl. Backhaus et al. 2008, S. 451 ff.; Teichert/ Sattler/ Völckner 2008, S. 668 ff.).

In wissenschaftlichen Forschungsvorhaben lassen sich auf der Basis von Conjoint-Analysen primär Zusammenhangs- und Unterschiedshypothesen überprüfen. Dies vollzieht sich in der Weise, dass bestimmte Merkmalsausprägungen in ihrer relevanten Kombination für Produkte erkannt werden können und dann Einstellungs- und Verhaltensdifferenzen unterschiedlicher Personen(gruppen) auf Signifikanzen analysiert werden. Das statistische Verfahren hat damit nicht nur einen wissenschaftlichen Anspruch, sondern es besitzt auch einen hohen praxisbezogenen Wert.

b. Kausalanalysen auf der Basis von Strukturgleichungsmodellen

> **Kausalanalyse:** Welche Kausalbeziehungen bestehen bei mehrstufigen Ursachen-Wirkungs-Beziehungen zwischen bestimmten Ursachen und bestimmten Wirkungen in welcher Stärke direkt oder indirekt über Mediator- oder Moderatorvariablen?

Unter dem Begriff **Kausalanalyse** werden Verfahren zusammengefasst, mit denen das Überprüfen komplexer Modellstrukturen in Forschungsdesigns möglich ist (vgl. Backhaus et al. 2006, S. 337 ff. und Backhaus et al. 2008, S. 511 ff.; Herrmann/ Huber/ Kressmann 2006, S. 34 ff.; Diller 2006, S. 611 ff.; Töpfer 2007a, S. 822 f.). Auf der Basis der theoretischen Konzeptualisierung existiert grundsätzlich ein multikausaler situativer Ansatz mit 3 unterschiedlichen Arten von Variablen, nämlich Situationsvariablen, Aktions- und Reaktionsvariablen sowie Wirkungs- bzw. Erfolgsvariablen (vgl. Fritz 1995, S. 71 ff.).

Wenn das Aufdecken wesentlicher Ursachen-Wirkungs-Zusammenhänge im Vordergrund eines wissenschaftlichen Forschungsprojektes steht, dann kennzeichnet dies einen **kausalanalytischen Ansatz**. Auf der Grundlage theoriegeleitet gewonnener Hypothesen hat die Forschung jetzt das Überprüfen postulierter Erklärungsmuster zum Ziel. Die **Kausalanalyse** prüft dabei die Hypothesen mit der Wirkungsrichtung, die einer Erklärung als Ursachen-Wirkungs-Beziehung zu Grunde liegt, und bestimmt die Wirkungsstärke dieser gerichteten Zusammenhänge.

Dies kann zum einen über **experimentelle Versuchsanordnungen** erfolgen. Hierbei gilt es, wie angesprochen, bei den ausgewählten Testobjekten/ -personen den Einfluss der Variation einer – oder gegebenenfalls mehrerer – unabhängiger (Experimentier-)Variablen im Wirken auf die – eine oder mehrere – abhängigen (Ergebnis-)Variablen zu isolieren. Dabei sind nicht in das aufgestellte Kausalmodell einbezogene, z.B. vom Unternehmen aber gestaltbare, Parameter als kontrollierte Variable konstant zu halten. Des Weiteren ist beim gewählten Ursachen-Wirkungs-Modell zu berücksichtigen, dass von Störvariablen, als weiteren nicht direkt zu steuernden Sachverhalten, ebenfalls Einflüsse auf die Ergebnisgrößen ausgehen können. Auch diese gilt es, in ihrer Art und Stärke abzuschätzen.

Zum anderen kann die Kausalanalyse auf der Basis einer **quantitativen Befragung** durchgeführt werden, auf die wir im Folgenden näher eingehen. Die **Kausalanalyse** basiert auf dem allgemeinen linearen Modell (vgl. Scholderer/ Balderjahn/ Paulssen 2006, S. 640 ff.), welches insbesondere auch den Regressionsanalysen zu Grunde liegt. Diesen gegenüber ist allerdings die Konzeptualisierung in Kausalanalysen erheblich differenzierter, z.B. bezogen auf die Erfassung verschiedener latenter Variablen (vgl. Fassott 2006, S. 67 ff.). Wie wir bereits im Unterkapitel G.IV.3. in den Erläuterungen zur Regressionsanalyse gezeigt haben, soll bei dem statistischen Verfahren der (multiplen) Regression die Ausprägung einer abhängigen Variablen durch die Ausprägungen mehrerer unabhängiger Variablen erklärt werden. Strukturgleichungsmodelle erlauben hingegen die Untersuchung von komplexeren Zusammenhängen zwischen latenten Variablen, d.h. in das Modell fließen mehrere abhängige und unabhängige Variable und deren Ursachen-Wirkungs-Zusammenhänge ein.

Eine frühe Anwendung der **Kausalanalyse mit Strukturgleichungsmodellen** legte WOLFGANG FRITZ mit seiner Habilitationsschrift zur Analyse des Unternehmenserfolges durch marktorientiertes Verhalten vor (vgl. Fritz 1995, 1. Aufl. 1992, S. 150 ff.), die 1993 mit dem Wissenschaftspreis der Deutschen Marketing-Vereinigung ausgezeichnet wurde. Eine umfassende und aussagefähige Anwendung der Kausalanalyse auf die Konzeptualisierung und Operationalisierung des Dialogmarketing lieferte ANDREAS MANN mit seiner Habilitationsschrift (vgl. Mann 2004, S. 269 ff.).

Eine große Herausforderung bei der Kausalanalyse stellt die Messbarmachung der theoretisch hergeleiteten Konstrukte und der sie verbindenden Ursachen-Wirkungs-Beziehungen dar. Im Rahmen der Kausalanalyse spricht man hierbei von der Operationalisierung der theoretischen Konstrukte des Strukturmodells respektive Kausalmodells mit Hilfe eines konkreten Messmodells (siehe dazu Abb. G-21). Durch das **Strukturmodell** wird also ein Abbild der zu überprüfenden Kausalbeziehungen zwischen den latenten sowie eventuell weiteren, direkt messbaren Variablen gegeben. Im **Messmodell** sind dann geeignete Merkmale als Indikatoren zu bestimmen, über die sich die latenten Variablen indirekt erheben lassen.

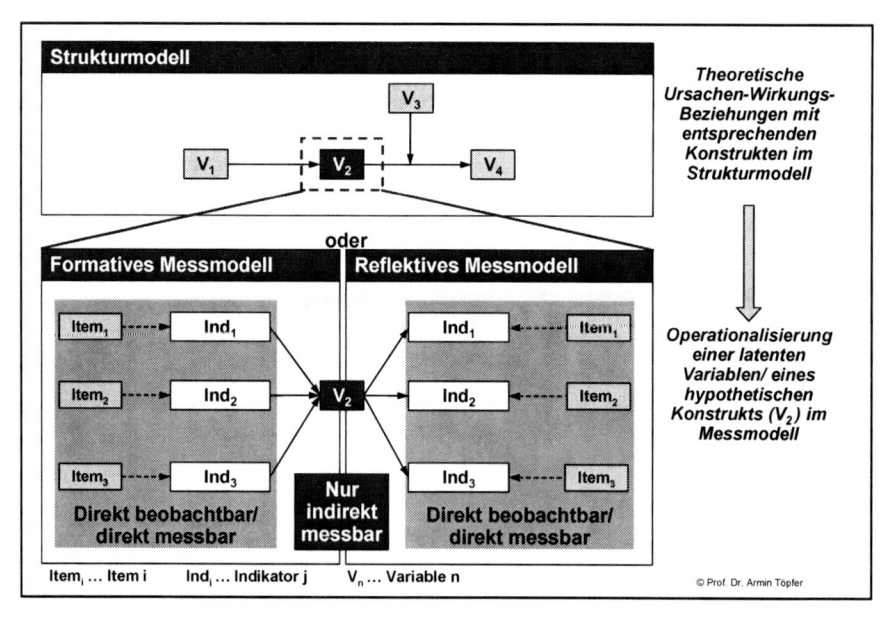

Abb. G-21: Schematische Darstellung der Vorgehensweise bei der empirischen Messung

Auf der Basis theoretischer Überlegungen werden die einzelnen Konstrukte mit dem Ziel der **Konzeptualisierung** exakt definiert. Dies bedeutet, dass der Forscher genau festlegt, was er detailliert unter den einzelnen Variablen versteht und was nicht. Hieran wird wiederum die Bedeutung der vorwissenschaftlichen Phasen der Definition, Klassifikation und Deskription deutlich. Direkt an die Phase der Konzeptualisierung schließt sich die der **Operationalisierung** an und damit die Entwicklung des gesamten Messinstrumentariums zur Überprüfung der Ursachen-Wirkungs-Beziehungen im Strukturmodell (vgl. Kuß 2007, S. 95; Homburg/ Giering 1996, S. 5). Der Forscher möchte also sein theoretisches Modell empirisch überprüfen, wozu die Überführung des Strukturmodells in ein **Messmodell mit Indikatoren und Items** notwendig ist. Dazu hat der Forscher bereits in der Konzeptualisierung festgestellt, ob es sich bei den einzelnen Variablen in seinen theoretischen Ursachen-Wirkungs-Beziehungen um **direkt messbare und damit manifeste Variablen** handelt oder nicht (vgl. Bortz/ Döring 2006, S. 4). Direkt messbare Variablen, wie z.B. das Einkommen in Geldmengen, die Größe einer Stadt anhand der Einwohnerzahl oder die Körpergröße in Metermaßen, lassen sich unmittelbar ermitteln. Die Ausprägung der Variablen kann so direkt und relativ leicht bestimmt werden.

Im Gegensatz dazu gibt es auch Variablen, die nicht direkt beobachtet und damit nicht direkt gemessen werden können. Dies sind die **latenten Variablen** bzw. hypothetische Konstrukte. Beispiele für latente Variablen sind die Einstellung, die Motivation, das Image oder die Gruppen-, Abteilungs-, Unternehmenskultur. Latente Variablen sind in den Wirtschafts- und Sozialwissenschaften und damit auch in der empirischen Sozialforschung wichtig. Sie werden deshalb in aktuellen betriebswirtschaftlichen Erklärungsansätzen ebenfalls häufig angewendet, da diese bezogen auf Aussagen und Erklärungsmuster zu Wirtschaftssubjekten zum großen Teil auf Inhalten der Verhaltenstheorie basieren. Mit anderen Worten wird Handeln als Reaktion auf subjektive Wahrnehmung bzw. Perzeption, auf Involvement als Ich-Bezogenheit der Situation und des Phänomens sowie als teleologische bzw. zielorientierte Verhaltensweise verstanden.

Was versteht man unter einem Indikator? OPP definiert einen **Indikator** als „in einer operationalen Definition enthaltene Designata, die als Bestandteile der operationalen Definition in dieser aufgezählt werden" (Opp 2005, S. 123). Die Erfassung der Indikatoren erfolgt wiederum mit Hilfe von **Items**, welche die einzelnen Fragen oder Aussagen in einem Fragebogen darstellen. Wir gehen auf das Messmodell an späterer Stelle noch einmal ausführlicher beim Stufenprozess der Konstruktvalidierung ein. Im Folgenden erläutern wir zunächst die Grundstruktur der beiden unterschiedlichen Messansätze.

Wie in Abbildung G-21 nachvollziehbar ist, lassen sich die Ursachen-Wirkungs-Beziehungen im Strukturmodell durch zwei unterschiedliche Ansätze und Vorgehensweisen im Messmodell operationalisieren, nämlich durch das formative oder das reflektive Messmodell zur Messung des hypothetischen Konstruktes (V_2) (vgl. Backhaus et al. 2008, S. 522 ff.).

Beim **formativen Messmodell** wird die Ausprägung einer latenten Variablen (V_2) durch vorab präzisierte Indikatoren (Ind_j) bestimmt, die ihrerseits über Items ($Item_i$) gemessen werden. In einem funktionalen Zusammenhang bewirken also die Ausprägungen von in der Realität beobachtbaren und damit direkt über Items messbaren Indikatoren die Ausprägung der folgenden latenten Variablen (V_2). Die nicht beobachtbare und damit nur indirekt messbare latente Variable (V_2) wird damit durch vorgeschaltete beobachtbare und direkt messbare Indikatoren in ihrer Höhe bestimmt.

Beim **reflektiven Messmodell** bestimmt die latente Variable (V_2) die Ausprägungen der ebenfalls vorab präzisierten Indikatoren (Ind_j), die ihrerseits wiederum über Items ($Item_i$) gemessen werden. In einem funktionalen Zusammenhang bewirkt also die Ausprägung der nicht beobachtbaren und damit nur indirekt messbaren latenten Variablen (V_2) die Ausprägungen der folgenden, in der Realität beobachtbaren und damit direkt über Items messbaren Indikatoren. Die latente Variable (V_2) wird damit durch die von ihr ausgehenden Wirkungen – gemessen mit Indikatoren – in ihrer Höhe bestimmt.

Nachfolgend wollen wir das Mess- und das Strukturmodell noch einmal vertiefen. Dabei geht es zum einen um die Darstellung der in der Literatur verwendeten Kennzeichnungen und Bezeichnungen der einzelnen Bestandteile. Zum anderen zeigt die Abbildung G-22 exemplarisch die Verknüpfung beider Modelle in einem gesamten **Strukturgleichungsmodell** als komplexes Verfahren der multivariaten Analyse (vgl. Backhaus et al. 2008, S. 511 ff.). Hinzu kommt eine weitere Differenzierung: Abbildung G-22 verdeutlicht, dass zwischen dem Messmodell der latent exogenen Variablen und dem Messmodell der latent endogenen Variablen unterschieden wird. Wie nachvollziehbar ist, werden sowohl die exogene als auch die endogene latente Variable des Strukturmodells durch ein reflektives Messmodell gemessen und damit in ihrer Ausprägung bestimmt.

Exogene Variable werden als unabhängige (erklärende) Variable in einem Modell nicht erklärt. **Endogene Variable** werden als abhängige (erklärte) Variable in einem Modell erklärt.

Dem Beispiel der Abbildung G-22 liegt das Strukturmodell zu Grunde, dass die Einstellung das Kaufverhalten bewirkt. Um dies empirisch zu überprüfen, wird die latente exogene Variable (Einstellung ξ_1) in einem reflektiven Messmodell durch die beiden Indikatoren (Produktzufriedenheit x_1 und Weiterempfehlung x_2) operationalisiert. Die latente endogene Variable (Kaufverhalten η_1) wird ebenfalls reflektiv gemessen durch den Indikator (Anzahl der Käufe y_1).

Im Detail besteht ein Strukturgleichungsmodell also aus 3 Teilmodellen. Das **Strukturmodell** gibt, wie bereits erwähnt, die theoretisch vermuteten Zusammenhänge zwischen den latenten Variablen wieder. Die endogenen Variablen werden dabei durch die im Modell unterstellten kausalen Beziehungen erklärt. Die exogenen Variablen dienen als erklärende Größen, ohne durch das Kausalmodell erklärt zu werden. Im **Messmodell der latenten exogenen Variablen** werden empirische Indikatoren aufgenommen, die zur Operationalisierung der exogenen Variablen dienen und die vermuteten Zusammenhänge zwischen diesen Indikatoren und den exogenen

Größen wiedergeben. Das **Messmodell der latenten endogenen Variablen** umfasst die empirischen Indikatoren, welche die Operationalisierung der endogenen Variablen ausdrücken und die vermuteten Zusammenhänge zwischen diesen Indikatoren und den endogenen Größen verdeutlichen. Die Parameter des Strukturgleichungsmodells werden auf der Grundlage empirisch geschätzter Korrelationen bzw. Kovarianzen abgebildet (vgl. Backhaus et al. 2008, S. 511 ff.; Christophersen/ Grape 2009, S. 103 ff.).

Abkürzung	Sprechweise	Bedeutung
η	Eta	Latente endogene Variable, die im Modell erklärt wird
γ	Gamma	Zusammenhang zwischen latent exogener und latent endogener Variable
ξ	Ksi	Latente exogene Variable, die im Modell *nicht* erklärt wird
y	--	Indikator-(Mess-) Variable für eine latente endogene Variable
x	--	Indikator-(Mess-) Variable für eine latente exogene Variable
ε	Epsilon	Residualvariable für eine Indikatorvariable y
ζ	Zeta	Residualvariable für eine latente endogene Variable
δ	Delta	Residualvariable für eine Indikatorvariable x

Quelle: Backhaus et al. 2006, S. 349

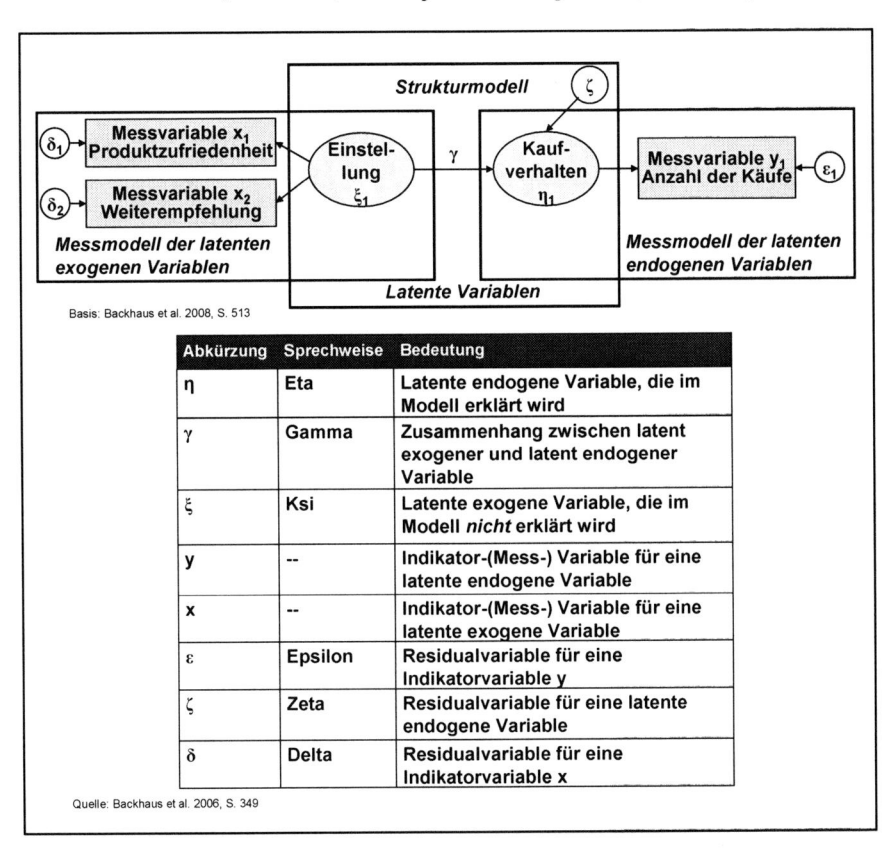

Abb. G-22: Zusammenhang zwischen Strukturmodell und Messmodell

Im Folgenden führen wir den **Stufenprozess der Konstruktvalidierung und die Kausalanalyse** in ihrem Ablauf, der insbesondere zur Untersuchung mediierender oder moderierender Effekte wichtig ist, etwas näher aus. Dabei wird der Zusammenhang zwischen dem Strukturmodell und dem Messmodell, wie wir ihn bereits erläutert haben, noch einmal deutlich. Zunächst gehen wir auf die Messmodell-Ebene ein, d.h. es wird die Frage beantwortet, wie die latenten Variablen ausgehend vom Strukturmodell messbar gemacht werden. Können – als Ergebnis des

Messmodells – die Ausprägungen der latenten Variablen bestimmt werden, dann kann die Kausalanalyse die Richtung der Ursachen-Wirkungs-Beziehung überprüfen und die Stärke dieses Zusammenhangs ermitteln.

> Für alle Details wird wiederum auf die relevante Literatur verwiesen (vgl. insbesondere Homburg/ Giering 1996, S. 5 ff. sowie zu den einzelnen statistischen Verfahren Herrmann/ Homburg/ Klarmann 2008; Albers et al. 2009; Backhaus et al. 2008).

In Abbildung G-23 sind die Hauptphasen dieses **Prozesses der Konzeptualisierung und Operationalisierung eines hypothetischen Konstruktes** aufgeführt. Die nachstehenden Ausführungen geben den gesamten Prozess nur vereinfacht und nicht in allen seinen Details wieder.

Gegenstand des 1. Prozessschrittes ist die **theoretische Herleitung der Konzeptualisierung und Operationalisierung** des hypothetischen Konstruktes respektive der latenten Variablen. Dabei geht es in der Konzeptualisierung darum, ein grundlegendes und umfassendes Verständnis für alle wichtigen Facetten eines Konstruktes zu entwickeln. Erforderlich sind hierzu, wie bereits vorstehend angesprochen, Literaturauswertungen und/ oder Experteninterviews, mit dem Ziel, eine Ausgangsmenge von Indikatoren zusammenzustellen, die möglichst alle relevanten Einfluss- bzw. Ursachen- und Wirkungsgrößen umfasst und die jeweils durch valide Items gemessen werden kann. Zu Grunde gelegt werden dabei einerseits bestätigtes Erfahrungswissen und andererseits innovative Konzeptentwürfe.

Im sich anschließenden Prozess kann der Forscher die Operationalisierung latenter Variablen auf die in Abbildung G-21 und in dem entsprechenden Text ausgeführten beiden verschiedenen Arten vornehmen, also mit einem **reflektiven oder einem formativen Messmodell** (siehe auch Abb. G-24). Diese Differenzierung als bewusste Entscheidung des Forschers ist sehr wichtig, da sie auf einem unterschiedlichen Verständnis des hypothetischen Konstruktes basiert und jeweils unterschiedliche statistische Auswertungsmethoden nach sich zieht. Sie wurde in der bisherigen empirischen Forschung jedoch nur unzureichend berücksichtigt (vgl. Fassott 2006, S. 67).

> **Reflektive Indikatoren** sind beobachtbare Variablen, die der zu erklärenden latenten Variablen „**nachlaufen**". Die latente Variable **bewirkt** also ein bestimmtes Ergebnis. Ein Beispiel hierzu ist die Erklärung der Kundenbindung als latente Variable durch die damit bewirkte Wiederkaufs- und Weiterempfehlungsabsicht als beobachtbare Indikatoren.

> **Formative Indikatoren** sind beobachtbare Variablen, die der zu erklärenden latenten Variablen „**vorauslaufen**". Die Inhalte der gemessenen Indikatoren **verursachen** also eine bestimmte Wirkung bei der latenten Variablen. Ein Beispiel hierzu ist wiederum die Erklärung der Kundenbindung als latente Variable durch die sie verursachende Kundenzufriedenheit und den eine Kundenbindung ebenfalls verursachenden Wert des Produktes für den Kunden (value for the customer) als beobachtbare Indikatoren.

Theoriebasierte Herleitung
Entwicklung eines Grundverständnisses des Konstruktes
(Grobkonzeptualisierung)
Zusammenstellung einer Ausgangsmenge von Indikatoren
(Operationalisierung) durch
- Literaturauswertung
- Experteninterviews etc.

Pretest
Eingrenzung und Präzisierung der Indikatoren

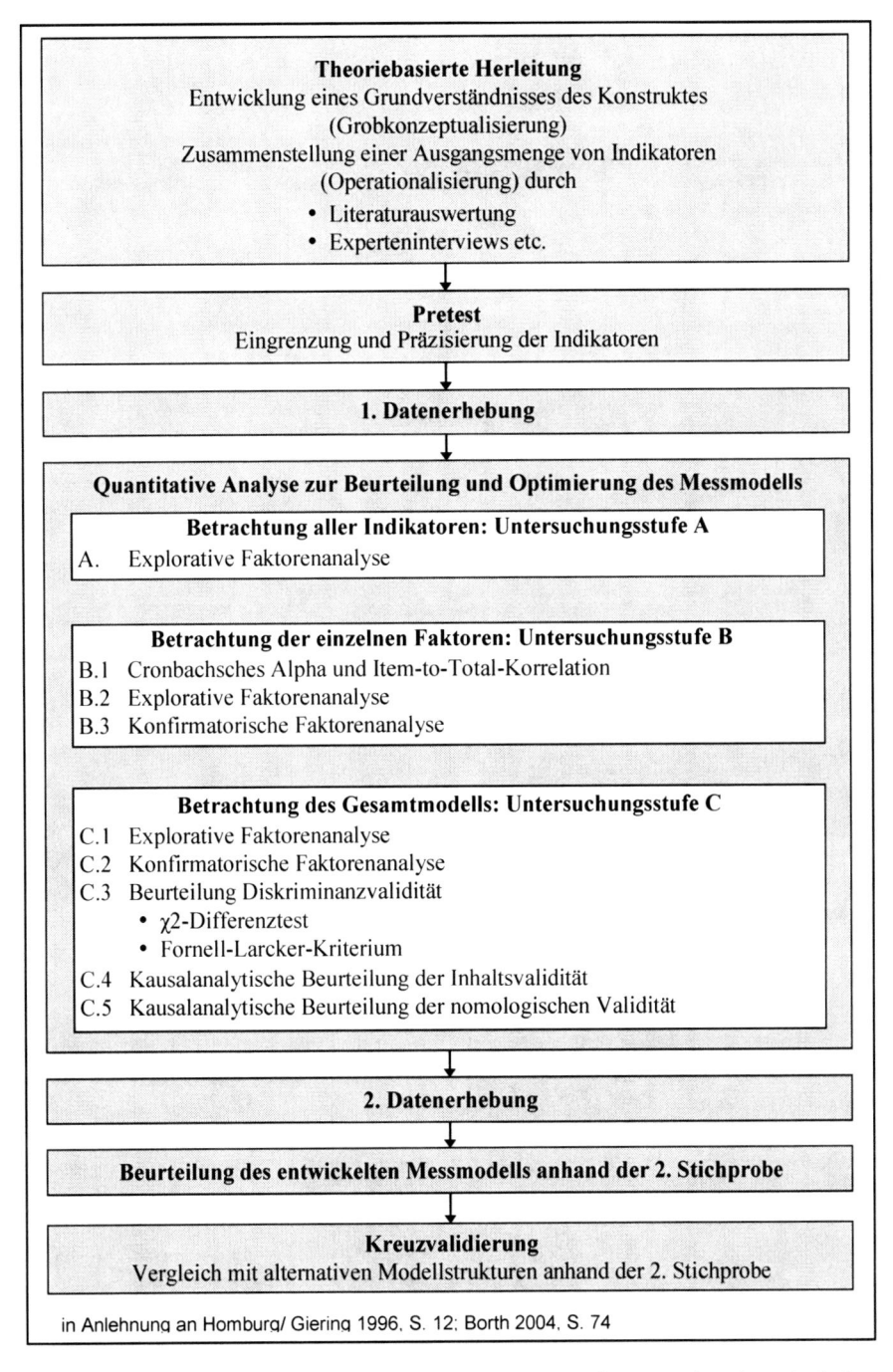

1. Datenerhebung

Quantitative Analyse zur Beurteilung und Optimierung des Messmodells

Betrachtung aller Indikatoren: Untersuchungsstufe A
A. Explorative Faktorenanalyse

Betrachtung der einzelnen Faktoren: Untersuchungsstufe B
B.1 Cronbachsches Alpha und Item-to-Total-Korrelation
B.2 Explorative Faktorenanalyse
B.3 Konfirmatorische Faktorenanalyse

Betrachtung des Gesamtmodells: Untersuchungsstufe C
C.1 Explorative Faktorenanalyse
C.2 Konfirmatorische Faktorenanalyse
C.3 Beurteilung Diskriminanzvalidität
- χ^2-Differenztest
- Fornell-Larcker-Kriterium

C.4 Kausalanalytische Beurteilung der Inhaltsvalidität
C.5 Kausalanalytische Beurteilung der nomologischen Validität

2. Datenerhebung

Beurteilung des entwickelten Messmodells anhand der 2. Stichprobe

Kreuzvalidierung
Vergleich mit alternativen Modellstrukturen anhand der 2. Stichprobe

in Anlehnung an Homburg/ Giering 1996, S. 12; Borth 2004, S. 74

Abb. G-23: Prozess der Konzeptualisierung und Operationalisierung eines hypothetischen Konstruktes

Das reflektive und das formative Messmodell werden in der nachfolgenden Abbildung G-24 noch einmal grafisch dargestellt und im anschließenden Text erläutert.

Reflektives Messmodell

Ursache — Wirkung

Latente Variable$_n$ / Trunkenheit
- Beobachtbare Variable$_1$ / Indikator$_1$ (z.B. Blutalkohol) → Item$_1$
- Beobachtbare Variable$_2$ / Indikator$_2$ (z.B. Reaktionsfähigkeit) → Item$_2$
- Beobachtbare Variable$_j$ / Indikator$_j$ → Item$_j$

- Die Ausprägung der beobachtbaren Variablen <u>wird</u> durch die Ausprägung der latenten Variablen <u>verursacht</u>
- Reflektive Indikatoren <u>müssen</u> korreliert sein

Formatives Messmodell

Ursache — Wirkung

- Item$_1$ → Beobachtbare Variable$_1$ / Indikator$_1$ (z.B. Konsumierte Biermenge)
- Item$_2$ → Beobachtbare Variable$_2$ / Indikator$_2$ (z.B. Konsumierte Weinmenge)
- Item$_j$ → Beobachtbare Variable$_j$ / Indikator$_j$

→ Latente Variable$_n$ / Trunkenheit

- Die Ausprägungen der beobachtbaren Variablen <u>verursachen</u> die Ausprägung der latenten Variablen
- Formative Indikatoren <u>können</u> korreliert sein

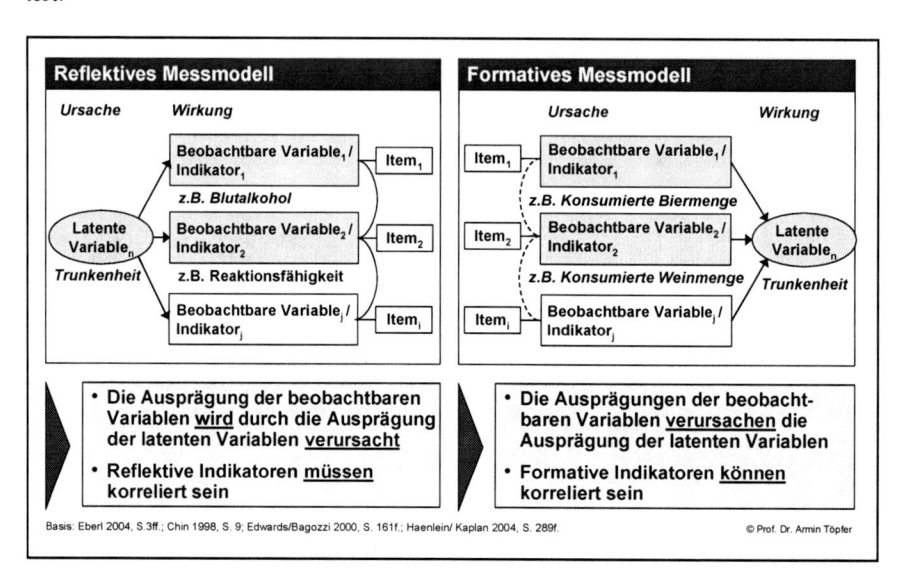

Basis: Eberl 2004, S.3ff.; Chin 1998, S. 9; Edwards/Bagozzi 2000, S. 161f.; Haenlein/ Kaplan 2004, S. 289f.   © Prof. Dr. Armin Töpfer

Abb. G-24: Reflektives und formatives Messmodell

Wie bereits ausgeführt, wird im **reflektiven Messmodell** die Ausprägung der beobachtbaren Variablen durch die latente Variable kausal verursacht. Das haben wir schematisch schon in Abbildung G-21 dargestellt. Dies sei jetzt an einem Beispiel verdeutlicht: Wenn die latente Variable Trunkenheit operationalisiert werden soll, dann würden der Blutalkohol und die Reaktionsfähigkeit Beispiele für reflektive Indikatoren sein. Oder anders ausgedrückt: Wenn ein bestimmtes Maß an Trunkenheit vorliegt, dann bestimmt dieses die Ausprägungen des Blutalkohols und der Reaktionsfähigkeit. Wichtig ist die Verknüpfung der beiden Indikatoren durch das Bindewort „und". In Folge der Kausalität, also der in diesem Beispiel nachvollziehbaren physiologischen Funktionalität als gerichtete Ursachen-Wirkungs-Beziehungen zwischen der latenten und der direkt beobachtbaren Variablen, müssen auch die Indikatoren miteinander korreliert sein, wenn sie sich zur Operationalisierung der latenten Variablen eignen sollen. Also: Ein erhöhter Blutalkoholwert verringert gleichzeitig die Reaktionsfähigkeit. Dies entspricht der in der Praxis nicht seltenen Situation, dass zwischen 2 Variablen bzw. Indikatoren und ihren Ausprägungen keine direkte Ursachen-Wirkungs-Beziehung besteht, sondern dass sie beide von einer dritten Ursachengröße – in unserem Beispiel dem erhöhten Alkoholkonsum – abhängen.

Wir können dies auch anhand eines Beispiels aus der Betriebswirtschaftslehre verdeutlichen, nämlich an der Operationalisierung von Kundenzufriedenheit. Wenn ein Kunde wirklich zufrieden ist, zeigt er eher eine hohe Wiederkaufsabsicht (Indikator$_1$) und eher eine hohe Weiterempfehlungsabsicht (Indikator$_2$).

Wir können also in einem Fragebogen mit einer getesteten Itembatterie beispielsweise direkt fragen, ob der Kunde bereit ist, ein bestimmtes Produkt wiederzukaufen (Item$_1$) und weiterzuempfehlen (Item$_2$).

In der jüngeren Forschung ist der **reflektive Ansatz** der am häufigsten gewählte Ansatz (vgl. z.B. Eberl 2004, S. 21), da bei diesem Messmodell Messfehler direkt im Zusammenhang mit den Indikatoren berücksichtigt werden, womit sie den Bedürfnissen und Ansprüchen der empirischen Sozialforschung – und in unserem Beispiel der Marketingforschung – eher und besser gerecht werden (vgl. Homburg/ Giering 1996, S. 6).

Beim **formativen Messmodell** ist die Ursachen-Wirkungs-Beziehung genau umgekehrt, d.h. die Ausprägungen der Indikatoren verursachen die Ausprägung der latenten Variablen. In unserem Beispiel der Operationalisierung von Trunkenheit bestimmt die Menge an konsumiertem Bier und/ oder die Menge an konsumiertem Wein die Ausprägung der Trunkenheit kausal. Wichtig sind an dieser Stelle beide Bindewörter („und/ oder"). Das bedeutet, dass beide Indikatoren die Ausprägung der latenten Variablen verursachen können („und"), aber nicht beide dies gleichzeitig tun müssen („oder"). Das heißt wiederum, dass die Trunkenheit nicht nur dann erhöht wird, wenn der Betroffene sowohl Bier als auch Wein konsumiert hat, sondern wenn er „nur" eines dieser beiden alkoholhaltigen Getränke in entsprechendem Maße zu sich genommen hat. Für die Operationalisierung bedeutet dies, dass eine Korrelation zwischen den Indikatoren nicht unbedingt gegeben sein muss, d.h. die Indikatoren können, müssen aber nicht notwendigerweise korreliert sein. Somit können sie auch unabhängig voneinander sein.

Schließlich führt dies dazu, dass die Indikatoren in einem formativen Messmodell die latente und deshalb nicht beobachtbare Variable inhaltlich bestimmen, d.h. ein Austausch der beobachtbaren Variablen führt i.d.R. zu einem Validitätsverlust (vgl. Eberl 2004, S. 7). Ebenso wird ersichtlich, dass die Indikatoren in reflektiven Messmodellen als Wirkungsvariablen immer nur einen Ausschnitt des Konstruktes messen, wohingegen Indikatoren in formativen Messmodellen ausdrücklich verschiedene Facetten eines Konstruktes erfassen sollen, um ein valides Ursachenset für die Wirkung der latenten Variablen darzustellen (vgl. Albers/ Hildebrandt 2006, S. 25).

Die Operationalisierung der latenten Variablen in einem reflektiven oder einem formativen Messmodell hat wichtige Konsequenzen für die Ergebnisse des Forschungsprozesses. Dies wird in einem relativ großen Teil der empirischen Forschung mit diesem konzeptionellen Ansatz bisher nicht streng berücksichtigt. Eine häufig zitierte Untersuchung von JARVIS/ MACKENZIE/ PODSAKOFF hatte zum Ergebnis, dass fast ein Drittel der in 4 internationalen Marketing-Journals veröffentlichten Untersuchungen fehlspezifiziert waren (vgl. Jarvis/ MacKenzie/ Podsakoff 2003, S. 207). Das gleiche gilt auch für entsprechende Veröffentlichungen in deutschsprachigen Zeitschriften (siehe z.B. Fassott 2006, Eberl 2004).

Die genannten Autoren schlagen aussagefähige Entscheidungsregeln für die konkrete Bestimmung vor, ob es sich um ein reflektives oder ein formatives Konstrukt handelt. Wir verweisen zur genaueren Betrachtung hierzu auf die Literatur (z.B. Jarvis/ MacKenzie/ Podsakoff 2003; Eberl 2004; Fassott 2006; Backhaus et al. 2008, S. 515 ff.; Hildebrandt/ Temme 2006, S. 618 ff.).

Das weitere methodische Vorgehen in einer empirischen Untersuchung ist also je nach vorliegendem Messmodell sehr unterschiedlich. Eine **Fehlspezifikation** des Messmodells in der Operationalisierung des hypothetischen Konstrukts kann dabei für die Güte der empirischen Ergebnisse des gesamten Strukturgleichungsmodells entscheidende Konsequenzen haben, auf die wir in den weiteren Erläuterungen des Prozesses der Konstruktvalidierung noch eingehen. EBERL spezifiziert zwei grundlegende Fehlermöglichkeiten, welche in Abbildung G-25 dargestellt sind. Der **Fehlertyp „R"** ist dadurch gekennzeichnet, dass der Forscher den reflektiven Ansatz zur Operationalisierung des Konstruktes wählt, es sich aber in der Realität um ein formatives Konstrukt handelt, also um eine latente Variable, die nur durch Indikatoren als Ursachengrößen aussagefähig bestimmt und gemessen werden kann. Bei der Operationalisierung von reflektiven Konstrukten werden bestimmte Gütekriterien angewendet, worauf wir im nächsten Prozessschritt genauer eingehen. So werden z.B. Items, die nicht hoch korrelieren, entfernt. Geht der Forscher so vor, dann würde er aus dem eigentlichen formativen Konstrukt Indikatoren nicht berücksichtigen. Handelt es sich aber um ein solches formative Messmodell, dann sind die einzelnen beobachtbaren Variablen wichtige inhaltliche Bestimmungsgrößen für die latente Variable, womit bei dem Weglassen dieser verursachenden Indikatoren die Validität des Konstruktes verschlechtert wird. Es verändert sich damit der konzeptionelle Inhalt des Konstruktes (vgl. Fassott 2006, S. 70; Albers/ Hildebrandt 2006, S. 13).

Realität	Im Messmodell operationalisiert	
	reflektiv	formativ
reflektiv	Kein Fehler	Fehlertyp „F"
formativ	Fehlertyp „R"	Kein Fehler

Die Gütekriterien der reflektiven Messmodelle, z.B. die Item-to-Item-Korrelation, würden keine Anwendung finden, womit die <u>interne Konsistenz des Konstruktes</u> gefährdet ist. Es kommt zur „Übermessung" des Konstruktes und im schlimmsten Fall zur inhaltlichen Verwässerung

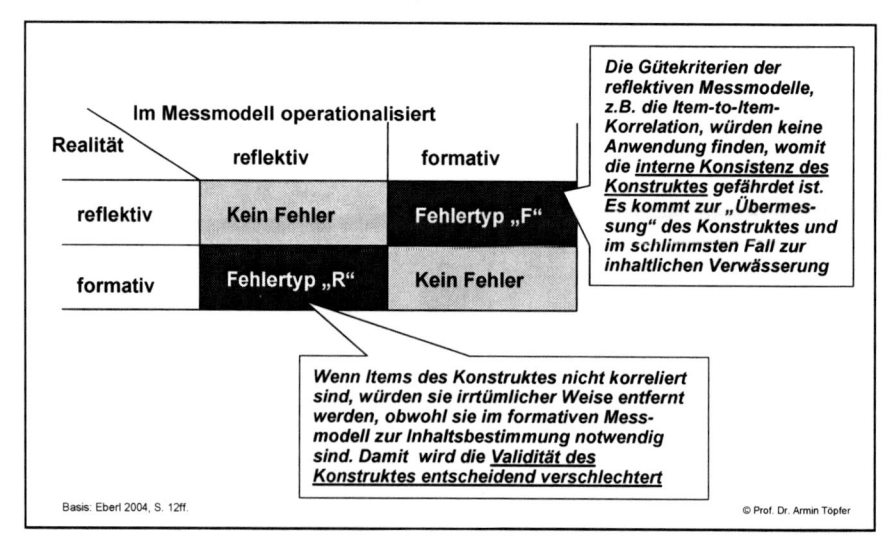

Wenn Items des Konstruktes nicht korreliert sind, würden sie irrtümlicher Weise entfernt werden, obwohl sie im formativen Messmodell zur Inhaltsbestimmung notwendig sind. Damit wird die <u>Validität des Konstruktes entscheidend verschlechtert</u>

Basis: Eberl 2004, S. 12ff. © Prof. Dr. Armin Töpfer

Abb. G-25: Spezifikationsfehler

Beim **Fehlertyp „F"** wird ein tatsächlich reflektives Konstrukt als formatives operationalisiert. Damit werden die Kriterien zur Bestimmung der Güte der reflektiven Indikatoren, auf die wir nachfolgend näher eingehen, nicht angewendet. Schließlich ist die interne Konsistenz gefährdet, weil z.B. Indikatoren, die nicht korrelieren, auch nicht entfernt werden, was zu einer „Übermessung" des Konstruktes führt. Mit anderen Worten bleiben in dem reflektiven Messmodell zu viele Indikatoren enthalten, die nur in einem formativen Messmodell berechtigt wären. Grundsätzlich muss eine Fehlspezifikation aber nicht zwangsläufig zu einer Verletzung der Gütekriterien führen. Das ist genau dann der Fall, wenn die formativen Indikatoren korreliert sind und als reflektives Messmodell betrachtet werden (vgl. Fassott 2006, S. 79).

Wenn Sie also Indikatoren und die damit verbundenen Itembatterien für Ihr **Messmodell** aus der Literatur übernehmen, dann müssen Sie **kritisch prüfen**, ob es sich um ein aus einem formativen oder aus einem reflektiven Messmodell resultierendes Konstrukt handelt, da hiermit unterschiedliche statistische Verfahren verbunden sind. Das gilt sowohl für die nationale als auch die internationale Forschung.

Das Ergebnis der theoretischen Herleitung und damit der Grobkonzeptualisierung und Operationalisierung (siehe Abb. G-23) ist die Formulierung eines vorläufigen Messmodells, d.h. die Präzisierung der Definition der Variablen und auf dieser Grundlage die Bestimmung der reflektiven oder formativen Indikatoren für die jeweiligen latenten Variablen.

Vor der eigentlichen **1. Datenerhebung** empfiehlt sich die Durchführung eines **Pretests** zur Eingrenzung und Präzisierung der Indikatoren. Dies dient der Überprüfung der Verständlichkeit und der Eindeutigkeit der einbezogenen Indikatoren. Für die Entwicklung eines Messmodells mithilfe der Indikatoren ist eine quantitative Analyse erforderlich, welche in mehreren Analyseschritten die auf den Indikatoren basierende Faktorenstruktur ermittelt. Qualitätskriterium ist die Messgüte des in der Entwicklung befindlichen Messmodells. Herangezogen werden hierzu die Gütekriterien Reliabilität (Zuverlässigkeit, Genauigkeit) und Validität (Gültigkeit) (vgl. Kap. G.II.3.).

In Abbildung G-26 ist zur eindeutigen Nachvollziehbarkeit der Nomenklatur noch einmal die zu Grunde gelegte Hierarchie der untersuchten Größen auf der definitorischen und klassifikatorischen Ebene wiedergegeben. Sie ist, wie angesprochen, wichtig, um das Ergebnis der theorieorientierten Konzeptualisierung in ein aussagefähiges und möglichst eindeutiges Messmodell im Rahmen der Operationalisierung zu überführen (vgl. Homburg/ Giering 1996, S. 5ff.).

In der **Untersuchungsstufe A** wird die **Gesamtmenge der Indikatoren** daraufhin untersucht, ob und welche Faktorstruktur sich im Rahmen einer explorativen Faktorenanalyse (A) erkennen lässt (vgl. Backhaus et al. 2008, S. 323 ff.).

In der **Untersuchungsstufe B** erfolgt eine **Einzelbetrachtung der Faktoren** des Konstruktes, die sich herausgebildet haben. Hierbei ist es jetzt wichtig, zwischen einem reflektiven oder formativen Messmodell zu unterscheiden, wobei sich die weiteren Erläuterungen vorrangig auf ein reflektives Messmodell beziehen und an wichtigen Stellen auf den formativen Ansatz zusätzlich eingegangen wird. Dabei wird zunächst die **Reliabilität der Messskala (B.1)** überprüft, also die Zuverlässigkeit der formalen Genauigkeit bei der Bestimmung der Merkmalsausprägung (vgl. Homburg/ Krohmer 2006, S. 255). Bei reflektiven Konstrukten wird zur Bestimmung der Reliabilität häufig das **Cronbachsche Alpha** herangezogen. Dabei gilt, dass je höher die Korrelation zwischen den Items ist, desto höher ist das Cronbachsche Alpha, wobei der Wert immer zwischen 0 und 1 liegt (vgl. Zinnbauer/ Eberl 2004, S. 6). In der Literatur wird häufig ein Mindestwert von 0,7 gefordert. Die **Item-to-Total-Korrelation** ist ebenfalls ein lokales Gütekriterium, welches die Korrelation zwischen einem Indikator und der Summe aller Indikatoren eines Faktors misst (vgl. Homburg/ Giering 1996, S. 8). Dieser Wert sollte mindestens 0,5 betragen.

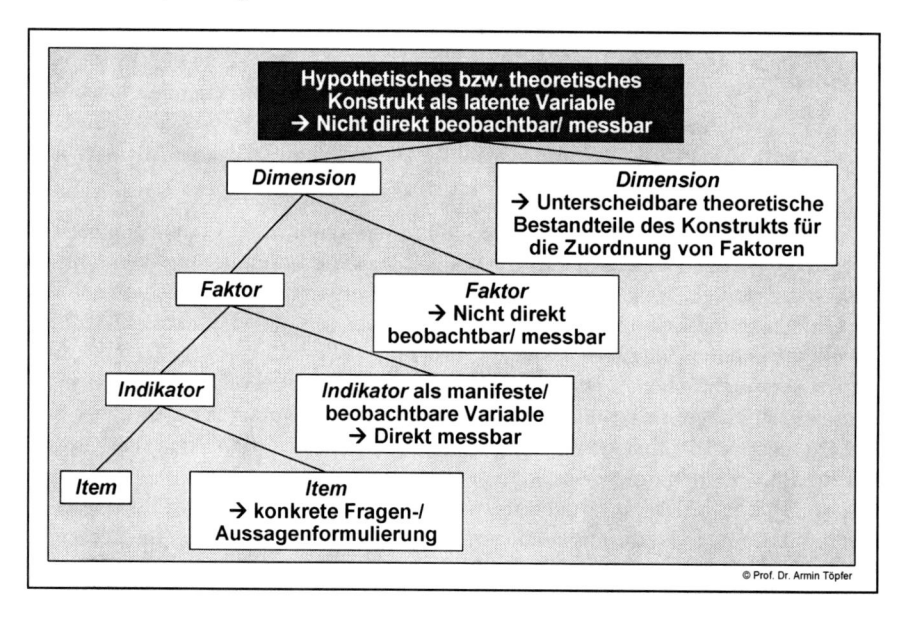

Abb. G-26: Operationalisierung als Hierarchie der untersuchten Größen

Um die Güte der Operationalisierung von formativen Konstrukten beurteilen zu können, stehen dem Forscher wenige geeignete statistische Verfahren zur Verfügung. Es können wiederum Experten befragt werden, ob die latente Variable vollständig durch die beobachtbaren Indikatoren erfasst wird. Zum anderen kann auf Messmodell-Ebene der Partial-Least-Squares (PLS)-Algorithmus angewendet werden, welchen wir am Ende dieses Unterkapitels erläutern (vgl. Zinnbauer/ Eberl 2004, S. 9).

Wir haben bereits in Unterkapitel G.IV.4. das Wesen der Faktorenanalyse erläutert. Sehr vereinfacht ausgedrückt, soll mit Hilfe einer Faktorenanalyse eine große Anzahl von Variablen auf wenige, diesen zu Grunde liegenden, aber nicht unmittelbar beobachtbare Faktoren verdichtet werden. Bei der **explorativen Faktorenanalyse (B.2)** wird die Faktorenstruktur ermittelt; a priori existiert sie vor der Anwendung dieses statistischen Verfahrens nicht, ggf. werden hierbei weitere

Variablen eliminiert. Von Bedeutung ist jetzt ein hinreichender Grad der **Konvergenzvalidität**. Sie besagt, dass Indikatoren, die demselben Faktor zugeordnet sind, auch tatsächlich dasselbe Konstrukt messen (vgl. Bagozzi/ Philips 1982, S. 468). Zu prüfen ist ferner, ob die Indikatorvariablen eines Faktors untereinander eine hinreichend starke Beziehung respektive Korrelation aufweisen (vgl. Hildebrandt 1998, S. 90 ff.). Dies gilt, wie wir bereits mehrfach erwähnt haben, generell nur bei reflektiven Messmodellen. Die Varianz der zugeordneten Indikatoren soll weitgehend durch diesen Faktor erklärt werden. Danach wird im nächsten Teilschritt das Konstrukt mit seinen verbliebenen Indikatoren einer **konfirmatorischen Faktorenanalyse (B.3)** unterzogen. Explizit setzt die Durchführung einer konfirmatorischen Faktorenanalyse das Vorliegen eines reflektiven Messmodells voraus (vgl. Backhaus et al. 2008, S. 522). Aus der Untersuchungsstufe B resultieren als Ergebnis dann einzelne Messmodelle für verschiedene Faktoren des Gesamtkonstruktes, die für sich allein genommen jeweils reliabel und valide sind (vgl. Borth 2004, S. 73 ff.). Bei einem mehrdimensionalen Konstrukt ist das in der Untersuchungsstufe B beschriebene Vorgehen zusätzlich von der Faktorenebene auf die Dimensionenebene zu übertragen.

In der **Untersuchungsstufe C** wird das **Gesamtmodell des Konstruktes** geprüft. Hierzu wird zunächst wieder eine **explorative Faktorenanalyse (C.1)** durchgeführt, um sicherzustellen, dass die verbliebenen Indikatoren noch immer die ermittelte Faktorenstruktur abbilden. Diese resultierende Faktorenstruktur wird einer **konfirmatorischen Faktorenanalyse (C.2)** unterzogen, wobei zur Beurteilung der Reliabilität und Validität Gütekriterien der 2. Generation herangezogen werden, die wir an späterer Stelle kurz ansprechen (vgl. Homburg/ Giering 1996, S. 13 f.). Im nächsten Teilschritt erfolgt die Untersuchung der **Diskriminanzvalidität (C.3)**. Sie bezieht sich auf die Unterscheidungsfähigkeit der Messmodelle, was konkret bedeutet, dass zwischen Indikatoren, die unterschiedlichen Faktoren zugeordnet sind, deutlich schwächere Beziehungen bestehen als zwischen Indikatoren, die zu demselben Faktor gehören (vgl. Homburg/ Giering 1996, S. 7). Danach werden in den letzten beiden Phasen die **Inhaltsvalidität (C.4)** und die **nomologische Validität (C.5)** des Konstruktes mithilfe vollständiger Kausalanalysen überprüft. Die Prüfung der **Inhaltsvalidität** kennzeichnet den Grad, in dem die Indikatoren eines Messmodells für den inhaltlich-semantischen Bereich des zu messenden Konstruktes repräsentativ sind und dadurch alle verschiedenen Bedeutungsinhalte der Facetten des Konstruktes abgebildet werden (vgl. Bohrnstedt 1970, S. 92). Die **nomologische Validität** gibt den Grad wieder, in dem sich das untersuchte Konstrukt in einen übergeordneten theoretischen Rahmen einordnen lässt. Dabei gilt, dass sich theoretisch vermutete Beziehungen zwischen dem betrachteten Konstrukt und anderen Konstrukten empirisch nachweisen lassen (vgl. Homburg/ Giering 1996, S. 7 f.).

Nach dieser quantitativen Analyse zur Operationalisierung des Konstruktes wird jetzt, um die Stichprobenunabhängigkeit des Messansatzes sicherzustellen, eine **2. Datenerhebung** empfohlen. Das Konstrukt wird dabei zunächst wiederum – auf der Basis der neuen Daten – bezogen auf seine Faktorenstruktur entsprechend der Prozessschritte in Untersuchungsstufe C analysiert. Eine abschließende **Kreuzvalidierung** dient dazu, anhand der 2. Stichprobe einen Vergleich mit alternativen Modellstrukturen vorzunehmen. Mit dem Ergebnis dieses gesamten Prozesses der Konzeptualisierung und der Operationalisierung eines hypothetischen Konstruktes kann also die Ausprägung der latenten Variablen bestimmt werden. Hiermit endet die Erläuterung von Abbildung G-23.

Die folgenden Ausführungen beziehen sich jetzt auf die Überprüfung des Kausalmodells, d.h. die empirische Analyse der Richtung und die Ermittlung der Stärke der Ursachen-Wirkungs-Beziehungen zwischen den latenten Variablen. Bei **Kausalanalysen** sind komplexe Modellstrukturen immer „einfacher" und aggregierter als die im Kapitel E bezogen auf die untersuchten Einfluss-, Ursachen- und Wirkungsgrößen generell ausgeführten Forschungsdesigns. Die Anwendung dieses speziellen statistischen Instrumentariums macht es erforderlich, die untersuchten Zusammenhänge und Wirkungsbeziehungen auf Struktur- und Messmodelle zu beschränken, wie sie in Abbildung G-22 bzw. sehr vereinfacht in Abbildung G-21 skizziert sind, wobei die gesamte Hypothesenstruktur in einem Forschungsprojekt allerdings durchaus komplexer als hiermit aufgezeigt sein kann.

Für Kausalanalysen existieren **eigenständige Auswertungsprogramme**, unter denen früher vor allem LISREL (Linear Structural Relationships) große Verbreitung gefunden hatte und das heute in seiner aktuellen Version 8.8 als Weiterentwicklung durch das Programmpaket AMOS (Analysis of Moment Structures) in seiner heutigen Version 16.0 ergänzt wird. Im Vergleich zu LISREL zeichnet sich AMOS durch eine einfachere Handhabung aus. Es wird mittlerweile exklusiv von SPSS – ein Tochterunternehmen von IBM und weltweit führender Anbieter von Predictive Analytics Software und Lösungen – vertrieben. Für das derzeit aktuelle deutschsprachige Statistikprogrammpaket IBM SPSS Statistics 18 ist also nur noch AMOS als Zusatzprogramm erhältlich. Die Überprüfung der aufgestellten und in Pfaddiagrammen abgebildeten Modell-/ Hypothesenstruktur basiert bei AMOS, wie früher bei LISREL, auf dem Instrumentarium der Faktoren- sowie der multiplen Regressionsanalyse.

Das Ziel besteht darin, kausale Abhängigkeiten zwischen bestimmten Merkmalen bzw. Variablen zu untersuchen. Vor der Anwendung dieses statistischen Verfahrens sind hierbei intensive hypothetisch-deduktive Überlegungen (modell-)theoretischer Art über die Beziehungen zwischen den Variablen anzustellen, um auf diese Weise ein Strukturgleichungsmodell zu entwerfen, wie wir es in der Grundstruktur ausgeführt haben. Die Erkenntnisorientierung steht dabei deutlich im Vordergrund und damit kommt den vor-statistischen Überlegungen die bedeutendere Rolle zu. Eigentlich gilt diese Forderung, wie wir in Kapitel C.II.4. ausgeführt haben, generell für die Anwendung jedes statistischen Instrumentes. Bei Kausalanalysen wird sie aber zwingend notwendig.

Kausalanalysen sind grundsätzlich „Hypothesen getrieben". Als Basis für das Strukturgleichungsmodell ist vorab immer ein theoretisch fundiertes Hypothesensystem zu entwerfen, das mithilfe der Kausalanalyse daraufhin überprüft wird, ob sich die theoretisch aufgestellten Beziehungen anhand des verfügbaren Datenmaterials empirisch bestätigen lassen. Mit diesem Hypothesen prüfenden Verfahren werden also grundsätzlich konfirmatorische Analysen durchgeführt. Die Besonderheit dieser Strukturgleichungsmodelle liegt darüber hinaus darin, dass bei ihrem Einsatz auch Beziehungen zwischen latenten, also nicht direkt beobachtbaren Variablen überprüft werden können.

Kausalanalysen auf der Basis von Strukturmodellen entsprechen, wie in Kapitel E.I.2. nach der Klassifikation von FRITZ eingeordnet, dem konfirmatorisch-explikativen Forschungsdesign bzw. im Hinblick auf eine erweiterte Erkenntnisgewinnung dem exploratorisch-explikativen Forschungsdesign. Der hierbei verwendete Begriff „explikativ" entspricht in unserer Nomenklatur dem Begriff „explanatorisch" mit dem Ziel der Erklärung und nicht nur der Erläuterung. Als Hypothesenarten können damit neben Zusammenhangs- vor allem Wirkungshypothesen empirisch überprüft werden.

Die 6 generellen Prozessschritte einer Kausalanalyse, die wesentliche Reliabilitäts- und Validitätskriterien der 2. Generation beinhalten, sind in Abbildung G-27 aufgelistet (vgl. Backhaus et al. 2006, S. 355 ff.; Homburg/ Giering 1996, S. 8 ff.).

Ablaufschritte einer Kausalanalyse

1. Hypothesenbildung
2. Pfaddiagramm und Modellspezifikation
3. Identifikation der Modellstruktur
4. Parameterschätzungen
5. Beurteilung der Schätzergebnisse
6. Modifikation der Modellstruktur

Quelle: Backhaus et al. 2006, S. 357

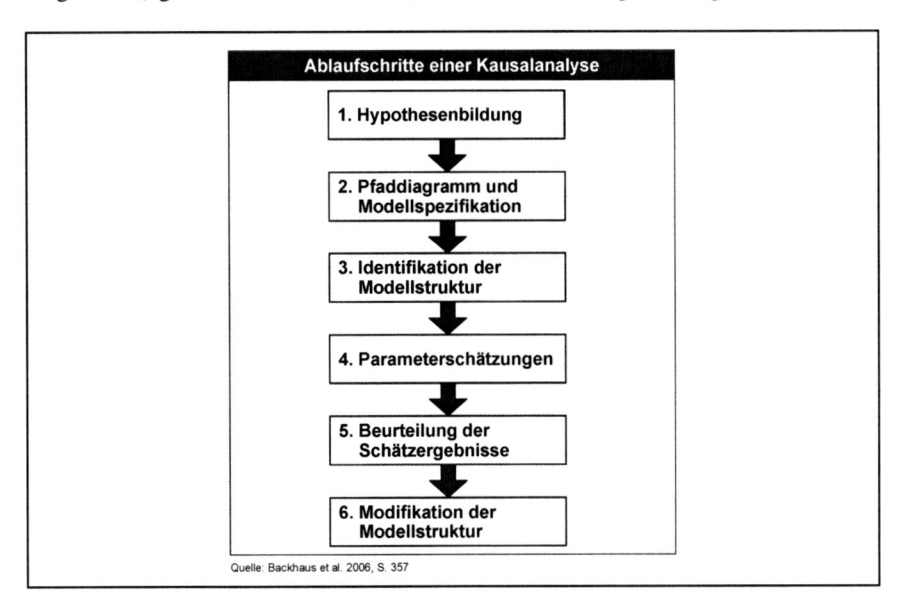

Abb. G-27: Prozessschritte einer Kausalanalyse

Der **1. Schritt** konzentriert sich auf die bereits angesprochene Hypothesenbildung, die auf der Basis theoretischer Überlegungen erfolgt, um im Rahmen des Strukturgleichungsmodells dann empirisch überprüft zu werden. Im **2. Schritt** wird ein Pfaddiagramm erstellt, in dem die Modellstruktur spezifiziert wird. Die Empfehlung, das Hypothesensystem mit häufig komplexen Ursachen-Wirkungs-Beziehungen grafisch zu verdeutlichen, entspricht der in diesem Forschungs-Leitfaden formulierten Philosophie einer ständigen Visualisierung komplexer Sachverhalte. Das Programmpaket AMOS, das zur Schätzung der Modellparameter einzusetzen ist, unterstützt die grafische Abbildung eines Pfaddiagramms.

Im **3. Schritt** wird dann die Modellstruktur identifiziert. Dies passiert in der Weise, dass die in Matrizengleichungen formulierten Hypothesen anhand der empirischen Daten ausreichend mit Informationen untersetzt sind, um die unbekannten Parameter möglichst eindeutig zu bestimmen.

Der **4. Schritt** mit den Parameterschätzungen setzt voraus, dass im 3. Schritt ein Strukturgleichungsmodell identifiziert wurde. AMOS stellt dem Forscher dafür verschiedene Methoden zur Verfügung in Abhängigkeit von unterschiedlichen Annahmen. Im **5. Schritt** erfolgt die Beurteilung der Schätzergebnisse, welche die Prüfung zum Gegenstand hat, wie gut sich die Modellstruktur auf der Basis der bei AMOS verfügbaren Prüfkriterien an den empirischen Datensatz anpasst. Der **6. Schritt**, die Modifikation der Modellstruktur, bezweckt, das Modell auf der Basis der beurteilten Parameterschätzungen so weiterzuentwickeln, dass sich die ermittelten Prüfkriterien verbessern. Dabei kann zugleich eine so starke Veränderung der Modellstruktur erfolgen, dass die Kausalanalyse nicht mehr konfirmatorisch ist, sondern explorativ ausgestaltet wird, um modifizierte oder sogar neue Hypothesen zu entwickeln. Die modifizierten Hypothesen sind allerdings nicht das Ergebnis eines Entdeckungsprozesses auf der Basis theoretisch-hypothetischer Überlegungen. Vielmehr sind sie das Resultat der empirischen Datenanalyse. Die theoretische Begründung kann hier deshalb nur im Nachhinein erfolgen.

Die Grundstruktur eines Kausalmodells soll inhaltlich kurz an dem von uns eingeführten einfachen **LOHAS-Beispiel** erläutert werden. Bezogen auf die gesundheitlich und ökologisch ausgerichtete Konsumentengruppe interessiert z.B. im Hinblick auf vermutete Kausalbeziehungen, ob die Einstellung gegenüber Bio-Produkten und Öko-Geräten das Kaufverhalten bestimmt, was innerhalb der Aufstellung eines Struktur- bzw. in diesem Fall eines Kausalmodells berücksichtigt würde. Durch das Strukturgleichungsmodell wären dann diese beiden latenten Variablen im Rahmen einer erforderlichen Operationalisierung mit Mess-Indikatoren im Messmodell zu unterlegen. Von zentralem Interesse könnte jetzt sein, die Stärke der generellen Einstellung gegenüber Umweltschutz und nachhaltigem Wirtschaften respektive Handeln im Vergleich zu anderen wichtigen Wertvorstellungen aufzudecken und zusätzlich z.B. an den früheren Erfahrungen mit anderen ökologischen Produkten als Mediatorvariable und an der aktuellen Einkommenssituation als Moderatorvariable in ihrer Bedeutung zu spiegeln. Hieraus ließe sich der Grad der Priorisierung entsprechenden Handelns ableiten. Konkret umgesetzt sowie direkt und indirekt messbar wäre auf dieser Grundlage von Interesse, in welchem Ausmaß dann ökologisch verträgliche Produkte gekauft werden.

Neben diesem Strukturgleichungsmodell aus Kundensicht ist aus Unternehmenssicht die Konzeptualisierung eines 2. Strukturgleichungsmodells von Bedeutung, das – basierend auf der Philosophie des nachhaltigen Wirtschaftens im Unternehmen – die konkrete Umsetzung dieser Wertvorstellung in der Produktentwicklung und der weiteren Wertschöpfung bis zur Vermarktung abbildet. Mit diesem Fokus sind dann die Marketing-Instrumente zu gestalten und einzusetzen. Zu messen ist anschließend, ob und in welchem Maße diese Kundenorientierung und die kommunizierten Botschaften beim Adressaten eine hohe Resonanz finden, Produktverkäufe stimulieren und als „letzte Wirkung" einen positiven Beitrag zum Unternehmenserfolg bewirken.

Wie vorstehend bereits angesprochen, kann die ursprüngliche Konzeptualisierung eines Forschungsprojektes in einem Forschungsdesign für die empirische Prüfung auf der Basis eines Strukturgleichungssystems im Rahmen von Kausalanalysen zu umfassend und vielschichtig sein. Deshalb ist es zweckmäßig, sich aus Praktikabilitätsgründen über Aggregationen auf einen Teil der Ursachen-Wirkungs-Beziehungen zu beschränken. Die wissenschaftlichen Fragestellungen werden in ihrer Differenzierung dadurch reduziert und im Beziehungsgefüge kompakter. Aus einem erarbeiteten Forschungsdesign können dann immer auch nur Teile eines gesamten und i.d.R. komplexeren Forschungsprojektes in Kausalanalysen abgebildet und damit empirisch untersucht werden.

Es ist unbestritten, dass derartige Kausalmodelle einen Fortschritt in der Konzeptualisierung und Operationalisierung von wissenschaftlich interessierenden Phänomenen bewirken. Vielleicht werden sie gegenwärtig aber vor dem Hintergrund der Rigour and Relevance-Anforderung und -Diskussion (vgl. hierzu auch Sureth 2007) in ihrer Aussage- und Leistungsfähigkeit überschätzt. Es kann sein, dass die häufige und eher noch zunehmende Anwendung dieser Strukturgleichungsmodelle aus der Sehnsucht des Wirtschafts- und Sozialwissenschaftlers nach quantitativen bzw. zumindest quantifizierbaren Ergebnissen und Erkenntnissen seiner Forschungsbemühungen herrührt. Hierdurch soll möglicherweise – konzeptionell und instrumentell untermauert – der Nachteil rein qualitativer Analysen gegenüber den eindeutiger quantitativen Resultaten der Forschung von Naturwissenschaftlern oder Ingenieurwissenschaftlern ausgeglichen werden.

Die Aussagefähigkeit von Kausalmodellen ist – trotz ihrer Aktualität und Bedeutung – zusätzlich insofern zu relativieren, als sie, unabhängig von einer formativen oder reflektiven Messung, zuvor theoretisch-gedanklich zu konzipieren sind. Die gängige Anwendungssoftware erlaubt auch hier wieder zu schnell den „kurzen Weg", also nach mehr oder weniger unbegründeten Annahmen vermutete kausale Modelle einfach einmal „auszuprobieren". Die Anwendung von Strukturgleichungsmodellen ist deshalb nicht ohne kritische Stimmen geblieben.

Eindeutige **Kritik an Kausalmodellen** hat HERMANN SIMON vor dem Hintergrund des Rigour and Relevance-Konzeptes geübt. Aus seiner Sicht sind die Anwendungsbereiche von Kausalanalysen relativ eingeschränkt. Damit verbunden sind die Anforderung einer hohen Methodenkompetenz, ein erheblicher Aufwand für die Vorbereitung und Durchführung der Kausalanalyse und hohe Anforderungen in Bezug auf Auswahlverfahren und Skalen. Gleichzeitig erscheint die Generalisierbarkeit der Ergebnisse fraglich, was die Verwertbarkeit für die Praxis einschränkt und der Analysemethode sowie ihren Ergebnissen vorwiegend einen akademischen Wert zuweist; die Ergebnisse sind aus seiner Sicht im Allgemeinen plausibel, häufig aber auch recht banal (vgl. Simon 2008, S. 81 ff.).

Wir haben die **Rigour-Relevance-Klassifikation** in Abbildung C-5 in Kapitel C.I.2. bereits dargestellt. Von ANDERSON/ HERRIOT/ HODGKINSON werden, wie erinnerlich, in einer Matrix die beiden Dimensionen „Methodische Strenge und Exaktheit" (Rigour) und „Praktische Bedeutung und Verwertbarkeit" (Relevance) gegenübergestellt (vgl. Anderson/ Herriot/ Hodgkinson 2001, S. 391 ff.).

Das Ziel fortschrittlicher Forschungsmethoden und -konzepte ist eine hohe Ausprägung in beiden Dimensionen, also eine große wissenschaftliche Genauigkeit (Rigour) bei gleichzeitig hohem praktischem Nutzen (Relevance) (vgl. Pettigrew 1997, S. 277 ff.), welche von ANDERSON et al. als „Pragmatic Science" bezeichnet wird.

SIMON ordnet die „Rigour" von Kausalanalysen hoch ein und die „Relevance" hingegen niedrig. Im Vergleich dazu kennzeichnet er die „Relevance" von Conjoint-Analysen als hoch und ihre „Rigour" als mittel. Letztere nehmen in seiner Klassifikation damit eine vergleichsweise bessere Ausprägung ein (vgl. Simon 2008, S. 73 ff.).

SIMON steht mit dieser Kritik an dem existierenden Graben zwischen Theorie und Praxis nicht alleine. Gerade für die Betriebswirtschaftslehre als praktisch-normative Wissenschaft, die also theoretisch basierte Konzeptionen entwickelt, welche mit praktischem Nutzen in der Realität umgesetzt werden können, ist dieser Anspruch einer Harmonisierung des theoretischen und pragmatischen Wissenschaftsziels wichtig und zielführend. Allerdings ist die Forderung nach wissenschaftlicher Qualität (Rigour) und gleichzeitiger Relevanz für die Praxis (Relevance) bisher häufig nicht erfüllt worden. Dies wird gleichermaßen nicht nur in Europa, sondern auch in den USA beklagt, wobei die Gefahr gegeben zu sein scheint, dass sich der Graben eher weiter vertieft (vgl. Aram/ Salipante 2003, S. 189 ff.; Andriessen 2004, S. 393 ff.; Nicolai 2004, S. 99 ff.; Kieser/ Nicolai 2005, S. 275 ff.). Dies birgt eindeutig das Risiko praktischer Irrelevanz in sich.

Wenn eine Wissenschaftsdisziplin eine positive Entwicklung – sowohl in Bezug auf die Forschungsförderung durch wissenschaftliche Institutionen und durch die Unternehmenspraxis als auch in Bezug auf die Attraktivität für den wissenschaftlichen Nachwuchs und die Nachfrage durch Studierende – vor sich haben will, dann ist es von zentraler Bedeutung, die Erklärungsfunktion der Theorie mit der Gestaltungsfunktion der Technologie stärker und vor allem besser zu verzahnen (vgl. Kieser/ Nicolai 2003, S. 589 ff.; Meffert 1998, S. 709 ff.; Oesterle 2006, S. 307 ff.). Dabei geht es also darum, den Ansprüchen an Wissenschaftlichkeit und an praktische Verwertbarkeit gleichermaßen zu genügen (vgl. Hodgkinson/ Harriot/ Anderson 2001, S. S41 ff.; Simon 2008, S. 73 ff.).

In Europa wird diese Forderung durch den Bologna-Prozess in Zukunft eher verstärkt werden, da in einem zunehmenden Wettbewerb zwischen Hochschulen und um qualifizierte Studierende die Evaluation der Lehrenden ein regelmäßiger, periodisch durchgeführter Prozess sein wird. Dabei wird neben der Fähigkeit zu theoriegeleiteter Forschung (Rigour) auch die praktische Relevanz und damit die verstärkte anwendungsorientierte Wissensvermittlung (Relevance) ein wesentliches Bewertungskriterium sein (vgl. Hasan 1993, S. 47 ff.; Oesterle 2006, S. 307 ff.; Zell 2005, S. 271 ff.), um möglichst viele Stakeholder, sowohl in der Academia als auch in der Unternehmenspraxis, zu erreichen. Genau dieser Aspekt der **anwendungsorientierten Wissensvermittlung** ist aber auch für die Studierenden von Bedeutung und ein wichtiges Entscheidungskriterium für die Wahl ihrer Universität.

Hierbei darf jedoch nicht übersehen werden, dass zwischen der Wissenschaftlichkeit und der praktischen Verwertbarkeit, also zwischen Rigour und Relevance, bisher eine „natürliche" Konkurrenzbeziehung und damit ein „Trade-off" besteht (vgl. Nicolai 2004, S. 99 ff.; Kieser/ Nicolai 2003, S. 589 ff.). HERBERT A. SIMON hat diese Beziehung bereits 1976 wie das Verhältnis von Öl und Wasser bezeichnet. Wenn sie für sich allein gelassen werden, dann werden sie sich immer wieder voneinander trennen (vgl. Simon 1976, S. 338).

Dabei ist eines klar: Ein komplexes Forschungsdesign lässt sich nicht ganzheitlich und umfassend in einer Kausalanalyse mit den Strukturgleichungsmodellen abbilden. Diese Forschungsmethode macht eine Reduzierung auf eine begrenzte Anzahl von Haupteinflüssen in Form von Ursachen respektive Mediator- und Moderatorvariablen zur Erklärung von Wirkungsgrößen erforderlich. Trotz aller Detailkritik nehmen Kausalanalysen einen nicht zu übersehenden Stellenwert in der akademischen Forschung ein, insbesondere auch zur Qualifizierung des akademischen Nachwuchses und als dessen Nachweis der Methodensicherheit. Wenn eine Kausalanalyse grundsätzliche Ursachen-Wirkungs-Beziehungen mit einem reduzierten Design erforscht und danach durch andere wissenschaftliche Analysen, die eine differierende Ausrichtung bei gleichzeitiger Praxisrelevanz aufweisen, wie Cluster- und Diskriminanzanalysen sowie vor allem auch Conjoint-Analysen, separat ergänzt wird, dann ist dies keine Stand-alone-Anwendung mehr und erweitert im Kontext der Methoden sowohl den Erkenntnisfokus als auch die praktische Verwertbarkeit der Ergebnisse.

Vor diesem Hintergrund wird im Folgenden noch eine neuere **Anwendung der Kausalanalyse** zur Aufdeckung latenter Variablen kurz referiert, die zeigt, dass sich hierdurch zusätzliche quantifizierte Erkenntnisse gewinnen lassen. Sie bezieht sich auf die Rolle des marktorientierten Personalmanagements im Rahmen der Umsetzung marktorientierter Strategien und wurde von RUTH STOCK-HOMBURG durchgeführt (vgl. Stock-Homburg 2008, S. 124 ff.).

Der Analyse wurden **2 forschungsleitende Fragen** zu Grunde gelegt: Wirkt sich die Marktorientierung der Strategie primär direkt oder indirekt (über die Marktorientierung des Personalmanagements) auf den Markterfolg von Unternehmen aus? Und: Wie bedeutend sind marktorientierte Personalmanagement-Systeme im Vergleich zur marktorientierten Mitarbeiterführung für den Markterfolg von Unternehmen? Im Kern geht es also um die Analyse der internen Verankerung marktorientierter Strategien im Personalmanagement. Das Personalmanagement wird damit als mediierende Variable des Zusammenhangs zwischen der Strategie und dem Unternehmenserfolg untersucht. Der Erkenntniszugewinn durch die Beantwortung der 2. Frage liegt in der generellen Bewertung der Erfolgsbeiträge bzw. -wirkungen durch die Gestaltung der Personalmanagement-Systeme und der Mitarbeiterführung. Der Erkenntniswert für die theoretische Forschung besteht in der Analyse dieser Erfolgsfaktoren. Damit verbunden ist der Erkenntniswert für die Unternehmenspraxis, der in der Bewertung der Personalmanagement-Systeme und der Mitarbeiterführung für die Umsetzung marktorientierter Strategien gegeben ist (vgl. Stock-Homburg 2008, S. 125 ff.).

Nachdem die relevante Literatur systematisch ausgewertet und in einer synoptischen Darstellung der Ursachen-Wirkungs-Beziehung zusammengefasst wurde, wird der **Konfigurationsansatz** (siehe Abb. G-28) als konzeptioneller Rahmen für die empirische Untersuchung in einen **integrativen Bezugsrahmen** des marktorientierten Personalmanagements (siehe Abb. G-29) überführt.

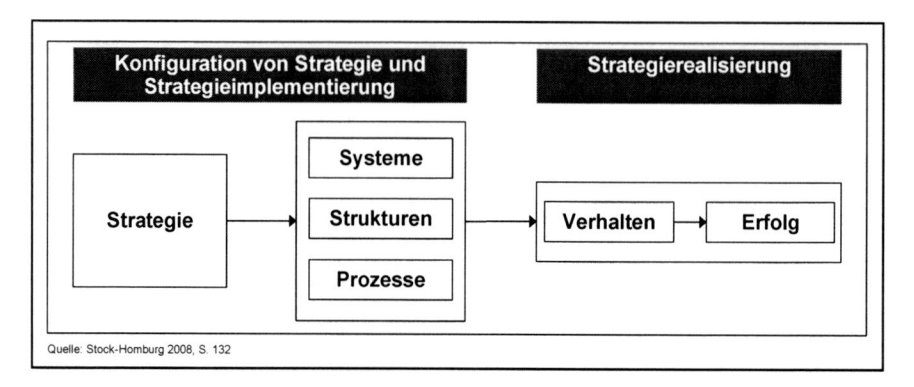

Abb. G-28: Erfolgsauswirkungen der Strategie nach dem Konfigurationsansatz

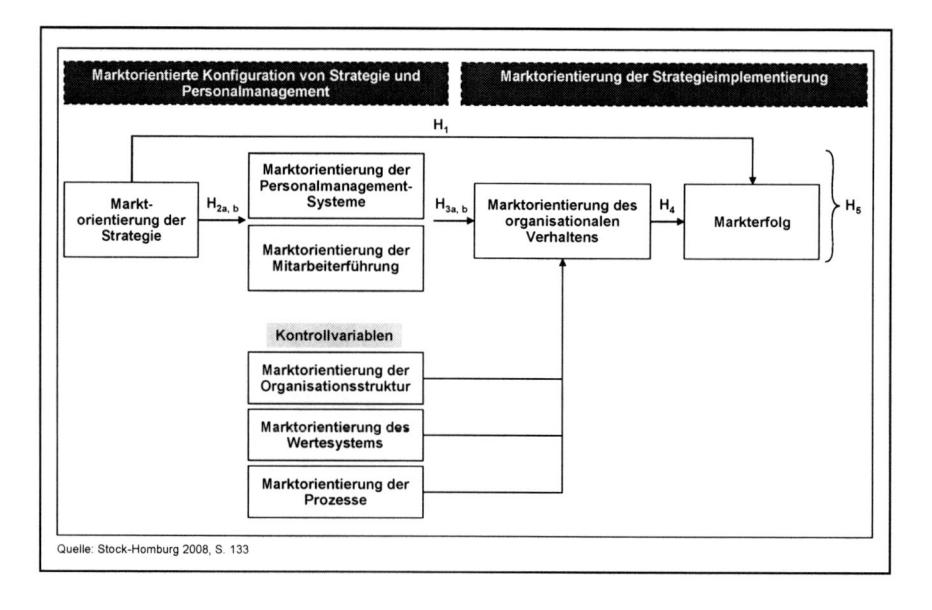

Abb. G-29: Integrativer Bezugsrahmen des marktorientierten Personalmanagements

Das Forschungsdesign in Abbildung G-29 ist differenziert in den auf das Personalmanagement ausgerichteten erweiterten Ursachenbereich und 3 Kontrollvariablen. Zum 1. Teil werden eine Reihe von Hypothesen formuliert (H1 bis H5) (vgl. Stock-Homburg 2008, S. 131 ff.). Für die Datenerhebung und Konstruktmessung erfolgt eine Operationalisierung der Messgrößen. Für die Überprüfung der Validität der Konstruktmessung werden die Methoden der explorativen und der konfirmatorischen Faktorenanalyse mit LISREL VIII eingesetzt und bezogen auf die Datenqualität diskutiert (vgl. Stock-Homburg 2008, S. 133 ff.).

Zur Überprüfung der Hypothesen wird eine Kausalanalyse durchgeführt mit der Differenzierung in direkte und indirekte Effekte der Marktorientierung der Strategie. In Abbildung G-30 sind die Ergebnisse dieser Dependenzanalysen wiedergegeben. Die formulierten Hypothesen können auf dieser Basis im Hinblick auf ihr Bestätigungsniveau überprüft und bewertet werden. Auf die Hypothesen und die Diskussion ihrer empirischen Bestätigung wird hier nicht näher eingegangen, sondern auf die Originalquelle verwiesen (vgl. Stock-Homburg 2008, S. 141 ff.).

Anmerkung: *** =p<0,01; ** =p<0,05; * =p<0,1; Angabe standardisierter Parameterschätzer
Striche an Konstrukten stehen für die Anzahl der Indikatoren im konfirmatorischen Messmodell

Quelle: Stock-Homburg 2008, S. 142

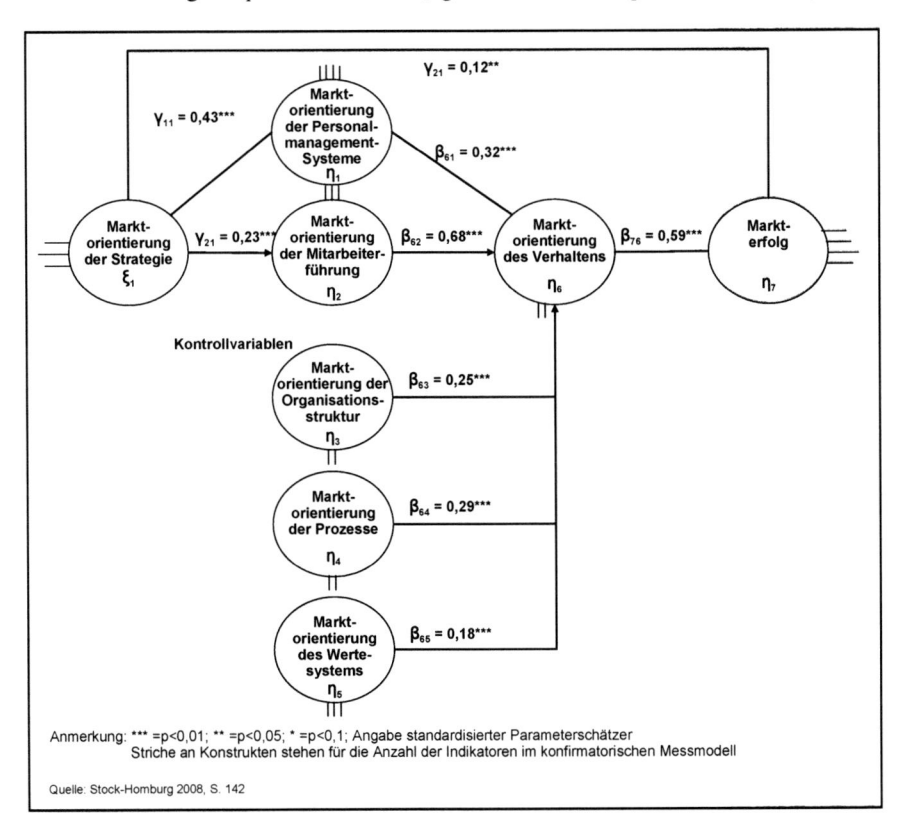

Abb. G-30: Ergebnisse der Dependenzanalysen

Bezogen auf die beiden eingangs formulierten Forschungsfragen lassen sich folgende **Ergebnisse** kurz resümieren, die in Abbildung G-30 nachvollziehbar sind: Die marktorientierte Gestaltung des Personalmanagements spielt eine zentrale Rolle im Rahmen der marktorientierten Unternehmensführung; sie ist ein Bindeglied zwischen der marktorientierten Strategie und den marktorientierten Verhaltensweisen. Dabei wirkt sich die Marktorientierung der Mitarbeiterführung deutlich stärker auf das organisationale Verhalten aus als die Marktorientierung der Personalmanagement-Systeme. Führungskräfte haben damit eine zentrale Funktion bei der Realisierung der Marktorientierung von Unternehmen. Bezogen auf die Kontrollvariablen geht der stärkste Effekt von der Marktorientierung der Prozesse aus, der jedoch geringer ist als die Effekte der marktorientierten Mitarbeiterführung und der marktorientierten Gestaltung der Personalmanagement-Systeme (vgl. Stock-Homburg 2008, S. 143 ff.).

Einen weiteren Ansatz zur praxisnäheren Anwendung von Kausalanalysen stellt die 2001 entwickelte NEUSREL-Methode dar, welche die Gruppe von Kausalanalysen **"Universal Structural Modeling"** (USM) begründete. USM wird in zwei wesentlichen Schritten durchgeführt. Im ersten Schritt werden die manifesten Variablen des Messmodells mit einer Hauptkomponentenanalyse zu wenigen latenten Variablen verdichtet. Im zweiten Schritt der Analyse des Strukturmodells werden die Beziehungen zwischen den latenten Variablen untersucht. Hierfür wird für jede der Variablen ein spezielles künstliches neuronales Netz trainiert, um ihren Einfluss auf andere Variablen zu analysieren, wobei irrelevante Wirkungspfade gestrichen werden können. Mit diesem Verfahren können im Gegensatz zur klassischen Kausalanalyse auch bislang unbekannte Wirkungspfade aufgedeckt sowie nichtlineare Beziehungen zwischen latenten Variablen berücksichtigt werden. Zum Einsatz kommt die NEUSREL-Methode im gleichnamigen Softwarepaket, welches auf der weit verbreiteten Mathematiksoftware "Mathematica" aufbaut.

Zum Schluss dieses ausführlichen Unterkapitels gehen wir noch kurz auf das **Partial-Least-Squares (PLS)-Verfahren** ein, das auf der Methode der Kleinsten Quadrate basiert. Zum einen können durch dieses Verfahren, wie wir es bereits erwähnt haben, auf Messmodellebene Rückschlüsse auf die Operationalisierungsgüte von formativen Konstrukten gezogen werden. Zum anderen erlaubt der PLS-Algorithmus ebenso die Auswertung des Strukturmodells. Es ist ein varianzbasiertes Auswertungsverfahren von Kausalmodellen. Das PLS-Verfahren verfolgt das Ziel, die empirische Ausgangsdatenmatrix möglichst gut zu replizieren bei Minimierung der Messfehler des Modells (vgl. Weiber/ Mühlhaus 2010, S. 63). Anders ausgedrückt bedeutet dies, dass der PLS-Ansatz die Varianz der abhängigen (endogenen) Variablen, die durch die unabhängigen (exogenen) Variablen erklärt wird, maximiert (vgl. Haenlein/ Kaplan 2004, S. 290).

Grundlage des PLS-Verfahrens ist ebenfalls das Strukturgleichungsmodell, wie wir es in Abbildung G-22 ausführlich und in Abbildung G-21 schematisch dargestellt haben. Wichtig ist hierbei wiederum die Unterscheidung in ein Messmodell und ein Strukturmodell. Hinzu kommt allerdings die Gewichtung der einzelnen latenten Variablen (vgl. Haenlein/ Kaplan 2004, S. 290). Die grundlegende Vorgehensweise des PLS-Ansatzes haben wir in Abbildung G-31 skizziert.

Das PLS-Verfahren schätzt sukzessive in 2 Schritten. Im **1. Schritt** werden für jeden Fall, d.h. für jeden Probanden bzw. Befragten, konkrete Werte, so genannte Konstruktwerte, für die latenten Variablen bestimmt. Dieser Schritt bezieht sich also auf die **Messmodelle**. Wir erinnern uns, dass die latenten Variablen nicht beobachtbar sind und damit über geeignete beobachtbare und dadurch direkt messbare Indikatoren erfasst werden müssen. Das Ziel in diesem ersten Schritt besteht darin, möglichst valide Konstruktwerte für die jeweilige latente Variable zu generieren. Eine grundlegende Annahme des PLS-Verfahrens ist, dass diese Konstruktwerte als exakte Substitute für die tatsächlichen Werte verwendet werden. Dafür bezieht das PLS-Verfahren Informationen aus beiden Modellen, nämlich sowohl aus dem Messmodell als auch aus dem Strukturmodell (vgl. Weiber/ Mühlhaus 2010, S. 60). Der iterative Schätzalgorithmus vollzieht sich dabei wiederum in 2 Stufen, wobei zunächst das Messmodell (innere Schätzung) und dann das Strukturmodell (äußere Schätzung) geschätzt werden.

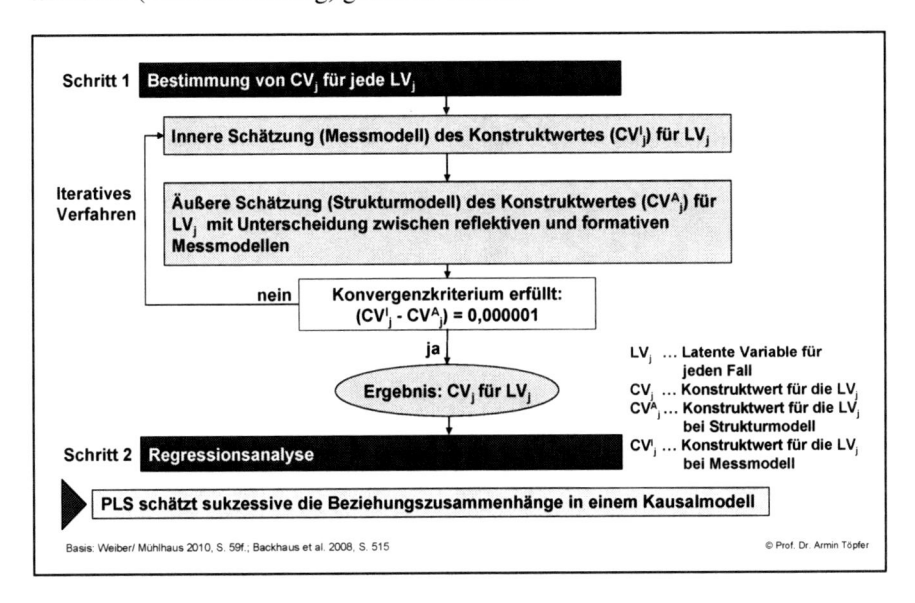

```
Schritt 1   Bestimmung von CV_j für jede LV_j
                            ↓
            Innere Schätzung (Messmodell) des Konstruktwertes (CV^I_j) für LV_j
Iteratives
Verfahren   Äußere Schätzung (Strukturmodell) des Konstruktwertes (CV^A_j) für
            LV_j mit Unterscheidung zwischen reflektiven und formativen
            Messmodellen
                            ↓
            nein    Konvergenzkriterium erfüllt:
                    (CV^I_j - CV^A_j) = 0,000001
                            ↓ ja
                    Ergebnis: CV_j für LV_j         LV_j  ... Latente Variable für
                                                          jeden Fall
Schritt 2   Regressionsanalyse                      CV_j  ... Konstruktwert für die LV_j
                                                    CV^A_j ... Konstruktwert für die LV_j
                                                          bei Strukturmodell
            ▶ PLS schätzt sukzessive die Beziehungszusammenhänge in einem Kausalmodell
                                                    CV^I_j ... Konstruktwert für die LV_j
                                                          bei Messmodell
Basis: Weiber/ Mühlhaus 2010, S. 59f.; Backhaus et al. 2008, S. 515     © Prof. Dr. Armin Töpfer
```

Abb. G-31: Schematische Vorgehensweise des PLS-Verfahrens

Auf dieser Grundlage können dann im **2. Schritt** die Größen für das **Strukturmodell** geschätzt werden, wobei zunächst die Pfadkoeffizienten und dann entsprechende Größen der Regressionsbeziehung bestimmt werden. Bei der Regressionsanalyse, die wir bereits in Unterkapitel G.IV.3. näher ausgeführt haben, werden die endogenen Variablen als abhängige Variablen formuliert und die exogenen Variablen, also die, die die endogenen Variablen im Modell erklären, als unabhängige Variablen deklariert (vgl. Backhaus et al. 2008, S. 515; Weiber/ Mühlhaus 2010, S. 58ff.).

Für weiterführende Betrachtungen hinsichtlich der konkreten Berechnungen verweisen wir auf die Fachliteratur (z.B. Weiber/ Mühlhaus 2010, S. 58ff.; Haenlein/ Kaplan 2004).

Im Vergleich zu den Schätzungen mittels der Maximum-Likelihood-Methode (z.B. durch AMOS und LISREL) ist das PLS-Verfahren weniger anfällig gegenüber falsch spezifizierten Modellen (vgl. Albers/ Hildebrandt 2006, S. 17). Die PLS-Methode stellt weniger restriktive Anforderungen an das zu Grunde gelegte Datenmaterial. Zum Beispiel müssen die Daten keiner speziellen Verteilung (z.B.

Normalverteilung) unterliegen, da das PLS-Verfahren auf dem Regressionsprinzip basiert. Des Weiteren können die Daten nominal-, ordinal- und auch intervallskaliert sein (vgl. Haenlein/ Kaplan 2004, S. 291). Auf die unterschiedlichen Skalenniveaus sind wir in Kapitel G.II.2. bereits eingegangen. Daneben kann dieses statistische Verfahren auch für weniger große Stichproben eingesetzt werden (vgl. Albers/ Hildebrandt 2006, S. 15f.; Weiber/ Mühlhaus 2010, S. 63f.). Insgesamt müssen aber die Anforderungen, wie sie bei der Anwendung einer linearen Regressionsanalyse gefordert werden, erfüllt sein. Ebenso ist es für die Robustheit der Ergebnisse wichtig, dass die latenten Variablen durch eine hohe Anzahl von Indikatoren definiert sind. Umso höher diese ist, desto stabiler sind die Ergebnisse des PLS-Verfahrens, wenngleich die Anzahl aus theoretischer und forschungsökonomischer Perspektive nicht zu groß sein sollte (vgl. Haenlein/ Kaplan 2004, S. 293). Es gibt mittlerweile eine Vielzahl von computerbasierten Auswertungssystemen für die PLS-Methode, z.B. PLS-graph, PLS-GUI, SmartPLS und SPAD-PLS (vgl. Albers/ Hildebrandt 2006, S. 26).

V. Hypothesentests: Signifikanztests zur Überprüfung statistischer Hypothesen anhand von Stichprobenergebnissen

Wie bereits im Unterkapitel G.II.4. ausgeführt wurde, basiert die beurteilende bzw. schließende oder induktive Statistik immer auf Stichproben. Daraus resultieren 2 generelle Anforderungen:

- Zum einen, dass die **Repräsentativität** in der Weise gegeben ist, dass die untersuchte Teilgesamtheit als Stichprobe (Sample) ein verkleinertes Abbild der Grundgesamtheit darstellt. Mit diesem auf Teilerhebungen bezogenen Gütekriterium ist also die Forderung nach einem strukturgetreuen Abbilden der Merkmalsträger einer Grundgesamtheit verbunden (vgl. Bortz 2005, S. 86).
- Zum anderen, dass der als Stichprobenfehler bezeichnete Zufallsfehler nur dann sinnvoll zu ermitteln ist, wenn die Merkmalsträger der Teilerhebung über eine **Zufallsauswahl** bestimmt wurden. Dies bedeutet, dass jedes Element der Grundgesamtheit die gleiche, angebbare Chance haben muss, auch Element der Stichprobe zu werden. Nur unter dieser Voraussetzung ist der Repräsentationsschluss von den Stichprobenergebnissen auf die Ergebnisse in der Grundgesamtheit zulässig (vgl. Sachs/ Hedderich 2009, S. 2; Nachtigall/ Wirtz 2006, S. 103 f.).

Im Folgenden gehen wir kurz auf die wissenschaftstheoretische Grundlage dieser Vorgehensweise ein und klassifizieren die Signifikanztests, untersuchen verfahrensimmanente Risiken in Form von falschen Schlussfolgerungen und zeigen abschließend die Grenzen klassischer Signifikanztests auf.

1. Induktive Logik und Vorgehensweise klassischer Signifikanztests

Anknüpfend an die kurze Charakterisierung der beurteilenden bzw. induktiven Statistik in Kapitel G.II.4. ist zunächst kurz auszuführen, welche Arten des Schließens zwischen Zufallsstichproben und den Verhältnissen in der entsprechenden Grundgesamtheit respektive der Gesamtsituation jeweiliger Phänomene möglich sind. Hierbei sind 2 Richtungen zu unterscheiden (vgl. Bamberg/ Baur/ Krapp 2009, S. 127 ff.):

- Zum einen kann von den Stichprobenergebnissen auf für die Grundgesamtheit charakteristische Kennwerte geschlossen werden. Diese sind zum Zeitpunkt der Analyse nicht bekannt, und so wird hier von **Schätzungen** gesprochen. Im Rahmen von Punktschätzungen werden einzelne, genau bestimmte Schätzwerte ermittelt, in unserem LOHAS-Beispiel etwa für das Marktpotenzial neuer Produkte in dieser Käuferschicht. Intervallschätzungen heben dagegen auf das Festlegen einer Bandbreite für die unbekannten Parameter ab; dabei wird zusätzlich sichergestellt, dass der wahre Wert mit einer vorgegebenen, hohen Wahrscheinlichkeit in das ermittelte Intervall fällt.
- Zum anderen existieren häufig Vermutungen zu Kennwerten in einer Grundgesamtheit und deren Beziehungen untereinander. Hierbei handelt es sich um die im Verlauf einer wissenschaftlichen Analyse aufgestellten Hypothesen, und jetzt ist die Frage, ob die erhobenen Stichprobendaten mit den hypothetischen Annahmen zu den Verhältnissen in der Grundgesamtheit in Einklang stehen oder nicht. Die **Hypothesentests** sind also die 2. grundlegende Variante zur Überprüfung einer Stichprobe innerhalb der beurteilenden/ induktiven Statistik. Der Wahrscheinlichkeitsansatz ist hierbei ein anderer als bei den Schätzungen: Hypothesentests sind so konzipiert, dass „richtige" (Null-)Hypothesen nur mit einer vorgegebenen, niedrigen Wahrscheinlichkeit abgelehnt werden.

Zu den wahrscheinlichkeitstheoretischen Hintergründen der Hypothesentests kann an die Ausführungen in Kapitel G.II.4. angeknüpft werden. Hierzu ist jetzt noch einmal gesondert darauf hinzuweisen, dass die – z.B. mittels einer Befragung – erhobenen Daten generell so angesehen werden, als würden sie die Resultate eines Zufallsexperiments darstellen. Anstelle von Variablen, wie bei der deskriptiven Statistik, wird deshalb jetzt von **Zufallsvariablen** gesprochen. Über die Vorstellung, theoretisch unendlich viele solcher Ziehungen/ Erhebungen durchzuführen, sind die in Kapitel G.II.4. schon angesprochenen Wahrscheinlichkeitsverteilungen in Abhängigkeit von der jeweiligen Merkmalsart und ihrem Messniveau entwickelt worden. Gleiches gilt auch bezogen auf die Parameter (Lage/ Streuung etc.), hier wird dann von Stichprobenkennwertverteilungen gesprochen (vgl. Bortz 2005, S. 62 ff.). Festzuhalten ist also, dass zur jeweiligen Art eines Merkmals/ einer Zufallsvariablen bzw. eines Parameters theoretische Wahrscheinlichkeitswerte tabelliert vorliegen, die mit den praktisch realisierten Ergebnissen verglichen werden können. Hierzu ist aus den Beobachtungs- bzw. Befragungsresultaten in Abhängigkeit von der Fragestellung und der Auswertung eine Prüfgröße respektive ein Testfunktionswert zu ermitteln und mit dem bzw. den theoretischen Tabellenwerten zu vergleichen. Hierbei sind auch die möglichen unterschiedlichen Formen einer statistischen Hypothese zu beachten (einfach/ zusammengesetzt – gerichtet/ ungerichtet – einseitige/ zweiseitige Tests) (vgl. Bamberg/ Baur/ Krapp 2009, S. 172 ff.; Sachs/ Hedderich 2009, S. 365 ff.; Bortz 2005, S. 108 f.)

Vor dem Hintergrund dieser knappen Einordnung zu den Testverfahren für Stichprobenergebnisse wird jetzt noch ein kurzer Überblick über die **grundsätzliche Vorgehensweise bei Signifikanztests** gegeben. Deren heute praktizierte Form kann als eine Kombination der Ansätze von RONALD A. FISHER (vgl. Fisher 1959) und JERZY NEYMAN/ EUGEN S. PEARSON (vgl. Neyman/ Pearson 1933) bezeichnet werden. Auf die mathematisch-statistischen Details gehen wir im Folgenden nicht näher ein, sondern verweisen auf die entsprechende Literatur.

- Mit einem **Signifikanztest** wird eine Prüfung der so genannten **Nullhypothese** H_0 gegenüber der hierzu komplementären **Alternativhypothese** H_1 bzw. H_A vorgenommen.
- Dabei wird in der **Alternativhypothese** H_1 der in der durchgeführten Forschungsstudie postulierte Sachverhalt formuliert. Hier wird also z.B. der vermutete Zusammenhang, die unterstellte Wirkungsbeziehung oder der vermutete Unterschied zwischen 2 Variablen(-gruppen) ausgedrückt. Bezogen auf unser **LOHAS-Beispiel** in diesem Buch würde dies bedeuten, dass – unter der Voraussetzung einer repräsentativen Stichprobe, bei der die Struktur respektive Verteilung aller Konsumenten derjenigen in der Grundgesamtheit entspricht – die Einstellung und die kaufrelevanten Kriterien in der Stichprobe inhaltlich strukturgleich und damit in ihrer Bedeutung entsprechend wie in der Grundgesamtheit gewichtet sind. Die LOHAS-Konsumenten legen ihren Kaufentscheidungen gemäß der formulierten Alternativhypothese H_1 beispielsweise überwiegend anders priorisierte Kriterien zu Grunde als die übrigen Konsumenten, nämlich deutlich stärker auf Gesundheit und ökologische Nachhaltigkeit ausgerichtete Kriterien. Dies lässt sich über Annahmen zu den jeweiligen Mittelwerten dieser Kriterien in den unterschiedlichen Gruppen statistischen Tests zugänglich machen.
- Die **Nullhypothese** H_0 hat die hierzu gegenteilige Aussage zum Inhalt; sie besagt grundsätzlich, dass der mit der Alternativhypothese H_1 formulierte Zusammenhang oder Unterschied nicht besteht, also LOHAS-Konsumenten keine abweichende Einstellung und keine abweichenden kaufrelevanten Kriterien aufweisen als alle anderen Konsumenten. Gemäß der wissenschaftstheoretischen Methodenlehre des Kritischen Rationalismus wird die Nullhypothese H_0 also gebildet, um falsifiziert und damit verworfen zu werden. Ist dies der Fall, dann wird die Alternativhypothese H_1 als vorläufig bestätigt angesehen.
- Bezogen auf die Nullhypothese H_0 kann dann die **Wahrscheinlichkeit** dafür ermittelt werden, dass die vorgefundenen Stichprobenergebnisse unter der Gültigkeit der Nullhypothese zustande gekommen sind. Dabei werden die Analyse respektive der Signifikanztest also gegen die Vermutung des Forschers auf Gültigkeit der Alternativhypothese durchgeführt. Mit anderen Worten, es wird nicht analysiert, welche Wahrscheinlichkeit für die Alternativhypothese (Zusammenhang/ Wirkung/ Unterschied) spricht, sondern es wird gefordert, dass

die Nullhypothese (kein Zusammenhang/ keine Wirkung/ kein Unterschied) nur mit einer niedrigen Wahrscheinlichkeit mit den Untersuchungsdaten korrespondiert, damit – per Konvention – von einem signifikanten Ergebnis für die vorläufige Annahme der Alternativhypothese H_1 ausgegangen werden kann. In der nachstehenden Abbildung G-32 haben wir diesen Prozess der Hypothesenprüfung noch einmal als Ablaufschema dargestellt, das wir im Anschluss an diese grundsätzlichen Ausführungen erläutern.

- Bei der Wahrscheinlichkeit bezogen auf die Nullhypothese handelt es sich um die mittels theoretischer Wahrscheinlichkeitsverteilungen vorgenommene Berechnung einer bedingten Wahrscheinlichkeit $P(D/H_0)$, wobei das Symbol D für die vorliegenden Daten – und P für „probability", also Wahrscheinlichkeit – steht. Solange die bedingte Wahrscheinlichkeit $P(D/H_0)$ hinreichend groß ist, widersprechen die vorgefundenen Daten der Nullhypothese H_0 offenbar nicht allzu stark. Damit ist also weiterhin von dem mit der Nullhypothese H_0 formulierten Postulat auszugehen, dass hinsichtlich der einbezogenen Variablen(-gruppen) kein Zusammenhang/ keine Wirkung/ kein Unterschied besteht. Für die Frage, ab welcher niedrigen Wahrscheinlichkeit $P(D/H_0)$ die Nullhypothese H_0 verworfen werden sollte, haben sich Konventionen herausgebildet. Als so genannte **Signifikanzniveaus**, welche damit zugleich bestimmte Irrtumswahrscheinlichkeiten bezeichnen, sind üblich:

  - $p \leq 0,1$ bzw. 10% (gering signifikant)
  - $p \leq 0,05$ bzw. 5% (signifikant)
  - $p \leq 0,01$ bzw. 1% (sehr signifikant)
  - $p \leq 0,001$ bzw. 0,1% (hoch signifikant).

- Hiermit sind Grenzen definiert, ab denen man nicht mehr an ein zufälliges Auftreten der vorgefundenen Ergebnisse in den erhobenen Daten glaubt. Wenn die bedingte Wahrscheinlichkeit $P(D/H_0)$ kleiner oder gleich dem – vor Beginn der Datenauswertung festzulegenden – Grenzwert ausfällt, wird die Nullhypothese H_0 als falsifiziert abgelehnt und somit die – vorläufige – Gültigkeit der Alternativhypothese H_1 angenommen. Entsprechend dem Kritischen Rationalismus wird diese H_1-Gültigkeit also lediglich als zunächst nicht widerlegte Bestätigung und nicht als endgültige Verifizierung interpretiert.

Abbildung G-32 zeigt diesen Prozess der Hypothesenprüfung als Ablaufdiagramm. Hierzu noch einmal folgende Erläuterung: Nachdem die Alternativhypothese H_1, z.B. bezogen auf einen Zusammenhang, eine Wirkung oder einen Unterschied zwischen 2 Variablen(-gruppen), eingangs aufgestellt wurde, besteht das Ziel, die Existenz dieser vermuteten Beziehung empirisch zu überprüfen. Hierzu wird die komplementäre Nullhypothese formuliert, dass also keine vermutete Beziehung existiert. Nach dem Einsatz statistischer Testverfahren zur Überprüfung der Daten auf Vereinbarkeit mit der Nullhypothese lässt sich das empirische Signifikanzniveau (p) ermitteln (vgl. Bamberg/ Baur/ Krapp 2009, S. 160 f.). Wenn – im rechten Fall – die Wahrscheinlichkeit dafür, dass die Daten der Nullhypothese H_0 entsprechen, größer als 0,05 ist, wird die Nullhypothese angenommen/ beibehalten und damit die Alternativhypothese falsifiziert. Da diese Alternativhypothese H_1 dann offensichtlich keinen Erkenntniszugewinn liefert, ist sie – entsprechend dem Kritischen Rationalismus – zu modifizieren bzw. neu zu formulieren. Wenn – im linken Fall – die Irrtumswahrscheinlichkeit für die Ablehnung der Nullhypothese kleiner als 0,05 ist, dann wird die Nullhypothese H_0 abgelehnt und – in der oben formulierten Weise – von einer vorläufigen Bestätigung der Alternativhypothese H_1 ausgegangen.

```
                  Formulierung von Alternativhypothesen H₁
                  als Ausdruck der Forschungsabsicht          ← ─ ─ ─ ─ ─ ─ ─ ─ ─ ─ ┐
                                    ↓                          Neuformulierung von H₁
                  Formulierung von Nullhypothesen H₀
                  als inhaltlich komplementäre Hypothesen
                                    ↓
                  Empirische Überprüfung der Nullhypothesen H₀
                  unter Nutzung statistischer Testverfahren
                                    ↓
                  Ermittlung des Signifikanzniveaus (p)
     p = 0,05     zu jeder formulierten Nullhypothese          p > 0,05

   Ablehnung von H₀                                        Annahme von H₀
          ↓                                                       ↓
   Keine Falsifikation der                                 Falsifikation der
   Alternativhypothese H₁                                  Alternativhypothese H₁
          ↓                                                       ↓
   Alternativhypothese H₁                                  Alternativhypothese H₁
   = Vorläufige Erkenntnis                                 = Kein Erkenntniszugewinn
          ↓
   Nutzung der Erkenntnisse für
   weitere Forschungszwecke

Basis: Kamenz 2001, S. 53f.                                © Prof. Dr. Armin Töpfer
```

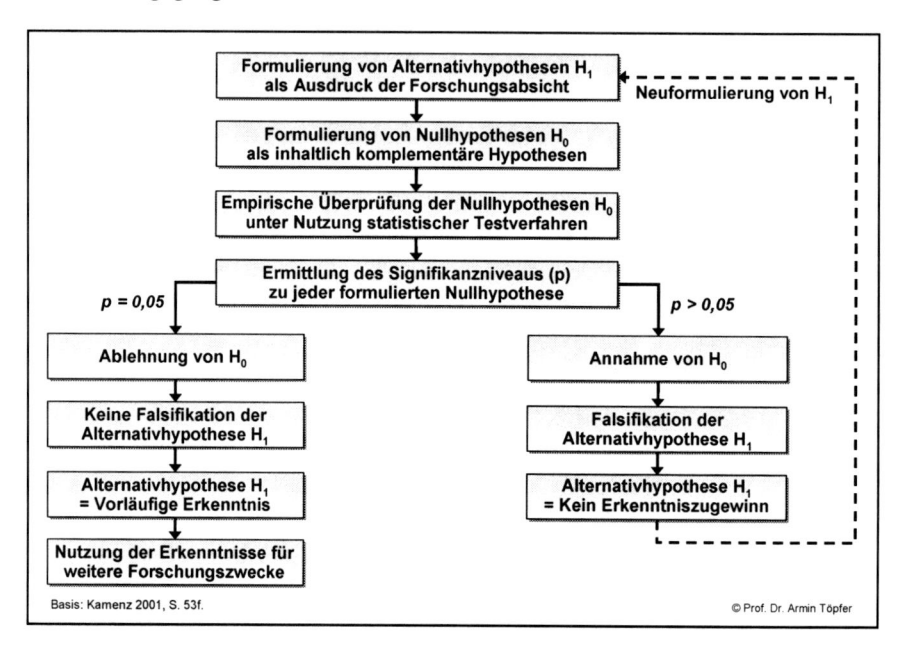

Abb. G-32: Prozess der Hypothesenprüfung

2. Klassifikation von Signifikanztests in Abhängigkeit von den zu prüfenden wissenschaftlichen und statistischen Hypothesen

Schlägt man in statistischen Fachbüchern nach, so stößt man in den Kapiteln zum Hypothesen-/ Signifikanztest in aller Regel auf eine große Anzahl unterschiedlicher Tests, die zudem unterschiedlichen Systematisierungen folgen. So ist als primäres Gliederungskriterium beispielsweise das Messniveau der einbezogenen Variablen (vgl. Bortz/ Lienert 2003, S. 133 ff.), die Art der statistischen Hypothese (Zusammenhangs- versus Unterschiedshypothese) (vgl. Bortz 2005, S. 135 ff.) oder die Anzahl zu testender Stichproben (vgl. Bamberg/ Baur/ Krapp 2009, S. 68 ff.; Sachs/ Hedderich 2009, S. 359 ff.) zu finden. Darüber hinaus gibt es noch eine weitere Variante, bei der die Testverfahren praktisch in die Darstellung statistischer Auswertungsverfahren „eingearbeitet sind", ohne dass eine gesonderte Aufarbeitung hierzu erfolgt. Dies gilt z.B. für das hier an vielen Stellen zitierte Standardwerk zur multivariaten Statistik von BACKHAUS et al.

V. Hypothesentests: Signifikanztests zur Überprüfung statistischer Hypothesen

Die Kenntnis der insgesamt zahlreichen Hypothesen-/ Signifikanztests ist ohne Zweifel wichtig, und zwar ganz konkret dafür, dass man zur empirischen Hypothesenprüfung das angemessene Verfahren/ die adäquate Testfunktion verwendet. Für einen ersten Überblick hierzu wählen wir nachfolgend einen anderen, übergeordneten Zugang. Dabei wollen wir vor allem darstellen, dass die Art einer theoretisch-inhaltlichen Hypothese sich bis zur daraus abzuleitenden statistischen Hypothese „fortsetzt", und welche Einteilung der Hypothesen-/ Signifikanztests sich dabei ergibt (siehe Abb. G-33).

Verteilungs-hypothesen	→	Zusammenhangs-hypothesen	→	Wirkungs-hypothesen	→	Unterschieds-hypothesen

① Theoretisch-inhaltliche Hypothesen (abstrakte Variablen)
  ↓ Operationalisierung
② Empirisch-inhaltliche Hypothesen (messbare Variablen)
  ↓ Parametrisierung
③ Statistische Vorhersagen (Spezifizierung der zu prüfenden Populationsparameter)
  ↓ Verfahrensauswahl
④ Statistische Hypothesen/ Testhypothesen (H_0 und H_1)
⇒ Datenerhebung und -auswertung / Signifikanztests (z.B. Gaußtest, t-Test, F-Test, Chi-Quadrat-Anpassungstest) auf Basis der gewählten Populationsparameter:

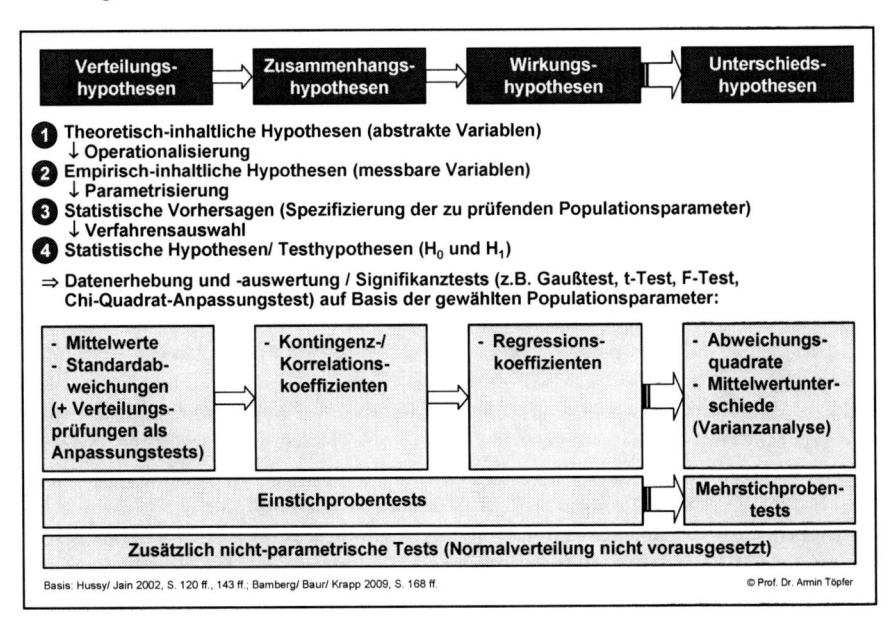

- Mittelwerte - Standardab-weichungen (+ Verteilungs-prüfungen als Anpassungstests)	- Kontingenz-/ Korrelations-koeffizienten	- Regressions-koeffizienten	- Abweichungsquadrate - Mittelwertunter-schiede (Varianzanalyse)
Einstichprobentests			Mehrstichproben-tests
Zusätzlich nicht-parametrische Tests (Normalverteilung nicht vorausgesetzt)			

Basis: Hussy/ Jain 2002, S. 120 ff., 143 ff.; Bamberg/ Baur/ Krapp 2009, S. 168 ff.   © Prof. Dr. Armin Töpfer

Abb. G-33: Zusammenhang zwischen theoretisch-inhaltlichen und statistischen Hypothesen/ Signifikanztests (prinzipieller Überblick)

Abbildung G-33 verdeutlicht dabei auch noch einmal den Ableitungszusammenhang der **verschiedenen Stadien wissenschaftlicher Hypothesen**, den wir bereits im Kapitel F.II. dargestellt haben (vgl. Hussy/ Jain 2002, S. 120 ff.):

① Theoretisch-inhaltliche Hypothesen sind häufig noch abstrakt formuliert und bedürfen deshalb einer näheren Operationalisierung.
② Empirisch-inhaltliche Hypothesen sind bereits mit messbaren Variablen untersetzt; jetzt ist im Rahmen der Parametrisierung zu prüfen, auf welche Parameter sie ausgerichtet werden können.
③ Auf der Basis der Schritte ① und ② können nun als statistische Vorhersagen konkrete Werte oder Wertebereiche in den Hypothesen festgelegt werden.
④ Hieraus sind schließlich die eigentlichen Testhypothesen in ihren Formulierungen als H_0 und H_1 abzuleiten.

Der Zusammenhang zwischen den einzelnen Hypothesenstadien, der Datenauswertung und den Hypothesentests ist – einfach formuliert – folgender: Bei der Auswertung empirisch erhobener Daten kann das gesamte Methodenarsenal der beschreibenden (deskriptiven) und beurteilenden (analytischen, induktiven) Statistik zur Anwendung kommen. Hierbei sind neben univariaten Auswertungen insbesondere bi- und multivariate Verfahren zur Prüfung von auf Zusammenhänge, Wirkungen und Unterschiede im Datenmaterial gerichteten Hypothesen heranzuziehen. In ihrer statistischen Fassung werden sich diese Hypothesen in aller Regel auf **charakteristische Kennwerte** zu den Verteilungen erhobener Zufallsvariablen beziehen. Gekoppelt an die deskriptive Statistik dienen die Methoden der analytischen Statistik dann dazu, die generelle Aussagefähigkeit (Signifikanz als „Überzufälligkeit") der getesteten Ursachen-Wirkungs-Zusammenhänge zu beurteilen.

Abbildung G-33 zeigt – als prinzipieller Überblick – für die jeweilige theoretisch-inhaltliche Hypothesenart beispielhaft typische Parameter, auf die sich dann der statistische Hypothesen-/ Signifikanztest beziehen kann. Neben solchen **Parametertests**, die überprüfen, ob zu den Parametern für die Grundgesamtheit getroffene Annahmen mit den stichprobenbasiert erhobenen Daten kompatibel sind, gibt es noch eine weitere Kategorie statistischer Tests:

In der Gruppe der **Verteilungstests** liegt ein Anwendungsfall im Beurteilen der Stichprobenrepräsentativität. Dabei können die relativen Häufigkeiten eines strukturbildenden Merkmals gegen die entsprechenden und bekannten Anteile in der Grundgesamtheit getestet werden. So ist es beispielsweise in branchenübergreifenden Unternehmensbefragungen üblich, den Rücklauf im Rahmen der Stichprobe auf die Übereinstimmung mit den aktuellen Anteilswerten des Merkmals Industriegruppe/ Wirtschaftszweig nach der Einteilung des Statistischen Bundesamtes zu überprüfen. Damit werden 2 Häufigkeitsverteilungen für nominalskalierte Merkmale miteinander verglichen. Unter der Hinnahme kleinerer Abweichungen kann so entschieden werden, ob die Stichprobe als repräsentatives Abbild der in diesem Jahr gegebenen Unternehmensstruktur angesehen werden kann. Weitere Verteilungstests sind auf den Nachweis bestimmter Typen von Häufigkeitsverteilungen bei den erhobenen Merkmalen (Normalverteilung, t- und F-Verteilung) gerichtet.

Da Verteilungstests jeweils auf die gesamten Häufigkeitsverteilungen und damit nicht auf Parameter zu einzelnen Variablen bezogen sind (vgl. Bamberg/ Baur/ Krapp 2009, S. 127), haben wir sie im unteren Teil der Abbildung G-33 unserer Hypothesenart der Verteilungshypothesen zugeordnet.

Aus der Perspektive, dass theoretische – also erkenntnisorientierte – Ursachen-Wirkungs-Zusammenhänge nicht um ihrer selbst Willen aufgestellt werden, sondern in entsprechende technologische – also handlungsorientierte – Maßnahmen-Ziel-Beziehungen überführt werden sollen, leitet sich eine weitere grundlegende Anforderung an fundiertes wissenschaftliches Arbeiten im Rahmen der empirischen Forschung ab. Neben einer Gruppe von Probanden, also Personen oder auch Unternehmen, bei der die Maßnahmen auf der Grundlage der theoretischen Erkenntnisse so gestaltet und eingesetzt werden, dass die angestrebten Ziele realisiert werden können, ist immer auch eine **Kontrollgruppe** vorzusehen und zu messen, bei der dieser Maßnahmeneinsatz nicht erfolgt, aber dennoch die im Fokus stehenden Ergebnisgrößen auf mögliche Veränderungen beobachtet werden. Diese Vorgehensweise wird typischerweise auch beim Einsatz und der Ergebnisüberprüfung von Experimenten durchgeführt. Auf dieser Basis lassen sich dann die Ergebnisgrößen der originären Gruppe im Vergleich zur Kontrollgruppe auf signifikante Unterschiede statistisch überprüfen.

Das Arbeiten mit Kontrollgruppen ist uns aus der Medizin bekannt: Neben einer Gruppe von Personen, die mit einem Medikament behandelt wird, erhält eine Kontrollgruppe unter gleichen Bedingungen nur ein Placebo, also ein Scheinmedikament. Statistisch gesehen handelt es sich um Hypothesentests bei 2 unabhängigen Stichproben, die eine varianzanalytische Prüfung auf Mittelwertunterschiede ermöglichen.

Dieser hier noch einmal allgemein begründeten Anforderung kann gut mit den in Abbildung G-33 rechts eingetragenen **Unterschiedshypothesen** nachgekommen werden. Der etwas größer und unterschiedlich gestaltete Pfeil zu dieser Hypothesenform soll verdeutlichen, dass innerhalb der unterschiedenen Teilgruppen auch die 3 vorgelagerten Formen aufgestellt und geprüft werden können. Unterhalb der Boxen mit den beispielhaft angegebenen Parametern ist schließlich verdeutlicht, dass zur statistischen Prüfung von Unterschiedshypothesen der Übergang von Einstichproben- zu Mehrstichprobentests erfolgt.

Der letzte Kasten am unteren Ende der Abbildung G-33 weist noch auf eine weitere Unterscheidung bei Hypothesen-/ Signifikanztests hin: Klassischerweise setzen diese normalverteilte Zufallsvariablen voraus. Mittlerweile gibt es aber eine ganze Reihe rechentechnisch meist einfacher Verfahren, die ohne diese Voraussetzung auskommen, also **nicht-parametrische Tests** sind. Der Nachteil ist dann häufig darin zu sehen, dass deren Ergebnisse teilweise nicht so exakt ausfallen wie beim – soweit möglichen – Durchführen parametrischer Tests (vgl. Bortz/ Lienert 2003, S. 56 ff.).

In Abbildung G-34 ist eine einfache Darstellung für Mittelwertvergleichstests im Rahmen einer Varianzanalyse wiedergegeben. Das Ziel geht dahin, die Mittelwerte von Wirkungsvariablen aus mehreren unabhängigen Stichproben auf signifikante Unterschiede zu prüfen. In unserem **LOHAS-Beispiel** könnte getestet werden, ob von der Verpackungsart einer Margarine- oder Buttermarke ein Einfluss auf die Absatzmenge ausgeht. Der Mittelwertvergleichstest überprüft in diesem Fall also, ob die beiden Mittelwerte (Becher/ Papier) tatsächlich gleich sind oder ob sie signifikant voneinander abweichen. In dem Beispiel ist der Mittelwert der Verpackung Becher signifikant verschieden von dem Mittelwert der Verpackung Papier. Das heißt, die Verpackungsart beeinflusst also tatsächlich die Absatzmenge. Die grafische Darstellung gibt mit ihren Extremwerten die gesamte Spannweite der einzelnen Stichprobenwerte an, während mit den Boxen Lageparameter und ihre Konfidenzintervalle veranschaulicht werden. Die Darstellung kann im so genannten Box-and-Whisker-Plot erfolgen. Der Median gibt dabei an, dass 50% der Daten kleiner oder gleich diesem Wert sind. Die Box kennzeichnet den Bereich, in dem die Hälfte aller Messwerte liegt. Der Bereich des Whiskers zeigt die Spannweite ohne Ausreißer. So lässt sich bereits an den Grafiken erkennen, ob von einem signifikanten Unterschied in den Verteilungen beider Zufallsvariablen ausgegangen werden kann. Dazu ist es erforderlich, dass die beiden Boxen keinen gemeinsamen Überdeckungsbereich aufweisen. Rechts unten in Abbildung G-34 ist hierzu auch der rechentechnische Weg aufgezeigt: Aus den beiden Häufigkeitsverteilungen ist als Teststatistik der empirische F-Wert zu ermitteln und mit dem theoretischen F-Wert zu vergleichen (vgl. hierzu Backhaus et al. 2008, S. 155 ff.). Fällt der empirische Prüfwert größer aus als der theoretische, dann wird die Nullhypothese verworfen, und es wird von einem signifikanten Unterschied der Mittelwerte der Stichproben ausgegangen.

Zielsetzung: Prüfung der Mittelwerte aus zwei oder mehreren unabhängigen Stichproben auf Homogenität, d.h. gleiche Grundgesamtheit

▶ H_0: Die Mittelwerte der abhängigen Variable von Gruppen sind gleich

Beispiel: Einfluss der Verpackungsart (Becher/ Papier) einer Margarine (Butter-) Marke auf die Absatzmenge

Absatzmenge pro Geschäft (in Tsd.)

Box-and-Whisker Plots

Whisker, Box, Median, Systematischer Unterschied

Becher (n=100), Papier (n=100)

Verpackungsart

Empirischer F-Wert: $F_{emp} = \dfrac{\text{Erklärte Varianz}}{\text{Nicht-erklärte Varianz}}$

Theoretischer F-Wert: $F_{theor} = F_{p, df_1, df_2}$

$p = 1-\alpha$ $df_1 = k-1$ $df_2 = n-k$

$F_{emp} > F_{theor}$ → Verwerfen von H_0

p ... Wahrscheinlichkeit
k ... Anzahl Stichproben
n ... Umfang Stichprobe
α ... Irrtumswahrscheinlichkeit

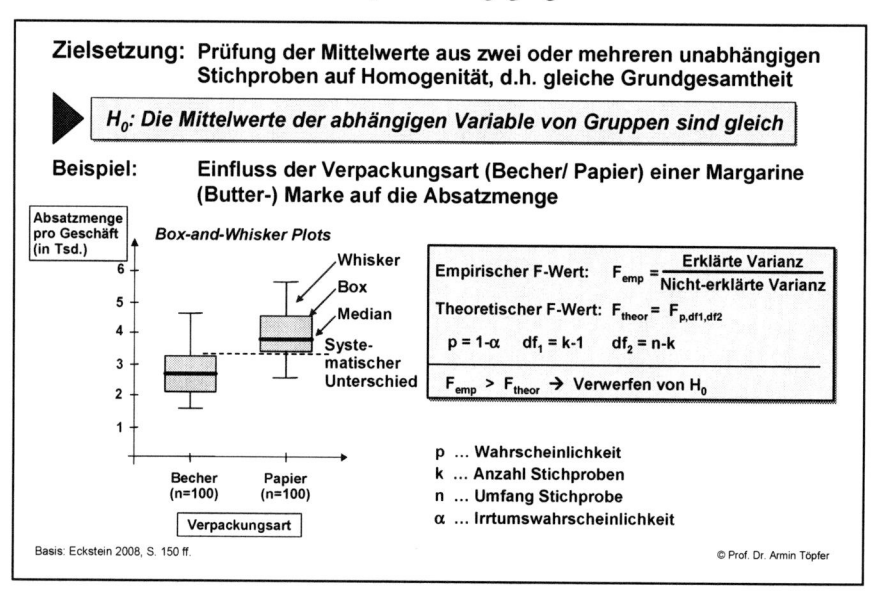

Basis: Eckstein 2008, S. 150 ff.   © Prof. Dr. Armin Töpfer

Abb. G-34: Mittelwertstest auf Unterschiede

3. Verfahrensimmanente Risiken falscher Schlüsse bei statistischen Tests – Möglichkeiten ihrer Kontrolle/ Steuerung

Statistische Tests liefern, wie bereits verschiedentlich herausgestellt, als Schlussverfahren keine „sichere Resultate". Wäre dies der Fall, dann träten sämtliche Verhältnisse in unserem Untersuchungsfeld ohnehin offen zu Tage, und wir bräuchten keine Verfahren einzusetzen, die uns helfen, die Wahrscheinlichkeiten unserer Ursachen-Wirkungs-Beziehungen abzuschätzen. Wie aber können die bei statistischen Tests gegebenen Risiken klassifiziert werden? Auf diese wichtige Frage gehen wir jetzt gesondert ein.

Die bei Hypothesen-/ Signifikanztests **möglichen Fehlschlüsse** sind wie folgt zu beschreiben (vgl. Biemann 2009, S. 207 ff.):

- Mit dem Annehmen der Alternativhypothese H_1 nimmt man in Kauf, dass man in Höhe eines der Wahrscheinlichkeit $P(D/H_0)$ entsprechenden, unter der gewählten Entscheidungsregel freilich niedrigen Prozentsatzes eine **richtige Nullhypothese H_0 irrtümlich ablehnt**. Diese Wahrscheinlichkeit wird deshalb – wie oben bereits angeführt – Irrtumswahrscheinlichkeit genannt. Die entsprechende Fehlentscheidung wird als **Fehler 1. Art** bezeichnet. Wie dargelegt, beträgt dessen Wahrscheinlichkeit genau $P(D/H_0)$; hierfür hat sich der griechische Kleinbuchstabe α (Alpha) als Abkürzung eingebürgert. Man spricht deshalb auch von einem **α-Fehler** (siehe hierzu Abb. G-35).

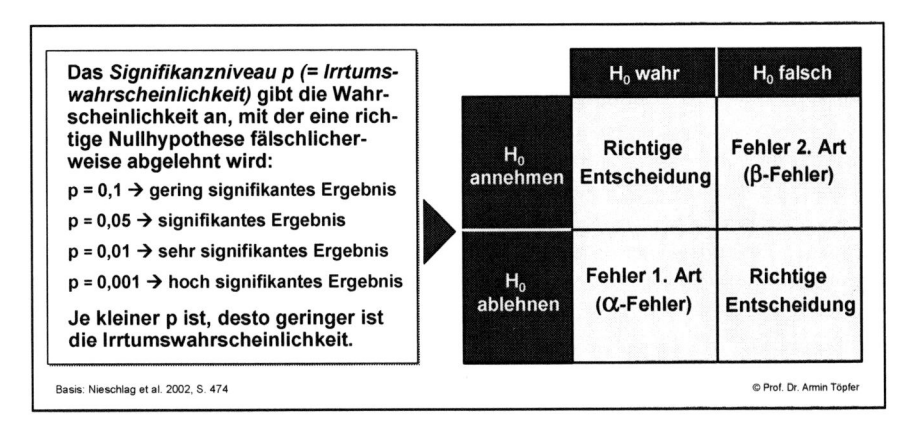

Das *Signifikanzniveau p (= Irrtumswahrscheinlichkeit)* gibt die Wahrscheinlichkeit an, mit der eine richtige Nullhypothese fälschlicherweise abgelehnt wird:		H_0 wahr	H_0 falsch
p = 0,1 → gering signifikantes Ergebnis p = 0,05 → signifikantes Ergebnis	H_0 annehmen	Richtige Entscheidung	Fehler 2. Art (β-Fehler)
p = 0,01 → sehr signifikantes Ergebnis p = 0,001 → hoch signifikantes Ergebnis Je kleiner p ist, desto geringer ist die Irrtumswahrscheinlichkeit.	H_0 ablehnen	Fehler 1. Art (α-Fehler)	Richtige Entscheidung

Basis: Nieschlag et al. 2002, S. 474 © Prof. Dr. Armin Töpfer

Abb. G-35: Mögliche Fehlschlüsse bei Hypothesentests

- Die demgegenüber folgenschwerere Fehlentscheidung der **fälschlichen Beibehaltung einer Nullhypothese** und somit der Nicht-Annahme der eigentlich für die Grundgesamtheit geltenden Alternativhypothese H_1 wird **Fehler 2. Art** oder **β-Fehler** genannt. Dessen Wahrscheinlichkeit β (Beta) ist nicht das Komplement zur Irrtumswahrscheinlichkeit α, da immer unter der Annahme der Richtigkeit der Nullhypothese H_0 getestet wird. Die exakte Berechnung des β-Fehlers setzt voraus, dass eine als Punkthypothese genau spezifizierte Alternativhypothese H_1 vorliegt (z.B. der Mittelwert eines Merkmals beträgt in der Grundgesamtheit genau 55) und die Teststärke (Power) des verwendeten statistischen Testverfahrens bekannt ist. Generell kann man aber festhalten, dass sich α und β antagonistisch zueinander verhalten, d.h. β wird umso größer, je kleiner α vorgegeben wird.
- Im ersten Quadranten wird die richtige H_0 angenommen und im dritten Quadrant wird eine falsche H_0 abgelehnt, so dass bei beiden Entscheidungen keine Probleme auftreten.

Ein wichtiger Effekt, auf den wir an verschiedenen Stellen in diesem Buch bereits eingegangen sind, muss bei allen Signifikanztests immer bedacht werden: Ein hohes empirisches Signifikanzniveau sagt nichts über die praktische Relevanz der Inhalte aus. Zusammenhänge, Wirkungen oder Unterschiede werden als Ergebnisse durch eine kleine Irrtumswahrscheinlichkeit (p) zwar wahrscheinlicher, aber in keinem Fall inhaltlich besser und aussagefähiger.

Bezogen auf die untersuchten inhaltlichen Phänomene ist abschließend auf den möglichst „sparsamen" Umgang mit statistischen Signifikanztests hinzuweisen, da bei einer großen Anzahl solcher Tests automatisch einige Tests per Zufall eine Signifikanz der H_0-Abweichung aufweisen und sich damit eine H_1-Gültigkeit ergibt. Erforderlich sind vorab deshalb, wie bereits angesprochen, also argumentativ hergeleitete und theoretisch begründete Aussagen zu den Zusammenhängen von Merkmalen und/ oder den Unterschieden zwischen Gruppen von Merkmalsträgern.

Genau so wenig aussagefähig wie eine Technologie, also Gestaltungs- und Handlungsempfehlungen, ohne theoretische Basis, also ohne hypothetische Ursachen-Wirkungs-Beziehungen, ist demnach die wahl- und ziellose Anwendung statistischer Auswertungsverfahren und statistischer Tests. In beiden Fällen fehlt das für eine Selektion und Bewertung wichtige konzeptionelle Fundament, weil keine inhaltlichen Hypothesen formuliert wurden. An diesen Ausführungen wird noch einmal der Stellenwert einer stringenten Abfolge der wissenschaftlichen Vorgehensweise, wie wir sie in Kapitel C in Abbildung C-4 ausgeführt haben, überdeutlich. Die möglichst hypothetisch-deduktive Formulierung der theoretischen Basis (theoretisches Wissenschaftsziel) bildet im Rahmen empirischer Untersuchungen die Grundlage für die Konfrontation mit der Praxis (Auswertungsverfahren und Hypothesenprüfung durch Signifikanztests), um, darauf aufbauend, fundierte Gestaltungs- und Handlungsempfehlungen (pragmatisches Wissenschaftsziel) geben zu können.

Andernfalls unterliegt der Forscher dem nicht zu übersehenden und zu unterschätzenden Problem von Schein- oder – besser ausgedrückt – von **Nonsens-Korrelationen**. Sie lassen sich beispielhaft am gleich gerichteten, negativen Zusammenhang zwischen der Geburtenzahl und der Anzahl von Störchen in den letzten 100 Jahren belegen. Mit abnehmender Anzahl der Störche sinkt auch die Geburtenzahl. Beide Phänomene der Abnahme sind heute in den Industriegesellschaften zu beobachten. Hieraus ließe sich dann eine ursächliche Beziehung ableiten. Jeder aufgeklärte Mensch weiß jedoch, dass zwischen beiden Phänomenen kein ursächlicher Wirkungszusammenhang besteht – denn der Storch bringt nicht die Kinder. In empirischen Forschungsprojekten sind die inhaltsleeren Korrelationen zwischen 2 Variablen aber nicht immer so leicht aufdeckbar wie in diesem Fall. Das Problem besteht hierbei generell darin, dass weitere wesentliche Einflussgrößen – wie bei diesem Beispiel etwa der Einfluss der Industrialisierung – missachtet und damit nicht berücksichtigt werden.

Hieraus ist noch einmal zu folgern, dass das Aufstellen der zu überprüfenden, statistisch orientierten Alternativhypothesen und der zugehörigen Nullhypothesen vor der eigentlichen statistischen Auswertung auf hypothetisch-deduktiver Grundlage zu geschehen hat; eine Hypothesenbildung „im Lichte der erzielten Daten" ist abzulehnen. Wird dennoch so verfahren, um in explorativer Weise nach Regelmäßigkeiten im Sinne von Zusammenhängen oder Unterschieden zu suchen, dann sind die dabei gewonnenen Hypothesen nicht mit dem gleichen Datenmaterial zu testen; hierfür sind wiederum neue Erhebungen erforderlich.

Die zuletzt getroffenen Aussagen können zu einer auf sämtliche Datenauswertungsverfahren bezogenen allgemeinen Anwendungsempfehlung erweitert werden. Die inhaltlichen Fragestellungen sollten beim Einsatz statistischer Methoden, wie an anderer Stelle bereits angeführt, immer im Vordergrund stehen, ein routinemäßiges Durchrechnen sollte auch bei Standardverfahren unterbleiben.

Abschließend zu unseren Darstellungen zur beurteilenden respektive induktiven Statistik soll noch einmal darauf hingewiesen werden, dass wir hierbei überwiegend der klassischen Teststatistik nach FISHER und NEYMAN/ PEARSON gefolgt sind. Als Gegenpart hierzu und durchaus als rivalisierendes mathematisch-statistisches Paradigma zu bezeichnen ist die auf THOMAS BAYES zurückgehende Programmatik; deshalb ist sie zumindest zu erwähnen. Im Rahmen dieser Bayes-Statistik wird – prinzipiell ähnlich wie durch CARNAP – wiederum versucht, anstelle der bisher thematisierten „Datenwahrscheinlichkeit" P(D/H) eine „Hypothesenwahrscheinlichkeit" P(H/D) zu begründen. Dabei muss allerdings eine a-priori-Wahrscheinlichkeit eingeführt werden, was sich als schwierig bzw. letztlich unmöglich herausstellt (vgl. Chalmers 2007, S. 141 ff.; Koch 2000).

VI. Zusammenfassender Überblick

In diesem abschließenden Unterkapitel wollen wir eine kurze **Zwischenbilanz und Zusammenfassung** der bisherigen Ausführungen und Erläuterungen zur deskriptiven, theoretischen und empirischen Forschung geben. Danach werden wir in Kapitel H auf den letzten Teil des wissenschaftlich basierten Erkenntnis- und Gestaltungsprozesses eingehen. Dieses Kapitel hat das Gestaltungsdesign für die Formulierung von Gestaltungsempfehlungen zur Lösung praktischer Probleme auf der Grundlage theoretisch entwickelter und empirisch überprüfter Erkenntnisse zum Gegenstand, wie sie in den vorangegangenen Kapiteln konzeptionell, operational und instrumentell dargestellt wurden.

Abbildung G-36 zeigt die einzelnen Schritte der Behandlung einer wissenschaftlichen Fragestellung im Überblick. Wir gehen hierauf nur noch einmal kursorisch ein. Dem Leser erschließen sich unmittelbar die Inhalte der einzelnen Arbeitsschritte aufgrund aller bisherigen Ausführungen in diesem Buch.

Die 3 Arten von Pfeilrichtungen kennzeichnen folgende Analyserichtungen: Der **Entdeckungszusammenhang** vollzieht sich von unten nach oben in der Weise, dass (empirisch-)explorativ und hypothetisch-deduktiv Zusammenhangs- und Beziehungsmuster im Rahmen der Theorienbildung entwickelt werden. Der **Begründungszusammenhang** läuft in Abbildung G-36 von rechts nach links ab, da Phänomene der Realität anhand von Hypothesen empirisch analysiert und überprüft sowie entsprechend deren Bestätigungsgrad durch Ursachen-Wirkungs-Beziehungen erklärt werden können. Der **Verwertungszusammenhang** wird in den beiden rechten Teilen der Abbildung G-36 bezogen auf die Gestaltung der Realität sowie damit verbundene Wertungen und Zielsetzungen von oben nach unten durchlaufen.

Vor dem Hintergrund der forschungsleitenden und zielgerichteten Vernetzung von Entdeckungs-, Begründungs- und Verwertungsdesign wird noch einmal deutlich, dass die bereits angesprochenen, im „Lichte der Daten" zusätzlich gewonne-

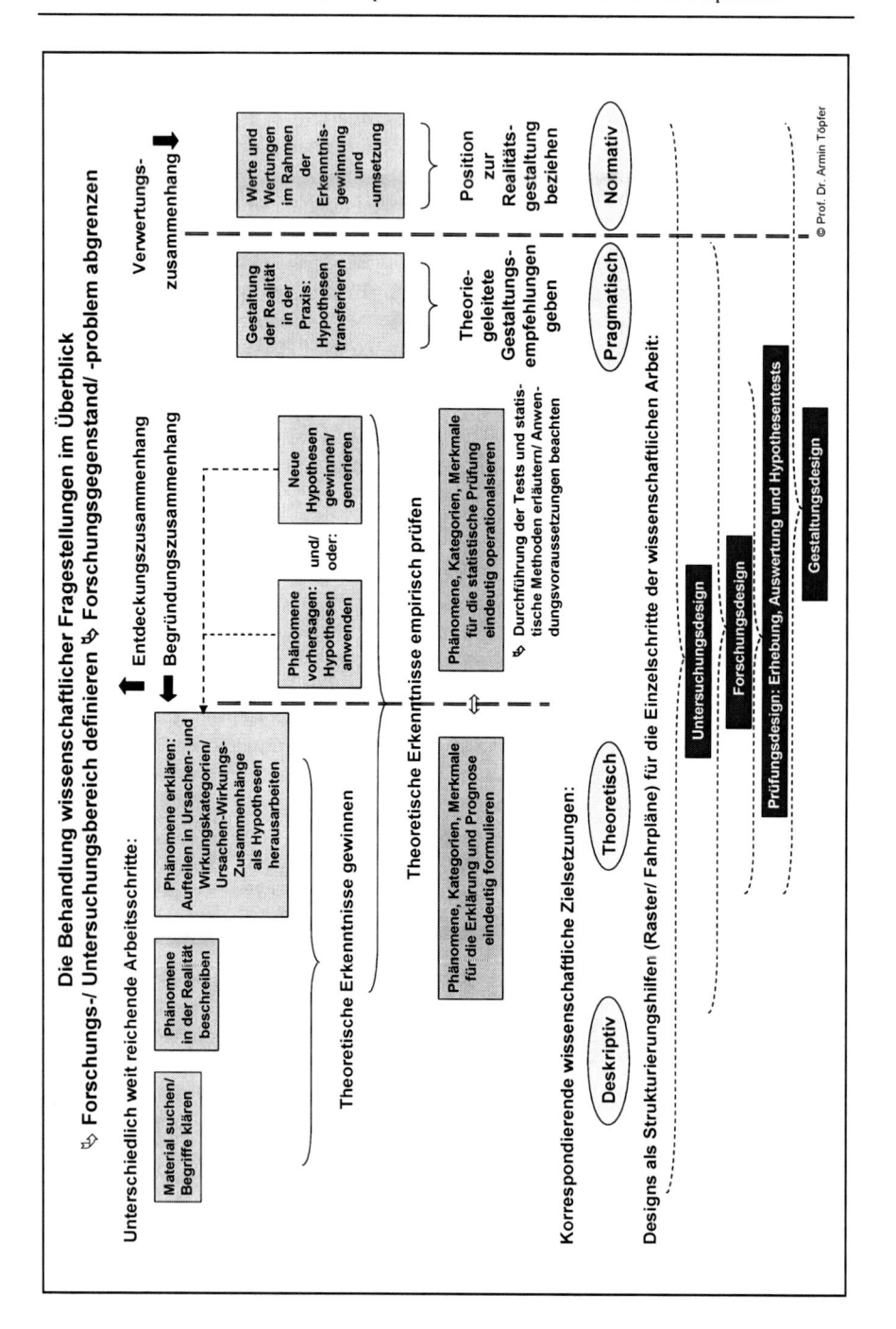

Abb. G-36: Der Gesamtzusammenhang des erfolgreichen wissenschaftlichen Forschens nen Einsichten nicht ausreichen, um direkt als Ergebnisse der Untersuchung zum Thema präsentiert zu werden. Denn dies käme einem „argumentativen Kurzschluss" gleich: Entdeckungs- und Begründungszusammenhang würden hierdurch vermischt und – wie vorstehend kritisiert – sind das Ergebnis Technologie-Aussagen ohne Theorie-Basis. Wenn dieses Vorgehen zudem für die Adressaten eines Forschungsberichts respektive andere, mit dem Untersuchungsgegenstand befasste Wissenschaftler nicht nachzuvollziehen ist, dann sind gravierende Auswirkungen auf die weitere Forschung zu erwarten: Denn dadurch besteht die Gefahr, dass diese Forscher ihre jeweilige Anfangsperspektive nicht richtig einstellen können, da sie unter Umständen auf „halben Wahrheiten" aufbauen. Dadurch steht über die Zeit zu befürchten, dass eine wissenschaftliche Forschungsrichtung insgesamt die Verhältnisse und Beziehungen in der Realität nicht voll erfasst und erklären kann und deshalb auch nicht in der Lage ist, theoretisch fundierte Gestaltungsempfehlungen zu geben. Die Wissenschaft bewegt sich damit eher von Problemen der Praxis weg, als diese nach und nach offen zu legen.

Die unterschiedlichen Designs als Strukturierungshilfen für den Prozess des Forschens und für die Nachvollziehbarkeit der Einzelschritte in der wissenschaftlichen Arbeit sind im unteren Teil der Abbildung G-36 aufgeführt. Hieran wird die unterschiedliche Spannweite ihres inhaltlichen Ansatzes erkennbar. Wir gehen hierauf am Ende des Kapitels H zum Gestaltungsdesign und zu den Gestaltungsempfehlungen noch einmal ein.

VII. Literaturhinweise zum Kapitel G

Albers, S./ Hildebrandt, L. (2006): Methodische Probleme bei der Erfolgsfaktorenforschung – Messfehler, formative versus reflektive Indikatoren und die Wahl des Strukturgleichungs-Modells, in: Zeitschrift für betriebswirtschaftliche Forschung, 58. Jg., 2006, S. 2-33.

Albers, S. et al. (Hrsg.) (2009): Methodik der empirischen Forschung, 3. Aufl., Wiesbaden 2009.

Anderson, N./ Herriot, P./ Hodgkinson, G.P. (2001): The practitioner-researcher divide in industrial, work and organizational (IWO) psychology: Where are we now, and where do we go from here?, in: Journal of Occupational and Organizational Psychology, 74. Jg., 2001, Supplement 1, S. 391-411.

Andriessen, D. (2004): Reconciling the rigor-relevance dilemma in intellectual capital research, in: Learning Organizations, 11. Jg., 2004, Nr. 4/ 5, S. 393-401.

Aram, J.D./ Salipante Jr., P.F. (2003): Bridging scholarship in management: Epistemological reflections, in: British Journal of Management, 14. Jg., 2003, Nr. 3, S. 189-205.

Atteslander, P. (2008): Methoden der empirischen Sozialforschung, 12. Aufl., Berlin 2008.

Backhaus, K. et al. (2006): Multivariate Analysemethoden – Eine anwendungsorientierte Einführung, 11. Aufl., Berlin et al. 2006.

Backhaus, K. et al. (2008): Multivariate Analysemethoden – Eine anwendungsorientierte Einführung, 12. Aufl., Berlin et al. 2008.

Bagozzi, R.P./ Phillips, L. (1982): Representing and Testing Organizational Theories: A Holistic Construal, in: Administrative Science Quarterly, 27. Jg., 1982, S. 459-489.

Bamberg, G./ Baur, F./ Krapp, M. (2009): Statistik, 15. Aufl., München 2009.
Berekoven, L./ Eckert, W./ Ellenrieder, P. (2009): Marktforschung – Methodische Grundlagen und praktische Anwendung, 12. Aufl., Wiesbaden 2009.
Beyer, H./ Fehr, U./ Nutzinger, H. (1995): Unternehmenskultur und innerbetriebliche Kooperation – Anforderungen und praktische Erfahrungen, Wiesbaden 1995.
Biemann, T. (2009): Logik und Kritik des Hypothesentestens, in: Albers, S. et al. (Hrsg.): Methodik der empirischen Forschung, 3. Aufl., Wiesbaden 2009, S. 205-220.
Bohrnstedt, G. (1970): Reliability and Validity Assessment in Attitude Measurement, in: Summers, G. (Hrsg.): Attitude Measurement, London 1970, S. 80-99.
Borchardt, A./ Göthlich, S.E. (2009): Erkenntnisgewinnung durch Fallstudien, in: Albers, S. et al. (Hrsg.): Methodik der empirischen Forschung, 3. Aufl., Wiesbaden 2009, S. 33-48.
Borth, B.-O. (2004): Beschwerdezufriedenheit und Kundenloyalität im Dienstleistungsbereich – Kausalanalysen unter Berücksichtigung moderierender Effekte, Wiesbaden 2004.
Bortz, J. (2005): Statistik für Human- und Sozialwissenschaftler, 6. Aufl., Heidelberg 2005.
Bortz, J./ Döring, N. (2006): Forschungsmethoden und Evaluation für Human- und Sozialwissenschaftler, 4. Aufl., Heidelberg 2006.
Bortz, J./ Lienert, G.A. (2003): Kurzgefasste Statistik für die klinische Forschung – Leitfaden für die verteilungsfreie Analyse kleiner Stichproben, 2. Aufl., Berlin/ Heidelberg 2003.
Boßow-Thies, S./ Clement, M (2009): Fuzzy Clustering mit Hilfe von Mixture Models, in: Albers, S. et al. (Hrsg.): Methodik der empirischen Forschung, 3. Aufl., Wiesbaden 2009, S. 175-190.
Brinkmann, G. (1997): Analytische Wissenschaftstheorie – Einführung sowie Anwendung auf einige Stücke der Volkswirtschaftslehre, 3. Aufl., München 1997.
Buckler, F./ Hennig-Thurau, T. (2008): Identifying Hidden Structures in Marketing's Structural Models Through Universal Structure Modeling: An Explorative Bayesian Neural Network Complement to LISREL and PLS, in: Marketing - Journal of Research and Management, 4. Jg, 2008, Nr. 2, S. 47-66.
Chalmers, A.F. (2007): Wege der Wissenschaft – Einführung in die Wissenschaftstheorie, 6. Aufl., Berlin et al. 2007.
Chin, W.W. (1998): Issues and Opinion on Structural Equation Modeling, in: MIS Quarterly, 22. Jg., 1998, Nr. 1, S. 7-16.
Christophersen, T./ Grape, C. (2009): Die Erfassung latenter Konstrukte mit Hilfe formativer und reflektiver Messmodelle, in: Albers, S. et al. (Hrsg.): Methodik der empirischen Forschung, 3. Aufl., Wiesbaden 2009, S. 103-118.
Cronbach, L.J. et al. (1972): The Dependability of Behavioral Measurements: Theory of Generalizability for Scores and Profiles, New York 1972.
Deal, K. (2009): A New Approach to Causal Analysis: NEUSREL helps explore potential paths for causal modeling, in: Marketing Research, 21. Jg., 2009, Nr. 3, S. 28-30.
DeCoster, J. (2004): Meta-Analysis Notes, University of Alabama, Abfrage vom 28.01.2010 unter: http://www.stat-help.com/meta.pdf.
Diekmann, A. (2008): Empirische Sozialforschung – Grundlagen, Methoden, Anwendung, 19. Aufl., Reinbek bei Hamburg 2008.
Diller, H. (2006): Probleme der Handhabung von Strukturgleichungsmodellen in der betriebswirtschaftlichen Forschung, in: Die Betriebswirtschaft, 66. Jg., 2006, Nr. 6, S. 611-617.

Duchmann, C./ Töpfer, A. (2008): Neuroökonomie und Neuromarketing – Erkenntnisse der Gehirnforschung für die Gestaltung von Beziehungen zwischen Kunden und Unternehmen, in: Töpfer, A. (Hrsg.): Handbuch Kundenmanagement – Anforderungen, Prozesse, Zufriedenheit, Bindung und Wert von Kunden, 3. Aufl., Berlin/ Heidelberg 2008, S. 163-187.

Eberl, M. (2004): Formative und reflektive Indikatoren im Forschungsprozess: Entscheidungsregeln und die Dominanz des reflektiven Modells, in: EFOplan, Heft 19/ 2004, 2004, Abfrage vom 02.02.2010 unter http://www.imm.bwl.uni-muenchen.de /forschung/schriftenefo/ap_efoplan_19.pdf.

Eckstein, P.P. (2008): Angewandte Statistik mit SPSS – Praktische Einführung für Wirtschaftswissenschaftler, 6. Aufl., Wiesbaden 2008.

Edwards, J.R./ Bagozzi, R.P. (2000): On the Nature and Direction of Relationships Between Constructs and Measures, in: Psychological Methods, 5. Jg., 2000, Nr. 2, S. 155-174.

Eisend, M. (2004): Metaanalyse – Einführung und kritische Diskussion, in: Betriebswirtschaftliche Reihe, Diskussionsbeiträge des Fachbereichs Wirtschaftswissenschaften der Freien Universität Berlin, Nr. 2004/8, Abfrage vom 28.01.2010 unter http://www.wiwiss.fu-berlin.de/verwaltung-service/bibliothek/diskussionsbeitraege /diskussionsbeitraege-wiwiss/files-diskussionsbeitraege-wiwiss/discpaper08_04.pdf.

Fahrmeir, L./ Hamerle, A./ Tutz, G. (Hrsg.) (1996): Multivariate statistische Verfahren, 2. Aufl., Berlin/ New York 1996.

Fassott, G. (2006): Operationalisierung latenter Variablen in Strukturgleichungsmodellen: Eine Standortbestimmung, in: Zeitschrift für betriebswirtschaftliche Forschung, 58. Jg., 2006, S. 67-88.

Field, A.P. (2001): Meta-Analysis of Correlation Coefficients: A Monte Carlo Comparison of Fixed- and Random-Effects Methods, in: Psychological Methods, 6. Jg., 2001, Nr. 2, S. 161-180.

Fisher, R.A. (1959): Statistical Methods and Scientific Inference, 2nd ed., Edinburgh/ London 1959.

French, W.L./ Bell, C.H. (1994): Organisationsentwicklung – Sozialwissenschaftliche Strategien zur Organisationsveränderung, 4. Aufl., Bern et al. 1994.

Friedman, D./ Cassar, A./ Selten, R. (2004): Economics Lab – An Intensive Course in Experimental Economics, London et al. 2004.

Friedrichs, J. (1990): Methoden empirischer Sozialforschung, 14. Aufl., Opladen 1990.

Fritz, W. (1995): Marketing-Management und Unternehmenserfolg – Grundlagen und Ergebnisse einer empirischen Untersuchung, 2. Aufl., Stuttgart 1995.

Gläser, J./ Laudel, G. (2006): Experteninterviews und qualitative Inhaltsanalysen als Instrumente rekonstruierender Untersuchungen, 2. Aufl., Wiesbaden 2006.

Glass, G.V./ McGaw, B./ Smith, M.L. (1981): Meta-analysis in Social Research, Beverly Hills 1981.

Greving, B. (2009): Messen und Skalieren von Sachverhalten, in: Albers, S. et al. (Hrsg.): Methodik der empirischen Forschung, 3. Aufl., Wiesbaden 2009, S. 65-78.

Grubitzsch, S./ Rexilius, G. (1978): Testtheorie – Testpraxis – Voraussetzungen, Verfahren, Formen und Anwendungsmöglichkeiten psychologischer Tests im kritischen Überblick, Reinbek bei Hamburg 1978.

Haenlein, M./ Kaplan, A.M. (2004): A Beginner's Guide to Partial Least Squares Analysis, in: Understanding statistics, 3. Jg., 2004, Nr. 4, S. 283-297.

Hall, J.A./ Rosenthal, R. (1995): Interpreting and evaluating meta-analysis, in: Evaluation & the Health profession, 18. Jg., 1995, S. 4, S. 393-407.
Hammann, P./ Erichson, B. (2000): Marktforschung, 4. Aufl., Stuttgart 2000.
Hasan, S.M.J. (1993): Business schools: Ostrich syndrome, in: Journal of Organizational Change, 6. Jg., 1993, Nr. 1, S. 47-53.
Hedges, L.V./ Pigott, T.D. (2001): The Power of Statistical Tests in Meta-Analysis, in: Psychological Methods, 6. Jg., 2001, Nr. 3, S. 203- 217.
Herrmann, A./ Homburg, C./ Klarmann, M. (Hrsg.) (2008): Handbuch Marktforschung – Methoden, Anwendungen, Praxisbeispiele, 3. Aufl., Wiesbaden 2008.
Herrmann, A./ Homburg, C./ Klarmann, M. (2008a): Marktforschung: Ziele, Vorgehensweise und Nutzung, in: Herrmann, A./ Homburg, C./ Klarmann, M. (Hrsg.): Handbuch Marktforschung – Methoden, Anwendungen, Praxisbeispiele, 3. Aufl., Wiesbaden 2008, S. 3-19.
Herrmann, A./ Huber, F./ Kressmann, F. (2006): Varianz- und kovarianzbasierte Strukturgleichungsmodelle – Ein Leitfaden zu deren Spezifikation, Schätzung und Beurteilung, in: Zeitschrift für betriebswirtschaftliche Forschung, 58. Jg., 2006, S. 34-66.
Hildebrandt, L. (1998): Kausalanalytische Validierung in der Marketingforschung, in: Hildebrandt, L./ Homburg, C. (Hrsg.): Die Kausalanalyse: ein Instrument der empirischen betriebswirtschaftlichen Forschung, Stuttgart 1998, S. 85-110.
Hildebrandt, L./ Temme, D. (2006): Probleme der Validierung mit Strukturgleichungsmodellen, in: Die Betriebswirtschaft, 66. Jg., 2006, Nr. 6, S. 618- 639.
Himme, A. (2009): Gütekriterien der Messung: Reliabilität, Validität und Generalisierbarkeit, in: Albers, S. et al. (Hrsg.): Methodik der empirischen Forschung, 3. Aufl., Wiesbaden 2009, S. 485-500.
Hodgkinson, G.P./ Herriot, P./ Anderson, N. (2001): Re-aligning the stakeholders in management research: Lessons from industrial, work and organizational psychology, in: British Journal of Management, 12. Jg., 2001, Special Issue, S. S41-S48.
Homburg, C. (2007): Betriebswirtschaftslehre als empirische Wissenschaft – Bestandsaufnahme und Empfehlungen, in: Zeitschrift für betriebswirtschaftliche Forschung, Sonderheft 56/2007, S. 27-60.
Homburg, C./ Giering, A. (1996): Konzeptualisierung und Operationalisierung komplexer Konstrukte – Ein Leitfaden für die Marketingforschung, in: Marketing ZFP, 18. Jg., 1996, Nr. 1, S. 5-24.
Homburg, C./ Herrmann, A./ Plesser, C./ Klarmann, M. (2008): Methoden der Datenanalyse im Überblick, in: Herrmann, A./ Homburg, C./ Klarmann, M. (Hrsg.): Handbuch Marktforschung – Methoden, Anwendungen, Praxisbeispiele, 3. Aufl., Wiesbaden 2008, S. 151-173.
Homburg, C./ Klarmann, M./ Krohmer, H. (2008): Statistische Grundlagen der Datenanalyse, in: Herrmann, A./ Homburg, C./ Klarmann, M. (Hrsg.): Handbuch Marktforschung – Methoden, Anwendungen, Praxisbeispiele, 3. Aufl., Wiesbaden 2008, S. 213-239.
Homburg, C./ Krohmer, H. (2006): Marketingmanagement, Strategie – Instrumente - Umsetzung – Unternehmensführung, 2. Aufl., Wiesbaden 2006.
Hunt, M. (1997): How science takes stock: the story of meta-analysis, New York 1997.
Hussy, W./ Jain, A. (2002): Experimentelle Hypothesenprüfung in der Psychologie, Göttingen et al. 2002.
Hüttner, M./ Schwarting, U. (2002): Grundzüge der Marktforschung, 7. Aufl., München/ Wien 2002.

Jarvis, C.B./ MacKenzie, S.B./ Podsakoff, P.M. (2003): A Critical Review of Construct Indicators and Measurement Model Misspecification in Marketing and Consumer Research, in: Journal of Consumer Research, 30. Jg., 2003, S. 199-218.
Kamenz, U. (2001): Marktforschung – Einführung mit Fallbeispielen, Aufgaben und Lösungen, 2. Aufl., Wiesbaden 2001.
Kaya, M. (2009): Verfahren der Datenerhebung, in: Albers, S. et al. (Hrsg.): Methodik der empirischen Forschung, 3. Aufl., Wiesbaden 2009, S. 49-64.
Kaya, M./ Himme, A. (2009): Möglichkeiten der Stichprobenbildung, in: Albers, S. et al. (Hrsg.): Methodik der empirischen Forschung, 3. Aufl., Wiesbaden 2009, S. 79-88.
Kepper, G. (1996): Qualitative Marktforschung – Methoden, Einsatzmöglichkeiten und Beurteilungskriterien, 2. Aufl., Wiesbaden 1996.
Kepper, G. (2008): Methoden der qualitativen Marktforschung, in: Herrmann, A./ Homburg, C./ Klarmann, M. (Hrsg.): Handbuch Marktforschung – Methoden, Anwendungen, Praxisbeispiele, 3. Aufl., Wiesbaden 2008, S. 175-212.
Kieser, A./ Nicolai, A. (2003): Mit der Theorie die wilde Praxis reiten, valleri, vallera, valleri?, in: Die Betriebswirtschaft, 63. Jg., 2003, Nr. 5, S. 589-594.
Kieser, A./ Nicolai, A. (2005): Success factor research: Overcoming the trade-off between rigor and relevance?, in: Journal of Management Inquiry, 14. Jg., 2005, Nr. 3, S. 275-279.
King, W.R./ He, J. (2005): Understanding the role and methods of meta-analysis in IS research, in: Communications of Association for Information Systems, 16. Jg., 2005, S. 665-686.
Klandt, H. (2008): Empirische Forschungsmethoden in der Betriebswirtschaftslehre, Von der betriebswirtschaftlichen Forschungsfrage zum Untersuchungsdesign, eine Einführung in die Gewinnung empirischer Daten, Oldenburg 2008.
Koch, K.R. (2000): Einführung in die Bayes-Statistik, Berlin et al. 2000.
Kornmeier, M. (2007): Wissenschaftstheorie und wissenschaftliches Arbeiten – Eine Einführung für Wirtschaftswissenschaftler, Heidelberg 2007.
Kroeber-Riel, W./ Weinberg, P./ Gröppel-Klein, A. (2009): Konsumentenverhalten, 9. Aufl., München 2009.
Kromrey, H. (2009): Empirische Sozialforschung – Modelle und Methoden der standardisierten Datenerhebung und Datenauswertung, 12. Aufl., Stuttgart 2009.
Kuß, A. (2007): Marktforschung, Grundlagen der Datenerhebung und Datenanalyse, 2. Aufl., Wiesbaden 2007.
Lauth, B./Sareiter, J. (2005): Wissenschaftliche Erkenntnis – Eine ideengeschichtliche Einführung in die Wissenschaftstheorie, 2. Aufl., Paderborn 2005.
Mann, A. (2004): Dialogmarketing – Konzeption und empirische Befunde, Wiesbaden 2004.
Meffert, H. (1998): Herausforderungen an die Betriebswirtschaftslehre – Die Perspektive der Wissenschaft, in: Die Betriebswirtschaft, 58. Jg., 1998, Nr. 6, S. 709-727.
Müller, D. (2009): Moderatoren und Mediatoren in Regressionen, in: Albers, S. et al. (Hrsg.): Methodik der empirischen Forschung, 3. Aufl., Wiesbaden 2009, S. 237-252.
Nachtigall, C./ Wirtz, M. (2006): Wahrscheinlichkeitsrechnung und Inferenzstatistik – Statistische Methoden für Psychologen, Teil 2, 4. Aufl., Weinheim/ München 2006.
Neyman, J./ Pearson, E.S. (1933): On the problem of the most efficient type of statistical hypothesis, in: Philosophical Transactions of the Royal Society, 1933, S. 289-337.

Nicolai, A. (2004): Der „trade-off" zwischen „rigour" und „relevance" und seine Konsequenzen für die Managementwissenschaften, in: Zeitschrift für Betriebswirtschaft, 74. Jg., 2004, Nr. 2, S. 99-118.

Nieschlag, R./ Dichtl, E./ Hörschgen, H. (2002): Marketing, 19. Aufl., Berlin 2002.

Ockenfels, A./ Selten, R. (1998): An experiment on the hypothesis of involuntary truth signalling in bargaining, Rheinische Friedrich-Wilhelms-Universität Bonn, Sonderforschungsbereich 303, Discussion Paper, Bonn 1998.

Oesterle, M.-J. (2006): Wahrnehmung betriebswirtschaftlicher Fachzeitschriften durch Praktiker, in: Die Betriebswirtschaft, 66. Jg., 2006, Nr. 3, S. 307-325.

Opp, K.-D. (2005): Methodologie der Sozialwissenschaften, Einführung in Probleme ihrer Theorienbildung und praktischen Anwendung, 6. Aufl., Opladen/ Wiesbaden 2005.

Pettigrew, A. (1997): The double hurdles for management research, in: Clarke, T. (Hrsg.): Advancement in organizational behaviour: Essays in honour of Derek S. Pugh, London 1997, S. 277-296.

Rack, O./ Christophersen, T. (2009): Experimente, in: Albers, S. et al. (Hrsg.): Methodik der empirischen Forschung, 3. Aufl., Wiesbaden 2009, S. 17-32.

Rentz, J.O. (1987): Generalizability Theory: A Comprehensive Method for Assessing and Improving the Dependability of Marketing Measures, in: Journal of Marketing Research, 24. Jg., 1987, S. 19-28.

Riesenhuber, F. (2009): Großzahlige empirische Forschung, in: Albers, S. et al. (Hrsg.): Methodik der empirischen Forschung, 3. Aufl., Wiesbaden 2009, S. 1-16.

Rosenthal, R. (1995): Writing Meta-Analytic Reviews, in: Psychological Bulletin, 118. Jg., 1995, Nr. 2; S. 183-192.

Rosenthal, R./ DiMatteo M.R. (2001): Meta-Analysis: Recent Developments in Quantitative Methods for Literature Reviews, in: Annual Review of Psychology, 52. Jg., 2001, S. 59-82.

Sachs, L. (2006): Einführung in die Stochastik und das stochastische Denken, Frankfurt am Main 2006.

Sachs, L./ Hedderich, J. (2009): Angewandte Statistik – Methodensammlung mit R, 13. Aufl., Berlin et al. 2009.

Schein, E.H. (1995): Unternehmenskultur – Ein Handbuch für Führungskräfte, Frankfurt am Main/ New York 1995.

Schmidt, F.L. (1992): What do data really mean?, Research Findings, Meta-Analysis, and Cumulative Knowledge in Psychology, in: American Psychologist, 47. Jg., 1992, Nr. 10, S. 1173-1181.

Schnell, R./ Hill, P.B./ Esser, E. (2008): Methoden der empirischen Sozialforschung, 8. Aufl., München/ Wien 2008.

Scholderer, J./ Balderjahn, I./ Paulssen, M. (2006): Kausalität, Linearität, Reliabilität: Drei Dinge, die Sie nie über Stukturgleichungsmodelle wissen wollten, in: Die Betriebswirtschaft, 66. Jg., 2006, Nr. 6, S. 640-650.

Seipel, C./ Rieker, P. (2003): Integrative Sozialforschung – Konzepte und Methoden der qualitativen und quantitativen empirischen Forschung, Weinheim/ München 2003.

Simon, H. (2008): Betriebswirtschaftliche Wissenschaft und Unternehmenspraxis – Erfahrungen aus dem Marketing-Bereich, in: Zeitschrift für betriebswirtschaftliche Forschung, 60. Jg., 2008, Nr. 2, S. 73-93.

Simon, H.A. (1976): The business school: A problem in organizational design, in: Simon, H.A. (Hrsg.): Administrative behaviour – A study of decision making processes in administrative organization, 3. Aufl., New York 1976.

Singer, T. et al. (2006): Empathic neural responses are modulated by the perceived fairness of others, in: Nature, Vol. 439, 2006, Nr. 7075, S. 466-469.
Söhnchen, F. (2009): Common Method Variance and Single Source Bias, in: Albers, S. et al. (Hrsg.): Methodik der empirischen Forschung, 3. Aufl., Wiesbaden 2009, S. 137-152.
Stefani, U. (2003): Experimente als Forschungsmethode im Prüfungswesen, in: Richter, M. (Hrsg.): Entwicklungen der Wirtschaftsprüfung, Berlin 2003, S. 243-275.
Stock-Homburg, R. (2008): Die Rolle des marktorientierten Personalmanagements im Rahmen der Umsetzung marktorientierter Strategien: Eine empirische Untersuchung, in: Zeitschrift für betriebswirtschaftliche Forschung, 60. Jg., 2008, Nr. 3, S. 124-152.
Sureth, C. (2007): Rigour versus Relevance – 69. Wissenschaftliche Jahrestagung des Verbandes der Hochschullehrer für Betriebswirtschaft e.V., Universität Paderborn, 31. Mai - 2. Juni 2007, Tagungsband, Paderborn 2007.
Teichert, T./ Sattler, H./ Völckner, F. (2008): Traditionelle Verfahren der Conjoint-Analyse, in: Herrmann, A./ Homburg, C./ Klarmann, M. (Hrsg.): Handbuch Marktforschung – Methoden, Anwendungen, Praxisbeispiele, 3. Aufl., Wiesbaden 2008, S. 651-685.
Tomczak, T. (1992): Forschungsmethoden in der Marketingwissenschaft – Ein Plädoyer für den qualitativen Forschungsansatz, in: Marketing ZFP, 14. Jg., 1992, S. 77-87.
Töpfer, A. (2007a): Betriebswirtschaftslehre – Anwendungs- und prozessorientierte Grundlagen, 2. Aufl., Berlin/ Heidelberg 2007.
Töpfer, A. (2007b): Six Sigma – Konzeption und Erfolgsbeispiele für praktizierte Null-Fehler-Qualität, 4. Aufl., Berlin/ Heidelberg 2007.
Töpfer, A. (2008): Analyse der Anforderungen und Prozesse wertvoller Kunden als Basis für die Segmentierung und Steuerungskriterien, in: Töpfer, A. (Hrsg.): Handbuch Kundenmanagement – Anforderungen, Prozesse, Zufriedenheit, Bindung und Wert von Kunden, 3. Aufl., Berlin/ Heidelberg 2008, S. 191-228.
Töpfer, A./ Gabel, B. (2008): Messung von Kunden-Feedback – Ein 10-Punkte-Programm, in: Töpfer, A. (Hrsg.): Handbuch Kundenmanagement – Anforderungen, Prozesse, Zufriedenheit, Bindung und Wert von Kunden, 3. Aufl., Berlin/ Heidelberg 2008, S. 383-438.
Völckner, F./ Sattler, H./ Teichert, T. (2008): Wahlbasierte Verfahren der Conjoint-Analyse, in: Herrmann, A./ Homburg, C./ Klarmann, M. (Hrsg.): Handbuch Marktforschung – Methoden, Anwendungen, Praxisbeispiele, 3. Aufl., Wiesbaden 2008, S. 687-711.
Weiber, R./ Mühlhaus, D. (2010): Strukturgleichungsmodellierung, Eine anwendungsorientierte Einführung in die Kausalanalyse mit Hilfe von AMOS, SmartPLS und SPSS, Heidelberg et al. 2010.
Wild, J. (1975): Methodenprobleme in der Betriebswirtschaftslehre, in: Grochla, E./ Wittmann, W. (Hrsg.): Handwörterbuch der Betriebswirtschaftslehre, Bd. 2, 4. Aufl., Stuttgart 1975, Sp. 2654-2677.
Zell, D. (2005): Pressure for relevancy at top-tier business schools, in: Journal of Management Inquiry, 14. Jg., 2005, Nr. 3, S. 271-274.
Zinnbauer, M./ Eberl, M. (2004): Die Überprüfung von Spezifikation und Güte von Strukturgleichungsmodellen: Verfahren und Anwendung, in: EFOplan, Heft 21/ 2004, 2004, Abfrage vom 02.02.2010 unter http://www.imm.bwl.uni-muenchen.de/forschung/schriftenefo/ap_efoplan_21.pdf.

Kapitel H
Wie kann ich Gestaltungsempfehlungen zur Lösung praktischer Probleme geben?

– Das Gestaltungsdesign –

> Auf welcher theoretischen Basis sollten Gestaltungs- und Handlungsempfehlungen nach Möglichkeit aufbauen? In welcher Beziehung stehen die 4 Designarten zu den 6 Ebenen des Hauses der Wissenschaft? Warum erfüllen wissenschaftliche Analysen nicht immer die Anforderungen der praktischen Gestaltung? Was kennzeichnet seriöse Wissenschaft als Unterstützung zur Lösung praktischer Probleme?

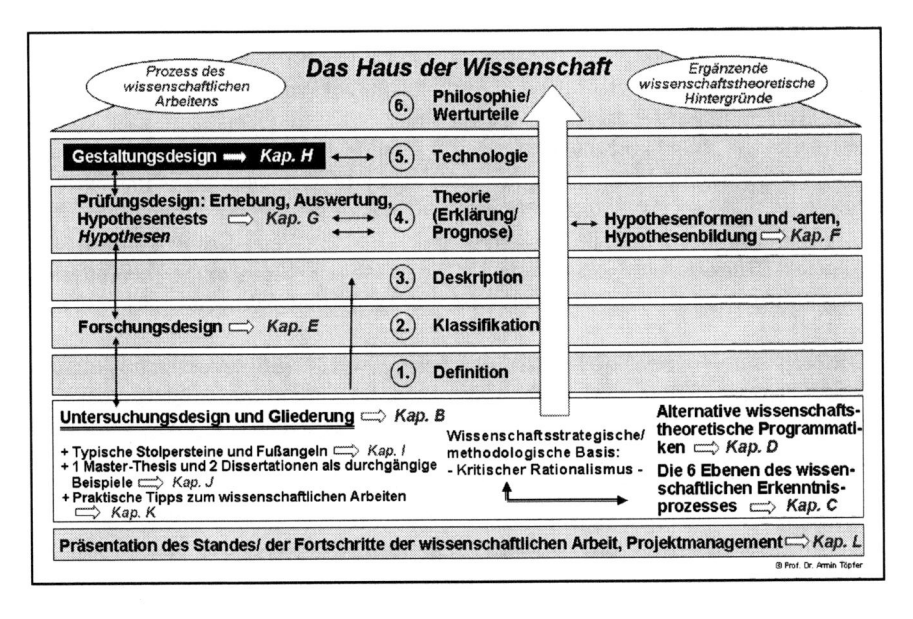

Abb. H-1: Das Haus der Wissenschaft – Einordnung des Kapitels H

I. Die Beziehung zwischen Theorie und Technologie

Bei dem heute immer wichtiger werdenden **pragmatischen Wissenschaftsziel** mit der generellen Anforderung an die Wissenschaft, einen Beitrag zur Verbesserung der Lebensumstände zu leisten, zeigt sich auf der technologischen Ebene des Hauses der Wissenschaft die Tragfähigkeit der entwickelten und geprüften theoretischen Konzeptionen. Wenn auf dieser Basis fundierte **Empfehlungen zur Lösung praktischer Probleme** abgeleitet werden können (vgl. Popper 1972/ 1984, S. 366 f.), dann bildet das Gestaltungsdesign den Schlusspunkt bei der Bearbeitung einer wissenschaftlichen Fragestellung. In nicht wenigen wissenschaftlichen Forschungsarbeiten werden aber nach aussagefähigen theoretischen Erkenntnissen nur wenige **Gestaltungs- und Handlungsempfehlungen** gegeben.

> Das **Gestaltungsdesign** lässt sich direkt aus dem Forschungsdesign und dem Prüfungsdesign ableiten. Seine Grundlage bilden die empirisch bestätigten Hypothesen, die den Wirkungsgrad geeigneter Maßnahmen zur Erreichung der formulierten Ziele bestimmen. Hierauf bezogen lassen sich Gestaltungs- und Handlungsempfehlungen geben.

Bei unseren Ausführungen zum Erkenntnismuster von Erklärungen und Prognosen im Rahmen der Theorie (vgl. Kap. C.II.4.) haben wir die Unterscheidung getroffen, dass manche Ursachenkomponenten einer direkten und unmittelbaren Gestaltung nicht zugänglich sind; diese haben wir zusammen genommen als Wenn-Komponente 2 bezeichnet. In der kurz- und mittelfristigen Betrachtung kommen sie als Handlungsalternativen also nicht in Betracht. Im Rahmen technologischer Argumente können folglich nur diejenigen Ursachen als Mittel mit angestrebten Zielen als Wirkungen verknüpft werden, die auch tatsächlich die „Freiheitsgrade" der Gestaltung aufweisen; diese bilden die Wenn-Komponente 1 (vgl. zusätzlich Brocke 1978). Abbildung H-2 macht diese Umformung theoretischer Erkenntnisse in technologische Gestaltungsempfehlungen grafisch nachvollziehbar.

Insbesondere in der Betriebswirtschaftslehre wird häufig problematisiert, inwieweit deren pragmatische bzw. praxeologische Gestaltungsaufgabe über den Rückgriff auf vorlaufende theoretische Ansätze erfüllt bzw. überhaupt geleistet werden kann (vgl. Zelewski 1995, S. 93 ff.; Nienhüser 1989, S. 44 ff.). Diese Diskussion reicht zurück bis zur Position EUGEN SCHMALENBACHs aus dem Jahr 1911, die damals noch unter dem Namen Privatwirtschaftslehre firmierende Disziplin der Betriebswirtschaftslehre in Abgrenzung zur Wissenschaft als „Kunstlehre" zu betreiben (vgl. Schmalenbach 1911/ 12). Während in jüngerer Zeit RALF REICHWALD mit seinem Artikel „Technologieorientierte Betriebswirtschaftslehre" eine die Theorie und Praxis verschränkende Sichtweise vertritt (vgl. Reichwald 2007, S. 127 ff.), plädieren z.B. WERNER KIRSCH, DAVID SEIDL und DOMINIK VAN AAKEN für eine eigenständige Methodologie der technologischen Forschung (vgl. Kirsch/ Seidl/ van Aaken 2007a, S. 242 ff.; 2007b S. 12 ff.).

I. Die Beziehung zwischen Theorie und Technologie 325

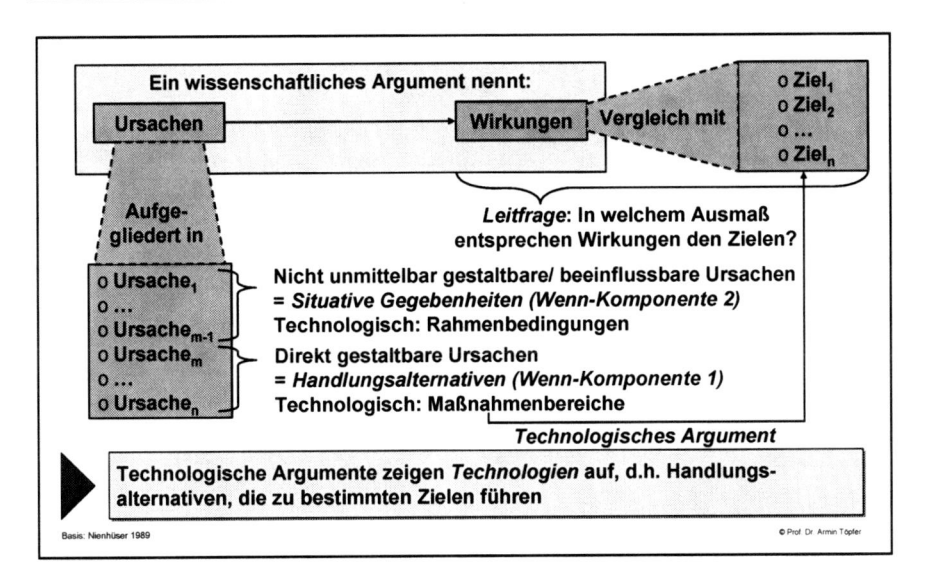

```
Ein wissenschaftliches Argument nennt:           o Ziel₁
  Ursachen ──────────► Wirkungen │ Vergleich mit │ o Ziel₂
                                                  o ...
                                                  o Zielₙ
  Aufge-                  Leitfrage: In welchem Ausmaß
  gliedert in             entsprechen Wirkungen den Zielen?
  o Ursache₁       Nicht unmittelbar gestaltbare/ beeinflussbare Ursachen
  o ...            = Situative Gegebenheiten (Wenn-Komponente 2)
  o Ursacheₘ₋₁     Technologisch: Rahmenbedingungen
  o Ursacheₘ       Direkt gestaltbare Ursachen
  o ...            = Handlungsalternativen (Wenn-Komponente 1)
  o Ursacheₙ       Technologisch: Maßnahmenbereiche
                                                 Technologisches Argument
► Technologische Argumente zeigen Technologien auf, d.h. Handlungs-
  alternativen, die zu bestimmten Zielen führen
Basis: Nienhüser 1989                               © Prof. Dr. Armin Töpfer
```

Abb. H-2: Grundmuster technologischer Argumente

Nach unserer Position ist die **prognostische und pragmatische Relevanz theoretischer Aussagen** im Hinblick auf die praktische Gestaltung als eine fundamental grundsätzliche Relation zu verstehen. Es liegt in der Natur von Objektbereichen hoher Komplexität und Varietät, dass in der Theorienbildung zunächst oft mit einem hohen Abstraktionsgrad zu arbeiten ist, welcher die Phänomene nicht „in einem Zug" erklärt und somit auch nicht unmittelbar in vollem Maße gestaltungsfähig macht. Damit ist es also nicht ausgeschlossen, dass die **Technologie** zuweilen etwas **vorläuft**.

Hierfür gibt es **historische Beispiele** auch in naturwissenschaftlichen Fächern: KIRSCH/ SEIDL/ VAN AAKEN führen den Lokomotivbau im 19. Jahrhundert mit dem Problem auftretender Schwingungen bei hohen Geschwindigkeiten an, die zunächst nicht erklärt werden konnten (vgl. Kirsch/ Seidl/ van Aaken 2007b, S. 6). Ein Beispiel noch „größerer Tragweite" lieferte GEORGE BÄHR (1666 – 1738), der Baumeister der Frauenkirche in Dresden (1726 – 1743). Er hatte beim Bau der mächtigen Kuppelkirche mit einem Steindach die erst Mitte des 19. Jahrhunderts mathematisch gefasste Vektorrechnung praktisch vorweggenommen, die ein Beherrschen des Kräfteflusses ermöglichte und damit ein Einstürzen des Bauwerkes verhinderte (vgl. Curbach/ Glaser 1996, S. 95 ff.; Stiglat 2004, S. 482 ff.). Erfahrung und technisches Gefühl dominierten damals konkretes Wissen und Expertise.

Das im praktischen Verlauf einer Wissenschaft auch regelmäßig erreichte Ziel wird dennoch darin bestehen, solche „Zeitlücken" wieder zu schließen. Dasselbe gilt in umgekehrter Richtung, also von der Theorie zur Technologie gesehen; hier kann das Bild eines „Zeitfensters" gewählt werden, welches die Theorie der Praxis zur Lösung realer Probleme eröffnet. Da allerdings immer wieder neue Entwicklungen auftauchen, die Lösungskonzepte erfordern, wird es zu neuen Problemkonstellationen kommen, so dass der wissenschaftliche Erkenntnisprozess und dessen praktische Umsetzung wieder in eine neue Runde eintreten.

Theorie und Technologie können demnach **nicht entkoppelt** werden; sie sind als die beiden Seiten der sprichwörtlichen Medaille anzusehen. Geht man dennoch so vor und blendet damit eine dieser Seiten einfach aus, dann können die Konsequenzen auf folgenden kurzen Nenner gebracht werden (vgl. zusätzlich Chmielewicz 1994, S. 182 ff.):

- **Theorie ohne Technologie:**
  Rein erkenntnistheoretisch zu arbeiten, also ohne jegliche Ansätze handlungsorientierter Umsetzungen, greift oftmals zu kurz, nämlich immer dann, wenn zum einen keine zielorientierte Ausrichtung der Forschung gegeben ist, und zum anderen, wenn keine wissenschaftlichen Erkenntnisse erreicht wurden, die – zumindest in späterer Zeit – die anwendungsorientierte Forschung entscheidend befruchtet haben. Das entspricht damit im negativen Fall der sprichwörtlichen „Wissenschaft im Elfenbeinturm" und führt selten – aufgrund der fehlenden Konfrontation mit der Prüfinstanz zur praktischen Umsetzung – zu wesentlichen wissenschaftlichen Erkenntnissen, die auch eine pragmatische Relevanz entfalten. Dieser Forschungsansatz korrespondiert mit dem Quadranten 1 in der Klassifikationsmatrix des Quadranten-Modells der wissenschaftlichen Forschung von STOKES in Abbildung C-7.
- **Technologie ohne Theorie:**
  Hier steht zu befürchten, dass mittel- und langfristig allenfalls inkrementale Verbesserungen erreicht werden können. Bei einer derart pragmatischen Ausrichtung fehlt die theoretische Konzeption zum Abschätzen der Wirkungen eingesetzter Maßnahmen. Häufig ist deshalb zumindest die theoretische Expertise der Akteure gegeben, wie wir dies mit dem Quadranten 3 in Abbildung C-7 ausgedrückt haben.

Wird durch die Theorie keine ausreichend gute Basis für die Technologie erarbeitet und damit geschaffen, dann sind Ursachen und/ oder Wirkungen – bezogen auf eine anschließende technologische Umsetzung in Maßnahmen und Ziele – zu wenig realistisch, zu allgemein und unspezifisch, zu vage definiert oder nicht beeinflussbar; sie bieten damit keine aussagefähige Handlungsalternative als Wenn-Komponente 1 (siehe Abb. H-3). Der Informationsgehalt für daraus abzuleitende Technologien tendiert also gegen Null, da eine oder mehrere Komponenten des Ursachen-Wirkungs-Komplexes und damit auch der Maßnahmen-Ziel-Beziehung unbestimmt sind.

Auf den gesamten wissenschaftlichen Prozess bezogen gilt also: **Die Erkenntnisorientierung verbessert die Handlungsorientierung.** Dies ist der Ableitungszusammenhang; ob hierbei fruchtbare Ergebnisse erreicht werden konnten, zeigt sich naturgemäß am Ende dieser Kette wissenschaftlicher Wertschöpfung bei der technologischen Umsetzung theoretischer Erkenntnisse.

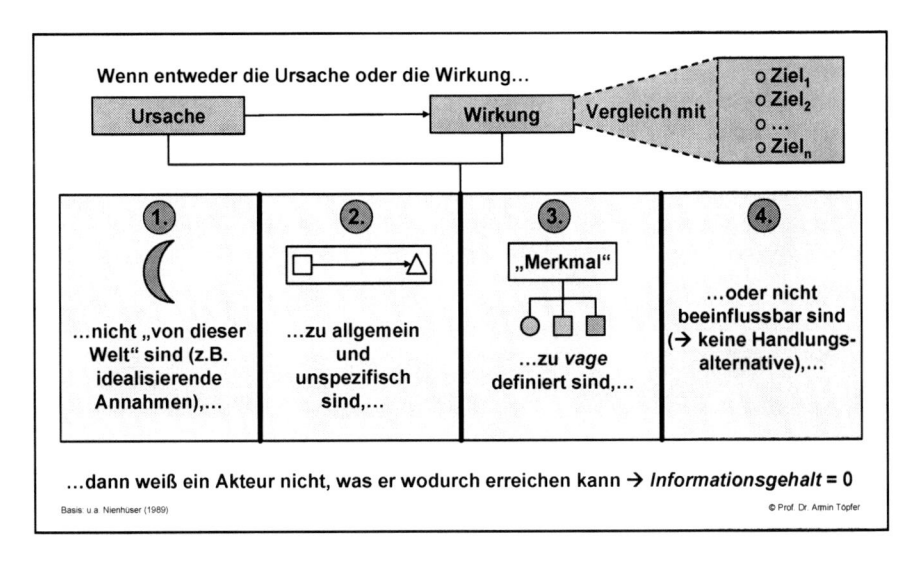

I. Die Beziehung zwischen Theorie und Technologie 327

Abb. H-3: Der Informationsgehalt von Technologien

II. Zuordnung der 4 Designarten zu den 6 Ebenen des Erkenntnisprozesses – Einordnung des Gestaltungsdesigns

Um das Gestaltungsdesign in den Kontext der anderen 3 bisher ausgeführten Designarten einzuordnen, ist zunächst aufzuzeigen, in welcher Beziehung diese Designarten zu den 6 Ebenen des wissenschaftlichen Erkenntnisprozesses bzw. des Hauses der Wissenschaft, die wir in Kapitel C behandelt haben, stehen (siehe Abb. H-4).

Die Abbildung zeigt, wie wir in Kapitel B ausgeführt haben, dass das **Untersuchungsdesign** alle 6 Ebenen abdeckt. Wie symbolisch auf der rechten Seite der Abbildung verdeutlicht ist, sind zunächst klare Definitionen und eindeutige Klassifikationen für die durch den Fokus des wissenschaftlichen Scheinwerfers abgegrenzten Bereiche der Forschungsthematik vorzunehmen.

Das **Forschungsdesign**, auf das wir in Kapitel E ausführlich eingegangen sind, setzt bei der 3. Ebene, der Deskription, mit der Beschreibung der zu untersuchenden Phänomene auf der Basis des bisherigen Standes der Forschung bzw. der wissenschaftlich neuen Fragestellung an. Dies ist zugleich die Grundlage für die Konzeptualisierung und Operationalisierung des eigenen Forschungsprojektes. In dem Maße, in dem es sich um reine Beschreibung handelt, ist die Analyse noch vorwissenschaftlich; und in dem Maße, in dem hier der konzeptionelle Rahmen und die Basis für die eigenen theoretischen Analysen der Erklärung und Prognose gelegt werden, ist sie bereits wissenschaftlich. Durch die Konzeptualisierung werden die wesentlichen inhaltlichen Analysefelder – wie empfohlen auf der Basis forschungsleitender Fragen – umgrenzt und zusätzlich Messgrößen und Indikatoren für operationalisierte theoretische Analysen umrissen. Die erkannten Ursachen-Wirkungs-Beziehungen auf der 4. Ebene, der Theorie, werden auf der 5. Ebene, der Technologie, in Gestaltungs- und Handlungsempfehlungen umgesetzt. Das Forschungsdesign muss diese 5. Ebene nicht mehr umfassen, wenn es stärker erkenntnistheoretisch ausgerichtet ist. Schließt es dagegen handlungstheoretische Ansätze ein, dann erstreckt es sich auf die 5. Ebene. Beim **Prüfungsdesign** liegt durch die empirischen Analysen ein stärkerer Fokus auch auf der Gestaltungsebene.

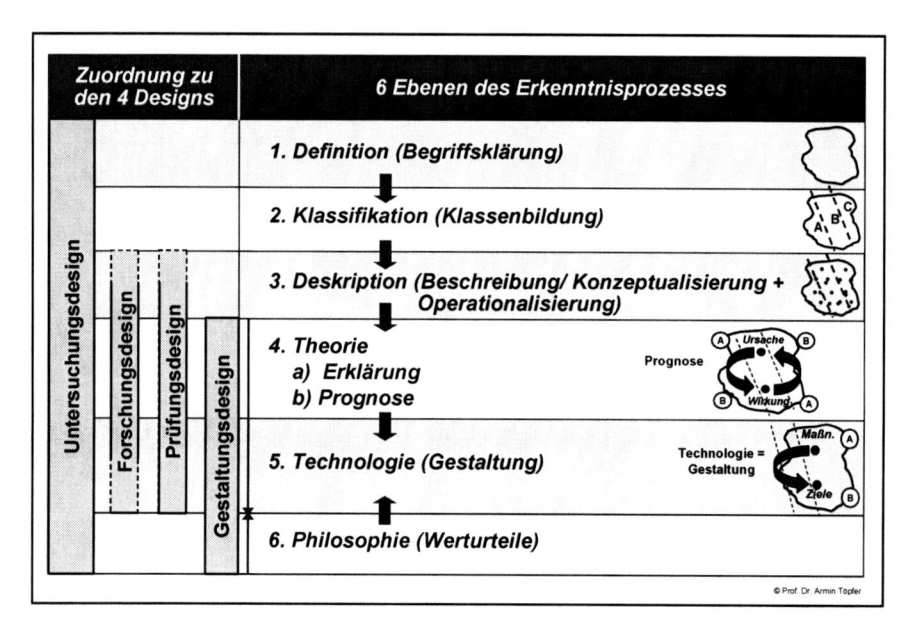

Abb. H-4: Zuordnung der Designarten zu den 6 Ebenen des Erkenntnisprozesses

Wie erkennbar ist, setzt das **Gestaltungsdesign** der 5. Ebene, der Technologie, bereits auf der 4. Ebene, der Theorie mit der Erklärung und Prognose, auf und bezieht zusätzlich Werturteile auf der Basis der 6. Ebene, der Philosophie, vor allem auch in Form von Zielsetzungen mit ein. Die Technologie basiert auf den theoretischen Aussagen und formt diese „technologisch (instrumental, final, teleologisch, praxeologisch) um, indem die Wirkungen im Ganzen oder zum Teil als Ziele angestrebt und dafür die Ursachen, soweit sie gestaltbar sind, als Mittel herbeigeführt werden." (Chmielewicz 1994, S. 11).

Abbildung H-4 verdeutlicht, dass die **4 Designarten** einen **in sich verzahnten Prozess** der Entwicklung und Vertiefung relevanter Inhalte zu dem jeweils gewählten Forschungsthema darstellen. Die 6 Ebenen des Hauses der Wissenschaft werden dabei systematisch schrittweise berücksichtigt und durchlaufen.

Die anschließende Frage ist nun noch einmal die, auf welcher Basis das Gestaltungsdesign aufbaut. Formal entspricht es dem in Unterkapitel B.I.2. wiedergegebenen allgemeinen Managementprozess, der sich in Abbildung B-3 auf das Untersuchungsdesign bezog. Aus der Messung des Ist-Zustandes und aus der Zielformulierung resultiert als Delta das zu lösende Problem.

Wie bereits in Kapitel C.II.4. und 5. ausgeführt und anhand der Abbildungen C-11a und C-11b sowie C-14 gezeigt wurde, geht die Idealvorstellung in die Richtung „keine Technologie ohne Theorie". Dann ist die Ebene der Technologie im Sinne von möglichst theoretisch basierten Gestaltungs- und Handlungsempfehlungen nichts anderes als die tautologische Umformung von – im Rahmen der Theorie formulierten – prognostischen Aussagen (vgl. Zelewski 1995, S. 99 ff.). Auf der 4. Ebene des wissenschaftlichen Erkenntnisprozesses sind hierzu inhaltliche Aussagen in Form von Hypothesen aufzustellen und empirisch zu überprüfen.

Um das Gestaltungsdesign theoriebasiert in Ihre Forschungsarbeit einzuordnen, sollten Sie das Problem von Gestaltungs- und Handlungsempfehlungen ohne theoretischen Unterbau vermeiden. Andernfalls ist die Begründung und Basis für Ihre Vorschläge zur Veränderung der Realität für den Gutachter/ Leser nicht nachvollziehbar, so dass diese leicht zur „Luftnummer" werden. Als Empfehlung für den Aufbau Ihrer **eigenen Forschungsarbeit** gilt deshalb, dass Sie nach dem theoretischen Teil mit der Konzeptualisierung und hypothetischen Ursachen-Wirkungs-Beziehungen sowie nach der empirischen Überprüfung auf der Basis der Operationalisierung in einem weiteren und gesonderten Teil hieraus abgeleitete Gestaltungs- und Handlungsempfehlungen geben. Die vorherige empirische Überprüfung im Rahmen der Theorie kann dabei sowohl auf der Grundlage von Fallstudien, also stärker explorativ, erfolgen oder eine breite Feldstudie zu Grunde legen. Wichtig ist, dass Sie jeweils den **Bezug zwischen** Ihren **Empfehlungen** und den gewonnenen und somit **zu Grunde liegenden Erkenntnissen** theoretischer und empirischer Art herstellen. Es ist also immer das Bezugspaar „Empfehlung" und „Begründung" aufzuzeigen. Dies ist in Abbildung H-5 als Implikationen für die Praxis skizziert.

Das Raster „Empfehlung – Begründung" ist hier zusätzlich an einem Beispiel aus der Literatur illustriert, wobei dieses aus Platzgründen verkürzt wiedergegeben wird (vgl. Fritz 1995, S. 441 f.). Verwenden Sie also bewusst das Wort „Empfehlung" und nicht z.B. „These", da hierdurch sprachlich eine zu große Nähe zu den formulierten wissenschaftlichen Hypothesen entsteht.

In gleicher Weise lassen sich am Schluss Ihrer Forschungsarbeit nach diesem Schema auch Implikationen für die Forschung ableiten, in denen Sie – bezogen auf den **weiteren Forschungsbedarf** – Empfehlungen für die zukünftige Richtung, den inhaltlichen Ansatz, das methodische Vorgehen und die instrumentelle Unterstützung für weitere Forschungsvorhaben zu dem behandelten Themenkreis geben.

Wenn im Rahmen der Theorienbildung und -überprüfung auf empirischer Basis gesicherte Aussagen abgeleitet werden können, dann erlaubt es dieses Ergebnis, über das Forschungs- und Prüfungsdesign relativ klar umrissene Ursachen-Wirkungs-Beziehungen in **Maßnahmen-Ziel-Konzepte** bzw. Mittel-Zweck-Relationen im Gestaltungsdesign zu transferieren. Dies würde im optimalen Fall bedeu-

330   H. Wie kann ich Gestaltungsempfehlungen zu praktischen Problemen geben?

ten, dass eine Hypothese ohne Raum-Zeit-bezogene Einschränkungen Gültigkeit hat und damit die Ursachen-Wirkungs-Beziehung verallgemeinerbar ist. Häufig ist dies jedoch nicht der Fall, was zu den im Unterkapitel F.II. bereits thematisierten quasi-nomologischen Hypothesen **mit eingeschränkter räumlich-zeitlicher Gültigkeit** führt. Dies hat dann auch Konsequenzen für die Empfehlungen auf der Ebene der Technologie und damit im Rahmen des Gestaltungsdesigns.

Implikationen für die Praxis

Muster

Empfehlung:
Spezifischer Gestaltungs- und Handlungsvorschlag zur besseren Zielerreichung

Begründung:
- Direkter Bezug zum inhaltlichen Konzept des theoretischen Teils
- Ergebnisse/ Erkenntnisse der empirischen Überprüfung
- Bezug zum Bestätigungsgrad der Hypothesen
- Bezug auf relevante praxeologische Literatur zur Bestätigung oder Einschränkung der Empfehlung

Beispiel

Empfehlung:
Die Marktorientierung, die Produktions- und Kostenorientierung sowie die Mitarbeiterorientierung sind als harter Kern der Führungskonzeption erfolgreicher Unternehmen umzusetzen.

Begründung:
- Grundsätzlich wirken alle 5 Führungsdimensionen der theoretischen Konzeption positiv auf den Unternehmenserfolg von Industrieunternehmen. Die empirischen Ergebnisse belegen jedoch, dass die marktorientierte Führungsdimension, vor allem aber die mitarbeiterorientierte sowie die produktions- und kostenorientierte Führungsdimension, die auch finanzielle Aspekte umfasst, einen stärkeren Einfluss auf den Unternehmenserfolg ausüben als die technologie- und innovationsorientierte sowie die umwelt- und gesellschaftsorientierte Führungsdimension. Eine Vernachlässigung der Marktorientierung sowie – noch stärker – der Produktions- und Kostenorientierung dürfte sehr nachteilige Konsequenzen für den Führungserfolg haben.
- Dieser Status quo der Unternehmensführung (Erstpublikation der Studie von Fritz in 1992) wird aber mittel- und langfristig sich insofern ändern, dass eine Aufwertung der umwelt- und gesellschaftsorientierten sowie der technologie- und innovationsorientierten Führungsdimension aufgrund der wachsenden Herausforderungen in der gesellschaftlichen und technologischen Umwelt wahrscheinlich ist.

Quelle: Fritz 1995, S. 441 f. (verkürzt)

Abb. H-5: Gestaltungs- und Handlungsempfehlungen auf der Basis gewonnener theoretischer und empirischer Erkenntnisse

Denn wenn eine Hypothese mit der angestrebten Allgemeingültigkeit nicht bestätigt wird und auch eine Modifikation der Hypothese nicht zu einem zufrieden stellenden Ergebnis bzw. einem höheren Erkenntniswert führt, dann ist im Rahmen der Theorie zu prüfen, ob diese Hypothese zumindest für eine Teilgruppe der betrachteten vollständigen Grundgesamtheit, z.B. fortschrittliche Unternehmen, Gültigkeit besitzt. Ist dies der Fall, dann ist offensichtlich eine Unterschiedshypothese bezogen auf Teilgruppen von Unternehmen bestätigt worden. Auf dieser Basis lassen sich anschließend aus den differenzierten und fokussierten inhaltlichen Aussagen mit einer ausreichend hohen empirischen Bestätigung auch nur in ihrem Gültigkeitsfeld begrenzte Gestaltungsempfehlungen ableiten. Sie sind i.d.R. immer auch verbunden mit normativen Aussagen zu bestimmten strategischen und operativen Zielsetzungen und haben damit bewusst formulierte Werturteile auf der Objektebene, also in der Realität, zum Gegenstand.

III. Zusätzliche Rahmenbedingungen im Gestaltungsdesign

Soweit die Theorie, wie oben angesprochen, durch einen hohen Abstraktionsgrad gekennzeichnet ist und also überwiegend generelle Aussagen enthält, bei denen bestimmte Konstellationen vielleicht auch gar nicht eingeschlossen sind (ceteris paribus-Klausel), dann ist klar, dass im Rahmen der Gestaltung noch ein „Feintuning" zu betreiben ist. Dies gilt alleine schon deshalb, weil es der Theorie regelmäßig um generalisierende Aussagen geht, unter welche sich die Einzelfälle letztlich subsumieren lassen (vgl. Nienhüser 1989, S. 59 ff.; Schanz 1988, S. 76 ff.). Auch hierzu wieder ein plastisches Bild: Es geht der Theorie nicht um eine „Landkarte im Maßstab 1:1". Läge etwas Derartiges vor, hätten wir keine Probleme und müssten nicht nach wissenschaftlich fundierten Lösungen suchen.

Die als Mittel tauglichen Ursachen sind folglich immer so in Maßnahmen zu überführen, dass sie nach den Aspekten Prozess, Zeit, Ergebnis und Verantwortlichkeit operationalisiert werden können. Das „operationalisiert" deutet hierbei an, dass im Rahmen des Umsetzungsprozesses wissenschaftlicher Erkenntnisse jetzt wieder der im Prinzip gleiche Schritt wie am Anfang der Erkenntnisgewinnung durchzuführen ist. Bezogen auf die erkannten und validierten Ursachen-Wirkungs-Zusammenhänge ist jetzt eine Disaggregation vorzunehmen, so dass die Gestaltungen auf der Phänomenebene möglich werden. Es gilt also, system-, prozess- und inhaltsbezogene Maßnahmenpfade zum Erreichen der praktisch angestrebten Ziele abzuleiten.

Ein Aspekt ist hierbei besonders wichtig: Ähnlich wie im Zusammenhang mit eventuellen Werturteilen des Forschers im Aussagenbereich ist auch bei der technologischen Umsetzung theoretischer Erkenntnisse eine genaue „Buchführung" dazu wichtig, welche Maßnahmen unmittelbar auf der Theorie basieren und welche unter Umständen auf zusätzlichen Annahmen bzw. Überlegungen beruhen (mussten). So bleiben die theoretische und die empirische Basis auch auf der technologischen Ebene voneinander getrennt.

Generell ist also auf dieser Basis im Rahmen des Gestaltungsdesigns keine 100%ig identische Umsetzung theoretischer Erkenntnisse möglich. Der Grund liegt darin, dass bei der auf einzelne Fälle bezogenen Gestaltung als Technologie im Vergleich zur Theorie **zusätzlich noch weitere Rahmenbedingungen/ Restriktionen, also empirische Gegebenheiten bzw. Evidenzen** (im Sinne weiterer Tatbestände zur theoretischen Wenn-Komponente 2), berücksichtigt werden müssen. Sie standen in Abhängigkeit von dem Fokus des wissenschaftlichen Scheinwerfers evtl. nicht im Zentrum des wissenschaftlichen Erkenntnisprozesses und waren damit nicht unbedingt in das Forschungsprojekt einbezogen (vgl. Bunge 1985, S. 219 ff.; 1967, S. 132 ff.; Brocke 1978).

Beim Formulieren von Gestaltungsempfehlungen bzw. bei der anschließenden praktischen Umsetzung kann sich diese Erweiterung aber als notwendig erweisen, um nicht von vornherein durch unrealistische Gestaltungs- bzw. Handlungsempfehlungen zu scheitern. Denn eine reduzierte Sichtweise und Praxisnähe von Gestaltungs- und Handlungsempfehlungen aufgrund eines – unter Forschungsgesichtspunkten vertretbaren – auf generelle Ursachen-Wirkungs-Beziehungen fokussierten und damit eingeschränkten theoretischen Analysekonzeptes führt dann schnell zum Vorwurf an die Wissenschaft, wenig praktikable Vorschläge zu liefern und damit letztlich doch wieder nur „Wissenschaft im Elfenbeinturm" zu betreiben. Genau dieser Sachverhalt eines mehr oder weniger nur schablonenhaften Vorgehens ist ebenfalls ein nicht unerhebliches Problem der wissenschaftlichen Beratung, sei es für Unternehmen oder für die Politik. Deshalb ist jeder Forscher gut beraten, wenn er für die Ableitung eines Gestaltungsdesigns nicht vorschnell alleine sein theoretisches Analysekonzept zu Grunde legt.

Die Abbildungen H-6a und H-6b lassen dies an einem **konkreten Beispiel** erkennen, das sich auf das **Call Center-Management** bezieht. In einer Defizitanalyse werden zunächst die Ursachen aufgetretener Probleme herausgearbeitet (Abb. H-6a). In einer Gestaltungsanalyse werden dann Vorschläge für Verbesserungen formuliert (Abb. H-6b).

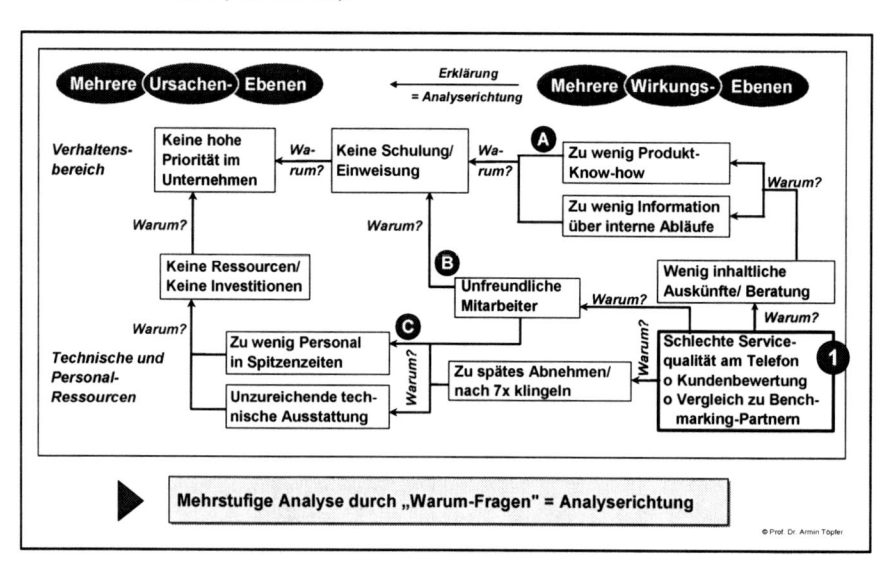

Abb. H-6a: Vernetzungsanalyse für Ursachen-Wirkungs-Beziehungen

Die Vernetzungsanalyse für Ursachen-Wirkungs-Beziehungen in Abbildung H-6a, die auf der Ebene der Theorie dem handlungsorientierten Ansatz folgt, beginnt rechts unten mit der eingetretenen negativen Wirkung einer schlechten Servicequalität am Telefon als Explanandum. Zunächst wird – entsprechend der Analyserichtung – der multikausale Zusammenhang stufenweise analysiert, also welche Ursachen als Erklärung in Form von Defiziten dafür maßgeblich sind, dass hierdurch eine relativ hohe Kundenunzufriedenheit herrscht. Hierzu werden **in einer mehrstufigen Analyse-Kette Warum-Fragen** gestellt, die sich auf Information und Schulung (A), die Freundlichkeit der Mitarbeiter (B) und organisatorische Probleme (C) beziehen. Sie alle münden in das Basisproblem und damit die End-Ursache links oben, dass dem Call Center-Management in diesem Unternehmen keine hohe Priorität eingeräumt wird und damit auch keine entsprechenden Ressourcen zur Verfügung gestellt werden. Der empirisch-instrumentelle Ansatz für diese mehrstufige Ursachenanalyse ist die in Kapitel G angesprochene Methode der multivariaten Analyse.

Auf der Basis der erkannten Defizite als Ursachen lassen sich dann – als Umformung der prognostischen Sicht auf der Ebene der Theorie in **Gestaltungsempfehlungen auf der Ebene der Technologie** – Verbesserungsmaßnahmen finden, die helfen, eine größere Kundzufriedenheit durch höhere Servicequalität zu erreichen. Dieser Weg ist in Abbildung H-6b als Gestaltungs- und Handlungsempfehlungen nachvollziehbar. In einem mehrstufigen Ableitungsprozess werden dabei die jeweils gestellten Fragen „**Was folgt daraus?**" beantwortet.

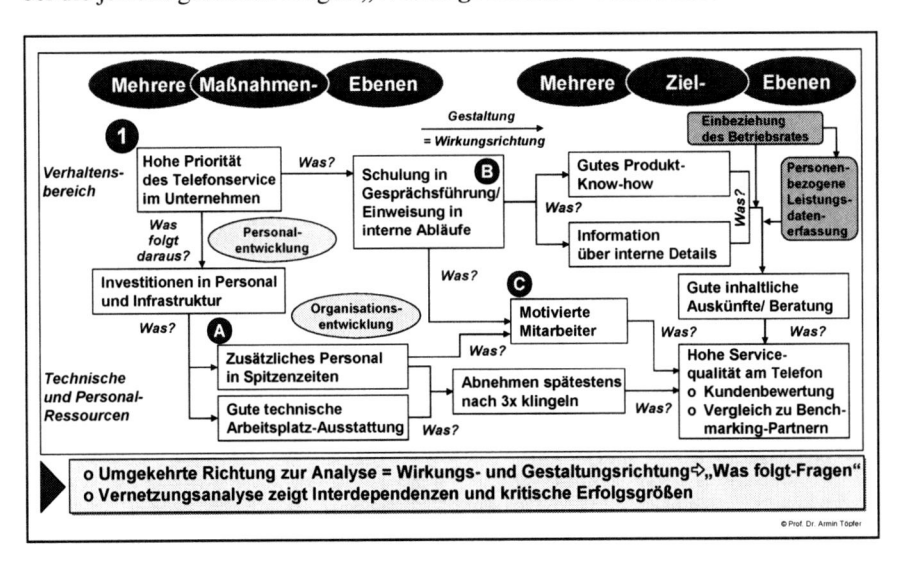

Abb. H-6b: Gestaltungszusammenhang bei mehrstufigen Ziel-Maßnahmen-Ketten

Hierdurch ist auf der planerischen Ebene erkennbar, ob und wie das angestrebte Ziel einer hohen Servicequalität am Telefon durch hierauf bezogene Maßnahmen realisiert werden kann. Eine gezielte Gestaltung setzt dabei jeweils konkret messbare Kriterien voraus. Die Ausgangsbasis ist in diesem Gestaltungsprozess links oben die strategische Entscheidung der Geschäftsleitung, dem Telefonservice im

Unternehmen eine hohe Priorität einzuräumen. Auf diese Weise entstehen also mehrstufige Ziel-Maßnahmen- bzw. Zweck-Mittel-Ketten.

Der Vergleich der beiden Abbildungen lässt noch einmal am praktischen Beispiel erkennen, dass die Analyserichtung der Erklärung und die Wirkungsrichtung der Gestaltung entgegengesetzt verlaufen und vor allem, dass auf der technologischen Maßnahmen-Ebene die vorgesehenen Aktivitäten durch inhaltliche Zielsetzungen stärker zu präzisieren sind, was im Ansatz an einigen Stellen bereits angedeutet ist. Die Abfolge der Verbesserungsmaßnahmen ist prinzipiell umgekehrt im Vergleich zu den erkannten Ursachen.

Von entscheidender Bedeutung für ein Gestaltungsdesign ist jedoch, ob in der theoretischen Analyse der Ursachen-Wirkungs-Beziehungen bereits **alle wesentlichen Teile der Rand-/ Antecedensbedingungen,** und dabei insbesondere alle für die Umsetzung in die Praxis wichtigen situativen Gegebenheiten, berücksichtigt wurden. Für eine erfolgreiche Umsetzung der Verbesserungsmaßnahmen im Beispielkontext erweisen sich jetzt 2 Rahmenbedingungen als wesentlich, die in die theoretische Untersuchung der Defizite logischerweise keinen Eingang gefunden haben, da sie per se umsetzungsbezogen sind und in dieser Hinsicht bisher kein Handlungsbedarf bestand. Zum einen ist dies die Einbeziehung des Betriebsrates und zum anderen, im Interesse einer gezielten mitarbeiterbezogenen Steuerung, eine personenbezogene Leistungsdatenerfassung. Beide gestaltungsrelevante Komponenten sind in Abbildung H-6b oben rechts eingetragen.

Eine frühzeitige und aktive Einbeziehung des Betriebsrates ist bei einer vorgesehenen personenbezogenen Leistungsdatenerfassung nach dem Betriebsverfassungsgesetz (BetrVG) unerlässlich. Für die vorgesehene Leistungsdatenerfassung greift § 87 BetrVG mit dem Mitbestimmungsrecht des Betriebsrates, da es darum geht, die Leistung der Arbeitnehmer zu überwachen. Die größere Anzahl von im Unternehmen vorgesehenen inhaltlichen und prozessbezogenen Verbesserungen unterliegt § 90 BetrVG, der die Unterrichtungs- und Beratungsrechte des Betriebsrates regelt, da durch die Verbesserungsmaßnahmen der Sachverhalt der Planung von Arbeitsverfahren und -abläufen gegeben ist. Anhand dieses Beispiels wird deutlich, um wie viel detaillierter und präziser auf der Basis von allgemeinen theoretischen Erkenntnissen formulierte Gestaltungs- und Handlungsempfehlungen sein müssen, um der Unternehmenspraxis eine wissenschaftlich fundierte und dennoch praktikable Hilfestellung zu bieten.

Es steht außer Frage, dass in einer weiterentwickelten Fassung der Theorie zu diesem wichtigen Sachverhalt nicht nur inhaltliche Aussagen formuliert, sondern auch Hypothesen aufgestellt werden können. Diese Hypothesen werden sich nicht auf das Faktum der gesetzlichen Vorgaben des BetrVG beziehen. Vielmehr werden sie den Prozess und eine weitergehende inhaltliche, also i.d.R. umfassendere Einbeziehung des Betriebsrates zum Gegenstand haben können sowie die dann dadurch erreichbaren Wirkungen. Die theoretische Konzeptualisierung wird sich durch diese technologisch erweiterte Sicht verbessern, da die effizienz- und effektivitätsorientierten Gestaltungs- bzw. Verbesserungsmaßnahmen auf diese Weise über die gesetzlichen Anforderungen hinaus durch weiche Erfolgsfaktoren der Kommunikation und einer erweiterten bzw. früheren Mitwirkung in derart wichtigen Veränderungsprozessen ergänzt werden.

Welche **Erkenntnisse für Ihre eigene Forschungsarbeit** lassen sich daraus ableiten?

- Theoretische Arbeiten, die mit praktischen Umsetzungsempfehlungen gekoppelt werden, bieten den Vorteil, dass Sie in Ihrer wissenschaftlichen Arbeit Erkenntnisse theoretisch herleiten und in Ihrer projektbezogenen Umsetzung diese direkt mit den jeweiligen Praxisanforderungen konfrontieren können. Damit wird neben dem theoretischen Wissenschaftsziel zugleich auch das pragmatische Wissenschaftsziel berücksichtigt.
- Die zentrale Erkenntnis geht dahin, dass Gestaltungs- und Handlungsempfehlungen soweit wie möglich auf einem guten theoretischen Fundament, also einer aussage- und leistungsfähigen Konzeptualisierung sowie einer durch eindeutig beobachtbare und nachvollziehbare Messgrößen sichergestellten Operationalisierung, basieren sollten. Ist dies – aus welchen Gründen auch immer – nicht möglich, dann verlangt es die Ehrlichkeit im wissenschaftlichen Arbeiten, dass Sie genau diese Einschränkungen oder manchmal sogar Defizite Ihrer wissenschaftlichen Forschung ansprechen.

Wenn man diese Grundsätze und Anforderungen nicht selbst berücksichtigt, dann ist dies der 1. Ansatzpunkt für Kritik durch den Leser, Experten oder Gutachter. Wenn der Forscher selbst dies vornimmt, dann erhöht sich hierdurch sogar das Analyseniveau des eigenen Forschungsansatzes, jedoch grundsätzlich nicht die Aussagekraft der analysierten Ursachen-Wirkungs-Beziehungen im Hinblick auf deren Allgemeingültigkeit. Die anschließend auf der Basis dieses theoretischen Konzeptes gegebenen Gestaltungs- und Handlungsempfehlungen unterliegen dann entsprechenden Einschränkungen im Hinblick auf ihre Verallgemeinerbarkeit und damit Anwendbarkeit.

Diese Vorgehensweise führt eher dazu, dass für die Praxis – bezogen auf wesentliche Fragestellungen der Gestaltung und Problembewältigung – die **Forschung**, und zwar betrieben in einzelnen Wissenschaftsdisziplinen oder vor allem auch interdisziplinär, die „kritische Instanz" ist. Genau dies erwartet die Praxis von „guter" Wissenschaft, also einer theoretischen Forschung, die erkenntnisorientiert ist und zugleich Verbesserungsmöglichkeiten der realen Situation analysiert. Aufgrund eines distanzierten, also eher auf Falsifizierung denn auf vorschnelle Bestätigung ausgerichteten Vorgehens bei der Untersuchung praxisbezogener Zusammenhänge liefert die Wissenschaft damit eine wichtige Hilfestellung durch fundierte theoretische Analysen. Fehlschlüsse und Fehlinvestitionen lassen sich in der Realität dann eher vermeiden, zumindest deutlich reduzieren.

Die Voraussetzung hierzu ist also eine wissenschaftlichen und damit vor allem auch wissenschaftstheoretischen Anforderungen genügende Konzeptualisierung, Operationalisierung und Prüfung von hypothetischen Konstrukten. Anderenfalls artet Forschung in „Wissenschaftsfolklore" aus, da sie keine klaren Regeln befolgt, keine stringenten Konzepte enthält und dann auch keine gehaltvollen sowie bezogen auf ihre theoretische Fundierung nachvollziehbaren Gestaltungs- und Handlungsempfehlungen geben kann.

IV. Literaturhinweise zum Kapitel H

Bunge, M. (1967): Scientific Research II – The Search for Truth, Heidelberg et al. 1967.
Bunge, M. (1985): Treatise on Basic Philosophy, Band 7: Epistemology and Methodology III, Philosophy of Science and Technology – Part II: Life Science, Social Science and Technology, Dordrecht et al. 1985.
Brocke, B. (1978): Technologische Prognosen – Elemente einer Methodologie der angewandten Sozialwissenschaften, Freiburg/ München 1978.
Chmielewicz, K. (1994): Forschungskonzeptionen der Wirtschaftswissenschaft, 3. Aufl., Stuttgart 1994.
Curbach, M./ Glaser, G. (1996): Zusammenfassung der Diskussion zum statisch-konstruktiven Konzept des Wiederaufbaus der Frauenkirche in Dresden, in: Wissenschaftliche Zeitschrift der Technischen Universität Dresden, 45. Jg., 1996, Sonderheft, S. 95-99.
Fritz, W. (1995): Marketing-Management und Unternehmenserfolg – Grundlagen und Ergebnisse einer empirischen Untersuchung, 2. Aufl., Stuttgart 1995.
Kirsch, W./ Seidl, D./ Aaken, D. van (2007a): Betriebswirtschaftliche Forschung – Wissenschaftstheoretische Grundlagen und Anwendungsorientierung, Stuttgart 2007.
Kirsch, W./ Seidl, D./ Aaken, D. van (2007b): Zur Methodologie der technologischen Forschung in der Betriebswirtschaftslehre, Discussion Paper 2007-09, Dezember 2007 Fakultät für Betriebswirtschaft, Ludwig-Maximilians-Universität München, München 2007, in: http://epub.ub.uni-muenchen.de/2096/1/Zur_Methodologie_der_technologischen_Forschung_in_der_Betriebswirtschaftslehre.pdf, 23.04.2008.
Nienhüser, W. (1989): Die praktische Nutzung theoretischer Erkenntnisse in der Betriebswirtschaftslehre – Probleme der Entwicklung und Prüfung technologischer Aussagen, Stuttgart 1989.
Popper, K.R. (1972/ 1984): Objective Knowledge – An Evolutionary Approach, Oxford 1972, deutsch: Objektive Erkenntnis – Ein evolutionärer Entwurf, 4. Aufl., Hamburg 1984.
Reichwald, R. (2007): Technologieorientierte Betriebswirtschaftslehre, in: Zeitschrift für betriebswirtschaftliche Forschung, Sonderheft 56/ 2007, S. 112-139.
Schanz, G. (1988): Methodologie für Betriebswirte, 2. Aufl., Stuttgart 1988.
Schmalenbach, E. (1911/ 12): Die Privatwirtschaftslehre als Kunstlehre, in: Zeitschrift für handelswissenschaftliche Forschung, 6. Jg., 1911/ 12, S. 304-316 – wiederabgedruckt in: Zeitschrift für betriebswirtschaftliche Forschung, 22. Jg., 1970, S. 490-498 sowie in Schweitzer, M. (Hrsg.): Auffassungen und Wissenschaftsziele der Betriebswirtschaftslehre – Wege der Forschung, Darmstadt 1978, S. 33-47.
Stiglat, K. (2004): Bauingenieure und ihr Werk, Berlin 2004.
Zelewski, S. (1995): Zur Wiederbelebung des Konzepts technologischer Theorietransformationen im Rahmen produktionswirtschaftlicher Handlungsempfehlungen – Verteidigung eines „antiquierten" Wissenschaftsverständnisses, in: Wächter, H. (Hrsg.): Selbstverständnis betriebswirtschaftlicher Forschung und Lehre – Tagung der Kommission Wissenschaftstheorie, Wiesbaden 1995, S. 87-124.

Kapitel I
Was sind Stolpersteine und Fußangeln beim Forschen und Anfertigen einer wissenschaftlichen Arbeit?

– Typische Fehler bei der Konzeptualisierung, Operationalisierung und Ausarbeitung von Forschungsthemen –

> Was sind wesentliche Gründe dafür, dass sowohl die Forschung als auch die Anfertigung einer wissenschaftlichen Arbeit methodische Defizite aufweist und nicht zum gewünschten inhaltlichen Ergebnis von hoher wissenschaftlicher Qualität führt? Welche grundsätzlichen Empfehlungen lassen sich hieraus bezogen auf die Organisation und Arbeitstechnik für Ihre Forschungsarbeit ableiten?

Abb. I-1: Das Haus der Wissenschaft – Einordnung des Kapitels I

I. 25 Fallstricke der theoretisch-empirischen Forschung

Als Zwischenfazit werden in diesem Kapitel unseres Forschungs-Leitfadens zentrale Probleme bei der Durchführung eines Forschungsvorhabens und der Anfertigung einer wissenschaftlichen Arbeit zusammenfassend angesprochen. Alle wichtigen Inhaltsbereiche hierzu sind in den vorangegangenen Kapiteln bereits ausgeführt worden. Hier geht es jetzt nicht darum, die Grundsätze und Inhalte für eine zweckmäßige und zielführende Vorgehensweise zu wiederholen. Vielmehr steht im Vordergrund, **wo und wie** Sie **im wissenschaftlichen Erkenntnisprozess und beim Niederschreiben Ihrer Erkenntnisse** in Schwierigkeiten geraten oder sogar **scheitern** können. Wir nennen diese Sichtweise und Analyse „Kopfstandtechnik". Damit lässt sich das Komplement zur angestrebten Qualität Ihrer Forschungsarbeit kennzeichnen, nämlich das Risiko, auf einem nicht ausreichenden wissenschaftlichen Niveau zu arbeiten und damit Ihr Ziel zu verfehlen.

Die möglichen **Stolpersteine und Fußangeln** sind in Abbildung I-2 in Form einer **25-Punkte-Liste** zusammengestellt und werden im Folgenden inhaltlich kurz erläutert. Diese Liste kann Ihnen in Ihrem Prozess der Forschung bzw. bei der Anfertigung einer wissenschaftlichen Arbeit zugleich **als prophylaktische Checkliste zur Vermeidung von typischen Fehlern** dienen. Sie stellt also eine wichtige **Prüfinstanz für die Qualität** Ihrer eigenen Forschungsarbeit dar.

1. **Nicht genügend durchdachte Themenwahl:**
   An dem gewählten Thema besteht zwar ein hohes Interesse, was die Mindestvoraussetzung für eine Themenbearbeitung ist. Das Thema ist aber zu randständig, es fehlt also die ausreichende „Relevance". Oder die Themenbehandlung überfordert den Bearbeiter im Hinblick auf die theoretischen und methodischen Anforderungen, so dass die konzeptionelle und methodische Stringenz („Rigour") nicht leistbar ist.
2. **Vorschnelles Ausdifferenzieren der Gliederung:**
   Es erfolgt eine zu frühe Detaillierung des Themas in der Gliederung, bevor im Untersuchungsdesign die generellen Aggregate in ihrer Vernetzung und ihrem Zusammenwirken durchdacht und dargestellt wurden.
3. **Kein klarer Leitfaden für die inhaltliche Vorgehensweise:**
   Die Arbeit enthält am Anfang keine klare Vorstellung bzw. nachvollziehbare Darstellung der einzelnen Phasen und Inhalte des theoretischen und ggf. auch empirischen wissenschaftlichen Forschungs- und Erkenntnisprozesses, z.B. in Form eines Untersuchungsdesigns.
4. **Definitionsvielfalt statt strukturierter Begriffswelt:**
   Der Schwerpunkt der Arbeit liegt nur auf einer Auflistung und Zusammenstellung alternativer Definitionen und es fehlt eine Entscheidung für die der eigenen wissenschaftlichen Arbeit zu Grunde gelegte Begriffswelt. Definitionen werden in ihrem sprachlichen Ausdruck für den Leser nicht nachvollziehbar variiert. Definitorischer Vielfalt wird so der Vorzug gegeben vor begrifflicher Eindeutigkeit und Prägnanz.

1. Nicht genügend durchdachte Themenwahl
2. Vorschnelles Ausdifferenzieren der Gliederung
3. Kein klarer Leitfaden für die inhaltliche Vorgehensweise
4. Definitionsvielfalt statt strukturierter Begriffswelt
5. Fehlendes Fundament bezogen auf die bisherigen Forschungsergebnisse
6. Beschränkung auf Deskription
7. Ausführliche Literaturauswertung statt eigener konzeptioneller Ideen
8. Keine Bestimmung bzw. Offenlegung der eigenen wissenschaftstheoretischen Position
9. Unsaubere Literaturarbeit
10. Zu spätes Beginnen des Schreibens des Rohentwurfs
11. Keine forschungsleitenden Fragen formuliert
12. Forschungsdesign nicht erarbeitet
13. Fehlende gehaltvolle Ursachen-Wirkungs-Beziehungen
14. Keine Formulierung von Hypothesen
15. Hypothesen nicht wertneutral formuliert
16. Werturteile im Aussagenbereich durch den Forscher nicht offengelegt
17. Befragung nicht in der Begriffswelt und Arbeitssprache der Befragten
18. Leistungsfähige statistische Methoden auf wenig aussagefähige Inhalte angewendet
19. Gestaltungsdesign ohne Berücksichtigung relevanter situativer Gegebenheiten
20. Keine Ableitung praxisorientierter Schlussfolgerungen
21. Keine konsistente Abfolge und Verzahnung der behandelten Inhaltsbereiche
22. Zu wenig Tiefgang aufgrund fehlender wissenschaftlicher Vorgehensweise
23. Komplizierte Sprache gespickt mit Fremdworten
24. Nur Zusammenfassung der behandelten Inhalte und nicht der gewonnenen Erkenntnisse
25. Missverhältnis zwischen Gesamtumfang der wissenschaftlichen Arbeit und Zusammenfassung der gewonnenen Erkenntnisse

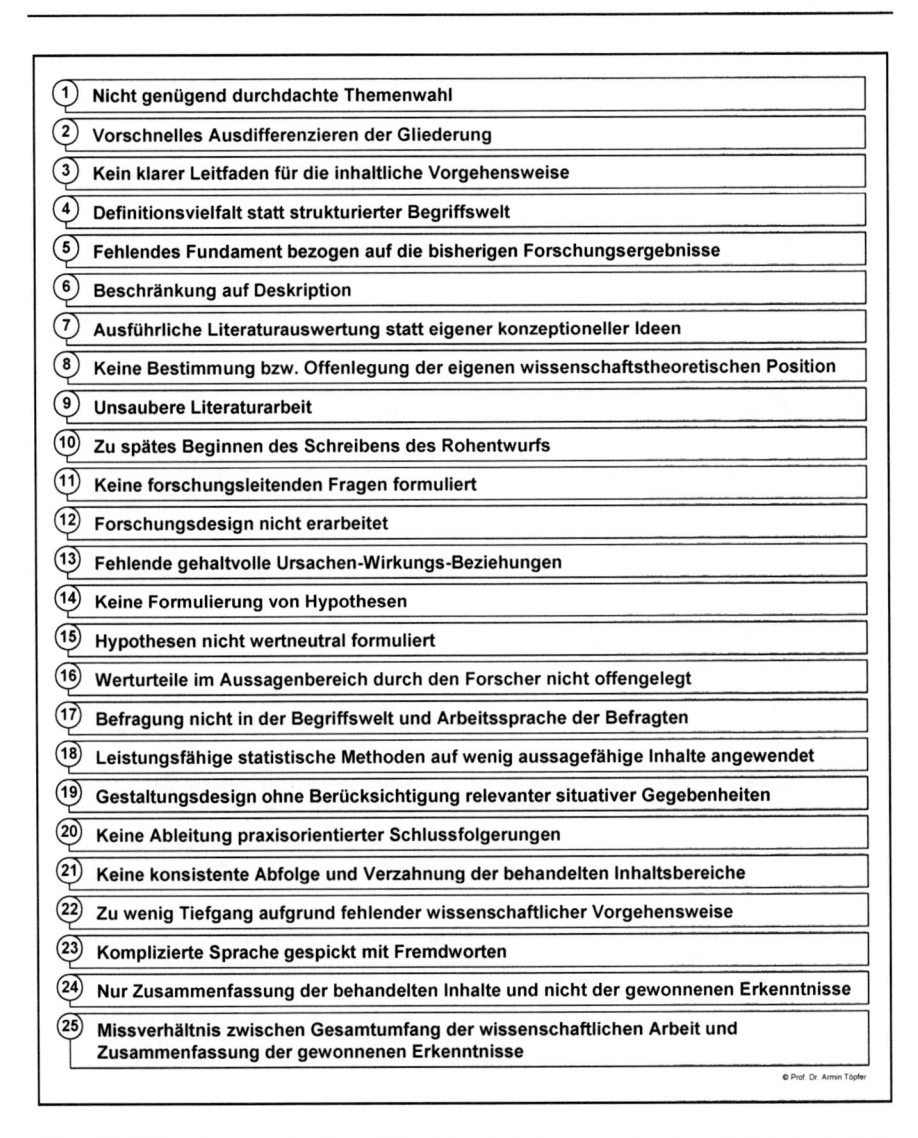

© Prof. Dr. Armin Töpfer

Abb. I-2: 25-Punkte-Liste häufiger Fallstricke als Stolpersteine/ Fußangeln bei der Anfertigung einer wissenschaftlichen Arbeit

5. **Fehlendes Fundament bezogen auf die bisherigen Forschungsergebnisse:**
   Der in der Literatur publizierte bisherige Stand der Forschung und der erreichten Erkenntnisse im gewählten Forschungsfeld wird als Basis und Fundament für den eigenen wissenschaftlichen Untersuchungsansatz nicht ausreichend herausgearbeitet.

6. **Beschränkung auf Deskription:**
Das Schwergewicht der gesamten Arbeit wird nur auf Beschreibungen als Darstellung von Daten, Fakten sowie Sachverhalten gelegt, und es werden keine Kausalitäten und Wirkungszusammenhänge erarbeitet.
7. **Ausführliche Literaturauswertung statt eigener konzeptioneller Ideen:**
Der Fokus der Arbeit wird nur auf die Beschreibung und Darstellung der Literatur zum Thema gelegt, und es werden keine eigenen konzeptionellen Überlegungen zur Erkenntnisperspektive, zu den inhaltlichen Bestandteilen und zu den operativen Gestaltungsbereichen und Messgrößen der gewählten Thematik angestellt.
8. **Keine Bestimmung bzw. Offenlegung der eigenen wissenschaftstheoretischen Position:**
Der Forscher macht keine explizite Aussage, welche wissenschaftstheoretische Konzeption er seiner Analyse zu Grunde legt. Dadurch ist seine forschungsstrategische Programmatik, insbesondere im Hinblick auf die Methodologie im Erkenntnisprozess, die z.B. eine wechselweise Fokussierung auf Deduktion und Falsifizierung oder das induktive Postulieren neuer Erklärungsmuster zum Gegenstand haben kann, nicht nachvollziehbar.
9. **Unsaubere Literaturarbeit:**
Bereits in einer frühen Phase einer wissenschaftlichen Arbeit ist es sehr wichtig, bei der Verarbeitung und Weiterverwendung vor allem auch elektronisch gespeicherter Literatur, die z.B. auch aus physischen Vorlagen eingescannt wurde, genau zu kennzeichnen, ob es sich um Originaltexte anderer Quellen handelt oder ob auf dieser Basis bereits eigene Formulierungsentwürfe angefertigt wurden. Durch die zur Verfügung stehende Plagiat-Software lassen sich Nachlässigkeiten und Verstöße gegen diesen wichtigen formalen Grundsatz wissenschaftlichen Arbeitens lückenlos nachweisen. Die sich dann anschließenden Konsequenzen ggf. in Form von unvermeidbaren Sanktionen kommen auch bei Nachlässigkeiten zum Tragen und sind durch einen klar strukturierten Prozess der Dokumentation eindeutig vermeidbar.
10. **Zu spätes Beginnen des Schreibens des Rohentwurfs:**
Ein ebenfalls nicht zu unterschätzender Stolperstein ist dann gegeben, wenn der Prozess des Recherchierens und Lesens zu lange angesetzt wird, bevor erste Textentwürfe und eigene Argumentationsversuche/ -ketten zu den einzelnen Themenbestandteilen formuliert werden. Eine wissenschaftliche Arbeit schreibt sich normalerweise nicht aus einem Guss. Das Erkenntnis- und Argumentationsniveau des Forschers wächst i.d.R. mit seinem Reifegrad der Themendurchdringung. Diesen erhöht er durch ein frühzeitiges Formulieren und auch Verwerfen sowie Modifizieren von Rohtexten.
11. **Keine forschungsleitenden Fragen formuliert:**
Der Forscher nutzt die Möglichkeit nicht, klare und fokussierte forschungsleitende Fragen zu formulieren, die eine Aussage über die inhaltlichen Schwerpunkte der wissenschaftlichen Analyse machen und eine wichtige Vorstufe für die Entwicklung gehaltvoller Ursachen-Wirkungs-Beziehungen bilden. Erst

auf dieser Basis lassen sich dann auch in ihrer Herleitung nachvollziehbare und aussagefähige Hypothesen aufstellen.

12. **Forschungsdesign nicht erarbeitet:**
Aus den forschungsleitenden Fragen wird kein inhaltlich differenziertes Forschungsdesign erarbeitet, das den Anspruch der Konzeptualisierung und Operationalisierung einer gewählten wissenschaftlichen Thematik erfüllt. Aus einem erkenntnisorientierten strategischen Konzept lassen sich dann keine handlungsorientierten Inhaltsbereiche ableiten und auf ihre Wirksamkeit in der Realität überprüfen. Das Forschungsvorhaben wird dadurch entweder zu abstrakt behandelt oder zu schnell auf Handlungsempfehlungen reduziert.

13. **Fehlende gehaltvolle Ursachen-Wirkungs-Beziehungen:**
Die Arbeit konzentriert sich nicht auf eine systematische Herleitung von Ursachen-Wirkungs-Zusammenhängen auf der Basis der mit dem Forschungsdesign korrespondierenden Inhalte zur Kennzeichnung von Rahmenbedingungen, Handlungsfeldern und Wirkungsbereichen.

14. **Keine Formulierung von Hypothesen:**
Es werden keine aussagefähigen und überprüfbaren, also vor allem auch keine falsifizierbaren Hypothesen als klar strukturierte Ursachen-Wirkungs-Beziehungen aufgestellt, die wesentliche inhaltliche Aussagen über Wirkungsgefüge auf den Punkt bringen.

15. **Hypothesen nicht wertneutral formuliert:**
Die vermuteten Ursachen-Wirkungs-Beziehungen werden als Hypothesen nicht wertneutral formuliert. Sie enthalten also normative Aufforderungen mit präskriptiven Aussagen wie „wollen", „müssen" oder „sollen".

16. **Werturteile im Aussagenbereich durch den Forscher nicht offengelegt:**
Es werden wertende Aussagen vom Wissenschaftler getroffen, ohne dass diesen wissenschaftlich gewonnene Erkenntnisse zu Grunde liegen; es handelt sich also lediglich um die persönliche Meinung des Forschers, die nicht als solche gekennzeichnet wird.

17. **Befragung nicht in der Begriffswelt und Arbeitssprache der Befragten:**
Ein Befragungsdesign wird aus dem Forschungsdesign abgeleitet, um die formulierten Hypothesen auf ihre Bestätigung oder ihre Falsifikation hin zu überprüfen. Es hat damit wissenschaftlichen Ansprüchen zu genügen. Problematisch ist oft die anschließende Umsetzung in einen Fragebogen oder Interviewleitfaden für die Durchführung der empirischen Untersuchung, und zwar dann, wenn die formulierten Fragen zu wissenschaftlich-theoretisch und damit zu abstrakt formuliert sind und dadurch nicht in die Begriffswelt sowie die Arbeitssprache der Befragten heruntergebrochen werden. Als Konsequenz leiden hierunter die Verständlichkeit der Fragen und damit auch die Qualität der Aussagekraft der ermittelten Befragungsergebnisse.

18. **Leistungsfähige statistische Methoden auf wenig aussagefähige Inhalte angewendet:**
Mit methodisch hoch entwickelten und dadurch leistungsfähigen statistischen Tests und Prüfverfahren werden konzeptionell und inhaltlich wenig aussagefähige thematische Teile auf ihre empirische Gültigkeit analysiert. Die An-

wendung von anspruchsvollen statistischen Methoden ersetzt die fehlende Aussagekraft der Inhalte jedoch nicht. Triviale Ergebnisse werden nicht besser, wenn sie als hochsignifikante Befunde ermittelt und bewertet werden. Ein weiteres Problem kann dadurch entstehen, wenn statistische Verfahren bei Daten angewandt werden, die nicht mit dem Zweck erhoben wurden, dieses statistische Verfahren einzusetzen und deshalb oft nicht das geforderte Skalenniveau aufweisen.

19. **Gestaltungsdesign ohne Berücksichtigung relevanter situativer Gegebenheiten:**
Bei der Umsetzung des Forschungsdesigns in ein Gestaltungsdesign werden nicht alle wesentlichen situativen Gegebenheiten genügend berücksichtigt, und zwar häufig vor allem nicht die limitierenden Faktoren, also die Wenn-Komponenten 2. Gerade durch diese nicht unmittelbar beeinflussbaren Teile der Rand- bzw. Antecedensbedingung wird das Spektrum von Gestaltungs- und Handlungsempfehlungen aber deutlich eingeschränkt. Wird hier nicht genügend differenziert, dann wirkt sich dies zugleich negativ auf die Wirksamkeit von Maßnahmen zur Lösung des wissenschaftlich untersuchten Problems aus.

20. **Keine Ableitung praxisorientierter Schlussfolgerungen:**
Theoretische Aussagen und Erkenntnisse werden nicht in wirkungsvolle Gestaltungs- und Handlungsempfehlungen für die Praxis überführt bzw. an der Praxis geprüft.

21. **Keine konsistente Abfolge und Verzahnung der behandelten Inhaltsbereiche:**
Der fehlende, konsistent verzahnte Aufbau der wissenschaftlichen Arbeit mit allen erforderlichen methodisch-inhaltlichen Prozessschritten erschließt die Logik und Abfolge der behandelten Thementeile nicht.

22. **Zu wenig Tiefgang aufgrund fehlender wissenschaftlicher Vorgehensweise:**
Durch den fehlenden strukturierten Forschungsprozess und das – damit verbundene – fehlende zielgerichtete Durchlaufen der einzelnen Phasen einer wissenschaftlichen Arbeit wird die Erarbeitung und Ableitung gehaltvoller Ergebnisse verhindert.

23. **Komplizierte Sprache gespickt mit Fremdworten:**
Ein gravierendes Problem ist dann gegeben, wenn der zu geringe Tiefgang der wissenschaftlichen Analyse durch eine abstrakte und dadurch für das Verständnis komplizierte Sprache „ersetzt" wird. Hierdurch entsteht schnell der Eindruck, dass relativ triviale Inhalte durch Sprache und Ausdrucksform aufgebläht werden. Dies kennzeichnet keine Wissenschaftlichkeit, im Gegenteil: Publikationen großer Forscher bestechen dadurch, dass die inhaltlich gehaltvollen Ausführungen in einfachen und prägnanten Formulierungen dargeboten werden. Dies vermeidet Kompliziertheit und erlaubt, auch komplexe Sachverhalte relativ leicht verstehen und nachvollziehen zu können. Andernfalls lässt sich ein komplizierter, mit Fremdworten gespickter Text mit dem Bild einer

Zwiebel vergleichen: Wenn man die Schale (die Fremdworte und komplizierten Formulierungen) wegnimmt, dann ist der Rest zum Weinen.

24. **Nur Zusammenfassung der behandelten Inhalte und nicht der gewonnenen Erkenntnisse:**
Statt einem Resümee der Erkenntnisse erfolgt nur eine Zusammenfassung der in den einzelnen Kapiteln behandelten Inhalte, also nur eine Aussage, was gemacht wurde, und nicht, was dabei an Schlussfolgerungen gezogen und an Erkenntnissen gewonnen wurde.

25. **Missverhältnis zwischen Gesamtumfang der wissenschaftlichen Arbeit und Zusammenfassung der gewonnenen Erkenntnisse:**
Die Zusammenfassung der Erkenntnisse und Ergebnisse ist zu kurz und steht damit umfangmäßig und inhaltlich in keiner vertretbaren Relation zum Gesamtumfang der Arbeit.

II. Generelle Empfehlungen für das methodisch-inhaltliche Vorgehen

Welche **Erkenntnisse und Schlussfolgerungen** lassen sich **zur Vermeidung der aufgeführten Stolpersteine und Fußangeln** für Ihre eigene wissenschaftliche Forschungsarbeit ziehen? Folgende generelle Empfehlungen, die sich auf allgemeine Methoden der Organisation und Arbeitstechnik konzentrieren, möchten wir Ihnen hierzu geben. Dabei gilt die einfache Erkenntnis: Wenn der Forscher die Organisation und Arbeitstechnik gut beherrscht, dann kann er sich primär auf die Inhalte seiner Forschung konzentrieren.

- **Strukturieren** Sie den **gesamten Prozess Ihres Forschungsvorhabens** mit allen vorbereitenden und inhaltlichen Teilschritten auf einem Zeitstrahl. Sie verhindern dadurch, dass Sie Zeit konsumierende Aktivitäten übersehen oder vom Aufwand her unterbewerten und dadurch ungewollt in eine Stresssituation geraten. Die inhaltlich vorgesehenen Teilschritte können Sie als Grundlage für die Erarbeitung des Untersuchungsdesigns verwenden.
- Die **Aufteilung des gesamten Zeitbudgets** in Zeitfenster für einzelne inhaltliche Aktivitäten und Bestandteile Ihrer Forschungsarbeit ermöglicht Ihnen eine zeitgerechte Steuerung und vermeidet, dass am Schluss Ihres gesamten Bearbeitungszeitraumes ein so hoher Zeitdruck aufgrund von Verzögerungen entsteht, dass Sie wichtige inhaltliche Themenbestandteile nur noch unzureichend ausarbeiten und ansprechen können.
- Empfehlenswert ist es auf jeden Fall, ein Zeitbudget von 5 bis 10% als eiserne **Planreserve** vorzusehen.
- Eine **Visualisierung der einzelnen Arbeitsschritte** auf einer großen Wandtafel oder einem Plakat führt Ihnen täglich den Zeitplan vor Augen und hilft – bei allem inhaltlichen Eintauchen in das Thema, unliebsame zeitliche Überraschungen zu vermeiden.

- Auch für wissenschaftliches Arbeiten und insbesondere für empirische Forschungsvorhaben gilt, dass dies **konkrete Projektarbeit** ist, die nur erfolgreich sein kann, wenn sie strukturiert ist, mit einem definierten Zeitbudget versehen und konsequent gesteuert wird. Literaturarbeiten können Sie bei Zeitengpässen verkürzen, nicht aber empirische Forschungsaktivitäten. Denn nach einer aufwändigen Datenerhebung macht es keinen Sinn, aus Zeitgründen auf eine aussagefähige Auswertung zu verzichten (siehe hierzu weitere Ausführungen in Kapitel L).
- In entsprechender Weise sollten Sie auch die **Konzeptualisierung und Operationalisierung Ihrer Forschungsarbeit visualisieren**. Sie stellen dadurch wichtige Inhaltsteile in ihrer Abfolge und in ihren Zusammenhängen auf einem großen Blatt Papier oder einer Pinnwand dar. Einfache Hilfsmittel wie Post-Its leisten hier gute Dienste, da Sie die Struktur z.B. des Untersuchungs- und Forschungsdesigns in den auf diesen Klebezetteln formulierten inhaltlichen Teilen flexibel entsprechend Ihrem Bearbeitungsstand und Erkenntnisfortschritt anpassen können.

Auch hier gilt: Im Rahmen des gesamten Prozesses der Strukturierung und Konkretisierung **denken Sie breit und tief**, so dass Ihnen selbst bezogen auf den Prozess, die Inhalte und die vorgesehenen Methoden viele Details und auch Probleme in Ihrem Forschungsprojekt erst auf diese Weise deutlich und plastisch vor Augen geführt werden. Dies erfolgt, wenn Sie die Konzeptualisierung Ihres Forschungsthemas vornehmen, also alle relevanten theoretischen Ursachen-, Einfluss- und Wirkungsbereiche durchdenken und in aussagefähige Abhängigkeitsbeziehungen strukturieren. Und dies passiert erst recht, wenn Sie auf dieser Basis dann die Operationalisierung des zu erforschenden Problems durchführen; das bedeutet, dass Sie die Messgrößen bestimmen und inhaltlich präzisieren, mit denen Sie die Ursachen-, Einfluss- und Wirkungsgrößen in den Beziehungsgefügen empirisch ermitteln wollen. Durch eine aussagefähige Visualisierung „zwingen" Sie sich also selbst, die „Dinge zu Ende zu denken". Mit anderen Worten spüren Sie dabei Argumentationsbrüche, inhaltliche Unschärfen und messtechnische Unzulänglichkeiten viel besser und vor allem viel früher auf.

Außerdem bildet eine derartige Visualisierung der Forschungsinhalte eine gute Basis für die Diskussion und das Sparring mit Dritten, denen Sie den Inhalt Ihrer Arbeit erläutern, um hierdurch Anregungen und konstruktive Kritik zu erhalten. Hierzu gehört auch der Betreuer Ihrer Forschungsarbeit, mit dem Sie regelmäßige Besprechungen durchführen sollten, bei denen sich Ihre visualisierten Unterlagen ebenfalls gut verwenden lassen.

- Abschließend soll noch eine Empfehlung angesprochen und gegeben werden, die nicht in unmittelbarem Zusammenhang mit dem inhaltlich-methodischen Vorgehen bei Ihrer Forschungsarbeit steht. Gemeint ist **Ihre persönliche Motivation**, die Sie brauchen, um den gesamten Prozess des wissenschaftlichen Arbeitens und Forschens auf einem hohen und ertragreichen Niveau zu halten und zu gestalten. Die wichtigste Anforderung und Empfehlung ist dabei die Work-Life-Balance, also die Bereitschaft und Fähigkeit, nach intensiven Arbeitsphasen auch ausreichende Erholungsphasen einzuplanen. Alle Erholungsaktivitäten sollten als „Belohnung" für intensive Arbeitsaktivitäten und für das Erreichen geplanter Teilziele verstanden werden. Wer sich ausreichend lange „Auszeiten" gönnt, bekommt den Kopf wieder frei und ist anschließend eher kreativer.

Auf konkrete Inhalte bezogen auf **Arbeitstechniken des wissenschaftlichen Arbeitens und Forschens** wird in Kapitel K mit dem Fokus auf die Literaturarbeit und auf Internetrecherchen noch näher eingegangen. Die Vorgehensweise, Inhalte und Anforderungen an die Projektsteuerung sowie an Zwischenpräsentationen bei Ihrer Forschungsarbeit vertiefen wir in Kapitel L.

Die Ausführungen zu den Stolpersteinen und Fußangeln auf der einen Seite und zu den einfachen, aber wirkungsvollen Empfehlungen zur Arbeitsweise auf der anderen Seite sind zugleich ein guter Übergang zu den im folgenden Kapitel J dargestellten Beispielen. Dort werden mit dieser vorgeschlagenen methodisch-inhaltlichen Vorgehensweise erreichte Ergebnisse vorgestellt.

Kapitel J
Durchgängige Beispiele für die Konzeptualisierung und Operationalisierung in Forschungsarbeiten

– Wissenschaftliche Umsetzung in Master-Thesis und Dissertationen –

> Wie sieht die konkrete Anwendung der methodischen Schritte und Inhalte sowie der darauf bezogenen Strukturierungshilfen und -instrumente in unterschiedlichen Forschungsarbeiten aus? Welche generellen Erkenntnisse und Erfahrungswerte lassen sich aus diesen Demonstrations-Beispielen gewinnen?

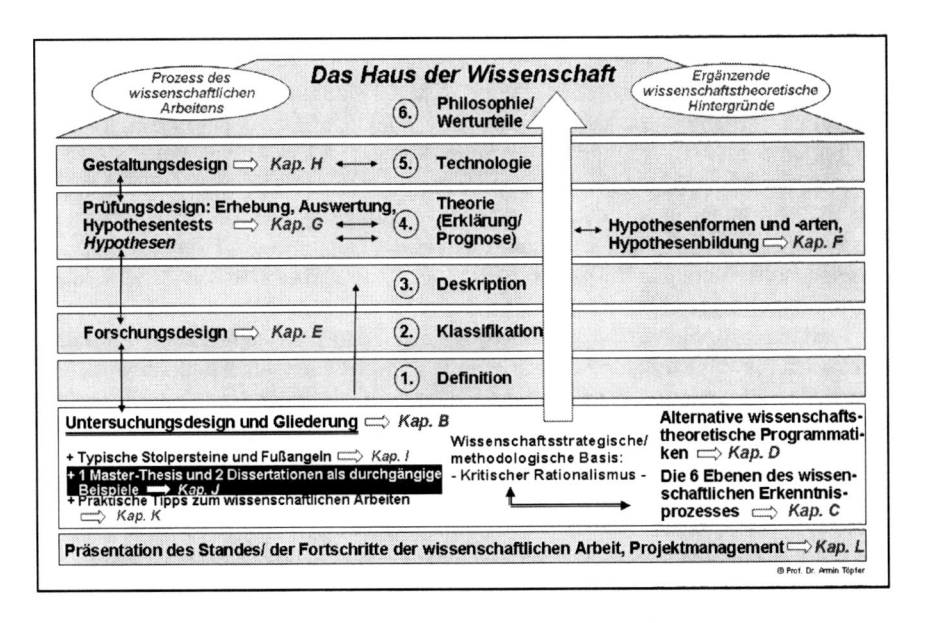

Abb. J-1: Das Haus der Wissenschaft – Einordnung des Kapitels J

Nachdem alle Bestandteile für den Prozess der Konzeptualisierung und Operationalisierung einer Forschungsarbeit in einzelnen Schritten und Kapiteln ausgeführt wurden, soll jetzt an ausgewählten Beispielen diese Vorgehensweise als durchgängiger Prozess noch einmal demonstriert werden. Die Darstellung beschränkt sich allerdings aus Gründen der Zweckmäßigkeit und Übersichtlichkeit lediglich auf das Untersuchungsdesign, das Forschungsdesign, ausgewählte Hypothesen sowie auf einige Ausführungen zur empirischen Messung und zu den abgeleiteten Gestaltungs- und Handlungsempfehlungen. Die in diesem Forschungs-Leitfaden – teilweise in modifizierter Form – vorgestellten visualisierten und inhaltlichen Strukturierungen sowie Darstellungen des wissenschaftlichen Arbeitsprozesses lassen sich so im Gesamtzusammenhang nachvollziehen.

Auf den Inhalt der 3 Forschungsarbeiten wird nur in dem geringen Maße eingegangen, das notwendig ist, um die jeweilige Arbeit thematisch, inhaltlich und bezogen auf die Ausgangssituation in der Forschung sowie die bisher durchgeführten wissenschaftlichen Analysen einordnen und den Umsetzungsstand in der Unternehmenspraxis bewerten zu können. **Im Vordergrund** stehen also jeweils die einzelnen **methodischen Schritte und erarbeiteten Ergebnisse**. Bei Interesse sind anhand der angegebenen Literaturquellen weitere Details nachzulesen.

Alle 3 hier referierten Forschungsarbeiten sind nicht nur theoretisch, sondern auch empirisch ausgerichtet. Dies ist jedoch nicht als generelle Anforderung an eine gute wissenschaftliche Arbeit zu verstehen. Bezogen auf das in diesem Leitfaden dargestellte Instrumentarium wird dadurch aber ein zusätzlicher wichtiger Bereich abgedeckt. Grundsätzlich gilt, dass durch empirisches wissenschaftliches Arbeiten die Brücke zwischen theoretischer Forschung und technologischen Handlungsempfehlungen geschlagen wird. Zugleich werden – bei einem aussagefähigen empirischen Vorgehen – aber auch die Anforderungen in beide Richtungen detaillierter und präziser. Dies bedeutet, dass durch eine empirische Analyse und Evaluation der inhaltlich-konzeptionelle Ansatz der Theorie sowie die operationalisierte Messmethodik und die empirischen Ergebnisse für die Technologie systematischer durchdacht, besser strukturiert und aufbereitet sowie i.d.R. dann auch griffiger dargestellt werden.

Auch hier gilt wie bei den in den vorangegangenen Kapiteln bereits referierten Beispielen bzw. gezeigten Strukturierungshilfen zu den unterschiedlichen Forschungsthemen, dass die von dem Bearbeiter respektive den Bearbeitern gewählten Darstellungsformen übernommen und abgedruckt werden. Dies verdeutlicht zugleich auch das Spektrum unterschiedlicher Darstellungsmöglichkeiten.

I. Strukturierungshilfen und Instrumente zur Konzeptualisierung und Operationalisierung in einer Master-Thesis

Als Master-Thesis haben wir eine Arbeit zur Demonstration ausgewählt, die neben der Betriebswirtschaftslehre vor allem auch Aspekte der Psychologie enthält und sich auf ein inhaltlich eher technisch ausgerichtetes Thema erstreckt. Die Klammer ist das sozialpsychologische Konstrukt der Unternehmenskultur mit direkten Bezügen zur Organisationsentwicklung. Im Rahmen dieser Arbeit wurde neben der theoretischen Analyse zusätzlich eine empirische Untersuchung durchgeführt. Diese Befragung hatte eine Bestandsaufnahme und Evaluation zum Gegenstand und war damit stärker handlungsorientiert und nicht generell erkenntnisorientiert. Der Zeitraum der Themenbearbeitung betrug insgesamt 6 Monate.

Das Thema wurde von MIRIAM STACHE im Jahre 2007 an der Dresden International University (DIU) im Rahmen des MBA-Studiengangs Health Care Management (HCM), einem nicht-konsekutiven, berufsbegleitenden Master-Studiengang, bearbeitet. Die von ihr behandelte Thematik (vgl. Stache 2007) trägt den Titel **„Anforderungen an die Unternehmenskultur bei der erfolgreichen Einführung von Lean Six Sigma"**.

Unter der Konzeption Lean Six Sigma (L6S) wird dabei folgender Sachverhalt verstanden: Die methodisch fortschrittliche Integration von Lean Management, also der Strukturierung schlanker kundenorientierter Prozesse ohne Verschwendung als vermeidbare Kosten, mit Six Sigma als praktizierter Null-Fehler-Qualität aus Kundensicht und Vermeidung von Abweichungen außerhalb der formulierten Toleranz sowie damit unter Vermeidung von Fehlerkosten (vgl. Töpfer/ Günther 2008, S. 975 ff.).

Die Analyse bezieht sich auf die Einführung dieses Konzeptes in das deutsche Tochterunternehmen eines amerikanischen Pharma-Konzerns. Im Rahmen der Themenbearbeitung wurden folgende Analyseschritte durchgeführt bzw. Strukturierungshilfen eingesetzt: Untersuchungsdesign, Forschungsdesign, Hypothesen, Vernetzung der Hypothesen und Zuordnung zur Befragung sowie Gestaltungs- und Handlungsempfehlungen auf der Basis empirisch abgesicherter Stärken und Schwächen.

Bislang existieren kaum wissenschaftlich fundierte empirische Analysen, die bei der Einführung von Six Sigma und erst recht bei der Einführung von Lean Six Sigma die Auswirkungen auf die Unternehmenskultur untersuchen. Es gibt lediglich einige Beschreibungen kultureller Barrieren in einzelnen Firmen und dies eher als praktische Ratgeber denn als wissenschaftliche Analysen. Entsprechend dem Klassifikationsschema von FRITZ in Abbildung E-5 konzentriert sich die Arbeit in exploratorischer (entdeckender) und ansatzweise auch konfirmatorischer (bestätigender) Hinsicht stärker auf die deskriptive und instrumentelle Ebene als auf die explikative (erklärende) Ebene, die wir gemäß unserer Nomenklatur explanatorische Ebene nennen.

Ausgangsbasis war die aktuelle Situation des Pharma-Konzerns, die weltweit durch eine steigende Wettbewerbsintensität und daraus resultierende Anforderungen an eine schnelle Reaktionsfähigkeit, strukturierte und schlanke Prozesse sowie das Ausschöpfen von Kostensenkungspotenzialen bei gleichzeitig hoher Qualität mit dem Ziel der Null-Fehler-Qualität gekennzeichnet war. Hierzu wurde in den USA bereits die Konzeption Lean Six Sigma eingeführt. Diese Methodik ist ebenfalls auf das deutsche Tochterunternehmen übertragen worden. Nach einer Reihe von erfolgreichen Pilotprojekten traten zugleich einige nicht zu übersehende Probleme auf, deren Ursachen sowie Wirkungen und damit Reichweite nicht zu erkennen bzw. abzuschätzen waren. So viel zur inhaltlichen Einordnung der Master-Thesis und nun zum methodischen Vorgehen bei dieser Forschungsarbeit.

In Abbildung J-2 ist zunächst das Untersuchungsdesign wiedergegeben. Die einzelnen Kapitel werden dabei jeweils zusätzlich klassifiziert im Hinblick auf ihren inhaltlichen Schwerpunkt.

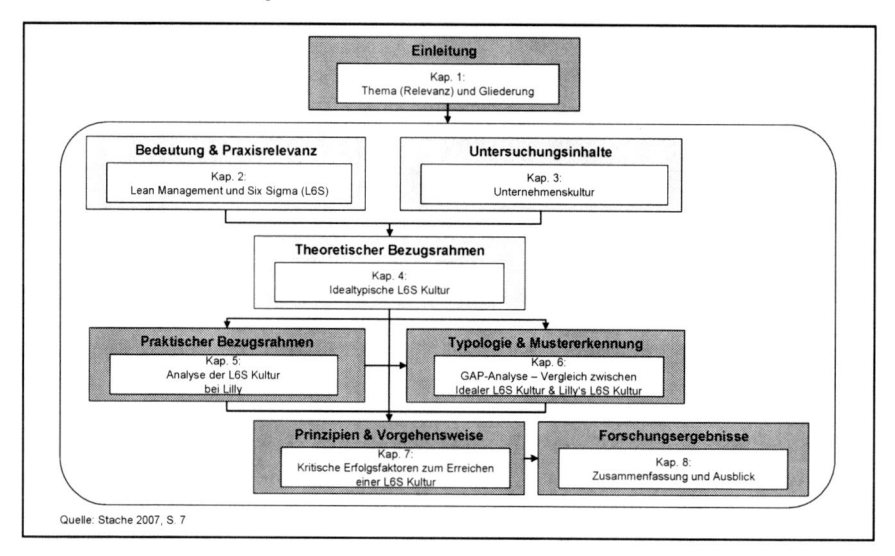

Abb. J-2: Untersuchungsdesign zum Thema Unternehmenskultur-Anforderungen bei der Einführung von Lean Six Sigma

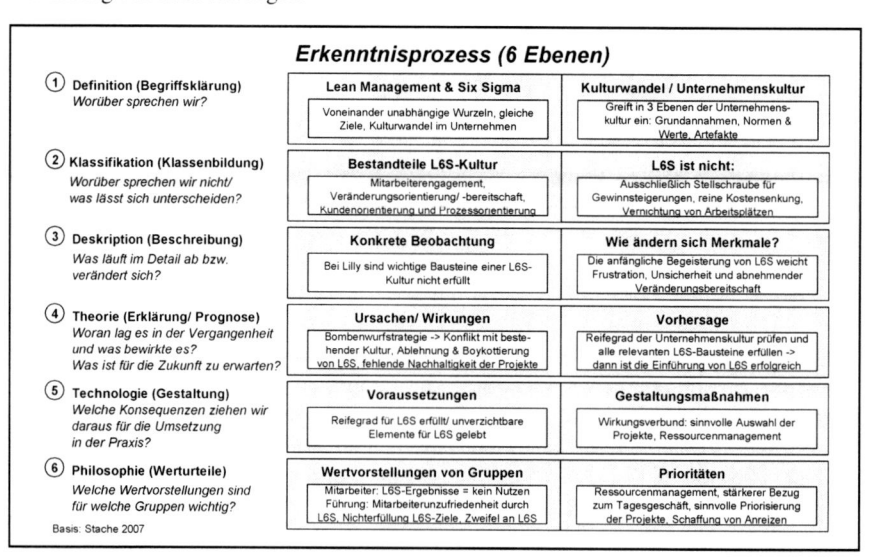

Abb. J-3: Vorstudie auf der Basis der 6 Ebenen des wissenschaftlichen Erkenntnisprozesses zum Thema Unternehmenskultur-Anforderungen bei der Einführung von Lean Six Sigma

I. Strukturierungshilfen und Instrumente in einer Master-Thesis 351

In dieser Master-Thesis ist die Vorstudie zum Thema in Form einer ersten inhaltlichen Analyse unter Verwendung der 6 Ebenen des Hauses der Wissenschaft durchgeführt und dokumentiert worden (siehe Abb. J-3). Dies ist zugleich eine wichtige Vorarbeit und Grundlage für die Strukturierung des Forschungsdesigns.

Beim Forschungsdesign in Abbildung J-4 sind zugleich die Bereiche und Beziehungen gekennzeichnet, die in der empirischen Untersuchung durch Fragen abgedeckt sind. Wie nachvollziehbar ist, umfasst der Fragebogen insgesamt 11 Fragenkomplexe.

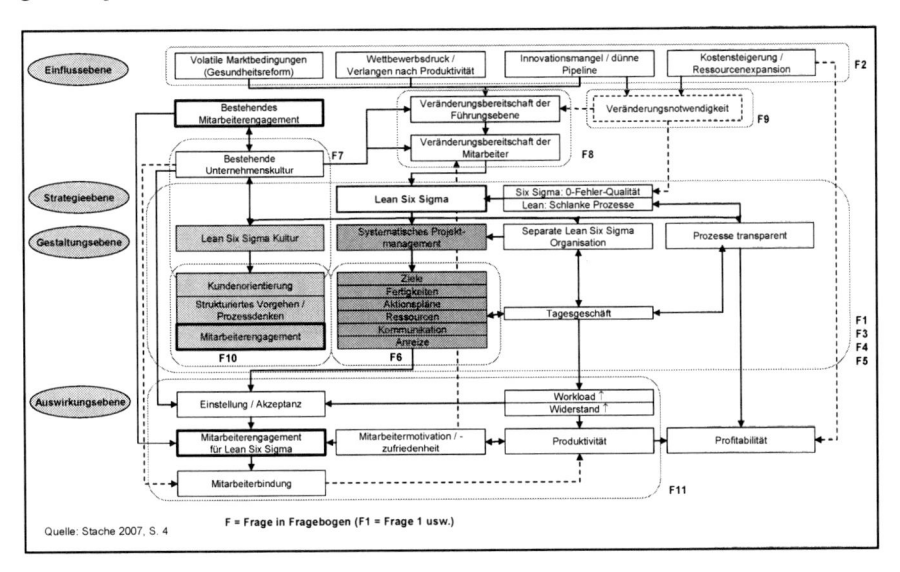

Abb. J-4: Forschungsdesign zum Thema Unternehmenskultur-Anforderungen bei der Einführung von Lean Six Sigma

Auf der Basis des Forschungsdesigns wurden 6 Hypothesen formuliert, die dann zugleich auch die Grundlage für die Erhebung bzw. Befragung bildeten, um so ihre empirische Überprüfung durchzuführen. Von den 6 Hypothesen werden 3 in Abbildung J-5a dargestellt. Sie sind durchweg gerichtete Zusammenhangs- und damit zugleich Wirkungshypothesen. Alle Hypothesen sind zusätzlich in Abbildung J-5b in ihrer inhaltlichen Vernetzung visualisiert. In dieser Vernetzungsübersicht sind wiederum die einzelnen Fragenkomplexe des Fragebogens den Hypothesen zugeordnet. Hierdurch wird nachvollziehbar, wie die empirische Überprüfung der Hypothesen erfolgt. Die zusätzlichen, hier nicht wiedergegebenen Hypothesen sind folgender Art: Hypothese 1 enthält als Teilhypothesen eine Verteilungs- sowie Zusammenhangshypothesen; Hypothese 3 besteht aus Zusammenhangshypothesen und Hypothese 5 umfasst eine Wirkungshypothese mit 2 Teilhypothesen.

Kennung	Postulierter Ursachen-Wirkungs-Zusammenhang
• H2:	Je weniger notwendige Bausteine für erfolgreiche Veränderungsprozesse bei der Einführung von Lean Six Sigma erfüllt sind, desto geringer ist die Begeisterung und das Engagement der Mitarbeiter durch Lean Six Sigma.
• H2.1:	Je mehr sich die Mitarbeiter als Ressourcen in den Lean Six Sigma Projekten überlastet fühlen, desto weniger sind die Mitarbeiter durch Lean Six Sigma begeistert und engagiert.
• H2.2:	Je schlechter über Projektstatus und Projektergebnisse kommuniziert wird, desto weniger sind die Mitarbeiter durch Lean Six Sigma begeistert und engagiert.
• H2.3:	Je weniger Anreize zur Mitarbeit in Projekten und zur Umsetzung von Projektergebnissen vorhanden sind, desto weniger sind die Mitarbeiter durch Lean Six Sigma begeistert und engagiert.
• H4:	Wenn die individuelle Veränderungsbereitschaft der Mitarbeiter nicht größer ist als der durch die konstatierte Veränderungsnotwendigkeit empfundene Druck, dann erreichen die Lean Six Sigma Initiativen nicht die notwendige Nachhaltigkeit.
• H6:	Je größer die Zufriedenheit der Mitarbeiter mit der Anwendung von Lean Six Sigma ist, desto höher ist ihr durch L6S bewirktes Engagement.

Basis: Stache 2007, S. 74

Abb. J-5a: Ausgewählte Hypothesen zum Thema Unternehmenskultur-Anforderungen bei der Einführung von Lean Six Sigma

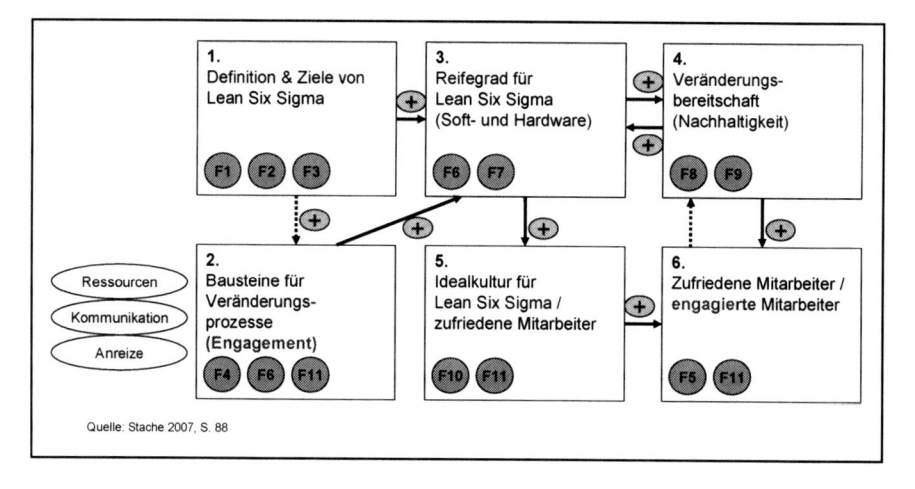

Abb. J-5b: Vernetzung der Hypothesen zum Thema Unternehmenskultur-Anforderungen bei der Einführung von Lean Six Sigma

Bezogen auf die empirische Untersuchung mit der Evaluation der Implikationen auf die Unternehmenskultur wurde ein Fragebogen für eine schriftliche Befragung entwickelt. Die Befragungsergebnisse sind in einfachen Strukturanalysen und Häufigkeitsverteilungen ausgewertet worden, auf deren Basis der Bestätigungsgrad der Hypothesen abgeschätzt wurde. Aus den empirischen Evaluationsergebnissen wurden die Stärken und Schwächen des Unternehmens bei der Einführung von Lean Six Sigma ermittelt, die sich auf das Mitarbeiterengagement auswirken und insgesamt die Unternehmenskultur prägen (siehe Abb. J-6). Hieraus lassen sich unmittelbar Gestaltungs- und Handlungsempfehlungen erkennen.

Zur Beseitigung der aufgeführten Schwächen kann direkt ein Gestaltungsdesign abgeleitet werden, das in Form von kritischen Erfolgsfaktoren bei der Einführung von Lean Six Sigma in der Master-Thesis textlich ausgeführt und grafisch dargestellt wurde.

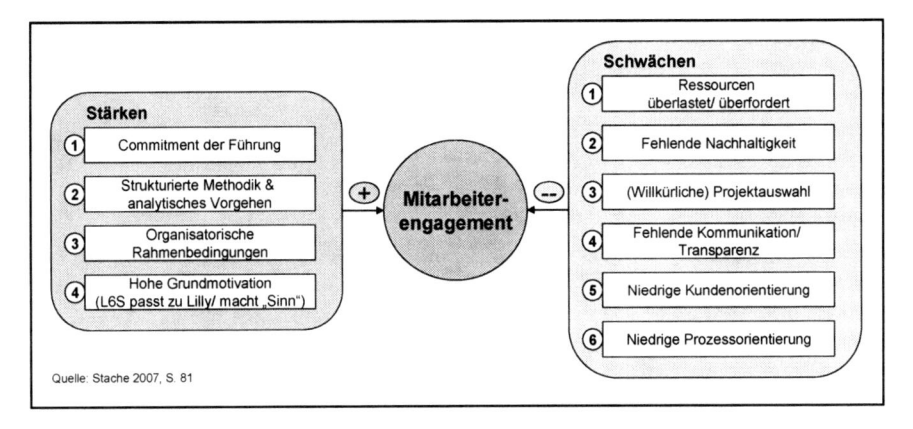

Abb. J-6: Wirkungsgefüge von Stärken und Schwächen als Basis für Gestaltungs-/ Handlungsempfehlungen zum Thema Unternehmenskultur-Anforderungen bei der Einführung von Lean Six Sigma

II. Strukturierungshilfen und Instrumente zur Konzeptualisierung und Operationalisierung in 2 Dissertationen

1. Kundenbindungsmanagement und Sanierungserfolg – Explorative Analyse der Wirkungszusammenhänge

Es steht außer Frage, dass für eine Dissertation mehr Zeit zur Verfügung steht bzw. aufzuwenden ist als für eine Master-Thesis. Deshalb ist der methodische Anspruch an die Konzeption und auch an die empirisch-statistische Analyse deutlich höher. Wie der Untertitel der Dissertation von DANIELA LEHR (vgl. Lehr 2006) bereits aussagt, liegt der Fokus auf einer qualitativ-explorativen Analyse von Wirkungszusammenhängen zwischen Kundenbindungsmanagement und Sanierungserfolg. Im Detail geht es bei diesem Forschungsvorhaben um folgende Situation: Unternehmen, die in eine Krise geraten und unter Umständen sogar insolvent werden, haben neben allen finanziellen Problemen mit einem weiteren Problem zu kämpfen. Kunden, die von dieser Schieflage erfahren, zögern Kaufentscheidungen bei dem Unternehmen hinaus oder wandern gleich zu Wettbewerbern ab. Der

Grund liegt darin, dass sie eine Besserung der Unternehmenssituation abwarten wollen oder bereits von Anfang an das Vertrauen in eine Sanierung verloren haben. Die Situation für das Krisen-Unternehmen verschärft sich dadurch sehr schnell noch deutlich. Denn zum Turn-Around und zur Sanierung erforderliche Absatzzahlen und Einnahmen bleiben bei weitgehender Kostenkonstanz aus.

Die wissenschaftliche Fragestellung ging dahin, ob und wie Kundenbindungsmanagement (KBM) zum Sanierungserfolg beiträgt. Da bisher keine wissenschaftlichen Analyseergebnisse zu dieser Forschungsfrage vorlagen, sollte neben der theoretischen Analyse auch eine empirische Untersuchung in Form einer explorativen Studie in 5 Unternehmen durchgeführt werden. Die Doktorandin hatte einen gesicherten Zugang zu den erforderlichen Daten und die Zusage zu Interviews mit Führungskräften unterschiedlicher Bereiche und Managementebenen.

Eine statistisch-quantitative Feldforschung scheidet bei einem derartigen Thema aus 3 Gründen aus: Zum ersten aus dem hier angegebenen Grund fehlender theoretischer und empirischer Vorarbeiten, zum zweiten aufgrund der begrenzten Anzahl von Unternehmen in der ernsthaften Situation einer Krise und der dann selten vorhandenen Bereitschaft, für eine wissenschaftliche Analyse zur Verfügung zu stehen, und zum dritten aufgrund der Sensitivität des Themas und der damit verbundenen Fragestellungen, die eine andere Methodik als Interviews wenig zielführend erscheinen ließ.

Vom Ansatz her verfolgt die Dissertation ein deduktiv-induktiv-deduktives Vorgehen (vgl. Lehr 2006, S. 7). Sie basiert zunächst auf bestehenden Theorien der Sanierung und des Kundenbindungsmanagements, aus denen deduktiv Hypothesen als vermutete Ursachen-Wirkungs-Beziehungen abgeleitet werden, die den Beitrag des Kundenbindungsmanagements zum Sanierungserfolg zum Gegenstand haben. Diese Hypothesen werden dann – einem eher induktiven Vorgehen entsprechend – im Rahmen von 5 Fallstudien empirisch evaluiert (vgl. hierzu ausführlicher Kap. G.III.1.). Die Hypothesen sind dadurch empirisch begründet, aber noch nicht statistisch repräsentativ überprüft (vgl. Chmielewicz 1994, S. 87 ff.). Auf der Basis dieser explorativ erhobenen Daten werden mit einem wiederum stärker deduktiven Fokus schließlich Handlungsempfehlungen abgeleitet.

In Abbildung J-7 ist das Untersuchungsdesign dieser Dissertation wiedergegeben. Zugleich lässt sie sich aufgrund der vorherigen Ausführungen in das Klassifikationsschema von FRITZ in Abbildung E-5 einordnen. Die Forschungsarbeit ist aufgrund der gewählten Themenstellung stärker exploratorisch als konfirmatorisch ausgerichtet und entwickelt auf der deskriptiven Ebene ein Forschungsdesign. Dieses wird auf der explikativen respektive explanatorischen Ebene überprüft und in den Hypothesen entsprechend ihrer Bestätigung oder Falsifikation modifiziert. Als Ergebnis werden auf der instrumentellen Ebene differenzierte Gestaltungs- und Handlungsempfehlungen bei der Gültigkeit von bestimmten Determinantenkonstellationen gegeben.

Um wissenschaftlich zu untersuchen, in welchem Ausmaß Kundenbindungsmanagement eine wesentliche Ursache für den Sanierungserfolg als Wirkung ist, wurden die 4 forschungsleitenden Fragen formuliert, die in Abbildung J-8 nachvollziehbar sind.

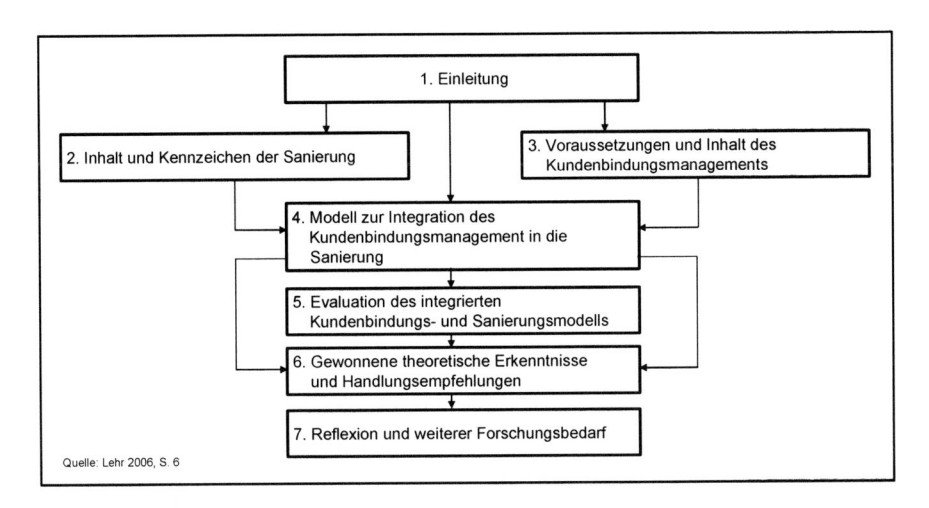

II. Strukturierungshilfen und Instrumente in 2 Dissertationen 355

Abb. J-7: Untersuchungsdesign zum Thema Kundenbindungsmanagement und Sanierungserfolg

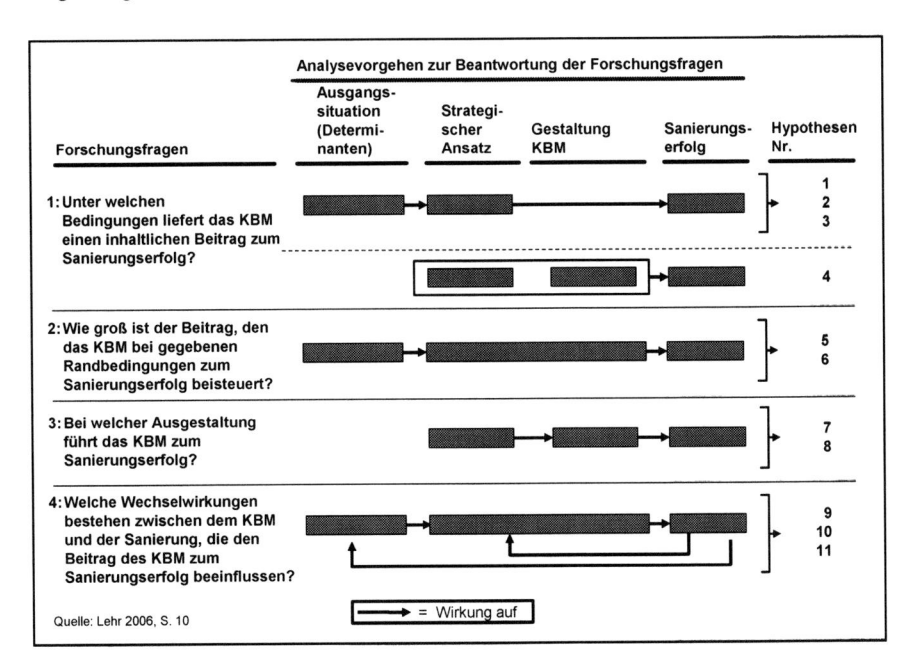

Abb. J-8: Forschungsleitende Fragen zum Thema Kundenbindungsmanagement und Sanierungserfolg

Diese forschungsleitenden Fragen bestimmen den Fokus des erkenntnisorientierten Scheinwerfers im POPPER'schen Sinne und schlüsseln gerade bei einem derartigen Thema, das explorative Vorarbeiten erforderlich macht, das Spektrum der zielführenden wissenschaftlichen Analysen auf.

Die Doktorandin hat als Ausgangssituation im Rahmen der Antecedensbedingungen 3 wesentliche Determinantengruppen definiert, und zwar den Grad der Existenzbedrohung, die Umsetzungsgeschwindigkeit und den Unternehmenstyp. Das Vorgehen in der Analyse zur Beantwortung der 4 Forschungsfragen berücksichtigt dabei in unterschiedlichem Maße – unter Bezugnahme auf das Forschungsdesign – den strategischen Ansatz und die Gestaltung von Kundenbindungsmanagement, um hierdurch den Sanierungserfolg zu erklären. Entsprechend wurden, wie Abbildung J-8 zeigt, die Hypothesen auf die 4 forschungsleitenden Fragen aufgeteilt.

Das Forschungsdesign ist in Abbildung J-9 dargestellt. Auf der strategischen Ebene werden unter Berücksichtigung der 3 Einflussfaktoren 3 weitere Dimensionen definiert, deren graduelle Ausprägung gemessen werden soll. Bei diesen 3 Dimensionen ist also jeweils die Skalierung der Messvariablen mit den bipolaren Endausprägungen angedeutet. Aus diesem strategischen Konzept leiten sich konkrete inhaltliche Ansatzpunkte auf der Gestaltungsebene ab, die dann auf der Auswirkungsebene ein spezifisches Wirkungsspektrum eröffnen (vgl. Töpfer/ Lehr 2008, S. 555 ff.).

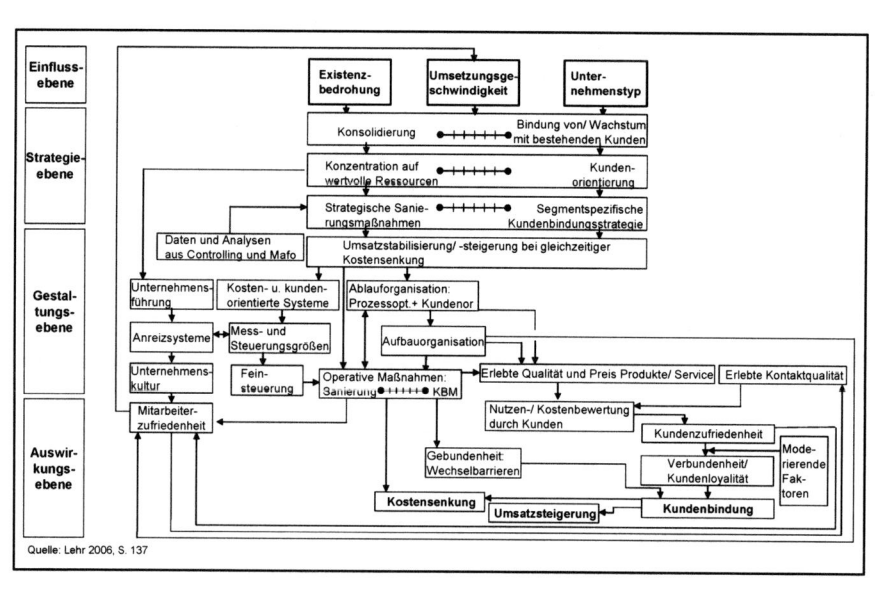

Abb. J-9: Forschungsdesign zum Thema Kundenbindungsmanagement und Sanierungserfolg

Die 11 aufgestellten Hypothesen sind in Abbildung J-10 aufgelistet. Die Hypothesen basieren auf dem marktorientierten und zum Teil auf dem ressourcenorientierten Ansatz und enthalten alle entweder „Wenn-Dann"- oder „Je-Desto"-Formulierungen. Die Falsifikation/ Bestätigung bzw. das Bestätigungsniveau der Hypothesen wurde anschließend mit einem differenzierten Messinstrumentarium in den 5 Fallstudien-Unternehmen evaluiert und detailliert dokumentiert (vgl. Lehr 2006, S. 112 ff., S. 144 ff.). Ein Teil der Hypothesen ist empirisch nicht bestätigt worden und wurde deshalb mit dem Ziel einer höheren Aussagekraft modifiziert.

Kennung	Postulierter Ursachen-Wirkungs-Zusammenhang
H1	Wenn die Existenzbedrohung groß/ sehr groß ist, dann liegt der Erfolgsfaktor der integrierten Sanierung in den Ressourcen des Unternehmens.
H2	Wenn die Existenzbedrohung mittel/ gering ist und die Umsetzungsgeschwindigkeit schnell ist, dann liegt der Erfolgsfaktor der integrierten Sanierung in den Ressourcen des Unternehmens.
H3	Wenn die Existenzbedrohung mittel/ gering ist und die Umsetzungsgeschwindigkeit langsam ist, dann liegt der Erfolgsfaktor der integrierten Sanierung im Markt.
H4	Wenn der Sanierungserfolg mithilfe von Kundenbindungsmanagement erzielt wird, dann ist eine reine Konzentration auf operative Maßnahmen nicht ausreichend, sondern zusätzlich werden die Unternehmensstrategie, -organisation, -systeme und -kultur des Unternehmens im Rahmen einer ganzheitlichen Konzeption verändert.
H5	Je größer die Existenzbedrohung, je standardisierter der Unternehmenstyp und je schneller die Umsetzungsgeschwindigkeit ist, desto erfolgreicher ist eine Sanierung mithilfe klassischer Sanierungsmaßnahmen.
H6	Je geringer die Existenzbedrohung, je individualisierter der Unternehmenstyp und je langsamer die Umsetzungsgeschwindigkeit ist, desto erfolgreicher ist eine Sanierung durch den Einsatz von Kundenbindungsmanagement.
H7	Wenn der Erfolgsfaktor der integrierten Sanierung im Markt liegt, dann orientiert sich das Kundenbindungsmanagement nach außen und innen.
H8	Wenn der Erfolgsfaktor der integrierten Sanierung in den Ressourcen liegt, dann konzentriert sich das Kundenbindungsmanagement stark nach innen auf organisationale Maßnahmen und Fähigkeiten.
H9	Wenn es durch die Krise zu einer Verunsicherung der Mitarbeiter/ Kunden und/ oder einer Verschlechterung der Servicequalität kommt, dann hemmt die Krise die positive Wirkung des KBM auf den Sanierungserfolg und die negativen Auswirkungen der Krise verstärken sich.
H10	Wenn es durch die Krise zu stärkerem Veränderungs-/ Umsetzungsdruck und/ oder einer stärkeren Wirtschaftlichkeitsprüfung der Kundenbindungsmaßnahmen kommt, dann verstärkt die Krise die positive Wirkung des Kundenbindungsmanagements auf den Sanierungserfolg und die Krise schwächt sich ab.
H11	Wenn die Sanierung erfolgreich verläuft, dann steigen der Anteil und die Bedeutung von Kundenbindungsmaßnahmen im Verhältnis zu klassischen Sanierungsmaßnahmen.

Quelle: Lehr 2006, S. 143

Abb. J-10: Hypothesen zum Thema Kundenbindungsmanagement und Sanierungserfolg

Die abgeleiteten Handlungsempfehlungen (vgl. Lehr 2006, S. 199 ff.) sind in Abhängigkeit von der jeweils gültigen Determinantenkonstellation, also den unterschiedlichen Sets situativer Gegebenheiten (Wenn-Komponente 2) innerhalb der Antecedensbedingungen, wiederum unterschieden nach dem ressourcenorientierten Ansatz (RBV: Resource Based View) oder dem marktorientierten Ansatz (MBV: Market Based View). Drei Haupt-Determinantenkonstellationen wurden herausgearbeitet, für die jeweils die Gestaltung des Kundenbindungsmanagements

(KBM) und des Sanierungsmanagements (SM) mit dem Ziel des Sanierungserfolgs analysiert und dargestellt wurde (siehe Abb. J-11).

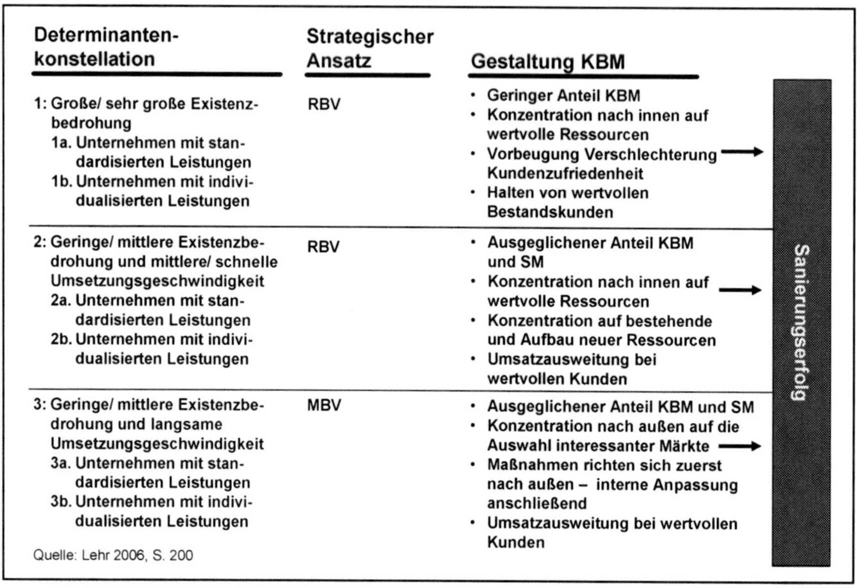

Determinantenkonstellation	Strategischer Ansatz	Gestaltung KBM	
1: Große/ sehr große Existenzbedrohung 1a. Unternehmen mit standardisierten Leistungen 1b. Unternehmen mit individualisierten Leistungen	RBV	• Geringer Anteil KBM • Konzentration nach innen auf wertvolle Ressourcen • Vorbeugung Verschlechterung Kundenzufriedenheit ⟶ • Halten von wertvollen Bestandskunden	Sanierungserfolg
2: Geringe/ mittlere Existenzbedrohung und mittlere/ schnelle Umsetzungsgeschwindigkeit 2a. Unternehmen mit standardisierten Leistungen 2b. Unternehmen mit individualisierten Leistungen	RBV	• Ausgeglichener Anteil KBM und SM • Konzentration nach innen auf wertvolle Ressourcen ⟶ • Konzentration auf bestehende und Aufbau neuer Ressourcen • Umsatzausweitung bei wertvollen Kunden	
3: Geringe/ mittlere Existenzbedrohung und langsame Umsetzungsgeschwindigkeit 3a. Unternehmen mit standardisierten Leistungen 3b. Unternehmen mit individualisierten Leistungen	MBV	• Ausgeglichener Anteil KBM und SM • Konzentration nach außen auf die Auswahl interessanter Märkte ⟶ • Maßnahmen richten sich zuerst nach außen – interne Anpassung anschließend • Umsatzausweitung bei wertvollen Kunden	

Quelle: Lehr 2006, S. 200

Abb. J-11: Gestaltungs-/ Handlungsempfehlungen zum Thema Kundenbindungsmanagement und Sanierungserfolg

Insgesamt verfolgt die Verfasserin mit ihrer Dissertation also das theoretische Wissenschaftsziel und liefert durch die praxisbezogenen Umsetzungsempfehlungen auch einen Beitrag zum pragmatischen Wissenschaftsziel. Die Zielsetzung der Konzeptualisierung des Forschungsthemas in ein theoretisch fundiertes und aussagefähiges Modell ist durch die anschließende Operationalisierung in Messgrößen und die darauf basierte empirische Evaluation konkret ergänzt worden.

2. Beschwerdezufriedenheit und Kundenloyalität im Dienstleistungsbereich – Kausalanalysen unter Berücksichtigung moderierender Effekte

Im Folgenden wird auf die Strukturierungshilfen und Instrumente eingegangen, die in der Dissertation von BJÖRN-OLAF BORTH eingesetzt wurden. Ziel war es, die thematisch-inhaltlichen Zusammenhänge und Abhängigkeiten über Kausalanalysen unter Einbezug moderierender Variablen abzubilden und zu evaluieren (vgl. Borth 2004). Explizit untersucht werden sollten also Moderatorvariablen, die einen Einfluss auf die Stärke der direkten Wirkungsbeziehung zwischen 2 Variablen haben (siehe Abb. E-8).

Die damit verbundene – im Untersuchungsdesign (siehe Abb. J-12) zentral eingeordnete – Konzeptualisierung entwarf ein aussagefähiges Wirkungsgefüge und die anschließende Operationalisierung entwickelte beobachtbare Messgrößen (vgl. hierzu ausführlich Kap. G.IV.5.b.). Der Schwerpunkt dieser Dissertation liegt im Marketing-Bereich mit starken verhaltenswissenschaftlichen Bezügen, insbesondere im Hinblick auf Wahrnehmung und Entscheidung.

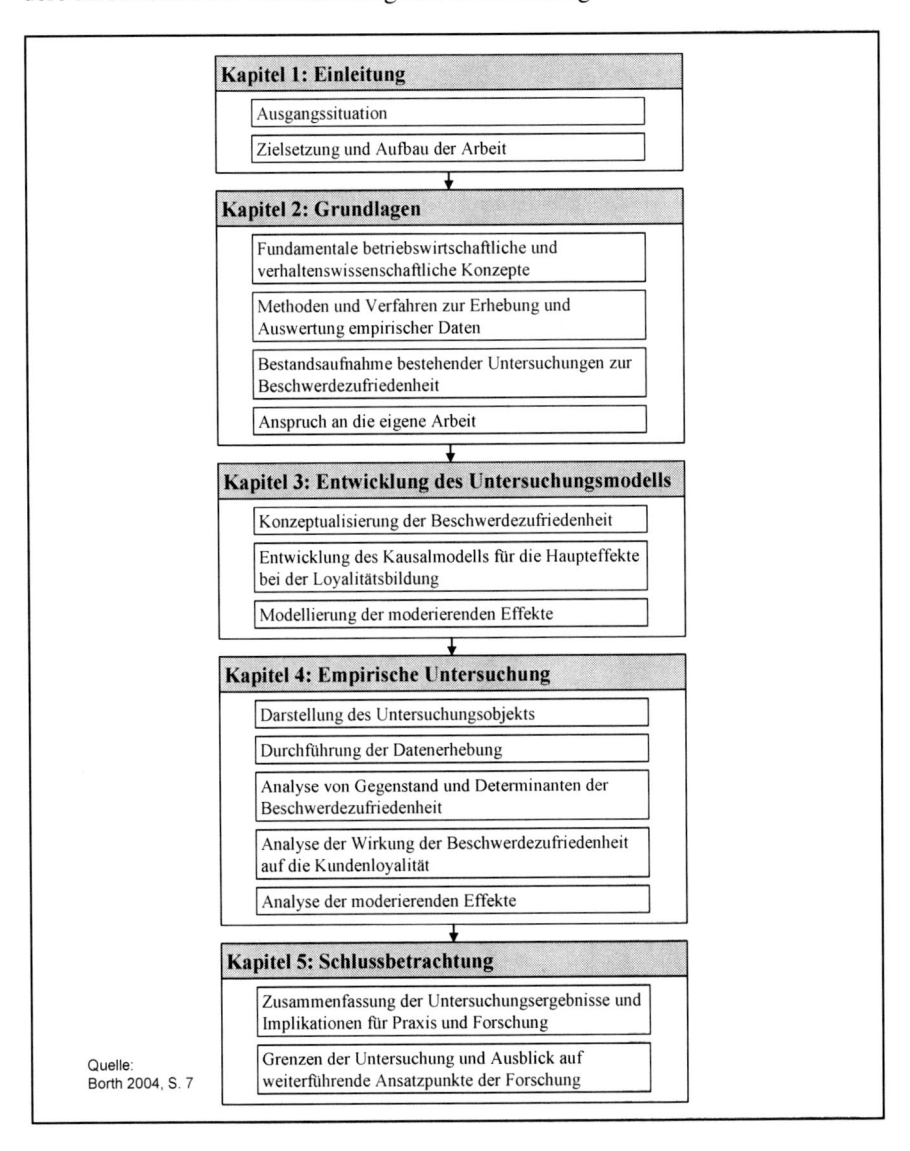

Kapitel 1: Einleitung
- Ausgangssituation
- Zielsetzung und Aufbau der Arbeit

Kapitel 2: Grundlagen
- Fundamentale betriebswirtschaftliche und verhaltenswissenschaftliche Konzepte
- Methoden und Verfahren zur Erhebung und Auswertung empirischer Daten
- Bestandsaufnahme bestehender Untersuchungen zur Beschwerdezufriedenheit
- Anspruch an die eigene Arbeit

Kapitel 3: Entwicklung des Untersuchungsmodells
- Konzeptualisierung der Beschwerdezufriedenheit
- Entwicklung des Kausalmodells für die Haupteffekte bei der Loyalitätsbildung
- Modellierung der moderierenden Effekte

Kapitel 4: Empirische Untersuchung
- Darstellung des Untersuchungsobjekts
- Durchführung der Datenerhebung
- Analyse von Gegenstand und Determinanten der Beschwerdezufriedenheit
- Analyse der Wirkung der Beschwerdezufriedenheit auf die Kundenloyalität
- Analyse der moderierenden Effekte

Kapitel 5: Schlussbetrachtung
- Zusammenfassung der Untersuchungsergebnisse und Implikationen für Praxis und Forschung
- Grenzen der Untersuchung und Ausblick auf weiterführende Ansatzpunkte der Forschung

Quelle: Borth 2004, S. 7

Abb. J-12: Untersuchungsdesign zum Thema Beschwerdezufriedenheit und Kundenloyalität im Dienstleistungsbereich

Die Ausgangssituation in der Forschung war bei diesem Thema durch eine größere Zahl von Forschungsarbeiten und -erkenntnissen gut abgedeckt. Bezogen auf das theoretische Wissenschaftsziel lag das Schwergewicht der Dissertation auf der Erarbeitung eines Kausalmodells, bei dem neben einem mehrstufigen direkten Wirkungszusammenhang auch die Effekte moderierender Variablen herausgearbeitet werden sollten.

Im Rahmen des pragmatischen Wissenschaftsziels war keine allgemeine Feldstudie angestrebt. Vielmehr sollte sich die Befragung auf die Kunden eines sehr großen Dienstleistungs-Konzerns erstrecken, um so auf der Basis theoretischer Konzepte und Erkenntnisse über die empirische Überprüfung zu konkreten Gestaltungs- und Handlungsempfehlungen kommen zu können. Von besonderem Interesse war dabei die Erhaltung der Kundenloyalität trotz aufgetretener Beschwerden. Hierfür ist es erforderlich, dem unzufriedenen Kunden stimmige Kulanzangebote zu offerieren, um seine Zufriedenheit und Loyalität zurück zu gewinnen. Eine wichtige Frage ist in diesem Kontext, welchen Stellenwert der Faktor Zeit in diesem Wirkungszusammenhang einnimmt (vgl. hierzu auch Borth/ de Vries/ Töpfer 2008, S. 861 ff.).

Entsprechend der Klassifikation von FRITZ (siehe Abb. E-5) liegt der Schwerpunkt dieser Dissertation nach Vorarbeiten auf der deskriptiven Ebene mit dem Ziel der Konzeptualisierung des Forschungsvorhabens auf dem konfirmatorischen (bestätigenden) Untersuchungsziel der explikativen (erklärenden) respektive explanatorischen Aussagenart. Dadurch dass der Fokus auf moderierenden Variablen liegt, wird zugleich ein exploratorisches (entdeckendes) Untersuchungsziel verfolgt, das die erklärenden Wirkungsbeziehungen des Kausalmodells erweitern soll. Auf dieser Basis werden auf der technologisch-instrumentellen Ebene Gestaltungs- und Handlungsempfehlungen gegeben.

Den Überblick über die einzelnen Kapitel und Inhaltsbereiche der Dissertation liefert das Untersuchungsdesign (vgl. Borth 2004, S. 7). In Abbildung J-12 ist es wiedergegeben.

Als Vorstufe für das Forschungsdesign sind zunächst forschungsleitende Fragen (vgl. Borth 2004, S. 4 f.) entwickelt worden (siehe Abb. J-13), die eine wesentliche Grundlage für die Strukturierung des Forschungsdesigns bildeten.

Das Forschungsdesign, das in Abbildung J-14 wiedergegeben ist, wurde auf der Grundlage der Bestandsaufnahme bestehender Forschungsergebnisse und der Konzeptualisierung des eigenen Untersuchungsansatzes entwickelt. In der vorliegenden Form dient das postulierte Gesamtmodell zur Erklärung von Gegenstand und Konsequenzen der Beschwerdezufriedenheit zugleich als Kausalmodell für das zu entwickelnde Strukturgleichungssystem (vgl. Borth 2004, S. 142), das mit dem Software-Programm AMOS analysiert wurde (vgl. Backhaus et al. 2006, S. 389 ff. bzw. Backhaus et al. 2008, S. 516). In dem Prozessmodell mit 2 Teilprozessen sind die mit einer hohen Wirkung vermuteten Moderatorvariablen angegeben, und zwar die Moderatoren der Beschwerdezufriedenheitsbildung im 1. Teilprozess, also zwischen den Variablen der 1. und der 2. Stufe, sowie die Moderatoren der Loyalitätsbildung im 2. Teilprozess, und damit zwischen den Variablen der 2. und der 3. Stufe. Hier wurde bewusst aufgrund der folgenden kausalanalytischen Untersuchung auf die „Standardstruktur" des Forschungsdesigns verzichtet.

- Welche Gestalt hat der Gegenstand der Beschwerdezufriedenheit (mit einem Anbieter) und wie lässt er sich messen?
- Aufgrund welcher Einflüsse verändert sich der Gegenstand der Beschwerdezufriedenheit?
- Wodurch wird das Ausmaß der Beschwerdezufriedenheit bestimmt?
- Welchen Einfluss hat die Beschwerdezufriedenheit auf die Loyalität (gegenüber dem betreffenden Anbieter), insbesondere im Verhältnis zu anderen relevanten Zufriedenheitskonstrukten?
- Durch welche Faktoren und in welcher Weise wird die Stärke der Wirkungsbeziehung zwischen Beschwerdezufriedenheit und Kundenloyalität beeinflusst (absolut sowie im Verhältnis zur Stärke anderer Wirkungsbeziehungen im Zusammenhang mit der Loyalitätsbildung)?

Quelle: Borth 2004, S. 4 f.

Abb. J-13: Forschungsleitende Fragen zum Thema Beschwerdezufriedenheit und Kundenloyalität im Dienstleistungsbereich

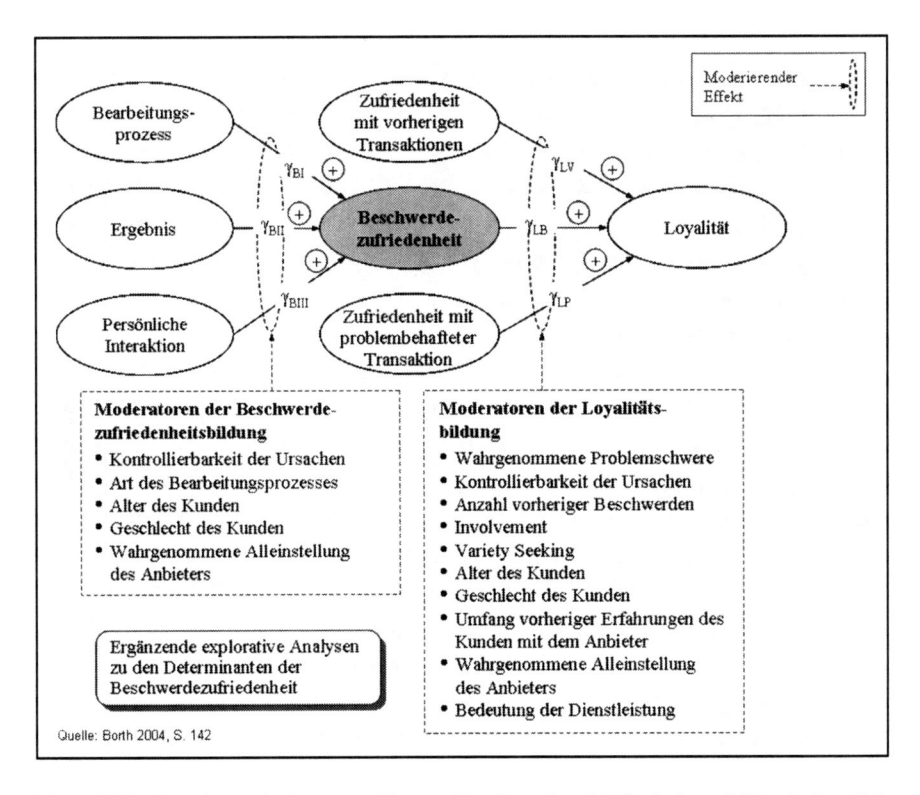

Abb. J-14: Forschungsdesign zum Thema Beschwerdezufriedenheit und Kundenloyalität im Dienstleistungsbereich

Bereits bei der Ausarbeitung der inhaltlichen Bestandteile des eigenen Modells wurden – wie generell empfohlen – jeweils Hypothesen formuliert (vgl. Borth 2004, S. 118 ff.), so dass sie immer im inhaltlichen Kontext nachvollziehbar und einzuordnen waren. Insgesamt wurden 14 Hypothesen entwickelt, die alle – bis auf eine – 2 oder mehrere Unterhypothesen aufweisen. Die Hypothesen sind dabei nach sachlogischen Kriterien, also z.B. der Problemschwere, zusammengefasst, so dass unter einer Hypothesennummer als Teilhypothesen Aussagen zu beiden moderierenden Effekten, also der Wirkung auf die Beschwerdezufriedenheit und der Wirkung auf die Loyalität, getroffen werden können. In Abbildung J-15 haben wir 7 der insgesamt erarbeiteten und zusammengestellten Hypothesen (vgl. Borth 2004, S. 139 ff.) aufgelistet.

Kennung	Postulierter Ursachen-Wirkungs-Zusammenhang
Hypothese zur Beschwerdezufriedenheit und zur Loyalitätsbildung	
H_3	Die Beschwerdezufriedenheit hat einen stärkeren Einfluss auf die Loyalität als die Zufriedenheit mit vorherigen Transaktionen in einer bestehenden Geschäftsbeziehung mit einem Anbieter und auch als die Zufriedenheit mit der problembehafteten Transaktion, die zur Beschwerdeartikulation des Kunden führte.
Hypothesen zu den moderierenden Effekten bei der Bildung von Beschwerdezufriedenheit	
H_{4a}	Je höher die Kontrollierbarkeit der Ursachen ist, desto größer ist die Bedeutung der interaktionsbezogenen Leistungsmerkmale für die Beschwerdezufriedenheitsbildung.
H_{11a}	Die Bedeutung der interaktionsbezogenen Leistungsmerkmale auf die Beschwerdezufriedenheitsbildung ist bei Frauen größer als bei Männern.
H_{13a}	Je höher die wahrgenommene Alleinstellung eines Anbieters ist, desto geringer ist die Bedeutung der ergebnisbezogenen Leistungsmerkmale für die Beschwerdezufriedenheitsbildung.
Hypothesen zu den moderierenden Effekten bei der Bildung von Kundenloyalität	
H_{6b}	Je höher die Anzahl vorheriger Beschwerden ist, desto geringer ist der Einfluss der Beschwerdezufriedenheit auf die Loyalitätsbildung im Verhältnis zur Zufriedenheit mit vorherigen Transaktionen.
H_{8b}	Je höher das Involvement ist, desto stärker ist der Zusammenhang zwischen Beschwerdezufriedenheit und Loyalität.
H_{14c}	Je höher die Bedeutung der Dienstleistung ist, desto größer ist der Einfluss der Beschwerdezufriedenheit auf die Loyalitätsbildung im Verhältnis zu anderen Zufriedenheitsgrößen.

Quelle: Borth 2004, S. 139 ff.

Abb. J-15: Ausgewählte Hypothesen zum Thema Beschwerdezufriedenheit und Kundenloyalität im Dienstleistungsbereich

Die Hypothesen verteilen sich auf Zusammenhangshypothesen, aufgrund der angestrebten Kausalanalyse vor allem auch auf Wirkungshypothesen sowie auf Unterschiedshypothesen. Zusätzlich werden zum einen Hypothesen formuliert, die eine Aussage zur Bedeutung von Moderatorvariablen für die Stärke des Zusammenhangs zwischen den beiden Konstrukten Beschwerdezufriedenheit und Loyalität treffen. Zum anderen sind Hypothesen aufgestellt, die eine Aussage zur Bedeutung der Moderatorvariablen für die Größe des Einflusses der Beschwerdezufriedenheit auf die Loyalitätsbildung im Verhältnis zu anderen Zufriedenheitsgrößen machen.

Im Rahmen der empirischen Untersuchung wurde nach der Validierung des Messansatzes (vgl. Borth 2004, S. 156 ff.) zur Untersuchung des Gesamtmodells eine Reihe von Detailanalysen durchgeführt und dann das Gesamtmodell unter Verwendung des Software-Programms AMOS berechnet. Exemplarisch sind in

Abbildung J-16 die Ergebnisse der Kausalanalyse zu den Haupteffekten der Loyalitätsbildung bei Existenz vorheriger Erfahrungen des Kunden mit dem Anbieter dargestellt. Wie erkennbar ist, hat das Modell mit seinen Wirkungsbeziehungen eine hohe Aussagekraft und erklärt einen Varianzanteil von 66%.

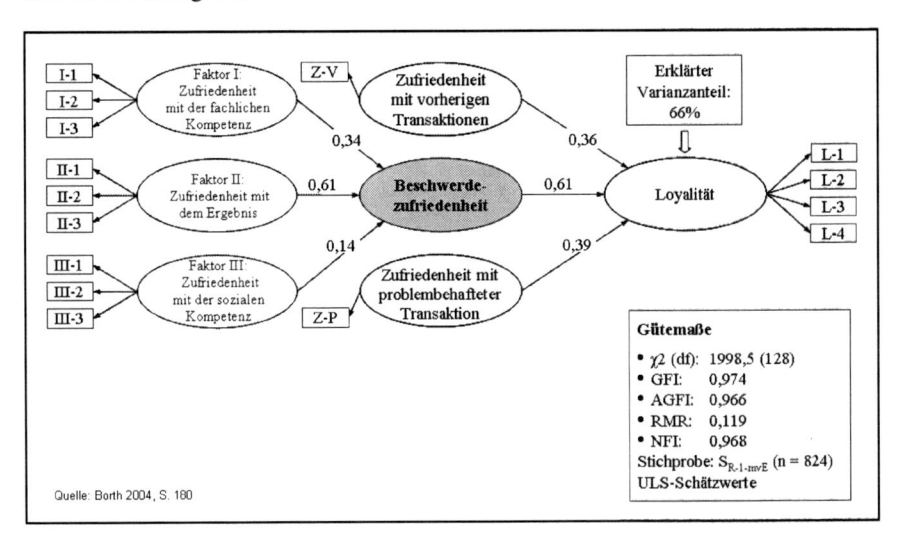

Abb. J-16: Kausalanalyse von Haupteffekten der Loyalitätsbildung bei erfahrenen Kunden

Entsprechend der Zielsetzung „Theorie fördert Technologie" und „Technologie befruchtet Theorie" wird vom Autor dieser Dissertation abschließend die Frage beantwortet, welche Implikationen für die Praxis (siehe Abb. J-17) und die Forschung sich aus den gewonnenen Erkenntnissen ergeben.

Implikationen für die Praxis

E1	Beschwerdemanagement als integraler Bestandteil einer ganzheitlichen Unternehmensstrategie
E2	Priorität auf Nachbesserung problembehafteter Dienstleistungen
E3	Standardisierte und regelmäßige Erfassung der Beschwerdezufriedenheit der Kunden anhand der 3 identifizierten Faktoren
E4	Nicht-monetäre Kompensationsformen nutzen
E5	Qualifikation und Handlungsspielraum des Servicepersonals und vor allem schnelle Problemlösung
E6	Priorität bei sich beschwerenden Neukunden
E7	Sensibilisierung für das Erkennen und Lösen schwerwiegender Probleme
E8	Ziel: Alleinstellung mit dem Angebot im Markt

Quelle: Borth 2004, S. 217 ff.

Abb. J-17: Implikationen für die Praxis als Empfehlungen (E) zum Thema Beschwerdezufriedenheit und Kundenloyalität im Dienstleistungsbereich

Er leitet hierzu eine Reihe von Basisaussagen und -erkenntnissen aus dem entwickelten und evaluierten Messmodell für Beschwerdezufriedenheit ab (vgl. Borth 2004, S. 211 ff.). Sie sind zugleich die Grundlage für 13 ausformulierte und jeweils begründete Empfehlungen (vgl. Borth 2004, S. 217 ff.), von denen sich 8 auf die Praxis und 5 auf die Forschung beziehen; sie sind – in dieser Phase bei entsprechender Kennzeichnung erlaubt – präskriptiv formuliert und in Abbildung J-17 auszugsweise als die auf die Praxis bezogenen Empfehlungen (E) wiedergegeben.

Das im Rahmen dieser Dissertation erarbeitete Basis-Modell war relativ einfach und gradlinig; es hat Mediator-Effekte, und zwar insbesondere zusätzliche indirekte Effekte zwischen Ursachen- und Wirkungsvariablen (Teilweise Mediation; siehe Abb. E-8), bewusst nicht einbezogen, um die Modellstruktur nicht zu komplex werden zu lassen. Nach Aussage des Autors besteht in diese Richtung deshalb noch weiterer Forschungsbedarf.

III. Literaturhinweise zum Kapitel J

Backhaus, K. et al. (2006): Multivariate Analysemethoden – Eine anwendungsorientierte Einführung, 11. Aufl., Berlin/ Heidelberg 2006.

Backhaus, K. et al. (2008): Multivariate Analysemethoden – Eine anwendungsorientierte Einführung, 12. Aufl., Berlin/ Heidelberg 2008.

Borth, B.-O. (2004): Beschwerdezufriedenheit und Kundenloyalität im Dienstleistungsbereich, Wiesbaden 2004.

Borth, B.-O./ de Vries, J./ Töpfer, A. (2008): Kundenzufriedenheit durch exzellentes Beschwerdemanagement bei der TUI Deutschland, in: Töpfer, A. (Hrsg.): Handbuch Kundenmanagement – Anforderungen, Prozesse, Zufriedenheit, Bindung und Wert von Kunden, 3. Aufl., Berlin/ Heidelberg 2008, S. 861-881.

Chmielewicz, K. (1994): Forschungskonzeptionen der Wirtschaftswissenschaft, 3. Aufl., Stuttgart 1994.

Lehr, D. (2006): Kundenbindungsmanagement und Sanierungserfolg – Explorative Analyse der Wirkungszusammenhänge, Wiesbaden 2006.

Stache, M. (2007): Anforderungen an die Unternehmenskultur bei der erfolgreichen Einführung von Lean Six Sigma, Master-Thesis, Dresden International University (DIU) 2007 (unveröffentlicht).

Stache, M./ Töpfer, A. (2009): Bedeutung und Messung der Unternehmenskultur für Lean Six Sigma am Beispiel der Lilly Deutschland GmbH, in: Töpfer, A. (Hrsg.): Lean Six Sigma – Erfolgreiche Kombination von Lean Management, Six Sigma und Design for Six Sigma, Berlin et al. 2009, S. 323-351.

Töpfer, A./ Günther, S. (2008): Steigerung der Kundenzufriedenheit und Kundenbindung durch Lean Six Sigma-Projekte, in: Töpfer, A. (Hrsg.): Handbuch Kundenmanagement – Anforderungen, Prozesse, Zufriedenheit, Bindung und Wert von Kunden, 3. Aufl., Berlin/ Heidelberg 2008, S. 975-994.

Töpfer, A./ Lehr, D. (2008): Der Beitrag des Kundenbindungsmanagements zum Sanierungserfolg von Unternehmen, in: Töpfer, A. (Hrsg.): Handbuch Kundenmanagement – Anforderungen, Prozesse, Zufriedenheit, Bindung und Wert von Kunden, 3. Aufl., Berlin/ Heidelberg 2008, S. 555-569.

Kapitel K
Wie kann ich mein wissenschaftliches Arbeiten erfolgreich organisieren?

– Praktische Tipps –

> Wie gehen Sie vor, um relevante Literatur zu Ihrer wissenschaftlichen Fragestellung zu finden? Wie recherchieren Sie effizient und erfolgreich im Internet/ in Datenbanken/ in Bibliotheken? Wie verwalten Sie systematisch Ihren Literaturbestand? Wie steuern Sie Ihren wissenschaftlichen Arbeits- und Forschungsprozess inhaltlich und zeitlich? Wie betreiben Sie ein straffes Zeitmanagement? Wie lesen Sie relevante Quellen effizient? Was ist beim Schreiben und Layouten zu beachten? Wie zitieren Sie richtig? Wie können Sie „Schreibblockaden" umgehen?

Abb. K-1: Das Haus der Wissenschaft – Einordnung des Kapitels K

I. Einige Tipps zur Literaturrecherche

Für die erfolgreiche Erstellung einer wissenschaftlichen Arbeit ist die Fähigkeit, den gegenwärtigen Forschungsstand zur gewählten Fragestellung gut zu kennen und auf dieser Basis mit dem eigenen Ansatz eine Weiterentwicklung respektive bessere Problemlösungen zu erreichen, von grundlegender Bedeutung. Wichtig ist es deshalb, die existierende Literatur in Forschung und Lehre zum gewählten Themenbereich möglichst schnell, sicher und vollständig zu finden und daraus die für Ihre Fragestellung relevanten inhaltlichen Beiträge und Argumente gezielt auszuwählen. Nachfolgend zeigen wir Ihnen, welche Suchstrategien sich anbieten und welche Medien sich für die Recherche eignen. Der Umfang der Literaturrecherche hängt immer von der Art Ihrer Forschungsarbeit und den damit verbundenen Anforderungen ab. Die Tiefe und Breite der Literatursuche für eine Dissertation ist deutlich umfassender als die für eine Seminararbeit.

Für eine strukturierte Suche relevanter Literaturquellen lassen sich bereits die Verfahrensschritte und Kriterien einer Meta-Analyse anwenden. Wir haben dieses statistische Auswertungsverfahren 2. Ordnung in Kapitel G.III.3. kurz ausgeführt. In dieser Phase können **Review-Verfahren** als Vorstufen einer auf die Untersuchung von Inhalten ausgerichteten Meta-Analyse als Auswertungsmethodik eingesetzt werden. Da sich „Erzählende"-Reviews auf ein rein narratives Vorgehen beschränken, sind sie für eine rein wissenschaftlich ausgerichtete Analyse höchstens eine erste Vorstufe. Leistungsfähiger sind „Beschreibende"-Reviews, da sie für eine systematische Literatursuche und -auswertung bereits klare Kriterien voraussetzen. Erst auf dieser Basis lassen sich das Vote-Counting-Verfahren und Meta-Analysen aussagefähig einsetzen.

Bei diesem Vorgehen versteht es sich von selbst, dass die Suchkriterien und die Literaturauswertung einen iterativen Prozess bilden. Mit anderen Worten wird die Grobstruktur von Selektionskriterien relevanter Literatur im Zuge der Literaturrecherche, also des Findens und Lesens wesentlicher Quellen und Forschungsergebnisse, verfeinert in spezifischere und i.d.R. differenziertere **Such- und Selektionskriterien** für weitere einschlägige Literaturquellen. Im Ergebnis überwindet der Forscher durch diese Vorgehensweise bereits in einer frühen Phase das Stadium des „Jägers und Sammlers". Dies kennzeichnet zugleich den Übergang von einem „Schrotflintenkonzept" am Anfang des Forschungsprozesses zu einem „Scharfschützenkonzept". Dadurch weiß der Forscher bereits relativ frühzeitig, was er an Literatur für die Beantwortung seiner Forschungsfragen verwenden kann, und auch, was er nicht braucht.

Unabhängig von dieser Vorgehensweise bleibt eine Erkenntnis unberührt: Auch die beste und aussagefähigste Literaturrecherche ersetzt eigene kreative Ideen und Konzepte des Forschers nicht.

1. Suchstrategien

Für eine effiziente Literatur- und Informationsrecherche ist es erforderlich, dass Sie sich schrittweise eine größere Klarheit darüber verschaffen, was Sie genau suchen. Zu Beginn einer wissenschaftlichen Arbeit mag dies noch relativ schwierig erscheinen, da man – wie angesprochen – zunächst noch keine klar umrissene Vorstellung von den relevanten thematischen Aspekten der gewählten wissenschaftlichen Fragestellung hat.

Die Enge oder Weite dieses Such- und Eingrenzungsprozesses hängt auch davon ab, ob eine Themenstellung, z.B. für eine Hausarbeit oder eine Abschlussarbeit, vorgegeben wird oder ob es sich für ein Dissertationsthema um einen relativ offenen und eigenständigen Suchprozess handelt. Insbesondere im zweiten Fall gilt der Grundsatz, dass das Thema Sie interessieren sollte und für weitere, also tiefer gehende Analysen motiviert und Sie Lust haben, noch „ein Häppchen mehr zu forschen". Nur bei diesem Forscherdrang sind Sie wirklich bereit, die vor Ihnen stehenden Mühen in Kauf zu nehmen und den erforderlichen Aufwand zu erbringen, ohne dabei ausschließlich an den angestrebten akademischen Titel zu denken.

Abbildung K-2 spricht alle wesentlichen Punkte dieses wichtigen und häufig zeitraubenden Prozesses der Themeneingrenzung und Literaturrecherche an, auf die wir im Folgenden näher eingehen.

> **Klarheit schaffen über das, was Sie suchen**
> **Groben Überblick über vorliegende themenspezifische Literatur gewinnen**
> **Einstieg in den Themenbereich über ein Buch mit hoher Auflage und zeitnahem Erscheinungsdatum**
> **Eingrenzung des Themas und Erstellung eines ersten Fragenkataloges zum Themengebiet**
> **Vertiefende Literaturrecherche über Suchmaschinen und spezielle Datenbanken sowie in Büchern, Zeitschriften und thematisch übergeordneten Artikeln**
> **Kombinierte Anwendung der systematischen Suche und „Schneeball-Suche"**
> **Kritischer Umgang mit Literatur bei Recherche und Auswertung**
> **Mehrstufige Bewertung der gefundenen Literaturquellen**
> **Überprüfung der Fakten, Sekundärzitate und übersetzten Texte an Originalquellen**

© Prof. Dr. Armin Töpfer

Abb. K-2: Vorgehen bei der Literaturrecherche

Verschaffen Sie sich also zunächst einen **groben Überblick**, was generell an Literatur zu Ihrem Thema vorliegt. Hierbei kann es zuweilen auch hilfreich sein, mit großen fachspezifischen Lexika zu beginnen. Außerdem können große Suchmaschinen, wie Google, Yahoo, Altavista u.a., in dieser Phase Ihrer Arbeit als Einstieg dienen.

Am besten ist es, wenn Sie zu Beginn ein Buch als ersten Einstieg in Ihr Thema auswählen, das 2 Bedingungen erfüllt: Zum einen sollte es – außer bei völlig innovativen Themen – bereits in einer höheren Auflage erschienen sein; denn dies signalisiert Ihnen, dass der Inhalt für viele andere Leser bereits gut und zielführend war. Zum anderen sollte die aktuelle Auflage möglichst zeitnah erschienen sein, damit Sie davon ausgehen können, dass der gegenwärtige Stand des Wissens und der Wissenschaft darin repräsentiert ist.

Grenzen Sie danach Ihr Thema entsprechend der von Ihnen fokussierten Themenstellung bzw. -formulierung ein und stellen Sie einen 1. Katalog **aussagefähiger Leitfragen** „an sich selbst und die Literatur" auf. Hier sollten Sie insbesondere auch Phantasie und Intuition walten lassen, also insgesamt relativ offen vorgehen. Die Fragen dieser 1. Runde sind für Sie die 1. Annäherung zum besseren Verständnis und damit zum Durchdringen Ihres Themas. Es steht außer Frage, dass Sie sich im Prozess des intensiveren Eintauchens in das Thema mehr Wissen aneignen und von Ihnen diese Eingangsfragen dann zunehmend präzisiert, differenziert und ergänzt werden können. Generell wichtig ist, dass man sich zu Beginn bei der Formulierung dieser Fragen nicht verspannt und überfordert, sondern – wie in diesem Leitfaden dargestellt – den Prozess der eigenen Wissenserweiterung bewusst sukzessive durchläuft.

Auf dieser Basis können Sie mit der **vertieften Literaturrecherche** beginnen. Anhand gezielter Begriffe und Fragestellungen recherchieren Sie jetzt erneut über Suchmaschinen und nutzen spezielle Datenbanken. Die Hauptinformationsquelle für ihre Inhaltssuche zu einzelnen Themenaspekten sind jedoch wissenschaftliche Bücher und Fachzeitschriften. Zeitschriften sind deshalb besonders wichtig, weil Sie hierüber zu jeder Thematik die neuesten Entwicklungen und Diskussionen nachvollziehen können. Generell empfiehlt es sich, ebenfalls in thematisch übergeordneten Kategorien nach relevanter Literatur zu forschen. Denn oft befinden sich für Sie wichtige Informationen auch als ergänzende Hinweise oder Anmerkungen in Artikeln, die einen ganz anderen Themenschwerpunkt haben (vgl. Stock et al. 2006, S. 87).

Für eine zielführende Literaturrecherche benötigen Sie eine **gut durchdachte Suchstrategie** (siehe auch Kornmeier 2007, S. 117 ff.). Hier ist der Kombination aus einer systematischen Suche und der „Schneeball-Suche" der Vorrang zu geben. Dabei ist es empfehlenswert, die einzelnen Suchläufe zu planen und vor allem zu dokumentieren, denn ansonsten besteht die Gefahr, dass Sie das Gleiche mehrfach suchen. Bei der **systematischen Suche** leiten Sie aus Ihrem Thema und Ihren Leitfragen Schlüsselwörter ab, um damit gezielt in verschiedenen Suchquellen zu recherchieren. Gehen Sie in diese detaillierten Recherchen auf der Basis erster Überlegungen/ Analysen zu den Ursachen-, Wirkungs- und Zielbereichen Ihrer gewählten Themenstellung hinein. Dadurch werden Sie deutlich spezifischer. Bei der demgegenüber sehr viel ungerichteteren **„Schneeball-Suche"** verläuft die Literaturrecherche über das Quellenverzeichnis wissenschaftlicher Arbeiten/ Werke anerkannter Autoren auf einem Forschungsgebiet (vgl. Corsten/ Deppe 2008, S. 37 f.). Sie gehen hier jeweils in die aufgeführten Quellen hinein und stoßen somit erneut auf weitere relevante Literatur (vgl. Kropp/ Huber 2005, S. 74).

Um es mit einem Bild auszudrücken: Eine zeitökonomische und wirkungsvolle Literaturrecherche und -auswertung entspricht einem **Trichter-Modell**. Am Anfang gehen Sie sehr breit mit einem einfachen Selektionsmechanismus, nämlich der Themenrelevanz, vor. Hierbei ist es unbedingt erforderlich, alle Quellen zunächst nur kursorisch zu lesen, um dieses Pensum mit vertretbarem Zeitaufwand zu schaffen. In diesem 1. Schritt sollten Sie dennoch bereits ein einfaches Grob-Bewertungskonzept anwenden, das alle gelesenen Quellen zum einen nach dem theoretischen Bezug zu einzelnen Themenaspekten und zum anderen vor allem nach dem aus Ihrem jetzigen Wissensstand heraus beurteilbaren Qualitätsniveau bewertet. Je mehr Sie mit dem Thema vertraut sind, desto eher sind sie mit der Zeit auch in der Lage, zusätzlich Niveau, Qualität und Argumentationsleistung der Quellen zu bewerten.

Auf diese Weise stellen Sie sicher, dass Sie bereits bei Ihrer Literaturrecherche und -auswertung generell kritisch vorgehen. Das bedeutet, dass Sie nicht vorschnell allem Glauben schenken, was Sie in der Literatur lesen. Diese kritische Einstellung und damit auch die Fähigkeit zur Selektion muss und wird im Laufe Ihrer Literaturauswertung zunehmen. Denn dadurch erst sind Sie in der Lage, zum einen direkt themenrelevante Literatur herauszufiltern und zum anderen sich auf die Literaturquellen mit einem hohen Argumentationsniveau zu konzentrieren. Wenn Sie diesen „kritischen Doppelfilter" nicht einschalten, werden Sie zum unsystematischen Jäger und Sammler, da Sie nicht auf die Schwerpunkte Ihrer Arbeit bezogen selektieren können. Dies gilt vorrangig für gewonnene Informationen aus dem Internet, aber auch für alle anderen Medien.

In diesem Zusammenhang ist es deshalb wichtig, dass Sie mehrere abgestufte Bewertungen für die gefundenen Literaturquellen vornehmen. Entscheidend ist dabei nicht die **Breite der Themenbehandlung** in einer Quelle, sondern die **Qualität und Tiefe der Argumente**.

- Zunächst sind deshalb bezogen auf das Gesamtspektrum Ihrer wissenschaftlichen Fragestellung die beiden Bewertungskategorien „Umfassende Information versus Detailinformation" und „Hohes Argumentations- und Aussagenniveau versus zu kurz greifende Publikation" zur Bewertung heranzuziehen.
- Quellen mit einem hohen Qualitätsniveau, die das Thema umfassend behandeln oder auf einzelne Themenaspekte fokussiert sind, ordnen Sie den herausgearbeiteten und für Sie jetzt bereits überschaubaren Themenschwerpunkten zu.
- Im nächsten inhaltlichen Schritt werden die Themenschwerpunkte in einzelne Teile bzw. Bereiche der Gliederung und des Untersuchungsdesigns übernommen (vgl. hierzu Kap. B), für die Sie damit schon die Literatur zugeordnet haben. Zweckmäßigerweise werden Sie zunächst thematisch umfassende Literaturquellen der 1. Bewertungskategorie zu den zentralen Themenschwerpunkten lesen und auswerten.
- Danach wird sich der Prozess im Rahmen der Themenerarbeitung auf alle weiteren Thementeile erstrecken und dabei jeweils auch wiederum die beiden oben angeführten Bewertungskategorien zu Grunde legen.

Auf einen Aspekt ist bereits im Zusammenhang mit der Literaturrecherche noch gesondert hinzuweisen: Für wissenschaftliche Arbeiten ist es generell erforderlich, Fakten, Sekundärzitate und übersetzte Texte an den **Originalquellen** zu überprüfen. Das bedeutet, dass Sie letztlich immer zu den eigentlichen Quellen einer Information vordringen müssen. Nur so können Sie sich eine eigene Anschauung zu den Intentionen des Autors/ Urhebers eines Textes bilden. Sekundäre Quellen sind hingegen dafür nützlich und notwendig, um die Auffassungen anderer Autoren zu primären Quellen einzubeziehen.

2. Recherche im Internet

Das Internet ist im wissenschaftlichen Bereich mittlerweile fest etabliert. Es bietet den Nutzern eine effiziente Möglichkeit, mit Hilfe großer Suchmaschinen Literatur und Informationen ausfindig zu machen. Dabei ist der Erfolg der Suche abhängig von der **Reichweite des Suchbegriffs**. Wer beispielsweise den Begriff „Management" in eine Suchmaschine eingibt, erhält eine unvorstellbar hohe Anzahl von Treffern, die jedoch für den eigenen Zweck viel zu unspezifisch und daher kaum brauchbar sind.

Grenzen Sie Ihren Suchbereich deshalb also möglichst präzise ein. Dies kann bei den gängigen Suchmaschinen geschehen durch die Anwendung der Wörter UND, ODER, NICHT bzw. AND, OR, NOT (Bool'sche Operatoren) zwischen den einzelnen Schlagwörtern. Ebenso kann in einigen Suchmaschinen mit den Zeichen + und - zwischen den Suchbegriffen gearbeitet werden. Allerdings ist dabei oft zu beachten, dass zwischen dem mathematischen Zeichen und Ihrem Suchbegriff kein Leerzeichen steht (vgl. Moenninghoff/ Meyer-Krentler 2008, S. 78). Derartige Eingabenotwendigkeiten sind aber heute bereits eher die Ausnahme. Häufiger stehen **mehrstufige Suchmenüs** zur Verfügung, in die jeweilige Begriffe/ Wortfolgen einzutragen sind. Dabei ist es generell empfehlenswert, die Hilfeseiten der jeweils verwendeten Suchmaschine zu lesen. Darauf finden Sie Hinweise zur entsprechenden Suchsyntax, z.B. auch dazu, ob eine Eingabe von Umlauten (ä, ö, ü) möglich ist oder nicht (dann also ae, oe, ue).

Für die **Recherche wissenschaftlicher Artikel** bietet es sich z.B. an, mit **Google Scholar** zu arbeiten. Hiermit können Sie eine allgemeine Suche nach wissenschaftlicher Literatur durchführen. Über verschiedene Suchfelder können Sie Quellen aus unterschiedlichen Bereichen finden: Dazu gehören von anderen Studierenden bewertete Seminararbeiten, Magister-, Diplom- sowie Doktorarbeiten, Bücher, Zusammenfassungen und Artikel, die aus Quellen, wie akademischen Verlagen, Berufsverbänden, Magazinen für Vorabdrucke, Universitäten und anderen Bildungseinrichtungen, stammen.

> **Google Scholar** bietet eine gute und praktische Hilfe beim Ermitteln wichtiger Arbeiten aus dem Gebiet der wissenschaftlichen Forschung (siehe http://scholar.google.de). Eine zusätzliche und primär auf Bücher bezogene Recherchemöglichkeit bietet die **Google Buchsuche** (siehe http://books.google.de).

Bei der **Google Buchsuche** können Sie eine ganze Reihe von Werken – natürlich nicht alle – in einer eingeschränkten (seitenweise ausgeschlossenen) Vorschau ansehen. Dabei sind auch Volltexteingaben von Wortreihenfolgen möglich, so dass Ihnen Bücher nachgewiesen werden, in denen sich entsprechende Passagen befinden. Zudem kann nachverfolgt werden, wie und von wem diese wiederum zitiert wurden. Die Google Buchsuche bietet sich insbesondere dann an, wenn man sich in der Literatur schon gut auskennt und ein Buch nicht (oder nicht mehr) physisch vorliegen hat. Wird es in der Google Buchsuche geführt, und ist die gesuchte/ erinnerte Stelle nicht von der Vorschau ausgeschlossen, dann kann man sie sich über diese Recherchemöglichkeit direkt am Bildschirm ansehen.

Eine weitere Möglichkeit, um schnell **erste Informationen über einen Suchbegriff** im Internet zu erhalten, bietet **Wikipedia**. Anders als herkömmliche Online-Enzyklopädien ist Wikipedia für sämtliche Nutzer frei zugänglich. Jeder darf unter Angabe der Quelle und der Autoren die Beiträge frei ausdrucken, kopieren und verwenden. Gleichzeitig kann jeder Benutzer ohne Anmeldung und ohne größere technische Vorkenntnisse im Umgang mit Internetseiten Beiträge schreiben und bestehende Texte ändern. Eine Redaktion im engeren Sinne gibt es nicht; das Prinzip basiert auf der Annahme, dass sich die Benutzer gegenseitig kontrollieren und korrigieren. Bestand hat dadurch letztlich nur das, was von der Gemeinschaft akzeptiert wird. Somit bietet Wikipedia eine breit gestreute Informations- und Datenbasis, die Sie für einen ersten Überblick durchaus verwenden können. Als zitierte Quelle in einer wissenschaftlichen Arbeit sollten Beiträge von Wikipedia jedoch nicht genutzt werden, da es sich bei den Inhalten eines Beitrags unter Umständen um eine Fehleintragung bzw. auch um Halbwissen handeln kann. Trotz dessen zeigte ein Test des Magazins „Stern" im Dezember 2007, dass Wikipedia bezogen auf die Kriterien Richtigkeit, Vollständigkeit, Aktualität und Verständlichkeit gegenüber der Online-Ausgabe des Brockhaus bestehen kann. Besonders lobend erwähnte der Stern die Aktualität von Wikipedia. Nur bei der Verständlichkeit lag der Brockhaus vorn (vgl. Güntheroth/ Schönert 2007).

Durch die Nutzung des Internets erleichtert und beschleunigt sich Ihre Literatur- und Informationsrecherche erheblich. Denken Sie aber daran, dass sich die Inhalte im Internet ständig weiterentwickeln und dass dabei auch die Informationen, die Sie noch heute im Netz recherchiert haben, bereits morgen nicht mehr verfügbar sein können. Speichern Sie daher Artikel, die Sie in Ihrer Arbeit verwenden, auf einem Datenträger ab bzw. drucken Sie diese aus und bewahren Sie deren Adresse (URL) samt dem Datum der Einsichtnahme für eine evtl. Angabe in Ihrem Literaturverzeichnis auf.

3. Recherche in Datenbanken

Die elektronischen Suchmöglichkeiten in (Fach-)Datenbanken (vgl. hierzu z.B. die Übersicht bei Corsten/ Deppe 2008, S. 47 ff.) sind für eine Literatur- und Informationsrecherche zu wissenschaftlichen Arbeiten sehr hilfreich. Aufgrund der Struktur der Daten in den speziellen und meist zahlreichen Datenbankfeldern können gezielte Anfragen an das System gestellt werden. Auf diese Weise werden die großen Datenbestände in den Datenbanken strukturiert durchgesehen und für den Nutzer aufbereitet. Damit verkürzt sich die Suchzeit in großen Datenmengen bei gleichzeitigem Zugriff durch mehrere Nutzer erheblich (vgl. Rost 2008, S. 141). Auch bei der Recherche in Datenbanken ist der Erfolg abhängig von der Reichweite des Suchbegriffs. Es gelten damit analog die Hinweise aus Kapitel K.I.2.

Bei Ihrer Recherche können Sie auf zahlreiche **wissenschaftliche Datenbanken** im Internet zugreifen, wie z.b. auf wirtschaftswissenschaftlichem Gebiet **EconLit**, **ReDI** (Regionale Datenbanken-Information Baden-Württemberg), **WISO**, **EBSCO HOST** oder **Business Source Premier**.

Mit Hilfe dieser Datenbanken können Sie viele Onlineausgaben von Fachzeitschriften lesen und herunterladen. Allerdings kann diese Funktion oft nur „vor Ort", also in der Bibliothek einer Hochschuleinrichtung genutzt werden (vgl. Kornmeier 2007, S. 112). In den Universitäten besteht allerdings zunehmend auch die Möglichkeit, sich mit Hilfe eines persönlichen Benutzernamens und Passworts über einen VPN-Zugang (Virtual Private Network-Zugang) in das Universitätsnetz einzuloggen und darüber die Datenbanken in vollem Umfang nutzen zu können. Wie Sie dabei vorgehen können, ist in Abbildung K-3 zusammengefasst.

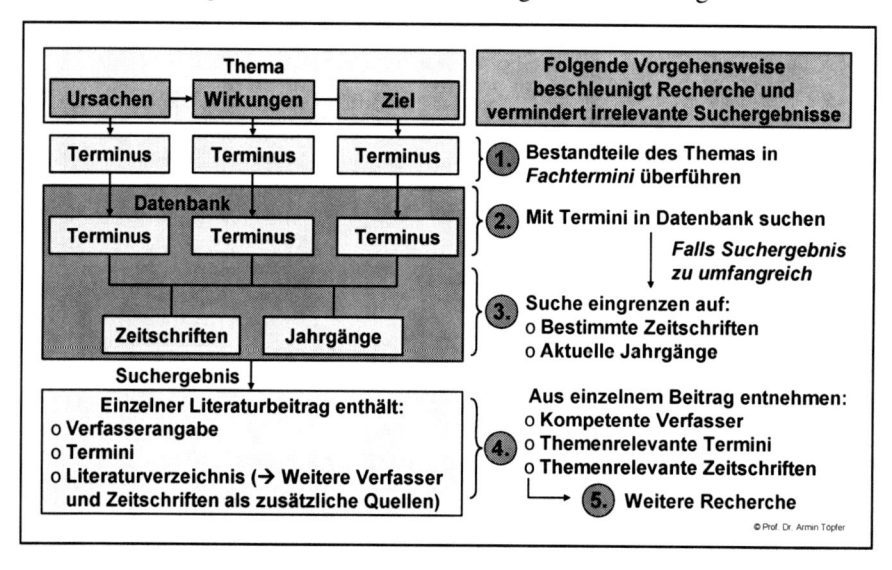

Abb. K-3: Vorgehensweise bei der Recherche in Datenbanken

Wie an anderer Stelle gezeigt, beginnen Sie am besten die Datenbankrecherche mit Hilfe von **Schlagwörtern** bezogen auf die Ursachen, Wirkungen bzw. Ziele innerhalb Ihres Themas. Falls das Suchergebnis dabei zu umfangreich ausfällt, haben Sie die Möglichkeit Ihre Suche auf bestimmte Fachzeitschriften und Jahrgänge einzugrenzen. Um dies sinnvoll nutzen zu können, ist es notwendig, dass Sie über die relevanten Fachzeitschriften informiert sind. Wenn Sie bei Ihrer Datenbankrecherche einen interessanten Artikel für Ihre Arbeit gefunden haben, erhalten Sie zugleich Hinweise über kompetente Verfasser auf diesem wissenschaftlichen Gebiet und über themenrelevante Termini. Beide Informationen können Sie für eine erneute Recherche verwenden.

In Abbildung K-4 sehen Sie beispielhaft die Suchmaske von EconLit (via EBSCO).

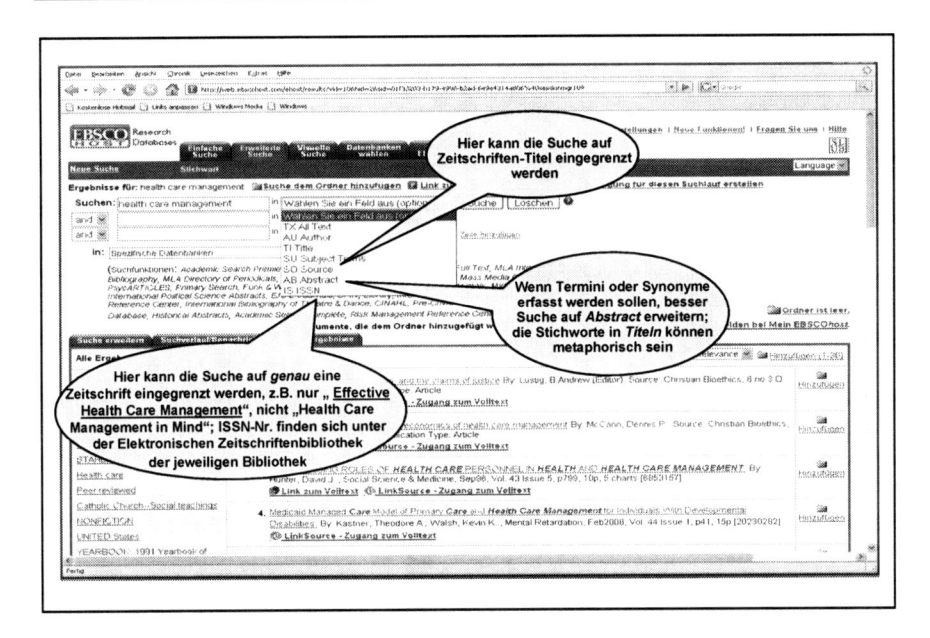

Abb. K-4: Recherche in der Datenbank EconLit (via EBSCO)

Neben der Recherche in Datenbanken können Sie auch gezielt in den **Archiven relevanter Fachzeitschriften** nach Informationen zu Ihrem Thema suchen. Zum Teil stehen Ihnen dort Artikel kostenlos zum Download zur Verfügung bzw. können von Ihnen gegen eine Gebühr heruntergeladen werden.

4. Recherche in Bibliotheken

Trotz des vielfältigen Informationsangebotes via Internet und Datenbanken werden Sie nicht auf Recherchen in Bibliotheken verzichten können (siehe hierzu auch Jele 2003; Corsten/ Deppe 2008, S. 32 ff.). Einschlägige Literatur ist vorrangig in wissenschaftlichen Bibliotheken (z.B. Universitätsbibliotheken) zu finden. Sollten Sie noch am Anfang Ihres Studiums sein, empfiehlt es sich an einer Bibliotheksführung teilzunehmen, bei der Ihnen unter fachkundiger Anleitung die Nutzung der Bibliothek erläutert wird.

Fast alle Bibliotheken verfügen über **virtuelle Kataloge** (OPAC = Online Public Access Catalogue). Damit können Sie im Bestand einer Bibliothek nach relevanter Literatur suchen. Neben dem Titel des Buches erhalten Sie Informationen über den Verfasser, den Erscheinungsort, den Verlag, das Erscheinungsjahr, den Regalstandort und vieles mehr. Bei Ihrer Suche können Sie auf diese Kataloge über das Internet zugreifen. Ist der OPAC mit der **Ausleihdatenbank** gekoppelt, dann ist für den Nutzer zusätzlich ersichtlich, ob das Buch bzw. bis wann das Buch ausgeliehen ist. Oftmals besteht dabei auch die Möglichkeit einer elektroni-

374   K. Wie kann ich mein wissenschaftliches Arbeiten erfolgreich organisieren?

schen **Vorbestellung**. Wenn das Medium wieder vorliegt, werden Sie benachrichtigt und können es innerhalb einer festgelegten Zeit in der Bibliothek abholen.

In Abbildung K-5 ist beispielhaft der virtuelle Katalog der Deutschen Nationalbibliothek (DNB) abgebildet. Neben der einfachen Suche, bei der die Recherche auf Basis eines oder mehrerer Schlagwörter durchgeführt wird, kann die Suchanfrage bei der erweiterten Suchoption erheblich ausgedehnt werden, z.B. im Hinblick auf ISBN-Nr., Titel und Autor.

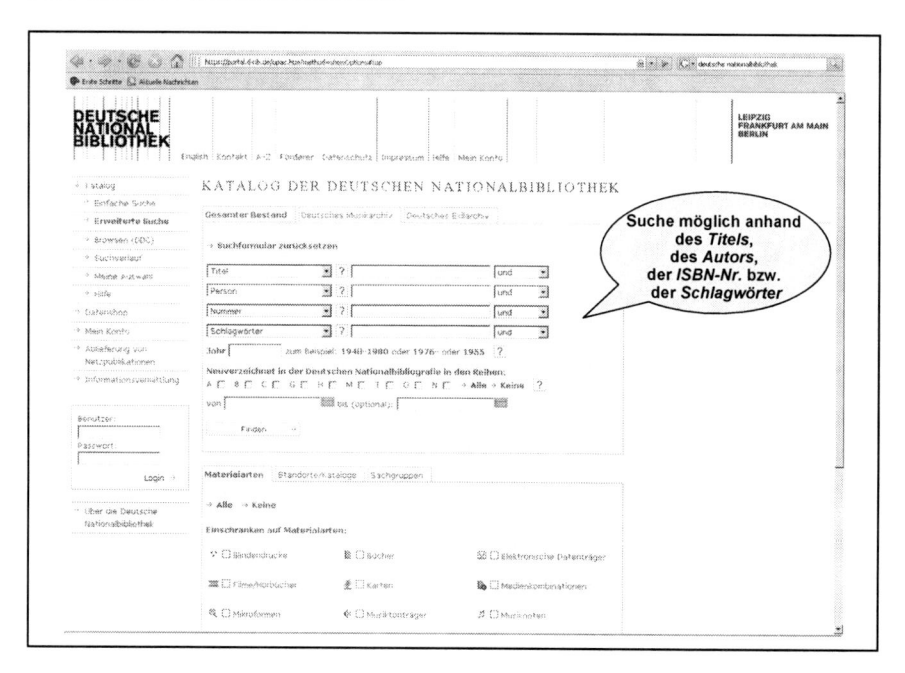

Abb. K-5: Erweiterte Suche im Katalog der Deutschen Nationalbibliothek

Diesen Katalog werden Sie kaum zur Ausleihe nutzen, das geht bei Ihrer (Universitäts-)Bibliothek einfacher und schneller. Den DNB-OPAC können Sie aber gut nutzen, wenn Sie sich einen Überblick zur aktuellen Literatur bezogen auf eine Thematik/ einen Begriff verschaffen wollen bzw. um weitere Titel außer den von Ihrer Bibliothek nachgewiesenen zu erschließen. Er kann Ihnen überdies dann weiterhelfen, wenn Sie sich unsicher sind über die genauen bibliografischen Angaben schon einmal erschlossener Bücher. Wegen des großen Umfangs können Sie dies hier gut recherchieren und die gewünschten Informationen zu den jeweiligen Titeln auch ausdrucken.

In ähnlicher Weise hilfreich sein kann der so genannte **Karlsruher Virtuelle Katalog** (KVK, siehe http://www.ubka.uni-karlsruhe.de/kvk).

Über den Karlsruher Virtuellen Katalog können Sie nicht nur Parallelanfragen in den wichtigsten deutschen Bibliotheksverbünden starten, sondern auch auf der

I. Einige Tipps zur Literaturrecherche

europäischen bzw. weltweiten Ebene recherchieren und zugleich renommierte Buchhandelsplattformen in Ihre Suche einbeziehen.

Verfügt Ihre Bibliothek nicht über ein Buch, welches Sie für Ihre Arbeit benötigen, so haben Sie die Möglichkeit, dieses Buch per **Fernleihe** zu bestellen. Dies ist ein meist kostenpflichtiger Service Ihrer Bibliothek, bei dem nicht verfügbare Bücher im Rahmen des Leihverkehrs von anderen Bibliotheken bezogen und Ihnen zur Verfügung gestellt werden. Voraussetzung ist allerdings, dass das betreffende Buch nicht im Bestand der Bibliothek vor Ort ist; soweit dies zutrifft und es aktuell ausgeliehen ist, kann es also nicht per Fernleihe geordert werden.

Neben einem reichhaltigen Angebot an Fachbüchern verfügen wissenschaftliche Bibliotheken regelmäßig über einen umfangreichen Bestand an **Fachzeitschriften**. Gerade im Hinblick auf die geforderte Aktualität sollten Sie in Ihrer wissenschaftlichen Arbeit auf relevante Artikel in solchen Periodika zurückgreifen. Die meisten Bibliotheken bieten auch hier einen virtuellen Katalog an, in dem Sie nach Zeitschriftenartikeln recherchieren können. Zur Veranschaulichung zeigt Abbildung K-6 als Beispiel einen Screenshot der elektronischen Zeitschriftenbibliothek der Sächsischen Landesbibliothek – Staats- und Universitätsbibliothek Dresden (SLUB).

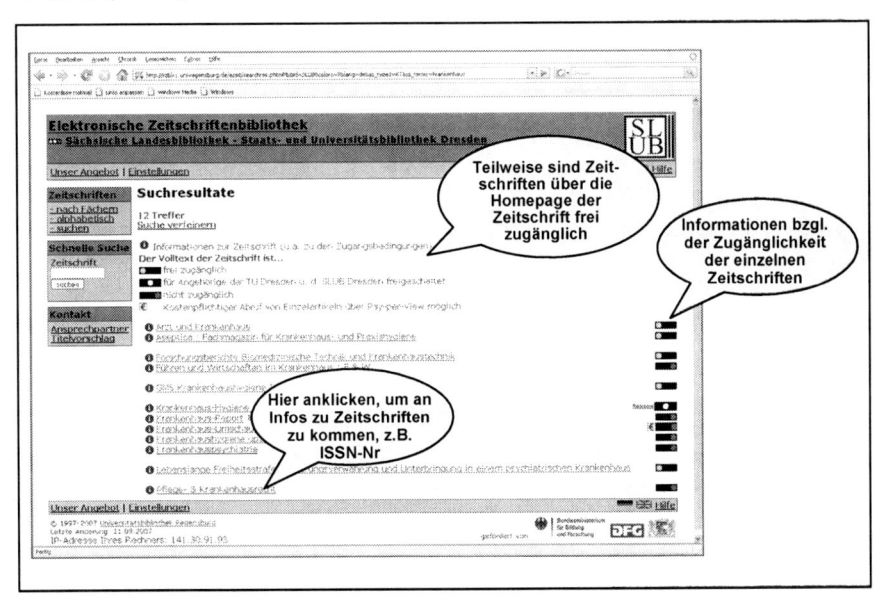

Abb. K-6: Recherche in der elektronischen Zeitschriftenbibliothek

5. Literaturverwaltung

Äußerst wichtig ist, dass Sie die gewonnenen Informationen strukturiert ablegen. Zu Beginn reichen dafür einfache Mittel wie Karteikarten, Listen in Microsoft

Word oder Excel bzw. selbst programmierte Microsoft Access-Datenbankanwendungen aus. Je weiter der Prozess Ihrer wissenschaftlichen Arbeit voranschreitet, desto notwendiger wird jedoch ein durchdachtes **Management Ihres Literaturbestandes**. Hierfür werden im Handel zahlreiche Programme angeboten – ausgehend von einfachen elektronischen Zettelkästen bis hin zu so genannten Content-Managern. Als Beispiele können hierfür die Literaturverwaltungsprogramme **Librixx** und **EndNote** genannt werden. Über einfache und übersichtliche Eingabefelder erfolgt bei diesen Programmen die Dateneingabe. Dadurch erhalten Sie eine einheitliche Aufnahme Ihrer Literaturdaten. Gleichzeitig stehen Ihnen bei der Eingabe bereits gespeicherte Informationen zur Verfügung, so dass sie z.B. auf die mehrmalige Eingabe eines Autorennamens verzichten können und so Tippfehler vermeiden. Zusätzlich können die Zitierungen häufig auch aus verschiedenen Datenbanken übernommen, also importiert werden. Besonders zeichnen sich diese Programme durch die automatische Erzeugung der Fußnoten und des Literaturverzeichnisses in der Textdatei Ihrer wissenschaftlichen Arbeit aus. EndNote bietet darüber hinaus sogar die Online-Suche in Bibliothekskatalogen und anderen Literaturdatenbanken (vgl. Stock et al. 2006, S. 90 ff.).

Sie werden im Laufe Ihrer wissenschaftlichen Arbeit eine große Menge an Material bewältigen. Um in diesem Prozess der Sammlung und Auswertung von Literaturquellen sowie deren Ausdrucken oder Nachweisen den Überblick zu behalten, gilt als Faustregel: In Ordnern sollten Sie nur solche Dokumente speichern bzw. abheften, die von Ihnen schon mehr oder weniger endgültig bearbeitet wurden und noch für eine bestimmte Zeit aufzuheben sind. Laufende Vorgänge teilen Sie besser nach in sich weiterhin flexiblen Rubriken auf und sammeln diese jeweils in Laufmappen oder Hängeregistern.

Durch eine sorgfältige Verwaltung Ihrer Literatur von Beginn an, ersparen Sie sich insbesondere in der letzten Phase Ihrer wissenschaftlichen Arbeit viel Zeit und Nerven. Generell gilt: Eine gute Literaturverwaltung ist zugleich eine wesentliche und vor allem Zeit sowie Nerven schonende Basis für eine korrekte Zitierweise.

II. Arbeitstechniken – Das A und O für ein effizientes und effektives wissenschaftliches Arbeiten

1. Zeitplan/ Zeitmanagement

Wenn Sie eine wissenschaftliche Arbeit erstellen, dann müssen oder wollen Sie innerhalb eines fest vorgegebenen oder von Ihnen vorgesehenen Zeitraums bis zu einem bestimmten Endtermin sämtliche Einzelaufgaben bewältigt und Ihre schriftliche Endfassung angefertigt haben. Deshalb sollten Sie zu Beginn einer wissenschaftlichen Arbeit einen realistischen Arbeitsplan erstellen, der grundsätzlich straff ist, alle Aktivitäten aber zeitlich durchkalkuliert hat und eine Zeitreserve enthält.

Dazu empfehlen wir Ihnen 2 Arten von Arbeitsplänen anzufertigen: Zum einen einen **allgemeinen Plan**, in dem die Ziele und die Arbeitsschritte aufgeführt sind, die bis zu jeweils festgelegten (Zwischen-)Terminen von Ihnen absolviert werden müssen. Dieser allgemeine Plan dient dazu, einen Überblick über das gesamte Vorhaben zu schaffen respektive dessen wichtige Etappenziele/ Meilensteine festzulegen. Damit Sie diese ohne Verzögerung erreichen, benötigen Sie zum anderen **spezielle Wochenpläne**. Diese sollen Ihnen bei der detaillierten Strukturierung der jeweiligen Arbeitswoche helfen.

> Nähere Hinweise zu dem bei wissenschaftlichen Arbeiten unbedingt notwendigen **Zeitmanagement** finden Sie in der Literatur z.B. bei Andermann/ Drees/ Grätz 2006, S. 17 ff.; Balzert et al. 2008, S. 209 ff.; Burchardt 2006, S. 68 ff.; Knigge-Illner 2002, S. 65 ff.; Stickel-Wolf/ Wolf 2009, S. 335 ff.; Stock et al. 2006, S. 73 ff.

Wenn im Rahmen eines erkenntnisorientierten Ansatzes in Ihrer Forschungsarbeit eine **empirische Untersuchung** notwendig ist, dann kommt das einem eigenständigen **Projekt innerhalb Ihres gesamten Forschungsprojektes** gleich. Hierzu sind – neben dem oder den eingesetzten Erhebungs-/ Auswertungsverfahren – die äußeren Bedingungen, das organisatorische Vorgehen und der zeitliche Ablauf genau zu planen, und zwar unbedingt rechtzeitig und mit einer Zeitreserve. Bei einer von Ihnen durchgeführten empirischen Untersuchung als Field Research ist die Mitwirkung externer Personen notwendig, und dabei gibt es naturgemäß mehr Unwägbarkeiten/ Risiken als bei einer Schreibtischforschung, also ausschließlicher Desk Research, die von Ihnen alleine vorgenommen wird.

2. Lesetechniken

Im Hinblick auf die Anfertigung einer wissenschaftlichen Arbeit ist es von großem Nutzen, wenn Sie die im Verlauf Ihres Studiums erworbene „Lesetechnik" noch etwas verfeinern (siehe auch Spoun/ Domnik 2004, S. 23 ff.). Bei den heutigen technischen Möglichkeiten werden Sie viele Dokumente direkt auf Ihrem Rechner haben. Dabei sind wichtige Quellen aber nach wie vor am besten auszudrucken, so dass Sie sie wie ein Buch oder wie eine Kopie eines Zeitschriftenartikels bearbeiten können.

Markieren Sie Textteile nicht im Überfluss (vgl. Burchardt 2006, S. 89 ff.). Markieren ist nicht der Nachweis dafür, etwas gelesen zu haben, sondern soll Ihnen beim erneuten Überfliegen eines Textes helfen, alle für Ihre Themenbearbeitung wesentlichen Inhalte sofort wieder zu erkennen. Nur auf diese Weise werden Sie schneller und vermeiden ständiges Doppellesen. Verwenden Sie dann unterschiedliche Farben, wenn Sie Thementeile oder die unterschiedliche Relevanz getrennt kennzeichnen wollen. Zusätzlich empfiehlt es sich Klebezettel/ Post-its zu nutzen, denn darauf können Sie auch gleich eine eigene Notiz, einen Kommentar, eine Bewertung oder einen weiterführenden Gedanken zur Textstelle festhalten.

Auch dies erleichtert Ihnen später die gezielte Verarbeitung einzelner Textpassagen in Ihrer eigenen wissenschaftlichen Arbeit.

Wesentliche Textpassagen, die Sie auf jeden Fall in Ihre Forschungsarbeit aufnehmen wollen, sollten Sie nach dem Lesen unmittelbar **mit eigenen Worten** und dem Fokus bzw. der Argumentationslinie bezogen auf Ihr Thema wiedergeben. Auch hierdurch werden Sie schneller und können bei einem weiteren Wissens- bzw. Erkenntniszugewinn den Textentwurf leicht ergänzen. Hierzu ist es am besten, wenn Sie diesen eigenen Textteil dann gleich an der entsprechenden Stelle im Dokument Ihrer Arbeit/ Gliederung einordnen. Vergessen Sie dabei nicht, die genutzte Quelle mit einer für Sie eindeutigen Kennzeichnung anzugeben, so dass Sie sie jederzeit wieder zur Hand nehmen können.

3. Dokumentenmanagement

In Vorbereitung auf das eigentliche Schreiben Ihrer Arbeit empfiehlt es sich, im Textverarbeitungssystem bereits zu Beginn die **Formatierungen** festzulegen bzw. entsprechende **Formatvorlagen** zu erstellen. Dies erspart Ihnen bei konsequenter Anwendung über den gesamten Arbeitsprozess hinweg erheblich Zeit. Wenn Sie mit Microsoft Word arbeiten (zu LaTeX siehe Stock et al. 2006, S. 96 ff.), können Sie zum einen auf die bereits vorinstallierten Schrift- und Absatzformatierungen für den Standardtextkörper, die Überschriften, Aufzählungen, Fußnoten und vieles mehr zurückgreifen oder anderseits individuell eigene Formatvorlagen entwickeln.

Weitere hilfreiche Funktionen bietet Word z.B. mit der automatischen Erstellung der Abbildungs- und Tabellenverzeichnisse. Voraussetzung ist, dass Sie zuvor alle Abbildungen bzw. Tabellen in Ihrem Textdokument mit der entsprechenden Formatvorlage versehen haben. Ebenso können Sie Fußnoten im Text automatisch mit dem zugehörigen Gegenstück am Seitenende erstellen. Diese Funktionen erreichen Sie über die Registerkarte „Einfügen" und „Referenz". Nutzen Sie die Optionen, die Ihr Computerprogramm bietet. Denn dadurch müssen Sie sich nicht unnötig mit einer manuellen Formatierung „Absatz für Absatz" aufhalten, sondern können diese Zeit für das eigentliche wissenschaftliche Arbeiten verwenden. Hierbei ist es allerdings wichtig, sich mit diesen Features vor der Erstellung des Endtextes vertraut zu machen. So können Sie abschätzen, ob Ihnen die standardmäßig gebotenen Möglichkeiten Ihrer Anwendungssoftware ausreichen, oder ob Sie den bei einer näheren Beschäftigung mit dem System ebenfalls nicht allzu komplizierten Weg der Schaffung eigener Formatierungsroutinen wählen möchten.

Ein enorm wichtiger, den gesamten Verlauf Ihres Forschungsprojekts betreffender Punkt ist die **Datensicherung** (siehe auch Stock et al. 2006, S. 102 ff.). Mit das größte Risiko bei der Anfertigung von Texten ist der ungewollte Verlust von wesentlichen inhaltlichen Teilen. Überlegen Sie sich deshalb eine einfache und dennoch wirkungsvolle Routine, nach der Sie Ihre Daten sichern. Dazu ist es zunächst am Besten, einen Bereich/ Pfad auf Ihrem Rechner einzurichten, in dem Sie alles zu Ihrer Arbeit in zweckmäßig definierten Unterpfaden speichern. Den

Hauptpfad können Sie dann nach einer festgelegten Häufigkeit komplett auf einen USB-Stick, eine CD oder eine externe Festplatte überspielen. Zusätzlich bietet es sich an, die aktuell von Ihnen bearbeiteten Dateien in sehr viel kürzeren Takten, nämlich mindestens arbeitstäglich, auf einem weiteren solchen externen Speichermedium zu sichern. Für den Fall eventueller Probleme/ Defekte bei diesen Speichermedien können Sie für die Komplett- und die Einzelsicherungen auch mit „mehreren Generationen" im Wechsel arbeiten. Erfahrungsgemäß halten viele diese Datensicherungsroutinen erst konsequent ein, nachdem zum 1. Mal Daten bzw. Textteile verlustig gingen.

4. Schreiben und Layouten

Wichtig ist bei der Anfertigung einer Forschungsarbeit generell Folgendes: Eine wissenschaftliche Arbeit wächst mit dem eigenen Wissens- und Erkenntniszugewinn in kleinen Schritten, nämlich in der Weise, dass man das jeweils Gelesene gleich thematisch einordnet und verarbeitet. Es ist eine Fiktion und nur Wenigen vorbehalten, die gesamte relevante Literatur zu lesen, parallel geistig zu verarbeiten und schließlich in einem Guss niederzuschreiben, also konsistent und stringent wiedergeben zu können. Wissenschaftlich ausgedrückt bedeutet dies: Der Normalfall ist ein – mehr oder weniger mühevolles – inkrementales Vorgehen, und der Ausnahmefall ist der – große – synoptische Wurf.

Dies bedeutet mit anderen Worten, dass Sie Ihre Forschungsarbeit nicht linear „runterschreiben", sondern in dem Maße, wie Sie inhaltliche Teile stärker durchdringen und neue Erkenntnisse gewinnen, hybrid schreiben. Alle wesentlichen Gedankengänge und Argumentationsketten sollten also gleich in dem entsprechenden Kapitel als „Rohdiamant" notiert werden, um dann in einer späteren Phase Ihres wissenschaftlichen Arbeitsprozesses kritisch geprüft und systematisch bearbeitet zu werden. Hierdurch erreichen Sie, dass bereits in einer frühen Phase eine Vernetzung zwischen einzelnen Kapiteln beginnt, weil Sie aus der einen Gedankenkette eine Brücke in eine andere Inhalts- und Argumentationskette bauen.

In diesem Unterkapitel geben wir Ihnen einige Tipps zum Schreiben und Verfassen Ihrer Texte:

- Gehen Sie frühzeitig in ein **Rohmanuskript** bzw. in eine erste Rohfassung. Füllen Sie hierzu in Ihre Gliederung, die Sie aus Ihrem Untersuchungsdesign entwickelt haben, alle Ihrem derzeitigen Erkenntnisstand entsprechenden Inhalte zeitnah ein (vgl. Burchardt 2006, S. 120 ff.). Das können zum einen noch mit Spiegelstrichen formulierte Merkposten sein, Sie sollten zum anderen aber auch bereits erste Textpassagen formulieren. Wichtig ist, dass die Kernpunkte der Zielsetzungen, der Analyseschritte, der Argumentationsketten und der angestrebten Forschungsergebnisse bereits in einer frühen Phase in ganzen Sätzen und nicht nur in mehr oder weniger abstrakten Stichworten formuliert werden. Diese Vorgehensweise ist deutlich schwieriger und herausfordernder, legt aber frühzeitig Defizite im konzeptionellen Durchdringen der Forschungsthematik sowie logische Brüche offen, ohne sich bereits im Detail zu verlieren.

Bereits der große Schriftsteller ERNEST HEMINGWAY hat dieses Problem gekannt, als er formulierte: „Die erste Fassung ist immer Mist". Um dies zu erkennen und um dann auch gezielt besser zu werden, muss aber diese erste Fassung zu Papier gebracht werden. Dies gilt ebenfalls für wissenschaftliche Forschungsarbeiten. Wenn die erste Fassung die eigene „Qualitätskontrolle" nicht besteht, dann muss aber zugleich die Bereitschaft und das erforderliche Zeitbudget vorhanden sein, um diese Fassung nicht als Endfassung zu verwenden, sondern mit den zusätzlichen Erkenntnissen und einem besseren Ansatz neu aufzusetzen.

- Ein solches strategisches Vorgehen können Sie auch mit der Arbeit eines Bildhauers an einer Skulptur vergleichen. Beginnend mit dem gänzlich unbehauenen Marmorblock, setzt er seinen Meißel an und schafft zunächst lediglich die grobe Kontur und bestimmt die Proportionen. So entwickelt er das Gefühl, wie er weiterarbeiten muss, um später schließlich eine schöne Statue erschaffen zu können. Mit anderen Worten befasst er sich in einer frühen Phase nicht mit Einzelheiten, deren Bedeutung und Proportion zum Gesamtwerk er zu diesem Zeitpunkt noch nicht übersehen und einordnen kann. Dies wäre dann der Fall, wenn der Bildhauer bereits am Anfang beginnt, aus dem vor ihm stehenden Marmorblock den rechten großen Zeh der vorgesehenen Statue herauszumeißeln und damit zu modellieren.

- Die frühzeitige Arbeit an der auf Ihrer Gliederung basierenden Rohfassung lässt Sie am ehesten erkennen, ob und welche Veränderungen Sie ggf. noch am Untersuchungsdesign sowie insbesondere am Forschungsdesign und dessen nachfolgenden Ableitungen vornehmen müssen. Der Versuch, die inhaltlichen Ausführungen zu den aufeinander abgestimmten Designkomponenten erst relativ spät in die der Gliederung entsprechende Textform zu bringen, birgt das große Risiko, erst jetzt auf bisher nicht geahnte Inkonsistenzen und sonstige Schwierigkeiten zu stoßen. Richtig verwendet, sind Strukturierungsmittel, wie die verschiedenen Designs und die Gliederung, ohne Frage von großem Nutzen. Dennoch stehen sie aber letztlich nur im Rang von Hilfsmitteln, um ein Thema in angemessener Weise wissenschaftlich zu durchdringen und die hierbei erzielten Ergebnisse nachvollziehbar darzustellen. Die jeweils mit den Designs verbundenen Strukturen und Inhalte sind also im Gesamtzusammenhang ansprechend zu verbalisieren, und das fällt umso leichter, je früher Sie mit dieser Formulierungsarbeit beginnen.

- Denken Sie wieder an den Bildhauer: Er kann vorher noch so viele Skizzen und Proportionsstudien anfertigen und vielleicht schon eine genaue Vorstellung von seinem Werk haben; das Behauen des Marmorblocks braucht dennoch einige Zeit, die er nicht wesentlich verkürzen kann. Überdies sind die Ideen zu eventuellen Änderungen an seinem ursprünglichen Konzept untrennbar mit dieser schöpferischen – und hier handwerklichen – Tätigkeit verbunden. Auch Sie arbeiten schöpferisch, Sie wollen zu einem Bereich wissenschaftliche Erkenntnisse über Zusammenhänge und Abhängigkeiten sowie deren praktische Umsetzung gewinnen. Ihr Arbeitsmittel ist die Sprache, und so sollten Sie möglichst frühzeitig zur Feder respektive zur PC-Tastatur greifen, um Ihr Endprodukt – Ihre wissenschaftliche Arbeit – stetig wachsen zu lassen.

- Informieren Sie sich frühzeitig über die **formalen Anforderungen**, wie Gliederungsart, Zitierweise, Satzspiegel (siehe hierzu Andermann/ Drees/ Grätz 2006, S. 77 ff.; Stickel-Wolf/ Wolf 2009, S. 240 ff.), die von der Sie bzw. Ihre wissenschaftliche Arbeit betreuenden Stelle aufgestellt werden. Soweit es hierauf bezogen noch Freiheitsgrade für Sie gibt, sehen Sie sich einige andere Arbeiten und Bücher an und entscheiden Sie sich dann für Ihr End-Layout. Das frühe Verwenden des später geforderten Druckbildes lässt Sie Ihren Seitenfortschritt realistisch einschätzen bzw. bei einer vorgegebenen maximalen Seitenzahl den noch verbleibenden Umfang erkennen, eine andernfalls erforderliche Umformatierung ist nicht notwendig, und Sie werden in Ihrem vorgegebenen oder gewählten Layout auch immer geübter.

Abschließend möchten wir Ihnen noch einige weitere allgemeine Ratschläge dafür geben, wie Sie den Prozess der Erstellung Ihrer wissenschaftlichen Arbeit effizient und effektiv gestalten können. Sie sind in Abbildung K-7 aufgelistet.

> ➢ Beim Recherchieren, Lesen und Schreiben immer *Ideenspeicher* für eigene Gedanken und Ideen *anlegen*
>
> ➢ Immer *nah am* formulierten *Thema bleiben* = Relevanz und Themenbezug der dargestellten Inhalte prüfen
>
> ➢ Nach dem Literatursichten/ den literaturbasierten Darstellungen Mut zu *eigenständigen Überlegungen*
>
> ➢ *Kopfstandtechnik* anwenden = Dargestellte Inhalte aus einem anderen/ gegensätzlichen Blickwinkel betrachten und dadurch zu einer differenzierten/ ausgewogenen Analyse sowie anderen Schlussfolgerungen kommen
>
> ➢ Eigene Überlegungen in *Frageform* entwickeln und dialektisch beantworten (These – Antithese – Synthese)
>
> ➢ Immer *Praxisrelevanz* der formulierten Aussagen prüfen

> **Merke: Theorie ist wichtig und gut, aber nur wenn sie bei der Lösung praktischer Probleme hilft**

© Prof. Dr. Armin Töpfer

Abb. K-7: Tipps und Kniffs für effizientes und effektives wissenschaftliches Arbeiten

- Richten Sie sich auf Ihrem Rechner jeweils frühzeitig zu jedem erkennbar vorgesehenen Inhaltsbereich/ Hauptkapitel einen **elektronischen Ideenspeicher** ein. Der Vorteil ist, dass Sie beim Durcharbeiten der Literatur, beim Durchdenken Ihrer Themenstellung und seiner einzelnen Teile sowie beim Diskutieren mit Kollegen eine Plattform haben und somit einen Mechanismus einführen, um alle – aus gegenwärtiger Sicht bewerteten – guten Ideen mit eigenständigen Ansätzen laufend zu archivieren und so immer verfügbar zu haben. Aus eigener Erfahrung beurteilt, bestehen bei weitem nicht alle Textentwürfe die späteren Prüfungen für eine Verwendung in der Endfassung, aber sie sind ein in ihrer

Bedeutung nicht zu unterschätzender Schritt, um den Reifegrad der Themenbehandlung zu erhöhen. So wachsen das Themenverständnis und der Textentwurf kontinuierlich mit der Zeit. Den Zusammenhang von Ideenspeicher und Endfassung betreffend, kurz noch folgender Hinweis: Lassen Sie den Speicher kontinuierlich wachsen und löschen Sie einzelne Teile nur dann, wenn Sie absolut sicher sind, diese nicht mehr zu benötigen. Ideen oder Texte, die Ihnen gegenwärtig nicht mehr sonderlich zielführend erscheinen, formatieren Sie besser als durchgestrichen, so dass Sie dies ggf. auch wieder revidieren können. Ihre parallel entstehende Endfassung sollten Sie dann aber als laufend aktuelle Version anlegen. Hier sind zu viele ins Unreine geschriebene Passagen eher hinderlich. Der Ideenspeicher wächst also zum Reservoir, aus dem heraus dann die Endfassung niedergeschrieben werden kann.

- Bei allen Textentwürfen sollten Sie immer möglichst **nah an der formulierten Themen- und damit Problemstellung** bleiben, um so Aussagen mit hoher Relevanz zu Ihrem Kernthema zu machen. Allein aus Zeit- und Seitengründen funktioniert es nicht, zunächst alle Randgebiete und begleitenden Themenaspekte abzuarbeiten, bevor Sie den Kerninhalt Ihrer Themenstellung angehen.
- Beim Sichten relevanter Literatur besteht zunächst immer die Zielsetzung, die in den Literaturquellen getroffenen Aussagen zu verstehen und inhaltlich nachvollziehen zu können. Mindestens genauso wichtig ist aber der anschließende Versuch – auf der Basis der Literatur – erste **eigene Gedanken** zu den einzelnen Themenaspekten zu formulieren. Hierzu ist es empfehlenswert und zweckmäßig, die gelesenen Inhalte zu hinterfragen und dabei spezifische Fragen zu stellen im Hinblick auf ihre Breite, Tiefe und Allgemeingültigkeit sowie damit Widerspruchsfreiheit.
- Im Prozess des Eintauchens in eine wissenschaftliche Themenstellung gibt es mit der Zeit das Erfolgserlebnis, um wie viel größer der eigene Erkenntnisstand geworden ist, verglichen mit den ersten Formulierungen von Rohtexten. Dabei ist es insgesamt von Vorteil, wenn für inhaltliche Darlegungen und Diskussionen zum Thema eine **andere Person als Sparringspartner** vorhanden ist. Das Ziel geht nicht nur dahin, Anregungen von einem Experten zu bekommen. Vielmehr gibt es bereits einen Erkenntnisgewinn, wenn Sie dadurch, dass Sie Ihren erreichten Stand der Themendurchdringung jemand anderem vorstellen, erkennen, ob und wie gut Sie die zentralen Inhaltsbereiche der gewählten Thematik durchdrungen haben und in sich konsistent präsentieren können.
- Eng damit verbunden ist das Prinzip der **Kopfstandtechnik**. Die Metapher besagt, dass man ein ganz anderes Bild von der Welt bekommt, wenn man sie mit einem Kopfstand betrachtet. Im übertragenen Sinn bedeutet dies, dass Sie systematisch prüfen, ob das, was Sie dargestellt haben, aus einem anderen Blickwinkel nicht zu anderen Ergebnissen führen würde.
- Diese Frage- und Argumentationstechnik führt direkt in die **dialektische Vorgehensweise**, also die Formulierung einer These und – gewissermaßen als Kopfstand – die Aufstellung einer Antithese als Gegenposition. Eine realitätsferne, zu optimistische Sicht wird durch den Gegenpol der eher zu pessimistischen Sicht relativiert. Probleme und Umsetzungsbarrieren lassen sich somit leichter erkennen. Soweit solche hierbei offenkundig werden, lässt sich mit

Überlegung und guter Argumentation dann die mit einer höheren Realisierungschance versehene Synthese ableiten.
- Dieses dialektische Vorgehen fördert zugleich die Praxisrelevanz Ihrer Ausführungen, da die Abwägung von Pro und Contra die Chance zu tragfähigen **Schlussfolgerungen** und Kompromissen auf der Gestaltungsebene in sich birgt. Auf der Grundlage klarer Definitionen und Klassifikationen lassen sich so wesentliche Sachverhalte herausfiltern und beschreiben. Dies liefert zugleich dann auch die Basis, um im Rahmen der Theorie über formulierte Hypothesen zu empirisch überprüfbaren und damit auch falsifizierbaren oder bestätigbaren Ergebnissen zu gelangen, welche ein ausgewogenes Set an Gestaltungsmaßnahmen liefern können.

Diese Empfehlungen lassen sich in einer umgekehrten Sichtweise in folgenden Stolpersteinen und Fallstricken zusammenfassen, die Sie bei Ihrer Forschungsarbeit unbedingt vermeiden sollten. Auch hier gilt: Ein frühes Erkennen dieser Gefahren- und Problempotenziale hilft, sie möglichst bald zu umgehen. STEFAN LANG hat sie aus eigener Erfahrung in der Forschung und als Wissenschaftsautor plastisch zusammengefasst (vgl. Lang 2010, S. 118f.):

Vor dem Formulieren beginnt intensiv und differenziert genug das Strukturieren. Am Anfang steht also nicht die Arbeit an einem Manuskript auf der Wort- und Satzebene, sondern das Entwerfen der Konzeption, um auf der Basis einer formulierten wissenschaftlichen Zielsetzung die Analysestrategie und die Argumentationsketten zu modellieren. Allerdings sind sowohl die Zielsetzung und die Analysestrategie als auch die Argumentationsketten bereits in einer frühen Phase nicht nur in Stichworten, sondern jeweils in ganzen Sätzen zu formulieren. Denn nur so ist der jeweilige Gesamtzusammenhang umfassend und widerspruchsfrei nachzuvollziehen. Das Verfassen einer wissenschaftlichen Arbeit entspricht damit mehr der **Vorgehensweise eines Strategen** als dem **Kampf mit Sätzen und Worten**. Am Anfang steht also der kreative Prozess der Konzeption, der erst in einer späteren Phase in ein konkretes Handwerk des Textverfassens überführt wird. Mit anderen Worten ersetzt eine höhere Intensität der Literatursuche, -auswertung und des Textschreibens nicht die fehlende klare Zielsetzung und Ausrichtung des eigenen Forschungsansatzes.

Das **Exposé** als vorgesehener Forschungsansatz oder – umgekehrt – das **Abstract** als Zusammenfassung der durchgeführten wissenschaftlichen Analyse sind also unbedingt am Anfang des Forschungsprozesses möglichst strukturiert und aussagefähig niederzuschreiben. Denn sie bestimmen den gesamten weiteren Prozess des wissenschaftlichen Forschens und bilden die **Leitplanken für die Argumentation** in dem zu schreibenden Text. Bei einem literarischen Text entspricht dies dem dramaturgischen Plan, der die Grundlage für eine „spannende Geschichte" bildet. Bei wissenschaftlichen Arbeiten erhält der dramaturgische Plan seinen Stellenwert durch die Abfolge einzelner Analyseschritte und die erarbeiteten Forschungsergebnisse als „spannende Geschichte". Werden das Exposé bzw. das Abstract also erst am Schluss – nach mehr oder weniger unstrukturierten Forschungsaktivitäten – zu Papier gebracht, dann fassen sie nur die Summe der eigenen Unzulänglichkeiten und verpassten Chancen zusammen.

5. Zitierweise

Zweck des bei wissenschaftlichen Arbeiten unabdingbaren Zitierens von Quellen – und zwar möglichst von Originalquellen – ist, die Herkunft aller verwendeten Informationen nachvollziehbar zu machen. Es dient also dazu, den eigenen Gedankengang anhand der einschlägigen Literatur zu belegen, womit zugleich eine Differenzierung zwischen den eigenen Überlegungen/ Schlussfolgerungen des Verfassers und denen anderer Autoren möglich wird. Das Zitieren hat nach einer einheitlichen Zitiersystematik (Harvard-Methode oder Fußnoten) zu erfolgen.

Man unterscheidet zwischen wörtlichen bzw. direkten Zitaten und sinngemäßen bzw. indirekten Zitaten (siehe auch Balzert 2008, S. 95 ff.; Burchardt 2006, S. 132 ff.; Jele 2006; Theisen 2006, S. 139 ff.; Corsten/ Deppe 2008, S. 75 ff.). **Wörtliche (direkte) Zitate** wiederholen eine fremde Textstelle im Originalton und sind in Anführungszeichen zu setzen. Eventuelle Veränderungen bei der Wiedergabe sind folgendermaßen kenntlich zu machen:

- Weglassungen innerhalb der wiedergegebenen Textstelle durch .. (2 Punkte bei einem Wort) bzw. ... (3 Punkte bei mehr als einem Wort)
- Hinzufügungen durch [ ]

Sinngemäße (indirekte) Zitate verzichten auf die Originalität der herangezogenen Quelle und fassen in eigenen Worten die Aussage(n) ihres Autors zusammen. Direkte und indirekte Zitate müssen durch die Art der Zitierweise eindeutig unterscheidbar sein.

Im Folgenden stellen wir kurz die Zitierweise nach der Harvard-Methode dar, für die allerdings auch unterschiedliche Varianten existieren. Wichtig ist, dass Sie bezogen auf die Zitierweise die gängigen Vorgaben Ihrer die Forschungsarbeit betreuenden Hochschuleinheit verwenden. Die **Harvard-Methode** zitiert in den laufenden Text in runden oder auch eckigen Klammern den Nachnamen des Autors, die Jahreszahl der Publikation und die verwendete Seite, ggf. mit Folgeseite(n), abgekürzt als f. für eine und ff. für mehrere Seiten.

- Ein wörtliches Zitat erhält nach der Harvard-Methode also z.B. folgende Kennzeichnung: (Atteslander 2008, S. 102)
- Ein sinngemäßes Zitat wird hingegen mit dem Zusatz „vgl." oder „Vgl." versehen, also beispielsweise: (vgl. Peters/ Waterman 2006, S. 195 ff.)
- Bei einer entfernten Anlehnung an eine Quelle schreibt man anstelle „vgl." den Zusatz „siehe auch" oder „ähnlich bei", also etwa: (siehe auch Lang 2008, S. 288 f.)
- Werden mehrere Veröffentlichungen eines Autors aus dem gleichen Jahr zitiert, so sind diese hinter der Jahreszahl mit a, b, c ... entsprechend der endgültigen Ordnung im Gesamtliteraturverzeichnis zu kennzeichnen, als Beispiel für ein sinngemäßes Zitat: (vgl. Meffert/ Bruhn 2006b, S. 15 f.)

Mehrere Autorennamen (bis zu 3) werden mit Schrägstrich aneinander angeschlossen; darauf, wie mehr als 3 Autoren zitiert werden, gehen wir nachfolgend gesondert ein.

Hier nun 2 Beispiele für die wörtliche und die sinngemäße Wiedergabe einer Textstelle:

- **Direktes Zitat** „... dass Six Sigma eine unternehmensweite strategische Initiative ist mit der Zielsetzung der Kostenreduktion und Umsatzerhöhung" [Magnusson/ Kroslid/ Bergman 2003, S. 4]
- **Indirektes Zitat:** Six Sigma wird als eine unternehmensweite strategische Initiative bezeichnet und verfolgt das Ziel der Kostenreduzierung und Umsatzerhöhung [vgl. Magnusson/ Kroslid/ Bergman 2003, S. 4]

Die Quellenangaben in den Klammern müssen eindeutige Entsprechungen im **Gesamtliteraturverzeichnis** aufweisen. Dabei ist es üblich, die Vornamen abgekürzt und ohne Leerstellen wiederzugeben. Nach dem Namenseintrag folgt das Erscheinungsjahr der Publikation in runden oder auch eckigen Klammern, abgeschlossen durch einen Doppelpunkt. Dann ist der Titel der Veröffentlichung anzugeben, ein evtl. Untertitel wird zweckmäßigerweise mit einem Gedankenstrich angeschlossen. Als nächste Positionen kommen die Auflage, der oder die Erscheinungsorte und noch einmal das Erscheinungsjahr, alles durch Kommas voneinander getrennt. Bei neu erschienenen Büchern, die also noch in der 1. Auflage sind oder keine 2. erreicht haben, entfällt die Angabe zur Auflage; hier geht man nach dem Titel/ Untertitel also direkt zum Erscheinungsort über. Erfolgreiche und auflagenstarke Bücher werden später oft noch einmal als so genannte Sonderauflagen herausgegeben; diese Kennzeichnung kann man dann anstelle der Auflagenbezeichnung übernehmen.

Hat ein Titel mehr als einen Verfasser, dann sind die nächsten Namen mit einem Schrägstrich an den abgekürzten Vornamen des oder der vorhergehenden Autoren anzuschließen.

Wird aus einem Sammelband zitiert, dann folgt dessen Angabe nach dem Titel des Autorenbeitrags, und zwar mit „in: Name, abgekürzter Vorname (Hrsg.): Titel, ggf. Untertitel". Die restlichen Angaben entsprechen denen für eine Monografie; nach deren Jahreszahl sind dann noch die entsprechenden Seiten des Beitrags anzugeben mit „S. xxx-yyy". Die einzelnen Positionen im Literaturverzeichnis sind einheitlich abzuschließen, entweder mit einem oder ohne einen Punkt. Für einige der bisher gebrachten Beispiele ergeben sich so folgende Einträge im Literaturverzeichnis:

- Atteslander, P. (2008): Methoden der empirischen Sozialforschung, 12. Aufl., Berlin 2008.
- Peters, T.J./ Waterman, R.H. (2006): Auf der Suche nach Spitzenleistungen – Was man von den bestgeführten US-Unternehmen lernen kann, Sonderausgabe, Heidelberg 2006.
- Lang, A. (2008): Risikominimierung durch Endkundenintegration in den Innovationsprozess bei Webasto, in: Töpfer, A. (Hrsg.): Handbuch Kundenmanage-

ment – Anforderungen, Prozesse, Zufriedenheit, Bindung und Wert von Kunden, 3. Aufl., Berlin/ Heidelberg 2008, S. 281-294.

Es werden die Namen von bis zu 3 Autoren genannt, als Beispiel für den Eintrag im Literaturverzeichnis:

- Nieschlag, R./ Dichtl, E./ Hörschgen, H. (2002): Marketing, 19. Aufl., Berlin 2002.

Im Text wird für ein sinngemäßes Zitat aus dieser Quelle entsprechend angegeben: (vgl. Nieschlag/ Dichtl/ Hörschgen 2002, S. 675 ff.)

Sind mehr als 3 Autoren an einer Veröffentlichung beteiligt, geht es kürzer. So wird beispielsweise das Buch Multivariate Analysemethoden von Klaus Backhaus, Bernd Erichson, Wulf Plinke und Rolf Weiber im Literaturverzeichnis angegeben mit:

- Backhaus, K. et al. (2008): Multivariate Analysemethoden – Eine anwendungsorientierte Einführung, 12. Aufl., Berlin et al. 2008.

Die Abkürzung „et al." steht für das lateinische „et alii" mit der Bedeutung „und andere". Im Zusammenhang mit Literaturangaben hat sich dieses „et al." eingebürgert, man kann aber auch „u.a." verwenden. In dieser Weise wird ab 4 Namen und ab 3 Verlagsorten abgekürzt. Das Buch von Backhaus et al. ist bei Springer erschienen mit den Ortsangaben Berlin, Heidelberg, New York. Im Literaturverzeichnis resultiert daraus die Angabe „Berlin et al.". Ein sinngemäßes Zitat dieses Buches im Text erhält z.B. die Kennzeichnung: (vgl. Backhaus et al. 2008, S. 323 ff.)

Zeitschriftenartikel werden ähnlich wie Beiträge in Sammelbänden zitiert. Nach dem Namen, dem Jahr und dem Titel – Untertitel des Artikels folgt auch hier ein „in:". Dann kommen der Zeitschriftentitel, Jahrgang („Jg."), Jahr, Heftnummer („Nr.") und schließlich die genauen Seitenzahlen. Als Beispiel für das Literaturverzeichnis:

- Töpfer, A. (1985): Umwelt- und Benutzerfreundlichkeit von Produkten als strategische Unternehmungsziele, in: Marketing ZFP, 7. Jg., 1985, Nr. 4, S. 241-251.

Als Verweis im Text auch hier beispielsweise: (vgl. Töpfer 1985, S. 242)

Es kann in Einzelfällen vorkommen, dass die eine oder andere bibliografische Angabe zu einem Titel nicht zu ermitteln ist. In solchen Fällen ist wie folgt zu verfahren:

- Ist beispielsweise bei einem Zeitungs- oder Zeitschriftenartikel kein Autorenname angegeben, dann ist die Quelle mit „o.V." (= ohne Verfasser) anstelle des Namens zu zitieren. Entsprechend gilt bei fehlendem Jahrgang: „o.Jg.".
- Bei Büchern ist – was aber eher selten vorkommt – bei fehlender Angabe des Verlagsortes „o.O." und bei fehlender Jahreszahl „o.J." zu schreiben.

Werden Informationen aus dem Internet genutzt, so ist die jeweilige Internet-Seite zu zitieren (siehe auch Kornmeier 2007, S. 134 ff.). Wie bei anderen Quellen ist wiederum mit dem oder den Autoren, dem Jahr und dem Titel – Untertitel zu beginnen. Danach kommen wieder das „in:" sowie evtl. der Seitenanbieter respektive das Unternehmen/ die Organisation und – wenn vorhanden – das Ursprungsdatum des Beitrags. Mit Kommas verbunden folgen danach die Adresse der Internetseite (URL) und das Datum des Zugriffs. Da Informationen im Internet regelmäßig aktualisiert werden, ist eine Kopie der Internet-Seite abzuspeichern und das Zugriffsdatum in geeigneter Weise nachzuhalten. Als Beispiel für den Eintrag im Literaturverzeichnis zu einer Quelle aus dem Internet:

- Güntheroth, H./ Schönert, U. (2007): Wikipedia – Wissen für alle, in: www.stern.de vom 25.12.2007, http://www.stern.de/computer-technik/internet/606048.html, 05.05.2008.

Im Literaturverzeichnis sind alle Einträge in **alphabetischer Reihenfolge** aufzuführen, wobei mehrere Quellen eines Autors chronologisch anzuordnen sind. Wird auf mehrere Publikationen eines Autors in einem Jahr zurückgegriffen, sind diese – wie bereits angesprochen – mit a, b, c ... zu kennzeichnen. Autorenkombinationen sind nach den jeweiligen Einzeleinträgen einzuordnen. Als Beispiele:

Kotler, P. (2006a): B2B ...
Kotler, P. (2006b): Ethical Lapses ...
Kotler, P. (2007): A Framework ...
Kotler, P./ Keller, K.L./ Bliemel, F. (2007): Marketing ...
Kotler, P./ Lee, N. (2005): Corporate Social ...
Kotler, P. et al. (2006): Grundlagen ...

Neben der Harvard-Methode haben Sie auch die Möglichkeit, mit **Fußnoten** zu arbeiten. Bei dieser Zitierweise werden Fußnoten an den entsprechenden Zitatstellen im laufenden Text hochgestellt und die jeweiligen Kennzeichnungen werden am Ende der Seite aufgeführt – nach einem die Fußnoten vom Text trennenden Strich und in einem kleineren Schriftgrad. Im Folgenden sind einige Beispiele für sinngemäße Zitate aufgeführt:

---

1) Vgl. Kotler/ Keller/ Bliemel 2007, S. 484 ff.

Wenn die unmittelbar folgende Fußnote sich auf dieselbe Seite der Quelle bezieht, dann genügt:

---

2) Vgl. ebenda.

Bei einer anderen Seite der gleichen Quelle kann kombiniert werden als:

---

3) Vgl. ebenda, S. 47.

Die Fußnoten-Methode bietet sich bei komplizierten Texten an, in denen ein Arbeiten mit zahlreichen Zitaten notwendig ist oder Kommentare zu den Textinhalten bzw. der Literatur gegeben werden sollen. Hier würden Verweise nach der Harvard-Methode den Text zu unübersichtlich machen. Umgekehrt gilt, dass ein ständiges Springen zwischen dem Text und dem unteren Seitenbereich das Lesen stört. Soweit also nicht zu viele Zitate anzubringen sind, ist der Harvard-Methode der Vorzug zu geben. Sollten hierbei hin und wieder ergänzende Bemerkungen außerhalb der direkten oder indirekten Zitate notwendig sein, kann man diese dann gesondert in Fußnoten setzen.

Weitere **Hinweise** zum wissenschaftlichen Arbeiten und den hier dargestellten Zitierregeln sowie entsprechende Beispiele finden Sie **im Internet** unter http://www.wissenschaftliches-arbeiten.org.

Bei der originalgetreuen Übernahme von Abbildungen oder Tabellen ist ein **Quellennachweis** entsprechend zu führen. Es ist also beispielsweise anzugeben: Quelle: Porter 2004, S. 57. Sind nur Teile der Abbildung originalgetreu und um weitere, nicht in der Originalabbildung enthaltene Inhalte ergänzt, so ist z.B. folgendermaßen zu zitieren: „In Anlehnung an Porter 2004, S. 57" oder „Basis: Porter 2004, S. 57". Geht die Abbildung auf eigene theoretische Überlegungen zurück, so ist dies folgendermaßen kenntlich zu machen: „Quelle: Eigene Darstellung". Außerdem sind in wissenschaftlichen Arbeiten sämtliche **Abbildungen** oder **Tabellen** fortlaufend respektive kapitelweise zu nummerieren, und es ist notwendig, dass stets im Text auf sie verwiesen wird – sie dürfen also nicht ohne einen Bezug zum Text irgendwie im Raum stehen. Die Abbildungen und Tabellen sind mit Angabe der Seitenzahl unmittelbar nach dem Inhaltsverzeichnis in einem Abbildungs- bzw. Tabellenverzeichnis der Nummerierung folgend aufzuführen. Ebenso wie beim Deckblatt, der Eidesstattlichen Erklärung und dem Inhalt erfolgt auch auf den Seiten mit dem Abbildungs- und Tabellenverzeichnis die Seitenangabe in römischen Ziffern (I, II, III etc.). Die Textseiten incl. Literaturverzeichnis sind hingegen mit arabischen Zahlen (1, 2, 3 etc.) zu versehen. Ein evtl. Anhang (A) wird am Schluss der wissenschaftlichen Arbeit angefügt und erhält die Seitenzahlen A 1, A 2, A 3 etc. Im Inhaltsverzeichnis sind die jeweils unterschiedlichen Nummerierungen entsprechend zu berücksichtigen.

Der im Folgenden noch zu behandelnde Punkt des „unsauberen" wissenschaftlichen Arbeitens ist sehr wichtig. Es geht dabei um das **Verwenden von Literatur ohne Angabe der Quellen** und somit um den Verdacht oder den Vollzug von Plagiaten (vgl. Eco 2007, S. 206 ff.). Bei den heute gegebenen PC- und Internet-Möglichkeiten wird für weite Teile von Studien- oder Abschlussarbeiten nicht selten die so genannte **„Copy-and-paste-Technik"** angewendet, wobei direkt übertragene Textblöcke allenfalls geringfügig modifiziert werden.

Hinter der unmittelbaren Übernahme von Texten aus dem Internet oder auch aus der Literatur muss zunächst keine böse Absicht stecken. Vielmehr ist es häufig eine Nachlässigkeit; das Arbeiten mit elektronisch zur Verfügung stehenden Texten macht es sehr leicht, Texte im Original zu übernehmen, wenn auch die Zielsetzung besteht, diese später zu verarbeiten und in eigene Worte zu fassen. Das große Risiko besteht damit darin, dass später evtl. nicht mehr unterschieden werden kann, ob der gespeichert vorliegende Text das Original oder die bereits bearbeitete Fassung ist. Deshalb ist eine absolut korrekte Quellenarbeit oder z.b. ein Kommentar in Klammern (Orig.) oder (Eig.) unerlässlich.

Das Identifizieren von Originaltexten, also wörtlich oder fast wörtlich übernommenen Literaturstellen, ist heute relativ unproblematisch, zumal wenn die Forschungsarbeiten auch in elektronischer Form abgegeben werden müssen. Mit einer Plagiatsoftware können eingereichte Arbeiten durchsucht und deren Nähe zu Originaltexten dokumentiert werden (vgl. z.B. http://www.m4-software.de). Selbst die stichprobenweise Eingabe längerer Passagen in eine Suchmaschine liefert schnell die ggf. existierende Originalquelle. Die Gefahr ist also nicht zu unterschätzen: Wird ein übernommener Text nicht oder nur geringfügig verändert, ohne die jeweilige Quelle anzugeben, dann wird i.d.R. das – unzulässige – Plagiat aufgedeckt und die Arbeit via Täuschungsversuch als ungenügend bewertet. Hinzu kommt, dass selbst bei korrekten Quellennachweisen, aber nur geringfügigen Abänderungen der Originaltexte ein Nicht-Bestehen droht. In diesem Fall dann nicht via Täuschungsversuch, sondern wegen einer insgesamt unzureichenden eigenen wissenschaftlichen Leistung des Verfassers einer derart entstandenen Arbeit.

Das Bedenklichste an der „Copy-and-paste-Technik" besteht alles in allem aber darin, dass die **Fähigkeit zum eigenständigen Formulieren** in recht kurzer Zeit völlig verloren geht bzw. erst gar nicht hinreichend aufgebaut werden kann. Gerade bei der Nutzung des Internets besteht die nicht zu übersehende Gefahr darin, dass Studierende eigenständiges Denken und Formulieren durch umso intensivere Recherchen im Netz kompensieren.

Daher unser Rat an Sie: Wenn Sie nicht alle Quellen als Ausdruck oder in Form von Büchern und Zeitschriftenartikeln physisch vorliegen haben wollen, dann benötigen Sie bei allen elektronisch gespeicherten Texten eine sehr sorgfältige Dateiverwaltung, die jeweils unmissverständlich kenntlich macht, ob es sich um ein vollständiges Original handelt oder zu welchem Zeitpunkt und wie Sie den Originaltext bereits überarbeitet bzw. in Ihre eigenen Argumentationsketten eingepasst haben.

6. Was tun bei Problemen?

Es ist nicht von der Hand zu weisen, dass es auch bei Ihrem Forschungsvorhaben das eine oder andere Problem geben kann (siehe auch Stock et al. 2006, S. 129 ff.). Die auftretende Schwierigkeit ist immer dann relativ groß, wenn ein derartiges Problem nicht vorhergesehen werden konnte. Wenn Sie den Gesamtprozess Ihres inhaltlichen und formalen wissenschaftlichen Arbeitens gut strukturiert haben und zeitlich mit einer Reserve im Plan liegen, dann sollte es Ihnen in aller Regel gelingen, unerwartete Klippen zu umschiffen und zunächst nicht vermutete Schwierigkeiten zu meistern. Die Probleme potenzieren sich erfahrungsgemäß dann, wenn Sie unter erheblichen **Zeitdruck** geraten. Die Ursache kann entweder ein zu intensives und zu langwieriges Literaturstudium sein. Oder aber es liegt der Grund darin, dass Sie den Zeit- und Arbeitsaufwand insgesamt unterschätzt haben und zu spät mit dem intensiven Stadium des Ausarbeitens und Formulierens beginnen.

Beim Erstellen wissenschaftlicher Arbeiten können nicht selten „Schreibblockaden" auftreten (siehe auch Kruse 2007). Der Grund liegt häufig in einer der oben aufgeführten Problemsituationen. Eine schöpferische Pause mit etwas Ablenkung ist dann gut, wenn sie die Stresssituation reduziert und den Kopf wieder frei macht für die nächste Runde intensiven Arbeitens an Ihrer Themenstellung (vgl. Burchardt 2006, S. 31).

Ein Grund für eine auftretende „Schreibblockade" kann aber auch darin liegen, dass Sie zu frühzeitig Ihre persönliche Messlatte zu hoch legen und sich damit zu viel zumuten. Konkret bedeutet dies, dass Sie für sich den Anspruch formulieren, Ihre wissenschaftliche Arbeit gleich in einem Guss „herunterzuschreiben". Wir haben hierzu bereits vorstehend im Unterkapitel K.II.4. einige Ausführungen gemacht. Der Rat geht dahin, dass Sie das Anforderungsniveau an sich selbst herunterschrauben und den zu formulierenden Textentwurf als eine (weitere) Rohfassung Ihrer Arbeit deklarieren. Da sie dann bewusst eine nochmalige Überarbeitung vorsehen, besteht eher die Bereitschaft und die Fähigkeit „im Entwurf zu formulieren" und nach einer bestimmten, selbst gesetzten Zeit zum nächsten Inhaltspunkt überzugehen. So besteht eine realistische Chance, aktuelle „Schreibblockaden" zu überwinden. Ein Erfolgserlebnis kann es dann im Anschluss beim nächsten Durchgang sein, wenn Sie sehen, wie gut viele Teile dieses Entwurfs bereits durchdacht und ausformuliert waren.

III. Literaturhinweise zum Kapitel K

Andermann, U./ Drees, M./ Grätz, F. (2006): Wie verfasst man wissenschaftliche Arbeiten? Ein Leitfaden für das Studium und die Promotion, 3. Aufl., Mannheim et al. 2006.
Balzert, H. et al. (2008): Wissenschaftliches Arbeiten – Wissenschaft, Quellen, Artefakte, Organisation, Präsentation, Witten 2008.
Burchardt, M. (2006): Leichter studieren – Wegweiser für effektives wissenschaftliches Arbeiten, 4. Aufl., Berlin 2006.
Corsten, H./ Deppe, J. (2008): Technik des wissenschaftlichen Arbeitens, 3. Aufl., München 2008.
Eco, U. (2007): Wie man eine wissenschaftliche Abschlussarbeit schreibt – Doktor-, Diplom- und Magisterarbeit in den Geistes und Sozialwissenschaften, 12. Aufl., Heidelberg 2007.
Güntheroth, H./ Schönert, U. (2007): Wikipedia – Wissen für alle, in: www.stern.de vom 25.12.2007, http://www.stern.de/computer-technik/internet/ 606048.html, 05.05.2008
Jele, H. (2003): Wissenschaftliches Arbeiten in Bibliotheken – Einführung für Studierende, 2. Aufl., München 2003.
Jele, H. (2006): Wissenschaftliches Arbeiten – Zitieren, 2. Aufl., München 2006.
Knigge-Illner, H. (2002): Der Weg zum Doktortitel: Strategien für die erfolgreiche Promotion, Frankfurt am Main 2002.

Kornmeier, M. (2007): Wissenschaftstheorie und wissenschaftliches Arbeiten – Eine Einführung für Wirtschaftswissenschaftler, Heidelberg 2007.
Kropp, W./ Huber, A. (2005): Studienarbeiten interaktiv – Erfolgreich wissenschaftlich denken, schreiben, präsentieren, Berlin 2005.
Kruse, O. (2007): Keine Angst vor dem leeren Blatt – Ohne Schreibblockaden durchs Studium, 12. Aufl., Frankfurt-Main 2007.
Lang, S. (2010): Strukturieren statt formulieren, in: Forschung & Lehre, 17. Jg., 2010, Nr. 2, S. 118-119.
Moenninghoff, B./ Meyer-Krentler, E. (2008): Arbeitstechniken Literaturwissenschaft, 13. Aufl., Paderborn 2008.
Rost, F. (2008): Lern- und Arbeitstechniken für das Studium, 5. Aufl., Wiesbaden 2008.
Spoun, S./ Domnik, D.B. (2004): Erfolgreich studieren – Ein Handbuch für Wirtschafts- und Sozialwissenschaftler, München et al. 2004.
Stickel-Wolf, C./ Wolf, J. (2009): Wissenschaftliches Arbeiten und Lerntechniken – Erfolgreich studieren - gewusst wie! 5. Aufl., Wiesbaden 2009.
Stock, S. et al. (2006): Erfolgreich promovieren: Ein Ratgeber von Promovierten für Promovierende, Berlin/ Heidelberg 2006.
Theisen, M.R. (2006): Wissenschaftliches Arbeiten – Technik, Methodik, Form, 13. Aufl., München 2006.

Zusätzliche Literaturquellen zum wissenschaftlichen Arbeiten

Baumgartner, P./ Payr, S. (2006): Wissenschaftliches Arbeiten im Netz, 8. Aufl., Hagen 2008.
Becker, F.G. (2007): Zitat und Manuskript – Erfolgreich recherchieren, richtig zitieren, formal korrekt gestalten – Eine praktische Arbeitshilfe zur Erstellung von wirtschaftswissenschaftlichen Arbeiten, Stuttgart 2007, Werbemittel des Schäffer-Poeschel Verlags, im Internet verfügbar unter: https://www.schaeffer-poeschel.de/download/zitat/zitat_und_manuskript.pdf.
Boeglin, M. (2007): Wissenschaftlich arbeiten Schritt für Schritt – Gelassen und effektiv studieren, Paderborn 2007.
Burchert, H./ Sohr, S. (2008): Praxis des wissenschaftlichen Arbeitens – Eine anwendungsorientierte Einführung, 2. Aufl., München 2008.
Ebster, C./ Stalzer, L. (2008): Wissenschaftliches Arbeiten für Wirtschafts- und Sozialwissenschaftler, 3. Aufl., Wien 2008.
Franck, N. (2007): Handbuch wissenschaftliches Arbeiten, 2. Aufl., Frankfurt am Main 2007.
Franck, N./ Stary, J. (2009): Die Technik wissenschaftlichen Arbeitens – Eine praktische Anleitung, 15. Aufl., Paderborn 2009.
Haddad-Zubel, R./ Wyrsch, P./ Huber, O.W. (2007): Kernkompetenzen für das Psychologiestudium – Leitfaden für wissenschaftliches Arbeiten, Bern et al. 2007.
Jacobi, F./ Poldrack, A. (2002): Wissenschaftliches Arbeiten in der klinischen Psychologie – Ein Leitfaden, 2. Aufl., Göttingen et al. 2002.
Janni, W./ Friese, K. (2004): Publizieren, Promovieren leicht gemacht – Step by Step, Berlin et al. 2004.
Nikles, B.W. (2007): Methodenhandbuch für den Studien- und Berufsalltag, Berlin 2007.

Rossig, W.E./ Prätsch, J. (2008): Wissenschaftliche Arbeiten – Leitfaden für Haus- und Seminararbeiten, Bachelor- und Magisterthesis, Diplom- und Magisterarbeiten, Dissertationen, 7. Aufl., Weyhe bei Bremen 2008.

Schaaf, C.P. (2006): Mit Vollgas zum Doktor – Promotion für Mediziner, Berlin et al. 2006.

Standop, E./ Meyer, M.L.G. (2004): Die Form der wissenschaftlichen Arbeit – Ein unverzichtbarer Leitfaden für Studium und Beruf, 17. Aufl., Wiebelsheim 2004.

Kapitel L
Wie präsentiere ich den Stand und die Fortschritte meiner wissenschaftlichen Forschungsarbeit erfolgreich?

– Inhalt und Präsentation des Fortschritts Ihres Forschungsvorhabens als Ein-Personen-Projektmanagement –

> Wie sieht ein Reifegradmodell für die Erarbeitung und Präsentation von Zwischenständen Ihres Forschungsfortschritts aus? Wie sind Zwischenpräsentationen eines Forschungsvorhabens aufzubauen und worauf sollten Sie dabei besonders achten? Auf welche inhaltlichen, methodischen, zeitlichen und organisatorischen Fragen sind Antworten zu geben? Wie können Sie das Projektmanagement Ihrer eigenen Forschungsarbeit insgesamt erfolgreich durchführen?

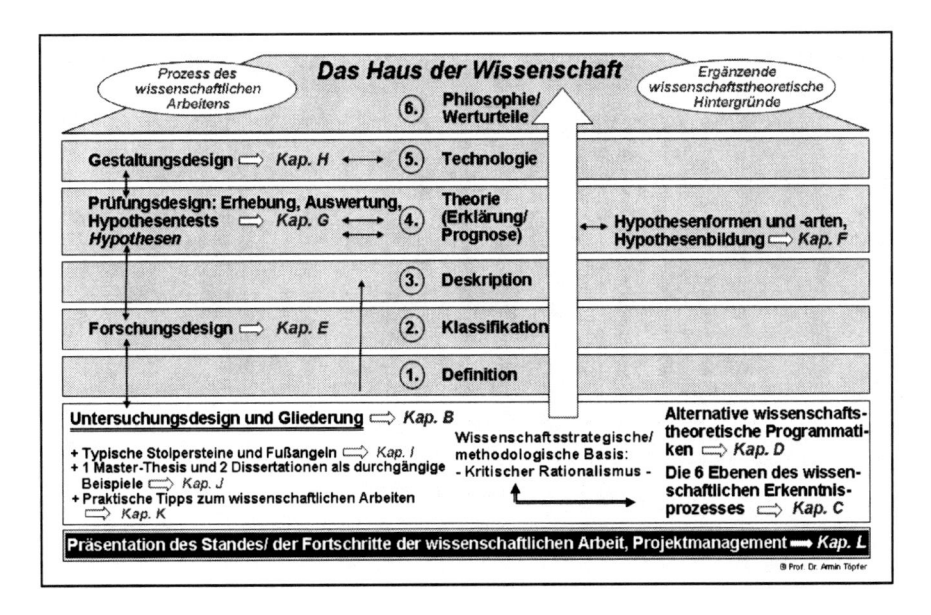

Abb. L-1: Das Haus der Wissenschaft – Einordnung des Kapitels L

Das Ziel dieses Kapitels L liegt darin, Ihnen Hinweise für eine gute Gestaltung von Präsentationen und eine erfolgreiche Projektsteuerung Ihres Forschungsvorhabens zu geben, damit für Sie hierdurch keine Fußangeln und Stolpersteine entstehen, die einen zielgerichteten und effizienten Forschungsprozess erheblich behindern können.

Warum gehen wir insbesondere auf die (Zwischen-)Präsentation von Forschungsarbeiten ein? In der Regel gibt es eine oder mehrere Zwischenbesprechungen und damit verbundene Präsentationen bezogen auf ein Forschungsvorhaben. Auf jeden Fall findet nach Abgabe der Forschungsarbeit eine Disputation des Forschungsprozesses und der generierten Forschungsergebnisse statt. Bei allen diesen Präsentationen kommt es zum einen auf die inhaltliche Qualität der Forschung an. Zum anderen nimmt aber – mit weitgehend gleicher Bedeutung – die Fähigkeit zur Kommunikation und damit zur Vermittlung wesentlicher Prozessschritte sowie Ergebnisse des Forschens einen hohen Stellenwert ein.

Im vorstehend beschriebenen Sinne muss dabei die „Dramaturgie" stimmen, damit ein guter Forschungsprozess und interessante Forschungsergebnisse nicht unter Wert „verkauft", also unzureichend präsentiert werden. Beispielhaft ist in Abbildung L-2 der generelle Fahrplan für Zwischenpräsentationen von Dissertationsprojekten wiedergegeben, wie wir ihn unseren Promovierenden in Graduiertenseminaren vorschlagen.

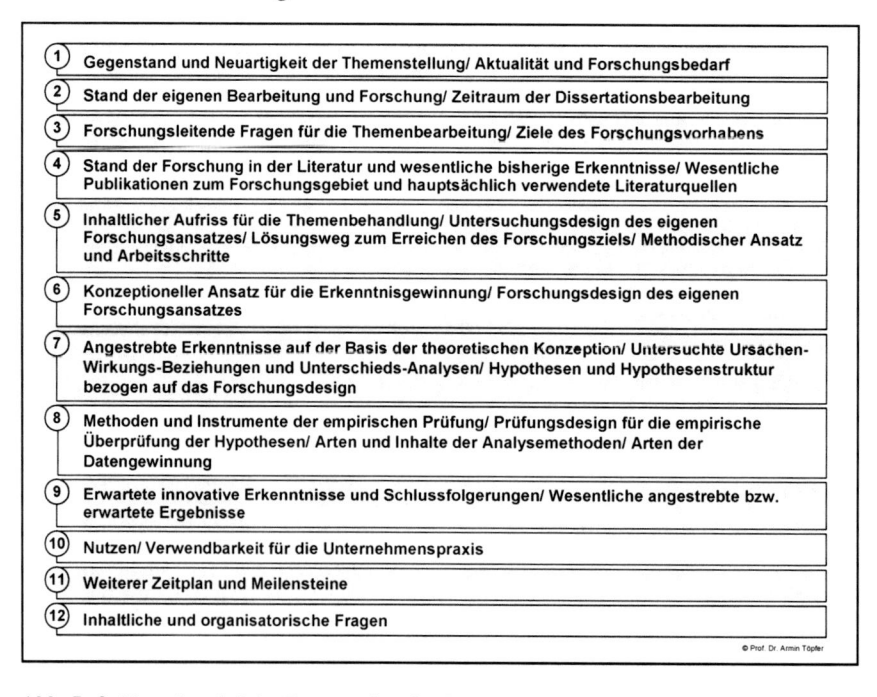

① Gegenstand und Neuartigkeit der Themenstellung/ Aktualität und Forschungsbedarf
② Stand der eigenen Bearbeitung und Forschung/ Zeitraum der Dissertationsbearbeitung
③ Forschungsleitende Fragen für die Themenbearbeitung/ Ziele des Forschungsvorhabens
④ Stand der Forschung in der Literatur und wesentliche bisherige Erkenntnisse/ Wesentliche Publikationen zum Forschungsgebiet und hauptsächlich verwendete Literaturquellen
⑤ Inhaltlicher Aufriss für die Themenbehandlung/ Untersuchungsdesign des eigenen Forschungsansatzes/ Lösungsweg zum Erreichen des Forschungsziels/ Methodischer Ansatz und Arbeitsschritte
⑥ Konzeptioneller Ansatz für die Erkenntnisgewinnung/ Forschungsdesign des eigenen Forschungsansatzes
⑦ Angestrebte Erkenntnisse auf der Basis der theoretischen Konzeption/ Untersuchte Ursachen-Wirkungs-Beziehungen und Unterschieds-Analysen/ Hypothesen und Hypothesenstruktur bezogen auf das Forschungsdesign
⑧ Methoden und Instrumente der empirischen Prüfung/ Prüfungsdesign für die empirische Überprüfung der Hypothesen/ Arten und Inhalte der Analysemethoden/ Arten der Datengewinnung
⑨ Erwartete innovative Erkenntnisse und Schlussfolgerungen/ Wesentliche angestrebte bzw. erwartete Ergebnisse
⑩ Nutzen/ Verwendbarkeit für die Unternehmenspraxis
⑪ Weiterer Zeitplan und Meilensteine
⑫ Inhaltliche und organisatorische Fragen

© Prof. Dr. Armin Töpfer

Abb. L-2: Vorgehen bei der Präsentation des Dissertationskonzepts

Grundsätzlich eignet sich diese Vorgehensweise für jede Form einer Zwischenpräsentation von Forschungsprojekten, also auch für Bachelor- oder Masterarbeiten. Allerdings ist dieses 12-Punkte-Programm ein sehr umfangreiches und damit nahezu vollständiges Konzept. Es wird deshalb häufig nur mit Modifikationen realisierbar sein. Wir werden dieses Raster im Folgenden als Präsentationsleitfaden noch stärker differenzieren.

I. Einheitliches Raster für die Dokumentation und Präsentation des Forschungsfortschritts als Reifegradmodell

Jede Forschungsarbeit entwickelt sich naturgemäß über die Zeit mit dem durch Literaturarbeit zunehmenden Wissen, mit der Ausarbeitung einer eigenen Konzeption und mit den insgesamt durch die Forschung gewonnenen Erkenntnissen. Von daher folgen die über die Zeit durchgeführten **Zwischenpräsentationen** häufig dem gleichen Grundschema. Die angesprochenen und dargestellten Inhalte sind im Zeitablauf dann aber immer weniger kursorisch, sondern immer mehr inhaltlich vertieft. Entscheidend ist also ein Basisschema, das Zwischenpräsentationen zu Grunde gelegt wird.

Zu Beginn von Kapitel A haben wir als Basis des wissenschaftlichen Forschens mit Praxisbezug **6 Leitfragen** aufgeführt, die auch bei jeder Präsentation der erarbeiteten Forschungsergebnisse eine zweckmäßige Grundlage und Ausgangsbasis bilden. Im Detail geht es immer darum, was wir – basierend auf dem dokumentierten Stand der bisherigen Forschung – mit einer theoretischen Konzeptualisierung wissen, erkennen und erklären wollen. Um den wissenschaftlichen Gehalt des theoretischen Konzeptes bestimmen zu können, kommt es darauf an, wie wir die Hypothesen und damit das Aussagensystem bezogen auf ihre Falsifikation oder ihren Bestätigungsgrad empirisch messen wollen. Hierauf basiert dann die technologische Umsetzung, also was wir gestalten und verbessern wollen. Mit der Frage, wie wir das erreichte Forschungsergebnis messen und bewerten, lassen sich selbstkritisch die Aussagefähigkeit des eigenen Konzeptes und seine Ergebnisse feststellen. Dies ist zugleich die Grundlage, um den weiteren Forschungsbedarf zu umreißen.

Jede Präsentation sollte diesem Basisschema folgen, und zwar unabhängig davon, wie weit der eigene Erkenntnisfortschritt gediehen ist. Am Anfang macht eine derartige Konzeption mehr Aussagen über den angestrebten Forschungsverlauf und die dabei anvisierten Forschungsergebnisse als über die bereits absolvierten Schritte der eigenen wissenschaftlichen Arbeit und die dabei gewonnenen Erkenntnisse.

Es liegt also in der Natur der Sache, dass am Anfang eines eigenen Forschungsvorhabens, sei es eine Bachelor- oder Master-Arbeit oder sei es eine Dissertation, zunächst nur rudimentäre Vorstellungen über die inhaltliche Ausrichtung, die thematische Abgrenzung, die methodische Vorgehensweise der Untersuchung sowie den konzeptionellen Ansatz und die angestrebten Ergebnisse vorherrschen. Sie sind auf der Basis der anfänglichen Konzeption im Zeitablauf immer mehr zu konkretisieren und zu präzisieren. Jede Forschungsarbeit entspricht damit einem **Reifegradmodell**, das im Zuge der inhaltlichen Bearbeitung an Differenziertheit und damit an Gehalt sowie an Niveau und Aussagekraft gewinnt. Dieses Reifegradmodell Ihrer Arbeit sollten Sie von Anfang an im Auge behalten und deshalb auch über die gesamte Laufzeit Ihres Forschungsprojektes bewusst gestalten.

In diesem Prozess ist es hilfreich, einen **Leitfaden als einheitliches Raster** zu Grunde zu legen, der von vornherein sehr umfänglich ist und sich damit für das gesamte Forschungsvorhaben als immer gleiches Schema verwenden lässt. Dadurch wird ein inhaltlich-methodisch einheitliches Vorgehen praktiziert, das den Wechsel der Systematik im Ablauf der Bearbeitung vermeidet und so Brüche verhindert sowie zu Zeitersparnis führt. Bildlich gesprochen ist dies mit einem Anzug vergleichbar, in den Sie als Bearbeiter respektive Bearbeiterin im Zeitablauf Stück für Stück hineinwachsen. Konkret bedeutet dies, dass Sie zu Beginn Ihres eigenen Forschungsvorhabens die Größe und die Konturen des Anzugs kennen, sie aber in der anfänglichen Phase noch nicht im Detail benennen und damit ausfüllen können. Dies ist erst im Zuge der Durchdringung der Thematik sowie ihrer inhaltlichen Facetten im Rahmen des voranschreitenden Erkenntnisprozesses möglich. Genau in dieser Hinsicht sollten Sie bestimmte Ausbau- und Entwicklungsstufen Ihres Reifegradmodells von Beginn an definieren und dafür Zeiträume bestimmen sowie dann auch systematisch abarbeiten und erreichen.

Viele Fragenbereiche des folgenden Leitfadens bzw. des vorgeschlagenen Rasters, das den Charakter einer Checkliste hat, können durch Sie am Anfang der Themenbearbeitung inhaltlich überhaupt noch nicht aussagefähig beantwortet werden. Wichtig ist in dieser Phase nur, dass Sie diese Fragen als Merkposten bereits benennen, um von Beginn an alle wichtigen Bestandteile eines Forschungsvorhabens berücksichtigt zu haben und so im Rahmen des Reifegradmodells mit zunehmender Erkenntnisgewinnung immer mehr dieser weißen Flecken ausfüllen zu können. Die Frage ist also, wann Sie einzelne inhaltliche Teile erstmalig ansprechen und dann Stück für Stück ausbauen sowie vertiefen.

Alle inhaltlichen Bereiche dieses Rasters für eine erfolgreiche Forschung sind in den vorstehenden Kapiteln bereits angesprochen und inhaltlich ausgeführt worden. Beispiele für die Abfolge der inhaltlichen Schwerpunkte haben wir Ihnen in Abbildung B-10 und B-11 bereits aufgezeigt. Der Sinn und Zweck des vorliegenden Kapitels liegt darin, für Sie diese Inhaltsbereiche und Vorgehensweise noch einmal stärker in Fragenform zu differenzieren und in einer Checkliste griffig zusammenzufassen, damit Sie sie für Ihr eigenes Forschungsvorhaben unmittelbar nutzen können.

In Abbildung L-3a und L-3b ist der Vorschlag für diese Checkliste als einheitliches Raster wiedergegeben. Es basiert auf dem Erkenntnisgewinnungsprozess, den wir insbesondere in Kapitel C.II. erläutert haben. Es steht außer Frage, dass Modifikationen hiervon möglich sind und in Abhängigkeit von der von Ihnen bearbeiteten Themenstellung zweckmäßig sein können. Wichtig ist jedoch, dass Sie die wesentlichen Eckpfeiler des wissenschaftlichen Forschens mit dem Ziel, einen Erkenntnisfortschritt zu erreichen, von Beginn Ihres Forschungsprojektes an darin aufführen sowie entsprechend unserem Reifegradmodell im Laufe der Bearbeitung

Stück für Stück ausfüllen. Im Folgenden gehen wir auf die einzelnen Teile dieses Forschungsrasters im Detail ein.

Stand der Forschung   ①
- Was ist die konkrete Problemstellung Ihrer Arbeit, wie ist die inhaltliche Themenstellung abgegrenzt und welches sind maßgebliche Rahmenbedingungen?
- Wieso ist die Auseinandersetzung mit diesem Thema für die wissenschaftliche Forschung wichtig und erkenntnisträchtig?
- Wie ist der Stand der Forschung auf diesem Themengebiet und wo liegen die Defizite der bisherigen Forschung/ Forschungsergebnisse?
- Worin besteht der konkrete Forschungsbedarf?

Ansatz des eigenen Forschungsvorhabens - Konzeption -   ②a
- Welche definierten Lücken sollen durch Ihre Forschungsleistung geschlossen werden?
- Welches sind die zentralen forschungsleitenden Fragen Ihrer Arbeit?
- Was ist die wissenschaftstheoretische Ausgangsbasis Ihres Forschungsvorhabens?
- Auf welchen theoretischen Erkenntnissen basiert Ihr Forschungsvorhaben und in welche Richtungen geht Ihre spezielle Erkenntnisperspektive?
- Welche Untersuchungsmethodik ist für Ihr gewähltes Forschungsvorhaben zweckmäßig?
- Wie ist das Untersuchungsdesign Ihrer Forschungsarbeit aufgebaut?

Ansatz des eigenen Forschungsvorhabens - Theorie -   ②b
- Welches sind die wesentlichen, dem Erkenntniszugewinn zugrunde gelegten Theorien bzw. eigenen Theorieansätze?
- Welche Hypothesen werden von Ihnen für die Erkenntnisgewinnung aufgestellt?
- Welche moderierenden und intervenierenden Variablen sowie Kontrollvariablen werden von Ihnen dabei berücksichtigt?
- Wie stehen die von Ihnen erarbeiteten Hypothesen untereinander in Zusammenhang?
- Welche Ergebnisse und Hypothesenbestätigungen werden erwartet?
- Wie ist das Forschungsdesign Ihrer Arbeit aufgebaut und auf welche Inhalte und Details konzentriert es sich?

© Prof. Dr. Armin Töpfer

Abb. L-3a: Leitfaden für die Durchführung und Präsentation eines Forschungsvorhabens (1/2)

Generell sind alle Bestandteile dieses Forschungsrasters in Form von Fragen formuliert. Es empfiehlt sich grundsätzlich bzw. ist zumindest eine Überlegung wert, ob Sie bei Präsentationen auch dieses Frageraster beibehalten. Nach den Erkenntnissen des Dialogmarketings entspricht es dem stummen Dialog mit dem Leser bzw. Zuhörer und kann für eine anschließende Diskussion anregend sowie zielführend sein.

Wenn man diese Fragenbatterie in Abbildung L-3a und L-3b bezogen auf den typischen Aufbau eines Forschungsvorhabens mit Literaturarbeit, theoretischer Konzeptualisierung sowie empirischer Operationalisierung liest, dann wird einem klar, dass es sich bei dieser Zusammenstellung um das **„Maximalprogramm der Forschung"** handelt. Je nach Themenstellung und eigenem Forschungsansatz sowie vor allem auch in Abhängigkeit von der verfügbaren Zeit werden einige Bereiche und Teile im Rahmen Ihres Forschungsvorhabens nicht angesprochen und abgedeckt werden. Dies entspricht dann der oben bereits genannten Anpassung der Checkliste bzw. des Forschungsrasters.

Nun noch einige Anmerkungen zu den großen Inhaltsbereichen des Leitfadens: Unter der Überschrift **„Stand der Forschung"** (1) ist von Ihnen auf der Basis der **Problemanalyse und Themenstellung** zunächst Klarheit in den Bereichen Definition, Klassifikation und Deskription zu schaffen. Diese drei vorwissenschaftlichen Ebenen sind wichtig (siehe Abb. C-10), auch wenn sie in die Fragenbatterie, abgesehen von der dort bereits beginnenden Konzeptualisierung und Operationalisierung des Forschungsthemas, nicht explizit aufgenommen wurden. Die **Auswertung der vorhandenen Literatur** zeigt dabei manchmal, dass bereits relativ viele Felder durch die bisherigen Forschungsarbeiten schon besetzt und häufig ausreichend tief untersucht sind. **Forschungsdefizite** bestehen dann aber häufig noch in den Vernetzungen und Beziehungen einzelner Teile. Auch dies kann lohnenswerte Forschungsinhalte und -konzeptionen eröffnen.

Im Rahmen der **„Konzeption des eigenen Forschungsvorhabens"** (2a) kommt den forschungsleitenden Fragen eine nicht zu unterschätzende Bedeutung zu. Dabei ist wiederum die Unterteilung in **deskriptive, theoretische und praxeologische Forschungsfragen** zweckmäßig. Diese Fragestellungen haben in Ihrem Forschungsvorhaben zum Gegenstand, welche Phänomene und Konstrukte Sie untersuchen und beschreiben, welche Ursachen-Wirkungs-Beziehungen Sie hypothetisch formulieren und in theoretischen Konzepten untersuchen, sowie nicht zuletzt, welche Schlussfolgerungen und Gestaltungs-/ Handlungsempfehlungen Sie für die Anwendung in der Praxis respektive die Verbesserung der Realität ableiten.

Insbesondere für die letzten beiden Arten von Forschungsfragen gilt:

- Ohne forschungsleitende Fragen können Sie keine klare Zielrichtung der eigenen theoretischen, technologischen und ggf. empirischen Analyse benennen.
- Ohne forschungsleitende Fragen können Sie dann auch keine klar adressierten Antworten geben.

In der Konsequenz entartet eine Forschungsarbeit sonst sehr schnell in eine Beschreibung oder einen Erfahrungsbericht und eine Anhäufung von allgemeinen Aussagen, da eine Richtung und Formulierung von Zielen fehlt. Wichtig ist es deshalb, dass Sie bereits in dieser Phase auf der Basis der forschungsleitenden Fragen eine Aussage zum **angestrebten Nutzen des Forschungsprojektes** machen, und zwar einerseits zum Zugewinn an theorieorientierten Erkenntnissen und andererseits zum Nutzen und zur Verwendbarkeit der erarbeiteten Ergebnisse für die Praxis.

Neben den forschungsleitenden Fragen sollten Sie auch Aussagen zum zu Grunde gelegten **wissenschaftstheoretischen Konzept** machen (siehe Kapitel D). In gleicher Weise wichtig ist eine klare Adressierung der einbezogenen Theorien und der gewählten Forschungsmethodik.

Wie Sie in Ihrem Forschungsvorhaben im Detail vorgehen wollen, verdeutlicht Ihr **Untersuchungsdesign**. Im Laufe der Bearbeitungszeit und d.h. bei mehreren Zwischenpräsentationen empfiehlt es sich, jeweils den aktuellen Stand der Bearbeitung einzelner Teile/ Kapitel Ihres Forschungsvorhabens im Untersuchungsdesign zu kennzeichnen. Hierzu bieten sich beispielsweise unterschiedliche Farben für die einzelnen Fortschrittsniveaus an (z.B. noch nicht begonnen, Literatur ausgewertet, eigene Analyse durchgeführt, Manuskript abgeschlossen). Diese Differenzierung lässt sich auch im Forschungsdesign und dabei vor allem im **Prüfungsdesign** durchführen. So haben Sie selbst auch immer den Überblick wie weit die Durchdringung Ihres Themas und vor allem die Analyse der empirischen Messung vorangeschritten sind. Zusätzlich empfiehlt es sich, die Forschungsfragen den Teilen des Untersuchungsdesigns zuzuordnen, in denen die inhaltliche Bearbeitung dieser Sachverhalte erfolgt. Entsprechendes ist auch für das Prüfungsdesign möglich. Dadurch haben Sie immer festgehalten und den Überblick, wo und wie Sie die Forschungsfragen inhaltlich abdecken und beantworten.

Der **Theorieteil (2b)** stellt erfahrungsgemäß den schwierigsten Part eines Forschungsvorhabens dar (siehe hierfür und für die folgenden Teile Kapitel C). Aus dem eigenen Theorieansatz sind die **Forschungshypothesen** zu entwickeln. Sie können aus einem differenzierten **Forschungsdesign** gut abgeleitet und den betreffenden Aggregaten genau zugeordnet werden. Sie lassen sich dann in einem **mehrstufigen Prozess der Detaillierung und Überarbeitung** ausformulieren. Dies bedeutet mit anderen Worten, dass Sie nicht davon ausgehen können, dass Ihre erste Formulierung von Hypothesen bereits einen endgültigen und großen Wurf darstellt. Erfahrungsgemäß benötigt der Feinschliff von Hypothesen Tage oder Wochen.

Wichtig ist es bei diesem zentralen Bestandteil Ihrer Forschungsarbeit deshalb, dass Sie die Hypothesen frühzeitig präsentieren und so mit dem zukünftigen Gutachter besprechen, um auf diese Weise die inhaltliche Ausrichtung und die Vollständigkeit bezogen auf das Analysefeld festlegen und diskutieren zu können. Es liegt in der Natur der Sache, dass zu den Zeitpunkten der frühen Zwischenpräsentationen noch keine endgültigen Entwürfe für die **Konzeptualisierung und Operationalisierung** des Forschungsfeldes vorliegen. Dies sollte allen Beteiligten bewusst sein und von ihnen akzeptiert werden, also sowohl vom Gutachter als auch vom jungen Forscher. Wesentlich ist in dieser Phase, dass durch den Austausch von Argumenten in einem wissenschaftlichen Diskurs die Analyserichtung und Aussagekraft der Hypothesen verbessert und damit geschärft wird.

Ein **Empirieteil** (2c in Abb. L-3b) wird in Bachelorarbeiten eher die Ausnahme sein; in Masterarbeiten kennzeichnet eine empirische Analyse ein fortschrittliches Konzept.

Ansatz des eigenen Forschungsvorhabens - Empirie - (2c)

- Wie sieht das von Ihnen vorgesehene empirische Untersuchungsdesign als spezifisches Prüfungsdesign bezogen auf die Verwendung bewährter oder neuartiger Itembatterien aus?
- Welche Erhebungsmethoden und mathematisch-statistischen Testverfahren werden in Ihrem Forschungsvorhaben eingesetzt?
- Inwieweit bestätigen oder falsifizieren die empirischen Ergebnisse die von Ihnen aufgestellten Hypothesen sowie damit die formulierten theoretischen Zusammenhänge und Wirkungsbeziehungen?
- In welchen Bereichen sind die Hypothesen sowie damit die formulierten theoretischen Zusammenhänge und Wirkungsbeziehungen aufgrund der empirischen Ergebnisse zu modifizieren?
- Inwieweit bestätigen oder falsifizieren und erweitern Ihre empirischen Ergebnisse die Erkenntnisse der bisherigen Forschung?

Ansatz des eigenen Forschungsvorhabens - Technologie - (2d)

- Welche Gestaltungs- und Handlungsempfehlungen können Sie für die Praxis aus den theoretisch basierten und empirisch überprüften Ergebnissen ableiten?
- In welchen Bereichen sind die Prämissen und Rahmenbedingungen sowie die Handlungsfelder und Maßnahmenbereiche für die Praxis aufgrund der empirischen Ergebnisse anzupassen oder zu erweitern?

Weiterer Forschungsbedarf (3)

- Worin liegen die Einschränkungen und damit Restriktionen der Aussagekraft der von Ihnen erarbeiteten wissenschaftlichen Ergebnisse und Erkenntnisse?
- In welchen Bereichen und zu welchen Inhalten besteht weiterer Forschungsbedarf?

© Prof. Dr. Armin Töpfer

Abb. L-3b: Leitfaden für die Durchführung und Präsentation eines Forschungsvorhabens (2/2)

In Dissertationen ist ein empirischer Teil zur Überprüfung der theoretischen und hypothetischen Aussagen themenabhängig eher der Standard. Zu Beginn dieses Teils konzipieren Sie vor allem das von Ihnen vorgesehene **Prüfungsdesign** zum Abtesten Ihrer Hypothesen des theoretischen Teils. Dabei kann ein nicht zu unterschätzendes Problem darin liegen, dass die Inhalte von Fragebogen oder Interviews zu differenziert und dadurch dann insgesamt zu umfangreich sind. Die Hauptgründe können darin gegeben sein, dass der Untersuchungsgegenstand insgesamt zu breit gewählt wurde oder dass inhaltlich zu viele Details abgefragt wurden. Beides ist für eine hohe Rücklaufquote hinderlich. Oftmals ist das Problem dem Umstand geschuldet, dass bei der Themendurchdringung während der Bearbeitungszeit zu wenig theorieorientiert mit Hypothesen gearbeitet wird und damit kein klares Erkenntnismuster zustande kommt. Dies unterstreicht erneut die Bedeutung theoretischer Vorarbeiten und Grundlagen.

Wird diese wichtige Basis nicht gelegt, dann erschöpfen sich auch **Gestaltungs- und Handlungsempfehlungen im Technologieteil (2d)** der Forschungsarbeit häufig in der Aufzählung eines Instrumentenkastens, ohne dass auf der Grundlage theoretisch fundierter und empirisch abgesicherter Ergebnisse eine klare Bewertung und Fokussierung auf Verbesserungen mit großer Hebelwirkung möglich ist. Grundsätzlich gilt: Ihre individuellen Erfahrungen als Autor sind als praxisbezogener Hintergrund hilfreich, aber als Werturteile ersetzen sie nicht die Ableitung fundierter wissenschaftlicher Erkenntnisse.

Die **Bestimmung des weiteren Forschungsbedarfs (3)** am Ende Ihrer Arbeit stellt zugleich eine **kritische Beurteilung der eigenen Forschungsergebnisse** im Hinblick auf ihre Aussagekraft und Reichweite dar. Es wäre vermessen, davon auszugehen, dass der prinzipiell endlose Prozess der wissenschaftlichen Erkenntnisgewinnung durch die eigene Forschungsleistung in einem Themenfeld beendet ist. Gerade in diesem Kapitel am Schluss Ihres Forschungsberichts ist deshalb eine starke kritische Distanz angebracht, die im Ergebnis eher positiv auf den Leser bzw. Gutachter wirkt.

Nach diesen grundlegenden Ausführungen zum inhaltlichen Aufbau einer Präsentation Ihrer Forschungsarbeit gehen wir anschließend zunächst kurz auf die Gestaltung und Fußangeln von Präsentationen ein. Danach machen wir noch einige Ausführungen zum Projektmanagement beim wissenschaftlichen Arbeiten.

II. Eckpunkte und Stolpersteine bei Präsentationen

Auch bei wissenschaftlichen Forschungsarbeiten ist es wichtig, dass Sie im Zeitablauf der Durchdringung des formulierten Themas und der Erarbeitung von Ergebnissen anhand von Zwischenpräsentationen den Stand und die Fortschritte Ihres eigenen Forschungsprojektes referieren und kommunizieren können. Derartige Präsentationen finden im akademischen Bereich typischerweise vor den Dozenten als Betreuern wissenschaftlicher Arbeiten statt. Die Zielsetzung besteht darin, den inhaltlichen Ansatz nachvollziehen zu können und den Stand gewonnener Erkenntnisse zu verstehen und zu bewerten. Unter diesem Blickwinkel ist der Dozent als zukünftiger Gutachter der Forschungsarbeit also der „Kunde" des Forschers. Gleichzeitig erfüllen derartige Zwischenpräsentationen aber auch einen wichtigen Eigennutz für den Forscher. Denn dadurch wird er selbst veranlasst und befähigt, sein Projekt – entsprechend dem jeweils im Zeitablauf erreichten Wissens- und Erkenntnisstand – insgesamt auf Plausibilität der Abfolge einzelner Inhaltsteile sowie auf Stringenz der Argumentation zu prüfen und zu bewerten.

Da die Inhalte eines Forschungsprojektes i.d.R. deutlich komplexer, oftmals neuartiger und schwieriger sind als bei Praxisprojekten, ist es umso wichtiger, die Grundregeln einer guten Präsentationstechnik zu beachten und zu erfüllen. Auf diese Weise können komplexe und manchmal auch komplizierte Inhalte besser vermittelt werden, und die anschließende Diskussion konzentriert sich dann nicht nur auf das grundlegende Verständnis, sondern erlaubt einen inhaltlichen wissenschaftlichen Diskurs wesentlicher Sachverhalte, Forschungskonzeptionen und Ergebnisse.

Für diesen wissenschaftlichen Diskurs ist es empfehlenswert, dass Sie das in Abbildung L-3a und L-3b dargestellte Forschungsraster als Checkliste, eventuell in modifizierter Form, Ihrem eigenen Forschungsvorhaben von Anfang an zu Grunde legen. Erfahrungsgemäß gibt es je nach der Spannweite der wissenschaftlichen Konzeption einer Forschungsarbeit **2 bis 4** darauf basierte, **thematisch unterschiedliche Zwischenpräsentationen**, die allerdings bei Bedarf wiederum in mehrere Teilsitzungen unterteilt werden können. Die Initialzündung ist die nachstehend etwas ausführlicher angesprochene erste Präsentation der Forschungsidee mit einer Abschätzung des Forschungsrahmens. Eine zweite Präsentation skizziert dann das Untersuchungsdesign des eigenen Forschungsansatzes (siehe Kapitel B), in dem der Lösungsweg zum Erreichen des Forschungsziels verdeutlicht und der methodische Ansatz sowie die Arbeitsschritte erläutert werden. Zusätzlich sollten auch die konzeptionellen Eckpfeiler des Forschungsdesigns (siehe Kapitel E) aufgezeigt werden. Wenn hierzu die Grundrichtung festliegt, dann beginnt auf der Basis einer intensiven Literaturarbeit – in einer dritten Präsentation – die theoretische Durchdringung des Themas mit der Formulierung von Hypothesen (siehe Kapitel F). Ist im Rahmen des Forschungsvorhabens eine empirische Analyse vorgesehen, dann ist hierzu häufig eine separate vierte Präsentation zweckmäßig, welche die in der Auswahl stehenden empirischen Forschungs- und Erhebungsmethoden abklärt und den unmittelbaren Bezug zum Gestaltungsdesign schafft (siehe Kapitel G und H). In dieser vierten Präsentation stehen dann sowohl der theoriebezogene, empirisch basierte Erkenntniswert des Projektes als auch der praxisbezogene Nutzen im Fokus.

Zu Beginn der ersten Präsentation werden Aussagen zur Aktualität und zum Forschungsbedarf gemacht, ergänzt durch die Neuartigkeit der Themenstellung. Hieraus lassen sich die Ziele des eigenen Forschungsvorhabens herleiten. Der Stand der Forschung und wesentliche bisherige Erkenntnisse in der Literatur bilden das Fundament für eigene konzeptionelle Ideen, wenn man die dritte Ebene, die Deskription, im Haus der Wissenschaft überschreiten und zu eigenständigen Ansätzen theoretischer Überlegungen und technologischer Umsetzungen kommen will. Wichtig ist in diesem Zusammenhang dann auch, einen Überblick über wesentliche Publikationen zum gewählten Forschungsgebiet zu geben und die hauptsächlich verwendeten Literaturquellen zu referieren.

Die erste Präsentation der Forschungsidee konzentriert sich also auf die konzeptionelle Spannweite und damit den inhaltlichen sowie methodischen Rahmen der eigenen Forschungsbemühungen. Dies entspricht in Form einer „Tour d'horizon" dem gesamten vorgesehenen Aufriss Ihrer Forschungsarbeit. Denn in dieser Phase haben Sie üblicherweise nur erste Sichtungen der als relevant eingeschätzten Literatur durchgeführt. Aus diesem Grunde werden Sie am Anfang eines eigenen Forschungsvorhabens mehr Fragen stellen als Antworten geben können. Dies kennzeichnet eine gute, also zielgerichtete und investigative bzw. ausforschende und aufspürende wissenschaftliche Vorgehensweise. Es steht außer Frage, dass der Spielraum eigener Forschungsideen davon abhängt, inwieweit eine freie Themenwahl möglich ist und damit keine strikte Vorgabe des zu bearbeitenden Forschungsthemas im Rahmen einer Bachelor- oder Masterarbeit gegeben ist.

Aussagefähiger werden die Zielsetzungen und manchmal Wunschvorstellungen eines eigenen Forschungsansatzes erst dann, wenn – insbesondere im Rahmen einer Dissertation – der bisherige Stand der Forschung aufgearbeitet worden ist und sich weiterer lohnender Forschungsbedarf erkennen lässt.

Generell empfiehlt es sich, diesen Teil und diese Aufgabenstellung möglichst frühzeitig zu absolvieren, um unliebsame Überraschungen bezogen auf die **geringe bzw. fehlende Tragfähigkeit der eigenen Forschungsbemühungen** zu vermeiden. Um es plastisch und drastisch zu formulieren: Ein totes Pferd wird nicht dadurch lebendiger, dass es umso länger geritten wird. Wer in dieser Weise auf das falsche Pferd setzt, der läuft Gefahr, dass irgendwann nicht nur sein Thema, sondern sein gesamtes Dissertationsvorhaben abstürzt.

Neben allen diesen Präsentationen im Rahmen des gesamten Forschungsprozesses gibt es eine zentrale Präsentation, die nach Abschluss des Forschungsvorhabens die erarbeiteten Ergebnisse präsentiert, z.B. in Form einer **Disputation oder Verteidigung**. Die im Folgenden aufgeführten Erfahrungswerte gelten dort im übertragenen Sinne.

Generell lassen sich für die **inhaltliche Ausrichtung und Gestaltung von vorgesehenen Präsentationen** folgende **Leitlinien und Empfehlungen** geben:

- In frühen Phasen des Forschungsprojektes, also in den ersten Präsentationen, ist der „Mut zur Lücke" wichtig. Dies entspricht der wissenschaftlichen Ehrlichkeit insofern, dass Sie klar zum Ausdruck bringen, welche thematischen Bereiche des Projektes schon mit Literatur abgesichert sowie theoretisch durchdacht und ausformuliert sind und welche Teile der Arbeit sich noch auf ungesicherte Annahmen beschränken. Wenn Sie diese auch in frühen Präsentationen ansprechen und darlegen, dann ermöglicht dies ein fundiertes wissenschaftliches Gespräch mit einer erlaubten Hilfestellung.
- Nach dem Grundsatz „Weniger ist mehr" sollten Präsentationen nicht darauf abzielen, alle erarbeiteten Facetten in dem vorgegebenen zeitlichen Rahmen der Präsentation anzusprechen oder sogar ausführlicher zu präsentieren. Wichtig ist hier die Beschränkung auf grundlegende Zusammenhänge und Wirkungsbeziehungen, die das wesentliche konzeptionelle und theoretische Gerüst Ihres Forschungsvorhabens bilden.
- Allerdings ist bei wissenschaftlichen Analysen im Rahmen von derartigen Forschungsarbeiten auch der Komplexität realitätsnaher Wirkungsgefüge Rech-

nung zu tragen. Um eine theoretisch fundierte und empirisch nachvollziehbare Aussage- und Erklärungskraft zu besitzen, hat die theoretische Analyse respektive ein Modell als Erkenntnismuster diese Komplexität der Realität in ausreichendem Maße abzubilden. In wissenschaftlichen Analysen und Präsentationen ist die Darstellung komplexer Sachverhalte deshalb immer eine Gratwanderung zwischen inhaltlicher Vollständigkeit und guter Verständlichkeit. Es versteht sich von selbst, dass Sie grafische Darstellungen nicht bis zur Inhaltsleere simplifizieren dürfen. Oftmals geht es aber nicht um die Komplexität, sondern um das Problem der Kompliziertheit von Darstellungen. Bei einem sehr komplexen Forschungsdesign empfiehlt es sich beispielsweise in einer Präsentation eine inhaltlich reduzierte Darstellung als explizites „Grobdesign" zu verwenden. Hilfreich ist es für Sie ferner, umfassende Darstellungen in mehrere Teile aufzusplitten und dann so vorzustellen sowie den Bezug zwischen Text und Abbildungen durch Ordnungsziffern zu erleichtern. Dies erscheint auf den ersten Blick trivial, ist aber deshalb in seiner positiven Wirkung nicht zu unterschätzen, weil es den Betrachter respektive Leser in die Lage versetzt, sich auf Inhalte und nicht auf schlechte Darstellungsformen zu konzentrieren.
- Im Hinblick auf die formale Gestaltung sollten Sie Präsentationscharts deshalb auch textlich nicht überfrachten. In einer Präsentation sollten auf Abbildungen Kernaussagen formuliert werden und keine vollständig ausformulierten Fließtexte Platz finden. Eine Ausnahme bilden hierbei die aufgestellten Hypothesen. Sie sind immer vollständig und in ihrer Aussagekraft möglichst präzise auszuformulieren.

III. Erfolgreiches Projektmanagement Ihres Forschungsvorhabens

Jedes wissenschaftliche Forschungsvorhaben wird mit einem begrenzten Zeitbudget realisiert. Dies gilt nicht nur für Haus- bzw. Seminararbeiten, sondern auf Grund des anspruchsvolleren Themas und Inhalts in besonderem Maße für Bachelor- und Masterarbeiten. Auch wenn das Zeitbudget bei einer Doktorarbeit größer und oftmals nicht so rigide ist, sind hier die zeitlichen Ressourcen ebenfalls begrenzt; zum einen weil jedes Thema über die Zeit veraltet und an Attraktivität verliert oder andere Forschungsarbeiten dazu zwischenzeitlich vorliegen; zum anderen weil auch hier ökonomische Restriktionen greifen und finanzielle Forschungsbudgets begrenzt sind. Hinzu kommt, dass die Einstellungschancen bei einer Bewerbung eher abnehmen, wenn vom Forscher die Zeit für eine Dissertation und Promotion zu üppig angelegt war.

Sowohl in der Wissenschaft als auch erst recht in der Unternehmenspraxis kommt es deshalb auf ein **gekonntes und stringentes Projektmanagement** an. Hierauf wird in diesem Unterkapitel eingegangen, das damit die organisatorische Quintessenz einer erfolgreichen Steuerung des wissenschaftlichen Arbeitens bildet.

Was kennzeichnet ein Projekt und ein erfolgreiches Projektmanagement? Unter einem **Projekt** versteht man ein mehr oder weniger innovatives Vorhaben von begrenzter Dauer außerhalb der täglichen Routine, das eine klare Zielsetzung, einen definierten Anfangspunkt und einen vorab bereits bestimmten Endzeitpunkt hat. Aufgrund des innovativen Charakters eines derartigen Vorhabens liegen oftmals wenig Vorkenntnisse und Vorerfahrungen hierzu vor. Deshalb kommt es auf eine professionelle Steuerung und Gestaltung eines solchen Vorhabens in Form des **Projektmanagements** an, um die formulierten Ziele und Ergebnisse zu erreichen sowie den Zeit- und Ressourcenrahmen möglichst genau einzuhalten (vgl. Kuster et al. 2008). Wie Sie nach den bisherigen Ausführungen leicht nachvollziehen können, treffen alle diese Inhalte und Anforderungen auch auf ein wissenschaftliches Forschungsprojekt in der Art einer Bachelor- und Masterarbeit oder Dissertation zu.

Allerdings ist die Durchführung eines Forschungsvorhabens einem Gegenstand des Projektmanagements unter eher erschwerten Bedingungen gleichzusetzen. Denn im Vordergrund stehen bei einer wissenschaftlichen Analyse der Entwurf und die Durchdringung von hypothetischen Konstrukten, also von gedanklichen Leistungen, die neue Erkenntnisse ermöglichen. Dies unterscheidet ein derartiges Vorhaben grundsätzlich von normalen Praxisprojekten, die das Schaffen von – häufig ebenfalls neuartigen – physischen Ergebnissen zum Gegenstand haben, wie beispielsweise eine Brücke oder ein neues Automodell.

Die in beiden Fällen gleichermaßen geltenden Grundsätze des Projektmanagements sind in Abbildung L-4 aufgeführt. Der gravierende Unterschied bei einer Haus- bzw. Seminararbeit oder einer Bachelor- und Masterthesis besteht für Sie allerdings darin, dass es sich normalerweise nicht um ein Projekt handelt, das im Team von mehreren Personen bearbeitet und gelöst wird. Vielmehr liegt bei diesen Forschungsarbeiten ein **1-Personen-Projektmanagement** vor, da die Ergebnisse Teil einer individuellen Qualifizierung, Prüfung und Graduierung sind. Es versteht sich von selbst, dass Forschungsprojekte, die in einem Team durchgeführt werden, in dieser Hinsicht den allgemeinen Grundsätzen des Projektmanagements folgen. Auf die einzelnen Grundsätze wird nachstehend näher eingegangen.

Das 1-Personen-Projektmanagement in der Forschung ist im Gegensatz hierzu durch eine grundsätzlich geringere Diskussionsmöglichkeit und damit einen reduzierten Austausch von Gedanken und Argumenten kollegial arbeitender Personen gekennzeichnet. Dies macht es erforderlich, dass vereinbarte Zwischenpräsentationen des eigenen Forschungsvorhabens von Ihnen umso ernster genommen werden und umso stärker genau für diese Zwecke genutzt werden.

Hinzu kommt ferner, dass die gesamte Arbeitslast nur auf zwei Schultern ruht und nicht auf mehrere Personen verteilt werden kann. Dies bedeutet, dass der mögliche Ressourceneinsatz klar umrissen und begrenzt ist. Deshalb kommt Ihrem inhaltlichen Zeitmanagement von einzelnen Meilensteinen eine noch größere Bedeutung als im normalen Projektmanagement zu. Die Möglichkeit, Personalreserven für das Projekt zu aktivieren, um den vorgegebenen Zeitplan einhalten zu können, ist bei Ihrem Forschungsvorhaben grundsätzlich nicht gegeben. Stresssymptome können hierdurch im Laufe der Bearbeitung des Forschungsprojektes eher auftreten, wie wir dies in Kapitel I bereits angesprochen haben.

> **Was sind die Voraussetzungen für die erfolgreiche Durchführung und den gehaltvollen Abschluss Ihrer Forschungsarbeit?**
>
> **1-Personen-Projektmanagement mit Präzisierungsbedarf in folgenden Bereichen:**
>
> 1. Eindeutige Ziele und konkretisierte Inhalte bzw. Arbeitspakete der einzelnen Meilensteine
>   → *Was wollen Sie erreichen?*
>   → *Was wird von Ihnen inhaltlich analysiert?*
>
> 2. Erforderlicher Zeitbedarf und ausreichende Zeitschiene für die einzelnen Meilensteine mit möglichen Zeitreserven
>   → *In welchen Zeiträumen kann dies von Ihnen bewältigt werden?*
>
> 3. Jeweils angestrebte Ergebnisse
>   → *Was kommt als Forschungsergebnisse und -erkenntnisse heraus?*
>
> 4. Periodische Kontrolle der Umsetzung der formulierten inhaltlichen Ziele und der Einhaltung des Zeitplans
>   → *Habe ich die angestrebten Inhalte im Ergebnis erreicht und innerhalb der vorgegebenen Zeitfenster erarbeitet?*
>
> © Prof. Dr. Armin Töpfer

Abb. L-4: Grundsätze des Projektmanagements einer Forschungsarbeit

Von zentraler Bedeutung sind beim Projektmanagement die ausreichende **Differenzierung der Meilensteine** und die **Präzisierung des Zeitplans**. Wenn bei den Meilensteinen Ihre Aussagen zu den bis dahin jeweils zu bewältigenden inhaltlichen Arbeitspaketen detailliert genug sind, dann können Sie Fehleinschätzungen in Form zu kurzer Zeitabschnitte für **einzelne Arbeitspakete** vermeiden. Dies führt dazu, dass Ihnen Ihr Zeitplan nicht bereits in einer frühen Phase „aus dem Ruder läuft".

Hinzukommen sollte eine weitere Aktivität, die bei Forschungsprojekten nichtnaturwissenschaftlicher Art eher selten vorgenommen wird. Bereits zu einem relativ frühen Zeitpunkt Ihres Forschungsprojektes sollten Sie eine Analyse durchführen, in welchen Bereichen und wann bei Ihren Forschungsaktivitäten erhebliche Probleme inhaltlicher und zeitlicher Art auftreten können. Dies läuft auf eine **Risikoanalyse** hinaus, die Sie mit ausreichender Genauigkeit darüber informiert, ob Sie z.B. erhebliche Verzögerungen bei der Literaturbeschaffung einkalkulieren müssen oder ob Sie im empirischen Teil bei Interviews oder einer schriftlichen Befragung mit einem deutlich höheren Zeitbedarf rechnen müssen. Neben diesen endogenen Gründen, die in Ihrer Forschungsarbeit selbst liegen, können beispielsweise auch exogene Risiken, wie Zeitnot durch andere nicht verschiebbare Aktivitäten, Ihren vorgesehenen Zeitplan beeinträchtigen. Aufgrund ihrer Bedeutung und Aussagekraft sollten Sie deshalb eine derartige Risikoanalyse bewusst im Rahmen

Ihres wissenschaftlichen Projektmanagements und Ihrer Projektsteuerung durchführen und dokumentieren.

Auf die Abschätzung des erforderlichen Zeitbedarfs für eine **ausreichende Zeitschiene mit möglichen Zeitreserven** ist aus diesen Gründen erhöhter Wert zu legen. Periodische Kontrollen bei der Abarbeitung und Bewältigung der Meilensteine sowie im Rahmen der Zwischenpräsentationen verschaffen Ihnen Klarheit, ob und inwieweit die angestrebten inhaltlichen Ergebnisse erarbeitet und damit die formulierten Ziele erreicht wurden.

Bereits zu Beginn des Forschungsvorhabens ist deshalb ein gewisses Maß an Planungsdisziplin von Ihnen gefordert, um so – mit den vorgesehenen Terminen für die Zwischenpräsentationen – das anlaufende Projekt in einem ersten Aufriss in inhaltliche Meilensteine zu strukturieren, denen dann erforderliche Zeitfenster zugeordnet werden.

Wichtig ist von Anfang an, wie in Abbildung L-5 skizziert, dass Sie für die einzelnen Meilensteine jeweils bereits realistische Zeitreserven einkalkulieren. Dies gilt für den Normalfall, dass sich die Bearbeitungszeiträume auch teilweise nicht überlagern, sondern nur konsekutiv aneinanderreihen können. Denn bei einer Überlagerung wäre in der Inhalts-Zeit-Kalkulation zu berücksichtigen, dass 2 Aktivitätsstränge parallel bearbeitet und damit absolviert werden müssten. Für einen derartigen Fall – also einer zeitgleichen parallelen Bearbeitung von Inhalten Ihres Forschungsprojektes – hat Ihre Zeitkalkulation wenig Realitätsnähe und wird zum Ende Ihres Forschungsvorhabens eher zu Schwierigkeiten führen.

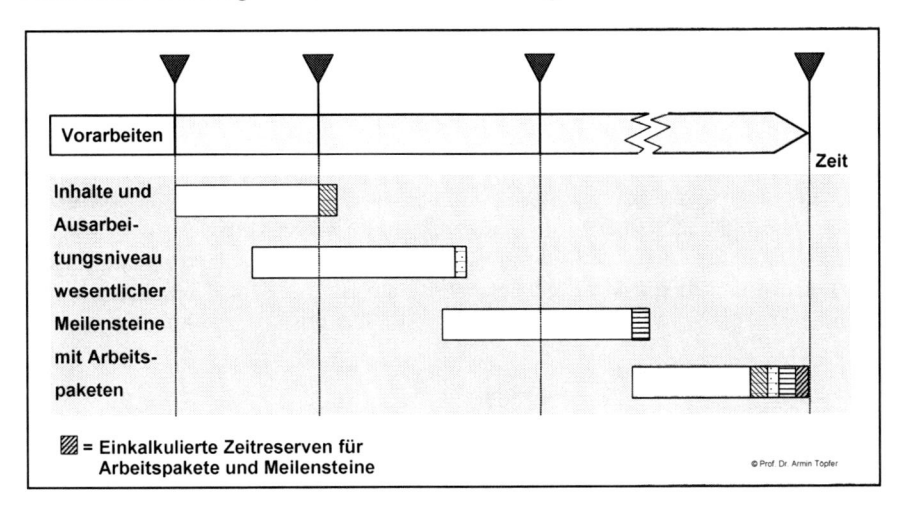

Abb. L-5: Strukturierung des Zeitplans für die Bearbeitung eines Forschungsprojektes

Der Zweck der **Zeitreserven** liegt demnach darin, dass Zeitfenster für noch nicht vorhersehbare zusätzliche Aktivitäten oder noch nicht erkennbare Verzögerungen eingeplant werden, die den maximal zulässigen Endzeitpunkt nicht gefährden dürfen. Eine derartige Zeitreserve ist deshalb nicht von vornherein in den regulären zeitlichen Bearbeitungsaufwand der Inhalte einzurechnen. Damit ist der

Effekt verbunden, dass in der linearen Addition das insgesamt vorhandene und aktiv verplante Zeitbudget um die Summe dieser Zeitreserven verkürzt wurde. Dies entspricht einem der wichtigsten Grundsätze des Projektmanagements, dass nämlich eine Reserveplanung vorgenommen wird, die bei Bedarf respektive im Notfall aktiviert werden kann, um den Projekterfolg in der vorgesehenen bzw. vorgegebenen Projektlaufzeit nicht zu gefährden.

Bei Forschungsarbeiten vermeidet diese **Planungs- und Zeitdisziplin** für Sie den manchmal beobachtbaren Effekt: „Stark angefangen und stark nachgelassen." Mit anderen Worten wird hierdurch verhindert, dass anfängliche Aktivitäten unter zeitlichen Gesichtspunkten sehr viel üppiger ausgestattet werden als spätere, oftmals nicht weniger wichtige Aktivitäten. Die Disziplin besteht dann darin, in einer frühen Phase auch Meilensteine mit ihren Arbeitspaketen – vorläufig, also auch nach Ausnutzung der eingeplanten Zeitreserve – abzuschließen, auch wenn sie noch nicht vollständig erledigt und ausgefeilt sind. Es versteht sich von selbst, dass wesentliche Inhaltsbereiche, die für den weiteren Gang der Untersuchung von Bedeutung sind, hierbei nicht fehlen dürfen. Ein Schnitt kann nach dem Ausschöpfen des regulären Zeitbudgets allerdings im Hinblick auf die Anzahl und Tiefe der zeitintensiven Auswertung ergänzender Literatur gemacht werden.

Wenn Sie die Kernaktivitäten auf dieser Basis abgeschlossen haben und der gesamte Forschungsprozess zeitlich-inhaltlich durchlaufen wurde, ohne dass maßgebliche Zeitreserven aufgebraucht worden sind, dann steht noch ein Zeitbudget zur Verfügung, das Sie für die vorgesehene Vertiefung einzelner Bereiche und die grundsätzlich erforderliche abschließende Durchsicht des Forschungsberichts nutzen können. Diese Vorgehensweise vermeidet negative Wirkungen und Stresssymptome beim Forscher, und sie verhindert oftmals auch Denkblockaden. Auf jeden Fall ist dadurch vermeidbar, dass die im Ablauf der zeitlich limitierten Forschungsarbeit immer stärker nachvollziehbare Zeitknappheit zu verkürzten Argumentationen, unzureichender Literaturarbeit, fehlerhafter bzw. unvollständiger Zitierweise und einer immer größeren Anzahl von Grammatik- und Rechtschreibfehlern führt, von allgemeinen Formfehlern ganz zu schweigen.

Diese Planungs- und Zeitdisziplin kommt also dem inhaltlichen Niveau, der argumentativen Ausdruckskraft und der formalen Gestaltung Ihrer Forschungsarbeit sowie nicht zuletzt auch Ihrem „Nervenkostüm" als Forscher respektive Forscherin zugute.

IV. Literaturhinweise zum Kapitel L

Bauernschmidt, S./ Stegmaier, J.(2006): Technik wissenschaftlichen Arbeitens: Recherchieren - Formgestaltung – Präsentieren, Aachen 2006.
Brauner, D.J./ Vollmer, H.-U. (2008): Erfolgreiches wissenschaftliches Arbeiten: Seminararbeit – Diplomarbeit – Doktorarbeit, 3. Aufl., Sternenfels 2008.
Brink, A. (2005): Anfertigung wissenschaftlicher Arbeiten. Ein prozessorientierter Leitfaden zur Erstellung von Bachelor-, Master- und Diplomarbeiten in acht Lerneinheiten, 2. Aufl., München 2005.

Burghardt, M. (2007): Einführung in Projektmanagement: Definition, Planung, Kontrolle und Abschluss, 5. Aufl., Erlangen 2007.

Duden (Hrsg.) (2006): Duden - Wie verfasst man wissenschaftliche Arbeiten? - Ein Leitfaden für das Studium und die Promotion, 3. Aufl., Mannheim 2006.

Franck, N./ Stary, J. (2009): Die Technik wissenschaftlichen Arbeitens: Eine praktische Anleitung, 15. Aufl., Stuttgart 2009.

Karmasin, M./ Ribing, R. (2009): Die Gestaltung wissenschaftlicher Arbeiten: Ein Leitfaden für Seminararbeiten, Bachelor-, Master- und Magisterarbeiten, 4. Aufl., Stuttgart 2009.

Kessler, H./ Winkelhofer, G. A. (2004): Projektmanagement: Leitfaden zur Steuerung und Führung von Projekten, 4. Aufl., Heidelberg 2004.

Kuster, J. et al. (2008): Handbuch Projektmanagement, 2. Aufl., Heidelberg 2008.

Lück, W./ Henke, M. (2008): Technik des wissenschaftlichen Arbeitens, Seminararbeit, Diplomarbeit, Dissertation, 10. Aufl., München 2008.

Russey, W.E./ Ebel, H.F./ Bliefert, C. (2006): How to Write a Successful Science Thesis: The Concise Guide for Students, Weinheim 2006.

Sesink, W. (2007): Einführung in das wissenschaftliche Arbeiten: mit Internet – Textverarbeitung – Präsentation, 7. Aufl., München 2007.

Stock, S. et al. (2009): Erfolgreich promovieren: Ein Ratgeber von Promovierten für Promovierende, 2. Aufl., Berlin 2009.

Stock, S. et al. (2009): Erfolg bei Studienarbeiten, Referaten und Prüfungen: Alles was Studierende wissen sollten, Berlin 2009.

Theisen, M.R. (2008): Wissenschaftliches Arbeiten: Technik – Methodik – Form, 14. Aufl., München 2008.

Walter, V. (2006): Projektmanagement: Projekte planen, überwachen und steuern, Norderstedt 2006.

Watzka, K. (2007): Anfertigung und Präsentation von Seminar-, Bachelor-, Diplom- und Masterarbeiten: Klärungen, Tipps und Fehlervermeidung, 3. Aufl., Büren 2007.

Kurzbiographie des Autors

Univ.-Prof. Dr. Armin Töpfer leitet die Forschungsgruppe/ den Lehrstuhl für Marktorientierte Unternehmensführung an der Technischen Universität Dresden sowie die Forschungsgruppe Management + Marketing in Kassel. Zusätzlich ist er wissenschaftlicher Leiter des MBA-Studiengangs Health Care Management an der Dresden International University sowie Dozent in einem Executive MBA-Studiengang an der Universität Mainz und in einem Master-Studiengang an der Universität Graz, Österreich.

Vorherige Stationen waren an der Universität Freiburg, an der EAP Europäische Wirtschaftshochschule in Düsseldorf, mit weiteren Standorten in Paris, Oxford, Madrid und jetzt Berlin, sowie der Schwerpunkt Management an der Universität Kassel. Einen Ruf auf einen internationalen Lehrstuhl für Management und Marketing an der Universität Twente/ Enschede in Holland hat er nicht angenommen.

Die inhaltlichen Schwerpunkte seiner Lehre und Forschung sind Wertorientierte Unternehmensführung/ Balanced Score Card, Strategisches Marketing/ Customer Relationship Management/ Dienstleistungsmanagement, Total Quality Management/ Business Excellence, Geschäftsprozessoptimierung/ Six Sigma, Mergers & Acquisitions, Krankenhausmanagement und Human-Ressourcen-Management.

Wesentliche empirische Forschungsprojekte sind: Planungs- und Kontrollsysteme industrieller Unternehmen, Strategische Marketingkonzepte in der deutschen Industrie, Zukünftige Ausrichtung des betrieblichen Personalwesens, Die Umsetzung der Balanced Score Card in der Unternehmenspraxis, Analyse der Post Merger Integration bei DaimlerChrysler, Erfolgsfaktoren und Wirkungen von E-Learning, Unternehmertum im Handel, Benchmarking-Studie Mitarbeiterbefragung. Seit dem Jahr 2007 ist er Gastprofessor der Dresden International University. Für seine Forschungsarbeiten erhielt er wissenschaftliche Preise im In- und Ausland.

Wesentliche Projekte in Kooperation mit der Praxis sind: Die Restrukturierung des Daimler-Benz Konzerns (1995-1997), Plötzliche Unternehmenskrisen/ Die Krise der A-Klasse, Die Neuorganisation der Airbus Industrie, Der gesamt- und betriebswirtschaftliche Nutzen der Normung (DIN), Branchenanalyse Augenoptische Betriebe: Markt-, Kundenanforderungen, Handlungsempfehlungen.

Er ist Mitglied in nationalen und internationalen Vereinigungen sowie einer Jury zu Business Excellence und Co-Herausgeber der Schriftenreihe Forum Marketing. Außerdem ist er Vorsitzender und Mitglied in Beiräten von Industrie- und Dienstleistungsunternehmen.

Abbildungsverzeichnis

Abb. A-1:	Das Haus der Wissenschaft – Aufbau dieses Forschungs-Leitfadens	7
Abb. B-1:	Das Haus der Wissenschaft – Einordnung des Kapitels B	21
Abb. B-2:	Spezifität und Qualität des wissenschaftlichen Erkenntnisprozesses	24
Abb. B-3:	Der Management-Prozess als ein Ablaufschema des Untersuchungsdesigns	25
Abb. B-4:	Der dialektische Ansatz als Methode im Untersuchungsdesign	26
Abb. B-5:	Inhalte des Untersuchungsdesigns	28
Abb. B-6:	Beispiel für ein Untersuchungsdesign: Plötzliche Unternehmenskrisen	31
Abb. B-7:	Unterschiede und Zusammenhänge von Untersuchungsdesign und Gliederung	33
Abb. B-8:	Anforderungen an eine Gliederung (1/2)	34
Abb. B-9:	Anforderungen an eine Gliederung (2/2)	35
Abb. B-10:	Beispiel für die Abfolge inhaltlicher Bereiche in der Gliederung	35
Abb. B-11:	Beispiel einer durchgeführten Forschungsarbeit zum Konstrukt „Kundennähe"	37
Abb. B-12a:	Untersuchungsdesign zum Thema Produktentwicklungsprozess	39
Abb. B-12b:	Gliederung zum Thema Produktentwicklungsprozess	39
Abb. B-13a:	Untersuchungsdesign zum Thema Internet für 50+	40
Abb. B-13b:	Gliederung zum Thema Internet für 50+	41
Abb. B-14a:	Untersuchungsdesign zum Thema Risikomanagement und Lernen	42
Abb. B-14b:	Gliederung zum Thema Risikomanagement und Lernen	42
Abb. C-1:	Das Haus der Wissenschaft – Einordnung des Kapitels C	45
Abb. C-2:	Inhaltliche Kennzeichnung des Erfahrungs- und Erkenntnisobjektes	47
Abb. C-3:	3 Erkenntnisperspektiven im Zusammenhang	49
Abb. C-4:	2 generelle Ziele in den Realwissenschaften	53
Abb. C-5:	Verständnis und Ziele des Wissenschaftlichen Arbeitens/ der Strategie der Forschung: Rigour and Relevance	57
Abb. C-6:	Arten der wissenschaftlichen Forschung und der technologischen Umsetzung	60
Abb. C-7:	Quadranten-Modell wissenschaftlicher Forschung nach Stokes	61
Abb. C-8:	Das Kübel- und das Scheinwerfermodell von Popper	63
Abb. C-9:	Generelle Richtungen im Erkenntnisprozess	67
Abb. C-10:	6 Ebenen des wissenschaftlichen Erkenntnisprozesses	70
Abb. C-11a:	Ebenen des Erkenntnisprozesses (1/2)	73
Abb. C-12:	Anforderung der Eindeutigkeit von Begriffsbildungen	75
Abb. C-13:	Forschen für Erkenntniszugewinn	78
Abb. C-11b:	Ebenen des Erkenntnisprozesses (2/2)	80

Abb. C-14:	Der Zusammenhang zwischen Theorie und Technologie	83
Abb. C-15:	Erklärung und Prognose auf der Basis des Hempel-Oppenheim-Schemas	86
Abb. C-16:	Theorie als Grundlage der Technologie	90
Abb. C-17:	Konzeptionen der Wissenschaft	92
Abb. C-18:	Werturteile in der Wissenschaft auf der 6. Ebene: Philosophie	93
Abb. C-19:	Ebenen und Zulässigkeit von Werturteilen	95
Abb. C-20:	Werturteile im wissenschaftlichen Zusammenhang	97
Abb. C-21:	Ebenen des Erkenntnisprozesses zum Thema Produktentwicklungsprozess	99
Abb. C-22:	Ebenen des Erkenntnisprozesses zum Thema Internet für 50+	100
Abb. C-23:	Ebenen des Erkenntnisprozesses zum Thema Risikomanagement und Lernen	102
Abb. D-1:	Das Haus der Wissenschaft – Einordnung des Kapitels D	107
Abb. D-2:	Grundlegende erkenntnistheoretische Positionen	108
Abb. D-3:	Unterschiedliche Wege der Erkenntnisgewinnung	111
Abb. D-4:	Wissenschaftskonzeption des Kritischen Rationalismus von Karl Popper	114
Abb. D-5:	Die Anwendung des Kritischen Rationalismus auf die BWL	116
Abb. D-6:	Grad der veränderten wissenschaftlichen Erkenntnis	117
Abb. D-7:	Wissenschaftstheoretische Grundpositionen für die Erkenntnisgewinnung	119
Abb. D-8:	Der Situative Ansatz als analytischer Ansatz	126
Abb. D-9:	Der Situative Ansatz als handlungsorientierter Ansatz	126
Abb. D-10:	Die wissenschaftstheoretische Programmatik des Wissenschaftlichen Realismus	129
Abb. D-11:	Brückenschlag zwischen Deduktions- und Induktionsprimat im Wissenschaftlichen Realismus	131
Abb. D-12:	Basis für eine „aufgeklärte" kritisch-rationale Wissenschaftskonzeption	133
Abb. D-13:	Vorgehen bei einer „aufgeklärten" kritisch-rationalen Wissenschaftskonzeption	135
Abb. E-1:	Das Haus der Wissenschaft – Einordnung des Kapitels E	141
Abb. E-2:	4 Analyseebenen der Forschung	143
Abb. E-3a:	Die 4 Designarten	148
Abb. E-3b:	Aufgabenschwerpunkte der 4 Designarten	149
Abb. E-4:	Inhalte und Zusammenhänge eines Forschungsdesigns	150
Abb. E-5:	6 grundlegende empirische Forschungsdesigns mit Forschungsbeispielen	151
Abb. E-6:	Forschungsleitende Fragen	156
Abb. E-7:	Ebenen und Fragestellungen des Forschungsdesigns	159
Abb. E-8:	Mediator- und Moderatorvariablen	160
Abb. E-9:	Ebenen und Fragestellungen der Marktorientierten Unternehmensführung im Forschungsdesign	161
Abb. E-10:	Vereinfachtes Forschungsdesign der wissenschaftlichen Begleitforschung: Restrukturierung des Daimler-Benz Konzerns 1995-1997	163
Abb. E-11:	2 Arten von Forschungsdesigns	165
Abb. E-12:	Forschungsdesign zum Thema Produktentwicklungsprozess	166
Abb. E-13:	Forschungsdesign zum Thema Internet für 50+	168

Abb. E-14:	Forschungsdesign zum Thema Risikomanagement und Lernen	168
Abb. F-1:	Das Haus der Wissenschaft – Einordnung des Kapitels F	173
Abb. F-2:	Vorstufen der Hypothesenbildung	176
Abb. F-3:	Endstufe der Hypothesenbildung	178
Abb. F-4:	Anforderungen an Hypothesen	179
Abb. F-5	Don'ts bei der Hypothesenformulierung	181
Abb. F-6:	Dos bei der Hypothesenformulierung	182
Abb. F-7:	Der Einfluss moderierender Variablen auf die Kundenbindung	184
Abb. F-8:	Basisstruktur einer Ursachen-Wirkungs-Beziehung	190
Abb. F-9:	Unabhängigkeit einer Ursachen-Wirkungs-Beziehung von Kontext-Variablen	191
Abb. F-10:	Statistische Beziehungen zwischen Merkmalen	195
Abb. F-11a:	Gruppierung der 4 Hypothesenarten	197
Abb. F-11b:	Kennzeichnung der 4 Hypothesenarten	198
Abb. F-12:	Forschungsdesign zur Motivation und Bindung von High Potentials	205
Abb. F-13:	Exemplarische Hypothesenkennzeichnung im Forschungsdesign	207
Abb. F-14a:	Hypothesenkennzeichnung im Forschungsdesign zum Thema Produktentwicklungsprozess	208
Abb. F-14b:	Hypothesenbildung zum Forschungsdesign: Produktentwicklungsprozess	209
Abb. F-15a:	Hypothesenkennzeichnung im Forschungsdesign zum Thema Internet für 50+	210
Abb. F-15b:	Hypothesenbildung zum Forschungsdesign: Internet für 50+	211
Abb. F-16a:	Hypothesenkennzeichnung im Forschungsdesign zum Thema Risikomanagement und Lernen	212
Abb. F-16b:	Hypothesenbildung zum Forschungsdesign: Risikomanagement und Lernen	213
Abb. G-1:	Das Haus der Wissenschaft – Einordnung des Kapitels G	217
Abb. G-2:	5 Phasen des Prüfungsdesigns	220
Abb. G-3:	Empfehlungen zur Messung komplexer betriebswirtschaftlicher Phänomene	222
Abb. G-4:	4 Messniveaus von Skalen	229
Abb. G-5:	Gütekriterien der Informationserhebung	231
Abb. G-6:	Teilgebiete der Statistik/ Stochastik	234
Abb. G-7:	Generelle Methoden der empirischen Sozialforschung	238
Abb. G-8:	Ausgewählte Verfahren 2. Ordnung	248
Abb. G-9:	Schematische Vorgehensweise bei der Meta-Analyse	249
Abb. G-10:	Hierarchische Methodenstruktur	256
Abb. G-11:	Typische Fragestellungen für die Anwendung der einzelnen statistischen Verfahren	258
Abb. G-12:	Univariate Analysen einzelner Merkmale	259
Abb. G-13:	Bivariate Analysen zweier Merkmale	262
Abb. G-14:	Einfache Regressionsanalyse	265
Abb. G-15:	Strukturen entdeckende multivariate Analysen (Auswahl)	266
Abb. G-16:	Faktorenanalyse	267
Abb. G-17:	Prozess und Struktur einer Clusteranalyse	269
Abb. G-18:	Strukturen prüfende multivariate Analysen (Auswahl)	271
Abb. G-19:	Grundstruktur der Diskriminanzanalyse	275

Abb. G-20:	Grundstruktur von Conjoint-Analysen	278
Abb. G-21:	Schematische Darstellung der Vorgehensweise bei der empirischen Messung	280
Abb. G-22:	Zusammenhang zwischen Strukturmodell und Messmodell	283
Abb. G-23:	Prozess der Konzeptualisierung und Operationalisierung eines hypothetischen Konstruktes	285
Abb. G-24:	Reflektives und formatives Messmodell	286
Abb. G-25:	Spezifikationsfehler	288
Abb. G-26:	Operationalisierung als Hierarchie der untersuchten Größen	290
Abb. G-27:	Prozessschritte einer Kausalanalyse	293
Abb. G-28:	Erfolgsauswirkungen der Strategie nach dem Konfigurationsansatz	298
Abb. G-29:	Integrativer Bezugsrahmen des marktorientierten Personalmanagements	298
Abb. G-30:	Ergebnisse der Dependenzanalysen	299
Abb. G-31:	Schematische Vorgehensweise des PLS-Verfahrens	301
Abb. G-32:	Prozess der Hypothesenprüfung	306
Abb. G-33:	Zusammenhang zwischen theoretisch-inhaltlichen und statistischen Hypothesen/ Signifikanztests (prinzipieller Überblick)	307
Abb. G-34:	Mittelwertstest auf Unterschiede	310
Abb. G-35:	Mögliche Fehlschlüsse bei Hypothesentests	311
Abb. G-36:	Der Gesamtzusammenhang des erfolgreichen wissenschaftlichen Forschens	314
Abb. H-1:	Das Haus der Wissenschaft – Einordnung des Kapitels H	323
Abb. H-2:	Grundmuster technologischer Argumente	325
Abb. H-3:	Der Informationsgehalt von Technologien	327
Abb. H-4:	Zuordnung der Designarten zu den 6 Ebenen des Erkenntnisprozesses	328
Abb. H-5:	Gestaltungs- und Handlungsempfehlungen auf der Basis gewonnener theoretischer und empirischer Erkenntnisse	330
Abb. H-6a:	Vernetzungsanalyse für Ursachen-Wirkungs-Beziehungen	332
Abb. H-6b:	Gestaltungszusammenhang bei mehrstufigen Ziel-Maßnahmen-Ketten	333
Abb. I-1:	Das Haus der Wissenschaft – Einordnung des Kapitels I	337
Abb. I-2:	25-Punkte-Liste häufiger Fallstricke als Stolpersteine/ Fußangeln bei der Anfertigung einer wissenschaftlichen Arbeit	339
Abb. J-1:	Das Haus der Wissenschaft – Einordnung des Kapitels J	347
Abb. J-2:	Untersuchungsdesign zum Thema Unternehmenskultur-Anforderungen bei der Einführung von Lean Six Sigma	350
Abb. J-3:	Vorstudie auf der Basis der 6 Ebenen des wissenschaftlichen Erkenntnisprozesses zum Thema Unternehmenskultur-Anforderungen bei der Einführung von Lean Six Sigma	350
Abb. J-4:	Forschungsdesign zum Thema Unternehmenskultur-Anforderungen bei der Einführung von Lean Six Sigma	351
Abb. J-5a:	Ausgewählte Hypothesen zum Thema Unternehmenskultur-Anforderungen bei der Einführung von Lean Six Sigma	352
Abb. J-5b:	Vernetzung der Hypothesen zum Thema Unternehmenskultur-Anforderungen bei der Einführung von Lean Six Sigma	352

Abb. J-6:	Wirkungsgefüge von Stärken und Schwächen als Basis für Gestaltungs-/ Handlungsempfehlungen zum Thema Unternehmenskultur-Anforderungen bei der Einführung von Lean Six Sigma	353
Abb. J-7:	Untersuchungsdesign zum Thema Kundenbindungsmanagement und Sanierungserfolg	355
Abb. J-8:	Forschungsleitende Fragen zum Thema Kundenbindungsmanagement und Sanierungserfolg	355
Abb. J-9:	Forschungsdesign zum Thema Kundenbindungsmanagement und Sanierungserfolg	356
Abb. J-10:	Hypothesen zum Thema Kundenbindungsmanagement und Sanierungserfolg	357
Abb. J-11:	Gestaltungs-/ Handlungsempfehlungen zum Thema Kundenbindungsmanagement und Sanierungserfolg	358
Abb. J-12:	Untersuchungsdesign zum Thema Beschwerdezufriedenheit und Kundenloyalität im Dienstleistungsbereich	359
Abb. J-13:	Forschungsleitende Fragen zum Thema Beschwerdezufriedenheit und Kundenloyalität im Dienstleistungsbereich	361
Abb. J-14:	Forschungsdesign zum Thema Beschwerdezufriedenheit und Kundenloyalität im Dienstleistungsbereich	361
Abb. J-15:	Ausgewählte Hypothesen zum Thema Beschwerdezufriedenheit und Kundenloyalität im Dienstleistungsbereich	362
Abb. J-16:	Kausalanalyse von Haupteffekten der Loyalitätsbildung bei erfahrenen Kunden	363
Abb. J-17:	Implikationen für die Praxis als Empfehlungen (E) zum Thema Beschwerdezufriedenheit und Kundenloyalität im Dienstleistungsbereich	363
Abb. K-1:	Das Haus der Wissenschaft – Einordnung des Kapitels K	365
Abb. K-2:	Vorgehen bei der Literaturrecherche	367
Abb. K-3:	Vorgehensweise bei der Recherche in Datenbanken	372
Abb. K-4:	Recherche in der Datenbank EconLit (via EBSCO)	373
Abb. K-5:	Erweiterte Suche im Katalog der Deutschen Nationalbibliothek	374
Abb. K-6:	Recherche in der elektronischen Zeitschriftenbibliothek	375
Abb. K-7:	Tipps und Kniffs für effizientes und effektives wissenschaftliches Arbeiten	381
Abb. L-1:	Das Haus der Wissenschaft – Einordnung des Kapitels L	393
Abb. L-2:	Vorgehen bei der Präsentation des Dissertationskonzept	394
Abb. L-3a:	Leitfaden für die Durchführung und Präsentation eines Forschungsvorhabens (1/2)	397
Abb. L-3b:	Leitfaden für die Durchführung und Präsentation eines Forschungsvorhabens (2/2)	400
Abb. L-4:	Grundsätze des Projektmanagements einer Forschungsarbeit	406
Abb. L-5:	Strukturierung des Zeitplans für die Bearbeitung eines Forschungsprojektes	407

Abkürzungsverzeichnis

Abb.	Abbildung
AGFI	Adjusted-Goodness-of-Fit-Index
AMOS	Analysis of Moment Structures
ANOVA	Analysis Of Variance
Aufl.	Auflage
AV	abhängige Variable
BetrVG	Betriebsverfassungsgesetz
bzw.	beziehungsweise
ca.	circa
CM	Conjoint Measurement
d.h.	das heißt
DIU	Dresden International University
DN	deduktiv-nomologisch
DNB	Deutsche Nationalbibliothek
DOE	Design of Experiments
EIH	empirisch-inhaltliche Hypothesen
erw.	erweitert
et al.	et alii (und andere)
etc.	et cetera
evtl.	eventuell
f.	folgende
ff.	die folgenden
fMRT	funktionelle Magnetresonanztomografie
F&E	Forschung & Entwicklung
GFI	Goodness-of-Fit-Index
ggf.	gegebenenfalls
HCM	Health Care Management
HO-Schema	Hempel-Oppenheim-Schema
Hrsg.	Herausgeber
hrsg.	herausgegeben
i.d.R.	in der Regel
incl.	inklusive
IS	induktiv-statistisch
Jg.	Jahrgang
Kap.	Kapitel
KBM	Kundenbindungsmanagement
KVK	Karlsruher Virtueller Katalog

KVP	Kontinuierlicher Verbesserungsprozess
kWh	Kilowattstunde
LKW	Lastkraftwagen
LISREL	Linear Structural Relationships
LOHAS	Lifestyle of Health and Sustainability
L6S	Lean Six Sigma
Mafo	Marktforschung
MANOVA	Multivariate Analysis Of Variance
MBA	Master of Business Administration
MBV	Market Based View
Mio.	Million
Mrd.	Milliarde
NFI	Normed-Fit-Index
NGO	Non Governmental Organization
Nr.	Nummer
OECD	Organisation for Economic Co-operation and Development
OPAC	Online Public Access Catalogue
Orig.	Original
p.a.	per annum
PEP	Produktentwicklungsprozess
PKW	Personenkraftwagen
PLS	Partial-Least-Squares-Ansatz
RBV	Resource Based View
ReDI	Regionale Datenbanken-Information Baden-Württemberg
RMR	Root-Mean-Square-Residual-Index
ROI	Return on Investment
S.	Seite
SH	statistische Hypothesen
SLUB	Sächsischen Landesbibliothek – Staats- und Universitätsbibliothek Dresden
SM	Sanierungsmanagement
Sp.	Spalte
SPSS	Superior Performing Software System
SV	statistische Vorhersagen
TIH	theoretisch-inhaltliche Hypothesen
Tsd.	Tausend
u.a.	unter anderem
ULS	Unweighted Least Squares
URL	Uniform Resource Locator
USM	Universal Structural Modeling
UV	unabhängige Variable
vgl.	vergleiche
VPN-Zugang	Virtual Private Network-Zugang
z.B.	zum Beispiel
z.T.	zum Teil

Stichwortverzeichnis

3 Erkenntnisperspektiven 49
3 Wissenschaftsziele 51

4 Analyseebenen der Forschung 143
4 Designarten 147, 149
4 Hypothesenarten 197, 198
4 Quadranten von Stokes 59, 60
4 Messniveaus 228

5 Anforderungen an gute Forschungs- und Praxisbeiträge 58
5 Phasen des Prüfungsdesigns 220

6 Ebenen des Erkenntnisprozesses 328
6 Ebenen des wissenschaftlichen Erkenntnisprozesses 5, 70
6 grundlegende empirische Forschungsdesigns 151
6 Teilschritte der Wissenschaft 2

25 Fallstricke der theoretisch-empirischen Forschung 338, 339

Aktionsforschung 246
Allgemeinheit 187
Alternativhypothese 304
AMOS 292, 301, 362
Anforderungen, formale 381
Antecedens- bzw. Randbedingung 87
Applied Research 59
Auswertungsdesign 221
Auswirkungsebene 159
Axiomatisierung 79
Axiome 79

Befragungen 242, 244
Begründungszusammenhang 49, 50, 69, 244, 314
Beobachtungen 242

Beschreibende (deskriptive) Statistik 234, 235
Beschwerdezufriedenheit und Kundenloyalität im Dienstleistungsbereich 358
Bestätigungsgrad, Logik des 113
Bestimmtheit 187
Bestimmtheitsmaß 264
Betriebswirtschaftslehre 324
  Erfahrungsobjekt der BWL 48
  Erkenntnisobjekt der BWL 48
  und Kritischer Rationalismus 116
Beurteilende (analytische, induktive) Statistik 234, 236, 303
Bivariate Verfahren 257, 262

Clusteranalyse 268
  Prozess und Struktur 269
Common Method Bias 224
Conjoint Measurement (CM) 276
Cronbachsches Alpha 290

Datenbanken, wissenschaftliche 372
Datensicherung 378
Deduktion 62, 112, 116, 132
Deduktionsprimat 128
Definition 5, 72, 74
Degenerative Problemverschiebung 122
Dendrogramm 268
Dependenzanalysen 235, 258, 270
Dialektischer Ansatz 26
Designbegriff 22, 23
Desk Research 239
Deskription 6, 76
Deskriptives Wissenschaftsziel 52
Dialektik 26
Dialektik als Methode 27
Dialektische Vorgehensweise 25
Dimensionen 74
Diskriminanzanalyse 274

Diskriminanzvalidität 291
Disputation oder Verteidigung 403
Dokumentenmanagement 378
Dummy-Variablen 271

Einflussebene 158
Emergenz 145
Empirische Forschung 219
Empirische Sozialforschung, Generelle
  Methoden 238
Empirismus 109, 111
  Empirismus1 131
  Empirismus2 131
Entdeckungszusammenhang 48, 50, 69,
  241, 314
Epistemologie 111
Erfahrungs- und Erkenntnisobjekt,
  Inhaltliche Kennzeichnung 47
Erfahrungsobjekt 46
Erhebungsdesign 220
Erkenntnisgewinnung, unterschiedliche
  Wege der 111
Erkenntnisobjekt 46
Erkenntnisprozess
  Ebenen des 73, 80
  Generelle Richtungen im 67
  Spezifität und Qualität 24
Erkenntnistheoretische Positionen,
  grundlegende 108
Erkenntniszugewinn 78
Erklärung 9, 85, 89
  Deduktiv-nomologische 84
  Induktiv-statistische 84
Experimental Development 59
Experimente 245, 273
Explanandum 86
Explanans 87
Exploratorisch-explikative Forschung
  153
Exploratorisch-instrumentelle Forschung
  153

Fahrplan für die Forschung 3
Faktorenanalyse 266
  Explorative 291
  Konfirmatorische 291
Fallstudien 243
Falsifikation 112
Falsifikationsprinzip 128
Falsifizierung 51
Fehler 1. Art (α-Fehler) 311

Fehler 2. Art (β-Fehler) 311
Feldexperimente 245
Feldphase 221
Field Research 239
Formatierungen 378
Formatvorlagen 378
Forschungsansatz, exploratorischer 239
Forschungsansatz, konfirmatorisch-
  explikativer 239
Forschungsdesign(s) 8, 142, 146, 148,
  220, 327
  2 Arten von 165
  als "Netzplan/ Schaltkreis" 162
  Ebenen und Fragestellungen des 158,
    161
  Erkenntnisorientiertes 8, 164
  Explorative 235
  Forschungsleitende Fragen als
    Vorstufe 155
  Handlungsorientiertes 8, 165
  Kausalanalytische und deskriptive
    235
  Wesentlichen Inhalte und
    Zusammenhängen eines 150
Forschungsleitende Fragen 156, 157
  Formulierung von 146
Forschungsprojekt, Strukturierung des
  Zeitplans für die Bearbeitung 407
Forschungsvorhaben, Leitfaden für die
  Durchführung und Präsentation eines
  397, 400

Generalisierbarkeit 232
Gesetzmäßigkeit 87
Gestaltungs- und
  Handlungsempfehlungen 330
Gestaltungsdesign 10, 148, 324, 328
  Zusätzliche Rahmenbedingungen im
  331
Gestaltungsebene 158
Gliederung 5, 32
  Anforderungen 34, 35
  Beispielstruktur 35
Google Buchsuche 370
Google Scholar 370
Grundgesamtheit 226, 236, 303

Häufigkeiten, absolute 260
Häufigkeiten, relative 260
Häufigkeitsverteilung 199, 260
Haus der Wissenschaft 5, 153

Hempel-Oppenheim-Schema 86
Hierarchische Methodenstruktur 256
Hypothese(n) 9
  Anforderungen an 179
  Arbeitshypothesen 177
  Aussagefähige Kombinationen 203
  Begriffliche Bedeutung 175, 176
  Einfache Beispiele 30
  Empirisch-inhaltliche (EIH) 189, 307
  Existenzhypothesen 196
  Explorationsorientiertes Bilden 183
  Hypothesentests 303
  Inhaltliche Formulierungen 182
  Messbarkeit der Ursachen- und Wirkungsgrößen 186
  Nicht akzeptable Formulierungen 181
  Nomologische 87, 189
  Quasi-nomologische 89, 191
  Statistische 194
  Statistische Testhypothesen (SH) 189, 307
  Statistische Vorhersagen (SV) 189, 307
  Theoretisch-inhaltliche (TIH) 189, 307
  Theoriebasiertes Ableiten 185
  Unterschiedshypothesen 202, 204
  Verteilungshypothese 199, 204
  Wirkungshypothesen 200, 204
  Wissenschaftliche 177
  Zeitbezogene Gültigkeit 193
  Zielsetzung und Entwicklung 176
  zu statistischen Erklärungen 194
  Zusammenhangshypothese 200, 204
Hypothesen, grafische Kennzeichnung im Forschungsdesign 207
Hypothesen, Kombination unterschiedlicher Hypothesenarten 204
Hypothesenarten 9
Hypothesenbildung 9
  Endstufe der 178
  Vorstufen der 176
Hypothesenformen 9
Hypothesenprüfung, Prozess der 306
Hypothesentests 10, 221, 302
  Mögliche Fehlschlüsse bei 311
Hypothetisch-deduktiver Ansatz, Ablauf 66

Idealismus 109, 110
Ideenspeicher, elektronischer 381
Indikator 282
  Formativer 284
  Reflektiver 284
Induktion 62, 112, 132
Induktionsprimat 128
Induktionsproblem 113
  Beispiel zum 65
Informationserhebung, Gütekriterien der 231
Inhaltsanalysen 241
Inhaltsvalidität 291
Interdependenzanalysen 235, 258, 266
Intervallschätzungen 303
Intervallskala 229
Item-to-Total-Korrelation 290

Karlsruher Virtuelle Katalog (KVK) 375
Kategoriensystem 241
Kausalanalyse 279, 293
  Anwendung zur 297
  Formatives Messmodell 281, 287
  Kritik an 295
  Latente Variablen 281
  Manifeste Variablen 281
  Messmodell 280, 282, 286
  Partial-Least-Squares (PLS)-Verfahren 301
  Prozessschritte 293
  Reflektives Messmodell 283, 286
  Spezifikationsfehler 288
  Strukturmodell 280, 283
  Universal Structural Modeling (USM) 300
Klassenbildung 199
Klassifikation 5, 75
Konfirmatorisch-deskriptive Forschung 152
Konfirmatorisch-explikative Forschung 153
Konfirmatorisch-instrumentelle Forschung 153
Konstrukte
  Hypothetische 53, 227
  Konzeptualisierung und Operationalisierung 284, 285
  Kundennähe 37
  Mehrdimensionalität 223

Operationalisierung als Hierarchie der
  untersuchten Größen 291
Konstruktivismus 109
Kontingenzanalyse 200, 263
Kontingenzkoeffizient 263
Kontingenztheoretischer/ Situativer
  Ansatz 84, 125
Konvergenzvalidität 291
Konzept methodologischer
  Forschungsprogramme 121
Konzeptualisierung 76, 218, 240
Korrelationsanalyse 200
Korrelationskoeffizient 264
Kreuztabelle 262
Kreuzvalidierung 291
Kritischer Rationalismus 8, 112, 113,
  114
Kübelmodell 63
Kundenbindungsmanagement und
  Sanierungserfolg 353

Laborexperimente 245
Lageparameter 260
Lean Six Sigma 349
Lesetechnik 377
LISREL 292, 301
Literaturrecherche
  Suchstrategie 368
  Vorgehen bei der 367
  in Bibliotheken 373
Literaturverwaltung 376
Logik des Bestätigungsgrades 113, 237
Logischer Empirismus/ Neopositivismus
  112
LOHAS (Lifestyle of Health and
  Sustainability) 152, 154, 193, 223,
  240, 251, 260, 261, 262, 263, 264,
  268, 269, 272, 274, 277, 278, 295,
  305, 310

Maßnahmen-Ziel-Konzepte 329
Maßnahmen-Ziel-Relationen 10
Median 260
Mediator- und Moderatorvariablen 160
Mediatoren 159
Mehrmethodenansätze 251
  Beispiel Unternehmenskultur 253
Mehrstufigen Ziel-Maßnahmen-Ketten,
  Gestaltungszusammenhang bei 333
Menschenbild 111
Merkmal 227

Merkmalsausprägung 227
Merkmalsträger 227
Messen 228
Messniveau (Skalenniveau) 228, 240
Messniveaus, 2 Gruppen von 230
Messung betriebswirtschaftlicher
  Phänomene, Empfehlungen zur 222
Meta-Analyse 246, 248, 366
  als Fixed oder Random Effect Model
  250
  Methodische Schwächen 250
  Schematische Vorgehensweise bei
  der 249
Methode
  Deduktive 64, 66
  Hypothetisch-deduktive 115
  Induktive 64
Methodischer Konstruktivismus 123
Methodologie 112
Mittelwert 260
  Arithmetischer 260
  Geometrischer 260
Mittelwertvergleichstests 273, 311
Mittel-Zweck-Relationen 10, 329
Modalwert 260
Modelle 88
Moderatoren 159
Multivariate Verfahren 257, 265

Naturwissenschaften 84, 134
Negative Heuristik 121
Neurowissenschaftliche Methoden 144
NEUSREL 300
Nicht-parametrische Tests 309
Nominalskala 228
Nomologische Validität 291
Nonsens-Korrelationen 312
Nullhypothese 304

Objektivität 231
Ökonomie, verhaltensorientierte 72
Ontologie 110
Operationalisierung 76, 218, 240
Ordinalskala 229
Oriented Basic Research 59

Paradigma 118
Paradigmenwechsel 119
Parametertests 308
Pedantic Science 58
Philosophie 6, 93

PLS-Verfahren, Schematische
  Vorgehensweise 301
Popularist Science 57
Positive Heuristik 121
Prädiktorvariable 160, 235
Pragmatic Science 57
Pragmatisches Wissenschaftsziel 51
Präsentationen, Leitlinien und
  Empfehlungen 403
Pretests 289
Prinzip „Anything Goes" 122
Prognose 9, 88, 89
Prognosevariable 160
Progressive Problemverschiebung 122
Projekt 405
Projektmanagement 405
  1-Personen- 405
  einer Forschungsarbeit, Grundsätze
    des 406
Prüfungsdesign 10, 148, 328
Puerile Science 58
Punktschätzungen 303
Pure Applied Research 62
Pure Basic Research 59, 61

**Qualitative Datenerhebung und
  -auswertung** 252
Qualitative Sozialforschung 238, 241
Quantitative Datenerhebung und
  -auswertung 252
Quantitative Sozialforschung 238, 244
Quasigesetze 135

Radikaler Konstruktivismus 123
Rangkorrelationskoeffizient 263
Rating-Skalen 230
Rationalismus 109, 111
Realismus 109, 110
Realwissenschaften
  2 generelle Ziele 53
  Erfahrungsobjekt und
    Erkenntnisobjekt von 47
Reduktion 144
Regressionsanalyse 201, 264
  Lineare 264
  Multiple 270
Reifegradmodell für Forschungsarbeiten
  396
Reliabilität 232
Reliabilität der Messskala 289

Repräsentativität 232, 303
  Inhaltliche 232
  Strukturelle 232
  Zahlenmäßige 232
Retrognose 88
Review-Verfahren 247, 366
  Beschreibendes 247, 366
  Erzählendes 247, 366
Rigour and Relevance 57, 295
Rohmanuskript, frühzeitiges 379
Rücklaufquote 232

Satzsysteme, wissenschaftliche 52,
  189
Scheinwerfermodell 63
Schiefe 262
Schlüsselinformanten, Validität der
  Antworten von 224, 241
Schreibblockaden 390
Schreiben und Layouten 379
Segmente von Befragten 240
Sekundärstatistische Analyse 252
Signifikanzniveau 305
Signifikanztests 304, 307
  Überblick 307
  Vorgehensweise 304
Situativer Ansatz als analytischer Ansatz
  126
Standardabweichung 261
Statistik 235
  Deskriptive Verfahren 235
  Induktive Verfahren 235
Statistik/ Stochastik, Teilgebiete der
  234
Statistische Beziehungen zwischen
  Merkmalen 195
Statistische Verfahren, typische
  Fragestellungen 258
Stichprobe 227
Störvariablen 227
Strategieebene 158
Streuungsparameter 261
Struktur wissenschaftlicher
  Revolutionen 120
Strukturen entdeckende Verfahren 257
Strukturen prüfende multivariaten
  Verfahren 257

Tau-Koeffizient 263
Technologie 6, 89
Technologie ohne Theorie 326

Technologie, Vorlaufen der 325
Technologien, Informationsgehalt von 327
Technologische Argumente, Grundmuster 325
Teilweise Mediation 160
Teleologie 96
Theoreme 79
Theoretisches Wissenschaftsziel 51
Theorie 6, 9, 77
    Als Grundlage der Technologie 90
Theorie des geplanten Verhaltens 136
Theorie ohne Technologie 326
Theorie und Technologie 55, 83, 324
Theorien 79
    Eigenschaften guter 81
    Erfahrungswissenschaftliche 81
Theorienbildung 81
Theorienentwicklung 132
Theorienpluralität 122
Theorienprüfung 132
Theorienreihen 121
These und der Antithese 26
Thesen 177
Thesen-/ Hypothesenbildung im Management 175
Thesenbildung im Alltagsleben 174

Univariate Verfahren 257, 259
Untersuchungsdesign 5, 32, 148, 327
    Ablaufschema 25
    Definition 24
    Inhalte 28
Ursachen-Wirkungs-Beziehungen 10, 30, 77, 115,
    Basisstruktur 190
    Raum-Zeit-begrenzte 83
    Vernetzungsanalysen für 332
Use-inspired Basic Research 61

Validität 231
    Inhaltliche 223
Variablen
    Abhängige 227
    Beobachtbare 144
    Dummy- 271
    Endogene 282
    Exogene 282
    Kriteriums- 235
    Latente 145, 227
    Mediierende 160, 184, 225, 228

    Moderierende 160, 184, 225, 228
    Unabhängige 227
Varianz 261
Varianzanalyse 203, 272
Variationskoeffizient 261
Verallgemeinerbarkeit 232
Verhältnis- oder Ratioskala 230
Verifikation 112
Verifikationsprinzip 113, 128
Verifizierung 51
Verteilungskennwerte 262
Verteilungstests 308
Verwertungszusammenhang 49, 50, 69, 314
Verzerrungen, systematische 233
Vollständige Mediation 160
Vorgehensweise, dialektische 382
Vote-Counting-Verfahren 247, 366

Wahrheitsnähe 114
Wenn-Komponente 1 87
Wenn-Komponente 2 87, 331
Werturteile 6, 94, 97
    Ebenen von 95
    Im Aussagebereich 95
    Im Basisbereich 94
    Im Objektbereich 94
Werturteilsproblematik 11
Wikipedia 371
Wirtschafts- und Sozialwissenschaften 83, 135
Wissenschaft 51
    Konzeptionen der 92
Wissenschaft und Praxis 3, 82
Wissenschaftliche Arbeit, Vorgehen bei der Präsentation einer 394
Wissenschaftliche Revolutionen 119
Wissenschaftliche Untersuchungen 2. Ordnung 247, 248
Wissenschaftliche Erkenntnis, Grad der veränderten 117
Wissenschaftlicher Erkenntnisprozess 3
Wissenschaftlicher Realismus 127, 129
    Grundannahmen 128
Wissenschaftliches Arbeiten 5, 17, 22
Wissenschaftliches Arbeiten, Tipps und Kniffs 381
Wissenschaftstheoretische Grundpositionen 119

Wissenschaftstheoretische Kenntnisse
   als Navigationssystem des
   wissenschaftlichen Arbeitens 13
Wissenschaftstheorie 5, 46, 109
Wölbung 262

Zeitdruck 389
Zeitmanagement 377
Zeitstabilität 89
Zeitstabilitätshypothese 83, 189

Zitierweise 384
Zufallsauswahl 303
Zufallsstichprobe 227, 236, 303
Zufallsvariablen 303
Zusammenhang
   Gerichteter 201
   Ungerichteter 200
Zwischenpräsentation 395
Zwischenpräsentationen 402